Berliner geographische Studien

Herausgeber: Burkhard Hofmeister, Frithjof Voss

Schriftleitung: J. Schuh

Band 20

Beiträge zur Geographie der Kulturerdteile

Festschrift zum 80. Geburtstag von Albert Kolb

Berlin 1986

Institut für Geographie der Technischen Universität Berlin

Herausgeber:	Professor Dr. Burkhard Hofmeister
	Professor Dr. Frithjof Voss
Schriftleiter:	Dipl.-Geogr. Jürgen Schuh

im Institut für Geographie
der Technischen Universität Berlin
Budapester Str. 44 - 46
D-1000 Berlin 30
Tel. 030 / 314-2151 und 314-2148

Titelseite: P. Voigt und H.-J. Nitschke
Inset: nach O. Muris und G. Saarmann

ISSN 0341 - 8537
ISBN 3 7983 1133 1

Vertrieb: Universitätsbibliothek der Technischen
Universität Berlin, Abt. Publikationen
Budapester Str. 40
D-1000 Berlin 30
Tel. 030 / 314-2976
Telex 018 3872 ubtu d

VORWORT

Sehr verehrter, lieber Herr Kolb!

Ein Kreis von Kollegen aus der Geographie und benachbarten Wissenschaften hat sich zusammengefunden, um Ihnen aus Anlaß der Vollendung Ihres 80. Lebensjahres diese Festschrift zu überreichen.

Schon einmal, zu Ihrem 65. Geburtstag, gab es eine Ihnen zugedachte Festschrift. Das Erscheinen einer zweiten ist eine Seltenheit. Ein solches Ereignis legt Zeugnis ab von den ganz besonderen Verdiensten des Jubilars. Es soll hier nicht wiederholt werden, was bereits in jener ersten Festschrift vor fünfzehn Jahren und darüber hinaus in der Laudatio zum Sammelband "Die Pazifische Welt" über Sie als Forscher, als akademischer Lehrer, als Rektor der Hamburger Alma Mater und nicht zuletzt auch für Ihr Wirken außerhalb der Mauern der Universität zum Wohle unseres Faches Geographie gesagt worden ist. Vielmehr möchten wir mit dieser Festschrift würdigen, was Sie selbst noch als Emeritus während der vergangenen anderthalb Jahrzehnte in unermüdlicher Schaffenskraft für die Geographie, für uns alle, geleistet haben.

Nicht zuletzt mit dem von Ihnen vorgelegten Konzept der Kulturerdteile haben Sie der auf interkulturellen Vergleich ausgerichteten geographischen Forschung einen starken und dauerhaften Impuls gegeben und eine ganze Geographengeneration mit geprägt. Der Dank, den wir alle Ihnen für diese Anregungen schuldig sind, soll Ihnen mit dieser Gabe zu Ihrem 80. Geburtstag zugedacht sein.

Herausgeber und Autoren

Wir danken den Damen Helga Au, Bettina Pooch und Karin Segler und den Herren Joachim Blume, Detlef Drope und Michael Wiesemann für die Mitarbeit bei der Erstellung der Druckvorlage. Die umfangreichen kartographischen Arbeiten erstellten die Damen Gabriele Fließbach, Sibylle Hengstmann-Reusch und Gabriele von Frankenberg und Herr Hans-Joachim Nitschke. Ohne ihren Einsatz wäre die Drucklegung des Bandes nicht möglich gewesen.

Die Herausgeber

INHALTSVERZEICHNIS Seite

Vorwort		III
E. PLEWE:	Johann Eduard Wappäus	1
W. HASSENPFLUG:	Der geographische Ansatz in der Fernerkundung durch Satellitenaufnahmen	13
J. EHLERS:	Phasen der Dünenbildung auf den Inseln des Wattenmeeres	27
F. GRUBE:	Zur Geomorphologie der Würm-Riß-Grenzzone von Saulgau (Schwaben)	39
H. G. MENSCHING:	Das Naturpotential und seine Nutzung in Trockengebieten	47
H. WILHELMY:	Schwimmende Gärten - eine Intensivform tropischer Landwirtschaft	59
I. MÖLLER:	Planungskonzeptionen und Planungsrealisierung im deutschen Städtebau seit 1945 - dargestellt am Beispiel von Berlin, Hamburg, Köln und Bremen	97
K. E. FICK:	Lübeck - Rostock - Stettin - Danzig. Strukturen und Funktionen	121
H. PASCHINGER:	Ballungstendenzen im Zentralraum Kärntens	147
A. LEIDLMAIR:	Die Mittelgebirge Südtirols als kulturlandschaftliche Erscheinung	155
G. BORCHERT:	Die Wasserversorgungsprobleme Afrikas	165
J. HÖVERMANN & H. SÜSSENBERGER:	Zur Klimageschichte Hoch- und Ostasiens	173
J. BARTH:	Bevölkerungsprobleme im Fernen Osten der Sowjetunion	187
H. UHLIG:	Südostasien zwischen Aufwind und Flaute	207
H. SCHROEDER-LANZ & D. WERLE:	SIR-A Radarbildauswertungen von Neulandgewinnungsgebieten entlang des Tarim-Flusses in Xinjiang	223

		Seite
U. SCHWEINFURTH:	Zur Landschaftsgliederung im chinesisch-tibetanischen Übergangsraum	237
H. FLOHN:	Indonesien Droughts and Their Teleconnections	251
F. VOSS:	Ausgewählte agrargeographische Grundzüge der Zentralebene von Luzon, Philippinen	267
H. BLUME:	Zuckerrohrlandschaft auf den Philippinen	273
D. JASCHKE:	Die Stellung Australiens im Gefüge der Welternährungswirtschaft	285
B. HOFMEISTER:	Grundzüge des australischen Städtesystems	299
E. ARNBERGER:	Der tropische Inselraum des Pazifischen Ozeans und die ökologische Zuordnung seiner Inseln	317
Anschriften der Autoren		341

VII

JOHANN EDUARD WAPPÄUS

von

Ernst Plewe †, Heidelberg

SUMMARY: Johann Eduard Wappäus

Johann Eduard Wappäus belongs to a group of personalities in the succession of C. Ritter whom the history of geography has, until now, hardly studied in detail. Although hastily and unjustly rejected by the posterity, and in spite of being in poor health throughout his life this man has left behind an important oeuvre from which the relationship between geography and "Staatenkunde" can be derived.
Geography has to give a description of the earths' surface as it is.
The main subject of geographical studies, the regions ("Räume") are not a given fact but must be determined both from their elements and in view towards the entire earth.
"Statistics", or "Staatenkunde" in contrast deals only with the state's territory. This is clearly defined by political borders, and "Staatenkunde" does only analyze phenomena in relation to the state itself.
Political Geography, however, is situated between both geography and "Staatenkunde". It is always then required when practical needs and interests of single persons are in the foreground.
Political Geography is based on materials of both the geographical and the statistical situation of a country.

ZUSAMMENFASSUNG

Man wird Hettner kaum widersprechen können, wenn er in seiner Dankrede für die Verleihung der Cullum - Medaille sagte: "Die Geographie als Wissenschaft ist ja - ich glaube, das ruhig aussprechen zu dürfen - in ihrer Entwicklung in erster Linie eine deutsche Wissenschaft." (PLEWE & WARDENGA, 1985: 25). Wenn er dann aber fortfährt: "Auch die Reform der Wissenschaft nach einer gewissen Verknöcherung um die Mitte des vorigen Jahrhunderts ist in der Hauptsache von zwei Deutschen, Oscar Peschel und Ferdinand von Richthofen, angebahnt worden", so kann man dem wohl nicht ganz vorbehaltlos zustimmen. Das gilt nur unter der Voraussetzung, daß man die tatsächliche Entwicklung der deutschen Geographie, wie sie unter Führung dieser beiden (und natürlich Hettners selbst) vorangetrieben wurde, für allein möglich und richtig anerkennt, und die Bemühungen derer, die unmittelbar an Ritter anknüpften, als verknöchert und hinfällig abwertet. Das aber ist zu untersuchen und darf nicht dem raschen subjektiven Urteil überlassen bleiben.
Mit seiner Ansicht aber stand Hettner nicht allein. Auch Richthofen war von seiner Auffassung der Geographie so überzeugt, daß er hoffte, mit seinen und seiner Schüler Arbeiten die seiner Vorgänger, unter denen er auch ausdrücklich Wappäus nennt, zur "Makulatur" werfen und sie fortan als nie vorhanden gewesen, abwerten zu können. Dieses Verdikt über die Vorgänger, wie es große Neuerer für sich beanspruchen dürfen, hat die wissenschaftliche Nachwelt leider in hohem Umfang akzeptiert. Jedenfalls hat die schöne Arbeit von KÜHN (1939) über das 18. Jahrhundert keine

---

Nach Eingang seines Beitrags zur Festschrift verstarb Herr Professor Dr. E. Plewe.

Nachfolge für das 19. mehr anregen können. Sie schließt mit Gatterer und Heeren sowie mit der Klage ab, daß in Göttingen die neu entstandene und erstarkte Statistik die Geographie ausgehöhlt habe, die es dort nie wieder zu der Kraft und Anerkennung gebracht habe, die ihr einst der unvergessene Büsching verliehen hatte. Dies zu leisten blieb zwei ehemals Göttinger Studenten, Alexander von Humboldt und Carl Ritter vorbehalten, aber fern von Göttingen und erst im 19. Jahrhundert. Auch für PESCHEL (1961²) lag Wappäus schon außerhalb des selbst gesteckten Themas.

Aufgefordert zu dieser Festschrift für den Freund und Kollegen Kolb einen Beitrag zu liefern, sagte ich sofort zu und nannte als Thema Johann Eduard Wappäus, ohne zu ahnen, in was für Schwierigkeiten ich mich damit verwickeln würde. Aus Gesundheitsgründen kann ich nicht mehr reisen und in auswärtigen Bibliotheken und Archiven stöbern, sondern muß hier in Heidelberg bleiben. Auch kann mir, was ich in Händen gehabt habe, so verloren gehen, daß ich es trotz zermürbendem Suchen nicht wiederfinde. Alterserscheinungen, die oft zur Verzweiflung treiben und den Gedanken nahelegen, doch endlich aufzugeben und den amtlich verordneten Ruhestand beim Wort zu nehmen. Doch am Ende siegen der Wunsch, dem verehrten Freunde die schuldige Reverenz zu erweisen und die Hoffnung wenigstens noch Anregungen, wenn auch keine fertigen Resultate mehr bieten zu können. Nur so mögen die folgenden Zeilen verstanden und mit Nachsicht aufgenommen werden.

Jedoch zur Sache: Wer war eigentlich jener Wappäus? Und schon hier beginnen ungelöste Fragen, Widersprüche und Spekulationen. Er scheint mir ein Hettner sehr verwandter Geist gewesen zu sein, den nur Schicksale und äußere Umstände in eine Art Gegenstellung zu ihm gebracht haben. Was wir biographisch und geographisch Wichtiges von ihm wissen, verdanken wir dem Nachruf seines Nachfolgers Hermann WAGNER (1880: 110-115), der mit ihm "durch frühe Beziehungen" in Freundschaft verbunden war. Wappäus wurde am 17. Mai 1812 dem wohlhabenden Hamburger Kaufmann und Reeder Georg Heinricht Wappäus († 1836) als dritter Sohn geboren. Von früh auf an den Atmungsorganen leidend, brachte es der Knabe teils im Privatunterricht, teils auf dem Gymnasium zum Abitur. Seine Interessen mögen damals vorwiegend auf dem Gebiet der Sprachen und der Geschichte gelegen haben, weshalb er sich sofort "dem gelehrten Beruf" zuwenden wollte. Aber es war wohl der Vater, der ihn in der Hoffnung, das Leben im Freien werde seine Kränklichkeit beheben, zum Landwirt bestimmt und zu Herrn von Thaer auf dessen Landwirtschaftliche Akademie nach Möglin bei Kritzen a.d. Oder schickte. Das aber erwies sich bald als Irrtum und da Johann Eduard auch das jedem Landwirt unentbehrliche manuelle Geschick fehlte, bestärkte ihn sein dortiger Lehrer Körte, übrigens der Schwiegersohn des Herrn von Thaer, seinen ursprünglichen Neigungen zu folgen und zu studieren. Er schied von Möglin also im besten Einvernehmen und nicht als verkrachte Existenz.

Nach einer schweren Lungenentzündung immatrikulierte er sich 1831 in Göttingen. Hier nahm sich der als Hochschullehrer wie als Geologe und Mineraloge hervorragende Friedrich Ludwig Hausmann (1782 - 1859) seiner an, der später auch sein Schwiegervater wurde und bis zum Tod sein engster Freund blieb. Aber schon 1833 nötigte ihn sein Leiden, das Studium zu unterbrechen, und der besorgte Vater schickte ihn auf einem seiner Schiffe zur Erholung auf eine Reise zu den Cap Verden und nach Brasilien. Diese Reise wurde für den ohnehin schon polyglotten Jüngling insofern bedeutsam, als er sich auf ihr die spanische und portugiesische Sprache aneignen und sich weitschichtig mit den amerikanischen Verhältnissen vertraut machen konnte. 1834 zurückgekehrt, bezog er die Universität Berlin, wo ihn Hausmann seinem Freunde Carl Ritter empfahl, der nun sein wissenschaftliches Idol wurde, dem nachzustreben er sich fortan zur Lebensaufgabe machte. "Wie lange er in Berlin blieb, ist nicht genau festzustellen" (ADB), jedenfalls war er von Ostern 1835 bis Michaelis 1836 wieder in Göttingen immatrikuliert und promovierte im Herbst 1836 an der Philosophischen Fakultät mit einer Dissertation 'De oceani fluminibus'. Die Zwischenzeit bis zur Habilitation verbrachte er mit Studien in Hamburg, Bonn und Paris und legte der Philosophischen Fakultät in Göttingen 1838 seine "Untersuchungen über die geographischen Entdeckungen der Portugiesen unter Heinrich dem Seefahrer" (WAPPÄUS, 1842) erfolgreich als Habilitationsschrift vor. Habilitiert, aber für welches Fach? Hier gehen die Ansichten auseinander, ob für Geographie oder für Statistik. Tatsächlich hat er beide Fächer vertreten und gelesen und ist in beiden umfänglich literarisch tätig gewesen. Fragt man HETTNER (1927: 90), erfahren wir: "Ritter blieb der einzige Universitätslehrer der Geographie und nach seinem Tode verwaiste sein Lehrstuhl. Sonst wurde nur von Vertetern anderer Wissenschaften, so in Göttingen von dem Statistiker Wappäus, in Breslau von dem Historiker Neumann, geographische Vorlesungen gehalten". Dem scheint sich BECK (1973) stillschweigend anzuschließen, jedenfalls wird selbst im Abschnitt "Ritters Schüler" seines Abrisses der Geschichte der Geographie (a.a.o.: 240f.) Wappäus nicht genannt, jedoch sagt das angesichts der Dürftigkeit dieses ganzen Abschnitts nichts. Für PESCHEL und KÜHN lag Wappäus, wie gesagt, schon außerhalb ihrer Themen. Wappäus selbst aber scheint Hettner recht zu geben. In seiner Rezension von Guthes Lehrbuch (WAPPÄUS, 1872: 1232-1233) beklagt er die stiefmütterliche Behandlung der Geographie an den Universitäten, bestreitet aber Guthes Behauptung: "Wir haben Professuren für alles ... aber für Geographie hat der gesamte preußische Staat gegenwärtig nur eine ordentliche Professur, und diese hat er durch die Annexion Hannovers durch Göttingen gewonnen". Er korrigiert das dahin: "Das ist nicht ganz richtig. Ich bin nur Professor an der Philosophischen Fakultät und habe diese Ernennung auch mehr der Statistik als der Geographie zu verdanken, indem die Hannoversche Regierung und das K. Curatorium darauf Gewicht legten, daß hier regelmäßig Statistik des Königreichs Hannover gelesen werde, und so ist denn auch diese 20 Jahre lang mein Hauptkolleg gewesen. Daraus, daß ich mich auch mit Geographie beschäftigt habe, folgt nicht, daß hier eine ordentliche Professur für Geographie existiere. Meine neuliche Behauptung, daß es gegenwärtig keine einzige Professur auf den preußischen Universitäten gäbe, ist deshalb ganz richtig.". Aber es gab da Göttinger Eigenheiten (vgl. SNELLE, 1937). Die seit Achenwall († 1772) und seinen Nachfolgern Schlözer (in den Ruhestand getreten 1805), Gatterer († 1799) und Heeren († 1842) mächtig gewachsene Statistik hatte die Geographie ausgehöhlt, ihre Inhalte weitgehend selbst übernommen, war aber indessen selbst matt geworden und hatte an der Universität keine rechten Vertreter mehr. Sie war aber der Regierung in Hannover für die Ausbildung ihrer höheren Beamten, insbesondere der Diplomaten, wichtig, deren rein formal-juristische Denkweise diese zum Gespött - u.a. Friedrichs d. Gr. - hatte werden lassen. Um des durch die Statistik vermittelten Sachwissens willen hatte die Regierung diese mehrfach und nachdrücklich zum Pflichtfach erhoben und ihren Vortrag teils der Juristischen, teils der Philisophischen Fakultät angehörigen und hierzu fähigen Professoren anvertraut. Sie hatte aber seit dem Tod des Historikers Heeren keinen rechten Vertreter mehr, abgesehen von Wappäus. Zwar hatte sich 1840 dort Roscher habilitiert, ein Mann von ungewöhnlicher Belesenheit, aber seine Interessen gingen in eine andere Richtung und er wechselte trotz rascher Beförderung in Göttingen, bald als Volkswirt an die Universität Leipzig. Der zu seiner Unterstützung berufene Georg Hansen (vgl. WENK, 1966) wechselte ebenfalls seine Interessen und verließ Göttingen, ging zunächst nach Berlin und von dort als Agrarhistoriker nach Kiel.

Und wie stand Wappäus in dieser Situation? Er hatte sich an der Philosophischen Fakultät habilitiert. Das Vorlesungsgebiet mochte aber der Minister ihm bestimmen oder mit ihm aushandeln. Aber sowohl seine Dissertation wie seine Habilitationsschrift lagen der Statistik - selbst in ihrem damaligen weiten Verstande - fern. Hier mag ein Wort über seine Habilitationsschrift angebracht sein. Wer erwartet, ihr etwas über "die geographischen Entdeckungen der Portugiesen unter Heinrich dem Seefahrer" entnehmen zu können, wird enttäuscht sein. Selbst der Name Heinrichs taucht erst auf der letzten Seite der Untersuchung auf. Der Sinn der Schrift ist der, die Größe und Dichte des mittelalterlichen Handelsverkehrs zwischen den europäischen und den orientalischen Häfen nachzuweisen und zu zeigen, daß in den orientalischen Häfen nicht nur ein lebhafter Austausch von Waren stattgefunden hat, sondern auch von Kenntnissen, die die Orientalen ihren europäischen Geschäftsfreunden über die Länder, etwa Nordafrikas, vermittelten, in die sie ihre Waren verkauften und aus denen sie in Europa gesuchte Waren kauften. Mit dem Niedergang dieses Levantehandels wandten sich die südeuropäischen Schiffe mehr und mehr den niederländischen und englischen Häfen zu, soweit sie nicht von Portugal, also Lissabon, angezogen wurden, wo man um diese Zeit überraschend schnell und energisch aufholte: im Schiffsbau, im Seehandel, in allen Fragen der Sicherung der Schiffe und ihrer Besatzungen, und wo sogar der Plan einer eigenen Schiffsversicherung auftauchte. Bei widrigen Winden konnten im Hafen Lissabons bis zu 500 Schiffe gleichzeitig auf die Ausfahrt warten. Damit kam überraschend viel Wissen alterfahrener Seeleute und Kaufleute nach Portugal, ein Kapital, das es nun auszuwerten galt. Teil II dieser Untersuchung ist nicht mehr erschienen und wohl auch nicht mehr geschrieben worden. Die Arbeit ist jedenfalls eine geographische im Sinne Carl Ritters. Wer Interesse an historischer Geographie hat und sich stilistisch in Wappäus eingelesen hat, für den ist sie immer noch eine faszinierende Lektüre. Sie ist die Vorgeschichte der portugiesischen Fahrten entlang der afrikanischen Küste, die kenntnisreich dirigiert wurden und keineswegs ins Blaue oder in unerwartete Gefahren hinein führten. Es bleibt demnach bei dem Urteil seines Freundes und Nachfolgers (als Professor für Geographie) Hermann WAGNER (1880): "Er (Wappäus) ist somit unseres Wissens der einzige Schüler Ritters, der gleich nach Beendigung seiner Studien eine Professur für Geographie erstrebte.". Er war also Professor an der Philosophischen Fakultät Göttingen, faktisch - wenn auch nicht expressis verbis - ein solcher für Geographie, der sich bei seiner Berufung vom Minister die Statistik (sicher nicht ungern) hatte aufnötigen lassen, denn nun lag es ja an ihm, den zwischen beiden Wissenschaften strittig gewordenen Stoff aufzuteilen und neu zu gewichten.

Büsching (PLEWE, 1957: 107ff.; 1958: 203ff.) ist für diese unkonventionelle Art der Berufung ein Beispiel. Als er mit seiner auf die Zensur seiner Schriften hindrängenden Theologischen Fakultät in unüberbrückbare Schwierigkeiten geraten war, versetzte ihn (mit seinem Einverständnis) Minister von Münchhausen, der ihn in Göttingen halten und die ihm für Göttingen unheilvoll erscheinende Zensur vermeiden wollte, als Professor in die Philosophische Fakultät unter der Voraussetzung, daß er in ihr seine 'Neue Erdbeschreibung' fortsetzen und sich aller theologischen Diskussionen fortan enthalten werde. Denn in Göttingen standen die Fakultäten selbständig und gleichberechtigt nebeneinander; die theologische hatte kein Aufsichts- oder gar Einspruchsrecht gegen die ihr an anderen Universitäten nachgeordneten Fakultäten.

Eine Bestätigung findet meine Auffassung im Vorwort zu Band I seiner 'Allgemeinen Bevölkerungsstatistik' (WAPPÄUS, 1859; 1861), mit deren Publikation er seine statistische Tätigkeit in Göttingen einzustellen beabsichtigte. "Diese Vorlesungen bildeten ursprünglich nur einen Abschnitt einer die ganz allgemeine Statistik umfassenden Vorlesung, welche ich, als nach dem Tode Heerens (6.3.42) schon seit langer Zeit an der hiesigen Universität ... gerade dieses Fach fast ganz verwaist war, infolge äußerer Aufforderung übernahm, indess auch, nachdem durch eine neue Berufung diese bisherige Lücke auf das Ausgezeichnetste wieder ausgefüllt worden, alsbald und umso lieber wieder einstellte, je mehr ich von Anfang meiner akademischen Lehrtätigkeit an gewünscht hatte, meine Arbeiten vorzüglich auf das eigentliche Gebiet der Erkunde concentriren zu können" (a.a.o.: III/IV). Durch diese für ihn zweitrangigen Arbeiten wurde aber "von mir angefangenen größeren Arbeiten meines besonderen Fachs bereits zu viel Zeit entzogen" (a.a.o.: V), so daß er nunmehr glaubte, seine statistischen Vorlesungen aufgeben und sie für Interessenten durch diese 'Allgemeine Bevölkerungstatistik' ersetzen zu können. Es ist dies aber kein Rückzug aus Schwäche, denn er weiß sich seinem stärksten Konkurrenten auf diesem Gebiet (Christ. Vernouilli in Basel) überlegen (a.a.o.: VI f.). Hier steht also mehrfach mit seinen eigenen Worten klipp und klar da, daß die Erdkunde von Anfang an sein eigentliches Interessengebiet gewesen sei, und er die Statistik nur "infolge äußerer Aufforderung" übernahm und sie sofort wieder fallen ließ, als sie von hierzu berufener Seite (Roscher, Hansen?) pflichtgemäß wahrgenommen wurde. DICKINSON (1969: 54, 55) drückt das verkürzt so aus: "Wappäus enjoyed the double title of professor of geography and statistics, a frequent combination in the chairs and societies for the advancement of geography at that time.". Auf der Universität wurde Wappäus offenbar hoch geschätzt, denn 1845 wurde er zum außerordentlichen, 1854 zum ordentlichen Professor befördert. Von 1848 bis 63 und dann wieder von 1874 bis zu seinem Tode im Dezember 1875 wurde ihm die Redaktion der 'Göttingischen Gelehrten Anzeigen', als interdisziplinäres kritisches Referatorgan von Weltruf die eigentliche Visitenkarte der Universität, anvertraut. Diese Redaktion erforderte eine überragende Allgemeinbildung und eine fachübergreifende enorme Personalkenntnis bei der Wahl der Rezensenten. Mit großem Respekt und nicht ohne Humor beschreibt Hermann WAGNER diesen "Gelehrten alter Art". Der hohe gebeugte Mann saß mit seinen lang herabfallenden weißen Haaren in seiner Bibliothek von über 12 000 Bänden und zwischen den "hochgetürmten Ballen seiner Skripturen, zwischen denen der Besucher kaum ein Plätzchen fand, sich niederzulassen". So blieb er seiner geliebten Universität 41 Jahre lang ein treuer Lehrer und Forscher der Geographie und der hinzugenommenen Statistik. Die Interessen der Studenten galten aber wohl mehr seinen statistischen als seinen geographischen Darbietungen. Diese beschränkten sich auf Allgemeine Erdkunde, Amerika und die Entdeckungsgeschichte. Aber sie scheinen oft gar nicht stattgefunden zu haben, was Wagner daraus schließt, daß er oft mehrere Semester nacheinander dasselbe Kolleg ankündigte. Daß er nicht durch Glanz und Frische des Vortrags bestechen konnte, ist bei einem so schwer lungenkranken Mann, den ein letzter Anfall binnen zwei Tagen dahinraffte, und der im Winter in seinem Hause las, um sich nicht dem Wetter auszusetzen, wohl selbstverständlich. Seine Vorlesungen, von denen wir allerdings nur die statistischen kennen, waren methodisch sicher aufgebaut und wollten weniger Stoff vermitteln, als den Hörer zu kritischem Denken und zur Weiterarbeit anregen. Bei den Philologen kam er weniger gut an, denn er klagte, daß sich 20 Jahre lang kein einziger in seine erdkundlichen Vorlesungen verloren hätte, die Gymnasiallehrer den Geographieunterricht also als völlige Dilettanten gegeben hätten und damit ihr gerütteltes Maß Schuld trügen an der geographischen Unbildung der gehobenen Schichten Deutschlands, insbesondere Hannovers.

Tritt man an die Schriften von Wappäus heran, sollte man sich einiger Warnungen Wagners erinnern. Wappäus hat seinen Schriften nicht die Mühe zugewendet, die ihnen "Anmuth" verliehen hätte, hat in ihnen vielmehr von Jugend auf seiner Neigung nachgegeben, sich in zusammengeschachtelten Perioden auszudrücken. Ausserdem hatte er die Eigenart, gelegentlich höchst wichtige Bemerkungen, fast wie in einem Gespräch, an hierzu keineswegs geeigneten Orten einzuflechten, z.B. in seinen zahlreichen Rezensionen. Man findet sie also, selbst wenn man sie kennt, nicht wieder, weil man seine Schriften nicht "mit dem Daumen lesen" kann. Überblickt man das Werk von Wappäus, gewinnt man den Eindruck, daß er dem alternden C. Ritter zur Seite treten bzw. ihn ergänzen wollte. Er sah, daß Ritter in Asien steckenbleiben und sein Programm nicht realisieren werde, daß er aber auch als unpolitischer Mann z.B. aktuellen politischen Fragen der Zeit auswich. Überall hier setzte sich der ganz anders geartete Hanseat ein. Das Erstarken Preußens und den Anschluß Hannovers an den Norddeutschen Bund betrachtete er mit ganz unterschiedlichen Gefühlen. Er sah die geliebte Universität Göttingen hierdurch unrettbar zur "Vicinaluniversität" neben Berlin absinken. Aber als sich im Zuge der auf ein Deutsches Reich zielenden Bestrebungen auch Österreich zu Wort meldete, trat er dem schroff entgegen. Er sah den Schwerpunkt des künftigen Reichs in Norddeutschland, dessen Kraft bei Preußen lag, und insbesondere in Nordwestdeutschland mit seinen beiden Toren zur Welt, den Häfen Hamburg und Bremen, aus deren internationalem Handel allein Kraft und Weitblick in das noch schwache und kurzsichtige Gebilde fließen konnten. Unter diesen Umständen mußte Preußen die Vormacht im kommenden Deutschland bleiben. Der Versuch Österreichs, sich dem anzuschließen, mußte unter allen Umständen abgewehrt werden, denn dieser Vielvölkerstaat würde sehr bald die Interessen des Reichs vom Nordwesten abziehen und auf seine zahlreichen ungelösten südosteuropäischen Streitigkeiten lenken. Bismarck (WAPPÄUS, 1879)[1] hatte in Göttingen studiert und stand dem Haus Hausmann, in dem Wappäus Schwiegersohn war, offenbar nahe, dürfte ihn und seine Meinungen also gekannt haben. Wappäus war auch ein Gegner von Lists Nationalem System der 'Politischen Ökonomie' (1840), weil er in ihm die geographische Situation der Staaten nicht hinreichend berücksichtigt fand. Und hat er, wenn auch erst 1914, mit den Vorgängen in Sarajewo nicht recht behalten?!

Ein zweites, damals höchst aktuelles Problem war die starke deutsche Auswanderung nach Amerika, das ihn als den hierfür damals prädestinierten Geographen anging. Zunächst betrachtete er die europäischen Auswanderer nach ihrer Nationalität, die zu ganz verschiedenen Verhaltensweisen und Ergebnissen führt. Die Osteuropäer haben nur Massen aber keine kolonisierende Kraft geliefert. Die Engländer vermochten die Länder, denen sie sich kolonisierend zuwandten, zu anglisieren und zunächst auch zu beherrschen, hatten dabei aber nur den Nutzen des Mutterlandes im Sinn, was in diesen Ländern aber früher oder später zu Konflikten mit den landeseigenen Interessen und zur Verselbständigung dieser Länder führen mußte. Den Franzosen sprach er jede kolonisatorische Befähigung ab. Eine eigene Rolle spielten die germanischen Völker, unter denen die Deutschen die stärkste Auswanderungsrate hatten. Da war zunächst ihre Neigung, sich ihrer Umgebung möglichst kongruent anzupassen, um ja nicht etwa aufzufallen. Sogar in Gebieten, in denen sie so zahlreich waren, daß sie deutsche Zeitungen schufen und erhalten konnten, befaßten sich diese weit mehr mit amerikanischen als mit deutschen Problemen. Damit verloren sie aber in einem Volk wie dem amerikanischen mit seinem außerordentlichen Einschmelzvermögen ihre Substanz. Sie brachten aber anderes mit, das sie jedem Kolonialland willkommen sein ließ. Sie hatten durchweg Kultur (agrarische oder gewerbliche), waren geistig und sittlich reife Menschen und standen grundsätzlich dem Einwanderungsland loyal gegenüber, arbeiteten an dessen Entwicklung mit als Voraussetzung für das eigene Vorwärtskommen. Da der nach Nordamerika geflossene Einwandererstrom für Deutschland verloren war, hätte man, um ihn nicht untergehen zu lassen, Räume suchen sollen, in denen sich die deutschen Einwanderer nicht einschmelzen konnten und in denen sie geographische Verhältnisse vorfanden, die ihren heimischen möglichst entsprachen. Wie Nordamerika fielen die eigentlichen Tropen, in denen sie sich nicht aklimatisieren konnten, aus. Aber Südbrasilien, die Pampasländer und Teile von Chile wären geeignet gewesen, und hier fanden sich auch für sie hinreichend freier Raum und es waren politische Kräfte am Werk, die diese Einwanderer heranziehen und fördern wollten. Deutschlands Interesse, den Auswanderungsstrom diskret in diese Länder Südamerikas abzuleiten, war ein Doppeltes. Das deutsche Volkstum der Auswanderer blieb hier erhalten und wurde zum Bindeglied zwischen dem kommenden Reich und Südamerika. Da die dortigen Deutschen keinen politischen Anspruch stellten, entstanden auch durch sie keine politischen Spannungen, aber umgekehrt hoffte Wappäus, daß bleibende Kontakte zwischen den Ausgewanderten und der Heimat diese bereichern würden, durch Auslandskenntnis, politisches Urteil und damit im weitesten Sinne Bildung. Der junge Hettner hat am Ende seiner zweiten, der großen Südamerikareise mehrere dieser deutschen Kolonien besucht und über sie berichtet. Wappäus' Bemühungen um sie in ihrer politischen Selbstlosigkeit und

Liberalität würdigten Argentinien und Chile dadurch, daß sie ihn zum Konsul wählten.

Hermann WAGNER klagt, daß Wappäus' "Werke nicht geeignet waren, sich ausführlicher über das Wesen der Erdkunde ... auszulassen". Das war auch damals nur bedingt richtig, denn sie sind ja, wie sie dastehen, einer methodologischen Analyse zugänglich, auf die man in einem kurzen Aufsatz leider verzichten muß. Aber schon ein Jahr später gab der Wappäus-Schüler GANDIL sein Einführungskolleg in die Statistik heraus, in dem er (auf Seite 95ff.) auch umfänglich auf die Erdkunde in ihrer doppelten Funktion als selbständige Wissenschaft und als Hilfswissenschaft der Statistik eingeht (GANDIL, 1881).

Nicht zu belegen vermag ich meine Vermutung, daß Wappäus in jene Lücken springen wollte, von denen er annahm, daß sie nach dem Ableben Ritters in dessen System offenbleiben würden. Die Geographie der Meere hat er zweimal, in seiner Promotions- und seiner Habilitationsschrift aufgegriffen. Es kam ihm daher sicher recht, daß die Hinrichs'sche Buchhandlung ihm 1847 anbot, die 7. Auflage des 'Handbuchs der Geographie und Statistik für die gebildeten Stände' (STEIN-HÖRSCHELMANN-WAPPÄUS, 1855-1871), deren frühere Auflagen auf Stein und Hörschelmann zurückgingen, zu übernehmen. Als Fachmann für die Erdkunde und die Statistik war er dazu im damaligen Deutschland der bestberufene Mann. Geplant waren 120 Bogen in zwangloser Folge der Lieferungen, also wiederum zwei starke Bände, die man in Kürze herauszubringen hoffte. Tatsächlich wurden daraus 540 Bogen in zehn wuchtigen Bänden, ein Werk, das erst 1871 abgeschlossen werden konnte, und von dem Hermann WAGNER annahm, daß nie wieder ein geographisches Werk von diesem Umfang erscheinen werde. In mehrfacher Hinsicht versuchte Wappäus, Ritter hilfreich zur Seite zu treten. Er selbst übernahm die von jenem nicht mehr zu erwartende Darstellung der Neuen Welt und der Allgemeinen Erdkunde. Wappäus sah aber auch, daß das Werk Ritters bei allem ihm gespendeten Lob, nicht gelesen wurde, daß es am Interesse auch der Gebildeten vorbeigeschrieben war. Der 'Stein-Hörschelmann-Wappäus' sollte sich nicht an den geographischen Fachmann (denn solche gab es noch kaum) richten, sondern dem Gebildeten, der nicht Fachmann war, die von ihm über die Erde geforderten Informationen in lesbarer Form liefern. Aber wie das? Was vermieden werden mußte, war das Absinken in einen Journalismus, wie er dem Romanleser entgegengekommen wäre. Sondern die Informationen mußten im Rahmen des Möglichen vollständig und wissenschaftlich hieb- und stichfest, also nachprüfbar sein und sollten durch spätere Forschungen bestenfalls ergänzt werden können. Ob und wieweit so etwas möglich ist, hat Wappäus (GANDIL, 1881) in seiner Vorlesung 'Einleitung in das Studium der Statistik' schärfer durchdacht als mancher Autor der Gegenwart. Er ging dabei selbstverständlich von der Statistik aus, die für ihn als bewußten Nachfolger Achenwalls selbstverständlich Staatenkunde war. Als Schüler Ritters war sein Gedankengang dabei folgender: Die Erdkunde hat die Erdoberfläche darzustellen "als sichere Grundlage des Studiums und Unterrichts in physikalischen und historischen Wissenschaften". Welches der richtige Weg hierzu ist, wenn man sich an den Arbeiten von Humboldt und Ritter orientiert, zunächst nicht schwer zu beantworten. Man hat die Erdoberfläche, wie sie ist, geordnet darzustellen. Sie ist die Oberfläche eines von der Sonne beschienenen, durch sie beleuchteten und erwärmten Planeten. In dieser Funktion stellt sie die astronomische Geographie dar, die sich der Astronomie als Hilfswissenschaft bedient. Der zweite Schritt ist die Betrachtung der Erdreste selbst, nach ihrer horizontalen Ausbreitung (z.B. der Kontinente) und vertikalen Gliederung (hier wird die Geologie zur Hilfswissenschaft). Es folgt die Darstellung der Hydrographie, der Flüsse und Seen, und das in vollem Umfang unter Einbeziehung der Länge, der Richtung der Flüsse, der Hoch- und Niedrigwässer, der Katarakte, der unterschiedlichen Physiognomie der verschiedenen Stromstrecken usw. Daran schließt sich die ebenso differenzierende Betrachtung des Luftozeans, also des Klimas und Wetters in ihrer regionalen Abwandlung.

Damit ist man an die Darstellung der Biosphäre, der Pflanzen- und Tierwelt gekommen, die sich dem bisher gewonnenen physikalischen Bild der Erde angepaßt hat und nun nach dem Vorbild etwa der Darstellungen von Humboldt als Phyto- und Zoogeographie verständlich darstellen läßt. Aber auch der Mensch, soweit er in primitiven Verhältnissen lebt, also wie das Tier vorwiegend seinen Instinkten folgt, ist dem allem als "Anthropogeographie"[2], die die Völkerkunde einschließt, anzugliedern. Voraussetzung hierfür ist die sorgfältige und kritische Auswertung der Literatur, insbesondere der Reisebeschreibungen. Das alles leistet die Geographie unbestritten.

Die Situation ändert sich jedoch dann und dort, wo die Verdichtung des Menschen diesen zur Staatenbildung anregt bzw. zwingt. Jetzt hört der Zustand in dem der Mensch in persönlicher Freiheit, je nach seinem Kulturstand zusammengeschlossen in Familien, Horden oder Stämmen, sich mehr oder minder instinktiv den jeweils gegebenen geographischen und biogeographischen Verhältnissen anpaßt. Er hat einen wesentlichen Teil seiner Freiheit an den Staat abgetreten, der fortan sein Handeln weitgehend bestimmt. Diese Verhältnisse zu untersuchen ist aber nicht mehr Gegenstand der Geographie, sondern der Staatenkunde, also der Statistik. Damit hat sich aber auch wissenschaftlich für die Darstellung viel geändert.

Im allgemeinen wird die statistische Darstellung jedes Staates sich in drei Hauptabschnitte gliedern lassen:

1. die Darstellung der Grundmacht des Staates
2. die Darstellung des Staatsorganismus
3. die Darstellung der Staatskultur.

Unter diesen Abstrakten sind konkret zu verstehen:

1. Grundmacht umfaßt
    a das Territorium
    b die Bevölkerung

2. Der Staatsorganismus hat zu veranschaulichen
    a die politische Verfassung (= Staatsform und staatsrechtliche Verhältnisse)
    b die Organisation der Verwaltung nach ihren Hauptzweigen und
        Haupttätigkeiten, so der
        richterlichen,
        finanziellen,
        militärischen,
        diplomatischen Organisation sowie der
        Organisation der sozialen Gemeinschaften (Unterricht, Erziehung, und Bildung) sowie die
        Stellung des Staates zu den religiösen Gemeinschaften (also Kirchen usw.)

3. Die Staatskultur läßt sich erfassen in
    a die materielle Kultur unter den Rubriken der
        physischen,
        technischen,
        industriellen und
        kommerziellen Tätigkeiten
    b der geistigen Kultur, in der die
        sittliche und die
        intellektuelle zu unterscheiden sind.

Dieses also wäre das allgemeine Schema, nach dem die Statistik ihr Objekt, den Staat in seinem gegenwärtigen Zustand zu untersuchen hat.

Nun stellt sich selbstverständlich die Frage, ob die Statistik unter ihrer Kategorie "Grundmacht" (d.h. Land und Leute) nicht das Gesamtgebiet der Geographie für sich beansprucht, die Geographie als Fachgebiet also überflüssig macht, und ihr, soweit sie doch betrieben wird, unterstellt, sie wildere auf dem Gebiet der Statistik oder mache, wie etwa Büsching (SCHLÖZER, 1804: 88f.), die trockene Aufzählung ihrer Tatsachen nur dadurch schmackhaft und lesbar, daß sie sie mit eingestreuten statistischen Bemerkungen auflockere. Dies alles ist, so u.a. auch im Zusammenhang mit Büsching, behauptet worden. Dem entgegnete Wappäus, daß der Geograph und der Statistiker unter Land und Leuten ganz verschiedene Objekte verstehen, die auch methodisch von ihnen mit ganz unterschiedlichen Zielen verfolgt werden. Der Statistiker untersucht als sein Gebiet nur den Staat, und innerhalb dieses durch politische Grenzen klar umrissenen Gebietes alles und jedes nur, wenn und soweit es Staatsmerkwürdigkeiten sind, also das Wohl und Wehe des Staats selbst und seiner Bürger nachweislich beeinflußt. Damit entfallen für ihn alle nicht staatlich organisierten Gebiete der Erde und selbst auf eigenem Territorium alle jene Ergebnisse der Geographie, die er für seinen Zweck, das Verständnis des jeweils gegebenen Staatsorganismus, nicht nutzen kann. Im gleichen Verhältnis steht die Statistik zu allen anderen ihrer Hilfswissenschaften.

Im Gegensatz zu dieser stets individualisierenden statistischen Untersuchung ist jede geographische Forschung stets vergleichend und das in mehrfacher Hinsicht. Die Erdkunde hat jeden Raum stets im Hinblick auf das Erdganze zu betrachten, in das sie ihn einordnet, in dem sie ihm seinen Platz bestimmen muß. Auch sind ihr nicht, wie der Statistik, die einzelnen Räume eindeutig als politisch begrenzt gegeben. Sie muß sie erst aus ihren Elementen zu bestimmen versuchen, wobei sich u.a. natürliche Landschaften, Vegetationsgebiete, Klimaräume usw. ergeben, an denen die Statistik kein Interesse hat.

Diese Voraussetzungen als richtig unterstellt, ergeben sich interessante Fragen:

1. Die Statistik selbst ist eine jeweils auf räumliche Individuen, nämlich auf den jeweils gegebenen Staat gerichtete Wissenschaft. Selbstverständlich, denn ihre Analyse des jeweiligen gegenwärtigen Staatszustands soll ja die Grundlagen zu dessen optimaler Regierung bieten, auch ist nur der Staat innerhalb seiner Grenzen fähig und befugt, die diesbezüglichen Erhebungen durchzuführen und deren Ergebnisse von geschultem Personal in seinen statistischen Zentralbüros, Landesanstalten usw. aufarbeiten zu lassen. Aber gibt es auch eine vergleichende Statistik? Wappäus antwortete: Selbstverständlich, und erst als vergleichende Statistik ist sie voll arbeitsfähig. Der Wege dahin gibt es mehrere. Wenn man den Begriff des gegenwärtigen Staatszustands nicht zu eng faßt, sondern die Zustände der letzten Jahre mit einbezieht, ergeben sich Durchschnittswerte und Trends, die die Regierung beachten muß. Innerhalb eines großen Staatswesens, etwa Fankreichs, lassen sich Teilgebiete, etwa Departements, statistisch isoliert bearbeiten und geben zu regionalen Folgerungen Anlaß. Und dann kann man selbstverständlich mit großem Erfolg vergleichbare Statistiken unterschiedlicher Staaten mit den eigenen Statistiken vergleichen und daraus auch für die eigene Politik wertvolle Anregungen erhalten.

2. Ganz anders liegen die Dinge, wenn sich jetzt mehr und mehr Menschen aller Schichten und Berufe, Gebildete, Kaufleute, Auswanderer usw. finden mit der Bitte, ihnen Länder jeweils ihres Interesses, die vielfach Staaten oder europäische Kolonien sein werden, hinreichend umfassend, klar und verständlich darzustellen. Die Wissenschaft darf sich diesen Fragen nicht entziehen und die Beantwortung dem Journalismus überlassen. Das Problem ist nicht neu. "Unsere gewöhnlichen Geographien, unsere Lehr- und Handbücher der Erd-, Völker- und Staatenkunde sind der großen Mehrzahl nach auch gar nicht wesentlich verschieden von den politischen Geographien oder Länderbeschreibungen, wie sie vor der Ausbildung

der wissenschaftlichen Erdkunde und Statistik geographische und statistische Tatsachen ohne Methode miteinander gemischt vortrugen und insbesondere ist unsere für den Unterricht bestimmte compendiarische Geographie von den Fortschritten der geographischen und statistischen Wissenschaft fast unberührt geblieben." (GANDIL, 1881: 103-104). Daran wird sich auch sobald nichts ändern, und man darf dieser Art von Büchern "ihren Wert nicht aberkennen, was not tut, ist diesen Büchern ihre richtige Stellung zur Wissenschaft auszuweisen" (GANDIL, 1881: 102). Sie dienen praktischen Bedürfnissen, nicht einer wirklich wissenschaftlichen Aufgabe. Als Politische Geographie[3] oder geographisch statistische Länderbeschreibung sind sie wissenschaftlich nicht viel mehr, als z.B. Reisehandbücher, die auch einem sehr wichtigen praktischen Bedürfnis der Zeit dienen, die aber keiner zu eigentlich wissenschaftlichen Werken zählen wird. Daß für die Politische Geographie gerade der hier hervorgehobene Zweck die Hauptsache ist, geht auch noch daraus hervor, daß sie eben um dieses nützlichen Zwecks willen und auch mit vollkommenem Recht "noch einen Gegenstand in ihren Bereich hineinzieht, der weder zur Erdkunde noch zur Statistik gehört, nämlich die Ortsbeschreibung oder die Topographie" (GANDIL, 1881: 103). Das methodische Problem, vor dem Wappäus steht, ist also klar. Dem Geographen wird ein ihm eigentlich fremdes Gebiet, der politisch begrenzte Staat, zur Beschreibung angeboten. Seiner Schulung nach kann er das, was daran Natur ist, also das "Substrat" des Staates, wissenschaftlich einwandfrei darstellen, wenn auch wahrscheinlich irritiert durch die ihn störenden politischen Grenzen und durch gewisse Topoi, die Siedlungen, insbesondere die Städte, die in seiner Definition des geographischen Raums nicht enthalten sind. Fremd ist ihm aber auch der Überbau über diesem Substrat, der Staatsorganismus, der das Objekt des Statistikers wäre. Ist er nicht zufällig (wie Wappäus selbst!) Geograph und Statistiker, steht er diesem zweiten Teil seiner Darstellung als Dilettant gegenüber, kann seine Darstellung also nicht mehr den Anspruch auf strenge Wissenschaftlichkeit erheben.". Danach also kann man als die Aufgabe der Politischen Geographie bezeichnen: Darstellung der geographischen und statistischen Verhältnisse eines Landes in Verbindung mit der Topographie zum Zweck der leichten Belehrung, wie jeder Gebildete sie bedarf. Sie entnimmt ihr Material größtenteils der Erdkunde und der Statistik, stellt dasselbe aber nicht für sie in systematischer oder wissenschaftlicher Weise dar, sondern verknüpft es mit der Ortsbeschreibung, die gerade einen wesentlichen Bestandteil der politischen Arithmetik bildet. Die Politische Geographie bezweckt somit - mehr in der Form eines Repertoriums - nicht sowohl die abgeschlossene Darstellung eines Staates oder Landes oder einer Anzahl derselben. Es kommt ihr vielmehr auf die Beschreibung der einzelnen Teile an, wie sie sich der Beobachtung des gewöhnlichen Lebens darbieten und wie sie für das Leben vom allgemeinstem Interesse sind. Es ist zu wünschen, daß diese Art populärer Schriften auch durch Kenner der Wissenschaft geschrieben werden. Sie dürfen nicht den bloßen Literaten und Kompilatoren überlassen bleiben. Richtig behandelt kann so die Politische Geographie auch neben den Wissenschaften der Erdkunde und Statistik wahre Dienste leisten und so aufgefaßt, darf auch der Geograph und der Statistiker von Fach sich nicht zu vornehm dünken, die Politische Geographie zu bearbeiten. Alle drei Disziplinen müssen aber so, wie gezeigt, aufgefaßt und auseinander gehalten werden, damit jede für sich wirkliche Früchte bringen könne und damit sie sich gegenseitig nicht verwirren, sondern sich dienen und fördern. Es war nötig, auf diesen Gegenstand hier näher einzugehen, da man sich in neuester Zeit so viel abgemüht hat, die Politische Geographie in ihre richtige Stellung zur wissenschaftlichen Geographie zu bringen." (GANDIL, 1881: 103-104).

Ich glaube nicht, daß man, um an den Anfang dieses Aufsatzes wieder anzuknüpfen, dieses Bemühen um die Klarstellung des Wesens der Geographie, als "verknöchert" abtun darf. Ich glaube im Gegenteil, daß die heutige Tendenz zur Trennung der Physischen Geographie von der Anthropogeographie eher wieder so etwas wie die

Aufwertung der Achenwallschen Statistik (= Staatenkunde) ist, und daß Richthofen nicht wohlberaten war, als er Wappäus zur Makulatur erklärte, statt anzuregen, ihn durchzudiskutieren. Die Probleme, über die man heute hadert, unterscheiden sich nicht grundsätzlich von denen, vor denen Wappäus stand, nur waren die Voraussetzungen andere, war die alte Staatenkunde als Statistik noch an vielen Universitäten Lehrfach, konnte also als bekannt vorausgesetzt werden. Was die wissenschaftliche Geographie nach ihrer Abwendung von Wappäus erreicht hat, war die historisch sicher notwendige Erforschung und Begriffsbildung im Bereich des naturwissenschaftlich erfaßbaren "Substrats" der irdischen Räume. Was sie heute lautstark nachzuholen verlangt, ist eine entsprechende Aufhellung des gesellschaftswissenschaftlichen Teils des Gesamtkomplexes.

Die Übersetzung seiner theoretischen Überlegungen in die Praxis mußte sich Wappäus in seinem oben genannten 'Handbuch der Geographie und Statistik' angelegen sein lassen. Teil I / 1 enthält seine 'Allgemeine Geographie', gegliedert in drei Abteilungen:

Teil I: Astronomische Geographie: 7 - 29
Teil II: Physische Geographie (einschl. Verbreitung der Menschenrassen): 30 - 169
Teil III: Politische Geographie (unterteilt in Staatsgrundmacht, Staatskultur und Staatsorganismus): 170 - 222.

Eingeschlossen sind jedem Teil kurze methodische Bemerkungen. Dem Band beigebunden ist seine Darstellung von Nordamerika, im wesentlichen nach politischen Gebieten, die in sich wieder nach dem Schema Achenwalls abgehandelt werden.

Daß er in diesem Werk in erster Linie die Geographie zur Sprache bringen will, zeigt schon die Wahl der Mitarbeiter. Er selbst übernahm die Allgemeine Geographie und die Darstellung von Nord- und Südamerika. Er gewann Gumprecht für Afrika, Meinicke für Australien und die Südsee, den Leipziger Privatdozenten für Geographie Gelitsch für die Südpolarländer und Ergänzungsartikel sowie Westindien, den noch heute unter den Geographen gut beleumundeten Dorpater Professor für Botanik Willkomm für die Iberische Halbinsel und den Kartographen Ravenstein für die Britischen Inseln. Für den Rest der Welt mußte er unter den bedeutenden Statistikern und hohen Verwaltungsbeamten seiner Zeit Mitarbeiter suchen, von denen man natürlich nicht die Herausarbeitung geographischer Zusammenhänge erwarten durfte. Auf die Analyse dieses Werks einzugehen ist in diesem Rahmen natürlich nicht möglich, bleibt aber ein wissenschaftsgeschichtliches Desideratum.

ANMERKUNGEN

[1] Das Buch erschien zwar zu Ritters 100. Geburtstag, jedoch wollte Wappäus mit ihm nicht Ritter, dessen Ruhm für ihn feststand beleuchten, sondern seinen Schwiegervater Hausmann, der schon zu Lebzeiten unterschätzt und vergessen wurde, sowie die alte Universität Göttingen der Mitwelt wieder nahebringen. Den Brief des alten Vaters von Bismarck an Hausmann mit der Bitte, gegebenfalls seinen Sohn Otto zu helfen, ist auf Seite 161 abgedruckt.

[2] Der Begriff der Anthropogeographie stammt also nicht, wie man oft meint, von Ratzel, sondern taucht wie nebensächlich bei Wappäus in seiner Allgemeinen Geographie (Handbuch I, 1: 170) auf, jedoch habe ich ihn an anderer Stelle bei ihm nicht wiedergefunden.

[3] Politische Geographie, weil die Geographie hier politische Gebilde, also Staaten darzustellen hat.

LITERATURVERZEICHNIS

BECK, H. (1973): Geographie. Europäische Entwicklung in Texten und Erläuterungen. In: Orbis academicus, Bd. II, 16: 240 - 241.

DICKINSON, R.E. (1969): The Makers of modern geography, London.

GANDIL, O. (Hrsg.) (1881): Einleitung in das Studium der Statistik.

HETTNER, A. (1891): Die deutsche Kolonie San Laurenzio in Südbrasilien. In: Erste Beilage zur Leipziger Zeitung, 135: 2227 - 2230.

ders. (1892): Reiseskizzen aus Südbrasilien. In: Deutsche Rundschau für Geographie und Statistik, 14.

ders. (1902): Das Deutschtum in Südbrasilien. In: Geogr. Zeitschrift: 609 - 626.

ders. (1903): Das Deutschtum in Südchile. In: Geogr. Zeitschrift: 686- 692.

ders. (1927): Die Geographie, ihre Geschichte, ihr Wesen und ihre Methoden, Breslau.

KÜHN, A. (1939): Die Neugestaltung der deutschen Geographie im 18. Jhd. In: Quellen und Forschungen zur Geschichte der Geographie und Völkerkunde V, Leipzig.

PESCHEL, O. (1961^2): Geschichte der Erdkunde bis auf A. v. Humboldt und Carl Ritter. Hrsg.: S. RUGE. München.

PLEWE, E. (1957): D. Anton Friedrich Büsching. Das Leben eines deutschen Geographen in der 2. Hälfte des 18. Jahrhundert. Laudensachfestschrift (Stuttgarter Geogr. Studien, 69).

ders. (1958): Studien über D. Anton Friedrich Büsching. In: Festschrift zum 60. Geburtstag von H. Kinzl. Freiburg.

PLEWE, E. & U. WARDENGA (1985): Der junge Hettner. In: Erdkundliches Wissen 74: 25.

SCHLÖZER, A.L. (1804): Theorie der Statistik nebst Ideen über das Studium der Politik überhaupt Göttingen.

SNELLE, G. von (1937): Die Georg-August-Universität Göttingen 1737 - 1937, Göttingen.

STEIN, HÖRSCHELMANN & WAPPÄUS (1855 - 1871^7): Handbuch der Geographie und Statistik für die gebildeten Stände. 10 Bände.

WAGNER, H. (1880): Johann Eduard Wappäus. In: Pet. Mittn. 26: 110 - 115.

WAPPÄUS, J.E. (1842): Untersuchungen über die geographischen Entdeckungen der Portugiesen unter Heinrich dem Seefahrer. Ein Beitrag zur Geschichte des Seehandels in der Geographie im Mittelalter. Erster Teil: Untersuchungen über die Negerländer der Araber und über den Seehandel der Italiener, Spanier und Portugiesen im Mittelalter. Göttingen.

ders. (1843): Die Republiken von Südamerika geographisch statistisch . . . vornehmlich nach amtlichen Quellen, Göttingen.

ders. (1846): Deutsche Auswanderung und Colonisation, Leipzig.

ders. (1851): Gelegentliche Gedanken über nationale Handelspolitik, Göttingen.

ders. (1859, 1861): Allgemeine Bevölkerungsstatistik, Vorlesungen 2 Theile, Leipzig.

ders. (1872): Göttingische Gelehrten Anzeiger, 81: 1232 - 1233.

ders. (1879): Carl Ritters Briefwechsel mit Joh. Friedr. Ludw. Hausmann, Leipzig.

WENK, H.-G. (1966): Die Geschichte der Geographie und der geographischen Landesforschung an der Universität Kiel von 1663 - 1879. In: Schriften des geogr. Instituts der Universität Kiel XXIV, 1: 128 - 148.

DER GEOGRAPHISCHE ANSATZ IN DER FERNERKUNDUNG DURCH SATELLITENAUFNAHMEN

von

Wolfgang Hassenpflug, Kiel

SUMMARY: The Geographical Approach in Remote Sensing by Earth Resources Satellites

The contents of information being stored in multispectral data is not fully evaluated by the recent procedures of image processing. On the other side, the well-tested methods of air photo interpretation are too seldom applied to the new kind of data. This has been tried in classifying the sheet CC 2318 of the topographical survey map 1 : 200 000. The classification is based upon the Landsat-2-data and refers to landuse-categories.
The project was carried out under contract to the Academy of Space Research and Area Planning, Hannover, and in association with the German Federal Ministry for Research and Technology.
The main characteristics of the method are:
- taking into account each individual pixel, which means, for instance, considering it in relation to the particular ground situation, and, for the classification, considering each position of the data matrix covering two spectral levels in direct correlation to a distinct class without recourse to statistical procedures.
- a differentiated regional classification taking into account the regional variations in landscape structure.
By this method based on two of the four Landsat-2-channels our classification could achieve a more than 80 % accuracy with the exception of one class. In addition the approach allows special research on the fields of ecology and environmental monitoring by further analysis of the spectral classes.
Altough the method was tested on Landsat-2-data with respect to area planning questions, it can be applied, in principal, to any other sort of data, which may appear with the development of new technologies and imaging systems in place of the Landsat-2-system, as far as they are coded in multispectral scanner data.

ZUSAMMENFASSUNG

Der Informationsgehalt multispektraler Daten wird durch die derzeit gängigen Verfahren der Bildverarbeitung keinesfalls ausgeschöpft. Andererseits wird die bewährte Methodik der geographischen Luftbildinterpretation zu wenig auf die neuen Fernerkundungsdaten angewandt. Bei der Kartierung des Blattes CC 2318 Neumünster der Topographischen Übersichtskarte 1 : 200 000 der Bundesrepublik Deutschland wurde dies versucht. Die Kartierung basierte auf Landsat-2-Daten und erfaßte die Landnutzung. Sie wurde im Auftrag der Akademie für Raumforschung und Landesplanung, Hannover, und des Bundesministeriums für Forschung und Technologie durchgeführt.
Die Kennzeichen der dabei angewandten Methode sind insbesondere:

- bildpunktgenaues Arbeiten, d.h. Rückführung jedes gewünschten Bildpunktes auf die jeweilige Geländesituation und - bei der Klassifizierung - direkte Zuordnung jeder Datenraumposition zu einer bestimmten Klasse unter Verzicht auf statistische Prozeduren,
- regional differenzierte Klassifizierungsanweisungen in Berücksichtigung der regional differenzierten Landschaftsstrukturen.

Damit konnte auf der Grundlage von nur zwei Spektralbereichen (Kanälen) eine Klassifizierungsgenauigkeit von größtenteils über 80 % erreicht werden. Darüber hinaus erlaubte die Methode weitergehende differenzierende Klassifizierungen von Teilbereichen des Datenraumes, mit denen u.a. landschaftsökologisch wichtige Aussagen möglich waren. Die Anwendung dieser Methode auf die Daten der neuen Satellitengeneration (Landsat Thematic Mapper und Spot) lassen weitere entscheidende Verbesserungen der Aussagen erwarten.

Für das Blatt CC 2318 Neumünster der Topographischen Übersichtskarte, 1 : 200 000 wurde 1981 bis 1985 eine Klassifizierung der Landnutzung auf der Grundlage von Landsat-2-Daten im Auftrag der Akademie für Raumforschung und Landesplanung, Hannover, durchgeführt, und zwar durch Walter Fink, Wolfgang Hassenpflug (Projektleiter), Gottfried Hoffelner u.a. und begleitet von einem Arbeitskreis unter der Leitung von Professor Siegfried Schneider, Bonn- Bad-Godesberg.

Ansatz und Ablauf der Klassifizierung sind im Begleittext zur Karte ausführlich dargestellt. Der Impuls für diese Kartierung ergab sich aus dem Eindruck, daß der geographische Ansatz, wie er sich in der Luftbildinterpretation entwickelt und bewährt hatte, in der technisch neuen Ebene der Fernerkundung durch Satelliten nicht mehr genügend zur Geltung kam, wohl weil die neue Art der Fernerkundung nicht von einem geographisch, sondern vor allem physikalisch, ingenieur- und EDV-mäßig ausgebildeten Personenkreis vorangetrieben wurde.

Im folgenden soll herausgearbeitet werden, wie der geographische Ansatz dazu beitragen kann, den Informationsgehalt multispektraler Daten der Fernerkundung besser als bisher auszuschöpfen.

Die Kennzeichen des geographischen Ansatzes der Auswertung von Fernerkundungsdaten lassen sich am besten am Sonderfall der Luftbildinterpretation beschreiben:

1. Berücksichtigung des Vorwissens über den abgebildeten Landschaftsausschnitt. Die Kenntnis der Landschaftsstruktur führt vergleichbar dem hermeneutischen Zirkel der Geisteswissenschaften zur Verbesserung der Interpretation. Für Mitteleuropa sind solche Kenntnisse vorauszusetzen, auch wenn aus methodischen Gründen so getan werden kann, als ob es sie nicht gäbe.

2. Geländebezug, d.h. Rückführung der Abbildung im Luftbild auf die konkrete landschaftliche Realität, die der Abbildung zugrunde liegt. Die Variationsbreite von Bilddaten darf nicht einfach - aus Unkenntnis der allgemeinen Landschaftsstruktur und der spezifischen Geländesituation - als "Rauschen" abgetan werden, sondern muß als Information angesehen werden, auch wenn diese für die jeweilige Fragestellung ausgeblendet werden kann.

Als das Luftbild nach dem Ersten Weltkrieg zunehmend verfügbar wurde - in seiner Auswertung alsbald in die Bereiche der Photogrammetrie (Luftbild-Geometrie) und der Luftbildinterpretation (Luftbild-Inhalt) gegliedert -, wurde die Luftbildinterpretation unter Verwendung der von der Photogammetrie gelieferten Möglichkeiten präziser Ausmessung rasch zu einer wichtigen geographischen Methode (TROLL, 1966). Luftbildinterpretation war und ist eine nur in Grenzen zu formalisierende Methode, was einerseits auf die Komplexität des abgebildeten Gegenstandes, nämlich die Verschiedenartigkeit und Vielfalt der Landschaft zurückgeht und zum anderen durch die komplexen geistigen Operationen des Interpretierens in Gestalt von Vergleichen, Assozieren, Schlußfolgerungen u.a. bedingt ist.

Mit dem Aufkommen der ersten Erd-Fernerkundungssatelliten in den 70er Jahren entstand nicht nur ein völlig neuer Typ von Fernerkundung mit einer neuen Technik und einer neuen Maßstabsebene, sondern es scheint auch der Einfluß der Geographie zu schwinden, den diese in der Technik und Maßstabsebene des Luftbildes erworben und besessen hatte.

Die neue Scanner-Technik, mit der die Erdoberfläche bildpunktweise erfaßt wurde, war zunächst einmal notwendig, um die Aufnahmen per Funk zur Erde zurückbringen zu können. Dort bestand die Originalaufnahme nun nicht mehr in Bildform, sondern als Zahlenreihe auf dem Magnetband.

Da jeder Bildpunkt durch den neuen Typ des multispektralen Scanners zugleich in mehreren Spektralbereichen bzw. Kanälen aufgenommen war, und zwar unterteilt in jeweils bis zu über hundert als Zahlenwerte kodierte Helligkeitsstufen, stand in den Magnetbändern ein umfassendes, räumlich und spektral differenziertes Datenmaterial zur Verfügung.

Zwei Wege standen nun offen:

1. Auf den Aufnahmedaten wurde direkt durch Abspielung ein Satellitenbild im engeren Sinne erzeugt, schwarzweiß, wenn ein Kanal, farbig, wenn mehrere Kanäle abgespielt wurden. Dieses Bild konnte dann mit den klassischen Methoden der Luftbildinterpretation - lediglich angepaßt an die neue Maßstabsebene - ausgewertet werden.

2. Die numerisch bzw. digital vorliegende Satellitenaufnahme wurde mit Hilfe der elektronischen Datenverarbeitung, die sich im letzten Jahrzehnt parallel zur Fernerkundung gleichermaßen stürmisch entwickelt hatte, weiterverarbeitet; als Output kamen etwa Tabellen, Häufigkeitsverteilungen, Statistiken, insbesondere aber Klassifizierungen und deren bildliche Darstellung heraus. Dies ist die digitale bzw. numerische Bildverarbeitung, für die Fernerkundung nur ein Anwendungsbereich unter vielen anderen ist.

Der zweite Weg war faszinierend. Er hatte zudem handfeste Argumente für sich bzw. große Hoffnungen hinter sich. Nur mit Hilfe der EDV konnte die kontinuierlich einkommende Datenflut auch nur annähernd bewältigt werden. Die Hoffnung war, mit einmal entwickelten Verfahren der digitalen Bidverarbeitung die große Zahl der Aufnahmen auswerten lassen zu können, objektiver und vor allem auch detailgenauer als dies visuell und subjektiv durch einen Interpreten möglich gewesen wäre. Aus diesem Ansatz heraus wurden Bildverarbeitungszentren aufgebaut - relativ wenige, weil teure -, in denen Qualifikationen aus den Bereichen etwa der Informatik, Optoelektronik, Nachrichtentechnik und dgl. gefragt waren, um den neuen methodischen Ansatz zu entwickeln und "operationell" zu machen. Geographie und geographische Ansätze hatten in dieser Konstellation keinen zentralen Platz; Geographen waren allenfalls von Fall zu Fall als Nutzer heranzuziehen, hatten aber gegenüber spezialisierten Geo- und Biowissenschaften kein Gewicht.

Die Schwierigkeiten digitaler Bildverarbeitung erwiesen sich aber rasch als größer, denn im anfänglichen Optimismus angenommen.

- Pauschale Alogrithmen ließen sich angesichts der Heterogenität mitteleuropäischer Landschaften nicht bildglobal wie erhofft anwenden.

- Die anspruchsvolleren Interpretationsebenen ließen sich (noch) nicht so einfach in numerische Verarbeitungsverfahren umsetzen.

In dieser Situation ist zu überlegen, ob nicht eine Hybrid-Methodik der derzeit beste Weg ist, durch Kombination der jeweiligen Vorteile von digitaler Bildverarbeitung und bewährten geographischen Ansätzen zu einer optimalen Ausschöpfung der in Satellitenaufnahmen enthaltenen Information zukommen. Dies wurde bei der Klassifizierung des Blattes Neumünster versucht.

Projektgrundlage waren multispektrale Daten der ersten Landsat-Generation (Aufnahme vom 10.08.1975) mit einer Geländefläche von 79 x 56 m pro Bildpunkt. Die eigentliche Klassifizierung wurde allein auf der Basis von zwei Spektralbereichen, nämlich der Kanäle 5 und 7, gerechnet.

Durch regional differenzierte Klassifizierungsanweisungen und direkt bildpunktbezogenes Arbeiten konnten letztendlich zehn Klassen unterschieden werden, die deutlich über dem liegen, was Fachkreise auf dieser Datengrundlage glaubten erwarten zu können.

Die Klassifizierung auf der Basis multispektraler Daten beruht auf der Tatsache, daß sich verschiedene Oberflächen bzw. Klassen der Landnutzung in der Höhe ihrer mittleren Rückstrahlung pro Bildelement unterscheiden, einige schon in einem Kanal, andere bei Berücksichtigung eines zweiten oder dritten. Die Beschränkung auf zwei Kanäle, wie in diesem Fall, ist zu vertreten, wenn die weiteren Kanäle keinen wesentlichen Informationsgewinn mehr liefern, aber die Berechnung unnötig komplizieren.

Die zeilen- bzw. spaltenweise Gliederung der Landschaft in einzelne Bildpunkte unterschiedlicher Helligkeit sieht im Zahlenwertausdruck folgendermaßen aus (Abb. 1).

Wenn man ein Koordinatensystem aus zwei Kanälen bildet, den sogenannten zweidimensionalen Merkmalsraum, dann hat jeder Bildpunkt darin je nach seinen Zahlenwerten in beiden Kanälen eine ganz bestimmte Position. In Abb. 2 ist sie für die in Abb. 1 umrahmten Punkte markiert.

Die Lage verschiedener Oberflächen bzw. Landschaftselemente in diesem Merkmalsraum ist im groben - u.a. durch visuelle Analyse von Falschfarbenkompositen - bekannt (Abb. 3). So liegt Wasser entsprechend seiner geringen Rückstrahlung in beiden Spektralbereichen nahe dem Koordinatenursprung, Vegetation liegt in einem Ast mit wachsenden Zahlenwerten im Infrarot (Kanal 7), Boden und Sand dagegen in einem etwa diagonal verlaufenden Ast vegetationsfreier Oberflächen.

	Kanal 5					Kanal 7				
	SAMP	1585		1587	1589	SAMP	1585		1587	1589
LINE										
1170		38	40	35	22	18		22	22	24	28	32
1171		38	39	38	38	25		21	20	21	22	26
1172		26	34	34	22	14		24	22	22	24	22
1173		18	19	19	13	13		19	23	24	19	14
1174		12	14	13	13	12		18	22	18	13	12
1175		[15]	14	[14]	12	12		[28]	23	[17]	14	12
1176		22	14	13	13	12		23	18	14	13	14
1177		24	15	14	15	11		21	19	16	12	12

Abb. 1: Zahlenwertausdrucke der Kanäle 5 und 7 für das Mustergebiet 101 (Forst 1100). Rechts unten liegt Nadelwald, links Grünland

```
          0    10   20   30   40
          |    |    |    |    |
        ********************
  0,1   *
        *
        *
        *
        *
  10  — *
        *
        *
        *  x
        *
  20  — *
        *
        *
        *  x
        *
  30  — *
        *
        *
        *
        *
  40    *
        *
```

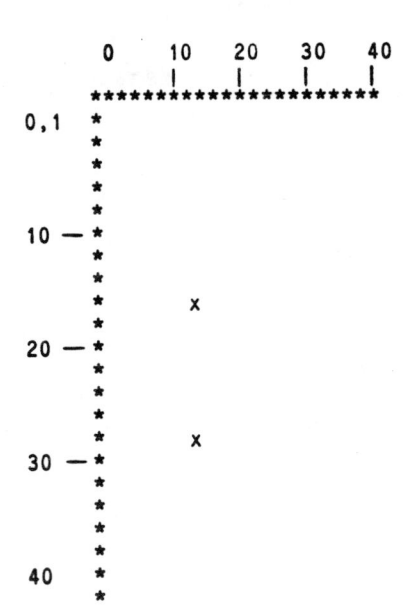

Abb. 2:

Lage von zwei Bildpunkten aus Abb. 1 im zweidimensionalen Merkmalsraum aus Kanal 5 und 7

Das Grundproblem der numerischen Klassifikation ist es nun, die vielen auftretenden Zahlenwertkombinationen (beim Blatt Neumünster etwa 2 700, davon 700 nur einmal besetzt) so zusammenzufassen bzw. gegeneinander abzugrenzen, daß sie den angestrebten Klassen entsprechen.

Die Positionsunterschiede innerhalb solcher Klassen enthalten dabei durchaus noch geographisch wertvolle Informationen, die bei der Gesamtklassifizierung zu relativ wenigen Klassen zweckentsprechend ausgeschlossen werden müssen, sich aber - wie weiter unten noch zu zeigen - durch entsprechende Binnendifferenzierung sehr wohl und ertragreich erschließen lassen.

Die Verbindung zwischen bestimmten Typen der Erdoberfläche bzw. Klassen der Landnutzung und bestimmten Bereichen im Merkmalsraum wird üblicherweise durch sogenannte Mustergebiete hergestellt, die für die jeweilige Klasse repräsentativ und im Merkmalsraum geschlossen abgebildet sein sollen. Die Beurteilung der räumlichen Repräsentativität von Mustergebieten und die damit zusammenhängende Frage der Stichprobenannahme gegenüber subjektiver Gebietsauswahl sind selbst für einen landeskundigen Geographen keine leichte Aufgabe. Während die gängigen, an Bildverarbeitungsanlagen eingesetzten Klassifikationsverfahren auf der Grundlage von Mustergebieten indirekt, nämlich über mathematisch-statistische Verfahren mit bestimmten Zuordnungswahrscheinlichkeiten wie z.B. dem Maximum-Likelihood-Verfahren zur Klasseneinteilung kommen, wurde für das Blatt Neumünster eine direkte, bildpunktgenaue Zuordnung gewählt.

Zunächst wurde anhand einer umfangreichen Analyse von über 150 Mustergebieten der verschiedensten Typen der Bodenbedeckung und Landnutzung aus allen Teilräumen des Kartenblattes eine Übersicht über die Varationsbreite der auftretenden spektralen Signaturen (entsprechend Positionen im Merkmalsraum) gewonnen. Die zweifelsfreien Positionen im Merkmalsraum - zunächst inselhaft isoliert - wurden bestimmten Klassen zugeordnet. Die weißen Flecken zwischen den "Inseln" wurden schrittweise aufgeklärt, indem sie positionsweise klassifiziert und die Resultate auf Übereinstimmung mit der landschaftlichen Realität überprüft

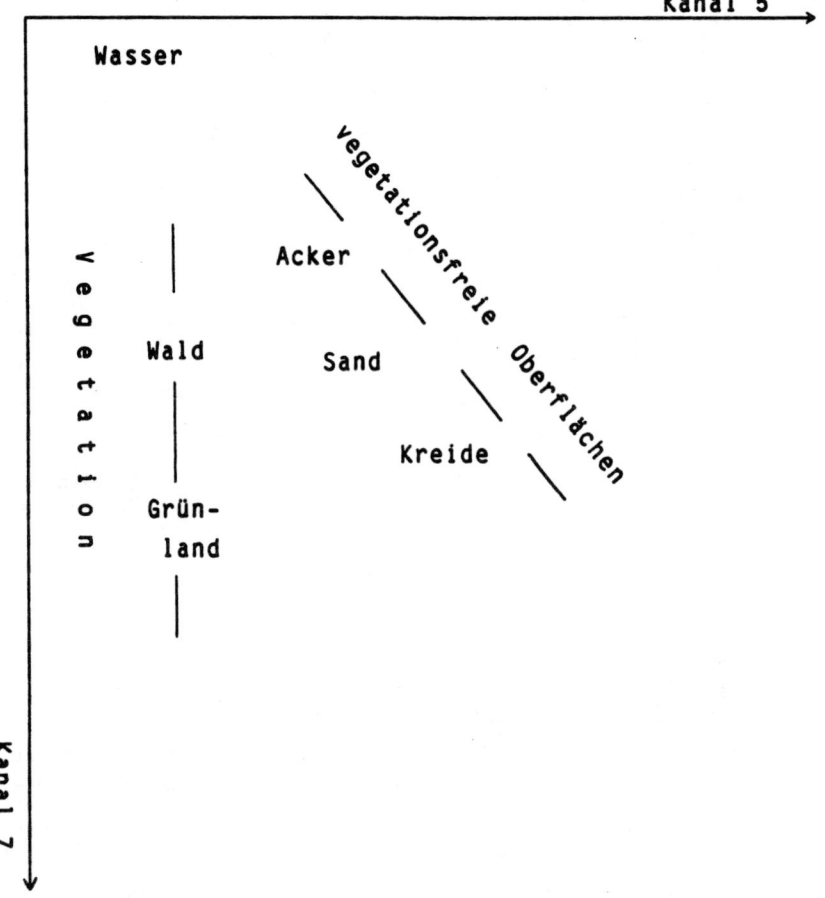

Abb. 3: Allgemeine Bedeutung bestimmter Merkmalsbereiche (spektrale Signaturen) im zweidimensionalen Merkmalsraum aus Kanal 5 und 7

wurden. Dieser iterative Prozeß von Klassifizierung, Prüfung und Korrektur der Klassifizierungsanweisung wurde ausgehend von Teilräumen auf den gesamten Blattbereich ausgedehnt (Abb. 5).

Die Gestalt einer Klasse im zweidimensionalen Merkmalsraum muß nicht quader- oder elipsenförmig sein, sondern kann je nach Entwicklung des iterativen Prozesses beliebig geformt sein. Abb. 4 zeigt die abschließende Gliederung des Merkmalsraumes, mit der das Blatt Neumünster klassifiziert wurde. Genauer gesagt wurde damit nur ein Teil des Kartenblattes, nämlich der zwischen Deichlinie an Nordsee und Elbe einerseits und der Grenze zum schleswig-holsteinischen Hügelland andererseits klassifiziert. Für das schleswig- holsteinische Hügelland gab es eine Klassifizierungsanweisung, die im Grenzbereich zwischen den Klassen 7 (dichte Bebauung) und 9 (Ackerland) verändert wurde, um angesichts der agrarphänologischen Besonderheiten des Rapsanbaues in diesem Gebiet eine regionalspezifisch bessere Trennung beider Klassen zu erreichen. Für das Außen-

```
         0   10   20   30   40   50   60   70   80   90  100
         |    |    |    |    |    |    |    |    |    |    |
         *********************************************************
 0, 1  *    AAAAAAAAAAAAAAA
       *      AAAAAAAAAAAAAA
       *        11111
       *         1111777777
       *       BBBBB 77777777
10     *       33BBB777777777
       *       3333   7777999
       *       33338888E99999999
       *       33338888E99999999  FFFF
       *        33388b8E99999999   FFFFFF
20     *         55 6644499999222  FFFFFFFFF
       *         5554444442222222222  FFFFFFFFFF
      `*         5554444442222222222   FFFFFFFFFFF
       *         5544444444222222222   FFFFFFFFFFFFF
       *          444444442222222222   FFFFFFFFFFFFFF
30     *          444444444   22222222  FFFFFFFFFFFFFFFFFFFF
       *          444444444    222222        FFFFFFFFFFFFFFFF
       *          4444444444                 FFFFFFFFFFFFFFFF
       *          4444444444                  FFFFFFFFFFFFFF
       *           444444444
40     *           4444444
       *            444444
       *             4444
       *            4444444
       *            4444444
50     *             4444444
       *              444444
       *
       *
58     *
```

Abb. 4: Klassifizierungstabelle LAND für das Blatt Neumünster. Die Bedeutung der Signaturen ergibt sich aus Tab. 1. Für die Bildpunkte der Abb. 1 bzw. 2 ist zu erkennen, daß sie der Klasse 3 (Nadelwald) bzw. 4 (Grünland) zugeordnet worden sind

```
            1580  1585  1590  1595  1600
              •     •     •     •     •
            4444444444422224448333   333
            44444443344224453333B3BB33
            444444333384433333   33   33
            4684422243353333333BBB3B   33
1175        5884422422453333    3B  3B 23
            444444444E433333   B3    B 33
            444444444263333      .3    3
            4444444448333333333  B      B
            444444664533333      3    3
1180        444444E433333   BB   BB B  B
            4544468433333333 B          3
            4444444483353333BB  BBBB33
            44669444648    BB3333    B 3
            4644E64455887BB34468333333
1185        44644445568888344464446333
```

Abb. 5: Klassifizierungsausdruck für den Bereich der Abb. 1. Die Bedeutung der Signaturen ergibt sich aus Tab.1

deichsland wurde eine grundlegend neugestaltete Klassifizierung notwendig, in der allerdings - sozusagen als Gegenkontrolle - dort nicht vertretene Positionen wie die der Klasse 3 (Nadelwald) beibehalten wurden (vgl. Abb.6 und 7 sowie Tab. 1).

Schon bei der grundlegenden Mustergebietsanalyse war festgestellt worden, daß ein und dieselbe Datenraumposition Klassen unterschiedlicher Bedeutung erfaßte. So erschienen z.B. Moore und Feuchtgebiete mit der gleichen spektralen Signatur wie die Klasse lockere Bebauung, Ackerland teilweise wie dichte Bebauung oder trockenes bzw. sandiges Watt wie dichte Bebauung, feuchtes bzw. schlickhaltiges Watt wie die spezielle Ufersignatur.

Bei der visuellen Interpretation von Satelltitenbildern wird - wie bei Luftbildern auch - die mehr oder weniger große Ähnlichkeit der spektralen Signaturen verschiedener Klassen meist gar nicht wahrgenommen; die richtige Entscheidung wird durch Zusatzinformationen über Form, Lage und Nachbarschaft der jeweiligen Fläche herbeigeführt. Und genau das ist nun auch der Ansatz bei der numerischen Klassifikation von Satelitenaufnahmen die Mehrdeutigkeit der Signaturen zu überwinden: Klassen, deren spektrale Signaturen sich mehr oder weniger überlagern, sind vielfach räumlich voneinander getrennt. So erweist sich die Regionalisierung, d.h. die Untergliederung des Gesamtraumes in Teilräume mit spezifischer

```
              0   10   20   30   40   50   60   70   80   90  100
              |    |    |    |    |    |    |    |    |    |    |  Kanal 5
              ******************************************************
       0, 1  *  AAAAAAAAAAAAAA
             *      AAAAAAAAAAAAAA
             *        IIIIIDDD
             *         IIIIDDDDDD
             *        3IIIDDDDDDDDDD
      10     *        33GGDDDDDDDDDCC
             *      3333HHDDDDD CCCCCC
             *      3333HHHHHCCCCCCCC
             *      3333HHHHHCCCCCCCC  FFFF
             *        55HHHHHCCCCCCCC    FFFFFFF
      20     *        55HHHHHCCCCCC222  FFFFFFFFFF
             *       5554444442222222222 FFFFFFFFFF
             *       5554444442222222222 FFFFFFFFFFFF
             *       5544444442222222222 FFFFFFFFFFFFFFF
             *       444444444422222222  FFFFFFFFFFFFFFFFFF
      30     *        444444444  22222222    FFFFFFFFFFFFFFFFFFFF
             *        444444444   2222222         FFFFFFFFFFFFFF
             *        4444444444                  FFFFFFFFFFFFFF
             *        4444444444                  FFFFFFFFFFFFFF
             *        444444444
      40     *        4444444
             *         444444
             *          4444
             *         4444444
             *         4444444
      50  ~  *         4444444
             *          444444
          ─
          l
          a
          n
          a
      58  K  *
```

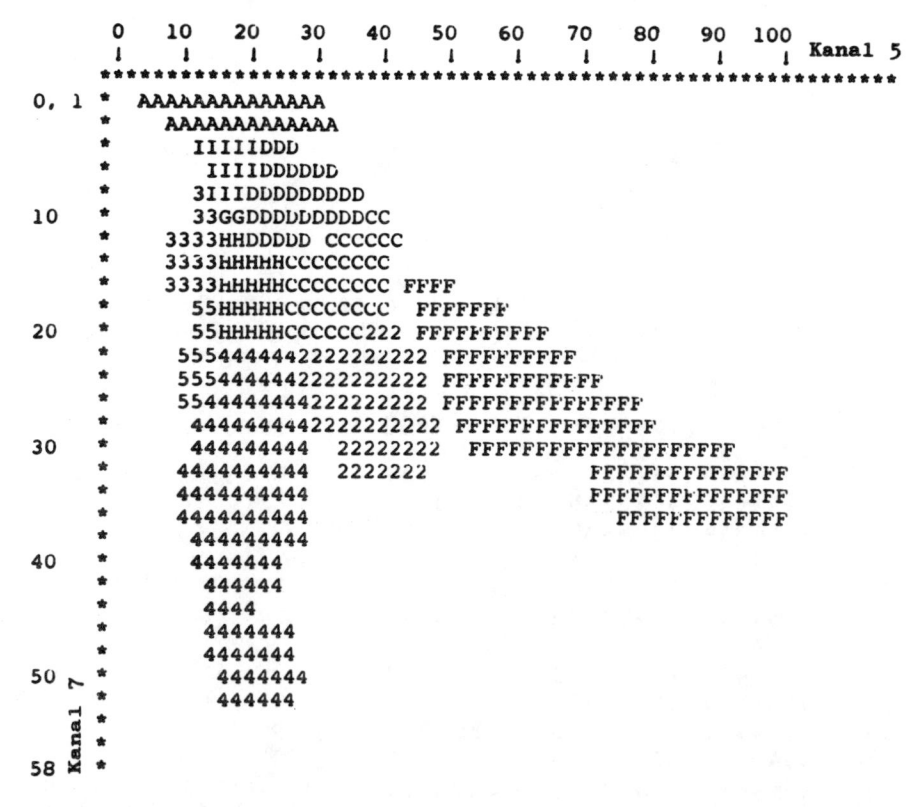

Abb. 6: Klassifizierungstabelle für Außendeichsland und Wattenmeer. Die Bedeutung der Signaturen ergibt sich aus Tab. 1

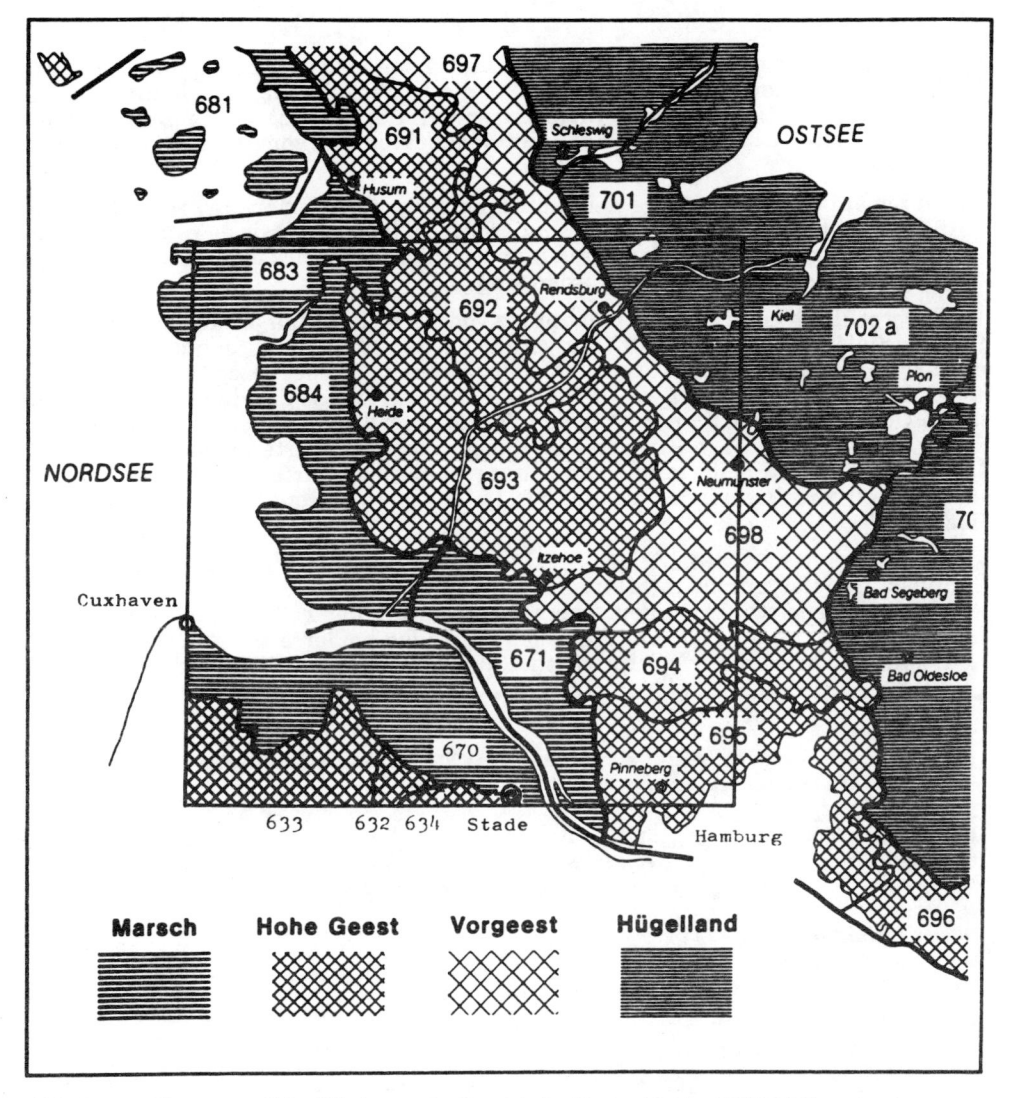

Abb. 7: Naturräumliche Gliederung im Bereich des Kartenblattes CC 2318 Neumünster.

Bedeutungszuweisung bei der Klasssifizierung als geeigneter Ansatz zur besseren Informationsausschöpfung.

Die Notwendigkeit zur Regionalisierung, die jedem Kenner der mitteleuropäischen Landschaftsstruktur einsichtig ist, steht im deutlichen Gegensatz zur anfänglichen Erwartung, mit standardisierten Klassifizierungsverfahren ganze Staaatsgebiete, etwa der Bundesrepublik Deutschland, abdecken zu können.

Die regionalisierte Klassifizierungsanweisung findet ihre Grenzen dort, wo die sich überschneidenden spektralen Signaturen auf räumlich nicht trennbare Landschaftselemente zurückzuführen sind; dies war beim Blatt Neumünster bei einem bestimmten Typ trockener verbuschter Moor- und Ödlandflächen sowie lockerer Bebauung anderseits der Fall. So erscheinen im Kartenausdruck eine ganze Reihe von Mooren mit der gleichen Farbsignatur wie die lockere Bebauung. Sie können nur bei der Interpretation der Klassifizierungsresultate, nämlich durch Berücksichtigung von Textur und insbesondere räumlichem Kontext voneinander unterschieden werden.

Die durch bildpunktgenaue, regional differenzierte Klassifizierung erreichbare Genauigkeit ist beachtlich hoch, insbesondere wenn man die geringe räumliche Auflösung der zugrunde liegenden Daten und die Tatsache berücksichtigt, daß nur zwei Spektralbereiche herangezogen worden sind.

Die Überprüfung einer Kontrollstichprobe von ca. 40 Punkten pro Klasse erbrachte für den Blattbereich die in Tab.1 aufgeführten Genauigkeiten, die - da aus methodischen Gründen auf die Topographische Karte 1:25 000 bezogen - tatsächlich sogar noch größer sein mögen. Das gilt z.B. für die Klasse der dichten Bebauung, deren Genauigkeit nach unten aus dem Rahmen fällt; in 58 % der Kontrollpunkte dieser Klasse traten nach Ausweis der Topographischen Karte Flächen mit dichter Bebauung auf, und beide sind in der Topographischen Karte nicht sonderlich gut und aktuell voneineinander zu trennen. Alle anderen Genauigkeiten liegen bei über 80 %!

Die Genauigkeit der Klassifizierung ist im Maßstab 1:200 000 nicht mehr voll erkennbar. Dies ist nur beim bildpunktweisen Ausdruck der Fall. So sind z.B. in Abb. 8 in der perlschnurartigen Aneinanderreihung der F-Signatur (vegetations- und mutterbodenfreie Flächen) die Deichbaustellen beiderseits der Elbe zu erkennen, zwischen begrüntem Deichvorland und binnenseitigem Grünland (Signatur 4) gelegen.

Tab. 1: Klassifizierungseinheiten des Blattes Neumünster sowie deren Flächenanteile und Genauigkeiten.

Klasse der Landnutzung Bodenbedeckung	Signatur im Ausdruck	Anteil an der Gesamtheit der Klassen (in %)	Klassifizierungsgenauigkeit (in %) der Klassen
Siedlungsflächen			
dicht bebaut	7	0,5	58
locker bebaut	8	3,8	79
Land- und forstwirtschaftliche Flächen			
Ackerland	2,9,14 (E)	17,3	79 bzw. 93[1]
Grünland	4	58,2	71 bzw. 97
Nadelwald	3	2,8	90
Laubwald	5	2,9	88
Deichvorland			
begrüntes Deichvorland	16(G) 17(H)	0,4	-
Wattflächen	12(C) 13(D)	6,9	92
Andere Flächen			
Wasser	1,10(A) 11(B)	6,1	94
Vegetations- und humusfreie Flächen	15(F)	0,2	76
nicht klassifiziert		1,1	

[1] Bei Annahme von in der topogr. Karte TK 25/50 nicht dokumentierter Nutzungsänderung zwischen Acker und Grünland.

Hinter der F-Signatur stehen je nach räumlichem Kontekt eine ganze Reihe wichtiger Bedeutungen: Sandbänke, Strandflächen, Kiesgruben, Deponien von Baggergut (an Elbe und Nord-Ostsee-Kanal), Aufschüttungsflächen für Industrie wie in Brunsbüttel oder Allgemeinflächen im Nutzwandel (Großbaustellen an Straßen, Deichen oder im Siedlungsbereich), (Flächensanierung der Itzehoer Innenstadt z.Z. der Satellitenaufnahme).

Der Informationsgehalt der Ausgangsdaten ist durch die bisher dargestellte relativ grobe Klassifizierung bei weitem noch nicht ausgeschöpft. Umfangreiche Untersuchungen zur Binnendifferenzierung einzelner Klassen haben die Tatsache und Bandbreite der durch Binnendifferenzierung aufschließbaren Informationen gezeigt (HASSENPFUG, 1983).

Die auszugsweise Darstellung solcher Teilklassen liefert eine relativ einfach zu erstellende Arbeitsgrundlage, insbesondere für verschiedenste landschaftsökologische Fragestellungen, sofern aus dem Vorwissen über die Landschaftsstruktur der räumliche Geltungsbereich bestimmter hinter den Signaturen stehender Bedeutungen abzuschätzen ist. Schon die Untergliederung der Klasse Bebauung in lockere und dichte Bebauung sowie der Klasse Wald in Laub- und Nadelwald ist ein Weg in diese Richtung gewesen. Gleiches gilt für die Untergliederung des "Astes" der vegetationsfreien Flächen im Merkmalsraum. Hier wurde bisher zwischen dunklen (Signatur 9) und hellen (Signatur 2) vegetationsfreien Flächen sowie vegetations- **und** mutterbodenfreien Flächen (Signatur F) unterscheiden. Diese Abfolge läßt sich noch verfeinern, indem man z.B. den spektral ausgedehnten Raum der F-Signatur weiter untergliedert. Wenn man sie mit der Ziffernfolge von 1 (am Übergang zur Acker-Signatur 2 bzw. 9) bis 6 (höchste Werte) belegt und mit dieser Einteilung klassifiziert, so erhält man z.B. für einen Ausschnitt des schleswig-holsteinischen Hügellandes einen Ausdruck wie in Abb. 9. Der Wald - differenziert in Buchstaben-Signaturen, die hier nicht besprochen werden sollen - dient dabei nur zur leichteren relativen Orientierung. Kiesgruben sind hier mit den Signaturen 3 und 4 erfaßt (Kreide hätte die Signatur 6), und zwar in Verbindung mit der Signatur 1, die hier im räumlichen Kontext mit eindeutigen Kies-Signaturen als typische Misch-Signatur von Kiesabbauflächen mit randlichen Ackerflächen oder dgl. zu deuten ist.

Die isoliert auftretenden 1er-Signaturen sind dagegen anders zu bewerten. Sie stellen - wie Geländekontrollen ergaben - Ackerflächen dar. Entsprechend ihrer spektralen Definition kann es sich dabei nur um extrem helle Ackerflächen handeln, was wiederum bei Vorkenntnis der im Untersuchungsgebiet vorhandenen Bodentypen und der vor der Satellitenaufnahme herrschenden Wetterbedingungen auf Humusverlust oder auch auf Austrocknung zurückgeführt werden kann und somit ein Indikator für Bodenschädigung wäre, der gezielte Geländearbeit zu dieser Frage erleichtern könnte. In einem anderen räumlichen Kontext, nämlich in den jung eingedeichten Kögen an der Nordseeküste, wäre die gleiche Signatur als normales Erscheinungsbild abgetrockneter, junger Marschböden zu deuten.

Derartig sind noch viele andere Aussagen - schon und nur aus einer einzigen Satellitenaufnahme - bei bildpunktgenauer, regional differenzierter Auswertung möglich. Solange die komplexen Interpretationsleistungen, die der Geograph von der Luftbildauswertung kennt, nicht wirklich befriedigend in automatische Bildverarbeitungs-Algorithmen umgesetzt sind, hat der Geograph allen Grund, sein Vorwissen zur Verbesserung der Auswertung stärker als bisher auch in die neue Technik der Auswertung multispektraler Daten einzubringen.

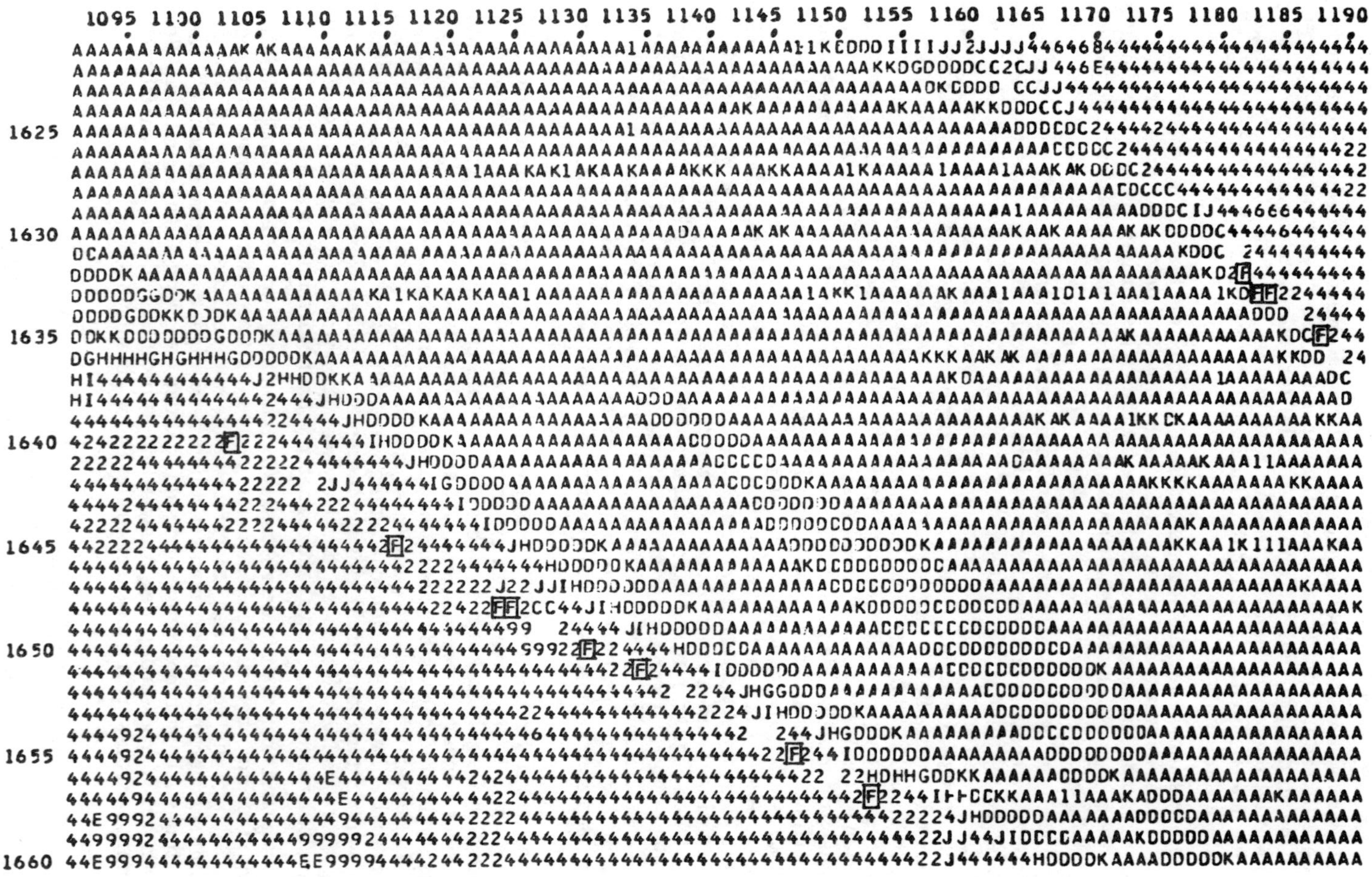

Abb. 8: Deichbaustellen (F-Signatur) beiderseits der Elbe. Die Bedeutung der Signaturen ergibt sich aus Tab.1.

Abb. 9: Kiesgruben (Signatur 3 und 4 in Verbindung mit 1) sowie Wald (Buchstaben-Signatur) zur Orientierung. Isolierte Einzelsignaturen weisen entweder auf stärkere Austrocknung oder auf Bodenschädigung durch Humusverlust hin.

LITERATURVERZEICHNIS

HABERÄCKER, P. (1985): Digitale Bildverarbeitung, Grundlagen und Anwendungen. München und Wien.

HASSENPFLUG, W., FINK, W. & G. HOFFELNER (1986): Landnutzungskartierung aus Satellitendaten - Methodenstudie am Beispiel des Blattes Neumünster der Topographischen Übersichtskarte 1 : 200 000. Beiträge der Akademie für Raumforschung und Landesplanung, Hannover (im Druck).

HASSENPFLUG, W. (1983): Erprobung von Fernerkundungsverfahren bei der Umweltüberwachung sowie Biotopkartierung.- Unveröffentlichter Forschungsbericht für das Ministerium Ernährung, Landwirtschaft und Forsten des Landes Schleswig-Holstein, Kiel.

OSTHEIDER, M. & D. STEINER (1979): Glossar zur Fernerkundung. Geographisches Institut ETH Zürich.

SCHNEIDER, S. (1974): Luftbild und Luftbildinterpretation.- Lehrbuch der allgemeinen Geographie, XI, Berlin und New York.

TROLL, C. (1966): Luftbildforschung und Landeskundliche Forschung.- Erdkundliches Wissen, Schriftenreihe für Forschung und Praxis, 12, Wiesbaden.

PHASEN DER DÜNENBILDUNG AUF DEN INSELN DES WATTENMEERES

von

Jürgen Ehlers, Cambridge

SUMMARY: Phases of Dune Formation on the Wadden Sea Islands, North Sea

Dune formation on the North Sea barrier islands was not a continuous process but occurred in three major phases:
1. Severe storm surges led to considerable land losses along the entire North Sea coast at the beginning of the "Little Ice Age", in the 13th - 15th centuries. The reworked sediment supplied the sand needed for the formation of the so-called "Young Dunes", the major coastal dune ridges along the southeastern North Sea coast.
2. Strong storm surges in the 17th and early 18th centuries led to land losses again, though not of the same order of magnitude as in the preceding storm flood period. Again, major dune ridges were formed. Dune migration and formation of blowouts was considerably enhanced by intensive grazing in the dune areas.
3. A third period of dune formation occurred in the second half of the 19th century. This period is documented best, because for the first time not only written chronicles but also accurate maps are available. No storm floods of any significance are reported from that period. It seems likely that dune formation and island extension at that time were a consequence of changes in the atmospheric circulation at the end of the "Little Ice Age".

ZUSAMMENFASSUNG

Die Dünenbildung auf den Barriere-Inseln der Nordsee war kein kontinuierlicher Vorgang, sondern hat sich vor allem in drei großen Phasen abgespielt:
1. Im 13. - 15. Jahrhundert, zu Beginn der "Little Ice Age", führten starke Sturmfluten zu erheblichen Meereseinbrüchen entlang der gesamten Nordseeküste. Das dabei aufgearbeitete Sediment bildete die Grundlage für die Entstehung der "Jungen Dünen", der großen Küstendünenzüge der südöstlichen Nordsee.
2. Schwere Sturmfluten im 17. und zu Beginn des 18. Jahrhunderts brachten erneut schwere Landverluste mit sich, wenn auch in geringerem Ausmaß als in der vorausgegangenen Dünenbildungsphase. In dieser Zeit wurden erneut große Dünenzüge gebildet. Die Dünenwanderung und die Entstehung von Ausblasungsformen wurden durch die Überweidung erheblich gefördert.
3. Eine dritte Dünenbildungsphase ereignete sich in der zweiten Hälfte des 19. Jahrhunderts. Diese ist von den drei Phasen am besten dokumentiert, da erstmalig außer schriftlichen Berichten auch exakte Karten zur Verfügung standen. Die Ursache der erneuten Dünenbildung ist wesentlich schwerer zu erkennen, als die der vorausgegangenen Phasen. Nennenswerte Sturmfluten haben sich zu jener Zeit nicht ereignet. Es mag jedoch ein Zusammenhang bestehen mit der Klimaumstellung am Ende der "Little Ice Age" (um 1850).

1 EINLEITUNG

Von Den Helder in den Niederlanden bis nach Blaavandshuk in Jütland erstreckt sich das Wattenmeer, seewärts begrenzt durch die Kette der Barriere-Inseln (Abb. 1). Die Morphodynamik dieses Gebietes wurde vom Verfasser in einem mehrjährigen Forschungsprogramm untersucht (EHLERS, 1986). Dabei zeigte sich, daß die Dünenkerne der Inseln nicht das Resultat einer kontinuierlichen Dünenbildung sind, sondern in drei großen Phasen entstanden sind, die durch Zeiten wesentlich schwächerer äolischer Morphodynamik voneinander getrennt waren.

Abb. 1: Übersichtskarte des Wattenmeeres; L = Langeneß, H = Habel, Ho = Hooge, N = Nordstrandischmoor, P = Pellworm, S = Süderoog, SF = Südfall, Tü = Tümlauer Bucht, Gr.-K. = Großer Knechtsand, Wa = Wangerooge, Sp = Spiekeroog, La = Langeoog, M = Mellum, Rp = Rottumerplaat, E = Engelsmanplaat.

Abb. 2: Bildung eines neuen Dünenzuges auf der Boschplaat, Ostende von Terschelling. Winterliche Sturmfluten haben einen Teil der jungen Weißdünen abgetragen. Die positive Sandbilanz führt jedoch dazu, daß dieser Verlust während der Sommermonate mehr als ausgeglichen wird.

2 REZENTE MORPHODYNAMIK

Bei langsam ansteigendem Meeresspiegel unterliegt die Küste der West-, Ost- und Nordfriesischen Inseln heute überwiegend der Abtragung. Dies gilt nicht nur für die stark exponierten, seeseitigen Bereiche der Inseln, sondern in gleichem Maße für die Wattseite. Der Uferrückgang, der sich hier weniger spektakulär abspielt als auf der Seeseite, beträgt im Mittel etwa 20 cm pro Jahr (EHLERS, 1986). Das ist zwar wenig im Vergleich mit dem Rückgang z.B. des Roten Kliffs auf Sylt (im Schnitt etwa 1 m pro Jahr), oder gar mit der Verlagerung der Außensände (20 - 30 m pro Jahr), trägt jedoch auf lange Sicht in bedrohlicher Weise zur Verkleinerung der Inseln bei. Positive Strandverschiebung ist heute auf die östlichen Enden der meisten West- und Ostfriesischen Inseln beschränkt (Terschelling, Ameland, Schiermonnikoog, Rottum, Borkum, Norderney, Baltrum, Spiekeroog, Wangerooge), während die Westenden der Abtragung unterliegen. Lediglich auf Texel bilden sich im Südwesten neue Dünen, während das Nordostende im Abbruch liegt. Auf den Nordfriesischen Inseln ist junger Anwachs weitgehend auf die Nordenden von Fanö, Römö und Sylt beschränkt.

Nur in Bereichen mit positiver Sedimentbilanz kann rezente Dünenbildung beobachtet werden. Hier findet ein nahezu kontinuierlicher Aufbau neuer Dünengebiete statt, indem sich junge Dünenzüge vor die alten Dünenkerne lagern (Abb. 2). Das kann dazu führen, daß mehrere Reihen von Küstendünen schließlich zu einem einheitlichen großen Dünenzug verschmelzen.

Phasen verstärkter Dünenbildung sind stets gekoppelt mit Phasen starker Sandumlagerung im Bereich der Küstenbarriere. HEMPEL (1980) konnte durch Untersuchungen auf Wangerooge und Spiekeroog zeigen, daß nach Sturmfluten verstärkte Dünenbildung stattfindet. Der Ablauf der Ereignisse läßt sich dabei wie folgt untergliedern:

1. Im Verlauf einer Sturmflut kommt es entlang der gesamten betroffenen Küste zu starker Erosion. Sediment wird vom Strand seewärts abtransportiert.

2. In nachfolgenden Schönwetterperioden setzt küstenwärts gerichteter Sandtransport ein. Dieser kommt jedoch vor allem den Gebieten zugute, die auf Grund ihrer geringeren Exposition eine generell positive Sandbilanz aufweisen (z.B. die Ostenden der Ostfriesischen Inseln).

3. Nur in diesen Gebieten bilden sich anschließend neue Dünenzüge aus, die sich seeseitig an den alten Dünenkern anlagern.

3 HISTORISCHE ENTWICKLUNG

3.1 Ausbildung des alten Strandwall-Systems

Die Dünenbarriere des Wattenmeeres ist relativ jung. Der rasche Anstieg des Meeresspiegels zu Beginn des Holozäns führte auf Grund des geringen Gefälles des Nordseebodens zu einer sehr hohen Transgressionsgeschwindigkeit. PRATJE (1951) ging von einer mittleren horizontalen Transgressionsrate von 150 m / Jahr aus; BÄSEMANN (1979: 116) ermittelte auf Grund neuerer Unterlagen sogar Transgressionsgeschwindigkeiten von knapp 270 m / Jahr. Es liegt auf der Hand, daß bei einem so raschen Vordringen des Meeres nicht genügend Zeit zur Ausbildung einer Barriereküste zur Verfügung stand.

Diese Situation änderte sich in dem Moment, als sich der Anstieg des Meeresspiegels verlangsamte. Zu dieser Zeit, etwa um 6700 v.h., begann sich in den Niederlanden ein Strandwallsystem aufzubauen, unter dessen Schutz lagunäre Ablagerungen in größerer Mächtigkeit abgelagert wurden. Etwa um 4100 v.h. setzte eine Regressionsphase ein (VAN STRAATEN, 1965), und die Barriere wurde inaktiv.

Ein etwa 80 km langes Stück dieser ersten Küstenbarriere ist in Holland erhalten geblieben. Es erstreckt sich von südlich Den Haag bis nach Alkmaar. Die Barriere war nicht völlig geschlossen, sondern enthielt drei Durchlässe: die Mündungen von Rhein-Maas und Oude Rijn sowie ein Seegat bei Bergen, dessen Lage durch eine Mulde im pleistozänen Untergrund vorgezeichnet gewesen scheint (Urstromtal der Vecht; vgl. JELGERSMA, 1983).

Im Zusammenhang mit der Bildung der holländischen Küstenbarriere entstanden erste weit verbreitete Küstendünen. Diese sogenannten "Alten Dünen" waren im wesentlichen niedrige Dünenrücken auf den alten Strandwällen. Sie erreichten bei weitem nicht die Größe und flächenhafte Ausdehnung der späteren "Jungen Dünen". Die Bildung der "Alten Dünen" endete etwa um 2000 v.h.

Die Bildung einer ersten Küstenbarriere in Schleswig-Holstein entspricht in ihren Grundzügen dem Ablauf der Ereignisse in den Niederlanden. Im nördlichen Dithmarschen bildeten sich um 5000 v.h. erste Strandwälle, als die Transgression den heutigen Küstenraum erreichte. Die Strandwallbildung dauerte mit Unterbrechungen bis etwa 3800 v.h. an. Die dabei entstandene sogenannte "Lundener Nehrung" besteht aus einem schmalen, langgestreckten Strandwall, auf dessen Oberfläche sich niedrige Dünen ausgebildet haben (HUMMEL & CORDES, 1969).

Die Lage der alten Strandwall- und Dünensysteme zeigt, daß die Küstenlinie seinerzeit einen völlig anderen Verlauf hatte als heute. Die heutige Küstenform mit den vorgelagerten Barriere-Inseln hat sich erst im Zuge der Dünkirchen-Transgression, im wesentlichen nach Christi Geburt, entwickelt (vgl. BARCKHAUSEN, 1969; BEHRE et al., 1979). Die Dünen, die wir heute auf den Inseln des Wattenmeeres antreffen, gehören sämtlich zu den "Jungen Dünen".

3.2 Die Entstehung der "jungen Dünen"

3.2.1 DÜNEN IM 13.-15. JAHRHUNDERT

Unter dem Begriff "Junge Dünen" werden alle im Laufe der letzten Jahrhunderte gebildeten Dünenzüge zusammengefaßt. Bei Auswertung der verfügbaren Unterlagen fällt jedoch auf, daß die Dünenbildung nicht über Jahrhunderte hinweg gleichmäßig erfolgt ist, sondern daß Phasen starker Aktivität mit Phasen relativer Ruhe abgewechselt haben.

Die Dünen der West-, Ost- und Nordfriesischen Inseln sind relativ jungen Ursprunges. Auf Amrum überlagern sie Siedlungsspuren aus der Wikingerzeit. Auf Grund von ^{14}C-Datierungen unterlagernder Torfe aus dem Bereich der Westfriesischen Inseln hält DE JONG (1984) es für denkbar, daß die Dünenbildung im Westen bereits im 13. Jahrhundert einsetzte, die östlichen Inseln jedoch erst im 15. Jahrhundert erreichte. Die unterlagernden Torfe haben folgendes Alter:

Terschelling	1220 - 1290 n.Chr.
Ameland West	1040 - 1290 n.Chr.
Ameland Mitte	1290 - 1390 n.Chr.
Schiermonnikoog	1430 - 1480 n.Chr.

Es muß jedoch bedacht werden, daß durch die Datierung der Liegendschichten nur Maximalalter für den Beginn der Dünenbildung zu gewinnen sind.

Die Daten decken sich mit den Ergebnissen der Untersuchungen BARCKHAUSENs (1969: 273) auf Langeoog. Die Insel bestand nach der Jahrtausendwende für mehrere Jahrhunderte lediglich aus einer kahlen Sandplate, auf der starke Sedimentumlagerungen stattfanden. Erst im 13. Jahrhundert bildete sich wieder ein Dünengürtel, der ausreichte, um in seinem Schutze Grodenbildung zuzulassen.

Einen weiteren Anhalt über das Alter der Küstendünen bietet die Bedeichungsgeschichte Eiderstedts. Die damals noch vom Festland getrennte Insel wurde auch nach Westen hin durch Deiche geschützt. Das zeigt, daß der schützende Dünengürtel 1362 noch nicht vorhanden gewesen ist.

Aus dem Bereich der Nordfriesischen Inseln liegen bisher keine gesicherten Daten vor. Es gibt jedoch einen Bericht aus dem 15. Jahrhundert, in dem sich der nach längerer Abwesenheit nach Sylt zurückgekehrte Chronist Hans Kielholt darüber wundert, daß sich am Strand große "Sandhaufen" gebildet haben. Nach dieser

Quelle wäre die Bildung der "Jungen Dünen" auf Sylt etwa um 1430 anzusetzen (KIELHOLT, ca. 1430).

Das 13. - 15. Jahrhundert war eine Periode großer morphologischer Veränderungen im Bereich der Nordseeküste, in der erhebliche Sedimentmassen freigesetzt wurden, die zum Aufbau der "Jungen Dünen" zur Verfügung standen:

1. Zwischen 1000 und 1300 wurden Texel, Huisduinen und Callantsoog durch Sturmfluten vom holländischen Festland abgetrennt. Callantsoog und Huisduinen konnten später wieder angegliedert werden (1596 und 1610); Texel blieb dagegen eine Insel (HALLEWAS, 1984: 301).

2. Die Lucia-Flut 1287 führte zu schweren Landverlusten im Raum Griend - Harlingen (ABRAHAMSE & LUITWIELER, 1982: 87).

3. 1296 wurde in einer Sturmflut Vlieland von Eijerland getrennt. Die Insel Eijerland konnte später an Texel angegliedert werden (VAN DER BURGT, 1936: 802).

4. Im Jahre 1361 wurde Westerhever von Eiderstedt abgetrennt.

5. Die "Große Mandränke" von 1362 führte zum Untergang weiter Teile Nordfrieslands. Pellworm wurde zum ersten Mal von Nordstrand getrennt.

6. Im Jahre 1373 erreichte die Ley-Bucht in Ostfriesland ihre größte Ausdehnung (HOMEIER, 1964: 12).

7. Die Insel Buise, die im 17. Jahrhundert völlig aufgerieben wurde, wurde im Jahre 1398 von Norderney getrennt.

Die großen Meereseinbrüche jener Zeit lassen sich größtenteils auf eine erhöhte Sturmfluthäufigkeit zurückführen, die vermutlich durch die Umstellung der atmosphärischen Zirkulation zu Beginn der "Little Ice Age" verursacht wurde. Das Ausmaß der Landverluste wurde verstärkt durch die vorausgegangene Entwässerung weiter Küstengebiete, die die Setzung des Untergrundes förderte, sowie durch weit verbreiteten Salztorfabbau (BANTELMANN, 1966; MARSCHALLECK, 1973).

Da gegen Ende des 15. Jahrhunderts die Häufigkeit und Intensität der Sturmfluten nachließ, dürfte in den folgenden Jahrhunderten entsprechend weniger Sediment zur Bildung neuer Dünen zur Verfügung gestanden haben. Die erste große Bildungsphase der "Jungen Dünen" war damit abgeschlossen.

3.2.2 DÜNENBILDUNG IM 17./18. JAHRHUNDERT

Eine zweite Phase mit verstärkter Sturmfluthäufigkeit trat im 17. Jahrhundert auf. Sie reichte bis ins beginnende 18. Jahrhundert hinein (Weihnachtsflut 1717). In diese Zeit fällt die Entstehung der Großen Schlopp auf Langeoog, die Bildung des Dünendurchbruches Timmermannsgat auf Baltrum, die Zerstörung der Insel Rottumeroog und der Untergang des Ortes West-Vlieland. Die stärksten Landverluste brachte jedoch die "Zweite Mandränke" in Nordfriesland mit sich, in der die hufeisenförmige Insel Strand zerstört wurde.

Da zu dieser Zeit bereits Dünenzüge auf den Inseln vorhanden waren, ist die Bildung neuer Dünen in Ermangelung verläßlicher Karten erheblich schwerer nachzuweisen als in der vorausgegangenen Dünenbildungsphase. Dennoch gibt es Hinweise darauf, daß diese Periode gleichfalls eine Phase starker Flugsandumlagerungen war. In den historischen Quellen sind zwar nur wenige extreme Ereignisse verzeichnet, so zum Beispiel die Verschüttung von Kirchen durch Wanderdünen; diese häufen sich jedoch in dem fraglichen Zeitraum in auffälliger Weise:

Abb. 3: Durch Überweidung im 20. Jahrhundert entstandene Ausblasungswanne in den Kooiduinen, Ameland.

1. Auf **Sylt** wurde 1634 die Eidum-Kirche vom Sand umschlossen und mußte aufgegeben werden (MÜLLER & FISCHER, 1938).

2. Das alte Westdorf auf **Baltrum** wurde vor 1650 vom Flugsand verschüttet.

3. Auf **Schiermonnikoog** wurde 1715 die Kirche vom Flugsand eingeschlossen und mußte verlegt werden.

4. Das Dorf Oost-Vlieland auf **Vlieland** wurde bis in das 18. Jahrhundert hinein vom Flugsand bedroht.

5. Auf **Römö** war die Periode von 1680 - 1740 die Zeit der stärksten Flugsandumlagerungen.

6. Die Kirche von **Ording** (Eiderstedt) wurde 1725 von Dünen eingeschlossen und mußte abgebrochen werden.

Abb. 4: Rezenter Uferabbruch am Ostende von Vlieland. Die hier in der zweiten Hälfte des 19. Jahrhunderts neu gebildeten Dünen sind seither völlig erodiert worden.

Ein Teil der verstärkten Flugsandaktivität an der Wende vom 17. zum 18. Jahrhundert ist mit Sicherheit auf menschliche Einflüsse zurückzuführen. Dies war die "Goldene Zeit" des Walfanges. In dieser Zeit stieg die Bevölkerungszahl auf den Inseln stark an, und durch die vermehrte Viehhaltung nahm die Beweidung der Dünen zu. Hierdurch wurde die schützende Vegetationsdecke beschädigt, was die Ausblasung förderte (Abb. 3). Ernsthafte Bemühungen um Dünenschutz (Verbot der Beweidung, Betretungsverbot, Bepflanzung von Dünen) setzte erst zu Beginn des 18. Jahrhunderts ein (BACKHAUS, 1943).

Jedoch gibt es Hinweise darauf, daß die Entstehung von Wanderdünen zu jener Zeit nicht allein auf menschliche Eingriffe in den Naturhaushalt zurückzuführen ist, sondern daß sich generell neue Dünen bildeten. So ist z.B. nach den Untersuchungen PRIESMEIERs (1970) der mittlere der drei großen Wanderdünenzüge des Listlandes auf Sylt in diesem Zeitraum entstanden. Im Listland dürfte auf

Grund der großen Siedlungsferne die Überweidung keine nennenswerte Rolle gespielt haben.

3.2.3 DÜNENBILDUNG IN DER ZWEITEN HÄLFTE DES 19. JAHRHUNDERTS

Seit dem Beginn des 19. Jahrhunderts sind die meisten Inseln des Wattenmeeres kartographisch exakt erfaßt worden, so daß seit jener Zeit alle größeren morphologischen Veränderungen gut rekonstruierbar sind. Ein Vergleich der verfügbaren Unterlagen zeigt, daß der Zeitraum von ca. 1850 bis 1900 eine Phase starker Inselausdehnung und der Bildung neuer Dünenzüge gewesen ist:

1. Während dieses Zeitraumes verlagerte sich auf **Texel** (nach Messungen von Rijkswaterstaat) die Niedrigwasserlinie etwa 200m seewärts. Als Folge hiervon bildeten sich mehrere neue küstenparallele Dünenzüge aus (ELORCHE, 1982). Diese Entwicklung endete um die Jahrhundertwende; die jungen Dünenzüge unterliegen seither der Abtragung, sind jedoch noch zu großen Teilen vorhanden.

2. Nach 1853 begann am Ostende von **Vlieland** eine Phase starker Sandanlagerung. Diese ermöglichte 1895 die Eindeichung der Kooremansvallei, die vorübergehend als Weideland genutzt werden konnte. Um 1900 setzte jedoch erneuter Uferrückgang ein. Der Polder mußte 1917 aufgegeben werden (Abb. 4).

3. Auf der bis dahin kahlen Ostplate von **Terschelling**, der Boschplaat, setzte um 1866 Dünenbildung ein. Etwa 1880 lagerte sich die große Sandbank des Noordvaarder an das Westende von Terschelling an, was zu einer westwärtigen Verlängerung der Insel um etwa 3 km führte. Seit dem Beginn des 20. Jahrhunderts liegt dieser Bereich jedoch wieder im Abbruch (JOUSTRA, 1971).

4. Der Dünenkern auf **Juist** hat sich von 1840 bis 1900 um etwa 2600 m nach Osten ausgedehnt. Nach 1880 hat sich - ähnlich wie auf Texel - seewärts der älteren Dünenkerne ein neuer Küstendünenzug ausgebildet.

5. Dünenbildung begann auch auf **Memmert**. Unter dem Schutz der jungen Dünen setzte ab 1891 Grodenbildung ein (LEEGE, 1935: 29).

6. Die Dünengebiete auf **Norderney** und **Baltrum** dehnten sich nach 1860 erheblich nach Osten aus (HOMEIER, 1980).

7. Auf **Langeoog** entstand in der zweiten Hälfte des 19. Jahrhunderts ein neuer Küstendünenzug, der sich vor den Westkopf der Insel lagerte und in einem nach Süden gerichteten Dünenfächer endete. Auch vor den alten Dünenkernen im Osten bildete sich ein neuer Küstendünenzug. Dieser erreichte bis zur Erstaufnahme des Meßtischblattes Langeoog (1891) eine Höhe von maximal 6,3 m (vor Dreebargen). Der Dünenzug hat heute eine Höhe von 20 m und ist damit deutlich höher als die alten Dünenkerne (14 m). Der seewärtige Rand der jungen Dünen im Nordwesten ist nach 1900 um etwa 50 m zurückverlegt worden.

8. Nach 1880 begann sich die Ostplate von **Spiekeroog** rasch nach Osten auszudehnen. Zur Dünenbildung kam es hier jedoch zunächst noch nicht.

9. Auf **Wangerooge**, das zu dieser Zeit bereits eine hochwasserfreie Ostplate hatte, erweiterte sich der Dünenkern nach 1880 rasch nach Osten. Diese Entwicklung wurde ab 1894 durch die Anlage von Buschzäunen begünstigt, und in der Folgezeit bildete sich ein langgestreckter Dünenzug zum Ostende der Insel aus (KRÜGER, 1929: 218).

10. Der exakte Beginn der Grodenbildung auf **Mellum** ist unbekannt. Nach den vorliegenden Erkenntnissen dürfte er jedoch um 1870 erfolgt sein.

11. Auf **Trischen** begann sich im Jahre 1854 Vegetation anzusiedeln. Nach 1880 bildeten sich erste Dünen. Ermutigt durch die anfänglich positive Entwicklung wurde schließlich nach dem Ersten Weltkrieg auf private Initiative hin der Trischenkoog eingedeicht. Zu dieser Zeit überwog jedoch bereits der Uferabbruch. Der Koog mußte 1943 aufgegeben werden (WOHLENBERG, 1950; LANG, 1975).

12. Im 19. Jahrhundert begann der Kniepsand, sich an **Amrum** anzulagern. Leider ist über den Beginn dieser Entwicklung und über frühere Entwicklungsphasen nichts bekannt. Die Erstausgabe des Meßtischblattes zeigt bereits den Zustand nach der Anlagerung, in dem der Kniepsand sichelartig den nach Norden offenen "Kniephafen" umschließt.

13. Um die gleiche Zeit begann die Anlagerung von Havsand und Juvresand an **Römö**.

14. **Fanö** dehnte sich im 19. Jahrhundert stark nach Norden aus. Nach der Erstaufnahme der dänischen Karte 1:20 000 (1873) haben sich im Nordwesten mehrere Dünenzüge an den alten Dünenkern angelagert (MEESENBURG et al., 1977).

15. Auf der Halbinsel **Skallingen** am nördlichen Ende des Wattenmeeres, setzte kurz vor 1870 die Grodenbildung ein. Dünenbildung folgte, die später durch menschliche Eingriffe gefördert wurde.

Diese morphologischen Veränderungen sind bisher stets als isolierte Phänomene betrachtet worden. Die positive Strandverschiebung im 19. Jahrhundert auf Texel läßt sich zum Beispiel auf die Anlandung der Großplate Onrust zurückführen, die Entwicklung auf Vlieland und am Westende Terschellings auf entsprechende Platenanlandungen. Das erklärt jedoch nicht, warum sich solche Großplaten gerade zu jener Zeit gebildet haben.

Die ostwärtige Ausdehnung Spiekeroogs und die damit verbundene Veränderung im Bereich des Seegats zwischen Spiekeroog und Wangerooge wird in der Regel auf die zunehmende Verlandung der durch mittelalterliche Meereseinbrüche entstandenen Harlebucht zurückgeführt (HOMEIER, 1979). Die Verlandung hat sich jedoch über mehrere Jahrhunderte hingezogen und war bereits im 18. Jahrhundert nahezu abgeschlossen; die starke Ausdehnung Spiekeroogs hat sich dennoch erst in der zweiten Hälfte des 19. Jahrhunderts vollzogen.

Die starke Häufung derartiger Ereignisse innerhalb eines kurzen Zeitraumes läßt darauf schließen, daß es sich nicht um ein zufälliges Zusammentreffen günstiger Bedingungen handelt, sondern daß diese Vorgänge auf eine gemeinsame Ursache zurückgehen.

Während die beiden großen Dünenbildungsphasen des 13./15. Jahrhunderts und des 17./18. Jahrhunderts jeweils mit starken Umgestaltungen der Küstenlinie durch Serien schwerer Sturmfluten gekoppelt waren, läßt sich ein derartiger Zusammenhang für die Dünenbildungsphase des späten 19. Jahrhunderts nicht aufzeigen. Die einzige nennenswerte Sturmflut des 19. Jahrhunderts, die von 1825, hat zwar besonders auf den Halligen schwere Schäden verursacht, jedoch keine nennenswerten morphologischen Veränderungen. Auch lag dieses Ereignis zu Beginn der driten Dünenbildungsphase bereits 25 Jahre zurück, so daß ein Zusammenhang unwahrscheinlich erscheint.

Es muß deshalb davon ausgegangen werden, daß ein Zusammenhang mit anderen Faktoren besteht. In Frage käme eine Änderung des Tidegeschehens oder eine Klimaänderung. Das Ende der "Little Ice Age" wird etwa auf 1850 angesetzt (BRADLEY, 1985), stimmt also gut mit dem Beginn der dritten Dünenbildungsphase überein. Ähnlich wie der Beginn der "Little Ice Age" im Mittelalter muß auch das Ende dieser Periode drastische Umstellungen der atmosphärischen Zirkulation zur Folge gehabt haben, die als auslösender Faktor für die Dünenbildung in Frage kommen.

LITERATURVERZEICHNIS

ABRAHAMSE, J & F. LUITWIELER (1982): Griend. In: Waddenbulletin, 17 (2): 86-89.

BACKHAUS, H. (1943): Die ostfriesischen Inseln und ihre Entwicklung. Ein Beitrag zu den Problemen der Küstenbildung im südlichen Nordseegebiet. Schriften der Wirtschaftswissenschaftlichen Gesellschaft zum Studium Niedersachsens e.V., Neue Folge 12.

BÄSEMANN, H. (1979): Feinkiesanalytische und morphometrische Untersuchungen an Oberflächensedimenten der Deutschen Bucht. Dissertation, Hamburg.

BANTELMANN, A. (1966): Die Landschaftsentwicklung im nordfriesischen Küstengebiet, eine Funktionschronik durch fünf Jahrtausende. In: Die Küste, 14 (2): 5-99.

BARCKHAUSEN, J. (1969): Entstehung und Entwicklung der Insel Langeoog. In: Oldenburger Jahrbuch, 68: 239-281.

BEHRE, K.-E., B. MENKE & H. STREIF, (1979): The Quaternary geological development of the German part of the North Sea. In: OELE, E., R.T.E. SCHÜTTENHELM & A.J. WIGGERS (Hrsg.): The Quaternary History of the North Sea, Uppsala, Acta Universitatis Upsaliensis, Symposia Universitatis Upsaliensis Annum Quingentesimum Celebrantis, 2: 85-113.

BRADLEY, R.S. (1985): Quatenary Paleoclimatology. Methods of Paleoclimatic Reconstruction. Winchester (Mass.).

VAN DER BURGT, J.H. (1936): Veranderingen in den zeebodem van het Zeegat van het Vlie en in de kustlijn der waddeneilanden Vlieland en Terschelling. In: Tijdschrift van het Koninklijk Nederlandsch Ardrijkskunding Genootschap, Tweede Reeks, LIII: 802-823.

EHLERS, J. (1986): The Morphodynamics of the Wadden Sea. Rotterdam (im Druck).

ELORCHE, M. (1982): De kustontwikkeling van Texel. Rijkswaterstaat, Adviesdienst Hoorn, Nota WWKZ-82.H0011.

HALLEWAS, D.P. (1984): The interaction between man and his physical environment in the County of Holland between circa 1000 and 1300 AD: A dynamic relationship. In: Geologie en Mijnbouw, 63 (3): 299-307.

HEMPEL, L. (1980): Zur Genese von Dünengenerationen an Flachküsten. Beobachtungen auf den Nordseeinseln Wangerooge und Spiekeroog. In: Zeitschrift für Geomorphologie N.F. 24 (4): 428-447.

HOMEIER, H. (1964): Beiheft zu: Niedersächsische Küste, Historische Karte 1:50 000 Nr. 5. Norderney.

ders. (1979): Die Verlandung der Harlebucht bis 1600 auf der Grundlage neuer Befunde. In: Forschungsstelle für Insel- und Küstenschutz, Jahresbericht 1978, XXX: 106-115.

ders. (1980): Morphologische Entwicklung der Insel Baltrum und Veränderungen im Bereich der Wichter Ee. In: Forschungsstelle für Insel und Küstenschutz, Jahresbericht 1979, 31: 11-36.

HUMMEL, P. & E. CORDES (1969): Holozäne Sedimentation und Faziesdifferenzierung beim Aufbau der Lundener Nehrung (Norderdithmarschen). In: Meyniana, 19: 103-112.

JELGERSMA, S. (1983): The Bergen Inlet. Transgressive and Regressive Holocene Shoreline Deposits in the Northwestern Netherlands. In: Geologie en Mijnbouw, 62 (3): 471-486.

DE JONG, J.D. (1984): Age and vegetational history of the coastal dunes in the Frisian Islands, The Netherlands. In: Geologie en Mijnbouw, 63 (3): 269-275.

JOUSTRA, D.Sj. (1971): Geulbeweging in de buitendelta's van de Waddenzee. Rijkswaterstaat, Studierapport W.W.K. 71-14.

KIELHOLT, H. (ca. 1430): Silter Antiqitäten. In: M.A. HEIMREICH (1819): Nordfresische Chronik, Bd. 2: 343-348. Tondern.

KRÜGER, W. (1929): Die heutige Insel Wangeroog, ein Ergebnis des Seebaues. In: Landesverein Oldenburg für Heimatkunde und Heimatschutz (Hrsg.): Wangeroog, wie es wurde, war und ist: 179-224. Bremen.

LANG, A.W. (1975): Untersuchungen zur morphologischen Entwicklung des Dithmarscher Watts von der Mitte des 16. Jahrhunderts bis zur Gegenwart. Hamburger Küstenforschung, 31.

LEEGE, O. (1935): Werdendes Land an der Nordsee. Schriften des Deutschen Naturkundevereins, Neue Folge 2. Oehringen.

MARSCHALLECK, K.H. (1973): Die Salzgewinnung an der friesischen Nordseeküste. In: Probleme der Küstenforschung im südlichen Nordseegebiet, 10: 127-150.

MEESENBURG, H., J. TERMANSEN & S. TOUGAARD (1977): Fanö - Mensch und Landschaft. Esbjerg.

MÜLLER, F. & O. FISCHER (1938): Sylt. Das Wasserwesen an der schleswig-holsteinischen Nordseeküste, Zweiter Teil: Die Inseln, 7. Berlin.

PRATJE, O. (1951): Die Deutung der Steingründe in der Nordsee als Endmoränen. In: Deutsche Hydrographische Zeitschrift, 4 (3): 106-114.

PRIESMEIER, K. (1970): Form und Genese der Dünen des Listlandes auf Sylt. In: Schriften des Naturwissenschaftlichen Vereins für Schleswig-Holstein, 40: 11- 51.

VAN STRAATEN, L.M.J.U. (1965): Coastal barrier deposits in South- and North-Holland, in particular in the areas around Scheveningen and Ijmuiden. In: Mededelingen Geologische Stichting, N.S.17: 41-75.

WOHLENBERG, E. (1950): Entstehung und Untergang der Insel Trischen. In: Mitteilungen der Geographischen Gesellschaft in Hamburg, XLIX: 158-187.

ZUR GEOMORPHOLOGIE DER WÜRM-RISS-GRENZZONE VON SAULGAU (SCHWABEN)

von

Friedrich Grube, Kiel

SUMMARY: Geomorphology of the Riß-Würm-Marginalarea of Saulgau (Schwaben)

Due to an interdisciplinary research on the margin of the Rhein-glacier with contributions of palaeobotany, quaternary geology, geophysics, soilmechanic, pedology, structural geology etc. the morphology in 1 : 5 000 scale has been examined. Three main units can be differentiated: the Wurm-moraine with the end-moraine at Lampertsweiler, the sandur- and lower terrace of the Wurmian and the older Riss-moraine with lacustrine clays of Eemian age in synclinals. The interpretation of the end-moraine at Lampertsweiler as the utmost boundary of the Wurm-glacier is improbable because of the discovered Wurm-moraine at Saulgau beneath the lower terrace gravel. Special examinations on a moraine-like covering layer above the Eemian lacustrine clays at Krumbach have not been finished yet. Only after the careful discussion of all results, the question, if the moraine-like layer at Saulgau and Krumbach is a real moraine which would match with the Brandenburg-advance, can be decided.

ZUSAMMENFASSUNG

Im Rahmen einer interdisziplinären Erforschung der Randzone des würmzeitlichen Rheingletschers mit Beiträgen der Paläobotanik, Quartärgeologie, Geophysik, Bodenmechanik, Pedologie, Strukturgeologie usw. wurde die Geomorphologie im Maßstab 1 : 5 000 untersucht. Drei Großeinheiten lassen sich unterscheiden, die Jungmoräne mit der Wallmoräne von Lampertsweiler, die Sander- und Niederterrassen der Würm-Kaltzeit sowie die rißzeitliche Altmoräne mit eemzeitlichen Seetonen in Hohlformen. Gegen die Deutung der Wallmoräne von Lampertsweiler als äußerster Rand des Würmgletschers spricht die im Liegenden der Niederterrassenschotter erbohrte Würmmoräne von Saulgau. Spezielle Untersuchungen über eine moränenähnliche Deckschicht im Hangenden der Eem-Seetone bei Krumbach sind noch nicht abgeschlossen. Erst nach der Auswertung aller Ergebnisse kann entschieden werden, ob bei Saulgau und Krumbach eine Moräne vorliegt, die dem Brandenburger Vorstoß chronologisch entsprechen würde.

1 EINFÜHRUNG

Die morphologische Differenzierung der durch glaziale, glazifluviatile und periglaziale Prozesse geprägten Landschaften wurde in der Frühphase der Quartärforschung sowohl in alpinen als auch in den skandinavischen Vergletscherungsgebieten erkannt und großräumig erfaßt. Die Grundlage der stratigraphischen Trennung in die Jungmoräne der Würm/Weichsel-Kaltzeit und in die der Altmoräne der Riß/Saale-Kaltzeit war gelegt. Die morphographische Festlegung der aufragenden

Endmoränen wurde als eine der elegantesten Methoden angesehen, um den äußeren Rand der jüngsten Vergletscherung zu ermitteln. Die markanten Endmoränenwälle von Hohenschäftlarn südlich München und von Lampertsweiler bei Saulgau gehören zu den eindrucksvollsten Beispielen der Quartärmorphologie für die Identifizierung der Jungmoränengrenze, die in diesen und ähnlichen Fällen mit einer Genauigkeit im Meterbereich festgelegt werden kann. Im Bereich von Saulgau (TK Buchau 7923) wurde die Würm-Vergletscherungsgrenze von WENK (1950) kartiert. Neuere geologische Untersuchungen in diesem Gebiet wurden von SCHREINER (1980) durchgeführt. Die lehrbuchhafte Würm-Endmoränenzone auf dem Blatt 1 : 10 000 Saulgau-Ost SW (7923) zeichnet sich durch eine bemerkenswerte Frische der Voll- und Hohlformen mit steilen Hangneigungen und häufigen geschlossenen Hohlformen aus. Das Vorfeld besteht aus Schotterfeldern und flachen Altmoränenformen.

Die Jungmoränenmorphologie wird neben den auffallenden Moränenwällen aus einer Fülle von charakteristischen Groß- und Kleinformen zusammengesetzt. Abhängig von dem Wirkungsgrad glazigener und glazifluviatiler Prozesse entstehen typische Verteilungsmuster, durch die einzelne Einheiten der Jungmoränenlandschaft voneinander unterschieden werden können. Von den schwach kuppigen Grundmoränenebenen bis zu den mittelgebirgsähnlichen Jungmoränen reicht der Formenschatz. Gerade die hügelige und schluchtreiche Moränenlandschaft gehört zu den augenfälligsten Jungmoränen-Typen des Pommerschen Stadiums, das vom östlichen Jütland (Ebeltroft-Aarhus) über das östliche Schleswig-Holstein (Plön-Eutin-Ratzeburg), Mecklenburg-Pommern-West- und Ostpreußen bis in die Baltischen Länder verfolgt werden kann. Auch im bayerischen und schwäbischen Voralpenraum sind ähnliche Landschaftsformen bekannt. Die genetischen Ursachen dieser intensiven Landschaftsformung durch die Weichsel-Würmgletscher sind nicht bekannt.

Die Deckmoränen-Ebene stellt einen weiteren charakteristischen Landschaftstyp dar, der häufig im Hinterland der Endmoränenwälle verbreitet ist. Diese tillreiche Flächeneinheit wird durch flache Drumlins und subglaziale Hohlformen gegliedert.

In der äußersten Randzone der Weichselgletscher gibt es Bereiche, in denen wohl der gesamte Jungmoränen-Formenschatz entwickelt ist, aber nur als Miniaturelemente (GRUBE, 1969; GRUBE & HOMCI, 1975; STREHL, 1985). Eine gewisse Alterung läßt auf einen höheren periglazialen Einfluß als in den inneren Jungmoränen schließen. Eine Differenzierung der Wisconsin-Moränen ist nach mdl. Mitt. von David GROSS in Nordamerika bekannt. Ob diese Randzone in Norddeutschland dem Brandenburger oder Frankfurter Stadium (CIMIOTTI, 1983: 32) zuzuordnen ist, kann ohne vergleichende Geländeuntersuchungen in Mecklenburg und Brandenburg und ohne eine exakte geochronologische Datierung nicht entschieden werden. In Ostholstein wurde von STEPHAN & MENKE (1977), STEPHAN (1979) und STEPHAN, KABEL & SCHLÜTER (1983) eine Gliederung der Weichselmoränen aufgebaut, die noch nicht mit Stormarn korreliert werden kann. Steen SJÖRRING vermißt nach mdl. Bemerkungen eindeutige Unterscheidungskriterien zwischen den Landschaftsformen des Brandenburger und des jüngeren Warthestadiums.

2 MORPHOLOGIE

Das Nebeneinander zweier konträrer Landschaftstypen, der hügeligen Endmoräne und der Sanderflächen im Vorfeld, kennzeichnet die Randzone des Rheingletschers bei Lampertsweiler in Schwaben (Abb. 1) und bereitet der Kartierung anscheinend keine Schwierigkeiten.

RISS-WÜRM-RANDZONE von Krumbach

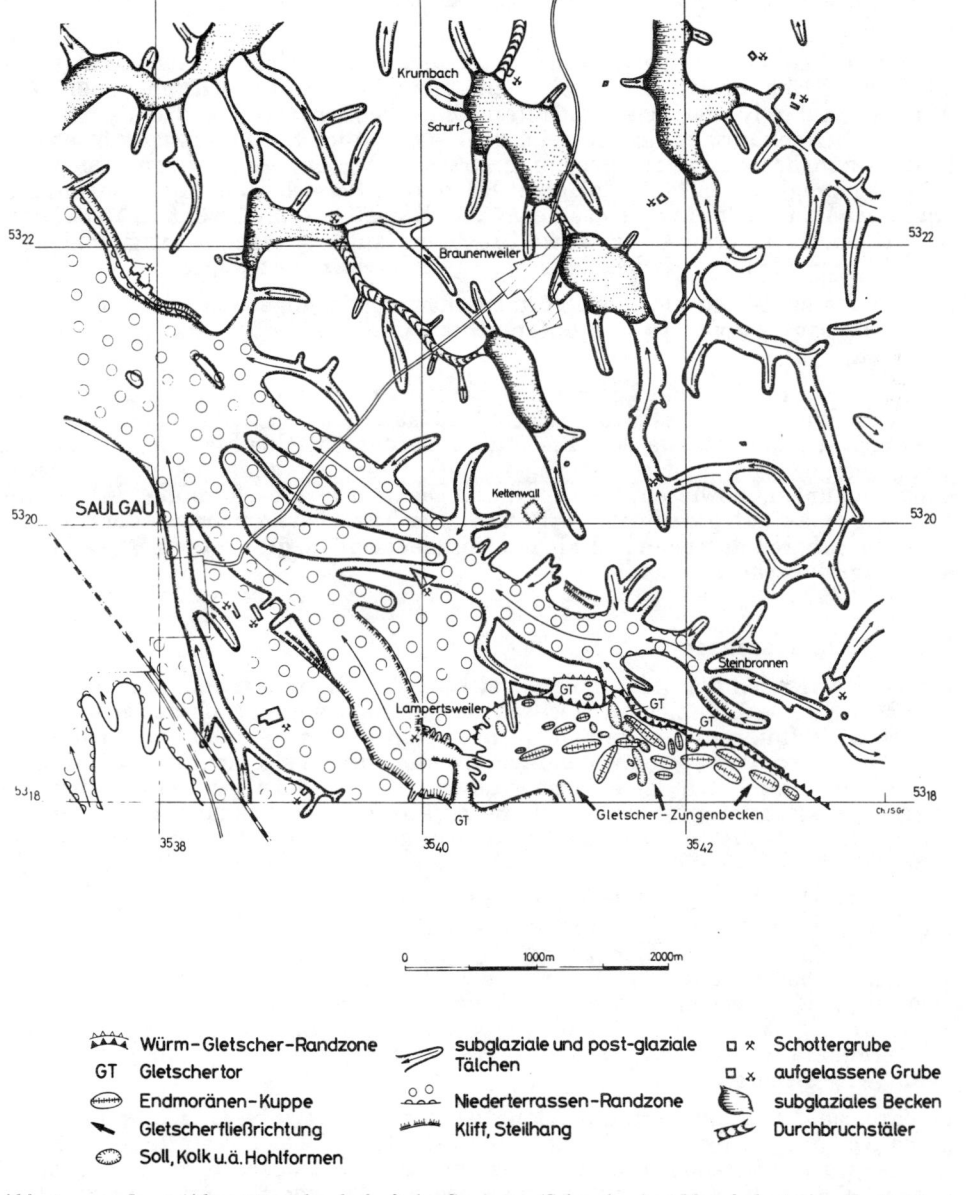

Abb. 1   Jung-/Altmoränenlandschaft b. Saulgau (Schwaben) - Morphologische Kartierung: F. Grube

2.1 Jungmoräne

In der hohen Endmoräne wechseln die Hangneigungen auf kurzem Raum. Geschlossene Hohlformen und langgestreckte Hügelkuppen gehören zu den charakteristischen Kriterien dieser Jungmoräne. Die Achsen der Vollformen streichen überwiegend parallel zu dem gesamten Höhenzug und senkrecht zur Fließrichtung des Würmgletschers, der aus einem südlich Lampertsweiler gelegenen Zungenbecken vorstieß.

Ein wesentliches Charakteristikum des Jungmoränen-Formenschatzes sind die geschlossenen Hohlformen, die anscheinend unmotiviert auf den Kuppen, den Hängen oder in den Niederungen auftreten. Ein erheblicher Teil dürfte als Soll oder Toteis (Thermokarst) zu deuten sein, aber südwestlich Steinbronnen gibt es eine Kette von mehreren ovalen oder langgestreckten Kaven, die zu einem System von sub- oder proglazialen (anteglazialen) Kolken im Bereich einer Gletschertorlandschaft gehören, zu der auch einzelne größere Kessel gerechnet werden. Methodisch wäre eine exakte Vermessung der wechselnden Hangneigungen wichtig, um Unterscheidungsmerkmale zwischen der Jung- und Altmoräne zu festigen.

Andere Elemente des glazialen Formenschatzes wie Rogenmoränen, Wallberge, Drumlins usw. wurden in den untersuchten Gebieten selten oder gar nicht beobachtet.

Ob die imposante Wallmoräne von Lampertsweiler auch gleichzeitig die äußerste Würm-Endmoräne darstellt, kann nach den bisherigen morphologischen Befunden noch nicht entschieden werden. Im Vorfeld wurden einzelne kleinere Hohlformen und Buckel beobachtet, deren würmglazigener Ursprung durch quartärgeologische Untersuchungen bewiesen werden muß. Die starke Überformung der Würmmarginalzone durch glazifluviatile Prozesse erschwert bei Lampertsweiler wie auch in vergleichbaren Regionen in Süd- und Norddeutschland die exakte Festlegung der äußersten Gletschergrenze.

2.2 Niederterrasse

Die glazifluviatilen Wässer sammelten sich vor den Gletschertoren (anteglazial) zu einzelnen Strömen, die sich im Wechselspiel von Erosion und Aufschotterung ihren Weg zum Vorfluter an Saulgau vorbei nach Nordwesten bahnten. Westlich Steinbronnen und im Nordwesten von Lampertsweiler entwickelte sich eine Sanderlandschaft, die zum System der Niederterrassen zu rechnen ist. An dem Aufbau der Niederterrasse beteiligten sich auch die niveofluviatilen Schmelzwässer, die aus zahlreichen Nebentälchen der im Nordosten angrenzenden Altmoräne hinabflossen (Abb. 1).

Der Tiefenschurf der Schmelzwässer kann durch Sondierungen, Bohrungen und Einsatz geophysikalischer Verfahren erkundet werden. Soweit sich die Schmelzwasser in ältere Moränen, Beckenablagerungen oder tertiäre Sedimente eingeschnitten haben, bereitet die Abgrenzung der Würmsander keine stratigraphischen Schwierigkeiten. Wenn jedoch das Würmglazifluvium über liegenden älteren Schottern folgt, kann die Alterseinstufung nur durch sedimentpetrographische (z.B. Schwermineralien, Geröllzählungen), geochemische und paläopedologische Forschungen gesichert werden.

Das Erosions- und Sedimentationsverhalten der Schmelzwässer wird hauptsächlich durch Änderungen der Gletschernähe und der Erosionsbasis beeinflußt. Während des Gletscherhochstandes dürfte die Tiefenerosion eine wesentliche Rolle gespielt haben, während in der Deglaziationsphase die Aufschotterung überwog. Nach SCHREINER (1980: 33) wurden bei Saulgau 30-50 m würmzeitliche Schotter erbohrt. Einzelne markante Erosionsschliffkanten in den Sandern weisen auf die komplizierte Genese der Niederterrasse im Wechselspiel zwischen Erosion und Akkumulation hin. Die Erkennung und Verfolgung von Leithorizonten sowie eine detaillierte geomorphologische Bestandsaufnahme mit einem Nivellement der einzelnen Terrassenflächen und der bis zu 10 m hohen Prallhänge sind wesentliche Arbeitsmethoden, um die Morphogenese dieser Region aufzuhellen. Nach einer Mitteilung von FRENZEL können die Niederterrassenschotter durch einen blockreichen Horizont untergliedert werden.

Nach der morphologischen Kartierung sind die Gletschertorbildungen und niedrigsten Niederterrasseneinheiten bei Lampertsweiler und Steinbronnen zeitgleich mit der Genese der großen Wallmoräne. Südwestlich Lampertsweiler haben sich Schmelzwässer in die Niederterrasse eingeschnitten, so daß die höheren Flächen vor der Bildung der Wallmoräne bereits aufgeschottert waren. Eine Überformung durch nachglaziäre Prozesse bis zur Entstehung von Nebentälchen ist im Landschaftsbild häufig erkennbar.

2.3 Altmoräne

Die Umwandlung von einer glazigenen in eine subaerische Landschaft durch Abtragung der Kuppen bei gleichzeitiger Sedimentation in den Hohlformen schreitet stufenweise voran. Die Spannweite der Altmoränentypen reicht von der schwach abgeflachten Landschaft mit erhaltenen geschlossenen Hohlformen, jugendlichen Flußläufen und steileren Hängen bis zu den Fastebenen mit ausgereiften fluviatilen Systemen. Die Altmoränen von Pinneberg/Steinburg in Westholstein und im Raum Uelzen/Lüneburger Heide sind Beispiele für diese Endstufe, in der die heutige Morphologie in fast keiner erkennbaren Beziehung zum komplizierten inneren Bau der glazigenen Sedimente steht.

Die Altmoräne von Saulgau (Blatt Saulgau-Ost SW) verkörpert dagegen einen erheblich frischeren Typus und beeindruckt durch relativ wenig gealterte Formen. Besonders die kesselförmigen größeren Hohlformen fallen trotz ihrer Funktion als Sedimentfallen auf. Zusammen mit den größeren linearen Hohlformen bilden sie ein überwiegend SE-NW streichendes System. Die unregelmäßigen Talformen mit wechselnden Breiten weisen auf einen glazigenen Ursprung hin, wobei ein Aufbau aus Moränen für eine Glazielle, rolliges Material für einen dominierenden Einfluß von subglazialen Schmelzwässern spräche. Die für Tunneltäler und Glaziellen charakteristischen Übertiefungen scheinen vorhanden zu sein, bedürfen jedoch der Erkundung durch gezielte Untersuchungsprogramme.

Das kombinierte System aus Becken, Rinnen und Durchbruchstälern läßt den Vergleich mit der Morphologie der Trave bei Segeberg/Oldesloe gerechtfertigt erscheinen (CIMIOTTI, 1983). Durchbruchstäler und Nebentälchen kennzeichnen die fortschreitende Prägung durch die seit der Deglaziation einwirkenden subaerischen Prozesse. Die primäre Fließrichtung der Schmelzwässer dürfte parallel zur Fließrichtung des Rißgletschers nach Nordwesten gerichtet gewesen sein. Diese Entwässerung hat sich in der Altmoräne bis in die Gegenwart erhalten, soweit sich nicht der Einfluß der Niederterrasse durch eine Umlenkung nach Südwesten bemerkbar gemacht hat.

Unter den Vollformen sind drumlinartige Kuppen erkennbar, die ebenfalls für eine primäre glazigene Anlage dieser Landschaft sprechen. Die kaltzeitliche flächenhafte Abtragung der Kuppen und Hänge führt zu einer Verfüllung der Hohlformen, so daß kleinere Kolke, Sölle und Becken völlig eingeebnet wurden oder nur noch als flache Reliktformen z.B. nordöstlich der Keltenschanze erkennbar sind. Setzungen, Sackungen sowie würmzeitlich äolische oder kryogenetische Prozesse führen in der Altmoräne zu diesen Miniatur-Kaven.

Dieser charakteristische Landschaftstyp der Altmoräne setzt sich nach Mitteilung von SCHREINER über das Blatt Saulgau-Ost SW nach Norden fort. Im Nordosten ist eine Hochfläche erkennbar, die zu einem anderen Typus der Altmoräne zählt. Erst Aufschlüsse über die Zusammensetzung und den inneren Bau dieses Gebietes können klären, ob es sich um eine Deckmoräne, um eine Aufragung prärißzeitlicher Sedimente oder um ein besonders intensiv eingeebnetes, glazial gestauchtes Gebiet handelt. Über den periglazialen Formenschatz gibt es eine Fülle von Beobachtungen, Solifluktions- bzw. Hangschuttdecken sind generell verbreitet. Zu den morphologisch bemerkenswerten Einzelformen der Bodeneisbildungen gehören vermutlich die Kliffs nordwestlich Steinbronnen (soweit ein anthropogener Einfluß ausgeschlossen werden kann). Trockentäler entstanden über dem Dauerfrostboden. Asymmetrische Täler dürften überwiegend auf periglaziale Einflüsse zurückzuführen sein. Äolische Formen und Sedimente sind an der Oberflächengestaltung bei Saulgau beteiligt, aber nur selten nachweisbar.

Im rezenten Talnetz fällt die Wasserscheide im nordsüdlich streichenden Talzug westlich Engenweiler (südwestlich Krumbach) auf, die durch eine glazigen angelegte Schwelle verursacht wurde. Die von Menschenhand verursachten Eingriffe in die Landschaft sind seit der Anlage des Keltenwalles erheblich. Dämme, Einschnitte, Schotter- und Baugruben sind leicht erkennbar. Die Unterscheidung natürlicher Kaven und eingeebneter künstlicher Aufschlüsse ist durch die flurstückabhängige und eckige Begrenzung nicht schwierig. Aufgelassene Brüche und Kuhlen entwickeln sich regelmäßig durch Renaturierung zu biologisch wertvollen Refugien seltener Faunen und Floren.

3 GEOMORPHOLOGIE UND QUARTÄRSTRATIGRAPHIE

Die morphologische Forschung bietet erhebliche Beiträge für die Grundlagen der Quartärstratigraphie. Jedoch für eine feinere Untergliederung der größeren Landschaftseinheiten von Saulgau - einerseits der Moränenwall und die Sander der Würm-Kaltzeit sowie andererseits die Altmoräne - müssen weitere bio- und geowissenschaftliche Arbeitsmethoden herangezogen werden.

Der strukturelle Aufbau des Moränenwalles von Lampertsweiler konnte mangels geeigneter Aufschlüsse nicht näher untersucht werden. So bleibt die Frage unbeantwortet, ob der gesamte Wall ähnlich der Stauchmoränen der Dammer oder der Blankeneser Berge einen einheitlichen glazitektonischen Aufbau mit einem Tiefgang von über 80 Meter aufweist oder nur von einer würmzeitlichen Moräne bedeckt ist. Der Kern kann wiederum aus präglazialem Gebirge oder aus präwürmzeitlichen Sedimenten bestehen. Quartärgeologische Strukturuntersuchungen werden mit Hilfe von Auswertungen von Sondierungen, Bohrungen und geophysikalischen Meßdaten die Genese der Wallmoräne aufhellen können.

Ähnliches gilt ebenfalls für die weitere Erforschung der Sander und Niederterrassen. Die Quantifizierung der glazi- und niveofluviatilen Sedimente wird sedimentpetrographischen Untersuchungen (Kies- und Geröllanalysen, Entkalkungen usw.) vorbehalten sein. Allerdings weist die Geröllzusammensetzung der jüngeren Schotter keine auffallenden Unterschiede gegenüber den älteren auf (SCHREINER, 1980: 33). Mit Hilfe der Verfolgung paläopedologischer Horizonte können die Sand- und Schottermassen untergliedert werden.

Ein wichtiges Schlüsselprofil mit einer würmzeitlichen Moräne und Blätterkohle im Liegenden der Niederterrassenschotter wurde von WERNER (1978: 92) in einer Bohrung bei Saulgau entdeckt. Da die Blätterkohle mit der ^{14}C-Methode von GEYH auf 26 195 ±950 Jahre datiert wurde, muß die folgende Moräne würmzeitlich sein. Damit scheint bewiesen zu sein, daß die Wallmoräne von Lampertsweiler nicht die äußerste Grenze des Würmgletschers darstellt, wenn bei

Saulgau noch eine 6 m mächtige Würmmoräne abgelagert wurde. Palynologische Untersuchungen der Blätterkohle wären für die Festlegung dieser Befunde von hohem Wert, um das Alter der hangenden Niederterrassenschotter zu sichern.

Die geringe Alterung der Altmoräne im Vorfeld der Wallmoräne von Lampertsweiler spricht für eine Einstufung in die jüngere Riß-Kaltzeit. Die Ergebnisse umfangreicher Untersuchungen von FRENZEL (1983) in den Hohlformen von Krumbach bestätigen diese Annahme. Limnische Sedimente der Riß/Würm-Warmzeit wurden auf der Rißmoräne palynologisch nachgewiesen. In Bohrungen und Schürfen bei Krumbach werden die Seetone von einem gemischtkörnigen Sediment bedeckt, das ein weites Kornband vom Ton über Schluff und Sand bis zum Kies aufweist.

Diese Decksedimente lassen sich nach petrographischen Kriterien in einzelne Horizonte untergliedern, die unter wechselnden pedologischen bzw. periglazialen Prozessen entstanden sind. Während die oberen Teilbereiche eindeutige Merkmale des Hangfließens - wie Verschleppungen, Verfaltungen usw. - aufweisen, ist die Genese der tieferen Bank umstritten. Nach Mitteilung von SCHREINER ist auch dieses kalkfreie Sediment als Hangschuttbildung zu deuten, während FRENZEL die Ähnlichkeit mit einer Moräne zur Diskussion stellt. Im Randbereich eines Gletschers werden derartige (Fließ-)Moränen beobachtet. Die Entscheidung über diese wichtige sedimentologische Fragestellung wird von den Ergebnissen interdisziplinärer, noch nicht abgeschlossener Arbeiten erwartet. Wenn es sich um eine echte Moräne handelt, wäre der Hinweis auf eine frühwürmzeitliche Vergletscherung gegeben. Der Vergleich mit der Drenthe-Vergletscherung in der südlichen Lüneburger Heide bei Munster drängt sich auf. In diesem Bereich wurden Süßwasser-Sedimente der Holstein-Warmzeit von den Inlandgletschern der großen Saale-Gletscher überfahren, wobei die Kieselgur nicht ausgeräumt, sondern im Schichtverband erhalten blieb.

LITERATURVERZEICHNIS

CIMIOTTI, U. (1983): Zur Landschaftsentwicklung des mittleren Trave-Tales zwischen Schwissel und Bad Oldesloe, Schleswig-Holstein. (Berliner Geogr. Studien 13) Berlin.

FRENZEL, B. (1978a): Das Problem der Riß/Würm-Warmzeit im deutschen Alpenvorland. In: Führer Exkurs. IGCP-Projekt 73/1/24, 5.-13.9.1976, Südvogesen, nördl. Alpenvorland und Tirol: 103-104, Bonn-Bad Godesberg.

ders. (1978b): Über das Alter einiger Interglazialvorkommen im südlichen Mitteleuropa. In: Führer Exkurs. IGCP-Projekt 73/1/24, 5.-13.9.1976, Südvogesen, nördl. Alpenvorland und Tirol: 172-180, Bonn-Bad Godesberg.

ders. (1983): Zur Gliederung der Würmeiszeit im Nordost-Teil des ehemaligen Rhein-Vorlandgletschers. In: FRENZEL, B.: Subkommission für Europäische Quartärstratigraphie, Führer für die Vorexkursion am 11.9.1983: 1-10.

GRUBE, E.-F. (1969): Zur Geologie der weichsel-eiszeitlichen Gletscherrandzone von Rahlstedt-Meiendorf. Ein Beitrag zur regionalen Geologie von Hamburg. In: Abh. Verh. Naturwiss. Ver. Hamburg, N.F. XIII: 141- 194.

GRUBE, E.-F. & H. HOMCI (1975): Geologie und Geomorphologie des südlichen Stellmoorer Tunneltales. Offa, 33: 94-98, Neumünster.

SCHREINER, A. (1980): Zur Quartärgeologie in der Umgebung des Eem-Interglazials von Krumbach/Saulgau (Baden-Württemberg). In: Geol. Jb., A 56: 5-43.

STEPHAN, H.-J. & B. MENKE (1977): Untersuchungen über den Verlauf der Weichsel-Kaltzeit in Schleswig-Holstein. In: Zeitschr. f. Geomorph. N.F., Suppl.-Bd. 27: 12-28.

STEPHAN, H.-J. (1979): Der Aufschluß Brüggerholz, ein Schlüsselpunkt für das Verständnis der "Jungmoränenlandschaft" Schleswig-Holsteins. In: Schr. Naturw. Ver. Schlesw.-Holst., Bd. 49: 25-34.

STEPHAN, H.-J., C. KABEL & G. SCHLÜTER (1983): Stratigraphical problems in the glacial deposits of Schleswig-Holstein. A. A. BALKEMA (Hrsg.), Rotterdam.

STREHL, E. (1985): Erläuterung zur Geologischen Karte von Schleswig-Holstein 1 : 25 000 Owschlag, Rendsburg, 1623, 1624. Geol. LA S-H, Kiel.

WENK, F. (1950): Geologische Karten 1 : 25 000, Bl. Saulgau 7922 und Buchau 7923; Tübingen. Manuskr., Geologisches Landesamt Baden-Württemberg, Freiburg.

WERNER, J. (1978): Riß/Würm-Warmzeit am Nordende des ehemaligen Rheingletschers. In: Führer Exkurs. IGCP-Projekt 73/1/24, 5.-13.9.1976, Südvogesen, nördl. Alpenvorland und Tirol: 55-58, Bonn-Bad Godesberg.

DAS NATURPOTENTIAL UND SEINE NUTZUNG IN TROCKENGEBIETEN
MIT BEMERKUNGEN ZUR AUFGABE DER GEOGRAPHIE IN DER ENWICKLUNGSLÄNDERFORSCHUNG

von

Horst G. Mensching, Hamburg

SUMMARY: Natural Potential and Land Use in Drylands

This contribution summarizes the problem ensuing from the relation between the natural potential of drylands and their use, especially in Africa. Both natural and anthropogenic factors as components of the ecosystem - land use - complex are considered. Personal experience with the application of research results in development projects at the same time allows the author to outline tasks presenting themselves to the geographer.

ZUSAMMENFASSUNG

Dieser Beitrag faßt die Problematik zusammen, die sich aus dem Verhältnis zwischen dem Naturpotential einerseits und der Nutzungsweise andererseits in den Trockengebieten, speziell Afrikas, ergibt. Dabei werden nicht nur die natürlichen Faktoren des Ökosystems, sondern auch die des anthropogeographischen Bereiches als Komponenten des Wirkungskomplexes "Ökosystem : Land Use" betrachtet. Die eigenen Erfahrungen mit der Umsetzung solcher Forschungsergebnisse in die Praxis der Entwicklungshilfeprojekte erlaubt es auch, dabei einige Aufgaben zu umreißen, die sich für die Geographen ergeben.

1 VORBEMERKUNG

Dieser Beitrag ist meinem Kollegen und Vorgänger im Amt, Herrn Professor Dr. Albert Kolb, zur Vollendung seines 80. Lebensjahres mit allen guten Wünschen gewidmet. Inzwischen selbst Emeritus, glaubt der Verfasser in dreieinhalb Jahrzehnten der Forschung in Entwicklungsländern der Trockengebiete, vor allem in der Dritten Welt, einen Überblick über die Aufgaben einer "Geographie der Entwicklungsländer" beziehungsweise der theoretischen Begründung einer solchen gewonnen zu haben, die diesen Beitrag thematisch rechtfertigen. Dies gilt umsomehr, weil die letzten Jahre dieser Forschungen einen engen Kontakt mit der Praxis der Entwicklungshilfe in Ländern der Trockenzone mit sich brachten, insbesondere Afrikas und des Orients, aber auch Einsichten in den ariden Raum Zentralasiens im sowjetischen und chinesischen Bereich gestatteten. In letzterem Gebiet berührten sich die Erkenntnisse mit den Forschungsinteressen des Jubilars sehr eng, denn der weite Raum Chinas war seit langem und ist bis heute ein wichtiges Forschungs- und Erfahrungsgebiet von Professor Dr. Albert Kolb geblieben.

Schließlich sei erwähnt, daß Professor Kolb schon 1961 in seinem Festvortrag auf dem Geographentag in Köln mit dem Vortrag "Die Entwicklungsländer im Blickfeld der Geographie" ein Thema angesprochen hat, das hier zwar unter etwas anderen Gesichtspunkten vorgetragen, dennoch in die gleiche Richtung zielte: Welche Aufgaben kann die Geographie in der Entwicklungsländerforschung und in der Praxis der Entwicklungshilfe mit ihren Projekten übernehmen ? Seit Professor Kolbs Aufsatz ist ein Vierteljahrhundert vergangen, so daß die zuvor gestellte Frage erneut aufgegriffen werden soll.

2 ZUM SACHINHALT DES THEMAS

"Naturpotential" ist ein gebräuchlicher Terminus besonders in der Geographie geworden. Manche Geowissenschaftler sprechen auch vom Naturraumpotential oder vom Geopotential (LÜTTICH, 1978). Gemeint sind mit diesen Begriffen jene im Naturraum (hier der Trockengebiete, also der semiariden und ariden Zonen) vorhandenen Naturressourcen, die für menschliches (und tierisches) Leben genutzt werden können. Daß diese auf der Erde nicht gleichmäßig verteilt sind, ist besonders auf dem Sektor der Energieressourcen und der Bodenschätze allgemein gut bekannt, wenn man zum Beispiel von Rohstoffländern spricht. Daß dieses Naturpotential jedoch nicht allein die Lebensmöglichkeiten und ihren Entwicklungsstand für die dort lebende Bevölkerung bestimmt, zeigt das Beispiel mancher früherer Entwicklungsländer, die zwar durch Rohstoffexploitation reich durch Devisen geworden sind, auf vielen anderen Bereichen der Nutzung eines - oftmals geringen - Naturpotentials aber sogenannte Entwicklungsländer geblieben sind, jedenfalls soweit dies weite Teile der ländlichen Bevölkerung angeht. Der Begriff des Naturpotentials ist also weiter zu fassen und muß die Nutzungsmöglichkeiten im gesamten Agrarsektor mit beinhalten. Die für den Ackerbau und die gesamte Weidewirtschaft vorhandenen Ressourcen sind für die meisten der Entwicklungsländer in den Subtropen und Tropen der entscheidende Komplex des Naturpotentials. Schließlich ist die überwiegende Zahl solcher Länder in den Trockengebieten mit dem größten Teil ihrer Bewohner von der Landwirtschaft abhängig. Hierauf wird später zurückzukommen sein.

Die Nutzung des Potentials umfaßt alle traditionellen und modernen Methoden, vorwiegend diejenigen, die schon seit langem in der Geographie unter dem Begriff der Landnutzung ("land use") subsumiert werden. Es wird zu zeigen sein, daß dies unter verschiedenen Aspekten geschehen kann und zumeist auch dem sozio-kulturellen wie auch ökonomisch-politischen Stand des betreffenden Landes entspricht. Der im französischen Sprachgebrauch, besonders auch in der Geographie, benutzte Begriff der "mise en valeur" = der "Inwertsetzung", der auch von uns benutzt wurde, scheint nach den Folgen einer Schädigung oder auch einer Zerstörung des Naturpotentials nicht mehr ganz treffend genug, denn eine Inwertsetzung bedeutet doch etwas Positives und berücksichtigt nicht die oftmals auftretenden Folgeerscheinungen, wie sie in den Trockengebieten zum Beispiel durch die Desertifikation aufgetreten sind. Die Inwertsetzung müßte schließlich eine dem Naturpotential angepaßte Landnutzungsweise beinhalten und nicht eine unangepaßte, die eine starke Schädigung der in der Natur gegebenen ökologischen Bedingungen zur Folge hat. Hierfür sind gerade die Trockengebiete als ein Beispiel zu betrachten.

Für jegliche Art von Landnutzung haben innerhalb des Naturpotentials besonders die ökologischen Bedingungen einen hohen Stellenwert. Die letzten Jahrzehnte haben besonders in den Trockengebieten, nicht nur in der Sahelzone, gezeigt, wie anfällig das Naturpotential, dem Ökopotential entsprechend, reagiert, wenn die natürlichen Gegebenheiten nicht ausreichend beachtet werden. Denn dann tritt eine Übernutzung ein, die eine Ausbeutung darstellt und die einem radikalen Abbau der Ressourcen gleichkommt. Eine wichtige Frage wird dabei sein, ob diese

Ausbeutung irreversible Schäden zur Folge hat oder ob durch eine natürliche Ressourcenerneuerung (RUDDLE & MANSHARD, 1981) nur eine temporäre Schädigung eingetreten ist. Hierfür sind Beispiele anzuführen.

Abschließend zu dieser Themeninterpretation sei noch auf die im Untertitel dieses Beitrages hingewiesene Aufgabe der Geographie im Rahmen des Themenkreises "Naturpotential und seine Nutzung" kurz eingegangen. Schon aus diesen theoretischen Erläuterungen geht klar hervor, daß die Geographie damit in doppelter Weise angesprochen ist. Sowohl in der Analyse der meisten Faktoren des Komplexes "Naturpotential" als auch in der Untersuchung seiner Nutzung durch den Menschen, besonders im Landnutzungsbereich, haben die geographischen Wissenschaften bedeutende Aufgaben. Sowohl die Physische als auch die Kultur- und Wirtschaftsgeographie (die Sozialgeographie ist darin eingeschlossen) sind nicht erst seit heute mit diesen Aufgaben betraut. Die heute dringender denn je erhobenen Forderungen des Umwelt- und Ressourcenschutzes stellen die Geographie vor Aufgaben, die bisher weder bewältigt noch allgemein erkannt oder als vordringlich anerkannt sind.

Im Rahmen der Ausdehnung der zonalen und regionalen sowie der nationalen und internationalen Forschungsgebiete der Geographie sind gerade die Länder der Subtropen und Tropen wichtige Regionen solcher Forschungsrichtungen geworden, in denen heute Geographen arbeiten. Die eng gewordenen Forschungsgebiete des Heimatlandes - ohne deren Bedeutung in irgendeiner Weise schmälern zu wollen - zwingen geradezu zu einer Beschäftigung mit den Problemen dieser Zonen, nicht zuletzt im Rahmen der wissenschaftlich- technischen Hilfsmaßnahmen, über die heute täglich mit mehr oder weniger Sachverstand berichtet wird.

Doch da ist noch ein weiterer Bereich des Beschäftigungsfeldes von Geographen auf dem hier skizzierten Gebiet. Seit jeher ist über die Bedeutung analytischer und synthetischer Arbeitsweisen in der Geographie, zumeist aus wissenschafts- theoretischer Grundauffassung heraus, diskutiert worden. Man denke nur an die leidige Diskussion, ob die Allgemeine Geographie oder die Regionale Geographie - ob nun Landschaftskunde oder Länderkunde - das Grundgerüst der geographischen Wissenschaften (die ich bewußt hier so nenne) darstellen. Man denke auch daran, wieviele "Nachbarwissenschaften" der Geographie in der analytischen Arbeitsweise von Geofaktoren dieser längst den Rang abgelaufen haben. Dabei nützt es dann zumeist auch nichts mehr, sich auf den "räumlichen Aspekt" geographischer Arbeitsweisen zu konzentrieren, den angeblich die Nachbarwissenschaften nicht oder ungenügend berücksichtigen. Wo sind denn wirkliche Grenzen aller dieser Nachbardisziplinen zu jenen geographischen Teilgebieten, denen wir dann die Zusatzbezeichnung "...-geographie" gern anhängen?

Mit diesen sicher von vielen Geographen nicht anerkannten kritischen Bemerkungen soll nur darauf hingewiesen werden, daß "wirkliche" (raumbezogene?) Arbeitsweisen der Geographie das ganz sicher vernachlässigte Hauptaufgabengebiet der Erforschung synthetischer Zusammenhänge in Räumen verschiedenster Dimensionen (im Sinne von Neef) darstellen. Dazu gehören bestimmt jene Räume, die wir hier als Gebiete mit ganz bestimmten Naturpotentialen umreißen wollen. Der Zusatz "potential" impliziert dabei bereits den Wert des betreffenden Raumes für die Nutzung durch Mensch und Tier, beziehungsweise den Menschen mit seiner Tierhaltung. Die Untersuchung der Nutzungsart und Nutzungsweise durch den Menschen ist ohnehin ein lange praktiziertes Aufgabengebiet der Geographie und ein Forschungsfeld der Geographen gewesen.

Hier wird also keine neue wissenschaftstheoretische Zielvorstellung für die Geographie aufgestellt, sondern längst bekannte Arbeitweisen auf ein wichtiges und aktuelles Aufgabengebiet zu konzentrieren gefordert. Entsprechend den Forderungen unserer Zeit, sowohl auf dem Gebiet der Ressourcenforschung mit ihren Möglichkeiten und Grenzen für die Nutzung als auch Maßnahmen zu deren Schutz und Erhalt für die Zukunft, fällt der Geographie ein wichtiger Beitrag zu. Mögen die Geographen dies nicht nur erkennen, sondern auch mit wissenschaftlich fundierten Beiträgen zur Lösung dieser Aufgaben beitragen.

Es sei schließlich auch erwähnt, daß inzwischen eine größere Zahl von Geographen, als dies gemeinhin angenommen wird, in diesem Aufgabenfeld arbeiten und ihren Beitrag leisten. Dies gilt ganz sicher auf dem weiten Feld der sogenannten Entwicklungshilfe, vornehmlich in Ländern der Subtropen und Tropen und in deren Trockengebieten.

In diesem Beitrag sollen - raumbedingt - nur einige Beispiele aus diesem Aufgabengebiet umrissen werden.

3 DIE ANALYSE DES NATURPOTENTIALS IN TROCKENGEBIETEN

Im Rahmen des Aufgabenkreises "Naturpotential und Landnutzung" bedeutet die Analyse des Naturpotentials die Erfassung der bestimmten Geofaktoren und ihre Bewertung für die Landnutzung im ariden/semiariden Ökosystem. Dabei stehen die semiariden Gebiete, also die Übergangsgebiete zur Wüste deshalb im Vordergrund der Betrachtung, weil sie noch bewohnte Lebensräume für den größten Teil der Bewohner vieler Länder der ariden Zone darstellen. Wir wollen dabei von den begrenzten Dichtezentren innerhalb der Wüste, wie sie vor allem mit der Flußoase des Nils in Ägypten und den Grundwasseroasen aller Wüsten bekannt sind, hier einmal absehen. Somit gewinnt das Naturpotential der Steppen und randtropischen Savannen besondere Bedeutung, denn die überwiegenden Teile menschlich genutzter Trockengebiete liegen in diesen geoökologischen Übergangszonen.

Hingewiesen sei hier auch auf die besondere Bedeutung dieser Naturräume als Ursprungsgebiete menschlicher Nutzungsformen des Ackerbaues und der Viehhaltung, wie sie einmal von von WISSMANN (1957) so überzeugend dargestellt worden sind. Denken wir dabei auch an die ältesten städtischen Siedlungen im Orient, die in diesem Trockenraum seit über fünf Jahrtausenden hohe Bedeutung als zentrale Orte des schon damals bedeutenden landwirtschaftlichen Nutzungsraumes der Steppen hatten (siehe auch von WISSMANN, 1961).

Welche Aufgaben fallen der Geographie bei einer solchen analytischen Erfassung zu?

3.1 Analyse der Geofaktoren

3.1.1 KLIMAELEMENTE

Für einen Trockenraum und seine Nutzung steht die genaue Erfassung der wirksamen Klimaelemente an erster Stelle. Dabei sind die den Wasserhaushalt bestimmenden Faktoren am wichtigsten. Dies bedeutet vorrangig eine detaillierte Analyse des Niederschlagsregimes. Längst sollten die Zeiten der alleinigen Heranziehung der Jahres- und Monatsmittelwerte für Aussagen zur Landnutzungsbegrenzung vorbei sein, was jedoch für Agrarnutzungsplanungen in solchen Ländern keineswegs selbstverständlich ist. So werden immer noch die von den vorhandenen Meßreihen oft aber zu kurzen Datenreihen abhängigen Werte der Jahresisohyeten als Grenzlinien für möglichen Ackerbau oder Viehwirtschaft herangezogen.

Ein Beispiel hierfür ist die Verwendung der sogenannten "agronomischen Trockengrenze", wie sie etwa in den auch bei Geographen beliebten Arbeiten von ANDREAE (1974) beschrieben wird, als Anbaugrenze im regionalen oder auch zonalen Sinn. Auf die zu beachtende hohe Variabilität gerade für Anbaugrenzen hat ACHENBACH (1981) hingewiesen. Statt Grenzen muß man hier variabilitätsabhängige Grenzsäume als Übergangszonen zugrunde legen. Das aber bedeutet die Notwendigkeit hoher Flexibilität im Anbau und die Herausfindung von Anbauarten und Anbausystemen, die eine hohe Niederschlagsvariabilität vertragen und nicht eine Arealabgrenzung nach Mittelwerts-Isohyeten. Für den Geographen besteht daher über die Erfassung meteorologisch-klimatologischer Daten und der Dynamik klimatischer Vorgänge hinaus die Aufgabe, deren Zusammenwirken im Landschaftshaushalt zu erkennen. Dadurch wird eine Abhängigkeit von den Landschaftsnutzungsformen deutlicher und eine Agrarplanungsaussage begründeter als dies mit isolierten Datengrenzlinien möglich ist.

Letztlich bedeutet dies, daß die integrierte Betrachtung der zunächst analytisch gewonnenen Klimadaten zu klimatisch-ökologischen Bewertungen führt. Daß diese unbedingt benötigt werden, haben die großen Dürrekrisen der letzten fünfzehn Jahre klar bewiesen. Der Geograph kann also zusammen mit dem Agrarklimatologen wesentlich zu einer standort- und regional-gerechten Anbauplanung beitragen. Doch diese Arbeitsbeiträge müssen mehr noch im Kontext weiterer ökologischer Zusammenhänge der Geofaktoren gesehen werden, wie sie sich aus den Abhängigkeiten von Klima und Vegetation, Klima und Böden sowie Klima und Wasserhaushalt ergeben. Beginnen wir mit letzterem.

3.1.2 WASSERHAUSHALT

Keiner ist für die Untersuchung der Wirksamkeit und der Auswirkungen des aridzonalen Niederschlagsregimes prädestinierter als der Physiogeograph, der eine entsprechend gute, auch hydrologische Ausbildung genossen hat. Dabei muß die Integration des Niederschlagsregimes im Ökosystem erfaßt werden. Diese ökologischen Auswirkungen des höchst variablen Niederschlagsregimes in der semiariden Landschaft machen sich für die Landnutzung in verschiedenster Weise bemerkbar. Nur wenige Beispiele können hier genannt werden.

Der Oberflächenabfluß mit seinen typischen arid-morphodynamischen Merkmalen hat für die Landnutzung überragende Bedeutung. Dies gilt sowohl für den flächenhaften wie für den linienhaften erosiven Abfluß. Für den flächenhaften Abfluß spielen zwei wichtige Faktoren eine Rolle: die pflanzenverfügbare Infiltrationsrate und die Verdunstungsrate durch Evapotranspiration. Hieraus leitet sich das wirklich verfügbare Oberflächenwasser ab, was sowohl durch die Pflanzenwelt (Natur-und Kulturpflanzen) im Boden aufgenommen werden kann als auch in den typischen Abflußsystemen von kleinen Rinnen bis zu den Wadis der Land-und Wassernutzung zugeführt wird. Hierfür sind nach eigenen Erfahrungen in der Landnutzung der Trockengebiete noch längst nicht alle Möglichkeiten ausgenutzt. Deshalb scheint eine durch Satellitenbildauswertung unterstützte Großkartierung und eine luftbildunterstützte Detailkartierung der fluvial-morphodynamischen Vorgänge eines jetzigen oder zukünftigen Nutzungsareals gerade in Entwicklungsprojekten von größter Bedeutung. Dies haben eigene Erfahrungen in der Projektarbeit im Maghreb, Vorderasien und in den Sahelländern klar erkennen lassen.

Für den Einsatz von Geographen sei darauf hingewiesen, daß der Physiograph, der auf diesem Gebiet arbeiten will, gute pedologische Kenntnisse über Sedimente, Substrate und Bodenbildungen in der Trockenzone mit ihren verschiedenartigen Bodenkrustenbildungen haben muß. Weil eine enge Anhänglichkeit jeglicher Oberflächenwasserdynamik vom gegebenen Relief und seiner morphodynamischen Prozesse besteht, bedeutet dies auch eine Forderung nach guten geomorphologischen Kenntnissen.

3.1.3 GEOÖKOLOGISCHE LANDSCHAFTSEINHEITEN

Schon aus diesen engen Verflechtungen der gegenseitig steuernden Prozesse der verschiedenen Geofaktoren (Klima, Relief und Boden, Pflanzenwelt) ergibt sich für die Trockenzone eine Reihe von geoökologischen Einheiten (Teilgebiete), die vor jeder neuen Landnutzungsplanung eines größeren Gebietes kartenmäßig erfaßt sein müssen. Denn diese Einheiten stellen wichtige Grundlagen für eine erfolgreich geplante Landnutzung dar, vor allem, wenn man die mehr empirisch gewonnenen traditionalen Landnutzungsformen weiterentwickeln will. Das aber muß das Ziel jeglicher Entwicklungsplanung im ländlichen Raum der Entwicklungsländer sein.

3.1.4 GEOÖKOLOGISCH DETERMINIERTE GRENZBEREICHE

Die in der Geographie seit langer Zeit diskutierten Fragen natur- und kulturlandschaftlicher Grenzen (man denke nur an die Versuche der naturgeographischen Gliederung in Deutschland) müssen im Problemkreis "Naturpotential und Landnutzung" auch und gerade in den Trockengebieten neu durchdacht werden. Schließlich sind die limitierenden Faktoren des Ackerbaues und auch der Weidewirtschaft klar herauszuarbeiten. Am Beispiel der Trockengrenze wurde dies schon erwähnt.

Wie aus dem vorher Gesagten folgert, können solche Grenzbereiche der Nutzung nur durch die Analyse der Geofaktoren des Ökosystems gefunden werden. Sie ergeben sich allerdings erst aus der Synthese ihrer Wirksamkeit und Bedeutung für bestimmte Landnutzungsformen im mesochorischen Bereich, der für die Landnutzungsplanung in Trockengebieten eine sehr wichtige Größenordnung in der Arealanalyse darstellt.

In der vielgenannten randtropischen Zone des Sahel ist es eben nicht egal, ob eine agrare Entwicklungsmaßnahme, im saharo- sahelischen (arideren) oder im sudanosahelischen (semihumideren) Bereich durchgeführt wird. Die Naturpotentiale beider Subzonen sind dabei wesentlich verschieden in ihrem Nutzungswert und damit auch unterschiedlich für die Erfolgsaussichten von Entwicklungsprojekten. In den entwicklungspolitischen Leitgremien wurde dieser wichtige Planungsgrundsatz allerdings erst recht zögernd in die Projektdurchführung übernommen.

Bei der Erfassung solcher geoökologischer Grenzen spielt auch die Berücksichtigung der hohen Variabilität eine große Rolle. Die Variabilität (positive und negative Abweichungen) machen solche Grenzen zu einem breiten Grenzsaum, in dem alle Landnutzungsarten sowohl den Trockenjahren als auch den Feuchtjahren angepaßt sein müssen, was - wie erwähnt - eine hohe Flexibilität der Nutzungsarten bedeutet. Die nordafrikanischen Dürren haben gezeigt, daß bei Nichtanpassung starke Schäden auftreten, die länger andauern als die Dürrezeiten selbst. Daher müssen Kulturpflanzen bevorzugt werden, die als einjährige Pflanzen jedes Jahr ohne Niederschlagsdefizit voll ausnutzen können. Dazu gehören im Randgebiet der Trockenzone fast alle Getreidearten. Baumkulturen erleiden demgegenüber oft langjährige Schäden.

3.1.5 NATURPOTENTIAL = NUTZUNGSPOTENTIAL ?

Die Analyse der miteinander wirksamen Geofaktoren führt zu einer geoökologischen Bewertung des Nutzungspotentials. Dabei gilt es, im semiariden Randgebiet der vollariden Wüsten in erster Linie die Grenzwerte des Schwankungssaumes der jährlichen und auch periodischen Variabilität zu erkennen. Dabei wird gerade von Seiten der Agrarwirtschaft die Frage gestellt, ob sich die Nutzungssysteme mehr nach den Werten der negativen Abweichung oder nach den Mittelwerten zu richten haben. Diese Frage ist nicht einseitig auf diese Grenzwerte zu beantworten, weil einerseits eine Ausnutzung der klimatischen Gegebenheiten in Feuchtzeiten dann nicht voll ausgenutztes temporäres Potential bedeutet, wenn die Minimalwerte der Abweichung für den Anbau zugrundegelegt wurden. Im anderen Falle würden durch Dürreperioden große Schäden angerichtet, die vermieden werden könnten. So bleibt der nochmalige Hinweis auf eine möglichst große Flexibilität der Anpassung an die hohen Variabilitätswerte (negativ und postiv), um eine optimale Nutzung entsprechend den natürlichen Gegebenheiten zu erreichen, wie sie in dem traditionellen Anbausystem zumeist vorhanden war, heute aber oft verloren gegangen ist. Das hier Gesagte gilt sinngemäß sowohl für die ackerbauliche Regenfeldbauwirtschaft als auch für eine flexible Weidenutzung in den Steppen und Savannen. Hingewiesen werden muß dabei auch hier auf die Veränderung des Naturpotentials durch die permanente Landnutzung in solchen Gebieten, die große Folgen hat.

Schließlich ist bei der Ausnutzung des gegebenen Potentials in hohem Maße der Faktor "Mensch" und seine Verhaltensweisen dem Naturpotential gegenüber zu berücksichtigen. Hierüber können in diesem Beitrag nur einige kurze Bemerkungen gemacht werden.

3.2 Die Analyse des anthropogeographischen Faktorenkomplexes

Um für die Bewertung des Naturpotentials einerseits und des Nutzungseffekts andererseits keine falschen deterministischen Folgen zu ziehen, sei für die geographische Analyse und Bewertung mit Nachdruck auf die große Bedeutung aller "human factors" hingewiesen. Daher erscheint es absolut notwendig, daß ein Geograph auch diesen Bereich seines Faches im Grundsatz beherrscht. Nur wenige Beispiele seien hierfür genannt.

3.2.1 DEMOGRAPHISCHE DATENANALYSE

Das wohl schwerwiegendste Geschehen im anthropogeographischen Bereich der Veränderung des Naturpotentials ist, daß auch in den Ländern der Trockenzone die Bevölkerungsexplosion die Nutzungspotentiale erheblich einengt. Infolge der nicht ortsgebundenen Weidewirtschaft nomadischer und halbnomadischer Gruppen ist in den meisten dieser Länder eine genaue demographische Datenerfassung gar nicht möglich. Dennoch wird deutlich, daß durch medizinische Hilfe die Kindersterblichkeit verringert und das Bevölkerungswachstum erheblich gesteigert wurde. Das jährliche Wachstum dürfte in den meisten Ländern dieser Zone zwischen 2,5 % und 3,0 % liegen. Dies bedeutet eine starke Vermehrung nicht nur der Zahl der Familienmitglieder, sondern auch der Siedlungen, die bis weit an die Grenze der Nutzungsmöglichkeit dieser Trockenräume heranreicht. Dabei beobachtet man in solchen Siedlungen ein besonders starkes relatives Ansteigen der sehr jungen und der alten Familienmitglieder. Viele jüngere und im mittleren Alter stehenden Männer versuchen in den Städten mehr Geld zu verdienen.

Diese Entwicklung dürfte auch für die Gruppe der Viehhalter zutreffen, zumal diese durch Marktkontakte noch eher die Möglichkeit haben, für längere Zeit in den Städten zu bleiben. Die Beobachtungen bei diesen Nutzergruppen zeigt den gleichen Trend wie in den Dörfern. Genaue Daten sind fast nirgendwo erhältlich, müssen daher vor Ort erhoben werden.

3.2.2 WANDERUNGSBEWEGUNGEN

Wanderungen und flexibles Verhalten bei der Nutzung eines ariden Naturpotentials sind Grundvoraussetzungen angepaßter Landnutzung. Dies gilt sowohl für die Weidewirtschaft als auch für den Anbau im Bereich der klimatisch-agronomischen Trockengrenze. Ein genaues Bild über diese Wanderbewegungen einzelner Volks-

oder Wirtschaftsgruppen zu gewinnen, ist besonders schwer, da diese fast nirgends registriert werden oder administrativ erfaßt sind. Längere Aufenthalte in solchen Gebieten sind also für den Forscher im Gelände erforderlich. Die Folgen im Wirkungsgefüge "Naturpotential und Landnutzung" sind jedoch deutlich spürbar.

Zu sehr eingeengte Wanderungsmöglichkeiten - und seien sie nur im traditionellen "shifting cultivation"- System begründet - haben katastrophale Auswirkungen. Bei den Regenfeldbauern entfällt sodann die notwendige Brachezeit für die Felder fast vollständig. Bei der nomadischen Viehwirtschaft wurden durch den vorrückenden Anbau in Richtung auf die Trockengrenze die Weideflächen immer mehr begrenzt und auch die Fernwanderungen immer mehr eingeengt. Bei gleichzeitigem Wachstum der Viehherden in Gunstjahren bedeutet dies eindeutig eine erhebliche Überstockung der Weideflächen.

Diese Vorgänge liegen der stark angewachsenen Desertifikation und damit der überall sichtbaren Degradation des ökologischen Naturpotentials zugrunde.

Mit diesen wenigen Beispielen kann schon gezeigt werden, daß eine Aufhellung der Vorgänge im "Interaktionsfeld" Potential und reale Nutzungsintensität nicht ohne Einbeziehung der demographischen und sozio-ökonomischen Faktorenkomplexe möglich ist. Auf die in diesem Zusammenhang auftretenden Schwierigkeiten, wie sie auch die Urbanisierung überall in diesen Ländern mit sich bringt, sei nur hingewiesen. Doch wie soll auf die Dauer ein Wirtschaftssystem auf der Basis agrarer Grundstrukturen funktionieren, wenn, wie zum Beispiel in Jordanien, fast zwei Drittel der Bewohner des Landes in der Hauptstadt Amman und ihrer Randstädte wohnen?

Es sei hierzu nochmals betont, daß solche sehr wichtigen anthropogeographischen Faktoren in diesem hier dargestellten Zusammenhang nur randliche Erwähnung finden können, was nicht ihren hohen Stellenwert bei einer umfassenden Nutzungsanalyse vermindern soll.

4 DIE AUSWIRKUNGEN DER LANDNUTZUNGSFORMEN AUF DAS NUTZUNGSPOTENTIAL IN ARIDEN LÄNDERN

4.1 Traditionelle Methoden in der Landwirtschaft

Sie sind in vieler Hinsicht Wandlungen unterworfen, die in der Viehwirtschaft oftmals geringer sind als im traditionellen Ackerbau. An erster Stelle ist die schon genannte Vernachlässigung der Feld-Brachwirtschaft zu nennen. Der stationäre und permanente Anbau - sei es Hackbau oder Pflugbau - hat überall in den Trockengebieten große Schäden am ariden Ökosystem mit sich gebracht. Starke Ernteproduktionsminderung ist die Folge. Im Zusammenhang mit den stets wieder auftretenden Dürren hat dies in vielen Ländern dieser Zone zu den bekannten Katastrophen in der Nahrungsmittelversorgung geführt.

Die traditionellen Methoden in der Viehhaltung sind, wie im vorigen Abschnitt erwähnt, besonders durch die Einengung der Weideflächen einerseits und die Erhöhung der Viehzahl andererseits eine schwere Last für das Ökosystem. Die heute wenig durchgeführte und kaum kontrollierte Rotation der Weidenutzung muß wieder eingeführt und strikt eingehalten werden, wenn größere Schäden vermieden oder Weideflächen restauriert werden sollen. Die heute weitverbreitete Überstockung führte zu einer Schädigung der Regeneration der Pflanzendecke und zudem zu einer starken Selektion nicht freßbarer Pflanzen und damit zu einer schweren Schädigung des Nutzungspotentials durch Desertifikationserscheinungen.

4.2 "Moderne" Methoden der agraren Landnutzung

Besonders im Regenfeldbau marginaler Räume hat die Einführung von Großmaschinen mit traktorgezogenen Scheibenpflügen oftmals schwerwiegende Folgen gehabt. Diese betreffen vor allem durch Bodenwenden die Veränderung des Bodenwasserhaushaltes mit erhöhter Evaporation im ariden Milieu. Zum anderen wird dadurch die Erosionsanfälligkeit durch die in Trockengebieten erhöhte äolische Morphodynamik vergrößert. Dies ist überall im mechanisierten Trockenfeldbau klar nachweisbar. Ob daher die ökonomischen Vorteile die entstehenden ökologischen Nachteile ausgleichen können, ist sehr zweifelhaft. Die Entwicklung vom Hakenpflug zum Scheibenpflug ist für die Landwirtschaft in den Trockengebieten nicht immer vorteilhaft gewesen.

4.3 Die Bedeutung der natürlichen Grenzen

Eine überaus wichtige Grenze für den landwirtschaftlichen Ressourcenschutz in Trockengebieten liegt im ökologischen Grenzbereich zwischen dem Regenfeldbau und dem Weideland der Steppen und Savannen. Hierauf wurde bereits oben eingegangen. Die negativen Auswirkungen sind vor allem dann festzustellen, wenn der Pflugbau in den subtropischen Zonen und der Hackbau in den randtropischen Zonen zuweit flächenhaft in die ariden Bereiche als permanenter Anbau vordringen. Dann kommt es zu anthropogen verstärkter Bodenabtragung durch fluviale und besonders durch äolische Erosion (Denudation und Deflation).

In historischer Zeit, und bis heute nicht überall überwunden, kam es in diesem Grenzbereich der Steppen und Savannen zur häufigen Konfrontation, der auch ethnisch verschiedenen Bevölkerungsgruppen, so daß es zu konkurrierenden Landnutzungsmethoden gekommen ist. Eine positive zukünftige Entwicklung kann aber nur in einer besseren Integration aller dem Naturpotential angepaßten Nutzungsformen liegen, was bis heute in den Wirtschaftssystemen der meisten Länder der Trockenzone kaum der Fall ist.

4.4 Die Bedeutung ethnischer Schranken

Besonders in der Alten Welt ist mit der genannten konkurrierenden Landnutzung zumeist auch ein ethnischer Gegensatz verbunden . Der Ackerbau der Seßhaften und die Viehwirtschaft der Nomaden standen sich oft "feindlich" gegenüber. Daher sind auch heute noch im Sahel Afrikas erhebliche Gegensätze zu überwinden. Da heute in beiden Nutzungsformen bereits erhebliche Übergangsformen und Mischformen zwischen diesen Nutzergruppen vorhanden sind, werden diese einst großen ethnischen Schranken allmählich abgebaut. Dennoch sind die Länder der Trockengebiete zumeist noch weit entfernt von einer dem Naturpotential angepaßten Struktur der agrarwirtschaftlichen Nutzung.

4.5 Sozio-ökonomische Entwicklungsschranken

Oftmals bestehen entsprechend verschiedenen Nutzerwirtschaftsformen auch erhebliche sozio-ökonomische Schranken für die Entwicklung. Diese können sowohl durch sehr unterschiedliche Besitzverhältnisse verursacht sein, als auch durch das zumeist wenig entwickelte Vermarktungssystem bedingt werden. Dies betrifft sowohl Ackerbauern als auch Viehhalter.

Eine in den Trockengebieten weit verbreitete Form des "Fernbesitzes" von Land und Vieh besteht durch den gewaltigen Einfluß von städtischen Händlern und einflußreichen Familien, die oft die ländliche Entwicklung erheblich behindern und deren Einfluß bis weit in den ländlichen Raum hineinreicht. Dadurch kommt es zum Abzug des erwirtschafteten Produktionskapitals vom Land in die Stadt, ohne daß dieses Geld im ländlichen Raum wieder investiert wird. So wird das sozio-ökonomische Gefälle zwischen Stadt und Land heute eher verstärkt als abgebaut. Zwar gibt es auf diesem Gebiet Unterschiede zwischen den Ländern der Trockenzone, doch ist der geschilderte Zustand überall anzutreffen. Von "Rentenkapitalismus" könnte man dabei in vielen Fällen durchaus sprechen.

4.6 Entwicklungshemmnisse durch fehlende Infrastruktur

Es ist bekannt, daß der ländliche Raum in den Trockengebieten der Entwicklungsländer selten infrastrukturell gut ausgebaut und an die Markt- und Konsumzentren angebunden ist. Daher wirken fehlender Ausbau des Verkehrsnetzes einerseits hemmend für die Entwicklung einer marktorientierten Landwirtschaft in Überschußjahren und andererseits versorgungshemmend in Jahren nicht ausreichender Subsistenzwirtschaft. Dies haben die Dürrejahre der letzten Jahrzehnte klar gezeigt. Die existierenden kleinen Marktzentren sind oft gar nicht an ein übergeordnetes Vermarktungssystem angebunden.

Neben dem nicht ausgebauten Verkehrsnetz fehlen auch die infrastrukturellen Maßnahmen auf vielen anderen Gebieten im ländlichen Raum. Dies gilt besonders auch für die medizinische und schulische Versorgung der Landbevölkerung. Deshalb ist der von uns in der Entwicklungspolitik immer wieder vorgeschlagene Ausbau eines Netzes von kleineren zentralen Orten mit Anbindung an das Umland mit seiner Landnutzung längst überfällig. Vergleiche dazu MENSCHING, 1983 a.

4.7 Politische Entwicklungshemmnisse

Es ist hier nicht der Ort, die Vielzahl von der jeweiligen Struktur politischer Systeme in den Ländern der Trockenzone ausgehenden Entwicklungsschranken aufzuzählen und zu erörtern. Hingewiesen werden muß jedoch noch auf die in vielen solchen Ländern unterentwickelte administrative und politische Integration der ländlichen Räume, die zum Teil mit den genannten Nutzungsgrenzen oft mit den besser ausgestatteten Landesteilen und den städtischen Ballungsräumen wenig kooperieren. Dies gilt auch für viele andere Bereiche politisch-ökonomischer Integration. Daß dies jedoch für die gesamte Landesentwicklung erforderlich ist, ist unzweifelhaft.

Entwicklungspolitisch ist daher der ländliche Raum besonders stark vernachlässigt, wirtschaftlich oft isoliert und politisch unterrepräsentiert. In Ländern mit nur teilweise aridem Naturraumpotential wirkt sich eine solche Isolierung besonders entwicklunghemmend aus, da auch die politische Einstellung zu solchen Landesteilen oft eher abweisend ist, besonders, wenn es sich dabei noch um ethnisch ganz andere Gruppen handelt, als sie von den politischen Machthabern, die in den günstiger ausgestatteten Regionen des Landes residieren, repräsentiert werden. Dafür können zahlreiche Beispiele genannt werden. Das gegebene Nutzungspotential wird dadurch in diesen Trockenräumen keiner optimalen und schon gar nicht ökologisch angepaßten Nutzung zugeführt, so daß innerhalb solcher Länder erhebliche Entwicklungsunterschiede auftreten, wobei diese Trockengebiete immer mehr zu Marginalräumen werden, die sich zu Problemräumen auch in der Politik entwickeln. Hierfür gibt die Entwicklung in Äthiopien-Eritrea ein Beispiel. Desertifikationserscheinungen haben daher in ihrer räumlichen Auswirkung auch politische Hintergründe. Auf die Auswirkungen von extremen wirtschaftspolitischen Maßnahmen durch folgenschwere Kreditpolitik (hohe Verschuldung dieser Länder !) sei an dieser Stelle nur hingewiesen.

5 SCHLUSSBETRACHTUNG

Kommen wir nach diesem Abriß der Nutzungs- und Entwicklungsproblematik in Trockenräumen zurück zur Aufgabe geographischer Forschung und Erkenntnissvermittlung für die Praxis, so stellen wir folgendes fest:

Für Geographen mit entsprechender Ausbildung ist mit der wachsenden Bedeutung der Erforschung des Verhältnisses von Naturpotential und Landnutzungspotential in den Trockengebieten der Erde (aber auch in anderen Klimazonen) ein wichtiges Aufgabengebiet erwachsen. In der angewandten Forschung haben Fragen, wie sie in diesem Betrag angeschnitten worden sind, immer mehr Bedeutung in der Entwicklungshilfe für diese Länder gewonnen. Dies gilt sowohl für die richtige sachlich-fachliche (sektorale) Projektauswahl als auch für deren begründete regionale Festlegung. Dabei stehen Fragen der verbesserten Agrarproduktion einerseits und Fragen des Ressourcenschutzes dieses Naturpotentials andererseits im Vordergrund solcher Aufgaben, bei denen oft abwägende Maßnahmen zu treffen sind. Hierfür können Geographen mit guten physisch-geographischen und geoökologischen Grundlagen gute Arbeit leisten. Für die Analyse und Beurteilung des Nutzungspotentials und Nutzerpotentials sind aber ebenso die Kenntnisse anthropogeographischer Fakten und ihrer dynamischen Zusammenhänge erforderlich. Geographisch breit gefächerte Grundlagen und Spezialisierung in der Untersuchung des Natur- Mensch-Interaktionsfeldes bieten die beste Gewähr für eine praxisorientierte Aufgabenlösung für die gesamte Projektarbeit in der Entwicklungshilfe.

Die bei der Erforschung des Verhältnisses von Natur-Nutzungs-Potentialen zur Anwendung kommenden Methoden erstrecken sich von der Satellitenbild- und Luftbildauswertung über die Geländeerhebungen zur Erfassung des Naturpotentials bis zur Datenauswertung klimatisch-ökologischer Fakten und anthropogeographischer Zusammenhänge. Die Erfassung und Darstellung in entsprechenden thematischen Karten ist dabei wichtig.

Solche Arbeitsweisen können im Rahmen der interdisziplinären gesamten Projektarbeit einen wichtigen Beitrag liefern, der zur Beurteilung des vorhandenen Naturpotentials und seiner bisherigen Nutzung in den traditionellen Formen und den Möglichkeiten und Grenzen der Entwicklungsfähigkeit entscheidend beitragen. Der Beitrag der Geographen liegt dabei nicht allein im analytischen, sondern vor allem auch im Bereich synthetischer Arbeitsweisen durch Erkennen von Zusammenhängen im oft schwer durchschaubaren Mensch- Natur-Verhältnis. Dieses wird um so wichtiger, je mehr der viel propagierte Ansatz integrierter Maßnahmen für die Entwicklung des ländlichen Raumes in die Projektarbeit umgesetzt werden soll.

Die hierbei vorgetragenen Gedanken und Erfahrungen erheben dabei keinen Anspruch auf Vollständigkeit der notwendigen Datenerfassung und Erkenntnisse bei der Projektdurchführung, vor allem nicht auf den Gebieten der übrigen beteiligten Disziplinen in Forschung und Praxis. Die eigenen Erfahrungen der letzten Jahre haben jedoch gezeigt, daß auch diese geographisch-geoökologische Sicht in vieler Hinsicht bei der Findung und Durchführung von Projekten und Hilfsmaßnahmen in Ländern der Trockenzone - und nicht nur soweit sie Entwicklungsländer sind - außerordentlich hilfreich und notwendig ist.

6 LITERATURVERZEICHNIS

ACHENBACH, H. (1981): Agronomische Trockengrenzen im Lichte hygrischer Variabilität - Dargestellt am Beispiel des östlichen Maghreb. In: Würzburger Geogr. Arbeiten, 53: 1-21.

ANDREAE, B. (1974): Die Farmwirtschaft in der agronomischen Trockengrenze. In: Erdk.Wissen 38, Wiesbaden.

ders. (1977): Agrargeographie. Strukturzonen und Betriebsformen in der Weltlandwirtschaft. Berlin - New York.

KOLB, A. (1961): Die Entwicklungsländer im Blickfeld der Geographie. Wiesbaden 1961 und Deutscher Geographen-Tag Köln 1961. In: Tag.-Ber. u. Wiss. Abh., Wiesbaden 1962: 55-72.

LÜTTIG, G. (1978): Die Entwicklungsländer mit geringem Geopotential. Niedersächsische Landeszentrale f. Politik u. Bildung, Hannover.

MENSCHING, H. (1980): Desertifikation. Ein komplexes Phänomen der Degradierung und Zerstörung des marginaltropischen Ökosystems in der Sahelzone Afrikas. In: Geomethodica, 5: 17-41.

ders. (1983a): The Development of Small and Middlesized Settlements as a Measure to Combat Desertification, with Special Reference to the Sahelian Zone. In: ITCC Review, 6th World Congress of Engeneers & Architects, Development of the Desert & Sparsely Populated Areas. The Engeneer's Institute, XII, 3-4: 1-10, Tel Aviv.

ders. (1983b): Die Verwüstung der Natur durch den Menschen in Historischer Zeit: Das Problem der Desertifikation. In: H. MARKL (Hrsg.)(o.J.): Natur und Geschichte. Schriften der Carl Friedrich von Siemens Stiftung, München: 147-170.

ders. (1984): Das ökologische Potential der Sahelzone und die Grenzen seiner Belastbarkeit. In: Entwicklung + Ländlicher Raum, 6, Frankfurt: 6-9.

ders. (1985): Die Sahelzone - Probleme ohne Lösung ? In: Die Erde,116, Symposium der VW-Stiftung, Berlin: 99-108.

RUDDLE, K., W. MANSHARD (1981): Renewable natural resources and the environment. Pressing Problems in the Developing World. Published for the United Nations University, Dublin.

WEIGT, E. (1985): Natur- und anthropogeographische Probleme der Entwicklungsländer. In: Entwicklungsländer. Wiss. Buchgesellschaft, Darmstadt: 44-65.

v. WISSMANN, H. (1957): Ursprungsherde und Ausbreitungswege von Pflanzen- und Tierzucht und ihre Abhängigkeit von der Klimageschichte. In: Erdkunde: 81- 94 u. 175- 193.

ders. (1961): Bauer, Nomade und Stadt im islamischen Orient. In: Die Welt des Islam und die Gegenwart, Stuttgart: 22- 63.

"SCHWIMMENDE GÄRTEN"

EINE INTENSIVFORM TROPISCHER LANDWIRTSCHAFT

von

Herbert Wilhelmy, Tübingen

Um 1590 berichtete der spanische Pater José de ACOSTA, daß es in der Lagune des Hochbeckens von Mexiko aus Schilfrohr bestehende, mit Erde bedeckte Saatbeete gäbe, die gleich Flößen auf dem Wasser beweglich seien: "Wer diese mitten im Wasser angelegten Pflanzbeete nicht selbst gesehen hat, wird das, was ich hier beschreibe, für ein Märchen halten... Aber in Wirklichkeit ist die Anlage solcher Gärten, die auf dem Wasser schwimmen, durchaus möglich. Die Leute erhöhen sie so weit, daß das Wasser sie nicht überfluten und zerstören kann... Die Pflanzen wachsen und reifen, und die Menschen ziehen diese Gärten von einem Platz zu einem anderen (ACOSTA, Neuausgabe 1940: 533). Die so einprägsame Bezeichnung "schwimmende Gärten" wendete dann 200 Jahre später erstmalig der Jesuit Francisco CLAVIJERO in seinem großen Werk zur alten Geschichte von Mexiko (1780/81) an. Die Bauern selbst nennen diese *jardines flotantes* seit alters her chinampas. "Wenn der Besitzer einer *chinampa*", führt CLAVIJERO noch etwas genauer als ACOSTA aus, "an einen anderen Ort will, entweder um sich von einem unangenehmen Nachbarn zu entfernen oder um sich seiner Familie zu nähern, so steigt er in sein Boot und zieht den Garten - wenn er klein ist, allein, wenn er groß ist, mit Hilfe von anderen - mit einem Ruck fort und führt ihn dorthin, wo er ihn haben will".

In der Alten Welt bekannt geworden sind die "schwimmenden Gärten von Xochimilco" vor allem durch die Schilderungen Alexander von HUMBOLDTs, der 1804 in Mexiko weilte: "Die schwimmenden Gärten, welche die Spanier in großer Menge fanden und von denen noch mehrere auf dem See von Chalco übrig sind, waren Flöße von Schilf (*tortora*), Ästen, Wurzeln und Zweigen von Buschwerk... Oft enthalten die Chinampas noch die Hütte des Indianers, welcher eine Gruppe solcher schwimmenden Gärten zu hüten hat. Man stößt sie mit langen Stangen weiter, oder rückt sie damit zusammen, und treibt sie so, nach Gefallen, von einem Ufer zum anderen (HUMBOLDT, 1810: 79). Einige Jahrzehnte später bezeugte der angesehene mexikanische Gelehrte M. OROZCO y BERRA (1855) ganz ähnlich, daß eine mit Blumen und Gemüse bestandene Insel mit Hilfe eines Taues von zwei Indianern von einer Flur in die andere gezogen werden könne. Besonders ausführlich schilderte noch Ende des vergangenen Jahrhunderts der Reiseschriftsteller E.v. HESSE-WARTEGG (1890: 229) Nutzung und Transport schwimmender Gärten auf dem See. Schließlich versicherte SAPPER (1940: 109), daß es mindestens bis zur Zeit seines Besuches (1923) in der Gegend von Tláhuac am östlichen Ende des Chalco-Sees Chinampas gegeben habe, die von ihren Besitzern zu den verschiedensten Liegeplätzen bugsiert werden konnten. Er selbst ist zwar nicht dort gewesen, beruft sich aber auf ihm glaubhaft erscheinende Angaben eines ortsansässigen Deutschen.

R.C.WEST und P.ARMILLAS (1950: 166) sind diesen Berichten nachgegangen und haben die in Tláhuac, Mízquic und Tezompa lebenden *chinamperos* befragt. Die überraschende Antwort war, daß keiner von ihnen je in seinem Leben wirklich schwimmende Gärten gesehen hätte! War die Erinnerung daran in Vergessenheit geraten, oder sind alle Überlieferungen über die "schwimmenden Gärten von Xochimilco" nur Legende? Läßt sich die Richtigkeit der Schilderungen CLAVIJEROs, HUMBOLDTs und der anderen Autoren bezweifeln? Die wissenschaftliche Autorität HUMBOLDTs bewirkte, daß der mit Xochimilco eng verbundene Begriff der schwimmenden Gärten in die Literatur eingegangen ist. Aber HUMBOLDT hat keineswegs gesagt, wie zuweilen von Autoren behauptet wird, die offensichtlich seinen Originaltext nicht nachgelesen haben, daß Chinampas frei auf dem See schwimmen, denn er beginnt seinen Bericht mit der Feststellung: "Es gibt deren zweierlei, von denen die einen beweglich sind und vom Wind hin- und hergetrieben werden, die anderen feststehen und mit dem Ufer zusammenhängen" (HUMBOLDT, 1810: 78). Das Mißverständnis späterer Interpreten beruht wohl darauf, daß sie annahmen, HUMBOLDT habe nur die ufernahen Chinampas und nicht auch die große Mehrzahl der anderen als fest mit dem Seeboden verbunden betrachtet, eine Fehlauslegung, der der erste Satz der eingangs zitierten Textstelle klar widerspricht, in der nur von *mehreren* schwimmenden Gärten auf dem See von Chalco, nicht von der Gesamtheit der Chinampas die Rede ist.

Auch schon vor HUMBOLDT hatten einige der älteren Autoren, wie Pater Alonso PONCE (1585, ed. 1873: 172f.) und Juan de TORQUEMADA (1605, ed. 1723: 483), von denen anscheinend die nur sporadisch auftretenden *jardines flotantes* als eine nebensächliche Erscheinung angesehen wurden, mit Nachdruck festgestellt, daß die Chinampas keine schwimmenden Gärten, sondern künstlich vom Menschen im See angelegte, mit dem Seeboden fest verbundene Gartenlandparzellen seien. Francisco de GARAY (1888) vertrat die gleiche Meinung. Sie entspricht völlig dem heutigen Erscheinungsbild: Die Chinampas von Xochimilco sind unbewegliche, durch Kanäle und Reihen pappelähnlicher Weiden fest begrenzte Grundstücke.

Eine erste umfassende wissenschaftliche Untersuchung dieser eigenartigen aquatischen Kulturlandschaft führte die in Mexico gebürtige deutsche Geographin Elisabeth SCHILLING (1939) auf der Grundlage von Archivstudien und Forschungen im Gelände durch. Ihrer Monographie folgten weitere Arbeiten, vorwiegend von Archäologen, deren Ausgrabungen und Luftbildinterpretationen zu wichtigen neuen Erkenntnissen führten. Zu nennen sind die Aufsätze von Robert C.WEST und Pedro ARMILLAS (1950), Michael C.COE (1964), Pedro ARMILLAS (1971), Edward E. CALNEK (1972), Angel PALERM (1973), Jeffrey R.PARSONS (1976) und das große, vor allem der Siedlungsgeschichte und Bevölkerungsentwicklung im Hochbecken von Mexiko gewidmete Werk von William T.SANDERS, Jeffrey R. PARSONS und Robert S.SANTLEY (1979).

Auch die Arbeiten aller dieser Autoren bestätigen, daß die Chinampas von indianischen Bauern mühsam geschaffenes Neuland auf einem ehemaligen Seegrund sind. Damit stellt sich die Frage: Haben diese künstlichen Garteninseln etwas mit den von ACOSTA, CLAVIJERO, HUMBOLDT u. a. beobachteten schwimmenden Gärten zu tun? Sind die *jardines flotantes* die Ausgangsform für die bewegungslos gewordenen *chinampas*? Einen derartigen genetischen Zusammenhang hat HUMBOLDT (1810) vermutet: "An den sumpfigen Ufern des Sees von Xochimilco und Chalco reißt die starke Bewegung des Wassers, zur Zeit seines hohen Standes, Erdschollen ab, die mit Kräutern bedeckt und mit Wurzeln durchflochten sind. Diese Schollen treibt der Wind hin und her, bis sie sich zuweilen zu kleinen Flößen vereinigen... Die ältesten Chinampas waren daher nichts als künstlich zusammengefügte Rasenstücke, die die Azteken aufhackten und ansäten... Bloße Erdschollen, welche sich vom Ufer abgerissen, haben also zur Erfindung der Chinampas Anlaß gegeben".

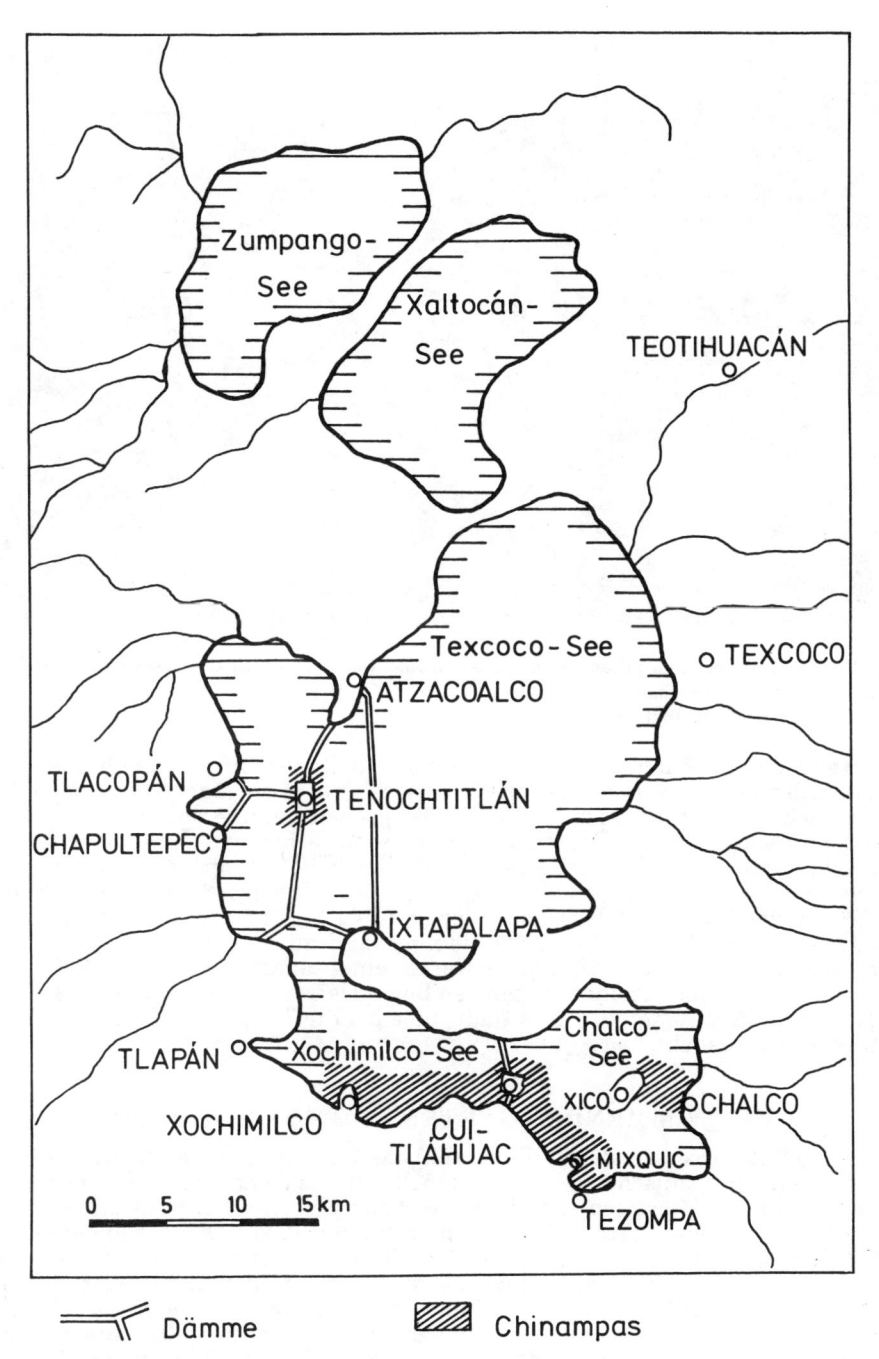

Abb.1: Die Seen im Hochbecken von Mexico und die Chinampazone zur Zeit der spanischen Eroberung Anfang des 16. Jahrhunderts.
Entwurf H. Wilhelmy nach verschiedenen Quellen

61

Abb.2: Einer der Hauptkanäle des Sees von Xochimilco. Im Hintergrund gestaffelte, langgestreckte Reihen von Weiden.
Foto H. Wilhelmy

Wir werden zu prüfen haben, ob diese These zutrifft oder nicht. Zum besseren Verständnis dessen, was seit der frühen Kolonialzeit bis in die jüngste Vergangenheit - von manchen Autoren angezweifelt - in der großen Lagune des Hochbeckens von Mexiko als schwimmende Gärten bezeichnet und beschrieben wurde, scheint es mir nützlich, auch einen Blick auf andere Teile der Erde zu werfen, in denen bis zur Gegenwart echte schwimmende Gärten existieren. Die eindruckvollsten Beispiele dafür sind der Dal-See in Kaschmir, der Inle-See in Birma, der Rawa-Pening-See auf Java und der Titicaca-See im Andenhochland mit den schwimmenden Inseln und Gärten der Uros. Chinampas waren einst auch eine bedeutende, heute vergessene Form der Landnutzung in den Bajos des Maya-Tieflandes (WILHELMY, 1981: 215 ff). Abgesehen von Kaschmir habe ich die "Seebauern" aller genannten Gebiete selbst besucht.

1   DIE "SCHWIMMENDEN GÄRTEN" VON XOCHIMILCO

Der große Süßwassersee, der im Pleistozän das Hochbecken von Mexiko einnahm, war zur Zeit der spanischen Conquista (1519) infolge des nacheiszeitlichen Klimawechsels auf fünf Restseen zusammengeschrumpft. Der am tiefsten, in 2 236 m Meereshöhe gelegene Texcoco-See war abflußlos und salzig. Die vier anderen Seen - durch zahlreiche Quellen, Grundwasser und Bäche gespeist - führten süßes Wasser. Bis in die jüngste Zeit erhalten haben sich nur die beiden südlichsten Seen, der Xochimilco- und der Chalco-See, die ursprünglich zusammenhingen, aber schon von den Azteken durch zwei über die Cuitláhuac-Insel führende Straßendämme voneinander getrennt wurden. Gegen das Eindringen von Salzwasser aus dem Texcoco-See, wozu es durch Seespiegelanstiege nach starken Regenfällen kommen konnte, war der Xochimilco-See außer von einer nach Westen vorspringenden Halbinsel bereits seit vorspanischer Zeit durch einen 16 km langen Damm geschützt, der von dem eigentlichen Texcoco-See eine westliche Süßwasserbucht abgliederte, in der auf einer Insel die Azteken-Hauptstadt Tenochtitlán (gegr. um 1370) lag. Die Überschwemmungsgefahr (bes. 1604 und 1629), die sie und später auch die auf ihren Trümmern erbaute spanische Kolonialstadt Mexico ständig bedrohte, veranlaßte schon 1629 die Eroberer, durch Flußumleitungen die Wasserzufuhr in das Hochbecken zu regulieren. Dies, die steigende Trinkwasserentnahme und die klimatisch bedingte hohe Verdunstung führten dazu, daß alle Seen mit Ausnahme des Xochimilco-Sees und des östlich benachbarten Chalco-Sees trockenfielen. Aber auch der etwa 36 km^2 große Xochimilco-See hat nur noch wenige größere offene Wasserflächen, die gerade ausreichten, um auf ihnen 1968 die Ruderregatten der Olympischen Spiele auszutragen.

Der Xochimilco-See ist nur an wenigen Stellen mehr als 1 m tief. Dieser Flachwasserbereich, auf den die Bezeichnung "See" kaum noch zutrifft, stellt sich dem Besucher als ein zunächst verwirrendes Netzwerk von schmalen, nur mit flachgehenden Booten befahrbaren Kanälen dar. Ein paar Hauptkanäle von rund 20 m Breite (auf denen heute die Ausflugsboote verkehren) geben mit etwas besserer Sicht als aus den kleinen engen Kanälen den Blick frei auf die, je nach Wasserstand, mit 1/2-2 m hohen Kanten den Seespiegel überragenden tischebenen Chinampas. Im Hintergrund bilden gestaffelte, langgestreckte Reihen von Weiden (*Salix Bonplandiana, S. acumilata*) eine hochaufragende grüne Kulisse. Da die Weiden von den Bauern zur Laub- und Brennholzgewinnung geschneitelt werden, gleichen sie schlanken Pappeln. Sie geben der Xochimilco- Landschaft ihr typisches Gepräge.

Die Chinampas sind allseitig von Wassergräben, kleinen und größeren Kanälen begrenzte Beete von 5-10 m Breite und maximal über 100 m Länge. Allein die ufernah gelegenen Parzellen haben eine unmittelbare Verbindung zum festen Land und werden nur an drei Seiten von Kanälen gesäumt. Im Prinzip entspricht die Fluraufteilung einem Gittermuster, das jedoch zum Teil diagonal von größeren Kanälen durchzogen wird. Durch Flechtwerkzäune verbundene Pfahl- und Baumreihen bewahren die Chinampas vor Kantenabbrüchen.

Die rechteckigen Inselgärten werden in zwei Formen bewirtschaftet: als Äcker für den flächenhaften Anbau und als Saatbeete für die spätere Umsetzung der in sorgsam ausgestochenen Erdwürfeln von 4-5 cm Seitenlänge (*chapines*) herangewachsenen jungen Pflänzchen (Abb. 3) auf andere Teile der Chinampas. Mit Ausnahme von Mais, den man in Abweichung von früheren Gewohnheiten heute meist unmittelbar auf dem Acker aussät, und einigen Gemüsesorten werden alle anderen Gemüse- und Blumenarten auf solchen dicht am Chinamparand gelegenen Saatbeeten herangezogen und zum geeigneten Zeitpunkt umgepflanzt. Der alte indianische Grabstock dient dabei als einziges Arbeitsgerät. Pflüge und Maschinen werden auf den Chinampas nicht verwendet. Die Anlage von Saatbeeten hat den Vorteil, daß die junge Saat bereits heranwachsen kann, wenn die Ernte auf dem Hauptfeld noch nicht völlig eingebracht ist. Dank der geringen Breite der Beete wird das Wurzelwerk der Kulturpflanzen aus dem von allen Seiten durchtränkten Unterboden mit genügend Wasser versorgt.

Die Erhaltung der Bodenfruchtbarkeit sichert die alljährliche Ausbreitung von schwarzem Faulschlamm auf den Chinampas, den die Gärtner mit langstieligen Schöpfern vom Grunde des Sees und der Kanäle holen. Mit Booten transportieren sie ihn zum gewünschten Platz. Bis in die Gegenwart war dies die einzige Form der Düngung, die einen ganzjährigen Anbau mit 4-7 Ernten von jedem Beet erlaubte. Meist hielt man sich an bestimmte Fruchtfolgen (z. B. Mais - Chili - Tomaten), aber die sich durch den Seeschlamm regenerierende Bodenfruchtbarkeit ließ auch einen kontinuierlichen Maisanbau ohne Fruchtwechsel zu. Nur die Saatbeete wurden schon früher mit Fäkalien gedüngt. Neuere Untersuchungen haben allerdings ergeben, daß in den Chinampaböden nicht ausreichend Stickstoff vorhanden ist (WILKEN 1979: 137). Den Bauern wurden daher zusätzliche Gaben von tierischem Dünger und Handelsdünger empfohlen. Sie haben auch gelernt, die Jungpflanzen

Abb. 3: Chinampa-Bauer bei der Vorbereitung eines Saatbeetes. Die zur Umsetzung bestimmten Pflänzchen werden in sorgsam ausgestochenen Erdwürfeln herangezogen.
Foto H. Wilhelmy

gegen winterliche Fröste anstelle von Schilf und Binsen mit Zeitungspapier oder Plastikfolien abzudecken. Im Sommer liefern die geschneitelten Weiden ihren Kulturen den erwünschten Halbschatten.

Wenn der Abstand zwischen dem Wasserspiegel und der sich durch die Aufbringung von Seeschlamm beständig erhöhenden Chinampaoberfläche zu groß wird, müssen die Pflanzen in den niederschlagslosen Monaten von Hand bewässert werden. Man erspart sich jedoch gern diese Mühe, indem man den Oberboden soweit abgräbt, daß die Pflanzenwurzeln wieder den feuchten tieferen Horizont erreichen können. Die abgetragene Erde wird für die Aufhöhung anderer Chinampas verwendet.

Die Betriebsgrößen übersteigen nur in wenigen Fällen 1-5 ha (SCHILLING, 1939: 61). Hauptanbaugewächse sind Mais, Bohnen, Chili, Tomaten, ferner Kohl, Erbsen, Karotten, Rettich, Spinat, Sellerie, Kürbis, Melonen, Gurken, Zwiebeln, Rote Rüben, Artischocken, Salat und Blumen. Der Name des Hauptortes im Chinampabereich, Xochimilco, setzt sich aus den Nahuátl-Worten *xochitl* = Blume, *milli* = bebautes Feld und *co* = Ort zusammen, bedeutet also "Ort des bebauten Blumenfeldes". Auch die Namen anderer benachbarter Gemeinden (Xochimanca, Xochitepec) weisen auf den dort seit langem intensiv betriebenen Blumenanbau hin. Blumen und Blumenschmuck spielten schon im kultischen und persönlichen Leben der Azteken eine große Rolle, und die auf die Blumenzucht verwendete Sorgfalt hat sich bis heute erhalten. Hochbeladene flache Frachtkähne bringen die Schnittblumen auf den großen Blumenmarkt von Xochimilco, wo sie an private Käufer und Großhändler abgesetzt werden, die sie mit Lastautos in die nahe Hauptstadt befördern. Zu den schon in vorspanischer Zeit gezüchteten Rosen, Dahlien, Sonnenblumen, Astern, Tagetes, Tiger- und Herzblumen, Callas, Chrysanthemen, Orchideen, Vipernkopf u. a. kamen in den Jahrhunderten nach der Conquista Nelken, Gladiolen, Amaryllis, Lilien, Phlox, Tulpen, Jasmin, auch Stiefmütterchen,

Veilchen und Vergißmeinnicht hinzu. Blumenbeete werden wie die Saatbeete gern am Rande der Chinampas angelegt. Gelegentlich sieht man Einhegungen durch Rosenhecken.

Wie eine neue Chinampa entsteht, konnte man noch vor wenigen Jahrzehnten im Xochimilco-See beobachten:

Die Seefläche außerhalb der Chinampazone und auch viele der seltener befahrenen Kanäle sind mit einer mehr oder weniger geschlossenen Decke schwimmender Wasserpflanzen überzogen, die eine Mächtigkeit von 20 cm bis 1 m erreicht. Sie besteht hauptsächlich aus Feldern kleinblättriger Seerosen (*Nymphae*), die im Verlandungsbereich in Simsen- (*Scirpus lacustris*) und Rohrkolbensäume (*Typha*) übergehen. Seit 1897 hat sich besonders die aus Brasilien eingführte Wasserhyazinthe (*Eichhornia crassipes*) unaufhaltsam ausgebreitet. Sie wird kompostiert und liefert heute die Hauptmenge des pflanzlichen Düngers. Diese Schwimmpflanzen werden durch eine Reihe von Unterwasserpflanzen ergänzt.

Der einer grünen Wiese ähnelnde schwimmende Pflanzenteppich - von der Bevölkerung *cinta*, *césped* oder *atlapalácatl* genannt - ist sehr tragfähig, auch dann noch, wenn er bei starkem Wind in eine Anzahl schwimmender Inseln zerrissen wird. 1767 berichtet Pater Antonio ALZATE, ein Zeitgenose CLAVIJEROs: "Zu der

Abb.4:

Ein Gitternetz von kleineren und größeren Kanälen durchzieht die Chinampa-Landschaft des Sees von Xochimilco. Durch Laubheugewinnung ("Schneiteln") erhielten die Weiden ihr pappelartiges Aussehen. Im Vordergrund Boote mit geschöpftem Seeschlamm.

Foto H. Wilhelmy

Hacienda von San Isidro, die auf einer Halbinsel liegt, welche den Xochimilco- und den Chalco-See voneinander trennt, gehört eine große Insel, die als Weide für das Vieh der Hacienda dient ... Wenn der Wind von Nordosten bläst, entfernt sie sich über 2 *leguas* (= ca. 10 km) von dem Grundstück, herrscht aber Südwind, dann liegt sie direkt am Festland" (SCHILLING, 1939: 29f.). Noch heutigentags werden Großtiere zur Weide auf die schwimmenden Pflanzenteppiche getrieben, und auch die Menschen begehen sie, um von einer Chinampa zur anderen zu gelangen (WEST-ARMILLAS, 1950: 174). Wollen die Gärtner eine neue Chinampa anlegen, so schneiden sie mit einem dreieckigen, axtartigen Haumesser 3-4 Stücke der gewünschten Größe aus dem Pflanzenteppich heraus, gewöhnlich Stücke von 5-10 m Breite und bis zu 100 m Länge. Wie Balsaflöße bugsieren sie dann den festen Filz aus lebenden und toten Wasserpflanzen an den für die neue Chinampa vorgesehenen Platz. Dort ziehen sie ein Stück über das andere, wobei jede Lage von der nächsten unter Wasser getaucht und zusammengedrückt wird, bis die unterste Schicht auf dem flachen Seeboden ruht. Die Oberfläche des abgesenkten "Vegetationspaketes" wird sodann unverzüglich mit frischem Seeschlamm oder abgetragener Erde von älteren Chinampas bedeckt. Eingerammte Pfosten und Stecken aus jungem Weidenholz, die bald austreiben und die charakteristischen Baumreihen bilden, sichern die für den Anbau bereiten neuen Chinampas, von denen jede ihre eigenen "Komposthaufen" unter sich hat. Bis 1925 konnte man in Mízquic am damals noch als bescheidener Rest existierenden Chalco-See Gärtnertrupps

Abb. 5:

Die intensiv bewirtschaftete Gartenbaulandschaft der Chinampas im See von Xochimilco

Foto H. Wilhelmy

ausziehen sehen, die in Gemeinschaftsarbeit neue Chinampas anlegten (WESTARMILLAS, 1950: 175). Sie arbeiteten nach der gleichen Methode, die z.B. F. de GARAY (1888: 11) Ende des 19. Jh. beschreibt. Die Frage ist, ob dieser zeitgenössischen Form der Neulandgewinnung eine andersartige vorausgegangen ist.

In aztekischer Zeit war Xochimilco die bedeutendste Siedlung der Chinampazone und ist dies auch heute noch. Die Stadt soll damals 15 000 Einwohner gezählt haben (PARSONS, 1976: 243). Cortés erwähnt sie 1522 im dritten seiner Briefe an Karl V. Ihrer traditionellen Stellung entsprach es, daß sie schon von König Philipp II. (1556-1598) das spanische Stadtrecht erhielt (SCHILLING, 1939: 5).

Außer Xochimilco gab es noch eine ganze Anzahl weiterer Chinampasiedlungen am südlichen Seeufer und einige auf vorgelagerten kleinen Inseln, von denen Cortés in seinem zweiten Bief (1520) Mízquic und Cuitláhuac nennt. Während Mízquic nur mit Booten erreichbar war, lag Cuitláhuac auf einer künstlichen Insel in der Einschnürung zwischen Xochimilco- und Chalco-See. Die Azteken verbanden das Inselstädtchen durch zwei Staßendämme mit dem südlichen und dem nördlichen Seeufer, über das der kürzeste Weg nach Tenochtitlán führte. Seitdem sind Xochimilco- und Chalco-See voneinander getrennt. Die beiden Dämme existieren heute noch (ARMILLAS, 1971: 656), aber der Chalco-See ist zum größten Teil verschwunden. Er wurde im Rahmen der Entwässerungsarbeiten im Hochbecken während des 19. Jh. weithin trockengelegt. An seiner Stelle dehnen sich jetzt fruchtbare Ackerfluren.

Inmitten des ehemaligen Chalco-Sees lag Xico, eine weitere Inselstadt, die sich höher als die anderen auf einem kuppigen Vulkanstumpf über die Wasserfläche erhob und nach der einheimischen Überlieferung die "Mutterstadt" der Gründer von Cuitláhac gewesen sein soll (ARMILLAS, 1971: 657). Xico ist heute nur noch ein mit Scherben bedeckter Hügel.

Überhaupt war die gesamte Chinampalandschaft in spätaztekischer Zeit in viel stärkerem Maße, als das heutige Erscheinungsbild vermuten läßt, von größeren geschlossenen Siedlungen, aber auch von zahlreichen Einzelhöfen durchsetzt. Zur wesentlichen Erweiterung unserer Kenntnisse über das Aussehen der indianischen Kulturlandschaft haben die von P. ARMILLAS (1971) veranlaßten und von ihm ausgewerteten Luftbildreihen beigetragen. Die Aufnahmen im Maßstab 1 : 5 000 geben mit erstaunlicher Klarheit das Kanal- und Flurbild der gesamten Chinampazone wieder, selbst in dem jetzt trockenliegenden Teil, trotz der jahrzehntelangen Bearbeitung der Äcker mit dem Pflug. Auch die vielen Hausplattformen früherer Einzelhöfe sind gut sichtbar. Sie haben gewöhnlich einen Durchmesser von 10-20 m und eine Höhe von 1-3 m. Damit bestätigen sich die Angaben von B.deVARGAS MACHUCA (1599), daß eine große Zahl von Indianern innerhalb des Lagunengebietes lebte: "Sie schlagen Pfosten in den See, die sie durch Zäune verbinden, füllen den Innenraum bis zu einer gewissen Höhe über dem Wasserspiegel mit Erde und bauen darauf ihre Häuser". Die räumliche Verteilung der alten Wohnhügel zeigt, daß jeweils zu einer besiedelten Chinampa eine größere Anzahl rein agrarisch genutzter Parzellen gehörte. Etwa 50 der insgesamt 148 gezählten *chinampa-mounds* wurden archäologisch genauer untersucht. Sie bargen eine Fülle von Scherben aztekischer Keramik aus einer Zeitspanne von 200-300 Jahren, reichen also bis in die frühaztekische Zeit zurück (ARMILLAS, 1971: 657). Im 17. Jh. sind die *chinampa-mounds* allem Anschein nach - von Feldhütten abgesehen- nicht mehr bewohnt gewesen, so daß sich die Besiedlungsperiode von etwa 1300-1600 n. Chr. erstreckt haben dürfte.

Vom Xochimilco-Chalco-Doppelsee reichte der Chinampagürtel bis Tenochtitlán. Die Inselstadt war kranzförmig von Gemüse- und Blumengärten umschlossen. Damals war der westliche Teil des Texcoco-Sees, in dem die Azteken-Metropole lag, eine Süßwasserbucht, an deren Eingang die Stadtbewohner um 1440 einen 16 km langen Damm aus Erde und Steinen erbauten, um sie vor dem Zufluß von Salzwasser aus dem äußeren Texcoco- Becken zu schützen. Der 20 m breite Damm, von dem Reste noch vorhanden sind, reichte von Azacoales bis Ixtapalapa.

Felder von Wasserpflanzen bedeckten die Kanäle von Tenochtitlán, und Blumenduft lag über der Landschaft: so schilderte ein aztekischer Poet seine Heimat (COE, 1964: 97). Kräftig sprudelndes Quellwasser floß von Westen und Süden her in den See. Es entsprang vor allem der Felskuppe von Chapultepec und der Landzunge zwischen Texcoco- und Xochimilco-See. Unter Montezuma I. (1440-1467) und Ahuítzotl (1486-1502) geschaffene, leistungsfähige Wasserleitungen brachten von dort nicht nur Trinkwasser in die Stadt, sondern versorgten damit zugleich die Kanäle der Chinampas in ihrem Umkeis. Erst als der Verbrauch der hauptstädtischen Bevölkerung immer mehr stieg und sich auch in der westlichen Bucht des Texcoco-Sees zunehmend Versalzungserscheinungen bemerkbar machten, kam dort die Chinampawirtschaft zum Erliegen. Die alte Gartenbauzone ist schon seit langem völlig städtisch überbaut.

Daß sich Tenochtitlán zum politischen Zentrum des Aztekenreiches entwickeln konnte, verdankte es in entscheidendem Ausmaß seiner Lage inmitten einer intensiv genutzten Gartenbauzone, die die wachsende Bevölkerung der Kapitale ernährte. Die Spanier nannten die von zahllosen Kanälen durchzogene Stadt ein "zweites Venedig". Sie bestaunten die Flotillen mit Menschen und Nahrungsmitteln beladener Boote, die tagtäglich die Märkte von Tenochtitlán versorgten (COE, 1964: 97). Im Anthropologischen Nationalmuseum in Mexico- Stadt ist eine große auf Feigenbast gezeichnete aztekische Karte mit dem breiten Chinampagürtel um Tenochtitlán erhalten. Sie zeigt die gleiche gitterförmige Landaufteilung und den parallelen Kanalverlauf, wie ihn uns die Luftbilder der Xochimilco-Chalco-Zone demonstrieren. ARMILLAS (1971: 660) hat die auf den Reihenaufnahmen erkennbaren heutigen und alten Chinampaflächen - aus der Luft gleichen die abgeflachten parallelen Rücken einem riesigen Waschbrett - ausplanimetriert und ermittelte einen Gesamtumfang von 12 000 ha. Abzüglich der Kanäle und kleinerer eingestreuter Wasserflächen veranschlagte er die einstige Nutzfläche auf 9 000 ha. PARSONS (1976: 255) rechnet mit 9 500 ha, in einer späteren Arbeit (SANDERS, PARSONS, SANTLEY, 1979: 177) sogar mit einer über 10 000 ha hinausgehenden Fläche, da einige Chinampaareale um Xaltocan und Chimalhuacan nicht von den Luftbildaufnahmen erfaßt worden sind und sich höchstwahrscheinlich auch manche einstigen Chinampavorkommen nicht mehr nachweisen lassen.

Ausgehend von einer Nährfläche der angegebenen Größenordnung hat PARSONS (1976) die Frage aufgeworfen, ob sie zur Versorgung eines politischen Zentrums der Bedeutung Tenochtitláns ausgereicht hat oder nicht. Die Einwohnerzahl der Metropole zur Blütezeit des Aztekenreichs wurde früher auf maximal 72 000-82 000 geschätzt. Neuere Forschungen machen es sehr wahrscheinlich, daß man mit mindestens der doppelten Zahl rechnen muß (PARSONS, 1976: 250). Die erst in großem Abstand folgende zweitgrößte Stadt der Region, Texcoco an der Ostseite des Sees, hatte etwa 30 000 Einwohner (SANDERS, PARSONS, SANTLEY, 1979: 154). In der agrarischen Urproduktion auf den Chinampas - vorwiegend Maisanbau - waren 36 000-37 000 Menschen tätig. Diese Zahl ergibt sich aus den aufgefundenen Wohnhügeln, denen jeweils 5-10 Menschen zuzuordnen sind, und entsprechenden Kalkulationen für die größeren Seeufer- und Inselsiedlungen. Etwa ein Neuntel der Chinampabauern hat nach PARSONS (1976: 242) in Einzelsiedlungen gelebt.

Von einem Hektar intensiv genutzten Chinampalandes mit einem jährlichen Ertrag von 3 000 kg Mais können sich 15-20 Menschen ernähren. Rechnet man den Eigenverbrauch der Bauern ab, so ergibt sich ein Überschuß, der die Hälfte bis zwei Drittel des gesamten Nahrungbedarfs der Großstadtbevölkerung von Tenochtitlán zu decken vermochte (PARSONS, 1976: 254). Den fehlenden Rest brachten tributpflichtige Bauern außerhalb der Chinampazone auf. Die ausgezeichnete Ernährungslage erlaubte den Azteken die Aufstellung eines stehenden Heeres und damit die militärische Unterwerfung großer Teile des Hochlandes.

Waren die Azteken die Erfinder dieser eigenartigen Form eines amphibischen Gartenbaues, wovon schon Humboldt überzeugt war? Oder geht die Entstehung der Chinampas auf noch ältere Bevölkerungsschichten im mexikanischen Hochland zurück? Nach der Überlieferung gehörten die Xochimilken wie auch die Azteken zu jenen acht Stämmen, die im 13. Jh. aus ihrer legendären westlichen Urheimat in das Hochbecken von Mexiko eingewandert sind und sich 1294 im südlichen Seebereich niedergelassen haben. 1352 und abermals 1375 wurden sie von den Azteken besiegt, das gesamte Hochbecken damit deren Staatsgebiet eingegliedert (COE, 1964: 95). Die Häufigkeit der Keramikfunde in den untersuchten Wohnhügeln nimmt von der Basis zur Oberfläche hin zu. Aus ihrer Verbreitung und ihrem Alter ist zu folgern, daß sich die Chinampawirtschaft zwischen 1300 und 1400 allmählich zu entfalten begann und zwischen 1400 und 1600, also bis über die spanische Eroberung (1519) hinaus, den Höchststand ihrer Entwicklung erreichte. Ganz wenige Funde sind gemacht worden, die älteren Siedlungsphasen angehören, so solche aus der Toltekenzeit (ca. 750-1180 n.Chr.) und der vorangegangenen, bis zur Zeitenwende zurückreichenden Teotihuacánperiode (SANDERS, PARSONS, SANTLEY, 1979: 115, 125, 132 ff). Mit Ausnahme der Xico-Insel und der Uferregion des Chalco-Sees fanden sich kaum sichere Spuren einer Chinampawirtschaft aus voraztekischer Zeit. Aber auch im und am Chalco-See kann es sich in diesem frühen Stadium nur um ufernahes dräniertes Feuchtland, um eine von einzelnen Bauern oder kleinen bäuerlichen Gruppen vorgenommene Erweiterung des Kulturlandes handeln, die mehr "Hochbeet" - als "Chinampa"-Charakter trug. Das heißt: Die Feuchtlandparzellen waren durch schmale grabenartige Furchen voneinander getrennt, um den Wasserablauf zu begünstigen, und mit der ausgehobenen Erde wurde zugleich das Beet erhöht und trockengelegt. Je weiter man in das Sumpfland vorstieß, um so größere Tiefe und Breite mußten die Gräben erhalten; sie wurden zu Kanälen, die Hochbeete zu Chinampas.

Immer deutlicher hat die moderne archäologische Forschung ans Licht gebracht, daß die rund 10 000 ha umfassende aztekische Chinampalandschaft nicht ein Ergebnis der Aufeinanderschichtung schwimmender Pflanzenteppiche in einem seichten Seebecken war (eine Methode, die offensichtlich erst in jüngerer Zeit üblich geworden ist), sondern daß sie als gigantisches, zentral organisiertes Projekt der Trockenlegung eines Sumpfgebietes durch ein planmäßig angelegtes Dränagesystem mit Kanälen, Dämmen, Wassertoren und Zuflußregulierung zu deuten ist (SANDERS, PARSONS, SANTLEY, 1979: 177, 280). Ein streng genormtes Flurmuster, wie das von Chalco-Xochimilco, kann unmöglich aus frei auf dem Wasser treibenden, unterschiedlich großen und unregelmäßig geformten "schwimmenden Gärten" hervorgegangen sein. Für obrigkeitliche Planung und Lenkung der Entwässerungsarbeiten spricht außer der gitterartigen Struktur der Chinampalandschaft auch die spezifische Orientierung der parallel angelegten Hauptkanäle, die durch rechtwinklig von ihnen abzweigende Seitenkanäle miteinander verbunden sind. Die Hauptkanäle weichen nach einer Angabe von COE (1964: 96) um 15°-17° im Uhrzeigersinn von der wahren Nordrichtung ab. ARMILLAS' Luftbildauswertungen (1971: 661) ergeben ein etwas differenzierteres Bild: Im Gebiet von Xochimilco schwanken die Werte zwischen 12° und 18°, westlich Xico liegen sie bei 14°, in den meisten anderen ehemaligen Chinampagebieten ergeben sich Azimute zwischen 18° und 26° mit einem Häufigkeitsmaximum bei 22°. Eine völlige Einheitlichkeit der Kanalverläufe ist bei den technischen Schwierigkeiten, vor die sich die Azteken bei der Anlage ihres über viele Quadratkilometer reichenden Dränagesystems in einer hochamphibischen Landschaft gestellt sahen, nicht zu erwarten.

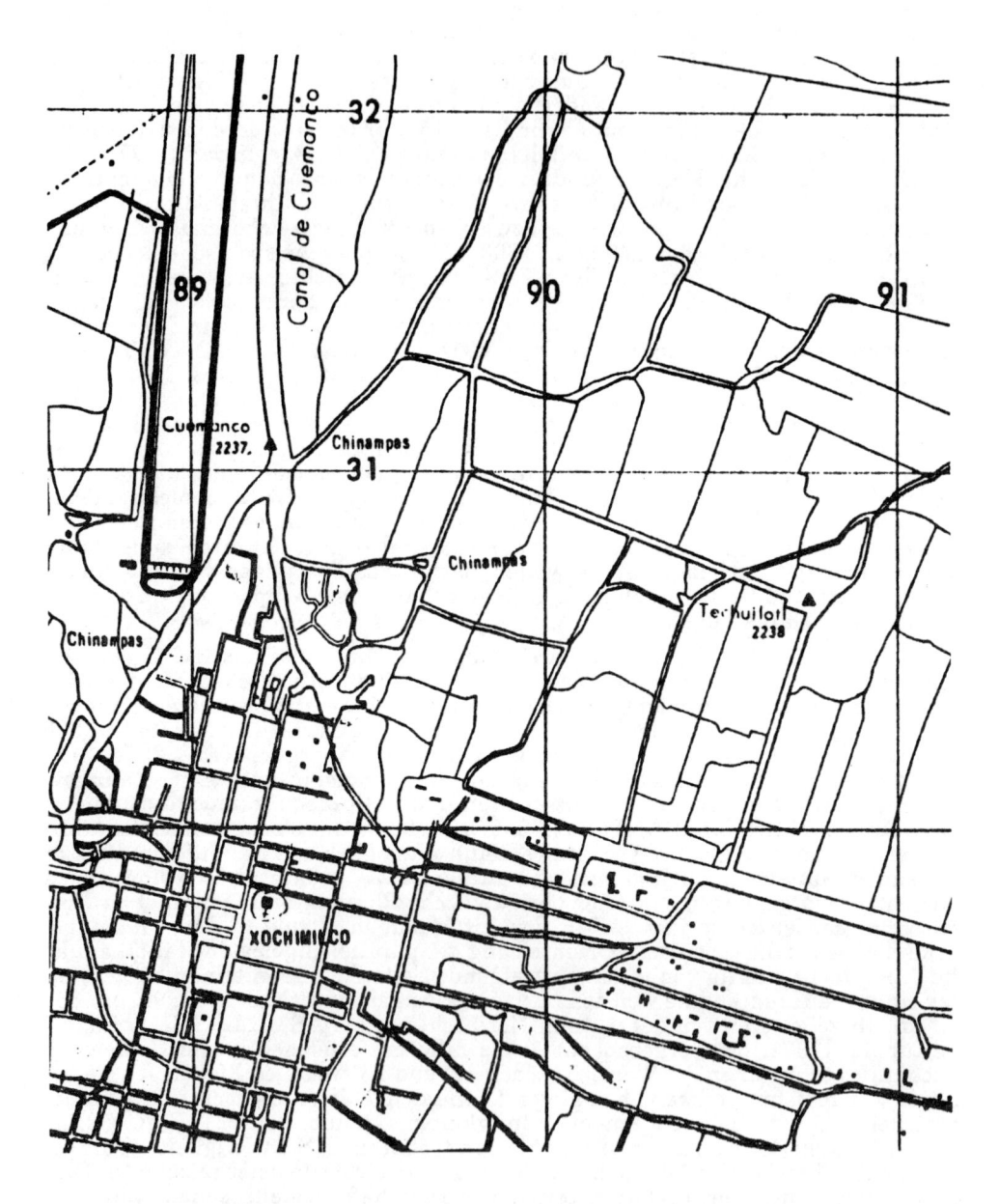

Abb.6: Gitterstruktur und Orientierung der Hauptkanäle in der Chinampazone von Xochimilco. Ausschnitt aus der Topographischen Karte der Estados Unidos Mexicanos 1 : 25 000, Blatt Xochimilco.

Rechtsabweichungen von der Nordrichtung in der angegebenen Größenordnung sind in altindianischen Flurbildern, bei Pyramidenachsen, im Verlauf von Hauptstraßenzügen in den großen Zeremonialzentren etc. eine allgemein verbreitete Erscheinung. TICHY (1976a-c) hat sich in einer Reihe von Arbeiten mit diesem Problem beschäftigt und bestätigt die für Xochimilco angegebene Variationsbreite. Er hat die im Hochbecken von Mexiko ermittelten Werte auf einer Karte (TICHY, 1976a: 126 ,1976c, Anhang) detailliert dargestellt. Auf die astronomisch-kultreligiösen Bezüge solcher Winkelabweichungen von den Kardinalrichtungen ist an anderer Stelle ausführlich eingegangen worden (WILHELMY, 1981: 298ff.). Ob man nun derartige Ordnungsprinzipien zugrundelegt, die unterschiedlichen Winkelabweichungen in Chalco-Xochimilco auf Vermessungsfehler oder auf eine Anpassung an die natürlichen Abflußrichtungen im See zurückführt - als Tatsache bleibt eine planmäßig in atztekischer Zeit entstandene Gitterstruktur bestehen, die nur von einigen Diagonalkanälen durchbrochen wird, die als Hauptverkehrswege radial von den wichtigsten Siedlungen am Seeufer ausgehen. Daß die von Kanälen begrenzten Chinampas von Anfang an fest dem Seeboden aufliegende, künstlich geschaffene Inselchen waren, besagt auch ihr Name: Das Nahuátl-Wort *chinampa* leitet sich von *chinámitl* ab und bedeutet in sinngemäßer Übersetzung ein "von Pfählen mit Flechtwerk eingezäuntes Landstück" (MOLINA, 1880). Irgendein Hinweis darauf, daß es sich um ursprünglich schwimmende Gärten gehandelt habe, fehlt.

Das streng genormte Muster der mexikanischen Chinampalandschaft ist - um es noch einmal zu betonen - das Werk gelenkter Zusammenarbeit einer großen Menschengruppe, nicht das Ergebnis individueller Neulandgewinnung. Gelegentliche Abweichungen der Chinampas vom Grundschema erklären sich aus nachträglichen Veränderungen, etwa infolge von Überflutungsschäden, zeitweiser Aufgabe oder Vernachlässigung einer Parzelle oder Neulandgewinnung in jüngerer Zeit. Der einzige größere Komplex alter unregelmäßig gestalteter Chinampas, der im Gegensatz zu allen anderen Vorkommen jegliche Planung vermissen läßt, liegt bei Mízquic (SANDERS, PARSONS, SANTLEY, 1979: 280). Vermutlich ist er bereits in einer Zeit entstanden, bevor die Periode der systematisch betriebenen Trockenlegungsarbeiten begonnen hatte (ARMILLAS, 1971: 661).

Nachdem mit dem Untergang des Aztekenreiches die zentral gelenkte Neulandgewinnung - nicht die Bewirtschaftung der Chinampas - zu Ende gegangen war, kamen andere, auf privater Initiative beruhende Formen der Schaffung zusätzlichen Ackerlandes auf. In einem Bericht aus dem 16. Jh. heißt es von den im südlichen Seegebiet lebenden Bauern: "Sie legen Gartenparzellen an, indem sie mit Booten Rasensoden vom Festland holen und diese im flachen Wasser aufhäufen, so daß Beete von 3-4 *varas* Breite (= ca. 2,50-3,40 m) entstehen, die den Wasserspiegel um 1/2 *vara* (40-45 cm) überragen. Zu einer Bauernstelle gehören viele solcher Beete, und ihre Besitzer fahren mit Booten zwischen ihnen hindurch, um ihre Anpflanzungen zu betreuen" (VARGAS MACHUCA, 1599).

Neben den durch Dränage und Erdaufschüttung entstandenen, dem Seeboden festaufliegenden Chinampas gab es - mindestens seit Beginn der Kolonialzeit - kleine, aus Gründen der Landersparnis auf schwimmenden Pflanzenteppichen angelegte Saatbeete. Auf ihnen wurden die Setzlinge für die eigentlichen bodenfesten Chinampas herangezgen (ARMILLAS, 1971: 653). Diese aus Binsen, Gras und Zweigen hergestellten schwimmenden Saatbeete "waren 20-30 Fuß (=ca. 6-9 m) lang und so breit, wie es den Bauern bequem erschien... Auf ihnen zogen sie Gemüsepflanzen heran, um sie später umzusetzen, und sie ziehen die Beete mit einem Seil von einem Platz an einen anderen in der Lagune" (OJEA, 1897: 3). Gelegentlich mögen auch größere, frei auf dem Xochimilco-See treibende schwimmende Gärten entstanden sein, zumal solche aus anderen Teilen der Welt (s.u.) bekannt sind. Wenn dezimeterdicke Pflanzenteppiche weidendes Großvieh tragen können, wäre auf ihnen auch nach Auftragung von Seeschlamm die übliche Chinampabewirtschaftung durchaus möglich. Die Angaben von OROZCO y BERRA (1855) und SAPPER (1940) lassen sich nicht einfach übersehen. Starkes Gewicht erhält in diesem Zusammenhang auch eine Bemerkung Miguel SANTAMARIAS (1912), daß der mexikanische Fiskus um die Mitte des 19. Jh. echte schwimmende Gärten wegen der Schwierigkeit der Besteuerung verboten habe.

Die Schlußfolgerung aus dem Gesagten ist, daß das Chinampaproblem bisher zu einseitig unter dem Aspekt der einen **oder** anderen Entstehungsmöglichkeit gesehen wurde. Es gab im zeit-räumlichen Neben- und Nacheinander sowohl durch Dränage oder Aufschüttung geschaffene ortsfeste Inselgärten als auch auf Polstern von Wasserpflanzen schwimmende Chinampas. Ihr eigentliches Gepräge erhielt freilich die Gartenbaulandschaft von Chalco-Xochimilco durch die planmäßig nach einem Gittersystem angelegten, dem Seegrund aufsitzenden Inselparzellen, die nach bescheidenen Anfängen als Ergebnis organisierter Gemeinschaftsarbeit auf die Aztekenzeit zurückgehen. Spätestens seit Beginn der Conquista existierten daneben durch Eigeninitiative der Bauern geschaffene schwimmende Saatbeete und - wenn auch wohl nur vereinzelt - wirklich schwimmende Gärten, die man entweder irgendwann landfest gemacht oder z.B. infolge der steuerbehördlichen Anordnung des vorigen Jahrhunderts wieder aufgegeben hat. Am Ende der Entwicklungsreihe steht die Anlage von Chinampas durch Übereinanderschichtung und Absenkung rechteckiger, aus dem schwimmenden Vegetationsteppich herausgeschnittener Pflanzenpolster und deren alljährliche Bedeckung mit frischem Seeschlamm, eine Landgewinnungstechnik, die man noch in jüngster Zeit beobachten konnte. So erweisen sich die eingangs erörterten unterschiedlichen Aussagen nur als scheinbare Widersprüche. Wahrscheinlich haben jene Autoren, die von "schwimmenden Gärten" sprechen, tatsächlich solche in der einen oder anderen Erscheinungsform gesehen, haben vielleicht auch den schwankenden Boden schwimmenden oder dem Seeboden aufliegenden, jedoch noch nicht konsolidierten Neulandes betreten und etwas zu großzügig die Gesamtheit der Chinampas als "schwimmende Gärten" bezeichnet.

Die große Zeit der Chinampawirtschaft im See von Xochimilco ist längst vorüber. Durch die Nähe der auf etwa 15 Mio. Menschen angewachsenen größten Stadt Lateinamerikas sind bereits schwere Umweltschäden eingetreten. Der ökologische Zusammenbruch bahnte sich an, als eine zu sorglose Distriktregierung in den frühen 50er Jahren keine Einwendungen gegen die Einleitung eines großen Teils der hauptstädtischen Abwässer in den See von Xochimilco erhob. Die Abwässer waren zwar mechanisch gefiltert, enthielten aber noch alle Giftstoffe und gelangten als dunkle Brühe in den See. Eine zweite Verschmutzungsquelle sind die Abfälle der in den peripheren Elendsvierteln Mexikos lebenden ländlichen Zuwanderer. Allen Unrat pflegen sie in die ihren Siedlungen benachbarten *barrancas* zu werfen, enge, in die Randhöhen eingekerbte Schluchten, aus denen die Abfälle dann während der Regenzeit bis in den See von Xochimilco geschwemmt werden. Nach einer Studie der Autonomen Universität von Mexiko (UNAM) sind bereits 60% der Blumen- und Gemüsesorten der Umweltverschmutzung zum Opfer gefallen. Die großen Tiefkühlfirmen der Metropole lehnten erstmals in den 60er Jahren die Verarbeitung von Gemüse aus Xochimilco ab. Um 1935 deckte Xochimilco noch fast den gesamten Gemüsebedarf der damals wenig über 1 Mio. Eiwohner zählenden Hauptstadt! So ist man jetzt auf den Chinampas stärker als Anfang des Jahrhunderts zum Maisanbau übergegangen. Die Gründung einer "Kommission zur Rettung Xochimilcos" und Bemühungen des Ministeriums für Landwirtschaft und Wasserwirtschaft (SARH) in Verbindung mit dem Umweltministerium und der Bundes-Fischerei- und Landwirtschaftskommission haben infolge mangelnder Koordinierung bisher noch keine entscheidende Veränderung der Verhältnisse bewirkt (KRIST & HOFFMANN, 1983: 92).

Vor nicht langer Zeit wurden in Xochimilco noch rund 15 000 Chinampas bewirtschaftet. Jetzt ist ihre Zahl auf 900 zurückgegangen, ihr Umfang von 3 500 ha in den 30er Jahren unseres Jahrhunderts (SCHILLING, 1939: 3) auf 800 ha geschrumpft, von denen aber nur noch knapp die Hälfte genutzt werden (KRIST & HOFFMANN, 1983: 92). Durch Dränagearbeiten im größeren Beckenbereich und höheren Trinkwasserverbrauch, der einen Rückgang der Süßwasserzufuhr zur Folge hatte, sind nach 1940 viele Kanäle verschlammt oder trockengefallen. Neue Chinampas sind bis 1925 bei Mízquic, nach 1930 nur noch an einigen begünstigten Stellen angelegt worden, so im Norden von Xochimilco und im Osten von Tezompa.

Heute erreicht die Zahl der direkt oder indirekt von den "schwimmenden Gärten" in Xochimilco lebenden Familien kaum mehr als 2 000. Sie finden ihren Lebensunterhalt als Blumen- und Gemüsegärtner, als Maisbauern, Bootsruderer oder Vermittler von Bootsfahrten, wenn der sonntägliche Ausflugsverkehr die hauptstädtische Bevölkerung in die "Gärten" lockt. Vor allem verdienen sie an den vielen Touristen, auf deren Besichtigsungsprogramm obligatorisch auch eine Fahrt durch die Kanäle der Chinampas von Xochimilco steht. An Feiertagen, aber auch während der Reisezeit, gleiten die bunten, mit einem gewölbten Sonnendach versehenen Barken in dichter Folge hinter- und nebeneinander durch die schmalen Wasserstraßen. Sonntags sind sie mit frischen Blumengirlanden geschmückt, wochentags genügen Imitationen aus Pappmaché oder Kunststoff. Fliegende Händler staken an den Ausflugsbooten vorbei, preisen gekochte Maiskolben, Maisfladen und Getränke an, Fotografen halten von anderen Booten Ausschau nach Kunden, Mariachikapellen und Marimbaspieler lassen weithin über das Wasser ihre Rhythmen schallen, legen seitlich an den Ausflugsbooten an und kassieren ihren Obulus. Motorboote sind glücklicherweise auf dem See nicht zugelassen. Alles wirkt wie ein fröhliches Volksfest, wenn auch mit stark kommerziellem Einschlag. Achtlos werfen die Besucher Speisereste, Getränkedosen und Flaschen in das grünlich-schwarze Wasser - sie ahnen die Gefahren nicht, die diese großartige altindianische Kulturlandschaft bedrohen.

2 DIE "SEEBAUERN" IM BECKEN VON KASCHMIR

Das Becken von Kaschmir - das "Glückliche Tal" - ist eine intramontane Aufschüttungsebene des in einem großen Bogen dem Industiefland zustrebenden Jhelum-Flusses. Das von über 4 000 m hohen schneebedeckten Gipfeln des Himalaya-Hauptkammes im Norden und des den Sommermonsun abschirmenden Pir Panjal-Gebirges im Süden, in 1 580-1 900 m Meereshöhe gelegene Becken hat bei 35-50 km maximaler Breite eine Längsausdehnung von 135 km. Reichlicher Schmelzwasserzustrom durch die von allen Seiten herabkommenden Gebirgsflüsse und örtliche Niederschläge von 650-900 mm haben einen weithin amphibischen Talboden geschaffen, auf dem sich neben zahlreichen kleinen Altwasserseen zwei größere Süßwasserseen erhalten haben: der Wular-See, den der Jhelum durchfließt, im nordwestlichen Teil des Beckens und der wesentlich kleinere Dal-See, an dem die durch ihre Paläste und Gärten aus der Moghulzeit berühmte Stadt Srinagar liegt.

Der Jhelum durchzieht in windungsreichem, von neun Brücken überspanntem Lauf die Stadt und ist durch Kanäle mit dem Dal-See verbunden. Der wasser- und sinkstoffreiche Fluß ist der Lebensspender und Lebenszerstörer im Kaschmir-Becken zugleich. 1841 und 1893 hat er katastrophale Überschwemmungen verursacht, weithin die Ernte vernichtet und über 2 000 Häuser zerstört (LAWRENCE, 1895: 205). Durch Abflußverbesserungen und Deichbauten sind heute die Auswirkungen der Frühjahrshochwässer, die durch eine beschleunigte Schneeschmelze bei länger andauernden Regenfällen zustande kommen, nicht völlig, jedoch weitgehend gebannt.

Den feuchten Talgrund konnten die Kaschmiri mit verhältnismäßig einfachen wasserbautechnischen Maßnahmen in ergiebige Naßreisfelder verwandeln. Auf den natürlichen Flußuferdämmen, Terrassenriedeln und Randhügeln werden auf Trokkenfeldern Mais, Hirse, Weizen, Gerste, Raps und Leinsaat, früher in stärkerem Maße als heute auch Baumwolle, Saffran und Tabak, angebaut. Dazu kommen Obstbaumpflanzungen, besonders von Aprikosen, Pfirsichen, Pflaumen, Äpfeln und Birnen. Haine von Walnuß-, Mandel- und Maulbeerbäumen vervollständigen das Bild einer von der Natur ungewöhnich begünstigten Hochbeckenlandschaft (UHLIG, 1962 a-c, 1962/63).

Feuchtland, Uferdämme, Schwemmkegel und Randhügel sind seit prähistorischen Zeiten kontinuierlich besiedelt. Der Naßreisanbau ist seit dem 8. Jh. historisch belegt. Durch große Kanalbauten im 14. Jh. konnte der Reisanbau als Terrassenkultur auch auf die höher gelegene Beckenrandzone ausgedehnt werden. Noch vor 40 Jahren waren die je Hof über kaum mehr als 0,5-2 ha bewässerungsfähiges Land verfügenden Bauern von den Maharadschas abhängige Pächter. Erst 1947 wurde die alte Feudalstruktur beseitigt. Diesem ersten Schritt folgten die Bodenreformen der Jahre 1948 und 1950, aus denen die bisherigen Pächter als freie Landeigentümer hervorgingen. Mit Einwohnerdichten von 130-180 Menschen/km^2 ist das Becken von Kaschmir zu einem Gebiet starker Bevölkerungskonzentration geworden (UHLIG, 1962/63: 193).

Der ackerbautreibenden, in großen Haufendörfern wohnenden Bevölkerung steht eine andere Sozialgruppe gegenüber: die der Vaisya-Kaste angehörenden landlosen Hanji. Es sind Menschen, die in ärmlichen Hausbooten (*dungas*) auf dem Dal-See und dem Jhelum in Srinagar leben, ihren Unterhalt durch die Beförderung von Waren und Menschen auf den Wasserwegen verdienen und sich zusätzlich vom Fischfang und dem Einsammeln von Wassernüssen und Seepflanzengemüse ernähren (LAWRENCE, 1895: 313; UHLIG, 1962a: 214). Da ihnen der Erwerb von Grundbesitz auf dem festen Land versagt war, schufen sie sich ihren Lebensraum auf dem Wasser, besonders im Verlandungsbereich des seichten Dal-Sees bei Srinagar. Dort entwickelte sich eine zahlenmäßig nicht unbedeutende Sozialgruppe, die UHLIG (1962a) treffend als "Seebauern" bezeichnet und die durch klare gesellschaftliche Schranken von den Reisbauern der Haufendörfer des "festländischen" Altsiedellandes geschieden sind.

Im Gegensatz zu dem bei hohem Wasserstand etwa 260 km^2 großen Wular-See (SPATE & LEARMOUTH, 1967: 433), der bei stürmischen Winden durch seine hohen Wellen und beträchtliche Tiefe den Bootsleuten gefährlich werden kann, ist der Dal-See nur 4 km breit und 6,5 km lang. Sein flaches Wasserbecken ist in kräftiger Verlandung begriffen. Schilf und Rohrkolben säumen die Ufer, Seerosen- und Lotusfelder nehmen größere Flächen ein. Alle Pflanzen des Dal- Sees werden in irgendeiner Weise wirtschaftlich genutzt: Schilfrohr liefert das Rohmaterial für die Mattenflechterei, Wurzeln und junge Stengel einiger Wasserpflanzen werden als Gemüse gegessen, Lotus- und Wassernüsse dienen ebenfalls der Ernährung. Die runden Blätter und Stengel von *Limnanthemum nymphoides* gelten als vorzügliches Viehfutter (LAWRENCE, 1895: 71).

Die landlosen Hanji haben über die Sammlung von Wildpflanzen hinaus ihre wirtschaftliche Basis durch die Anlage künstlicher Inseln und schwimmender Gärten wesentlich verbreitert. LAWRENCE (1895: 344ff.) berichtete bereits vor fast 100 Jahren über die "Seebauern" des Dal-Sees, und UHLIG (1962a: 214) bestätigte in jüngerer Zeit, daß sich an den Methoden der Landgewinnung und Landnutzung im Kaschmir-Becken bis heute - außer in der Rangordnung der Anbaugewächse - nichts geändert hat.

Die in den ufernahen Flachwassergebieten des Sees angelegten künstlichen Inseln werden *dembs* genannt. Wer die Absicht hat, sich ein solches Stück Neuland zu

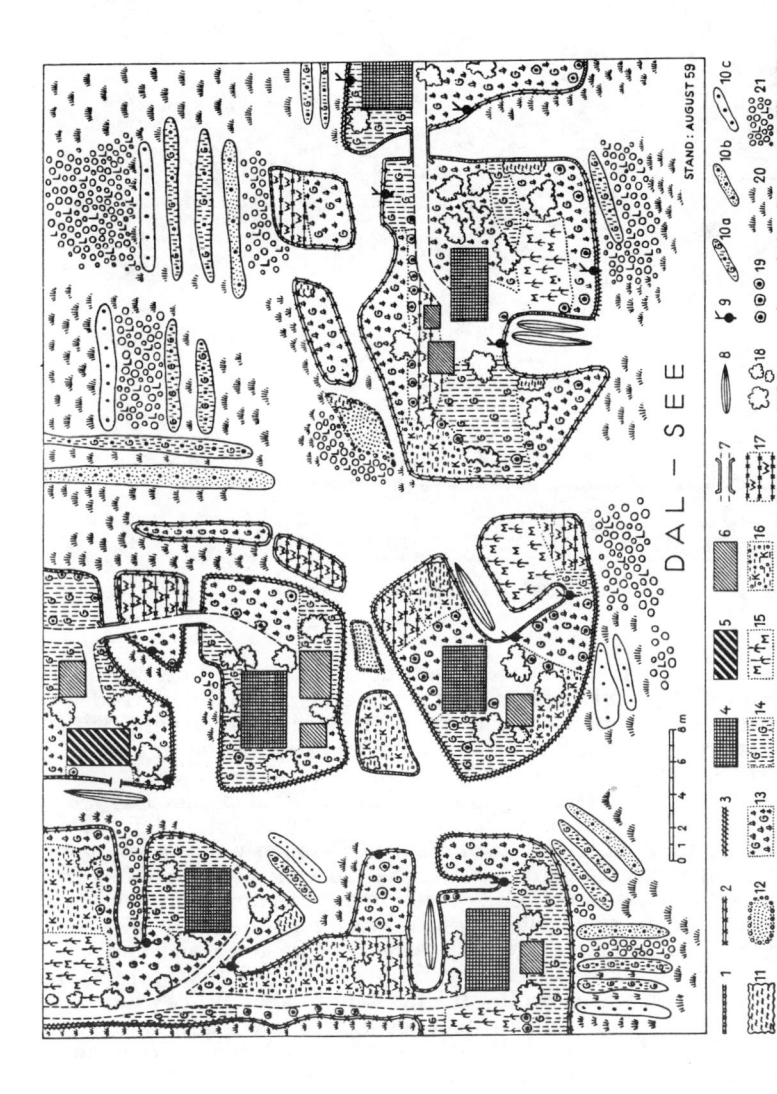

Abb. 7: Schematische Darstellung der Landgewinnung Siedlung und Nutzung künstlicher Inseln und schwimmender Gärten im Dal-See, Kaschmir.
Nach H. Uhlig

1 = Mit Pflöcken und Faschinen befestigter Rand des künstlich aufgeschlickten Landes ("dembs") - 2 = Weiden am Rande von "dembs" - 3 = "Pergola"-Bau von Kürbis, Gurken und Bohnen am Rande von "dembs" - 4 = Wohnhaus - 5 = Basar - 6 = Stall, Schuppen - 7 = Fußweg mit Brücke - 8 = Boot - 9 = Schöpfbrunnen für künstliche Bewässerung - 10 = Schwimmende Beete, a) mit Melonen, Tomaten, Kürbis, b) neu, noch ohne Anbau, c) nur noch Gras oder verrottend - 11 = Schlick (Kompost aus Seepflanzen) - 12 = Noch unbestelltes "demb" in Aufschüttung - 13 = Gemüse - 14 = Buschgemüse - 15 = Mais - 16 = Frühkartoffeln (z. Zt. abgeerntet) - 17 = Weiden in flächenhafter Pflanzung - 18 = Obstbäume - 19 = Pappeln - 20 = Schilf - 21 = Lotos-Sümpfe

Abb. 8: Landgewinnung der Seebauern im Dal-See bei Srinagar.
Foto H. Uhlig

schaffen, sucht sich an einer besonders seichten Stelle den geeigneten Platz aus und steckt ihn mit Pfosten ab, die durch Reisiggeflecht miteinander verbunden werden. Den Raum innerhalb der Umzäunung füllen die Seebauern, die Mirbahri, mit Bootsladungen von Wasserpflanzen und Faulschlamm bis zu einer Höhe von etwa 1 m über dem normalen Seespiegel auf. Jahr für Jahr werden neue Lagen von Schwimmpflanzen und Schlick aufgetragen und Reihen von Weiden oder Pappeln zur weiteren Befestigung der *dembs* angepflanzt (LAWRENCE, 1895: 345). Die Technik der Neulandgewinnung zeigt eine verblüffende Übereinstimmung mit derjenigen der zeitgenössischen Chinamperos im Hochbecken von Mexiko. Aber in ihrer Form unterscheiden sich die künstlichen Inseln beider Gebiete: Im See von Xochimilco ordnen sie sich in ein altüberliefertes Rechteckmuster ein, im Dal-See haben sie eine unregelmäßige, den jeweiligen Wünschen der Besitzer oder den örtlichen Verhältnissen entsprechende Gestalt. Überdies liegen Wohnhaus, Ställe und Schuppen der Seebauern auf den einzelnen Inseln, was zwar in Xochimilco während der Aztekenzeit ebenfalls üblich war, aber heute, abgesehen von einigen temporär bewohnten Feldhütten, nicht mehr der Fall ist. Stallungen fehlten freilich den indianischen Chinamperos und auch bei den Kaschmiri beschränkt sich die Haltung von Haustieren auf Wassergeflügel und einige Milchkühe, die man hauptsächlich mit auf Booten herangebrachten Schwimmpflanzen füttert. Zur Gewinnung von Winterfutter werden die Weiden und Pappeln am Rande der *dembs* geschneitelt. UHLIG (1962a: 214, Karte 2) hat eine detaillierte farbige Darstellung der Seebauern-Siedlungen im Dal-See gegeben.

Auf den *dembs* werden verschiedene Gemüsearten, Mais, Frühkartoffeln, Melonen, Gurken, Kürbisse, Zwiebeln, Rettiche, Auberginen, Bohnen, Raps und Tabak angebaut. Mit Schöpfgalgen lassen sich - wenn nötig - die Kulturpflanzen bewässern. In kleinen "Hafen"buchten, durch die die Inselchen ihre zerlappte Gestalt erhalten (Abb. 7), liegen die schnabelförmigen, flachgehenden Boote, mit denen die Seebauern ihre Produkte auf die Märkte nach Srinagar bringen. Auf einem verzweigten Kanalnetz und dem Lauf des Jhelum gelangen sie in alle Teile der Stadt. Die Bauern brauchen aber ihre Boote auch, um von den *dembs* ihre im näheren oder weiteren Seebereich gelegenen schwimmenden Gärten zu erreichen, die ihre begrenzte Anbaufläche auf den Inselchen - meist weniger als 0,2 ha - wesentlich ergänzen.

Im Unterschied zu den kontrovers diskutierten "schwimmenden" Gärten von Xochimilco sind diejenigen des Dal-Sees kein "Problem". Sie existieren tatsächlich, sind vollgenutzte Gärten und nicht nur kleine schwimmende Saatbeete. Sie werden jetzt noch in der gleichen Weise wie früher angelegt und sind sozusagen Außenmärkerparzellen ihrer auf den künstlichen Inseln lebenden Besitzer.

Eine erste ausführliche Beschreibung dieser schwimmenden Gärten, für die in Kaschmir die Bezeichnung *rádh* gebräuchlich ist, gaben MOORCROFT und TREBECK (1841: 137ff.), die zwischen 1819 und 1825 auf ihrer großen Asienreise auch nach Kaschmir kamen. Zu ihrer Zeit pflegten die Seebauern aus dem Schwimmpflanzenteppich zusammenhängende Stücke von etwa 2 m Breite und unterschiedlicher Länge herauszuschneiden. Sie trennten die Pflanzen 50-60 cm unter dem Wasserspiegel von ihren Wurzelstengeln, kappten die über die gewünschte Oberfläche aufragenden Blatt- und Blütenschäfte und bedeckten das entstandene Floß mit Faulschlamm vom Seegrund. Die weiteren Ausführungen der beiden Autoren entsprechen mit kleinen Abweichungen denjenigen, die man in dem 50 Jahre später erschienenen Kaschmir-Werk von LAWRENCE (1895: 344) nachlesen kann. "Diese knapp 2 m breiten und 5-20 m langen, aus Bündeln und Geflechten von Schilfrohr gefertigten Flöße", schreibt er, "können von einem Platz zu einem anderen gezogen werden und lassen sich durch Pfosten fest verankern, die man an den vier Ecken in den weichen Seeboden stößt. Wenn ein *rádh* stabil genug ist, um das Gewicht eines Menschen zu tragen, werden Schwimmpflanzen und Schlamm aus dem See geschöpft und auf das Floß geschüttet. Die in geringen Abständen voneinander angelegten runden "Komposthaufen" heißen *pokar* und sind groß genug für je zwei Melonen- oder Tomatenpflanzen bzw. vier Setzlinge von Wassermelonen oder Gurken. Alles, was die Pflanzen für ein gutes Wachstum brauchen, ist vorhanden: ein fruchtbarer Boden, reichliche Feuchtigkeit und die warme Sommersonne Kaschmirs. Dies zusammen trägt dazu bei, Ernten in überraschender Fülle und von ausgezeichneter Qualität zu erzielen. Es ist nicht ungewöhnlich, daß eine Pflanze bis zu 30 voll ausgewachsene Früchte liefert, das sind 90-100 Früchte von jedem Pflanzenhügel". DUPUIS (1962: 162), der in jüngerer Zeit das Becken von Kaschmir in einer vergleichenden Studie behandelte, konnte den beiden älteren Berichten nichts wesentlich Neues hinzufügen.

Die schmalen, langgestreckten schwimmenden Gemüsebeete werden in der Regel parallel zueinander im Abstand von 1-2 m festgelegt, so daß zwischen ihnen gerade Platz für die Durchfahrt der Boote bleibt, von denen aus die Bauern die an beiden Rändern ihrer Flöße plazierten Kulturen betreuen und die Ernte einbringen können. Die Erntezeit beginnt im Juni und erstreckt sich über 3 1/2 Monate. Zu Anfang des vorigen Jahrhunderts sind die Gartenbesitzer häufig bestohlen worden. Diebesbanden kamen nachts auf 2-3 Booten, lösten die *rádhs* aus ihrer Verankerung und zogen sie mit Seilen an andere Stellen des Sees, wo die Bestohlenen sie nur schwer wiederfinden und identifizieren konnten (MOORCROFT & TREBECK, 1841: 144ff.). Gegen den Raub ganzer Inselgärten und den nicht minder häufigen Diebstahl eines Teils der Gemüseernte schützen sich die Eigentümer durch Bootswachen und Verbarrikadierung der Kanaleinfahrten mit Gestrüpp. Abdriftungen bei Sturm waren eine geringere Gefahr, da eine geschlossene Schwimmpflanzendecke die *rádhs* vom offenen Wasser trennte. Auf UHLIGS Plan (Abb. 7) sind im

Abb.9: Schwimmende Beete, Lotos-Sümpfe und künstlich aufgeschüttetes Siedlungs- und Anbauland ("dembs") im Dal-See.
Foto H. Uhlig

Umkreis der künstlichen Inseln auch die schwimmenden Gemüsebeete eingezeichnet, LAWRENCE (1895: 345) bringt von ihnen ein informatives Bild.

Die Seebauern im Becken von Kaschmir sind spezialisierte Marktgartenbauer, die in erster Linie den Frischgemüsebedarf Srinagars decken und für die Eigenversorgung den Reichtum des Dal-Sees an Wildnahrungspflanzen und Fischen nutzen (s.o.). Einen guten Nebenverdienst finden viele von ihnen als Ruderer auf den zahlreichen *shikaras*, gondelartigen Schnabelbooten, die, mit herzförmigen Paddeln fortbewegt, lautlos über die glatte Wasserfläche gleiten. Von Motorbooten ist der Dal-See bisher verschont geblieben. Mit ihren bunten Baldachinen, Sonnenvorhängen, Teppichen, bequemen Polstern und Kissen erfüllen die Shikaras mehrere Zwecke. Einmal sind sie das traditionelle Verkehrsmittel auf dem See, "Wassertaxis", die sich zu Dutzenden auf den Srinagar durchziehenden Kanälen drängen, den Dal-See und den benachbarten kleinen Nagin-See befahren. Zum anderen gehört zu jedem der vielen geräumigen und luxuriös eingerichteten Hausboote, die in beiden Seen liegen und vermietet werden, auch eine Shikara mit eigenem Bootsmann, der die Hausbootgäste zum Boulevard, der festen Uferstraße Srinagars, rudert oder mit ihnen zu anderen Ausflugszielen auf dem Dal-See fährt. Früher waren die Hausbootgäste britische Kolonialoffiziere und Beamte, die mit ihren Familien aus dem heißen indischen Tiefland kamen, heute bewohnen Touristen aus aller Welt diese reizvollen schwimmenden Hotels. Sie werden morgens und abends umschwirrt von Shikara-Flotillen fliegender Händler, die den Fremden Obst, frische Blumen, Kaschmirschals, Teppiche, Silberarbeiten und andere handwerkliche oder kunstgewerbliche Erzeugnisse zum Kauf anbieten.

3   PFAHLBAUDÖRFER UND SCHWIMMENDE GÄRTEN IM INLE-SEE

Gleich einem plumpen Keil stoßen die Schan-Staaten Birmas nach Osten vor. Sie bilden das politisch unruhige Grenzgebiet gegen China, Laos und Thailand. Die Bezeichnung "Schan-Hochland" ist weniger aussagekräftig als der morphographische Begriff "Schan-Plateau", denn es handelt sich um eine leichtwellige, von 1 200 m im Westen auf 1 650 m Meereshöhe im Osten ansteigende Hochfläche, aus der örtlich bis zu 2 370 m erreichende Gebirgszüge aufragen. Das Plateau wird von einem Nord-Süd-streichenden Grabenbruch durchzogen, dessen Steilränder die langgestreckte, durch das Auftreten warmer Quellen bezeugte tektonische Depression im Osten und Westen scharf begrenzen. An der breitesten und tiefsten Stelle des Grabens, etwa auf 900 m Höhe, 40 km südlich der Schan-Hauptstadt Taunggyi und 450 km Luftlinie von Rangun entfernt, liegt der - je nach Wasserstand - 90-145 km^2 große Inle-See, der einzige größere Binnensee des Landes.

Der Fuß des östlichen, sich mauerartig bis 750 m über den Wasserspiegel erhebenden Steilrandes stößt bis dicht an das Seeufer vor, die nur 300-500 m hohe westliche Bruchstufe liegt weiter zurück, so daß sich zwischen sie und den See ein 4-5 km breiter stark versumpfter Uferstreifen einschiebt. Dem geschlossenen, durch einige kurze Kerbtäler kaum gegliederten östlichen Steilrand steht der weniger abrupt ansteigende westliche Grabenrand gegenüber, den mehrere, z.T. längere Flüsse zerschnitten haben, die ein weites Einzugsgebiet zum Inle-See entwässern. Im Vergleich zu ihnen ist der südliche Abfluß des Sees, der Nam-pilu, nur ein bescheidenes Flüßchen. Er versickert schon nach kurzer Laufstrecke im Kalksteinuntergrund und scheint durch Karströhrensysteme mit den Nebenflüssen des Saluen verbunden zu sein (BRUNEAU & BERNOT, 1972: 408). Das Mißverhältnis zwischen dem starken Zufluß in der sommerlichen Regenzeit mit 1 200-1 750 mm Niederschlag und dem geringen Abfluß durch den Nam-pilu läßt vermuten, daß ein erheblicher Teil des Wassers bereits durch Karstschwinden im Seeboden abgeführt wird.

Bei nur 2-3 m normaler und 4-6 m maximaler Tiefe in der Regenzeit hat die offene Seefläche eine entsprechend schwankende Längsausdehnung von 14-20 km bei einer Breite von 6-10 km. Ausgedehnte anmoorige Sümpfe in der Uferregion, verlandete und von Schwimmpflanzen bedeckte Areale, besonders am nördlichen Ende, am Westufer und in der südlichen Fortsetzung des Sees, zeigen an, daß seine frühere Ausdehnung ein Mehrfaches der heute offenen Wasserfläche betragen hat. Im Pleistozän soll der Inle-See eine Längsausdehnung von 160 km und eine Tiefe bis zu 50 m gehabt haben (BRUNEAU & BERNOT, 1972: 418). Die vom westlichen Plateaurand herabkommenden Flüsse bauen ihre Deltas kräftig in das Seebecken vor und tragen ihren Anteil zum Verschwinden des heute nur noch flachen Wasserkörpers bei.

Der Inle-See und seine nähere Umgebung sind der Lebensraum der Intha (= "Leute vom See"), einer Stammesgruppe von etwa 50 000 Menschen inmitten der anderssprachigen, den nördlichen Thaivölkern angehörenden Schan. Die Intha sind wahrscheinlich im 18. Jh. als Kriegsgefangene aus dem am Ansatz der malayischen Halbinsel gelegenen Gebiet von Tavoy in die südlichen Schan- Staaten umgesiedelt worden (WOODTHORPE, 1896: 579). Nach einer anderen, allerdings durch keine literarischen Quellen belegten Version (SCOTT & HARDIMAN, 1901/02 Teil II, Bd. 3: 382) sollen die ersten Intha bereits 1359 aus der Tavoy- Region an den Inle-See gekommen sein. Dort bewohnen sie am und im Wasser 80-90 kleine Dörfer. Die drei größten sind Jaunghue (Yaungshwe) und Nampan am Nord- und Südzipfel und die Inselsiedlung Ywama im südwestlichen Teil des Sees.

Die Häuser der Intha in den Dörfern am Ufer, auf den künstlichen Inseln oder im Wasser stehen auf hohen Teakholzpfählen. Sie sind ein- oder zweistöckig, haben offene, nur mit Läden verschließbare Fenster, in der Regel eine Veranda mit zuweilen kunstvoll geschnitzter Holzbrüstung. Bambusstege verbinden die nur durch

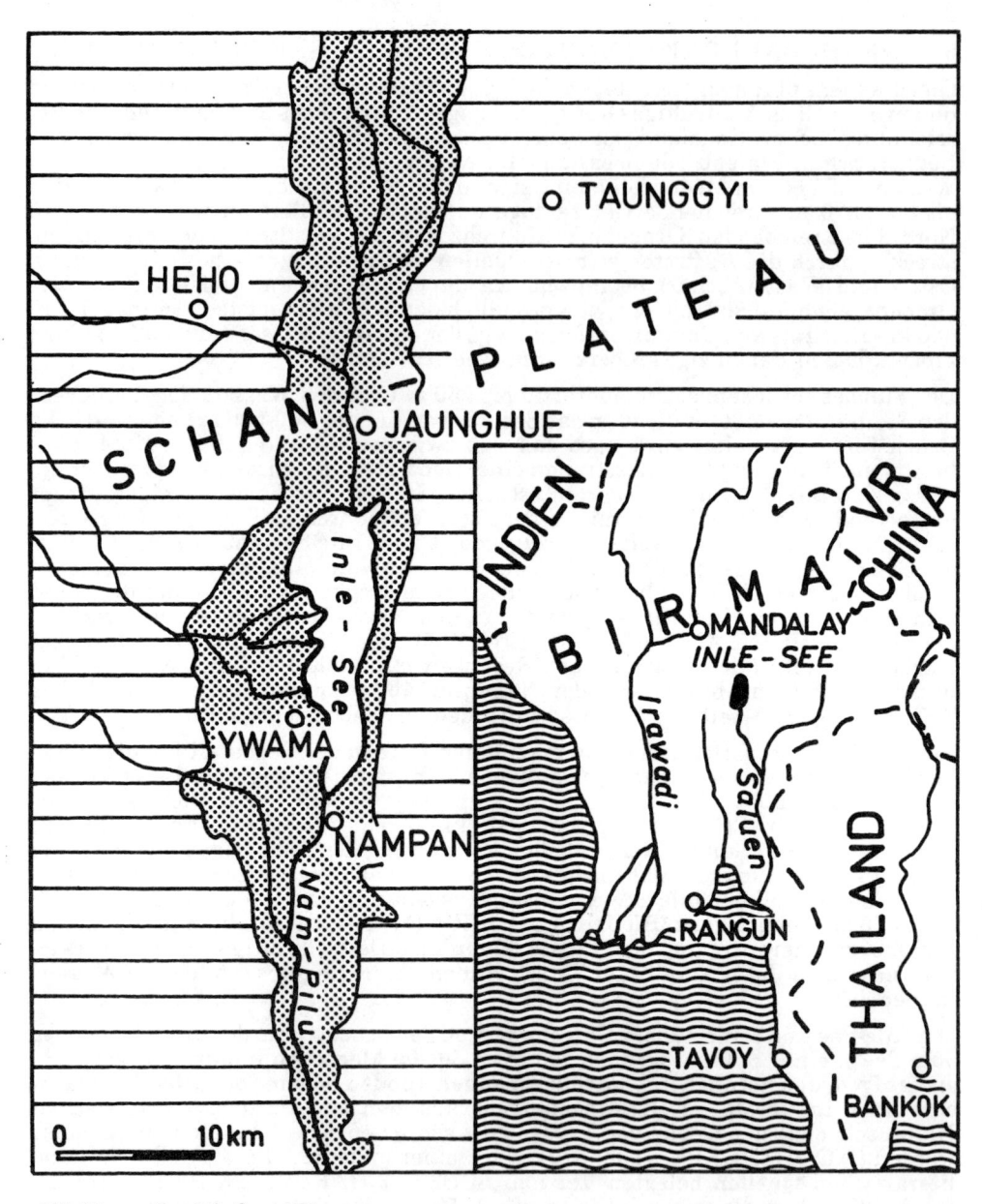

Abb. 10:   Der Inle-See in Birma
           Entwurf H. Wilhelmy nach verschiedenen Kartenvorlagen

schmale Kanäle voneinander getrennten Häuser und Hausgruppen, bei weiteren Entfernungen benutzt man das Boot. Allein die buddhistischen Tempel und Klöster sind, auch auf den Inseln im See, keine Pfahlbauten. Im Umkreis der oft jahrhundertealten Pagoden erheben sich jeweils bis zu einem Dutzend großer und kleiner

Abb. 11: Pfahlbauhäuser der Intha im Inle-See.
Foto H. Wilhelmy

Abb. 12: Die Pagoden von Ywama im Inle-See, Birma.
Foto H. Wilhelmy

Abb. 13: Boote auf der Fahrt durch den Schilf- und Schwimmpflanzengürtel des Inle-Sees.
Foto H. Wilhelmy

spitzer Stupas. Zentrales Heiligtum im Inneren der täglich mit frischen Blumen geschmückten Tempel sind große vergoldete Buddhastatuen: in der Nam-hu Pagode fünf, in der Paung-dau Pagode von Ywama drei, die von den Gläubigen im Laufe der Zeit immer wieder mit Blattgoldflitter überklebt worden sind, so daß die Buddhagestalten kaum noch als solche erkennbar sind.

Die auf festem Grund am Seeufer siedelnden Intha leben vom Naßreis-, Zuckerrohr- und Obstanbau, die Seebauern vom Gartenbau und Fischfang. Der Fremde, der ihre Pfahlbaudörfer besuchen will, muß sich in Jaunghue am Nordufer des Sees eines der wenigen mit Außenbordmotor ausgerüsteten Boote mieten, um in fast zweistündiger Fahrt durch einen in der Verlandungszone künstlich geschaffenen Kanal das innere Seegebiet mit den Pfahlbausiedlungen zu erreichen. Die schmale Fahrrinne ist zwar vom übermannshohen Schilfrohr befreit, das als geschlossene Wand den Blick nach beiden Seiten verwehrt, hat sich aber an dessen Stelle mit Schwimmpflanzen - Wasserhyazinthen, Lotus, u.a. Gewächsen - überzogen, die teils zusammenhängende Vegetationsteppiche bilden, teils als von den Booten zerrissene Fetzen vorübertreiben. Einer der beiden Bootsleute muß ständig mit einer langen Stange die Pflanzenansammlungen zerteilen, um eine Blockierung des Motors zu verhindern. Einfacher haben es die Besitzer der traditionellen schlanken Nachen, die sich dank ihres geringen Tiefgangs und ihres sich schnabelförmig sanft aus dem Wasser heraushebenden Bugs mit geringer Mühe durch das Pflanzendickicht staken lassen. Der massive Schilf- und Wasserhyazinthenbewuchs trägt wesentlich zur Auskämmung und zur raschen Sedimentation der von den Zuflüssen herangeführten Sinkstoffe bei.

Abb. 14: Intha-Dorf im Inle-See.
Foto H. Wilhelmy

Abb. 15: Schwimmende Gärten im Inle-See. Sie sind mit Bambusstangen im Seegrund verankert.
Foto H. Wilhelmy

Abb.16: Blumengarten mit Stangengerüst im Inle-See.
Foto H. Wilhelmy

Abb.17: Im Vordergrund ein mit Taro bepflanztes Beet, im Hintergrund Blumenkulturen.
Foto H. Wilhelmy

Abb. 18: Transport eines schwimmenden Beetes durch einen Dorfkanal im Inle-See.
Foto H. Uhlig

Das Ende des breiten Schilfgürtels und die Nähe des ersten Pfahlbaudorfes kündigt sich durch Abzweigungen kleiner, von Schwimmpflanzen befreiter Seitenkanäle an, die ein wohlgeordnetes System schwimmender Gärten (birmanisch: *kywan myo*) begrenzen. Die einzelnen rechteckigen Beete sind mit langen, in den Seegrund gerammten Bambusstangen am vorgesehenen Platz verankert und mit gärtnerischer Sorgfalt bearbeitet. Angebaut werden Tomaten, Auberginen, Stangenbohnen, Kürbisse, Melonen, Chili, Paprika, Salat und verschiedene Kohlarten. Jeder schwimmende Garten ist nur für ein Hauptgewächs bestimmt, das in Reihen unter Beachtung eines jährlichen Fruchtwechels angebaut wird, z.B. Auberginen-Chili-Auberginen ... oder Chili- Zwiebeln-Chili usw. Ein etwa 50 cm breiter Rand um jede Insel wird für Salat, Blumenkohl oder Taro freigehalten, und ganz an der äußersten Kante pflanzt man an schräg über das Wasser geneigten Stangen Gurken oder Kletterbohnen. Bunte Beete mit Blumen für den Tempelschmuck, vor allem Astern, finden sich vornehmlich in Hausnähe. Weiden und Pappeln, die für den Xochimilco- und Dal- See (s.o.) so landschaftsprägend sind, fehlen als dauerhafte Kantenbefestigung der schwimmenden Gärten des Inle-Sees.

Jedem Intha steht es frei, sich eine beliebige Zahl schwimmender Gärten anzulegen. Er braucht nur in den Wasserhyazinthenfeldern ein ihm geeignet erscheinendes Stück mit vier in den Seegrund gestoßenen Bambusstäben zu markieren, um sich damit seinen Besitzanspruch zu sichern. Dies geschieht gegen Ende der Regenzeit. Gewöhnlich wählt man ein Stück von 1,50 m Breite und 10-15 m Länge. Vom Boot aus werden die über den Wasserspiegel aufragenden Pflanzenteile gekappt und nach mehrtägigem Trocknen an der Sonne abgebrannt. Als nächsten Schritt hat der Intha das so vorbereitete Stück aus dem geschlossenen Pflanzenteppich herauszulösen. Dazu bedient er sich einer etwa 2 m langen fuchsschwanzartigen Stichsäge. Bis zu den Knien im Wasser stehend, zerschneidet er ohne sonderliche Kraftanstrengung den Pflanzenfilz. Einige andere Männer helfen ihm vom Boot aus mit Bambusstangen das markierte Stück festzuhalten und das Floß nach beendeter Arbeit mit Bootshaken in die Nähe seines Hauses zu bugsieren. Die erwünschte Dicke des neuen schwimmenden Gartens liegt bei 1-1,50 m. Ist der Vegetationsteppich dünner, kann er das Gewicht der künftig auf ihm angelegten Gartenkulturen nicht tragen, ist er dicker, bereitet der Transport zum neuen Liegeplatz Schwierigkeiten. Dort angekommen, umzäunt der Seebauer sein Stück Neuland mit Reihen von Bambusstäben, breitet vom Seeufer geholte Erde und vom Seeboden geschöpfte Algen als Dünger darauf aus. Für eine Fläche von 15 m^2 sind mindestens je acht Boote voll Erde und Algen erforderlich. Damit ist der Garten fertig für die Anpflanzung von Tomaten, Auberginen, Chili etc.

Hauptpflanzzeit ist die winterliche Trockenperiode, wenn im "festländischen" Birma die Arbeit auf den Feldern ruht und sich Frischgemüse gut auf den städtischen Märkten, besonders in Taunggyi, absetzen läßt. Ein Begiessen der Kulturpflanzen erübrigt sich: mit Stangen oder durch Betreten braucht der Bauer seinen schwimmenden Garten nur ein wenig unterzutauchen. Schmale Kanäle zwischen den einzelnen Beeten erlauben ihm alle Arbeiten vom Boot aus - das Umsetzen der auf kleinen Saatbeetinseln herangezogenen Pflänzchen, Hacken und Häufeln, die Ernte und die alljährliche Aufbringung mehrerer Bootsladungen neuer Erde und Algen zur Erhaltung der Bodenfruchtbarkeit (vgl. dazu: JANICKE, 1967; BRUNEAU & BERNOT, 1972).

Die Neulandgewinnung der Intha mit Hilfe der dichtverfilzten Pflanzenteppiche aus Wasserhyazinthen kann noch nicht alt sein. Die Wasserhyazinthe (*Eichhornia crassipes*) ist in den südamerikanischen Tropen beheimatet und erst um die Jahrhundertwende nach Südostasien gekommen: 1894 nach Java, 1902 nach Vietnam und von dort nach Hongkong und Ceylon (BURKILL, 1966). Unter den 725 von COLLET 1887/88 in Oberbirma und den südlichen Schan-Staaten (einschließlich des Inle-Sees) gesammelten Pflanzenarten ist *Eichhornia* noch nicht vertreten (NATH, 1961: 173ff.). Auch WOODTHORPE (1896: 579), der wenig später den Inle-See besuchte, erwähnt sie nicht, dennoch besaßen die Intha zu seiner Zeit bereits mit Tomaten, Wassermelonen und Gurken bepflanzte schwimmende Gärten. Für ihre Konstruktion müssen also damals noch andere Pflanzenarten als heute verwendet worden sein. WOODTHORPE spricht von "langstieligen, im Seeboden verwurzelten Wasserpflanzen, die fast bis zur Oberfläche reichen". Vermutlich handelte es sich um eine der weltweit im gesamten Topengürtel verbreiteten *Pontederia*-Arten, die dann seit der Jahrhundertwende durch die eingewanderte, mit ihnen verwandte freischwimmende südamerikanische Wasserhyazinthe verdrängt worden ist.

Der botanische Exkurs lehrt uns, daß die "Erfindung" der schwimmenden Gärten im Inle-See älter ist als die Einwanderung der Wasserhyazinthe, aber seit wann die Intha diese Form eines aquatischen Gartenbaus betreiben, ist unbekannt. Höchstwahrscheinlich ist er von dem versumpften westlichen Seeufer ausgegangen, an dem die vom Schan-Plateau herabkommenden Flüsse große Mengen von Alluvionen aufgeschüttet haben. Dieses bei regenzeitlichem hohem Seespiegel überflutete Schwemmland fällt bei sinkendem Wasserstand trocken. Die Intha nutzen diesen Umstand, indem sie während der Trockenperiode (Oktober bis Dezember) im Bereich der Schlammbänke rechtwinklig sich kreuzende Kanäle ausheben, die jeweils Landstücke von 5-10 m Breite und 8-20 m Länge begrenzen. Der Aushub dient zur Aufhöhung der Beete über das Hochwasserniveau, das Kanalnetz dem Bootsverkehr zwischen den gewonnenen, mit dem Untergrund fest verbundenen Garteninseln. Wenn der Schlamm aus den Kanälen zur erforderlichen Erhöhung nicht ausreicht, werden Fetzen von Wasserhyazinthenteppichen zusätzlich auf die Beete gezogen. Dies muß gewöhnlich alle Jahre wiederholt werden, denn das Ziel der Bauern ist, ein ganzjährig überschwemmungssicheres Grundstück zu erhalten, auf dem sie auch ihr Pfahlbauhaus oder - wenn möglich - ihre Heimstatt am Boden auf einer Plattform errichten können.

Diese Methode der Neulandgewinnung entspricht bis in die Einzelheiten der einst von den Azteken praktizierten Chinampa-Dränage im Hochbecken von Mexiko. Selbst das exakt rechtwinklige Gittersystem der Parzellenaufteilung erinnert an Xochimilco, wenn auch das Areal der "Intha-Chinampas" wesentlich kleiner ist als dort und ihr auch kein zentrales Planungskonzept zugrunde liegt. Im kulturlandschaftlichen Erscheinungsbild gibt es freilich auch einige Unterschiede. Am auffälligsten sind die vom Rand der Inselgärten schräg über das Wasser hinausragenden Spaliere für Kletterpflanzen, die sich über der Mitte der schmalen Kanäle berühren, so daß tunnelartige "Wasserlauben" entstehen. Stangenbohnen, Gurken etc. können vom Boot aus bequem geerntet werden. Auf den durch palisadenähnliches Bambusflechtwerk vor Kantenabbrüchen gesicherten ortsfesten Inselgärten werden die gleichen Gemüsearten angepflanzt wie auf den schwimmenden Inseln, nur beschränkt man sich nicht wie dort auf jeweils ein bestimmtes Kulturgewächs, sondern kann in Anbetracht der größeren Breite der "Chinampas" in mehreren Reihen abwechselnd Tomaten, Auberginen, Chili oder Blumenkohl pflanzen. Auf kleinen, in der Nähe der Häuser stationierten schwimmenden Saatbeeten, die mit Küchenabfällen besonders sorgfältig gedüngt werden, ziehen auch hier die Gärtner die Jungpflanzen heran. Wenn die Trockenzeit ihren Höhepunkt erreicht hat (Dezember/Januar), werden sie umgesetzt.

Unter 66 näher untersuchten Dörfern fanden BRUNEAU & BERNOT (1972: 436f.) nur eins, dessen Bewohner ausschließlich von der Gärtnerei leben. In 16 Seeufersiedlungen betreiben sie kombinierten Reis- und Gartenanbau, in 8 weiteren Dörfern gehen sie neben der Gärtnerei einem zusätzlichen handwerklichen Erwerb nach. Die Männer arbeiten als Goldschmiede und Verfertiger von Metall- und Holzwaren, die Frauen als Weberinnen und Schneiderinnen. Fast in jedem der Dörfer

Abb.19: Fischer ("Beinruderer") auf dem Inle-See.
Foto H. Wilhelmy

gibt es andere Kombinationen zwischen feldbaulichen und handwerklichen Tätigkeiten. Für Reisbauern und Gärtner von 19 Dörfern bildet neben der Haltung von Wasserbüffeln und Geflügel der Fischfang eine weitere wichtige Nahrungsquelle.

Das offene Wasser des Inle-Sees außerhalb des Schilfgürtels ist kristallklar, und vom Boot aus lassen sich die Standorte der Fischschwärme leicht ausmachen, zumal die Intha ihre Nachen stehend fortbewegen. Im tieferen offenen Wasser staken sie die Boote nicht, sondern bedienen sich einer nur bei ihnen entwickelten Rudertechnik: Sie stehen am Bug oder Heck ihre Bootes auf dem linken Bein, haben das rechte um ein langes Ruder geschlungen und nutzen die Hebelkraft des Beins für eine erstaunlich flotte Fahrt. Die linke Hand haben sie frei, um bei Sichtung eines Fisches blitzschnell einen großen kegelförmigen Bambuskorb in das Wasser zu lassen und den Fisch mit dem von oben durch eine Öffnung in der Reuse geführten Dreizack zu stechen. Dabei erleichtert ihnen ein halbkreisförmiger Ausschnitt am Bootsende, durch den dieses ein merkwürdig gegabeltes Aussehen erhält, die Arbeit des Ausbringens und Einholens des Fangkorbs. Pfahlbauten, schwimmende Gärten, ortfeste Garteninseln und Beinruderer - sie repräsentieren eine von der modernen Zeit noch kaum veränderte urtümliche Lebensform im Herzen von Birma, wie sie schon bestanden hat, bevor die ersten Europäer im vorigen Jahrhundert an den Inle-See kamen.

4 KONVERGENZ ODER DIFFUSION?

Die drei Beispiele schwimmender Gärten zeigen in den Methoden der Landgewinnung und den Formen der Bewirtschaftung des Neulandes eine derartige Fülle von Übereinstimmungen, daß sich der Gedanke einer Übertragung (Diffusion) aus einem Ursprungszentrum in landschaftsökologisch ähnliche Gebiete geradezu aufdrängt. Dennoch spricht die große räumliche Enfernung zwischen Mexiko, Kaschmir und Birma gegen eine solche Annahme. Viel wahrscheinlicher ist es, daß diese eigenartige Technik der Landgewinnung und Landnutzung in amphibischen tropischen Gebieten als eine örtlich spontan entdeckte Möglichkeit der Lebensraumerweiterung zu deuten ist - als Antwort des Menschen auf eine Herausforderung, vor die er sich als Bewohner oder Anrainer flacher See- und Sumpfgebiete gestellt sah.

Für eine unabhängige, konvergente Entstehung schwimmender Gärten oder künstlicher Garteninseln sprechen außer der geographischen Situation vor allem die großen zeitlichen Unterschiede ihres Auftetens. Nach bisheriger Kenntnis sind die mindestens 700 Jahre alten Chinampas im Becken von Mexiko das älteste Beispiel für eine planmäßig betriebene Neulandgewinnung im ufernahen Sumpfgebiet eines flachen Hochlandsees. Das auf eine zentrale Organisation zurückzuführende Gittermuster des Flurbildes mit parallelen, sich senkrecht kreuzenden Kanälen und rechteckigen Ackerbeeten blieb nach Umfang und astronomisch-kultreligiöser Orientierung eine einmalige Erscheinung in der Welt. Es hatte zwar auch nach dem Untergang des Aztekenreichs Bestand, aber andere, nun nicht mehr staatlich gelenkte Formen der Neulandgewinnung kamen hinzu: Aufschüttungen mit Erde vom Festland, Übereinanderschichtung von Pflanzenteppichen bis zur erreichten Bodenberührung und die Anlage echter schwimmender Saatbeete und Gärten.

Nur innerhalb des engeren zentralamerikanischen Raumes scheint sich die Chinampawirtschaft weiter ausgebreitet zu haben, so z.B. bis in das feuchtheiße Mayatiefland (WILHELMY, 1981: 215 ff.). Vorbild dafür kann jedoch aus zeitlichen Gründen nicht die straffe Organisationsform der Aztekenzeit, sondern nur die dieser vorangegangene Phase der ohne feste Planung durchgeführten Landgewinnungsarbeiten (wie bei Míxquic) gewesen sein. Im Mayaland, dessen kulturelle Blütezeit von 300-900 n. Chr. reichte, boten die zahlreichen amphibischen Niederungen (poljenartige *bajos*) beste Voraussetzungen für die Gewinnung fruchtbaren Neulandes. Nachdem WILKEN dort schon (1971: 438 ff.) Chinampas

Abb.20: Mit Maniok bepflanzte schwimmende Beete der Melanesier auf dem Sepik/Neu Guinea. Foto H. Uhlig

vermutete, sind wenige Jahre später im südwestlichen Quintana Roo, im Bajo Morocoy, durch sorgfältige Luftbildauswertung neun Chinampaareale unterschiedlicher Größe mit deutlich gegeneinander abgesetzten Ackerbeeten nachgewiesen worden. Die ehemaligen Feldgrenzen heben sich durch die dunklere Färbung und andersartige Zusammensetzung der Vegetation klar von den helleren Ackerflächen ab. TURNER (1974), der die Muster zuerst auf den Luftbildern entdeckte, hielt sie für Hochäcker, HARRISON (1977), der sie eingehend im Gelände untersuchte, deutete sie als Chinampas. Für HARRISONs Erklärung spricht die Breite der verlandeten Kanäle und die Größe der von ihnen begrenzten Feldblöcke; Hochackerfurchen sind schmaler, die einzelnen Landstücke kleiner. Auf eine Reihe weiterer Beispiele alter Chinampastrukturen im Mayatiefland wurde schon früher verwiesen (WILHELMY, 1981: 217f.). Auch aus anderen Teilen des Hochlandes von Mexiko (Becken von Tlaxcala, Becken des Río de las Balsas) und aus Guatemala sind Chinampas bekannt geworden, die im feuchten Uferbereich der Seen in Hochackerfluren übergehen (WILKEN, 1969). Ein Gebiet ganz junger Chinampaentstehung ist das abseits des Hochbeckens von Mexiko gelegene Sumpfgebiet um Toluca, in dem der Río Lerma entspringt. Dort sind im letzten Viertel des 19. Jh. nach ähnlichen Methoden wie zur gleichen Zeit im See von Xochimilco zahlreiche neue Chinampas angelegt worden. Weitere vergleichbare Beispiele aus Mexiko führen WEST & ARMILLAS (1950: 172, 176) an.

Das Alter der schwimmenden Gärten auf dem Dal-See in Kaschmir ist ungewiß, diejenigen auf dem Inle-See in Birma dürften erst nach Einwanderung der Intha entstanden sein, d. h. entweder im 18. oder schon Ende des 14. Jahrhunderts. Bei vergeichbaren Umweltbedingungen werden schwimmende Gärten heute noch wie bereits vor Jahrhunderten mit oder ohne Kenntnis entsprechender Vorbilder "er-

Abb. 21: Der Rawa Pening-See in Mitteljava mit seiner amphibischen Uferzone.
Foto H. Wilhelmy

funden". Melanesische Bauern-, Fischer- und Sagosammler-Familien, die in Rückstauseen am unteren Sepik/Neu-Guinea in Pfahlbaudörfern leben, besitzen mit Stangen festgepflockte schwimmende Beete, auf denen u.a. Maniok angepflanzt wird (UHLIG, 1979: 285). Schwimmende Reisbeete gibt es auf dem Rawa-Pening-See bei Salatiga (Rawa = Sumpf) in Mitteljava. Sein Spiegel schwankt jahreszeitlich um rund 2 m: In der Trockenperiode ist der See nur 40 cm, in der Regenzeit etwa 2 1/2 m tief. An seinen Rändern wird auf schwankenden Böden und schwimmenden *Eichhornia*-Inseln Reis angebaut. Die Bauern bringen die Pflanzenteppiche mit mehreren untergeschobenen Bambusstangen in schaukelnde Bewegung, stürzen sie um und säen dann den Reis in den schwarzen, von Faulschlamm durchsetzten Wurzelfilz. Nach der Aussaat werden die Beete durch eingerammte Stäbe am Verdriften gehindert (WILHELMY, 1975: 21). In früheren Jahren lag der Seespiegel schon einmal tiefer als heute, bis man zur Stromerzeugung einen kleinen Damm baute, wodurch die schon in den Seebereich vorgerückten Bauern ihre Höfe wieder zurücknehmen und ihre dort gelegenen Reisfelder aufgeben mußten. Vermutlich geht also auch die Entstehung der schwimmenden Reisinseln des Rawa-Pening-Sees erst auf die letzten Jahrzehnte zurück. Schwimmende Saatbeete für Reis gibt es im östlichen Sumatra (UHLIG, 1979: 283), im Distrikt Krian in Malaysia, bei den Dajaks auf Borneo und nach etwas vagen Angaben auch in Südchina (WEST & ARMILLAS, 1950: 173).

Ein besonders eindrucksvolles Beispiel ganz junger Entstehung schwimmender Gärten liefern die Uros des Titicacasees. Sie bewohnen 12 größere schwimmende Inseln von etwa 50-100 m Durchmesser in einer von zwei Halbinseln eingefaßten Bucht in der Nähe der Stadt Puno. Dazu kommen noch 28 kleine Inseln, also insgesamt 40, mit einer auf ihnen ansässigen Bevölkerung von rund 800 Männern, Frauen und Kindern.

Die Uros lebten bis in die jüngste Zeit nahezu ausschließlich vom Fischfang, der Jagd auf Wasservögel und vom Verzehr der unteren zarten Stengelabschnitte und Wurzeln des Schilfrohrs (*tortora*). Ohne Schilf ist für sie das Leben unvorstellbar: Aus Schilf bestehen ihre künstlichen Inseln, bauen sie ihre Balsaboote, ihre Hütten, und Schilf ist ihr wichtigstes, vegetabilisches Nahrungsmittel. Die Eigentumsrechte an den großen, bis 3,50 m hohen Schilfbeständen in der Bucht von Puno sind gesetzlich geregelt. Jede der 150 Urofamilien besitzt ein bestimmtes Revier zur Deckung des Eigenbedarfs, weiter entfernte Schilffelder sind Gemeinschaftseigentum (BÖHM & GUTTE, 1984: 4).

Eine Wohninsel entsteht, indem an einer ausgesuchten Stelle mit relativ festem Grund Schilflage auf Schilflage in das Wasser geschüttet wird, bis die oberste Schicht dessen Niveau hoch genug überragt. Die Inseln heben und senken sich mit dem Wasserstand, aber während die größeren verhältnismäßig fest auf dem Seeboden liegen und sich allmählich durch austreibende Wurzeln weiter verankern, bleiben die kleinen Inseln beweglich und werden häufig bei Sturm von ihren Liegeplätzen abgetrieben. Die ständige Durchfeuchtung und Vermoderung läßt das

Abb. 22: Schwimmende Reisinseln auf dem Rawa Pening-See in Mitteljava. Eingerammte Stangen hindern sie am Verdriften.
Foto H. Wilhelmy

Abb. 23:   Uro-Siedlung auf einer schwimmenden Insel im Titicacasee.
Foto H. Wilhelmy

Schilfpolster allmählich zusammensacken, so daß mindestens 4-5 mal im Jahr neue Schilflagen aufgebracht werden müssen.

Durch verstärkten Kontakt mit den Bewohnern des festen Landes hat sich die Lebensweise der Uros seit etwa 20 Jahren verändert: Sie gehen nicht mehr mit Schlingen auf Vogelfang im Schilf, sondern jagen mit dem Gewehr, sie weben Wandteppiche und Schultertaschen, haben Sticken und das Ausstopfen von Vogelbälgen gelernt und bieten den Touristen ihre Erzeugnisse an. Die einschneidendste Neuerung für diese Wassermenschen ist jedoch ihr erst vor wenigen Jahren begonnener Übergang zum Anbau landwirtschaftlicher Produkte auf kleinen schwimmenden Gärten. Zu diesem Zweck legen sie in der Nähe ihrer bis zu einem Dutzend Hütten tragenden Wohninseln neue kleine Schilfflöße an und bedecken diese mit einer Schicht schwarzen Seeschlamms, der auf Balsabooten herangebracht wird. Das fruchtbare Neuland bepflanzen sie mit Kartoffeln, einem der wenigen in dieser Höhenlage (3 800 m) anbaufähigen Kulturgewächse. Vielleicht kommen in Zukunft noch Bohnen und Quinoa hinzu. Für Weizen, Gerste und Mais, die in der Umgebung des klimatisch begünstigten Seebeckens von den Indianern auf terrassierten Feldern angebaut werden, sind die schwimmenden Gärten der Uros zu klein.

Sicherlich ließen sich noch weitere Beispiele für ähnliche Formen eines aquatischen Gartenbaus aus anderen Bereichen der Tropen finden. Aber es war nicht Ziel dieses Überblicks, Vollständigkeit zu erreichen, sondern nur zu zeigen, wie einige Volksgruppen, die um eine Erweiterung ihres Nahrungsspielraums bemüht waren, das Problem für sich gelöst haben und dabei zu weitgehend übereinstimmenden Resultaten gekommen sind. Andere haben die sich ihnen bietenden Möglichkeiten nicht genutzt. Weder auf den Várzea-Seen Amazoniens mit ihren ausgedehnten Schwimmrasenteppichen, noch in den Sudds am Zusammenfluß des Bahr-el-Ghazal mit dem Weißen Nil oder im Binnendelta des unteren Tigris gibt es schwimmende Gärten. In den Sudds weiden zwar auf den bis 5 m mächtigen schwimmenden

Abb. 24: Balsaboote am Ufer einer schwimmenden Uro-Insel im Titicacasee.
Foto H. Wilhelmy

Abb. 25: Uro beim Bau eines Balsabootes.
Foto H. Wilhelmy

Decken aus verfilzten Wurzelstöcken von Papyrus, Schilf, Gräsern und rasch wachsenden Ambatschdickichten Herden von Elefanten und Rindern (HÖLLER, 1936: 19), und in den irakischen "Hors" haben die Sumpfaraber auf winzigen künstlichen Inseln in dichtem Nebeneinander zahllose tonnenförmige Reethäuser erbaut, von denen aus sie ihre in langen Reihen schwimmenden Wasserbüffel in die Schilfweiden treiben (WIRTH, 1955: 36) - aber eine garten- oder feldbauliche Nutzung ihres amphibischen Lebensraumes ist ihnen fremd geblieben.

LITERATURVERZEICHNIS

ACOSTA; J. de (1940): Historia Natural y Moral de las Indias. México.

ARMILLAS, P. (1949): Notas sobre sistemas de cultivo en Mesoamérica: cultivos de riego y humedad en la Cuenca del Río de las Balsas. In: Anales del Instituto Nacional de Antropología e Historia, México 3: 85 - 113.

ders. (1971): Gardens on Swamps. In: Science 174: 653 - 661.

BÖHM, G. & L. GUTTE (1984): Legenden und Tatsachen von den Uros. Puno

BRUNEAU, M. & L. BERNOT (1972): Une Population Lacustre: Les Intha du Lac Inle (Etats Shan du Sud, Birmanie) In: Journal d'Agriculture Tropicale et de Botanique appliquée. Paris 19, 10/11: 401 - 441.

BURKILL, I.H. (1966): A Dictionary of the economic products of the Malay peninsula. Kuala Lumpur.

CALNEK, E. (1972): Settlement Pattern and Chinampa Agriculture at Tenochtitlan. In: American Antiquity 37: 104 - 115.

CLAVIJERO, F.S. (1780/81): Storia antica del Messico. Cesina (Deutsche Übersetzung 1789/1790).

COE, M.D. (1964): The Chinampas of Mexico. In: Scientific American, 211, 1: 90 - 98.

DENEVAN, W.M. (1970): Aboriginal Drained-Field Cultivation in the Americas. In: Science 169: 647 - 654.

ders. (1980): Tipología de configuraciones agrícolas prehispánicas. In: Amercica Indigena 40, 4: 619 - 652.

DUPUIS, J. (1962): Les bassins intérieurs du Kashmir et du Népal. In: Annales de Géographie 71, 384: 156 - 166

GARAY, F.de (1888): El Valle de México, apuntes históricos sobre su hidrografía. Mexico.

HARRISON, P.D. (1977): The Rise of the bajos and the Fall of the Maya. In: HAMMOND, N. (Hrsg.): Social Process in Maya Prehistory. London/New York: 469 - 508.

HESSE-WARTEGG, E.v. (1890): Mexiko, Land und Leute. Wien-Olmütz.

HÖLLER, E. (1936): Das Problem der Feucht- und Trockensteppen im Abiadbecken. In: Archiv d. Deutschen Seewarte Hamburg 55, 4: 1 - 59.

HUMBOLDT, A.v. (1810): Versuch über den politischen Zustand des Königreichs Neu-Spanien. Tübingen, Bd. II.

JANICKE, V. (1967): Heute noch ein Paradies. Unbekanntes Birma: der Inle-See. In: Westermanns Monatshefte 12: 50 - 56

KRIST, U. & A. HOFFMANN (1983): Xochimilco darf nicht sterben. In: Westermanns Monatshefte 83, 6: 91 - 95.

LAWRENCE, W.R. (1895): The Valley of Kashmir. London.

MAIER, E. (1979): Chinampa Tropical, una primera evaluación. Centro de Ecodesarrollo, México.

MOLINA, A.de (1880): Vocabulario de la lengua Mexicana. Leipzig.

MOORCROFT, W. & G. TREBECK (1841): Travels in the Himalayan Provinces of Hindustan and the Panjab, in Ladakh and Kashmir... etc. from 1819 to 1825. London, Bd. II.

NATH, M.D. (1961): Botanical Survey of the Southern Shan States. In: Fiftieth Anniversary No. 1, Burma Research Society, Rangoon: 157 - 418.

NUTALL, Z. (1925): The Gardens of Ancient Mexico. In: Smithsonian Institution, Washington, Annual Report for 1923: 462 - 464.

OJEA, H. (1897): Libro tercero de la historia religiosa de la Provincia de México de la Orden de Santo Domingo. México.

OROZCO y BERRA, M. (1855): Noticias de la Ciudad de México y de sus alrededores. México.

PALERM, A. (1967): Agricultural Systems and Food Patterns. In: Handbook of Middle American Indians, VI: 26 - 52.

ders. (1973): Obras hidráulicas prehispánicas en el sistema lacustre del Valle de México. Instituto Nac. de Antropologia e Historia. México D.F.

PARSONS, J.R. (1976): The role of chinampa agriculture in the food supply of Aztec Tenochtitlán. In: CLELAND, C.E. (Hrsg.): Cultural Change and Continuity. New York: 233 - 262.

PONCE, A. (1873): Relación breve y verdadera de algunas cosas de las muchas que sucedieron al Padre Fray Alonso Ponce en las provincias de la Nueva España. 2 Bde. Madrid.

ROJAS RABIELA, T. (Hrsg.) (1983): La agricultura chinampera. Compilación histórica Universidad Autonoma Chapingo. Colección Cuadernos Universitarios. Serie Agronomía 7. Mexico.

ROJAS RABIELA, T., STRAUSS, R.A. & J. LAMEIRAS (1974): Nuevas noticias sobre las obras hidráulicas prehispánicas y coloniales en el Valle de México. Anales Instituto Nac. de Antropologia e Historia. México D. F.

SANDERS, W.T. (1976): The agricultural history of the Basin of Mexico. In: WOLF,E.(Hrsg.): The Valley of Mexico. Albuquerque: 101 - 159

SANDERS, W.T., PARSONS, J.R. & R.S.SANTLEY (1979): The Basin of Mexico: Ecological Processes in the Evolution of a Civilization. New York.

SANTAMARÌA, M. (1912): Las chinampas del Distrito Federal. México.

SAPPER, K. (1940): Besprechung der Arbeit von E. SCHILLING (1939). In: Petermanns Geogr. Mitt. 86, 3: 109.

SCHILLING, E. (1939): Die "schwimmenden Gärten" von Xochimilco. Eine einzigartige Form indianischer Landgewinnung im Becken von Mexiko. In: Schriften d. Geogr. Inst. d. Univ. Kiel 9, 3.

SCOTT, J. G. & J. P. HARDIMAN (1901/02): Gazetteer of Upper Burma and the Shan States. I, 2 Bde.; II, 3 Bde. Rangoon.

SPATE, O.H.K. & A.T.A. LEARMONTH (1967): India and Pakistan. London.

STURTEVANT, W. C. (1970): Agriculture on artificial Islands in Burma and elsewhere. In: Proc. VIIIth Intern. Congress of Anthropological and Ethnological Sciences, Tokyo and Kyoto, Bd. III: Ethnology and Archaeology. Tokyo, Science Council of Japan: 11-13.

TICHY, F. (1976a): Ordnung und Zuordnung von Raum und Zeit im Weltbild Altamerikas. Mythos oder Wirklichkeit? In: Ibero-Amerik. Archiv, N. F. 2: 113- 154.

ders. (1976b): Orientierte Flursysteme als kultreligiöse Reliktformen. In: Tagungsber. u. wiss. Abhandl. 40. Dt. Geographentag Innsbruck 1975: 256-265.

ders. (1976c): Orientación de las pirámidas e iglesias en el Altiplano Mexicano. Suplemento Comunicaciones 4, Proyeto Puebla-Tlaxcala. Puebla/México.

TORQUEMADA, J. de (1723): Los veinte y un libro rituales y monarquía indiana. 3 Bde. Madrid.

TURNER, B. L. (1974): Prehistoric Intensive Agriculture in the Mayan Lowlands. In: Science 185: 118-124.

TURNER, B. L. & P. D. HARRISON (1981): Prehistoric raised Field Agriculture in the Maya Lowlands. In: Science 213, 4506: 399-405.

UHLIG, H. (1962a): Typen der Bergbauern und Wanderhirten in Kaschmir und Jaunsar-Bawar. In: Deutscher Geographentag Köln 1961, Tagungsber. u. wiss. Abhandl., Wiesbaden, 33: 211-225.

ders. (1962b): Tiroler Etschtal und Kaschmir-Becken. In: Beiträge zur Landeskunde Südtirols, Festschr. f. F. Dörrenhaus: 113-134.

ders. (1962c): Kaschmir (Bilderläuterungen). In: Geogr. Rundschau 14: 457-460.

ders. (1962/63): Kaschmir (Länderkundlicher Strukturbericht). Geographisches Taschenbuch, Wiesbaden: 179-196.

ders. (1976): Bergbauern und Hirten im Himalaya, Höhenschichtung und Staffelsysteme. In: 40. Deutscher Geographentag Innsbruck 1975. Tagungsber. u. wiss. Abhandl., Wiesbaden: 549-486.

ders. (1979): Wassersiedlungen in Monsun-Asien. In: Siedlungsgeographische Studien, Festschr. f. G. Schwarz. Berlin-New York: 273-305.

VARGAS MACHUCA, B. de (1599): Milicia y descripción de las Yndias. Madrid.

WEST, R. C. (1970): Population Densities and Agricultural Practices in Pre- Columbian Mexico, with Emphasis in Semi-terracing. In: Verhandl. 38. Intern. Amerikanistenkongresses, Stuttgart-München 1968, Bd. II: 361-369.

WEST, R. C. & P. ARMILLAS (1950): Las Chinampas de México. Poesía y Realidad de los "Jardines Flotantes". In: Cuadernos Americanos, México D. F. 50, 2: 165-182.

WILHELMY, H. (1975): Reisanbau und Nahrungsspielraum in Südostasien. Geocolleg, Kiel.

ders. (1981): Welt und Umwelt der Maya. Aufstieg und Untergang einer Hochkultur. München.

WILKEN, G. C. (1969): Drained-field Agriculture: An Intensive Farming System in Taxcala. In: Geogr. Review 59: 215-241.

ders. (1971): Food Producing Systems Available to the Ancient Maya. In: American Antiquity 36: 432-448.

ders. (1979): Mucks, mucking, and soils of the chinampas of Mexico. Paper presented at the XLIII Intern. Congr. of Americanists. Vancouver; Program and Abstracts: 137.

WIRTH, E. (1955): Landschaft und Mensch im Binnendelta des unteren Tigris. In: Mitt. d. Geogr. Ges. Hamburg 52: 7-70.

WOODTHORPE, R. G. (1896): The Country of the Shans. In: Geogr. Journal 7, 6: 577-602.

PLANUNGSKONZEPTIONEN UND PLANUNGSREALISIERUNG IM DEUTSCHEN STÄDTEBAU SEIT 1945

DARGESTELLT AM BEISPIEL VON BERLIN, HAMBURG, KÖLN UND BREMEN

von

Ilse Möller, Hamburg

SUMMARY: Concepts and Realisation of German Town Planning after 1945 - Illustrated by the Examples of Berlin, Hamburg, Köln and Bremen

The selected cities show that in the period of r e c o n s t r u c t i o n the dominating objectives were: the dispersal of quarters and the even spread of population and housing density, the segregation of functions, living in neighbourhoods divided by open space - all dimensions being determined according to the 'human scale'. These concepts date from the Twenties and had been laid down in the Charter of Athens, 1933. Only in a few exceptional cases were they partially realised, because, among other reasons, for a large scale implementation a new structure of land ownership would have been prerequisite. By the end of the Fifties the objectives changed. Based on the assumption of a further population growth the new policy became 'agglomeration', which in reality meant local concentration as well as spatial expansion and new housing estates on former open spaces near the city boundaries. In that period of e x p a n s i o n the enormous housing schemes ("Großwohnsiedlungen") with their typical multi-storey buildings for thousands of inhabitants came into existence. In only a few cases, however, was the original planning condition fulfilled, which was that the agglomeration had to follow the lines of growth axes, especially the rapid transit stations. In the early Seventies came the turn of the trend by the beginning decrease of population in the cities, an economic recession and negative experiences with the large housing schemes. Since that time urban planning has no longer been determined by overriding objectives like 'dispersal' or 'agglomeration'. Planning of the new period of r e n e w a l has aimed at individual measures. Through redevelopment and modernisation an 'internal town development' which has to be supported by measures of environmental improvements has become the new approach.

Planning concepts as well as their implementation were widely in accordance in Berlin, Hamburg, Köln and Bremen meaning they were neither influenced by the size of the cities (the difference in population figures is in the range of hundreds of thousands, c.o. Abb.1), nor by differences of function (Berlin: residential, later capital, Hamburg and Bremen are ports, Köln was an ecclesiastical metropolis and a walled city well into the 20th century!).

The three planning concepts have replaced another. Each of the first two had been in effect for 10 to 15 years. During their respective periods, however, they could not be fully realised, either in general demand - this goes for the 'reconstruction phase' - or, as to the 'expansion phase' (i.e. large housing schemes without local train connections), because important planning premises had not been heeded in the process of implementation.

The origin of planning objectives remains an open question. It has been suggested that they were autonomous ideas of technically minded architects and town planners. This theory is supported by the example of the super-size housing schemes which seemed, finaly, to materialise Le Corbusier's vision of the ideal 'living machines'. Planning objectives, however, can also be the expression of their era as exemplified by the ideological changes of the early Seventies.

EINLEITUNG

Der Zweite Weltkrieg hinterließ die deutschen Städte zerstört und ausgebrannt. Ihre Zukunft war ungewiß: Würden sie je die Kraft haben, sich neu zu verwirklichen? In einer Zeit von Mangel und Not hatten die ersten Pläne zum Wiederaufbau utopischen Charakter, und ein Bild der gegenwärtigen Stadtlandschaften hätte damals Unglauben und Staunen ausgelöst.

Die deutschen Städte der Gegenwart legen von wiedererstarkter Wirtschaftskraft Zeugnis ab: Nicht nur, daß die zerstörten Areale fast ausnahmslos wieder aufgebaut sind - die meisten Städte zeigen auch ein beträchtliches zusätzliches Flächenwachstum, und zudem wurde in erhalten gebliebenen Altbaugebieten die Bausubstanz durch Investitionen erheblich verbessert. Erscheinung und Struktur dieser 'neuen Städte' gelten zumeist als Ergebnis realisierter Planung. In der Tat spielt im Städtebau der Nachkriegszeit die Planung eine besondere Rolle, und man darf behaupten, daß nie zuvor das Baugeschehen von so viel Grundsatzdiskussionen und planerischem Einsatz begleitet worden ist wie in den letzten vier Jahrzehnten. Bei genauer Betrachtung von Planung und Realisierung zeichnen sich jedoch Erscheinungen ab, die voller Widersprüche sind. Dabei lassen sich zwei Hauptphänomene erkennen. Einerseits können im Prozeß der Planungsrealisierung ganz erhebliche Abweichungen von den Leitbildern auftreten, auch wenn diese noch uneingeschränkt Gültigkeit besitzen. Andererseits kündigen während der Realisation bestimmter Leitgedanken bereits neue Konzeptionen - und durchweg solche mit Gegensatzcharakter - die Ablösung der noch gültigen an. Beiden Phänomenen gelten die nachstehenden Ausführungen.

Zur exemplarischen Thematisierung des skizzierten Zusammenhangs werden Planungsleitbilder und städtebauliche Entwicklung von vier deutschen Städten verfolgt und verglichen. Als Städte unterschiedlicher Größenordnung und Funktion wurden Berlin, Hamburg, Köln und Bremen ausgewählt, denen gemeinsam ist, daß sie im Kriege besonders stark zerstört wurden, die sich aber strukturell deutlich voneinander unterscheiden: Berlin als alte Residenz und spätere Reichshauptstadt hebt sich wesentlich von den Hafenstädten Hamburg und Bremen ab, die wiederum andere Strukturzüge haben als die alte Kultur-und Kirchenmetropole Köln, die noch in ihrer industriezeitlichen Entwicklung stark durch den bis ins 20. Jahrhundert existierenden Festungsgürtel beeinflußt war. - Damit ergibt sich als weitere Fragestellung dieser Untersuchung, inwieweit solche traditionell bedingten Strukturzüge der Städte die Planungsleitbilder mitbestimmen.

Im Baugeschehen nach 1945 zeichnet sich bei den genannten vier Städten - wie bei anderen Städten Deutschlands auch - eine deutliche Epochengliederung ab; von daher ist es sinnvoll, die Darstellung nach diesen Entwicklungsphasen zu gliedern:

- Die Phase des Wiederaufbaus (bis ca. 1960)
- Die Phase der Ausdehnung (ca. 1960 bis ca. 1973)
- Die Phase der Erneuerung (ab ca. 1973)

Allein die Verkehrsplanung, die bereits in der Wiederaufbauzeit Großprojekte realisierte, wird außerhalb dieser Phasen gesondert betrachtet (s. 4).

1 DIE PHASE DES WIEDERAUFBAUS (bis ca. 1960)

Die ersten Jahre dieser Epoche sind gekennzeichnet durch wirtschaftliche und politische Ohnmacht. Erst mit Einsetzen einer Konjunktur nach der Währungsreform von 1948 und mit Erlangung der politischen Souveränität durch die Konstituierung der Bundesrepublik 1949 waren Bedingungen gegeben, die einen umfassenden Wiederaufbau erlaubten. Wenn auch zuvor Aufräumungs- und Instandsetzungsarbeiten (besonders die Versorgungsnetze betreffend) geleistet worden waren, hatten sich die Jahre von 1945 bis 1948/49 doch überwiegend durch große Planungsaktivitäten ausgezeichnet. Sowohl für die zuständigen Behörden als auch für private Architektengruppen waren die Ruinenstädte damals eine Herausforderung, wovon zahlreiche Entwürfe verschiedener Provenienz Zeugnis ablegen.

Die Jahre von 1945 bis 1948 stellen den kurzen Zeitraum dar, in dem B e r l i n als Viersektorenstadt eine Einheitsgemeinde bildete. Es entstanden in dieser Zeit, als die Planung für Gesamt-Berlin noch eine Selbstverständlichkeit war, Pläne zur Neugestaltung, deren hoher Rang die Bedeutung erkennen läßt, die der Stadt als ehemaligem Regierungssitz und größter Metropole Deutschlands weiterhin zuerkannt wurde. International anerkannte Architekten beteiligten sich an den Entwürfen. Auf eine radikale Neuordnung zielten die frühen Pläne von G. Heyer und von Max Taut, die beide ohne jede Folgewirkung blieben, aber ideengeschichtlich von Interesse sind.

Tab. 1: Wohnungsverluste in Berlin, Hamburg, Köln und Bremen von 1939 bis 1945

Stadt	Zerstörte Wohnungen	
	absolut	in % des Wohnungsbestandes 1939
Berlin	556 500	37,0
Hamburg	295 654	53,5
Köln	176 600	70,0
Bremen	65 000	51,6

Quelle: STAT. JB. DEUTSCHER GEMEINDEN 37, 1949.

G. Heyers Entwurf, der schon 1944 entstanden war und 1946 als sog. Hermsdorfer Plan veröffentlicht wurde, sah - als konsequente Verwirklichung der 'gegliederten und aufgelockerten Stadt' (Charta von Athen 1933) - die Nutzung der Berliner Stadtfläche durch eine strukturierte Anordnung von ca. 800 000 Erbwohnheimen (= Einfamilienhäusern mit jeweils 200 m² Garten) für 3 bis 4 Mio. Einwohner vor. Die alte Innenstadt sollte eine klare Gliederung in Funktionsbereiche erfahren und durch einen angrenzenden Werkstättenring entlastet werden. Nach außen folgten vier Wohnringe, außerdem ein Industrie-Wohn-Ring und schließlich im Abstand von 40 - 60 km vom Stadtmittelpunkt ein Gemüseanbau-Gürtel mit mehreren Gärtner-Dörfern. - Max Taut entwickelte 1946 ein ähnlich großräumig angelegtes Konzept mit einer zellenartigen Struktur zwischen radialen Verkehrsführungen, wobei die Wohngebiete von "Wohnungen mit großen Gärten" beherrscht sein sollten.

Der bedeutendste Entwurf war sicherlich der 'Kollektiv-Plan' (1946), der unter Führung von Hans Scharoun entstand und daher auch Scharoun-Plan genannt wird. Er bot u.a. einen detaillierten Lösungsvorschlag für die Probleme der Stadtmitte: Es sollte von Osten nach Westen in Anlehnung an den Verlauf des Spreetales ein Bandsystem von etwa 10 km Länge und 4 km Breite entwickelt werden, welches im Verlauf der bereits vorhandenen Ost-West-Achse (vom Stadtschloß bis zur Heerstraße) ein zentrales Arbeitsstättenband (vorwiegend für den Tertiären Sektor) und in den übrigen Bereichen eine Hochschulstadt, Wohngebiete und Grünstreifen umfaßte. Leitgedanke war damit eine bandförmige Entzerrung der Stadtmitte-Konzentration. Das gesamte Band wollte man durch vier ostwestlich und sechs nordsüdlich gerichtete Schnellstraßen aufschließen, weiter außen sollten Ringstraßen den Verkehr aus diesem Rechteck-Netz aufnehmen. Außerhalb des Bandsystems war vorgesehen, das durch die alte Bauzonenordnung entstandene zentral-periphere Gefälle aufzuheben: Alle Wohngebiete wurden gleichmäßig nach einem hierarchischen Zellensystem gegliedert, dessen größte Einheit etwa 500 ha umfaßte und Wohnraum für 65 000 - 80 000 Ew. bot. Wie für die Pläne von Heyer und Taut wäre aber auch für die Realisierung des Kollektiv-Planes eine neue Bodenordnung Voraussetzung gewesen, um der Öffentlichen Hand freie Verfügung über Grund und Boden zu ermöglichen.

Ein weiterer Plan für die Neugestaltung Berlins war der sog. Zehlendorfer Plan (1947). Er verfolgte in mancher Hinsicht ähnliche Zielvorstellungen wie der Kollektiv-Plan, hob sich von diesem aber besonders durch sein Verkehrssystem ab, welches sich der überlieferten Struktur stark anpaßte. Aus dem Zehlendorfer Plan entwickelte 1947/48 Karl Bonatz (als Nachfolger von Scharoun seit Okt. 1946 Stadtbaurat im ersten gewählten Magistrat Berlins) den nach ihm benannten Plan, der auch in anderen Bereichen deutlich der traditionellen konzentrischen Siedlungsstruktur der Stadt basierte und die Grundlage für den Bonatz-Moest-Plan von 1949 bildete (Architekt Moest hatte maßgeblichen Anteil am Zehlendorfer Plan gehabt). Dieser war noch stärker der erhalten gebliebenen Substanz angepaßt, so daß die Entwicklung insgesamt auf zunehmend größere Kompromisse hinauslief.

Die politischen Ereignisse des Jahres 1948 beendeten die gemeinsame Verwaltung der vier Sektoren. 1950 wurde ein erster Flächennutzungsplan für West-Berlin vorgelegt, der sich weitgehend auf eine Planung des Verkehrs beschränkte und im ganzen starke Anlehnungen an den Bonatz-Moest-Plan aufwies: nichts Spektakuläres, aber solide Aufbauplanung.[1]

Noch einmal wurde jedoch von den Zwängen der Gegenwart abgesehen und sozusagen visionär gearbeitet, nämlich beim internationalen 'Wettbewerb Hauptstadt Berlin' von 1957, gemeinsam ausgeschrieben von Bundesregierung und Berliner Senat. Die Beteiligung war groß: 151 Architekten aus 16 Ländern reichten Entwürfe ein. Das Wettbewerbsgebiet umfaßte die Stadtmitte vom Alexanderplatz bis zum Großen Stern im Tiergarten, im Süden bis zum Halleschen Tor. Unter Ignorierung der bereits geteilten Stadt galt die Planung einer künftigen Hauptstadt Berlin mit ihren Ministerien und Zentralverwaltungen. Den ersten Preis erhielt das Konzept von Friedrich Spengelin / Fritz Eggeling / Gerd Pempelfort, das sich - neben anderen Vorzügen - als einziges durch den von der Topographie her naheliegenden Gedanken auszeichnete, im Verlauf der Spree einen künstlichen See zu schaffen. Dieser war Teil eines repräsentativen, sehr großzügig gestalteten Zentrums nördlich des Reichstagsgebäudes. - Als Kuriosität sei erwähnt, daß Le Corbusier einen Entwurf eingereicht hatte, der in unmittelbarer Nachbarschaft des historischen Stadtkerns eine Anzahl von 180 m hohen Wolkenkratzern vorsah.

Die weitere politische Entwicklung verwies alle diese Pläne in den Bereich der Illusion. In geistiger Nachfolge solcher Entwürfe steht allein das mit dem Bau der 1963 eröffneten Philharmonie begonnene und bis zur Gegenwart weitgehend komplettierte Kulturforum südlich des Tiergartens (das bis heute umstritten ist, weil eine überzeugende Gesamtgestaltung bisher nicht gelang).

Für den Wohnungsbau wurde als richtungweisend das Hansa-Viertel angesehen, ein Demonstrationsprojekt der 'Interbau 1957'. Es entstand 1955-57 am nördlichen Tiergartenrand auf einem Gelände, dessen gründerzeitliche Miethausbebauung während des Krieges fast vollständig zerstört worden war. 53 Architekten aus 13 Ländern beteiligten sich an der Erstellung von 1 248 Wohnungen. Neu war, daß sich Häuser aller Größenordnungen, vom eingeschossigen Einfamilienhaus über das 17geschossige Punkt-Wohnhaus bis zum Öffentlichen Gebäude (Schule, Kirche, Bibliothek), in lockerer Anordnung zu einem 'Ensemble' höchst unterschiedlicher architektonischer Konzipierung fügten.

Das Hansa-Viertel fand jedoch keine Nachahmung; der notwendige Wohnraum wurde in diesen Jahren vielmehr geschaffen, indem teilzerstörte Gebäude wiederhergestellt, Lücken-Neubau vollzogen und schlichte Wohnbau-Komplexe neu angelegt wurden. Insgesamt war die Wiederaufbauleistung - auch hinsichtlich gewerblicher Bauten, Verkehrsanlagen etc. - beachtlich, doch zeigte sie wenig Progressives. (Auch die Großsiedlung Britz-Süd, die 1957-60 mit mehr als 3 000 Wohnungen entstand, hatte nichts Richtungweisendes.) Begleitet wurde das gesamte Baugeschehen von einem erschreckend anmutenden gegenläufigen Prozeß, denn gleichzeitig mit dem Aufbau vollzog sich ein Vorgang der Zerstörung: Berlin nahm auf gewaltsame Weise Abschied von Symbolen seines einstigen Herrschaftsanspruches. Kriegsbeschädigte Gebäude, deren Wiederherstellung durchaus möglich gewesen wäre, wurden gesprengt und abgeräumt, wenn sie monarchische oder nationalsozialistische Geschichte demonstrierten. Der Abriß des Berliner Schlosses durch die Behörden der DDR 1950/51 setzte das stärkste Zeichen; Vergleichbares geschah auch in der übrigen Stadt, und der Anhalter Bahnhof (nach 1945 zunächst noch in Betrieb, 1959-61 bis auf Teile des Eingangsportals abgeräumt) sowie das Völkerkundemuseum (nach 1945 eingeschränkter Museumsbetrieb, 1961 Abriß) sind nur die bekanntesten Beispiele. In unserem, auf die Rolle der Planung ausgerichteten Zusammenhang weist diese 'Zweite Zerstörung Berlins' darauf hin, in welchem Grade Emotionales im Umgang mit dem Stadtkörper eine Rolle spielt. Nicht nur, daß die Städte geprägt sind von den Ansprüchen und Idealvorstellungen derer, die sie gestalteten, und daß ihre "Monumentalbauten für Herrschaftsformen werben" (BRAUNFELS, 1976: 10), sondern im Zuge solcher Identifikationen können nach einem Machtwechsel Bauwerke auch stellvertretend geächtet und zerstört werden. Bei derartigen Auseinandersetzungen bleibt einer rational bestimmten, bewahrenden Stadtplanung kaum eine Chance. Unter diesem Aspekt sind auch die oben erwähnten Beiträge zum 'Wettbewerb Hauptstadt Berlin' einer radikalen Planung zuzurechnen, denn sie waren nicht auf einfühlsame Wiederherstellung gerichtet, sondern gingen weitgehend von einer freien Verfügbarkeit der Stadtmitte Berlins aus.

Der Wiederaufbau H a m b u r g s war nicht wie der Berlins Anlaß zu Entwürfen freier Architekten; die Pläne wurden ausschließlich in den zuständigen Behörden erarbeitet. Ein Generalbebauungsplan (GBP) entstand 1947, auf das basierte der Aufbauplan (ABP) von 1950. Beide müssen gesehen werden vor dem Hintergrund der Planungen in den letzten Kriegsjahren.[2]

Hamburg hatte wie Berlin zu den fünf 'Führerstädten' der nationalsozialistischen Planungskategorien gehört. Eine Sonderdienststelle unter Leitung des Architekten Gutschow, mit umfangreichen Kompetenzen für die repräsentative Neugestaltung der Stadt ausgestattet, legte 1941 einen ersten Generalbebauungsplan vor. Dieser zielte u.a. darauf ab, durch Umgestaltung der gesamten Elbuferzone, durch eine Elbhochbrücke und ein oberhalb des Altonaer Elbhanges gelegenes Gau-Hochhaus von 260 m Höhe der Stadt Hamburg als des Reiches 'Tor zur Welt' eine imposante Eingangslandschaft zu schaffen. Neben diesen und anderen spektakulären Zielsetzungen gab es aber solche, die - heute weniger bekannt - auf eine besondere Strukturierung neuer Wohngebiete gerichtet waren. Als nach den starken Zerstörungen durch die Luftangriffe im Sommer 1943 auch für die Kernbereiche der Stadt Neuplanungen notwendig wurden, nahm der neue GBP von 1944 diese Zielsetzungen auf: Auch für die Wiederaufbaugebiete sollte ein zellulares System gelten, wie es zuvor (GBP 1941) nur für neu aufzuschließende Flächen jenseits eines in ca. 7 km Entfernung vom Stadtmittelpunkt geplanten Autobahnringes festgelegt worden war. Es sollten sich nach dem Wiederaufbau "überschaubare Gemeinschaften städtebaulich deutlich abzeichnen" (GUTSCHOW, 1944). Hiermit verbunden waren für den Kernstadtbereich eine Reduzierung der Einwohnerzahlen sowie eine Durchgrünung; insbesondere die Seitenkanäle der Alster sollten Leitlinien trennender Grünzüge werden. - Die generelle Devise lautete also: Dezentralisierung und Auflockerung.

Diese Zielvorstellungen und die Leitgedanken des sechs Jahre später veröffentlichten ABP zeigen deutliche Übereinstimmungen. In den Erläuterungen zum ABP 1950, der das "Baugeschehen der nächsten Jahrzehnte" bestimmen wollte, heißt es: "Das bisherige gesamte Baugebiet in seiner gestaltlosen Masse kann und soll vielmehr in eine überschaubare Vielzahl möglichst eigenständiger Stadteinheiten gegliedert werden, deren Einwohnerzahl zwischen 30 000 und 50 000 liegen sollte, weil bei dieser Größe die kulturellen Einrichtungen ein Eigenleben möglich machen. Der Aufbauplan nimmt die vorhandenen, historisch gewachsenen Stadtteile als Ausgangspunkt und umgrenzt sie auch sichtbar durch Grünzüge. Der Bauwillen der nächsten Jahrzehnte sollte aus wirtschaftlichen Gründen auf die Gebiete gelenkt werden, die bereits erschlossen sind (in erster Linie Trümmergebiete) und im Sinne einer gesunden Bau- und Wohnungspolitik besonders aufbauwürdig sind."

Die Unterschiede zwischen den Plänen der letzten Kriegs- und denen der Nachkriegsjahre liegen in der gesellschaftlichen Motivierung: Für den Nationalsozialismus diente die angestrebte Zellenstruktur des Stadtkörpers der Gemeinschaftsbildung im Sinne der Partei, ja, sie sollte in ihrer hierarchisch gedachten Idealform den Aufbau der Parteiorganisation widerspiegeln; der ABP 1950 dagegen war auf die Verwirklichung eines Gemeinwohls demokratischer Prägung gerichtet und am Leitgedanken der 'gegliederten und aufgelockerten Stadt' orientiert, wie ihn die Charta von Athen 1933 proklamiert hatte.

Die geplante Gliederung der Stadt in überschaubare, durch breite Grünzüge getrennte Einheiten mit jeweils 30 000 bis 50 000 Ew. wurde nicht verwirklicht. Man stellte sog. Durchführungspläne im Maßstab 1 : 1 000, die die Details der Bebauung rechtsverbindlich bestimmen sollten (heute: Bebauungspläne), zunächst nur für solche Gebiete auf, deren Bausubstanz zu mehr als 50 % zerstört war. Dadurch konnte sich in den anderen Teilräumen der Stadt der schnell einsetzende Wiederaufbau allein nach dem Willen der Grundstückseigentümer vollziehen, und eine in der beschriebenen Form übergreifende Neugliederung war nicht mehr realisierbar. Die Bautätigkeit vollzog sich also weitgehend im alten Raster, es wurde lediglich die ehemalige Blockrandbebauung häufig zugunsten einer Zeilenbauweise aufgegeben. Außerdem wurden die Wohnbauten überwiegend viergeschossig aufgeführt (bei mehr als vier Geschossen war, auch im sozialen Wohnungsbau, der Einbau eines Fahrstuhls Vorschrift), und zwar auch in innenstadtnahen Bereichen. Dadurch erreichte man zwar sein Ziel, die Einwohnerdichten zu begrenzen, aus heutiger Sicht aber war die Grundstücksausnutzung der inneren Stadt zu gering.

Köln hatte während des Krieges von allen Städten im westlichen Bereich Deutschlands den prozentual höchsten Verlust an Wohnungen hinnehmen müssen (vgl. Tab. 1); es war zudem die einzige Stadt, deren Mitte der totalen Zerstörung anheimgefallen war: Vom rechtsrheinischen Kalk bis westlich über Lindenthal hinaus, also in einer Schneise von mehr als 12 km, gab es bei Kriegsende kein bewohnbares Haus mehr. 85 % aller Bauten der Altstadt waren zerstört, unter ihnen viele Kirchen und historische Gebäude aus dem deutschen Mittelalter, und noch jahrelang hatte man im Innenstadtbereich einen freien Blick über weite Trümmerfelder.

Die Pläne zum Wiederaufbau wurden bestimmt von Rudolf Schwarz, einem bedeutenden Architekten und Städtebauer, der in der ersten Nachkriegszeit das Stadtplanungsamt leitete. Schwarz hatte sehr dezidierte Vorstellungen vom künftigen Köln. Der Lage am Fluß und einem damit verbundenen südnördlich gerichteten Verkehrsstrom entsprechend, schien ihm eine den Rhein begleitende Bandstadt modellhaft vorgegeben. Er entwickelte den Plan einer linksrheinischen, im Raum von Nippes aneinandergrenzenden Doppelstadt, bestehend aus einer Kultur- und Handelsstadt im Süden (Bereich der ehemaligen Kölner Alt- und Neustadt) und einer Industriestadt im Norden auf gleicher Höhe mit dem rechtsrheinischen Leverkusen. Die Industriestadt war als reines Arbeitsstättengebiet gedacht, ohne jede Wohnbebauung, aber von einem Kranz kleiner Wohnsiedlungen umgeben. Überzeugt von der Bandstadt, lehnte Schwarz das überkommene Schema der Ring- und Radialstadt ab (das in Köln durch die Befestigungsanlagen, die bis ins 20. Jahrhundert existiert hatten, gefördert worden war). Da er viele Gemeinden im Außengebiet, die z.T. schon Köln eingemeindet worden waren, aufgrund ihres lokalen Arbeitsplatzangebotes für autonom hielt - beispielsweise Ehrenfeld -, setzte er sich außerdem für die Bildung eines Kölner Städtebundes ein, für ein "föderalistisches Gebilde großer und kleiner Gemeinwesen in ihrer gewachsenen Ordnung" (SCHWARZ, 1950: 17). Der Kölner Kernbereich, also die künftige Südstadt, sollte die gewichtige Mitte sein, für die Schwarz auch die Bezeichnung 'Hochstadt' wählte. Bei der Neugestaltung dieser Stadt (deren vorindustrielles Grundrißgefüge man erhalten wollte) war ihm ein besonderes Anliegen, für die gegensätzlichen Anforderungen von Autofahrern und Fußgängern einen vertretbaren Kompromiß zu finden.

Gegen die Idee einer Doppelstadt wandte sich der Kölner Geograph Theodor Kraus (1954) mit dem Argument, ein künstliches Nord-Köln würde, wie das rechtsrheinische Leverkusen, zur Verselbständigung tendieren. Und nicht das Bandsystem entspreche dem Wesen der Stadt, sondern der konzentrische Aufbau um eine lebendige Mitte.

Den Wiederaufbauplan von 1949/50 hatte Rudolf Schwarz entworfen. Der 'Leitplan der Stadt Köln', der bis 1958 erstellt wurde, zeigte noch seinen Einfluß. Was jedoch bis Ende der fünfziger Jahre realisiert worden war, stand lediglich im schonenden Umgang mit der Stadtmitte in einem Zusammenhang mit den Vorstellungen von Schwarz, es ließ ansonsten kaum ein übergeordnetes Konzept erkennen: Der Wiederaufbau hatte sich in schlichter Architektur am alten Straßennetz vollzogen, und in Zwischenflächen sowie in den Randzonen der Vororte waren einfache Neubauanlagen entstanden.[3] - Die Verlegung des Hauptbahnhofs, die schon in der Vorkriegszeit diskutiert und auch von Schwarz vertreten worden war, hatte sich aus finanziellen Gründen als undurchführbar erwiesen. Schon 1949/50 war daher - nach Wiederherstellung der Rheinbrücke - der Bahnhofsbetrieb am alten Standort wieder voll aufgenommen worden. (In der Vorkriegszeit war als neuer Standort für den Hauptbahnhof das Gebiet Aachener Tor vorgesehen; nach Kriegsende erwog man dessen Anlage entweder am Stadtgarten oder am Deutschen Ring - jetzt: Theodor-Heuß-Ring -, während Schwarz für das Gelände des Güterbahnhofs Gereon plädiert hatte.)

B r e m e n war, ähnlich wie Hamburg, durch Luftangriffe besonders stark im Hafen- und Industriebereich betroffen worden. Bei Kriegsende waren 90 % der Hafenanlagen zerstört, und es gab keinen festen Weserübergang mehr, weil die Brücken entweder durch Bomben oder durch Sprengungen in den letzten Kampftagen vernichtet worden waren. Die Streitkräfte der USA beanspruchten den Hafen 1945 für sich als Nachschubbasis, und so befand sich die Stadt während der Besatzungszeit als eine den Amerikanern unterstehende Enklave innerhalb der britischen Besatzungszone (zu der auch Hamburg und Köln gehörten). Die amerikanische Besatzungsmacht verfügte 1945 rigoros, daß beim Wiederaufbau Bremens dem Hafen sowie den Verkehrs- und Versorgungseinrichtungen absoluter Vorrang gebührte. So wurden als erstes Behelfsbrücken gebaut und die Hafen- und Verkehrsanlagen, u.a. auch das Straßenbahnnetz, wieder funktionsfähig gemacht. Immerhin wurde 1946 der Bau von Wohnlauben genehmigt. Nach der Währungsreform beschlossen Senat und Bürgerschaft 1949 ein (zweites) Wohnungsbauprogramm und leiteten den sozialen Wohnungsbau ein. Der nun einsetzende Bauboom wurde zwar durch die Vorschriften einzelner Bebauungspläne gelenkt, nicht aber durch einen übergeordneten Bauleitplan. Es gab keinen Aufbauplan, und der erste Flächennutzungsplan Bremens stammt aus dem Jahre 1957 (Bezeichnung: Ergänzender Wirtschaftsplan), also aus der Endphase der Aufbauzeit. Dennoch unterlag der Wiederaufbau gewissen Leitvorstellungen, unter welchen Funktionstrennung, Schaffung von sog. Nachbarschaften und vermehrte Anlage von Grün- und Freiflächen die wesentlichsten waren; außerdem ging man von der Vorstellung relativ selbständiger Stadtbezirke mit jeweils 50 000 bis 60 000 Einwohnern aus (vgl. DRONKE, 1946). Wirksam wurden allerdings weniger diese frühen Leitvorstellungen als vielmehr jene Aktivitäten, die der Senat in den fünfziger Jahren zur finanziellen Förderung des Wohnungsbaus entwickelte. 1956 (also noch vor dem FNP 57) wurde ein 'Gesetz zur Behebung der Wohnungsnot im Lande Bremen' verabschiedet, dessen Bestimmungen vorsahen, innerhalb von vier Jahren mit staatlicher Förderung 40 000 neue Wohnungen zu erstellen. Im Rahmen dieses Programms entstand in Bremen das damals größte Neubaugebiet der Bundesrepublik: die Neue Vahr. Von 1957 bis 1962 wurden auf einer Fläche von 218 ha fünf 'Nachbarschaften' mit je 2 000 Wohneinheiten geschaffen. Punkthochhäuser setzten Akzente, vorherrschend aber war ein mittelhoher Zeilenbau. Die zu dieser Zeit in anderen Städten lediglich proklamierte Zellenstruktur war hier in der Neuen Vahr verwirklicht: Die einzelnen Nachbarschaften bildeten selbständige Einheiten, jeweils mit Schule und Einkaufsmöglichkeiten ausgestattet und voneinander durch Grünzüge, z.T. auch Wasserflächen getrennt.

Insgesamt erweisen sich die Planungen der Wiederaufbauphase als von übereinstimmenden Leitgedanken geprägt. Man strebte in erster Linie eine klare Gliederung in durch Grünzüge getrennte Stadteinheiten an, die ihrerseits einzelne Nachbarschaften umfaßten. Die Einwohnerdichten sollten begrenzt und über die Stadtfläche hinweg ausgeglichen werden. Zudem wurde Funktionstrennung proklamiert und durch die Ausweisung von gesonderten Arbeitsstättenflächen auch planerisch umgesetzt, obgleich das Konzept der Nachbarschaften, die ja selbständig sein sollten und damit der Zuordnung von öffentlichen und privaten Versorgungseinrichtungen bedurften, einer konsequent gehandhabten Funktionstrennung widersprach. Diese stand außerdem im Gegensatz zu dem Ziel, die Entfernung zwischen Wohn- und Arbeitsplatz so gering wie möglich zu halten. Daß alle Konzepte und Pläne, wenn überhaupt, nur bruchstückhaft realisiert wurden, ist unübersehbar.

2   DIE PHASE DER AUSDEHNUNG (ca. 1960 bis ca. 1973)

Im Verlaufe der fünfziger Jahre hatte sich das Wirtschaftswachstum als zuverlässig ansteigend erwiesen, und die Bevölkerungszunahme in den Städten übertraf bei weitem die Prognosen der ersten Nachkriegszeit. Daher wurden die frühen Planwerke meist durch neue ersetzt, deren Zielvorstellungen an erheblich höheren Einwohnerzahlen orientiert waren; zumindest erfolgte eine Anpassung durch Änderung der noch gültigen Planwerke. So hatte z.B. der Hamburger Aufbauplan von 1950 1,7 Mio. Ew. als Richtwert, 1,8 Mio. Ew. als Höchstwert angesetzt. Schon 1954 waren aber 1,7 Mio. Ew. erreicht, und bis 1958 hatte sich die Zahl auf 1,8 Mio. Ew. erhöht. Der ABP 50 wurde nun 1960 von einem neuen abgelöst, der sich an einer künftigen Einwohnerzahl Hamburgs von 2,2 Mio. orientierte.

Da man pro Einwohner außerdem mit einem steigenden Wohnflächenbedarf rechnen mußte, war mit den neuen Bevölkerungs-Eckdaten zwangsläufig eine Veränderung der Bau- und Bodenpolitik verbunden. Hatte man sich im Wohnungs-

Einwohner in Mio.

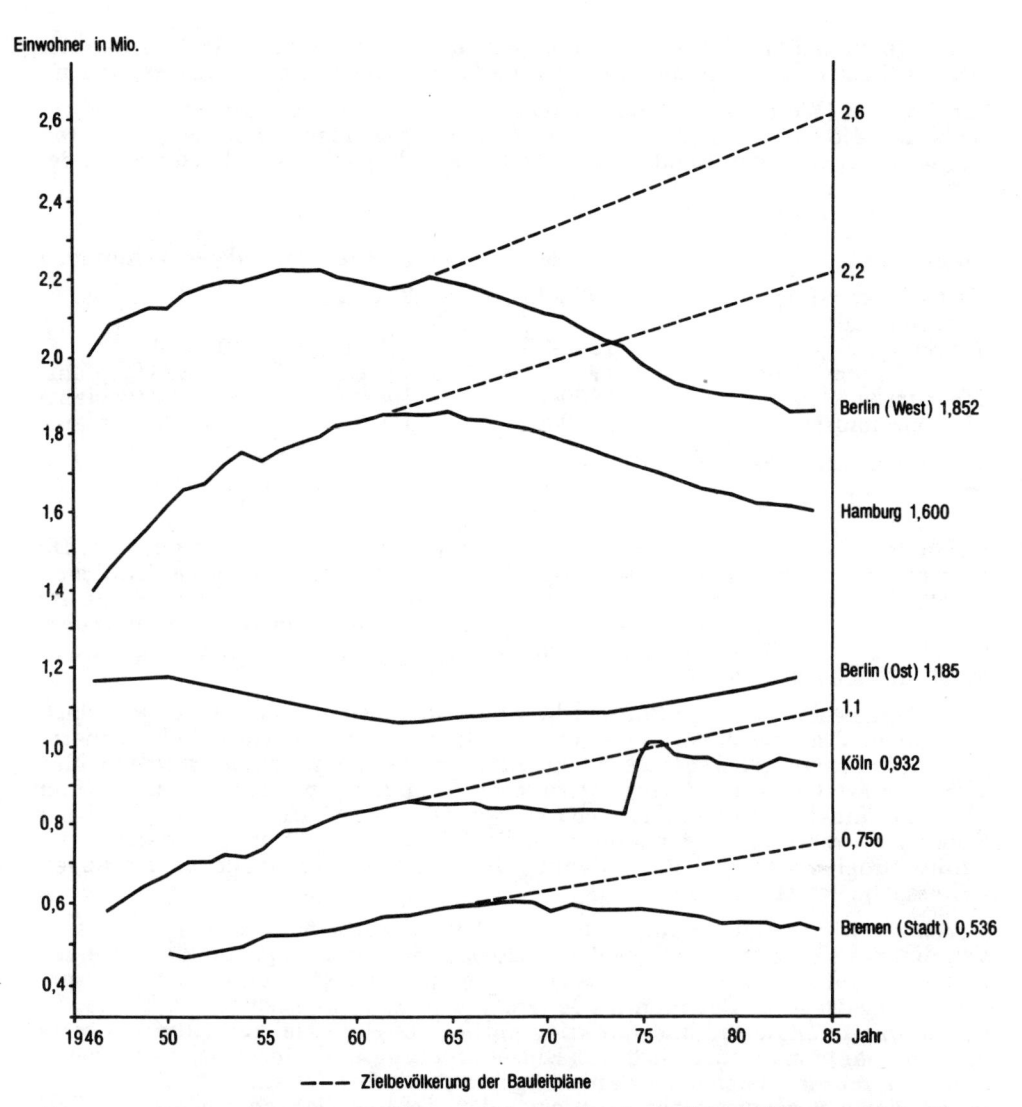

───── Zielbevölkerung der Bauleitpläne

Abb. 1: Die Bevölkerungsentwicklung von Berlin, Hamburg, Köln und Bremen in der Nachkriegszeit. Zahlenangabe rechts außen: Stand der Bevölkerung am 30.6.84, nach Stat. Jb. Bundesrepublik Deutschland 1985; für Berlin (Ost) Stand der Bevölkerung Ende 1983, nach Stat. Jb. Deutsche Demokr. Republik 1984.- Im Zuge der kommunalen Neugliederung in Nordrhein-Westfalen wurden zum 1.1.1975 für Köln umfangreiche Eingemeindungen durchgeführt.

bau bisher auf die traditionellen Baugebiete beschränkt, mußten jetzt in erheblichem Umfang neue Bauflächen ausgewiesen werden, so daß die Bebauung auf landwirtschaftlich bzw. kleingärtnerisch genutztes Gelände übergriff. Außerdem wurde über Erhöhung der Geschoßflächenzahlen (GFZ) eine Verdichtung angestrebt, auch und gerade in den Neubaugebieten. So kam es zur Anlage der

heute geschmähten Großwohnsiedlungen mit einer zuvor nicht gekannten Massierung von Großwohnbauten, darunter Hochhäusern mit über 20 Geschossen.
Für Berlin (West) wurde 1965 ein neuer FNP veröffentlicht, der - ausgehend von 2,5 bis 2,6 Mio. künftigen Einwohnern - die schon begonnene Errichtung von Großwohnsiedlungen in den Randzonen sanktionierte. Realisiert wurden die folgenden Projekte:

Name	Bauzeit	Fläche	Anzahl der Wohnungen
Britz-Buckow-Rudow (Gropiusstadt)	1962-75	264 ha	18 896
Märkisches Viertel	1963-75	280 ha	16 943
Falkenhagener Feld	1963-77	300 ha	10 974 (geplant)
Heerstraße Nord	1969-77	100 ha	7 170 (geplant)
Hildburghauser Straße	1969-80	150 ha	8 700 (geplant)

Quelle: BECKER & KEIM, 1977

Auf diese Weise wurde Wohnraum für mehr als 150 000 Menschen geschaffen. Die Angaben zur räumlichen Ausdehnung der fünf Großwohnanlagen verdeutlichen, daß damit jedoch ein hoher Flächenverbrauch verbunden war (zusammen 1 094 ha). Die besondere Situation West-Berlins als einer Stadt ohne Umland und damit ohne Erweiterungsmöglichkeiten läßt solch hohen Flächenverbrauch im nachhinein problematisch erscheinen.

Die außergewöhnlich lange Bauzeit dieser großdimensionierten Siedlungen führte zu häufigen Planungsänderungen während der Realisierung. Diese liefen generell auf eine intensivere Grundstücksausnutzung hinaus. Beispielsweise wurde im Märkischen Viertel die Anzahl der vorgesehenen Wohnungen während der Bauzeit um rd. 3 000 Einheiten erhöht. Zugleich aber wurden auch häufig am städtebaulichen Konzept Korrekturen vorgenommen, wofür die Gropiusstadt, in deren erstem Abschnitt Gropius noch den Baugedanken des Hufeisens verwirklichte, ein augenfälliges Beispiel ist.

Neben der Wohnraumerstellung durch Neubau erkannte man bereits in den sechziger Jahren als weitere Aufgabe des Städtebaus die Sanierung, und dies besonders in Berlin. 1963 verkündete der Berliner Senat das erste Stadterneuerungsprogramm, das in sechs Bezirken große Areale zu Sanierungsgebieten erklärte. Zunächst waren Totalabriß und Funktionsentflechtung die Zielvorstellungen, schon ab 1965 plante man aber auch mit Einzelsanierung und Modernisierung kombinierte Verfahren. Da sich die Sanierungsprozesse sehr viel schwerfälliger abwickeln ließen als vorausgesehen, wurden in den sechziger Jahren nur einzelne Teilräume der ausgewiesenen Sanierungsgebiete tatsächlich von ihnen erfaßt; das gesamte Programm erfuhr dann in den siebziger und achtziger Jahren erhebliche Modifikationen (s. 3).

H a m b u r g hatte 1960 einen neuen Aufbauplan veröffentlicht, der sich an einer künftigen Bevölkerung von 2,2 Mio. orientierte und daher umfangreiche neue Bauflächen für Wohn- und Arbeitsstätten vorsah. Um das Dichtegefälle zwischen Stadtmitte und Stadtrand zu verringern, sollten die neuen Gebiete in den Außenzonen ebenfalls dicht bebaut werden. Die negativen Folgen dieses Konzeptes - der hohe Landschaftsverbrauch und der sich verstärkende innerstädtische Pendlerverkehr - wurden jedoch sehr bald deutlich, und man reagierte schnell: Schon 1964 wurde vom Hamburger Senat eine 'Unabhängige Kommission' berufen, ein Gutachtergremium von namhaften Städtebauern, Soziologen, Verkehrswissenschaftlern etc., das man mit einer Stellungnahme zu den Zielen des ABP beauftragte. Diese, 1967 veröffentlicht, ging nur noch von 1,8 Mio. künftigen Einwohnern aus und empfahl, die Neuerschließung in den Randgebieten zu begrenzen, entstehende Wohnviertel mit hohen Einwohnerdichten in der Umgebung von Schnellbahnstationen zu konzentrieren und im gesamten Stadtgebiet Zentrale Standorte zu fördern. Außerdem sei die Stadtplanung in eine wirksame Regionalplanung zu integrieren, wobei das Achsenkonzept zugrundezulegen sei (dieses war schon 1919 von Schumacher vorgestellt und auch bereits von den Gemeinsamen Landesplanungsräten[4] übernommen worden). - Auf der Basis der gutachterlichen Stellungnahme entstand das 'Entwicklungsmodell für Hamburg und sein Umland' von 1969 (EM 69), das als Rahmenplan über das Jahr 2000 hinaus für die Entwicklung der Hamburger Region Gültigkeit haben sollte. Es stellt drei Ordnungssysteme vor: das Achsenkonzept, das Konzept der Zentralen Standorte und den Entwurf zum Hauptverkehrsnetz. Integriert in das EM ist das sog. Dichtemodell für die konzentrische Stufung der Wohnbebauung im Einzugsbereich der Schnellbahnstationen.

Inwieweit wirkte sich nun diese sehr detaillierte Arbeit behördlicher Planer, noch unterstützt durch Gutachten externer Wissenschaftler, auf das Baugeschehen in der Stadt aus?

Neben zahlreichen Neubauanlagen für jeweils wenige Tausend Einwohner entstanden die folgenden drei Großwohnsiedlungen:

Name	Bauzeit	Fläche	Anzahl der Wohnungen
Osdorfer Born	1967-70	120 ha	4 900
Steilshoop	1969-79	175 ha	6 900
Mümmelmannsberg	1970-79	181 ha	6 990

Sie entsprachen mit ihrer hohen Verdichtung (durchweg lag die GFZ um 1) den Forderungen des ABP 60. Teilweise wurden nach Abschluß der Planungen die ursprünglichen Zielvorgaben sogar noch zugunsten einer höheren Verdichtung geändert. Für Steilshoop z.B. war man von 5 700 Wohneinheiten ausgegangen, entschied sich aber kurz vor Baubeginn für 7 200 (realisiert wurden 6 900, s.o.), was zu einer Höherzonung der Baublöcke im Zentralen Bereich (GFZ 1,5) führte. Zu etlichen Leitgedanken der Stellungnahme von 67 und des EM 69 standen diese realisierten Großwohnsiedlungen jedoch in krassem Widerspruch. Leitbild des EM 69 war das 'schnellbahnbezogene Achsensystem' mit einer Bebauungsverdichtung um einzelne Stationen; keine der drei Großwohnsiedlungen verfügt jedoch über einen Schnellbahnanschluß, und alle liegen eher im Achsenzwischenraum als im Achsengebiet. Sie stellen bis heute riesige, aber relativ isolierte Wohngebiete dar (nur im Fall Mümmelmannsberg wird in absehbarer Zeit ein Anschluß an das U-Bahn-Netz gegeben sein), mit allen hinreichend bekannten Nachteilen. Die gültigen Bebauungspläne dieser Großwohnsiedlungen wurden aber im gleichen Zeitraum erarbeitet wie die Konzeption des schnellbahnbezogenen Achsensystems, so daß hier ein Fall erschreckender Diskrepanz zwischen übergeordneter Planung und Planungsrealisierung im Einzelfall vorliegt. Überhaupt ist das gesamte Achsenmodell bis zur Gegenwart weniger wirksam als von der Planung erhofft. Dies beweist hauptsächlich die Entwicklung im Umland, die sehr viel stärker konzentrisch als, wie in der Planung vorgesehen, axial verläuft (vgl. MÖLLER, 1985: 22 ff., HAACK & ZIRWES, 1985: 301 ff.).

Auch in Hamburg gab es, ähnlich wie in Berlin, bereits in den sechziger Jahren Pläne für umfangreiche Flächensanierungen im Bereich der Inneren Stadt, von denen jedoch nur wenige realisiert wurden. Das größte Projekt stellte 1966 die NEUE

HEIMAT vor: Ein 'Alsterzentrum' mit 200 m hohen Wolkenkratzern sollte nordöstlich des Hauptbahnhofs entstehen. Es hätte mit seinem großen Flächenanspruch nicht nur die alte Struktur des Stadtteils St. Georg vernichtet, sondern durch seine Hochhausgiganten auch die Stadtsilhouette Hamburgs entscheidend verändert. Daß dieser Plan nicht durchgesetzt werden konnte, wurde in der Stadt mit Erleichterung aufgenommen.

Für K ö l n wurde während der Expansionsphase kein neuer Flächennutzungsplan aufgestellt, aber zahlreiche Änderungen, die der Leitplan von 1958 erfuhr, zeigen den Wandel der Zielvorstellungen. Angestrebt wurde jetzt eine Verdichtung, und zwar sowohl auf neu zu bebauenden Flächen im inneren Köln als auch in den Außengebieten entlang der Nahverkehrslinien, jeweils mit Schwerpunkten um die Haltestellen. Einer 'Zentrumsstudie' folgend, sollte ein differenziertes System von zentralen Standorten der Versorgung der Bevölkerung dienen. - Im Zusammenhang mit diesen Planungen entstanden nicht nur zahlreiche mittelgroße Neubauanlagen und die beiden Großwohnsiedlungen Brück (Bauzeit 1966-80, Wohneinheiten rd. 4 000) und Bocklemünd-Mengenich (Bauzeit 1960-70, Wohneinheiten rd. 3 300), sondern auch die ausgedehnten Hochhauskomplexe der Großsiedlung Chorweiler. Mit Chorweiler wurde im Nordwesten von Köln eine 'Neue Stadt' für mehr als 70 000 Ew. realisiert, wobei bezeichnend ist, daß die Planung während des Baugeschehens zweimal korrigiert wurde. Nach Baubeginn (1960) ging man zunächst mit dem Mietwohnungsbau nicht über 6 bis 8 Geschosse hinaus. Dann aber wurde 1970 das 'Nordrhein-Westfalen-Programm 1970/75' wirksam, das, auf Verdichtung gerichtet, die Förderung durch Landesmittel von der Realisierung sehr hoher Geschoßflächenzahlen abhängig machte (im Umkreis von Haltestellen GFZ 2,4). Daraufhin wurden im Kernbereich des großflächigen, mehr als 6 km² umfassenden Siedlungsareals ausschließlich Hochhäuser mit mehr als 10 Geschossen gebaut, und sie erreichten häufig 20 bis 24 Geschosse. Ab Mitte der siebziger Jahre aber revidierte auch die Landesregierung ihre Ziele, und die Förderungen waren nun nicht mehr an hohe Verdichtungen gebunden. Die Zielbevölkerung für Chorweiler wurde um 15 000 Einwohner reduziert und beträgt heute 70 000 Ew. gegenüber den zwischenzeitlich angestrebten 85 000 Ew. Interessant ist, daß Chorweiler im Raum der von Rudolf Schwarz geplanten Nordstadt liegt und also mit seiner Massierung von Hochhauskomplexen, die so gar nichts gemein haben mit jenen, einen industriellen Kern umgebenden lockeren Gartensiedlungen der Pläne von Schwarz, den großen Gegensatz dokumentiert, der zwischen den Leitvorstellungen der ersten und der zweiten Phase des Nachkriegs-Städtebaus besteht. Positiv ist zu Chorweiler anzumerken, daß es sowohl U-Bahn- als auch S-Bahn-Anschluß erhielt und generell über eine sehr gute Infrastruktur verfügt.

Die Veränderungen, die sich während der sechziger Jahre in der Kölner Innenstadt vollzogen, sind ein Beispiel dafür, daß die Ideologie der Verdichtung es dem Tertiären Sektor ermöglichte, mit Bürotürmen in den Zentralen Bereich einzudringen. In Hamburg war Gleiches weitgehend verhindert worden durch den Plan einer City-Nord (verankert im ABP 60, realisiert ab Mitte der sechziger Jahre), auf Grund dessen großdimensionierte Verwaltungsbauten in einem ca. 6 km von der Innenstadt entfernten Areal konzentriert wurden. In Köln dagegen entstanden während dieser Zeit unmittelbar in der historischen Altstadt zahlreiche Hochbauten für Banken, Versicherungen und den Rundfunk.

Für B r e m e n wurde 1967 ein neuer FNP rechtskräftig. Er ging, da ein PROGNOS-Gutachten schon für 1975 630 000 Ew. vorausgesagt hatte, von einer 'Aufnahmekapazität' für 750 000 Ew. aus. Entsprechend wurden zahlreiche neue Bauflächen sowohl für Wohnbauanlagen als auch für Arbeitsstätten ausgewiesen, wobei ein begleitender Wohndichteplan die Anzahl der Wohneinheiten je ha festlegte. Geplant war auch, die City durch Nebenzentren zu entlasten. Für die ins Umland gerichtete Entwicklung wurde zusätzlich 1970 von der Gemeinsamen Landesplanung Bremen/Niedersachsen eine Verdichtung entlang den Schienenverkehrslinien vorgesehen, also ein System von Entwicklungsachsen festgelegt.

Im Anschluß an diese Grundsatzerklärungen der Planung entstand als Demonstrativbauvorhaben Osterholz-Tenever, in dem ca. 12 000 Menschen urbanes Wohnen ermöglicht werden sollte. Es wurde eine große Anlage mit in sich verschachtelten Hochhausblöcken geschaffen, die in Abstufungen auf über 20 Geschosse ansteigen, wodurch man mit 1,96 eine hohe GFZ erreichte. Zwei Jahre nach dem Baubeginn von 1971 wurde allerdings die geplante Wohnungszahl von 4 000 auf 2 650 Einheiten reduziert, so daß zahlreiche der vorgesehenen Blöcke nicht zur Ausführung kamen; dennoch handelt es sich um ein besonders kompaktes Neubaugebiet. Aber wie in Hamburg blieb auch hier das Konzept der Entwicklungsachsen unberücksichtigt, da eine Schnellbahnlinie nicht vorhanden war und der Öffentlichen Hand die Mittel fehlten, eine solche anzulegen.

Es ist deutlich geworden, daß in der zweiten Phase übereinstimmend in allen vier Städten das oberste Ziel 'Verdichtung' hieß und daß man diese lenken wollte durch Entwicklungsachsen; zudem sollte die Stadtfläche durch Förderung Zentraler Standorte ein verbessertes Ordnungsgefüge erhalten. Die Ergebnisse dieser Planungen entsprachen jedoch nicht den in sie gesetzten Erwartungen.

3   DIE PHASE DER ERNEUERUNG (ab ca. 1973)

Mit den beginnenden siebziger Jahren vollzog sich im Städtebau eine Trendwende. Hervorgerufen wurde sie einerseits durch neue Wertvorstellungen, die besonders von der jüngeren Generation entwickelt worden waren, andererseits dadurch, daß Basisdaten der bisherigen Planung ihre Gültigkeit verloren hatten. Die Einwohnerzahlen in den Städten erwiesen sich - entgegen den Prognosen der frühen sechziger Jahre - nun eindeutig als rückläufig (vgl. Abb. 1), woraus wiederum veränderte Eckdaten, z.B. die der zu erwartenden Steueraufkommen, resultierten. Zusammen bewirkten Wertewandel und Korrekturen der Prognosedaten in der städtebaulichen Planung eine Umorientierung:

- Der Bau von Großwohnsiedlungen fand keine Fortsetzung.
- Die Stadterneuerung trat an die Stelle der Stadterweiterung.
- Für die Innenstädte wurde eine Revitalisierung angestrebt.
- Der Umweltschutz erlangte eine hohe Priorität.
- Man verzichtete auf die Realisierung geplanter Straßenbau-Großprojekte.

Keine der als Beispiel gewählten Städte hat in den siebziger Jahren noch neue Großwohnsiedlungen geplant. Für Berlin und Hamburg ist sogar nachweisbar, daß Großwohnsiedlungen, die sich bereits im fortgeschrittenen Planungsstadium befanden, nicht mehr verwirklicht wurden. In Berlin verzichtete man auf das in den sechziger Jahren entwickelte Projekt 'Ruhwald', das nördlich vom Spandauer Damm geplant war und 4 400 Wohnungen umfassen sollte (endgültige Senatsentscheidung gegen Ruhwald 1984). Und in Hamburg wurde das Projekt 'Billwerder-Allermöhe', dessen Realisierung zu einer 'Stadt in der Stadt' von ca. 65 000 Ew. im südöstlichen Marschengebiet geführt hätte, Ende 1975 nach längeren politischen Auseinandersetzungen offiziell zurückgenommen, obgleich bereits 10 Mio. DM an Planungs- und Voruntersuchungskosten investiert worden waren. Die Beispiele Chorweiler (Köln) und Osterholz-Tenever (Bremen) zeigen, daß auch während laufender Bauprozesse Reduzierungen stattfanden. - Soweit noch größere Neubauanlagen entstanden, dokumentieren sie veränderte Gestaltungsprinzipien: Mit 4 bis 6 Geschossen wurde wieder niedriger gebaut, und insgesamt strebte man eine möglichst private Atmosphäre an durch Gruppierung der Hausanlagen um Gartenräume, durch Mietergärten etc. (Beispiel: Projekt Tegelsbarg in Hamburg).

Generell konzentrierte man sich auf die Stadterneuerung. Nach Erlaß des Städtebauförderungsgesetzes (StBauFG) 1971, das u.a. das Bodenrecht zugunsten der Allgemeinheit veränderte und den Gemeinden ermöglichte, für Sanierungen Bundesmittel zu beanspruchen, wurden allerorts Sanierungsgebiete ausgewiesen. Da die Durchführung von Sanierungen nach dem StBauFG jedoch mit langwierigen Verfahren verbunden ist, schufen die meisten Kommunen zusätzlich eigene Instrumentarien, um auch unabhängig vom StBauFG alte Wohnviertel zu erneuern. Vorreiter war Hamburg, wo bereits seit 1974 - also noch vor Erlaß des Wohnungs-Modernisierungsgesetzes der Bundesregierung - durch die sogenannte 'Stadterneuerung in kleinen Schritten' (SikS) in enger Zusammenarbeit von Behörden und privaten Grundeigentümern kleinere Baublock-Gruppen Substanzverbesserungen und eine Neugestaltung des Wohnumfeldes erfahren. - Den größten Aufgaben stand Berlin (West) gegenüber, dessen ohnehin besonders umfangreicher Altbaubestand einen höheren Anteil minderwertiger Bausubstanz (mit einem Alter von über hundert Jahren) aufweist als in anderen Städten. An Berlin auch wird deutlich, daß sich die Zielvorstellungen der Sanierung in den letzten anderthalb Jahrzehnten weiterhin wandelten, während die Ergebnisse nach wie vor unbefriedigend blieben. Nachdem noch Anfang der siebziger Jahre Konzeptionen mit flächenhaftem Abriß und Neubau vorherrschten, überwogen Ende der siebziger Jahre solche der Modernisierung und begleitenden Entkernung. Die Umsetzung erfolgte in jedem Fall aber nur zögernd - z.T. aus politischen Gründen - , so daß durch den schleppenden Verlauf soziale Umschichtungsprozesse einsetzten, die zu weiterer baulicher Verwahrlosung führten. Als die 1979 gegründete 'Internationale Bauausstellung Berlin' (IBA) u.a. zum treuhänderischen Sanierungsträger für Kreuzberg bestellt wurde, formulierte das Berliner Abgeordnetenhaus hierfür den Auftrag, "kaputte Stadt zu retten", und damit zugleich das Eingeständnis einer bisher verfehlten Sanierungspraxis. Unter dem Schlagwort der 'behutsamen Stadterneuerung' will man nun eine Sanierung durchführen, die nach Möglichkeit die Verdrängung der Bewohner ausschließt und die den Straßengrundriß und Straßenraum, z.T. auch den Gebäudeaufriß schont. Dazu wurden vom Berliner Abgeordnetenhaus 1983 offizielle Leitlinien förmlich beschlossen.

In engem Zusammenhang mit Sanierung und Modernisierung von Altbaugebieten steht die sogenannte Revitalisierung der Innenstädte, worunter eine Wiederbelebung durch Erhöhung der Attraktivität zu verstehen ist. Hierzu leistet nicht zuletzt die Denkmalpflege in den Altstadtbereichen einen Beitrag. So wurden in Hamburg, Köln und Bremen - den alten Handelsstädten - Bürgerhäuser der vorindustriellen Zeit wiederhergestellt oder rekonstruiert und die entsprechenden Strassenräume oft in Fußgängerzonen umgewandelt. Restaurants, Boutiquen und Kunsthandwerk finden hier bevorzugt ihren Standort. Wertvolle Öffentliche Gebäude und auch andere Kulturdenkmäler waren meist schon zuvor instandgesetzt worden, etliche aber wurden erst in den achtziger Jahren vollendet. So konnte man in Köln die jahrzehntelangen Wiederaufbau- und Restaurationsarbeiten an den großen romanischen Kirchen Mitte der achtziger Jahre weitgehend zum Abschluß bringen, so daß die Stadt das Jahr 1985 zum 'Jahr der romanischen Kirchen' proklamierte. Köln gibt aber auch ein Beispiel für mutige, vielleicht sogar gewagte Neuplanung in der Altstadt, denn in unmittelbarer Nachbarschaft zum Dom ist in jüngster Zeit ein kühn entworfener Museumskomplex entstanden mit einer Außenhaut aus rotem Ziegelmauerwerk, Glas und Titanzink. - Die Umgestaltungen im West-Berliner Citybereich setzen sich aus einer Vielzahl von Einzelmaßnahmen zusammen. U.a. wurde in den letzten Jahren der Kurfürstendamm ansprechender gestaltet durch Beseitigung von Schankveranden, durch neues Straßenmobiliar (wie Hardenbergleuchten), Bepflanzung des Mittelstreifens etc. Und dem Breitscheidplatz, den man von einer Straßendiagonale befreite, gab man mit dem

Weltkugelbrunnen einen neuen Anziehungspunkt. Allerdings vermochte Berlin (West) bisher nicht, den ihm verbliebenen Anteil an der alten Berliner Stadtmitte, die Südliche Friedrichstadt, zu revitalisieren. Dieses Gebiet in seiner Randlage und Nähe zur Mauer zeigt nach Kriegszerstörungen, anschließender verantwortungsloser Abrißpraxis und unbedachter Neuplanung gegenwärtig so heterogene Züge, daß schwer vorstellbar ist, wie die IBA ihrem Auftrag, hier eine städtebauliche Neuordnung durchzuführen, erfolgreich nachkommen will. - Es sei noch Hamburg erwähnt, das die Attraktivität seiner westlichen City erhöhte durch die Anlage mehrerer, z.T. extravagant gestalteter Einkaufspassagen (acht Passagen, eröffnet 1971-83), die zudem, aufeinander bezogen, ein witterungsunabhängiges Promenadennetz bilden.

Die Stadtentwicklung wird seit den siebziger Jahren auch in enger Verbindung mit dem U m w e l t s c h u t z gesehen. 1976 wurde im novellierten BBauG festgelegt, daß bei Aufstellung von Bauleitplänen die Belange des Umweltschutzes zu berücksichtigen seien (§ 1). Zunächst nahmen die kommunalen Entwicklungspläne das Thema Umweltschutz/Umweltgestaltung auf (Bremen schon 1975 GrS, Köln 1978 GS, Berlin 1979 REM, Hamburg 1980 STEK, vgl. Tab. 2), von diesen fand es in die neuen Flächennutzungspläne Eingang. Zur Aufgabendurchführung wurden ab Ende der siebziger Jahre in der Öffentlichen Verwaltung neue Ressorts oder sogar eigene Behörden für den Umweltschutz geschaffen.[5]

Stadtplanung als Umweltplanung ist auf eine Verbesserung der Umweltverhältnisse in den stark verdichteten Stadträumen gerichtet und auf einen verantwortungsvollen Umgang mit den noch verbliebenen Freiflächen. - Für die bebauten Stadträume sind Maßnahmen ergriffen worden zur Luftreinhaltung und zum Lärmschutz - u.a. durch Schaffung verkehrsberuhigter Zonen -, weiterhin zur Verbesserung des Straßengrüns, zur Verringerung der Gewässerbelastung und zu einer umweltfreundlichen Entsorgung. Die finanziellen Mittel, die die Städte hierfür aufbringen müssen, sind beträchtlich. In Berlin kostete allein die 1981-85 erbaute Phosphateliminationsanlage Tegel - die weltgrößte Anlage dieser Art - rd. 210 Mio. DM, und in Hamburg, wo z.Zt. eine zweite große Erweiterung des Klärwerks Köhlbrandhöft entsteht, ist seit Jahren die Stadtentsorgung der nachweislich größte Investitionsbereich des Landes.

Aus den verbliebenen Freiflächen sollen nur noch in möglichst geringem Umfang Bauflächen ausgewiesen werden. Das 1976 verabschiedete Bundesnaturschutzgesetz verpflichtet die Länder zur Aufstellung von Landschaftsprogrammen und Landschaftsrahmenplänen, die als Leitpläne den Flächennutzungsplänen rechtlich gleichgestellt sind, und von nachgeordneten Landschafts- und Grünordnungsplänen, die den Bebauungsplänen entsprechen. Nach Erlaß der erforderlichen Landesgesetze 'über Naturschutz und Landschaftspflege' befinden sich gegenwärtig derartige Programme und Pläne überall im Stadium der Erarbeitung; einige wenige Entwürfe liegen bereits vor.

Da der Straßenverkehr die Städte in besonderem Maße beeinträchtigt, mußte die Trendwende auch zu Konsequenzen in der V e r k e h r s p l a n u n g führen. Die sich vor allem in dem Verzicht auf Realisierung geplanter Straßenbau-Großprojekte manifestierenden neuen Zielsetzungen werden im Zusammenhang des folgenden Abschnittes deutlich.

4 DIE VERKEHRSPLANUNG

In der Zwischenkriegszeit waren die deutschen Städte 'Straßenbahnstädte', da der Motorisierungsgrad noch gering war und die U- und S-Bahn-Netze, soweit überhaupt vorhanden, an der Zahl der Beförderungsfälle nur nachgeordnet beteiligt waren. Ab Mitte der dreißiger Jahre zeichnete sich jedoch eine zunehmende Motori-

Tab. 2: Die vorbereitenden Bauleitpläne und die Entwicklungspläne für
Berlin, Hamburg, Köln und Bremen seit 1945.*

	Berlin (West)	Hamburg	Köln	Bremen
1945		GBP 1947	Wiederaufbau-plan(ung) 1949/50	
1950	FNP 1950	ABP 1950		
			LP 1958	FNP 1957 (Ergänzender Wirtschaftsplan)
1960		ABP 1960		
	FNP 1965			FNP 1967
		EM 1969		
1970				STEP 1971
		FNP 1973		GrS 1975
	REM 1979		GS 1978	
1980		STEK 1980		
			FNP 1982	FNP 1983
1985	FNP 1984 (Entwurf)			

ABP	Aufbauplan	GS	Gesamtkonzept Stadtentwicklung
EM	Entwicklungsmodell	LP	Leitplan
FNP	Flächennutzungsplan	REM	Räumliches Entwicklungsmodell
GBP	Generalbebauungsplan	STEK	Stadtentwicklungskonzept
GrS	Grundsätze zur Stadtentwicklung	STEP	Stadtentwicklungsprogramm

* Mit Hilfe der zeitlichen Angaben dieser Tabelle sind die genannten Pläne und ihre Erläuterungsberichte auffindbar. Sie werden deshalb nicht abermals im Literaturverzeichnis aufgeführt.

sierung ab, und es entstanden Pläne, die Straßennetze für den zu erwartenden stärkeren Individualverkehr leistungsfähiger zu machen. Entsprechendes gilt für die Wiederaufbauphase. In allen Städten wurde bereits in der unmittelbaren Nachkriegszeit, die ansonsten durchaus nicht von Wachstumszuversicht getragen war, die Verkehrsplanung auf einen sich bedeutend verstärkenden Straßenverkehr ausgerichtet. - Im Nachfolgenden wird das Planungsgeschehen exemplarisch nur im Hinblick auf das Straßennetz behandelt, Planungen zu straßenunabhängigen Verkehrsnetzen bleiben unberücksichtigt.

Untersuchungen in den Jahren 1932-36 hatten für die damalige Reichshauptstadt B e r l i n ergeben, daß die ost-west-gerichteten Straßen außerordentlich stark belastet waren, die Ringe dagegen sehr viel weniger genutzt wurden als angenommen. Aufgrund dieser Erkenntnis plante man ab 1949 leistungsfähige Ost-West-Straßenzüge und verbreiterte hierfür zahlreiche Straßenfolgen, u.a. den Kurfürstendamm. (Zu Scharouns Entwurf eines in letzter Konsequenz als Rechtecknetz ausgebildeten Straßensystems s. 1). Um das Straßenraster des inneren Stadtbereichs besser mit den nach wie vor relevanten äußeren Ringen in Bezug zu setzen, entwarf man Tangenten, die als Schnellverkehrsstraßen angelegt und durch einen ebenfalls projektierten Stadtautobahnring verbunden werden sollten. Schon 1956-61 entstand zwischen Wilmersdorf und der Avus-Ausfahrt in Charlottenburg das erste bedeutende Teilstück der Stadtautobahn. Dieses Konzept eines übergeordneten Straßennetzes wurde im FNP 65 festgeschrieben und ausführlich begründet; für Berlin (West) waren 88 km kreuzungsfreie Autobahn und 86 km Schnellverkehrsstraßen vorgesehen. Ein großer Teil des geplanten neuen Netzes wurde bis zur Gegenwart realisiert; die bislang nicht gebauten Strecken sind aber aus der Planung genommen, was besonders im Hinblick auf die Osttangente und Teile der Südtangente, die durch stark verdichtetes Wohngebiet geführt hätten, von der Berliner Bevölkerung begrüßt wurde. Kritik an dem "überzogenen Verkehrsnetz des FNP 65" (Zitat aus FNP 84, Erläut.ber.) wurde in den siebziger Jahren laut und führte damals zum Verzicht auf Verkehrsflächen durch nachträgliche Änderungen des noch gültigen FNP 65. Da für Berlin davon ausgegangen wird, daß die Jahresfahrleistungen auf den Straßen während der nächsten Jahrzehnte noch um 5-8 % wachsen werden, hängt diese Kurskorrektur nicht mit Veränderungen im Straßenverkehr zusammen, sondern sie ist allein Zeichen für eine gewandelte Einstellung zur Stadt als Lebensraum.

H a m b u r g übernahm in seine Nachkriegsplanung aus der nationalsozialistischen Zeit das Projekt einer Ost-West-Straße zur Entlastung der Innenstadt, außerdem das Projekt eines zweiten Elbtunnels. Der ABP 50 brachte zusätzlich das Konzept dreier großer Ringstrecken, die durch Ausbau vorhandener Straßenzüge in bestimmten Abständen vom Stadtmittelpunkt die Verbindung zwischen den Radialstraßen herstellen sollten. Der ABP 60, in einer Zeit entworfen, da sich die bedrohlich starke Zunahme des Individualverkehrs bereits abzeichnete, gab zur Lösung des Verkehrsproblems nun auch die Anlage von Stadtautobahnen vor; geplant wurden eine Westtangente, eine Osttangente und eine Stadtkerntangente, dazu noch einzelne Spangen zwischen verschiedenen Stadtteilen und im Süden eine 'Marschenlinie'. Dieses Konzept wurde 1967 von der Unabhängigen Kommission (s. 2) gutgeheißen und ging damit auch in das EM 69 und den FNP 73 ein. Der Generalverkehrsplan Region Hamburg hielt noch 1975 an diesem Konzept fest und stellte sogar Netzvarianten zu den geplanten Trassenführungen vor.

Realisiert wurde von den genannten Projekten als erstes die Ost-West-Straße (Bauzeit 1953-63), die die südliche Innenstadt quert und hauptsächlich dem starken Durchgangsverkehr dient, der, von Süden her über die Elbbrücken kommend, nach Westen weitergeleitet werden muß. Gegenwärtig erfährt die Ost-West-Straße zunehmend Kritik, weil immer deutlicher wird, daß sie als 30 m breite Schneise die hafennahen Gebiete von der übrigen Innenstadt isoliert. Unumstritten sind der inzwischen erfolgte Ausbau der Hauptstraßen und auch die weitgehend abgeschlossene Anlage der drei Ringe. Von den Stadtautobahnen wurde die Westtangente gebaut, die die Verbindung zwischen den von Süden kommenden Autobahnen mit der Autobahn Hamburg-Kiel herstellt und mit der Anlage des zweiten Elbtunnels (eröffnet 1975) im Zusammenhang steht. Außerdem ist die Marschenlinie größtenteils fertiggestellt. Um die übrigen Stadtautobahnen ist es aber seit Mitte der siebziger Jahre still geworden; sie finden in den jüngsten offiziellen

Verlautbarungen zur Verkehrsplanung keine Erwähnung mehr, und die vorbereitenden Planungen sind eingestellt.

Auch für K ö l n stellte sich nach Kriegsende die Aufgabe, den Individualverkehr besser durch die Stadt zu leiten. Der über die Rheinbrücken auf das Zentrum gerichtete Verkehr hatte schon in der Vorkriegszeit zu einem Ausbau der Ost-West-Straßen geführt. Da man aber auch mit einer Verstärkung des Nord-Süd-Verkehrs rechnen mußte, wurde nun parallel zum Rhein eine die Altstadt durchziehende Schnellstraße geplant und ihre Hauptstrecke schon 1956-58 fertiggestellt. Rudolf Schwarz zielte in den fünfziger Jahren auf eine Verkehrsentflechtung in der Innenstadt mit seinem Plan, durch die genannten und einige zusätzliche Verkehrsbänder die Altstadt in neun von Autoverkehr freizuhaltende Einheiten aufzuteilen, die je 10 000 Einwohner umfassen sollten (SCHWARZ, 1957: 252).

Die Entwicklung ging andere Wege, und zwar besonders im Hinblick auf die Funktion 'Wohnen', die nicht in dem Maße in die Altstadt zurückkehrte, wie Schwarz es vorgesehen hatte. Immerhin blieb zwischen den zum Ausbau freigegebenen Strecken die alte winklige Straßenführung erhalten, und es entstanden mehrere Fußgängerzonen, wenn auch diese in ihrer kommerziellen Ausrichtung sicherlich nicht den Vorstellungen von Schwarz entsprechen. Ab Mitte der sechziger Jahre suchte man eine Verkehrsentlastung der Innenstadt durch unterirdische Trassen zu erreichen. Nicht nur, daß 1963 mit dem U-Bahn-Bau begonnen wurde, man verlegte auch die Rheinuferstraße zwischen Hohenzollernbrücke und Deutzer Brücke in einen Tunnel, so daß hier in bevorzugter Lage unmittelbar am Strom ein großer Fußgängerbereich entstehen konnte. Im übrigen bot sich von der Struktur der Stadt her ein Ausbau der Ringstraßen an, der in verschiedenen Etappen erfolgte. Das starke Siedlungswachstum im Vorortbereich wurde begleitet von einer beträchtlichen Erweiterung des äußeren Straßennetzes. Zu erwähnen bleibt der in einer Entfernung von 7-10 km vom Stadtmittelpunkt angelegte Autobahnring, in den der Verkehr der zahlreichen Autobahnen, die auf Köln zuführen, eingeleitet wird. Das Straßenverkehrsnetz weiter auszubauen, wird gegenwärtig nicht mehr vorbehaltlos als Ziel verfolgt; im Erläuterungsbericht zum FNP 82 heißt es (S. 160): "Alle Verkehrsplanungen müssen möglichst flächensparsam, kostengünstig und umweltfreundlich angelegt werden".

Für eine Neuordnung des Verkehrs in B r e m e n beschloß die Bürgerschaft 1949 einen Hauptverkehrslinienplan als 'Generellen Straßenverkehrsplan'. Zur Bewältigung des 'durchgehenden Fernverkehrs' wurden darin Autobahnumgehungen vorgeschlagen, die man größtenteils bereits in den fünfziger und beginnenden sechziger Jahren realisierte. Zur Lösung der Probleme des Innenstadtverkehrs sah man zunächst hauptsächlich Straßenverbreiterungen vor. Zusätzlich wurden schon in den fünfziger Jahren für die Altstadt und die Bahnhofsvorstadt Fußgängerzonen geplant und auch teilweise verwirklicht. Ein Tangentenviereck um die Kernbereiche der Stadt diesseits und jenseits der Weser, das der Hauptverkehrslinienplan 1949 vorgegeben hatte, wurde in den sechziger Jahren als Teil eines Schnellstraßensystems zum wesentlichen Planziel. Man hoffte, mit seiner Hilfe den Verkehr von den engen Stadtstraßen abzuziehen und außerdem "die Innenstadt gegen jeden vermeidbaren Fremdverkehr abzuschirmen" (FNP 1967, Erläut.ber.). Ein Teil des Schnellstraßenkonzeptes wurde bis Mitte der siebziger Jahre verwirklicht. Dann begann man, sich von dem Gesamtkonzept zu distanzieren, und der Erläuterungsbericht zum FNP 83 führt die Strecken auf, die nicht mehr gebaut werden sollen (u.a. die Osttangente zwischen Neuenlander Straße und Rembertiring). Stattdessen verfolgt man seit 1973 den Plan, ein Drittel der Verkehrsflächen im Innenstadtbereich zu Fußgängerzonen umzugestalten.

Am Beispiel der vier Städte wird deutlich, daß nach Jahrzehnten einer auf die autogerechte Stadt ausgerichteten Verkehrspolitik ab Mitte der siebziger Jahre neue Zielsetzungen wirksam wurden. Da man zu dieser Zeit trotz des unverkennbaren

Bevölkerungsrückganges nicht mit einem sich allmählich reduzierenden Straßenverkehr rechnen konnte (selbst gegenwärtig wird allenfalls ein gleichbleibender, nicht aber ein sich verringernder Autoverkehr prognostiziert), drücken die neuen Zielvorstellungen eindeutig einen Sinneswandel aus. Sie sind Zeichen für eine veränderte Einstellung zur Stadt und zu ihren Bewohnern: Man will die Stadtlandschaft vor weiteren gewaltsamen Eingriffen bewahren, und neben den Autofahrern sollen verstärkt Fußgänger und Anwohner mit ihren Bedürfnissen Berücksichtigung finden.

5   ZUSAMMENFASSUNG UND DEUTUNG

Planungskonzeptionen und Planungsrealisierungen wurden im Vorangegangenen am Beispiel von vier Städten verfolgt. Da sich diese erheblich voneinander unterscheiden, wäre ein denkbares Ergebnis gewesen, daß das Planungsgeschehen vom individuellen Charakter der einzelnen Städte richtungweisend beeinflußt wurde. Beispielsweise ließe sich vorstellen, daß in Bremen die Planung der Nachkriegszeit eine Fortführung der traditionell dort vorherrschenden Eigenheim-Bebauung zum Ziel gehabt hätte - ein Osterholz-Tenever wäre dann allerdings nicht entstanden. Dagegen hätte man in Berlin, der alten, stark durch ihren Wilhelminischen Ring geprägten Metropole, eine Wiederaufnahme gründerzeitlicher Konzeptionen mit Geschoßwohnungsbau in Blockrandbebauung, akzentuierenden Platzgestaltungen etc. erwarten können. Auch wäre denkbar, daß die unterschiedlichen Größenordnungen der einzelnen Städte die jeweiligen Planungsleitbilder maßgeblich beeinflußt hätten (1984: Berlin-West 1,85 Mio. Ew., Hamburg 1,60 Mio. Ew., Köln 0,93 Mio. Ew. und Bremen 0,54 Mio. Ew.), rangieren sie doch in einem Abstand von mehreren Hunderttausend Einwohnern hintereinander, so daß die verschieden großen und auch aus diesem Grunde unterschiedlich strukturierten Stadtkörper ganz spezifisch hierauf ausgerichtete Planungen hätten erfahren können.

Dies alles ist nicht der Fall. Die Darstellung hat deutlich gemacht, daß die seit 1945 den Städtebau bestimmenden Planungsleitbilder unabhängig von Stadtindividuen und deren Größe autonom existierten und überregional Anwendung fanden; von lokalen Traditionen blieben sie unbeeinflußt.[6] Die verschiedenen Planungskonzeptionen erweisen sich wohl als zeitgebunden, nicht aber als ortsgebunden. Damit gewinnt die Frage nach ihren ideengeschichtlichen Grundlagen an Interesse.

Alle Zielvorstellungen der Wiederaufbauzeit - auch, und sogar in besonderem Maße, die frühen utopischen Modelle für Berlin - spiegeln idealistische Leitgedanken der zwanziger Jahre wider, die größtenteils durch die Charta von Athen (1933) fixiert wurden und in Abwandlungen auch die weiteren dreißiger Jahre bestimmt hatten: Auflockerung der Stadt und möglichst gleichmäßige Dichteverteilung, Funktionstrennung, Wohnen in von Grünzügen umgebenen Nachbarschaften,[7] Bestimmung aller Dimensionen durch den 'menschlichen Maßstab'. Neue räumliche Strukturen sollten zu einem neuen sozialen Gefüge führen. Da in der Zwischenzeit wenig Gelegenheit gewesen war, diese Gedanken zu realisieren, wurden sie jetzt in der Wiederaufbauphase für die Planung bestimmend. Dennoch ist ihre Langlebigkeit insofern verwunderlich, als ihr utopischer Charakter leicht zu erkennen ist. Zum Beispiel war beabsichtigt, durch die Nachbarschaft eine überschaubare örtliche Einheit zu schaffen mit einem sozialen und kulturellen Angebot, das zur Bildung einer Gemeinschaft führen sollte. Das aber war bei einer geplanten Größenordnung von mindestens 4 000 bis 5 000 Ew. (so im 'Kollektiv-Plan' für Berlin von 1946) gar nicht realisierbar. Außerdem widersprach in gewissem Sinne die Nachbarschaftsidee der Funktionstrennung (s. 1). Die Realität des Wiederaufbaus wurde von diesen Konzepten, wie gezeigt, nur wenig geprägt, hauptsächlich deshalb, weil infolge des geltenden Bodenrechts eine grundlegende Neugliederung der gesamten Stadtfläche nicht durchsetzbar war. Überdies haben zweifelsohne die erhalten gebliebenen unterirdischen Versorgungsnetze einen Zwang ausgeübt, ins alte Raster zurückzukehren. Merkwürdig bleibt, daß der Abschied von den auf grundlegend Neues zielenden Konzeptionen sich stillschweigend vollzog. Äußerungen der Enttäuschung darüber, daß die von großem Idealismus getragenen Planungen der ersten Zeit kaum realisiert wurden, liegen von keiner Seite vor.

Mit der Loslösung von diesen, der Zwischenkriegszeit entstammenden Leitbildern brachte der Übergang in die sechziger Jahre das neue Konzept 'Urbanität durch Verdichtung'. Auch dieses zielte auf eine Verbesserung der Wohn- und Lebenssituation der Menschen, war allerdings wesentlich zurückzuführen auf die Notwendigkeit, steigenden Einwohnerzahlen gerecht werden zu müssen, und in diesem Zusammenhang mitbestimmt von verkehrstechnischen Überlegungen. Einerseits wollte man das vorhandene Gefüge der Stadt durch Förderung 'Zentraler Standorte' den jetzt geltenden Prämissen anpassen und funktional verbessern. Andererseits sollten am Stadtrand - im Einzugsbereich von Schnellbahnstationen - verdichtete Neubaukomplexe entstehen, in denen sich 'urbanes Wohnen' verwirklichen ließ mit durch die räumliche Konzentration der Wohneinheiten vermeintlich intensivierbarer Kommunikation. Beide Zielsetzungen zeigen stärker pragmatische Züge als die von sozialreformerischen Gedanken mitbestimmten Planungen der Wiederaufbauphase.

Die monumentalen Großwohnsiedlungen sind ein Resultat solcher Leitvorstellungen. Nicht von ungefähr bieten diese riesigen Neubaukomplexe deutliche Beispiele für das in der Einleitung angesprochene Phänomen grundsätzlichen Abweichens von noch gültigen Leitideen der Planung. Entwicklungsmodelle und Bauleitpläne hatten in den sechziger Jahren ein Standortmuster vorgegeben, das auf das Schnellbahnnetz bezogen war. Da aber für Bauvorhaben dieser Größenordnung außerordentlich umfangreiche Flächen erforderlich sind, wurde die Standortwahl tatsächlich bestimmt von Vorhandensein und Verfügbarkeit solcher besonders ausgedehnten Areale sowie von der Möglichkeit kostengünstigen Bodenerwerbs. Es handelte sich dabei folglich meist um relativ abgelegenes Gelände, das die Öffentliche Hand oder die großen Wohnungsbaugesellschaften durch frühe Flächenvorsorge bereits besaßen oder nunmehr aufkauften. - Die Standorte der Großwohnsiedlungen beweisen also in zahlreichen Fällen, daß an die Stelle der planerischen Leitvorstellungen ganz andere Ordnungsfaktoren getreten waren. Die das Achsenkonzept bestimmenden Interessen der Bevölkerung (Schnellbahnanschluß) blieben dabei unberücksichtigt.

Trotz bedeutender Unterschiede in der Zielsetzung hatten die beiden ersten Phasen im Nachkriegs-Städtebau eines gemeinsam: Sie waren getragen vom Glauben an die Machbarkeit der Dinge und zudem - dies gilt besonders für die sechziger Jahre, in denen die Möglichkeiten bisher nicht gekannter Technologien eine Zukunftseuphorie förderten - von einem ebenfalls uneingeschränkten Vertrauen in ein weiter anhaltendes Wirtschaftswachstum. Diese Grundeinstellung wurde Anfang der siebziger Jahre durch die konjunkturelle Rezession erstmalig erschüttert und machte, als auch der Bevölkerungsrückgang erkennbar war, einer Verunsicherung und fragenden Skepsis Platz.

Seither sind keine Modelle für eine Stadt der Zukunft oder auch nur Leitlinien zur Lenkung der urbanen Erweiterung (analog den 'Entwicklungsachsen') entworfen worden. Auch gibt es z.Zt. kein allgemein gültiges Leitkonzept für den Wohnungsbau, wie es in den beiden vorangegangenen Epochen vorhanden war, in denen man zuerst dem Nachbarschaftsprinzip und dann dem Konzept der Verdichtung gefolgt war, die beide davon ausgingen, daß räumliche Nähe die soziale Integration fördert, wofür aber jeder wissenschaftliche Nachweis fehlt.

Stattdessen konzentriert man sich in der gegenwärtigen Phase auf die 'innere Stadtentwicklung' und strebt nun über Sanierung und Modernisierung, über Pflege des historischen Baubestandes und umweltverbessernde Maßnahmen städtische Lebensqualität an. Quantitatives durch qualitatives Wachstum zu ersetzen, ist also auch hier als Trend erkennbar. Die 'andere Stadt', die man immer erschaffen wollte, wird jetzt als in der existierenden latent vorhanden axiomatisiert und die Aufgabe darin gesehen, sie mit allen verfügbaren Mitteln an Ort und Stelle herauszuarbeiten. Dabei stehen allerdings die Verbesserung der Baugestalt und die Optimierung von Funktionen im Vordergrund, während es nicht mehr primäres Anliegen ist, ein gesellschaftspolitisches Konzept zu verwirklichen.

Tätigkeit und Wirksamkeit der Planung erweisen sich damit als einem deutlichen Wandel unterworfen, und dies besagt, daß der Begriff 'Planung' zu verschiedenen Zeiten unterschiedlichen Inhalt besitzt. Es wäre dienlich, bei den immer wieder notwendigen Bemühungen um eine Begriffsbestimmung der Planung solches im Auge zu behalten. Um das Potential des Begriffes voll zu erfassen, wäre außerdem herauszustellen, welche Institutionen und Körperschaften als Handlungsträger fungieren und welche Steuerungsmechanismen zur Anwendung kommen.

Nicht generell zu beantworten ist die Frage nach dem Ursprung der planerischen Zielvorstellungen. Sind die verschiedenen Leitbilder, die einander abgelöst haben, allein die Produkte fachspezifischer Überlegungen von Architekten und Städtebauern, oder sind sie getragen von Zeitströmungen, die auch in anderen kulturellen und sozialen Bereichen ihren Ausdruck finden? Man ist geneigt, letzteres zu vermuten. Gegen diese Annahme spricht allerdings das Beispiel der Großwohnsiedlungen, deren Entstehen von der Öffentlichkeit mit Staunen zur Kenntnis genommen wurde und deren Erscheinung schon in den Anfängen nicht von Zustimmung getragen war. Diese Großprojekte sind wohl nicht zuletzt erklärbar aus den neuen Möglichkeiten, welche die Fertigteilbauweise seit Ende der fünfziger Jahre bot: Le Corbusiers Vorstellung von den idealen Wohnmaschinen ließ sich nun endlich im großen Stil und auch für den sozialen Wohnungsbau verwirklichen. Der Abbruch dieser Entwicklung und alle Korrekturen, die seit Mitte der siebziger Jahre vorgenommen wurden, spiegeln dagegen deutlich eine allgemeine Bewußtseinslage wider und wären damit herrschenden Zeitströmungen zuzuordnen. - Städtebauer und Planer also in der Rolle der Wegbereiter oder derjenigen, die gelenkt werden? Bleibt diese Frage auch offen, so hat die vorangegangene Darstellung von Planungskonzeptionen und -realisierungen zumindest verdeutlicht, daß im Planungsgeschehen neben rationalen auch stets irrationale Kräfte wirksam sind.

ANMERKUNGEN

[1] Auf Berlin (Ost), dessen Planungsgeschehen seit der Teilung der Stadt z.T. ähnliche Tendenzen aufweist, kann im Rahmen dieses Überblicks nicht eingegangen werden, weil die Entwicklung von einer völlig anderen Bauideologie gesteuert wurde und dies eine gesonderte Betrachtung erfordert.

[2] In der Wiederaufbauphase fand in der Berliner, der Kölner und der Bremer Planung kein Rückgriff auf die Neugestaltungspläne der nationalsozialistischen Zeit statt. Nur für Hamburg, das noch 1944 einen Generalbebauungsplan vorgestellt hatte, muß die Planung des 'Dritten Reiches' kurz erwähnt werden, da der Aufbauplan von 1950 z.T. die vor Kriegsende entwickelten Leitgedanken aufgreift.

[3] Wie H. MEYNEN später (1978: 106) am Beispiel des nordwestlichen Vorortsektors von Köln darlegte, setzte die Bebauung fast ausnahmslos zunächst in einiger Entfernung von der vorhandenen Vorortbebauung an, und erst anschließend erfolgte ein stadteinwärts gerichtetes Wachstum, das zur Auffüllung führte.

4   Der Planungskoordinierung im Hamburger Umland dienen zwei Gremien: Der 'Gemeinsame Landesplanungsrat Hamburg/Schleswig-Holstein' (gegr. 1955) und die 'Gemeinsame Landesplanungsarbeit Hamburg/Niedersachsen' (gegr. 1957, 1971 umbenannt in 'Gemeinsame Landesplanung Hamburg/Niedersachsen').

5   In Berlin wurde 1981 aus der Behörde 'Senator für Bau- und Wohnungswesen' die Behörde 'Senator für Stadtentwicklung und Umweltschutz' ausgegliedert, die die Ressorts Stadtentwicklungsplanung, Landschaftsplanung, Verkehrsplanung, Denkmalschutz und Umweltschutz umfaßt. In Hamburg entstand 1978 eine eigenständige 'Behörde für Bezirksangelegenheiten, Naturschutz und Umweltgestaltung', die inzwischen in 'Umweltbehörde' umbenannt wurde.

6   Erst in jüngster Zeit ist eine Hinwendung zu raumspezifischen Traditionen zu bemerken. So wird in Hamburg und Bremen wieder der Backstein als altes 'norddeutsches' Baumaterial verwandt - durchaus auch für repräsentative Bauten -, und vielerorts schließt man beim Entwurf von Neubauten an überlieferte Baumaße und Fassadengestaltungen an.

7   Nach ALBERS (1978: 430) spielte der Gedanke der Nachbarschaftseinheit nach 1945 in Deutschland auch deswegen wieder eine besondere Rolle, weil er damals in Amerika lebhaft diskutiert wurde.

LITERATURVERZEICHNIS

ALBERS, G. (1978): Wandel und Kontinuität im deutschen Städtebau. In: Stadtbauwelt, 57: 426-433.

ALBERS, G. & A. PAPAGEORGIOU-VENETAS (1984): Stadtplanung. Entwicklungslinien 1945-1980. 2 Bde. Tübingen.

BECKER, H. & K.D. KEIM (Hrsg.)(1977): Gropiusstadt. Soziale Verhältnisse am Stadtrand. Stuttgart (usw.). (Schriften Dt. Inst. f. Urbanistik, 59).

BEITRÄGE ZUR STADTENTWICKLUNG. Senator f. d. Bauwesen (Hrsg.)(1977): H.2, Orientierungshilfe f. d. räumliche Verteilung des Wohnungsneubaus. Bremen.

BERLIN UND SEINE BAUTEN. Architekten- u. Ingenieur-Verein (Hrsg.)(1970): Teil 4, Wohnungsbau. Bd A, Die Voraussetzungen. Die Entwicklung der Wohngebiete. Berlin, München, Düsseldorf.

BRAUNFELS, W. (1976): Abendländische Stadtbaukunst. Herrschaftsform u. Baugestalt. Köln.

BREMEN HEUTE. Stadt, Wirtschaft, Häfen im Überblick. Verkehrsverein Bremen (Hrsg.)(1961). Bremen.

BREMEN UND SEINE BAUTEN 1900-1951. C. THALENHORST (Hrsg.)(1952). Bremen.

DAHLHAUS, J. (1985): (Berlin) Flächennutzungsplanentwurf 1984. In: Der Aufbau, 40 (4): 189-193.

DRONKE (1946): Der Wiederaufbau der Stadt Bremen. In: Städtebauliche Aufgaben der Gegenwart mit bes. Berücksichtigung Bremens. Bremen: 30-41.

GLANZ UND ELEND DER DENKMALPFLEGE UND STADTPLANUNG COELN 1906-2006 KÖLN. Von J. BEINES u.a. (1981). Köln.

GUTSCHOW, K. (Aktenbestand im Staatsarchiv Hamburg. Generalbebauungspläne 1941 u. 1944 in der Plankammer des Staatsarchivs Hamburg; unveröff.).

HAACK, A. & M. ZIRWES (1985): Hamburg. In: FRIEDRICHS, F. (Hrsg.): Stadtentwicklungen in West- und Osteuropa. Berlin, New York: 255-346.

HAMBURG UND SEINE BAUTEN. Architekten- u. Ingenieur-Verein Hamburg (Hrsg.)(1929-1984): Bd 4, 1929-1953. Bd 5, 1954-1968. Bd 6, 1969-1984. Hamburg.

HAMBURG-STEILSHOOP. 15 Jahre Erfahrung mit einer Großsiedlung (1985). Bonn. (Schriftenr. 01 "Modellvorhaben, Versuchs- u. Vergleichsbauvorhaben" d. BM f. Raumordnung, Bauwesen u. Städtebau, 074).

HOFMEISTER, B. (1975): Berlin. Eine geograph. Strukturanalyse der zwölf westl. Bezirke. Darmstadt. (Wiss. Länderkunden, 8, Die Bundesrepublik Deutschland und Berlin. 1).

HOFMEISTER, B. & F. VOSS (Hrsg.)(1985): Exkursionsführer zum 45. Dt. Geographentag Berlin 1985. Berlin. (Berliner geograph. Studien, 17).

KRAUS, Th. (1954): Köln. Grundlagen seines Lebens in der Nachkriegszeit. In: Die Erde, 6: 96-111. (Die heutige Struktur dt. Großstädte, 5).

MAHLER, E. (1985): Das Landschaftsprogramm Berlin (West). In: Der Aufbau, 40 (4): 199-202.

MEYNEN, H. (1978): Die Wohnbauten im nordwestl. Vorortsektor Kölns mit Ehrenfeld als Mittelpunkt. Baul. Entwickl. seit 1845, Wechselbeziehungen v. Baubild u. Sozialstruktur. Trier. (Forsch. z. dt. Landesk., 210).

MÖLLER, I. (1985): Hamburg. Stuttgart. (Länderprofile).

OSTERHOLZ-TENEVER. Analyse des Demonstrativbauvorhabens.(ca. 1977) T. 1.2. Bremen.

SCHWARZ, R. (1950): Das neue Köln. Ein Vorentwurf. Köln.

ders. *(1957):* Das neue Köln. In: Baukunst u. Werkform, 10(5): 250-254.

UMWELTFIBEL HAMBURG: Behörde für Bezirksangelegenheiten, Naturschutz u. Umweltgestaltung (Hrsg.)(1982). Hamburg.

WERNER, F. (1976): Stadtplanung Berlin. Theorie u. Realität. T. 1, 1900-1960. Berlin.

WOLTERS, R. (1978): Stadtmitte Berlin. Städtebaul. Entwicklungsphasen v.d. Anfängen bis z. Gegenwart. Tübingen.

LÜBECK - ROSTOCK - STETTIN - DANZIG

STRUKTUREN UND FUNKTIONEN - EINST UND HEUTE
EIN HAFENGEOGRAPHISCHER ABRIß

von

Karl E. Fick, Frankfurt a.M.

SUMMARY: Lübeck - Rostock - Stettin/Szczcin - Danzig/Gdańsk. Their Structure and Functions - Formerly and Today. A Research on Seaports.
The study analyzes the structure, functions and development trends of four profiled seaports in the southern Baltic Sea. Lübeck, Rostock, Stettin (Szczecin) and Danzig (Gdańsk) have occupied a key position within the economic context of their region and countries. In the past and in the present time the seaports in the Baltic Sea have become growth points of trade, commerce, services and manufacturing industry, as well as centres of population growth. The author inspects the spatial, historic and political background of the four port cities, their harbour facilities, the volume and composition of cargo handled. He compares the development of the ports from the end of the Middle Ages till the 20th century with the situation and progresses after World War II.

ZUSAMMENFASSUNG

Lübeck, Rostock, Stettin und Danzig zählen zu den profiliertesten Hafenstädten der Ostsee. Ihrer ersten Entwicklung, Gestalt und Struktur hat die durch die Spät- und Nacheiszeit geprägte Naturlandschaft nachhaltige Konturen vermittelt. Es wird gezeigt, wie stark die räumlichen Bezüge und die Abhängigkeiten von den physisch-geographischen Grundvoraussetzungen sind. Parallelen in der ursprünglichen Hafenstrukturierung der vier Städte sind zum anderen auf die verbindenden Wirkungen einer seit dem Mittelalter gemeinsam formulierten und getragenen Wirtschaftspolitik zurückzuführen. In der Hansezeit rückte Lübeck in die erste Position; die Beziehungen der Handelsstädte an der Ostsee verdichteten sich; die regen Kontakte bewirkten beim Ausbau der einzelnen Häfen, Erfahrungen mit den Partnern auszutauschen, in der Raumnutzung ähnliche Entscheidungen zu treffen und Planungen zu koordinieren. Die vorgelegte Abhandlung prüft die Strukturen und Funktionen der genannten Hafenstädte. Neben den regional verständlichen Eigenheiten eines jeden Hafenplatzes werden die starken Zusammenhänge und verwandten Züge der Hafengenese in Lübeck, Rostock, Stettin und Danzig deutlich, bis in das 20. Jahrhundert hinein.
Seit dem Ende des Zweiten Weltkrieges sind die großen Häfen der südlichen Ostsee in veränderte politische Räume eingebunden. Lübeck gehört zur Bundesrepublik Deutschland, Rostock ist der Haupt- und Überseehafen der Deutschen Demokratischen Republik geworden, das Hafengespann Stettin-Swinemünde und der sich zum Doppelhafen entwickelnde Verdichtungsraum Danzig-Gdingen sind heute die überragenden Seeportale Polens. Untersucht werden an jedem Hafenbeispiel die nach 1945 grundlegend veränderten Voraussetzungen, die neu zugewiesenen Aufgabenbereiche, die Umbrüche und Entwicklungsfortschritte. So lassen sich das Struktur- und Funktionsgefüge der Vergangenheit mit den hafenprägenden Wirkungen der Gegenwart und auf die Zukunft gerichteten Zielsetzungen vergleichen.

1 VORAUSSETZUNGEN

Häfen sind profilierte, ausdrucksstarke Erscheinungen und raumspezifische Phänomene. In ihnen findet das Zusammenspiel geographischer Voraussetzungen und differenzierter Inwertsetzung durch den Menschen nachdrücklich Gestalt. Häfen werden durch die Ansprüche der Wirtschaft, Gesetze des Verkehrs, Spekulationen der Gesellschaft und Organisationsformen der praktischen Arbeit geprägt. Sie sind ein vielschichtiges Zeugnis politischer Zielsetzungen, historischer Prozesse, ökonomischer und technischer Wandlungen. Häfen sind die Kristallisationspunkte weit ausgreifender, oft weltumspannender Koordinatensysteme, sie helfen, komplexe Wirkungsgefüge durchschaubar und verständlich zu machen.

In den Strukturen und Funktionen der Hafenstädte spiegeln sich die in der Vergangenheit und Gegenwart auf sie einwirkenden Kräfte, nicht weniger die Konsequenzen eigener, am Ort getroffener Entscheidungen. Die politisch und wirtschaftlich einst überaus bedeutenden und einflußreichen Handelsmetropolen Venedig und Brügge mit ihren anziehenden und ausstrahlenden Häfen sind dafür ein hervorragendes Beispiel wie in unserer Zeit die rund um den Erdball bekannten Welthäfen Hong Kong und Singapur, ihre Dynamik und Wirtschaftsbreite.

Die vier Ostseehäfen Lübeck, Rostock, Stettin und Danzig zeichneten jahrhundertelang Gemeinsamkeiten und Zusammenhänge aus. In vielfältiger Kooperation entwickelten sich ihre Wirtschafts- und Hafenstrukturen. Erfahrungen wurden ausgetauscht, ähnliche Konzeptionen für den Aufbau und die Ausgestaltung ihrer Anlege- und Umschlageinrichtungen, Speicher und Lagerhäuser, Fahrwasser- und Hinterlandsverhältnisse gewählt. Mannigfache Bezüge und Parallelen prägten ihre politischen Aktionen, rechtlichen Einrichtungen und sozialen Ordnungen. Die deutsche Sprache und Kultur, enge Verbindungen im Städte- und Wasserbau, im Formenschatz der Architektur und Kunst waren Fundament und Rahmen gemeinsamen Tuns und kontinuierlicher Abstimmung der Tages- und Zukunftsarbeit.

Seit dem Ende des Zweiten Weltkrieges sind die großen Häfen der südlichen Ostsee in veränderte politische Räume eingebunden. Lübeck gehört zur Bundesrepublik Deutschland, Rostock ist der Haupthafen der Deutschen Demokratischen Republik geworden, Stettin (Szczecin) und Danzig (Gdańsk) sind heute die wichtigsten Seehäfen Polens. Als leistungsfähige Ostsee-Umschlagplätze rücken die vier Häfen auch in der Gegenwart in mancherlei Zusammenhänge und Querverbindungen. Stärker werden ihr Entwicklungsgang, der Ausbau ihrer Hafeneinrichtungen, die Aufnahme erweiterter Funktionen durch die Zielsetzungen und Ansprüche der neuen staatlichen Ordnung bestimmt. Unter Bezug auf die überlieferte Hafensubstanz haben die räumlichen Erweiterungen der Hafenkomplexe, die fortschrittlichen Verbesserungen ihres technischen Instrumentariums, vor allem die neu übertragenen Aufgaben das Strukturbild und funktionale Gefüge der vier Häfen beträchtlich verändert. In ihrer Gestalt und Gliederung, Leistungsbreite und Zielorientierung gewinnen sie zunehmend eigene Konturen.

In der humiden Klimazone und der Westwinddrift gelegen, ist die Ostsee, das flache Nebenmeer des Atlantischen Ozeans, eine geologisch junge Erscheinung. Vor 17 000 Jahren füllten Schmelzwässer die Baltische Senke, die ihre heutige Gestalt gewann, als sich in der Litorina-Zeit Zugänge zur Nordsee öffneten. Im Bottnischen und Finnischen Meerbusen hemmt mehrmonatige Eisbildung die Schiffahrt. Da Gezeiten fehlen, haben sich vor den Ostseeküsten keine Alluvialsäume gebildet.

Finale Bewegungsimpulse der Gletscherströme haben im Spätglazial den Formenschatz der Meeresküsten vorgeprägt und holozänen Transgressionen den Weg gewiesen. Das Lübecker Becken gehört einer tektonisch vorgezeichneten Depression an, in die eine Gletscherzunge eindrang. Die Schmelzwasser flossen nach Süden ab, ihre Rinnen zeichneten das Stecknitz-Tal und den Ratzeburger See vor. Durch eine leichtbewegte Grundmoränenlandschaft führt das breite Band der Untertrave in die Lübecker Bucht, bei Travemünde einen Strandwall, den Priwall, durchbrechend. Seeartige Ausweitungen wie der Breitling beeinflussen den Abflußrhythmus.

Auch im Rostocker Raum konturiert eine Depression den Untergrund. Das Eis hat ein fördenartig wirkendes, langgestrecktes schmales Becken herausgearbeitet, das wie ein Schlauch in eine sanft bewegte Geschiebemergelplatte greift und durch von der Warnow herangeführte, teils vermoorte Schwemm-Materialien randlich aufgefüllt wurde. Wie an der Untertrave erhielt sich auch an der Unterwarnow eine weiträumige, ebenfalls als Breitling bezeichnete Wasserfläche. Die Konfiguration der Küste bestimmen Haken, Nehrungen und Strandwälle, hervorgerufen durch Küstenversetzung. Bei Warnemünde gewährt ein Dünenband dem abfließenden Warnow-Wasser nur einen schmalen Austritt, der im Interesse der Schiffahrt wiederholt vertieft werden mußte.

Im Mündungsbereich der Oder füllt ein großflächiges Haff das frühere, weit ins Land greifende Gletscherzungenbecken. Die bei der Ausräumung stehengebliebenen pleistozänen Inselkerne Usedom und Wollin grenzen es gegen den breiten Schorrengürtel (HURTIG, 1976) ab, der den südlichen Küsten der Ostsee vorgelagert ist. Der Küstenlinie haben Vorgänge der Litorinatransgression ihr Profil gegeben, das südliche Oderhaff prägen aus Alluvionen aufgebaute Feuchtlandschaften, die im engeren Stettiner Raum durch die deltaartig aufgezweigten Mündungsarme der Oder gegliedert werden. Vom Stettiner Hochufer überblickt man ein Mosaik von Inseln, Wasserläufen, Sümpfen und Seen, die zunehmend von den sich ausweitenden Hafenanlagen beansprucht werden.

Die präglazial angelegte großräumige Danziger Hohlform wurde durch die Arbeit des Weichselgletschers zu einem riesigen Zungenbecken umgestaltet. In der Nacheiszeit hat die Weichsel weite Areale mit Sedimenten aufgefüllt und in ihrem Mündungsbereich ein Delta aufgebaut. Häufige Verlagerungen der Flußarme trugen dazu bei, daß die abgesetzten Sande, Tone und Schlicke eine so unterschiedliche Mächtigkeit und Höhenlage aufweisen. Die als Werder bezeichneten Trockenbänder zogen den Menschen dank ihrer warmen, guten Böden zuerst an, die eingeschobenen, teils unter dem Meeresspiegel liegenden Niederungen, zwangen zu mühsamen Entwässerungsarbeiten, für die man im 14. Jahrhundert bereits Holländer heranzog. Die Danziger Nehrung, nur an wenigen Stellen von der Weichsel durchbrochen, schnürt das weitgehend aufgefüllte Danziger Haff vom Meere ab. Den Westrand des ehemaligen Haffs flankiert ein diluvialer, aus Grund- und Endmoränen aufgebauter Höhenzug. Auf den ihm vorgelagerten schmalen Terrassen setzte die Entwicklung Danzigs an; besonders der Hafenbereich greift seit dem Ausgang des 19. Jahrhunderts zunehmend in das alluviale Werderland aus.

2 LÜBECK

Vom Diluvialsockel - dem Ansatzpunkt der mittelalterlichen Siedlungszelle Lübecks - bis hin zu ihrer Mündung in die Ostsee mißt die Untertrave 21 Kilometer. Der gezeitenfreie, keinen extremen Wasserstandsschwankungen ausgesetzte Fluß ist seit dem 10. und 11. Jahrhundert Standort und Entwicklungsraum der Lübecker Hafenlandschaften. Die im Zuge einer fast tausendjährigen Geschichte an der Untertrave gegründeten Siedlungen lösten einander ab, in längeren Zeitabschnitten wirkten sie auch zusammen, in der Gegenwart sind sie zu einer Wirtschaftsregion zusammengewachsen. Von Anfang an war für alle Trave-Plätze der Bezug zum Wasser das siedlungs- und wirtschaftsbestimmende Element: Zu allen Zeiten kam dem Fischfang Bedeutung zu; das Gewicht und die Funktion der früh eingerichteten Anlegestellen und Hafenanlagen wuchsen ständig; ununterbrochen war der Mensch bemüht, das Fahrwasser der Untertrave zu sichern, zu vertiefen und zu verbessern; über den Fluß geschlagene Brücken dienten dem Ost-West-Verkehr und der Ausrichtung des Umlands auf den Lübecker Kernraum (LAFRENZ, 1977).

Archäologische Forschung hat die topographischen, wirtschaftlichen und sozialen Strukturen des ersten Lübecker Siedlungsansatzes an der Untertrave in jüngster Zeit hinreichend zu klären vermocht (FEHRING, 1980). 6 km unterhalb der Lübecker Altstadt am Einfluß der Schwartau in die Trave gelegen, befand sich im 9. Jahrhundert ein slawischer Ringwall, Liubece bzw. Lubeke genannt, heute als Alt-Lübeck bezeichnet, zu dem eine Gaufürsten-Residenz, Handwerkersiedlung und - auf dem Gegenufer der Trave - ein Händler- und Anlegeplatz (colonia non parva mercatorum) gehörten. Die Eigenart und Ausmaße des ältesten Hafens wurden durch Grabungen erfaßt. Die durch Adam von Bremen als civitas und urbs bezeichnete Siedlung bewohnten christliche Obotriten. 1138 haben heidnische Wagrier Liubece zerstört.

Man verzichtete darauf, den auf einer trockenen Terrasse im alluvialen Feuchtland der Schwartau und Trave gelegenen, eingeäscherten Burg- und Hafenort wieder aufzubauen und zog für eine Neugründung den schildförmigen Moränenhügel traveaufwärts vor. Die hier 1143 eingerichtete landesherrliche Burg des Grafen Adolf II. von Schauenburg stand nur wenige Jahre, 1158/59 schuf Heinrich der Löwe die Voraussetzungen für einen dauerhaften Neubeginn Lübecks. Auch er wählte als Standort für die von ihm konzipierte deutsche Marktsiedlung, die bereits 1163 durch die Marienkirche ergänzt wurde, die durch Trave und Wakenitz natürlich geschützte Diluvialinsel.

Lübeck präsentierte sich mit seinem Stadthafen an der Trave als neuer Typ einer Hafensiedlung, die normbildend für den gesamten Ostseeraum wurde. Von westfälischen und niederrheinischen Kaufleuten gebaut, bald mit Stadtrechten versehen, 1226 durch Kaiser Friedrich II. zur Freien Reichsstadt erklärt, von Abgaben befreit, durch Privilegien gestützt, nahm Lübeck eine glänzende Entwicklung. Von 1300-1360 war es Vorort der Hanse, seit 1362 das Haupt des mächtigen Städtebundes, der den Ostseeraum wirtschaftlich, politisch und verkehrsgeographisch beherrschte. Lübeck wurde die Drehscheibe zwischen den an die Ostsee grenzenden Ländern und Westeuropa. Sein Handel reichte von Nowgorod, Wisby und Bergen bis nach Brügge und London. Umgeschlagen wurden Pelze, Wachs, Salz, Holz, Getreide, Heringe, Wein, Bier, Tuche, Glas-, Ton- und Metallwaren. Am Westrand der durch großartige Backsteinbauten geprägten Kaufmannsstadt, die im Norden ein gräflicher Burgbezirk und im Süden ein Bistumssitz ergänzten, entfaltete sich auf der Trave der Hafenbetrieb. Hier wurden die Seeschiffe an Pfahlbündeln vertäut und abgefertigt; über den Stecknitz-Kanal (1391-1398) und die Obertrave brachten Flußkähne Handelsgüter heran. Generationen hindurch wurden auf der Trave in unmittelbarer Nähe des Stadtkerns und Holstentores Seeschiffe gelöscht und wieder beladen. Bis ins 19. Jahrhundert hinein blieb dieser erste große Travehafen in voller Funktion.

Hervorragend waren die Lösungen einiger anderer wassertechnischer Probleme. Schon um 1200 wurde der östliche Nebenfluß der Trave, die Wakenitz, gestaut, um ihre Wasserkraft für die Mühlenwirtschaft der Stadt einzusetzen und den Schutz der Diluvialinsel an ihrer östlichen Flanke zu verbessern. Im Westen Lübecks entstand seit dem 16. Jahrhundert ein System von Festungswällen und Festungsgräben, die mit Travewasser gefüllt wurden.

Im ausgehenden 19. Jahrhundert begann der räumliche Ausgriff der Lübecker Hafenlandschaft. 1896 verlängerte man den Anlege- und Umschlagbereich des alten Holstenhafens flußabwärts. Angefügt wurde der Hansahafen, abgesetzt durch eine Drehbrücke, die es ermöglichte, in zeitgemäßerem Zuschnitt als bei seinem Vorgänger, nun beide Hafenufer mit Eisenbahnanschlüssen und fortschrittlicheren Kaianlagen und Kraneinrichtungen zu versehen (FUHRMANN, 1933).

Wenige Jahre später war deutlich geworden, daß eine neuerliche Hafenerweiterung erfolgen mußte.Parallel zum Hansahafen wurde 1900 der 700 m lange Wallhafen eingerichtet (Abb. 1). Man zog für die neue Anlage den nördlichen Abschnitt des alten Stadtgrabens heran. Da Lübeck seinen Befestigungsring wenige Jahrzehnte vorher aufgegeben hatte, durfte man dem nun verbreiterten und vertieften Wallgraben eine neue Funktion zuweisen. Im gleichen Jahre wurde östlich des Altstadtkomplexes der über 1 000 m lange, 4 m tiefe Klughafen in Betrieb genommen. Er entstand in Zusammenhang mit der Einrichtung des Elbe-Trave-Kanals, der von 1896-1900 in Anlehnung an den alten Stecknitz-Kanal zu einer 67 km langen, 2,5 m tiefen, 800 t - Kähne tragenden Wasserstraße ausgebaut und als Kanal-Trave im Zuge des früheren Wakenitz-Laufes östlich um die Stadt herumgeführt wurde.

Für die Leistungsfähigkeit des wachsenden Lübecker Hafens waren ständige Kontrolle und Verbesserung der Schiffahrtsbedingungen auf der Untertrave unabdingbar. Schon um 1500 hatte Lübeck Baggerungen vorgenommen und schlickhebende "Schlamm- Mühlen" eingesetzt, um das Fahrwasser auf der Trave zu vertiefen. 1835 zog man einen Dampfbagger heran, 1854 lag die durchschnittliche Tiefe bei 4-5 m, 1864 bei 5,30-6,30 m, 1907 wurde eine Tiefe von 7,50 m bis 8,50 m erreicht. In der Gegenwart ist die Untertrave 9,50 m tief. Das ausgehobene Material war willkommen, um die alluvialen Ufer aufzuschütten und hochwasserfreie Standorte zu schaffen für Industrien und Betriebe, die das seeschifftiefe Wasser suchten. Einzelne Abschnitte der Untertrave verlangten auch nach einer Begradigung. Um größeren Schiffen eine ungefährliche Passage zu ermöglichen, wurden zwei größere Durchstiche und Stromkorrekturen vorgenommen: 1880 grub man östlich des Teerhofs eine geradlinige neue Durchfahrt, 1905 bei der Herreninsel. Dadurch verbesserten sich die Strömungs- und Verkehrsverhältnisse auf der Untertrave entscheidend.

Der Hafenausbau erfuhr keine Unterbrechung. Nördlich der Altstadt wurde auf der Untertrave der Burgtorhafen angelegt, noch weiter flußab der Umschlaghafen I für die Behandlung von Schüttgütern wie Kohle, Salz, Kaolin, Phosphat und Schrott. Im toten Trave-Arm bei der Teerhofinsel entstand der Petroleumhafen, auf der untersten Trave der Umschlaghafen II und der Herrenhafen (PLÖGER, 1925).

Durch den 1915 eingerichteten Vorwerker Hafen wurde ein grundlegend neues Element in die Lübecker Hafenlandschaft getragen: Erstmals hob man im Lübecker Raum ein 1 000 m langes, mit schnurgeraden Kaiflanken versehenes Hafenbecken im alluvialen Schwemmland aus. In dieser Phase waren auch andere Veränderungen bereits eingeleitet worden. Seit dem Mittelalter hatte Lübecks Hafen den Aufgaben gedient, die eine Hanse-, Handels- und Kaufmannsstadt stellten. Während Lübeck aber im 18. Jahrhundert seine dominierende Position und sein politisches Gewicht im Ostseehandel verloren hatte, sich der 1895 gebaute Kaiser Wilhelm-Kanal zunehmend nachteiliger für die Trave-Stadt auswirkte und der Umschlag an Handelsgütern immer spürbarer zurückging, wuchsen dem Lübecker Hafen im Zuge der Industrialisierung neue Funktionen zu. Junge, auf überseeische Im- und Exporte angewiesene Wirtschaftszweige und Industrien drängten an das seeschifftiefe Wasser. In dem Maße, wie sich die Hansestadt Lübeck zum Industrieplatz (FAHL, 1947) entwickelte, formte sich die Untertrave zur Industriegasse um, besonders in ihrem Mittelabschnitt von Dänischburg bis Herrenwyk. Schwedische Eisenerze und schlesische Kohle gelangten seit 1905 an die Kais des in Herrenwyk eingerichteten Hochofenwerks. Im gleichen Raum begann die Flender-Werft mit dem Bau von Fracht- und Passagierschiffen, Kabellegern und Schwimmdocks. Das 1906 gegründete Zweigwerk von Villeroy und Boch verarbeitete auf dem Elbe-Trave-Kanal antransportierte Rohstoffe aus Mitteldeutschland und exportierte in die Ostseeländer. Das Großkraftwerk Siems stützte sich auf die von Schiffen herangeführte Kohle, das Triangel-Spanplattenwerk, Sägereien und Hobelwerke auf Holzimporte. Östlich des Umschlaghafens I befaßten sich

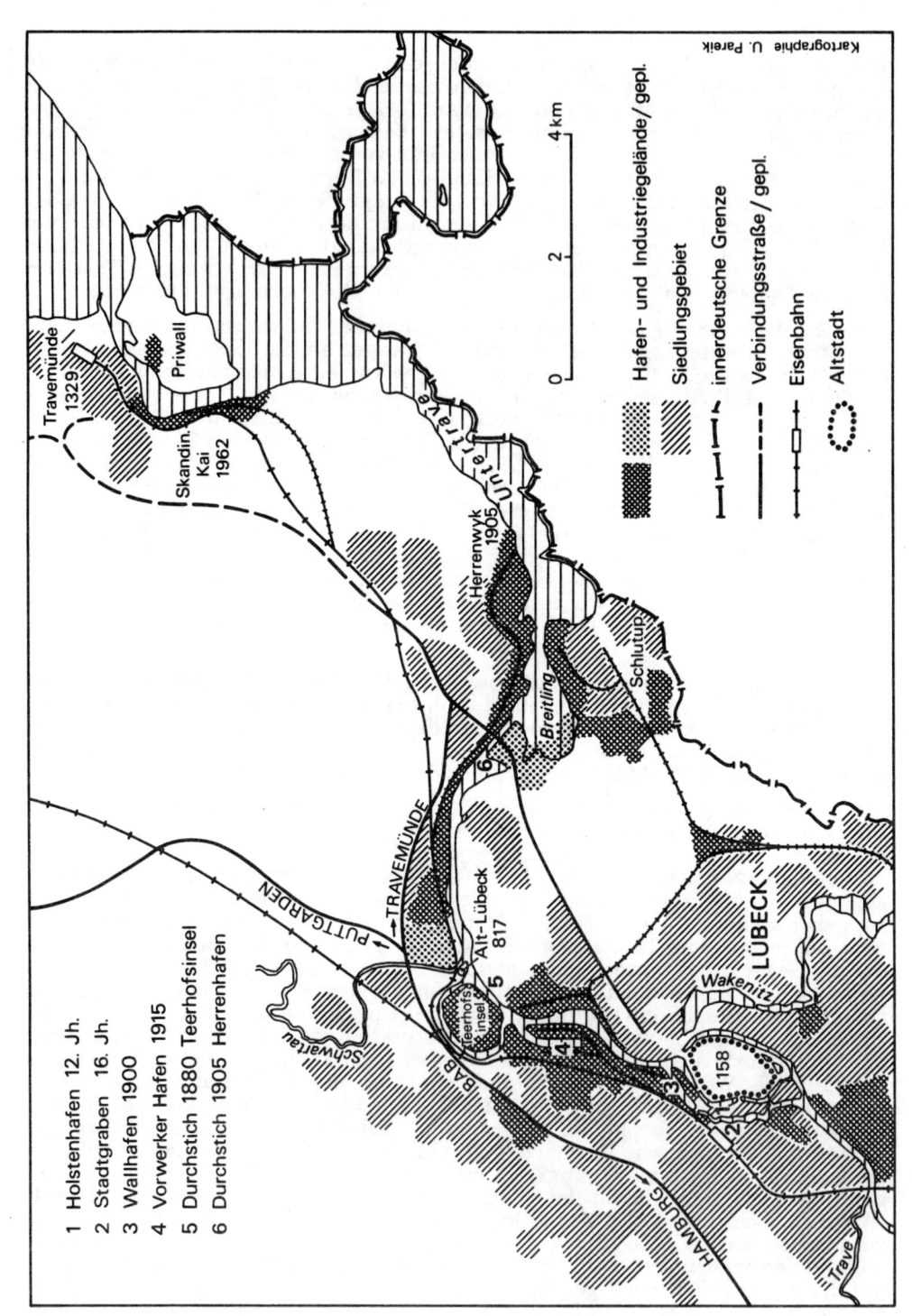

Abb. 1: Lübeck und die Untertrave

die Schmalbach-Lubeka-Betriebe mit der Fabrikation von Papier, Wellpappe und Verpackungsmaterialien. Westlich des Burgtorhafens ging die Lübecker Maschinenbaugesellschaft an die Fertigung von Schiffen, Schwimmbaggern und Schwermaschinen. An der Herrenbrücke wurde eine Ölmühle eingerichtet, in anderen traveverbundenen Räumen nahmen Lebensmittel- und Konservenfabriken, Marzipanhersteller (seit 1407) und Fischräuchereien (Schlutup) die Arbeit auf.

In der Nacht vom 28. zum 29. März 1942 vernichtete ein schwerer Bombenangriff Lübecks Altstadt. Die über den mehrere Kilometer langen Lauf der Untertrave verteilten Hafen- und Industrieanlagen blieben intakt. Nach dem Kriege mußten sich Lübecks Wirtschaft, Handel und Verkehr mit gründlich veränderten Verhältnissen auseinandersetzen. Lag die Seestadt einst im Zentrum der deutschen und dänischen Ostseehäfen, so war nun ihre Randlage in der Bundesrepublik Deutschland kennzeichnend. Beim Schlutuper Wiek beginnend, gehört bereits das östliche Ufer der Untertrave zur DDR. Lübeck verlor sein östliches Hinterland, der Hafen wurde zugleich von den mitteldeutschen Zufuhren abgeschnitten. Der zur Elbe führende Elbe-Lübeck-Kanal erfüllte die Ansprüche moderner Binnenschiffahrt immer weniger. Lübecks Umschlag sank stark ab. Seine Wirtschaft stagnierte. Die Industrie der Seestadt fiel zurück. Die keramische Produktion von Villeroy und Boch mußte gedrosselt werden, da Rohstoffzufuhr und Absatz schwieriger geworden waren. 1954 stellte die Hütte in Herrenwyk ihre Arbeit ein, Nachfolger wurden die Metallhüttenwerke, die 1981 dann ebenfalls große Teile ihrer Anlagen stillegen mußten. Das Guanowerk wanderte von der Untertrave ab. Lübecks Werften und Maschinenbaubetriebe versuchten die Rückgänge im Schiffbau durch die Aufnahme verwandter oder anderer Produktionszweige auszugleichen, sie fertigten fortan Geräte und Maschinen für den Braunkohlentagebau, Industrieeinrichtungen, Apparate und Plattformen für die Offshore-Technik an (SCHAUB, 1961).

In den 60er Jahren erholte sich Lübecks Umschlag (Tab. 1). Importiert wurden Kohle, Erze, Kaolin, Steine, Holz und Getreide, zur Ausfuhr gelangten Eisen- und Halbwaren, Industrieerzeugnisse, Automobile, Spezialgeräte, Salz und Vieh. Der Umschlag erfolgte in Lübecks bewährten Hafenanlagen, die - wie besonders im Vorwerker Hafen - technisch besser ausgerüstet wurden, größere Siloanlagen, erweiterte Schuppen und Lagerhallen erhielten, durch Ro/Ro-Rampen und großräumige Stellflächen ihre Leistungsfähigkeit steigerten. Gleichwohl läßt sich Lübecks Hafenentwicklung nach 1945 nicht mit dem ungewöhnlichen Aufschwung Rostocks, Stettins und Danzigs vergleichen. Dort wurden räumliche Entscheidungen großen Gewichts getroffen, neue Becken-, Kai- und Krananlagen geschaffen, zahlreiche Einrichtungen ausgebaut, in mehreren Bereichen der Umschlag stark angehoben (MIROW, 1978).

Die ausgeprägtesten Entwicklungen erfuhr Lübecks Hafenwirtschaft in den letzten Jahrzehnten durch die starken Impulse des Fährverkehrs. Trotz mancher eigenen Ansätze im Fährbetrieb können sich die anderen Ostseehäfen auf dieser Ebene nicht mit Lübecks Einrichtungen und Fortschritten messen. 1961 begann Lübeck damit, im Vorwerker Hafen den Nordlandkai als Anlauf- und Abfertigungsplatz für finnische Frachtfähren auszubauen. Im Laufe weniger Jahre entstanden hervorragende Sammel-, Sortier-, Verpackungs- und Güterumsetzanlagen, auch für Ro/Ro-Techniken, dazu eine moderne Umschlaganlage für den Autoexport.

Umfassender noch waren die 1962 aufgenommenen Ausbauarbeiten am Südrand Travemündes (Abb. 1). An der Siechenbucht der auf 10 m vertieften Untertrave wurde der großzügig konzipierte kilometerlange Skandinavienkai von 1962 bis 1982 mit sieben leistungsfähigen Fähranlegern ausgerüstet, an denen in zügigem Einsatz deutsche, dänische, schwedische, finnische und polnische Fährschiffe Fahrgäste, Pkws, Omnibusse und Lkws, auch Frachtgut an Bord nehmen. Über einen eigens verlegten Gleisanschluß gelangen Güterzüge an den Skandinavienkai, an dem spezielle Eisenbahnfrachtfähren (Railship I/1975 und Railship II/1984) auf den

Tab. 1:   Umschlag (in Mio. t) 1938 - 1984

Jahr	Lübeck	Rostock	Stettin	Danzig	Gdingen
1938	2,0	0,4	8,2	7,1	9,2
1950	1,5	1,4	5,2	4,8	5,0
1955	2,6	0,8	6,8	5,2	5,0
1960	3,0	1,5	16,5	5,9	7,0
1965	4,5	5,9	11,5	6,3	8,6
1970	7,3	10,1	16,5	10,2	9,5
1975	5,6	12,3	22,5	18,6	12,8
1980	6,9	15,3	24,7	23,1	13,1
1982	6,8	15,4	17,0	13,3	8,7
1983	8,0	17,7	18,9	18,4	8,9
1984	9,2	18,2	23,3	21,7	11,2

Waggontransport eingestellt sind. Lübeck steht in Fährverbindung mit Kotka, Helsinki, Hanko, Turku, Rauma, Oulu, Kemi, Danzig, Swinemünde, Trelleborg, Malmö, Helsingborg, Göteborg, Kopenhagen und Gedser. Die mit Schiffahrts-, Hafen- und Umschlagaufgaben seit Jahrhunderten vertraute alte Hansestadt hat in der Gegenwart am Nordlandkai und Skandinavienkai hervorragende technische Lösungen für den modernen Fährverkehr gefunden. Sie haben dazu beigetragen, Lübeck zur stark frequentierten Drehscheibe zwischen West- und Mitteleuropa und den Ostseestaaten werden zu lassen. Es ist heute Europas bedeutendster Fährhafen. Seit 1329 gehören Travemünde und der Mündungsbereich der Untertrave zu Lübeck, im 17. Jahrhundert richtete die Hansestadt dort eine Vorhafen-Festung ein, im 19. Jahrhundert wurden von hier erste Fährverbindungen nach Kopenhagen, Stockholm und Riga geknüpft, 1936 in Travemünde der Ostpreußenkai eingerichtet, um einen regelmäßigen Fährdienst nach Ostdeutschland aufzunehmen. Heute steht der Skandinavienkai von Lübeck-Travemünde im Zentrum zukunftsträchtiger Entwicklungen, die alle Häfen der Ostsee umspannen.

3   ROSTOCK

In 13 km Länge bricht die nord-südlich angelegte, schlauchartige Unterwarnow das die Ostseeküste begleitende Jungmoränenland auf. In ihrem südlichsten, nach Osten abgedrehten Abschnitt hat sich Rostock entwickelt: im 10. Jahrhundert eine slawische Burgsiedlung des Obotriten Gottschalk, als Rastoka (d.h. Flußverbreiterung) bezeichnet, 1161 durch Dänen zerstört, wenige Jahre später durch Pribislaw II. wieder aufgebaut.

Ende des 12. Jahrhunderts entstand gegenüber dem slawischen Fischer- und Wohnplatz auf einer diluvialen Terrasse am Rande der Warnow eine deutsche Kaufmannssiedlung. Sie erhielt 1218 das Lübecker Stadtrecht und übernahm als Hansestadt (1260) die Führung des wendischen Viertels der Hansestädte. Mit zwei jüngeren Zellen zusammengewachsen, wurde Rostock schon 1265 ummauert. 1419 erhielt es als erste Stadt in Norddeutschland eine Universität. Niemals erlangte Rostock die Rechte, Freiheiten und Privilegien einer Reichsstadt. Jahrhundertelang währten die Auseinandersetzungen mit den Landesherren, insbesondere mit den Herzögen von Mecklenburg und Schweriner Geschlechtern (SCHMIDT, 1966). Erst 1788 brachte ein Erbvergleich mit dem Herzogshaus Entspannung.

Rostocks wirtschaftliche Entwicklung war seit dem 13. Jahrhundert eng mit der Schiffahrt und dem Seehandel verbunden. Aus Skandinavien und Rußland wurden Pelze, Felle, Wolle, Holz und Heringe importiert, im Hinterland Getreide aufgekauft. In Rostock bereiteten 60 große Gerbereien die eingeführten Häute auf. Seit dem 17. Jahrhundert verlor Rostocks Handel an Bedeutung. Immer nachteiliger wirkte sich das Fehlen einer Wasserverbindung ins Hinterland aus. Wertvoll war, daß sich Rostock durch Kauf des Dorfes Warnemünde schon 1323 die Ausfahrt in die Ostsee sicherte und vom Landesherrn 1352 auch die Rostocker Heide, ein holzreiches Waldgebiet nordöstlich der Stadt, erworben hatte.

Wie in Lübeck lag Rostocks wirtschaftliches Herzstück, der Hafen, unmittelbar vor den Toren der Altstadt. Er blieb mit seinen Anlegestellen, Kais, Umschlageinrichtungen, Speichern und Lagerhäusern bis ins 20. Jahrhundert der lebenerfüllte Mittelpunkt an der Warnow. Auch nach dem Rückgang seines einst weitreichenden Handels behauptete Rostock seinen Rang als größter deutscher Heimathafen der Ostsee. Mit 378 registrierten See- und Küstenschiffen lag es 1870 an zweiter Position, nach Hamburg und vor Bremen. 1890 war die Zahl der in Rostock beheimateten Schiffe auf 265 abgesunken, 1900 wurden 54 geführt, 1939 nur noch 19 (LÜTGENS, 1934).

1936 sank der Umschlag der ehedem bedeutenden alten Hanse- und Handelsstadt auf 400 000 t ab. Rostocks Hafenanlagen waren veraltet, die Fahrwassertiefe der Unterwarnow unzureichend. Erst 1860 hatte Rostock begonnen, über seinen 600 Jahre alten Mauerring hinauszuwachsen. Die handwerklichen Betriebe der Innenstadt wurden nun durch industrielle Unternehmen im städtischen Umland ergänzt. Produktiv waren mehrere Drahtwarenfabriken, Maschinenbau- und Mühlenbetriebe, auch einige Lederfabriken, Dampfsägereien, Kornbrennereien, Brauereien. Der Versuch, in Rostock eine Hochseefischerei aufzubauen, scheiterte in den 20er Jahren (BUCHFÜHRER, 1963).

Erfolgreich entwickelte sich in der Seehafenstadt der Schiffbau. 1850 gründeten Tischbein und Zelts, 1866 Witte und Abendroth an der Warnow leistungsfähige Werften. 1890 zur Schiffswerft Neptun zusammengeschlossen, erwuchs daraus nach der Jahrhundertwende Rostocks größter Betrieb, der auf dem Werksgelände am linken Ufer der Unterwarnow Tausende von Arbeitskräften beschäftigte und Seeschiffe verschiedener Größe und Funktion vom Stapel ließ. Seit 1933 überholte die Flugzeugindustrie Rostocks angesehenen Schiffbau. Nördlich der Neptunwerft, in Mariehene, richteten die Heinkel-Werke auf 8 km Länge, flankiert von der Unterwarnow und der nach Warnemünde führenden Eisenbahntrasse, Konstruktionsbüros, Materiallager, Produktionshallen, Montagezentren, auch Flugplätze und Areale für Zulieferer-Betriebe ein. Ergänzend trat in Warnemünde das ebenfalls Flugzeuge herstellende Arado-Werk dazu. In Rostocks Flugzeugindustrie wurden vor Ausbruch des Zweiten Weltkrieges über 20 000 Fachkräfte beschäftigt.

Nach dem Zweiten Weltkrieg veränderten sich die Strukturen und Funktionen der See- und Hafenstadt Rostock durchgreifend. Hatten der Umschlag und Handel an der Warnow in den letzten Jahrhunderten mehr und mehr an Bedeutung verloren, lange Zeit nur stagniert, erlebte Rostock nach 1950 in wenigen Jahrzehnten hafengeographische Umbrüche und hafenwirtschaftliche Fortschritte ungewöhnlicher Intensität und Dynamik (Abb. 2). Schlagartig trat die Seestadt aus dem Schatten heraus, sie reorganisierte und erweiterte ihre Hafenräume, verbesserte die technischen Voraussetzungen für eine Vielzahl von Lösch- und Ladevorgängen, ermöglichte eine sprunghafte Steigerung des Umschlages (Tab. 1) und rückte auf in die Reihe der leistungsfähigsten Seehäfen Europas.

1. Der Neubeginn war schwierig. Der Wiederaufbau der im April 1942 schwer bombardierten, über 50 % zerstörten Altstadt, war mühsam; der altbewährte Stadthafen wurde wieder instandgesetzt, die 1928 auf 6 m vertiefte Unterwarnow nun mit einer 8 m tiefen Fahrrinne versehen. Die durch Sprengungen, auch Demontagen und Gleisabbau hart getroffenen Industrien, Versorgungs- und Verkehrssysteme waren wiederherzustellen. Die umsichtig ausgebaute Neptun-Werft nahm 1952

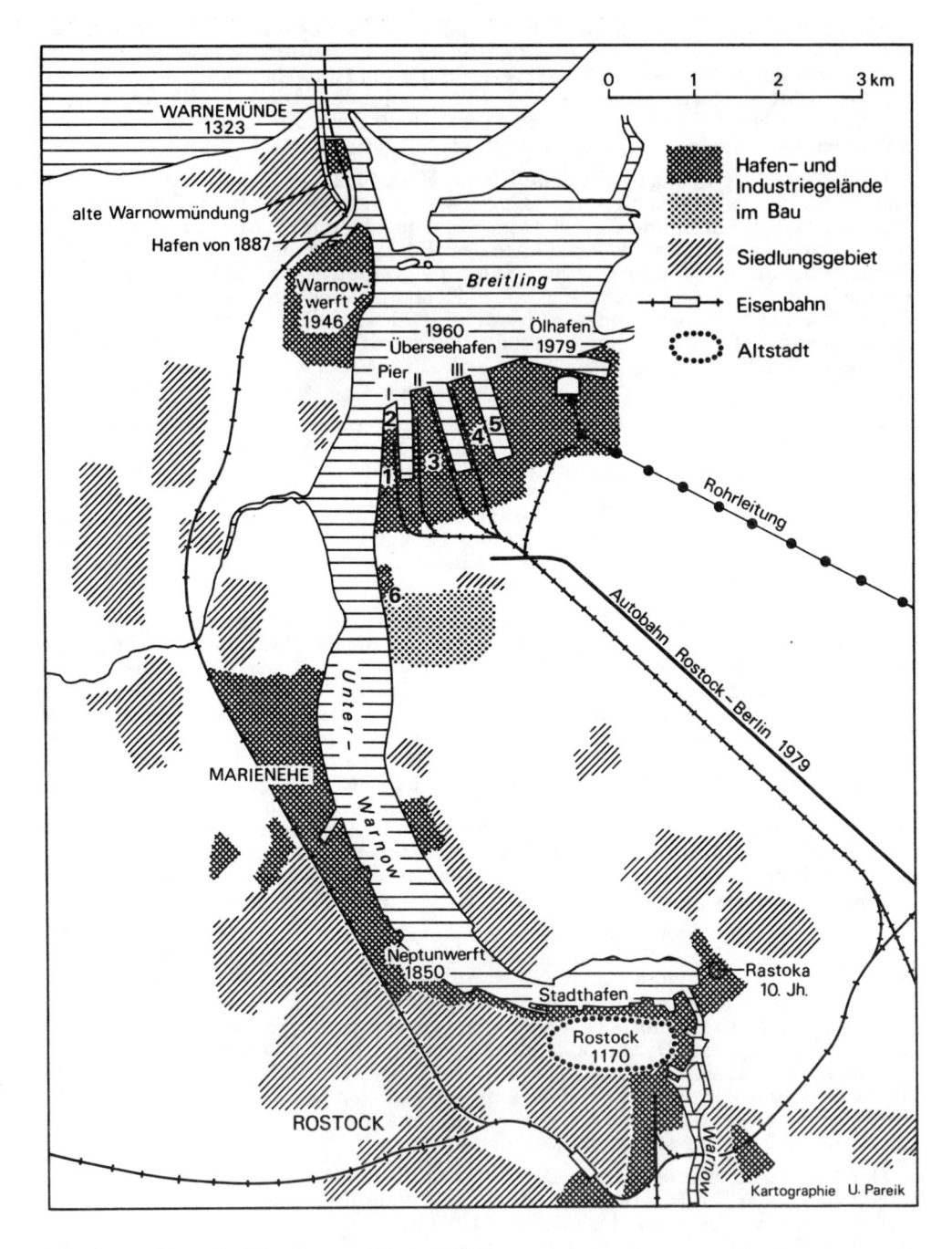

Abb. 2: Rostock - Unterwarnow - Warnemünde
1 Fruchtschuppen - 2 Neue Metallumschlaganlage - 3 Stückgutanlagen - 4 Schüttgutanlage - 5 Getreidehafen - 6 Ro/Ro-Anlage, (Quelle: Kohl, 1981; ergänzt)

die Arbeit wieder auf, sie entwickelte sich zum größten Schiffsbaubetrieb der DDR. Gebaut wurden Küsten- und Seeschiffe, Frachter, Fähr- und Kühlschiffe, zumeist in Serien, wie der Meridian-Typ (10 000 BRT) oder Merkur-Typ (17 800 BRT). Auf dem durch die Flugzeugindustrie geräumten Arado-Gelände in Warnemünde richtete sich 1946 die Warnow-Werft ein. Sie spezialisierte sich - am auf 12 m vertieften Fahrwasser - auf den Bau von Fischdampfern, Loggern, Frachtschiffen, Schwimmdocks, auch eisbrechenden Seefahrzeugen für den Verkehr zwischen Murmansk und Dudinka am Jenissei (GERLOFF, 1984).

2. Rostocks für den Aufbau einer DDR-Handelsflotte und den Export arbeitende Werften werden durch zahlreiche neueingerichtete Industrien unterstützt. Zu den wichtigen Zulieferern gehören ein großes Dieselmotorenwerk, Großbetriebe für die Isolier- und Kältetechnik, für den Bau von Starkstromanlagen und andere Werke, die jeweils über 1 000 Arbeitskräfte beschäftigen. Rostock ist der vielseitigste und unternehmendste Standort der Küstenregion geworden. Neben vielen Zweigen der Seewirtschaft haben hier die Deutsche Seereederei, zentrale Stellen des Überseehandels, der Linienschiffahrt und des Küstenverkehrs ihren Sitz (BENTHIEN, 1967).

3. Auf dem früheren Heinkel-Areal in Marienehe breiten sich die Ausrüstungsbetriebe, Magazine, Reparaturwerkstätten, Kühlhäuser, Salzereien, Räuchereien, Konserven-und Fischmehlfabriken des größten Fischkombinats der DDR aus. Hier ist der Sammel-, Start- und Löschplatz der großen Fischfangflotte der DDR.

4. Die in den ersten anderthalb Jahrzehnten nach 1945 vorgenommenen Wiederaufbauarbeiten in Rostock erweiterten den Radius und Funktionsbereich des zum lokalen Umschlagplatz abgesunkenen Stadthafens beträchtlich, sie rückten Rostock in die Reihe der führenden Ostseehäfen. Wirkungsvoller und in vieler Hinsicht folgenreicher war der Entschluß der DDR, Rostocks Ausbau und Strukturen so zu verbessern und zu differenzieren, daß es zum hochqualifizierten Überseehafen aufsteigen konnte. Man plante anfangs, das östliche Ufer der Unterwarnow als großräumige Seeverkehrsregion auszubauen und vier parallel gelegte Hafenbecken auszuheben. Verwirklicht wurde ein jüngerer Plan (1960), am Südrand der buchtartigen breiten Wasserfläche des Breitling Pieranlagen, Abfertigungskais und Hafenbecken modernsten Zuschnitts einzurichten (BIEBIG, 1977; NIENABER, 1981). 1969 war der westliche neue Hafenteil bereits fertiggestellt, 1979 auch die Umschlaganlagen des Ölhafens (Abb. 2). Hervorragende Lösungen fand man für die Anbindung des neuen Rostocker Hafenbereichs: Zur Ostsee führt eine 7 km lange, 13 m tiefe schnurgerade Fahrrinne, die Schiffen bis zu 80 000 BRT eine gezeitenfreie, ganzjährig nutzbare Passage anbietet. Den Hafen flankiert einer der größten Rangierbahnhöfe der DDR. Seit 1985 ist die wichtige Eisenbahntrasse Rostock-Berlin-Dresden-Bad Schandau an der tschechischen Grenze voll elektrifiziert. Wie in Danzig erreichen oder verlassen 90% der in Rostock umgeschlagenen Güter den Hafen auf der Schiene (in Gdingen sind es 95%, in Stettin 84%). 1979 wurde die Autobahn zwischen Rostock und Berlin fertiggestellt. Nach Schwedt und Leuna führt eine Pipeline. Problematisch ist, daß auch heute noch keine Aussicht besteht, Rostocks Hinterland durch eine Wasserstraße zu erschließen.

5. Rostock schlug 1984 18,2 Mio. Gütertonnen um, in der Einfuhr: Kohle, Erze, Erdöl, Getreide, Futtermittel, Holz, Häute und Felle, in der Ausfuhr: Maschinen, Industrieausrüstungen, Fertigwaren, Zucker, Zement und Kali. Die Einfuhr war größer als die Ausfuhr. Der Container-Umschlag wächst. Eingerichtet wurden Container- und Ro/Ro-Anlagen. Rostock ist ein leistungsfähiger Mehrzweckhafen. Es hat Bedeutung für den Transitverkehr in die CSSR und nach Österreich.

Rostocks Überseehafen ist 7 km^2 groß. Er umfaßt 5 Hafenbecken mit 36 Liegeplätzen (kleinere Schiffe legen auch heute noch im alten Stadthafen an). Rostocks

Hafen hat eine große Zukunft vor sich. Künftige Entwicklungen können auf weiträumige Areale zurückgreifen, wenn der Hafenwasserraum erweitert oder neue Hafenindustrien angelegt werden sollen.

4   STETTIN (SZCZECIN)

Stettin liegt, 65 km von der Ostsee entfernt, am Rande einer Diluvialplatte, die das Oderhaff westlich begrenzt. Aus dem 8./9. Jahrhundert ist eine slawische Fischer- und Handwerkersiedlung überliefert, die sich, von Pomoranen bewohnt, als flußnahe Unterstadt an einen in 25 m Höhe trocken auf dem Moränenrand gelegenen pommerschen Herrensitz anlehnte. Seit 1200 wanderten deutsche Familien in den durch Bischof Otto von Bamberg christianisierten Raum ein. Überwiegend Kaufleute gründeten neben der slawischen Siedlung am Hang eine Stadt, der Herzog Barnim I. 1243 das Magdeburger Stadtrecht verlieh. 1249 schlossen sich die beiden neben der Burg gelegenen Siedlungen zusammen, 1280 wurden sie ummauert, später auch mehrfach durch Wall- und Grabenanlagen gesichert. Nach der Entfestigung der Stadt in den 70er Jahren des 19. Jahrhunderts wurde 1907 die eingeebnete nordöstliche Festungsrampe als öffentliche Haken-Terrasse (nach dem damaligen Bürgermeister so genannt) ausgewiesen. Dieser Standort gewährt einen vorzüglichen Überblick über Stettins gesamte Hafenlandschaft (Abb. 3).

Stettin wurde 1278 Hansestadt und entwickelte sich zu einem der lebendigsten Handelsplätze der Ostsee. Umgeschlagen wurden Wolle, Tuche, Wachs, Honig, Pech und Teer, Kupfer, Zinn und Blei, Hopfen, Bier und Heringe. Im Hinterland kaufte Stettin viel Getreide, das, vielfach in den Mühlen der Stadt gemahlen, in den Handel gelangte. Schon 1299 trieb Stettin einen festen Straßendamm durch die Oderniederung bis nach Damm (Altdamm) am östlichen Ufer. Die Parnitz und Reglitz wurden überbrückt. Zunehmend stieg Stettins Bedeutung als wichtigstes Handelszentrum Pommerns.

Stettins Wirtschaft und Handel mußten sich von Anfang an mit politischen Ansprüchen und Einwendungen auseinandersetzen und auf die Zielvorstellungen einflußreicher Nachbarn und mächtiger Territorien reagieren. Seit dem 13. Jahrhundert behaupteten die pommerschen Herzöge das Recht, in der Stadt Burg- und Schloßanlagen (1346) aufzuführen. Generationenlang hatte Stettin Dänemarks Oberhoheit anzuerkennen. 1648-1720 gehörten Stettin und Vorpommern zum schwedischen Reich. Dadurch gewann die Handelsstadt an der Oder so vorteilhafte neue Umschlag- und Vermittlungsaufgaben zwischen Mittel- und Nordeuropa, daß sich Stettins Bürger tatkräftig wehrten, als 1659 und 1676 kaiserliche Truppen bzw. der Große Kurfürst die Oderfestung zu erobern versuchten, um sie dem Reich oder Brandenburg anzuschließen. 1720 fiel Stettin an Preußen. Die überlieferte alte Bausubstanz wurde durch nüchterne Neubauten verdrängt, so daß "die Stadt der stolzen Schöpfungen einer früheren Glanzperiode entbehrt", wie ALBRECHT PENCK 1887 feststellte. Zusätzliche Wallanlagen verstärkten den Festungscharakter. Stettins Funktionen erweiterten sich durch die Entscheidung, die erfahrene alte Hansestadt als Vorhafen Berlins und beispielgebenden preußischen Seehafen in Wert zu setzen.

Stettins erster Hafen lag am linken Oderufer unmittelbar vor den Stadttoren. Der Fluß war - anders als bei Lübecks Trave - breit genug, um mehrere hölzerne Ladebrücken nebeneinander aufgereiht, in den Strom bauen zu können. Sie wurden schon bald nach 1300 eingerichtet und hießen Schneider-, Fischer-, Küter-, Papenbrücke usw. Eine kaiartige Uferbefestigung wurde erst 1550/70 vorgenommen und 1850 als festeres "Bollwerk" ausgebaut, um nun auch Dampfschiffe anlegen zu lassen.

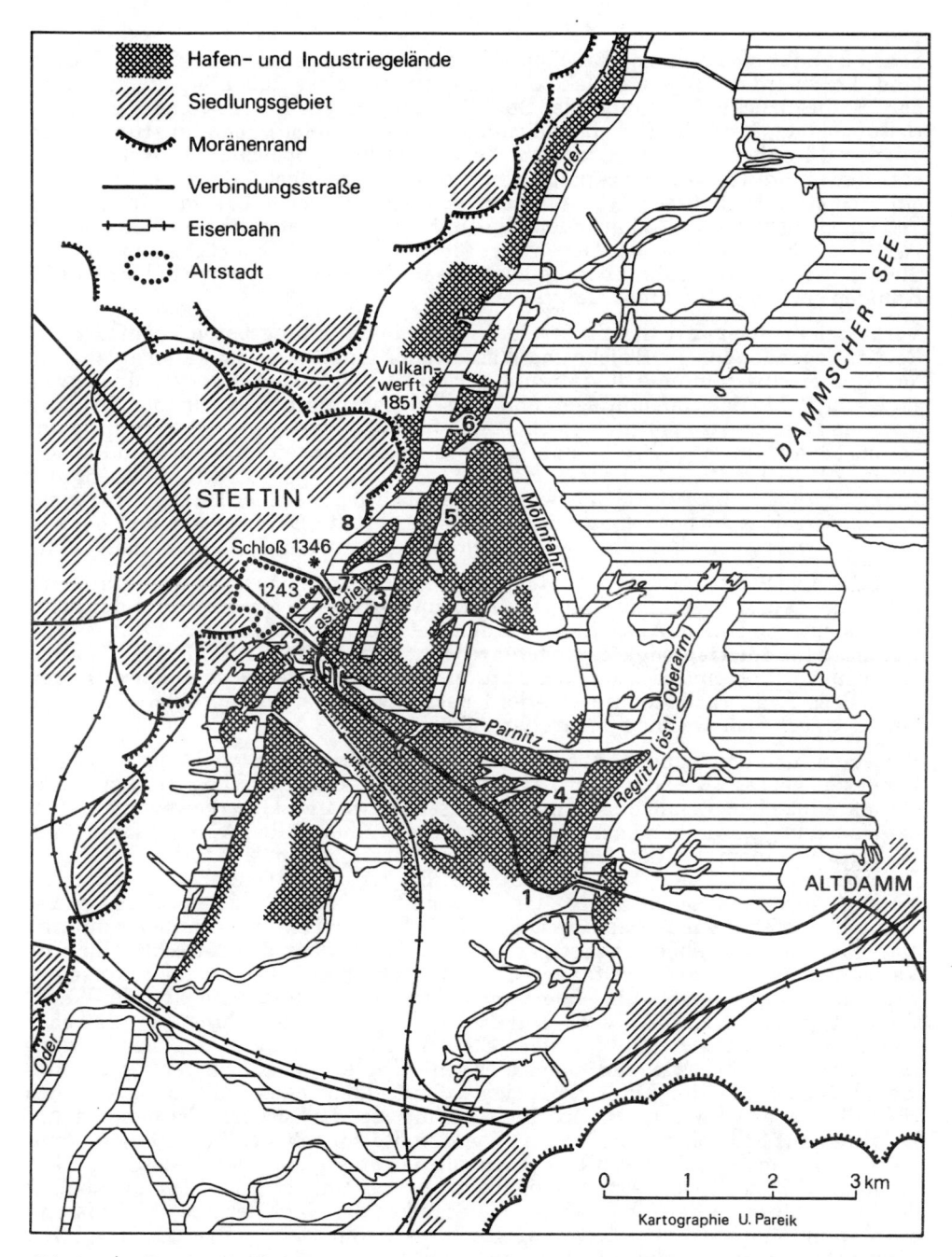

Abb. 3: Stettin und Umgebung
1 Brücken- und Dammstraße nach Damm (1299) - 2 Lastadie (13. Jahrh.) - 3 Freihafenbezirk (1898) - 4 Reiherwerderhafen (1917/19) - 5 Ausbauhafen (1920) - 6 Erschließung nach 1930 - 7 Neue Hochbrückenstraße (1985) - 8 Haken-Terrasse (1907), (Quelle: Heimatatlas, 1926; neue Stadtpläne)

Schon früh führten hölzerne Brücken über die Oder ins gegenüberliegende Feuchtland: 1283 wird die Lange Brücke erwähnt, etwas weiter flußab lag die aufklappbare Baum-Brücke. Gegenüber der Stadt befand sich ein Anlege-, Lade- und Ausrüstungsplatz, Lastadie (lat. lastadicum = Ausladeregion) genannt. Hier legten seit dem 13. Jahrhundert ausländische Frachtschiffe an, Speicher und Wohnhäuser entstanden, um 1325 die Werkplätze von Schiffsbauern, nach 1400 eine Kirche und ein Hospital. 1630 bezog Gustav Adolf den Hafenbereich Lastadie in Stettins Festungsring mit ein. 1823 gründete Stettin hier eine hafennahe Schiffahrtsschule (WEHRMANN, 1911). In der Gegenwart führt eine Oder-Hochbrücke und eine auf Stelzen gesetzte Autobahn über die Lastadie ins heutige zwischen Flußarmen und Kanälen gelegene Hafenzentrum.

Vorausschauend erwarb Stettin bereits 1301 die im Mündungsbereich der Oder und Reglitz liegenden Inseln, Brüche und Wasserläufe, einen zunächst kaum nutzbaren, häufig überschwemmten Alluvialraum, der im 19. und 20. Jahrhundert einen großzügigen Ausbau der Hafenanlagen und Umschlageinrichtungen erlaubte. 1878 zog man den Dunzig-Arm nördlich der Lastadie für die Abfertigung der Seeschiffe mit heran, 1898 wurden im Freihafenbezirk zwei große Becken im Feuchtland ausgehoben, 1917/19 südlich der Parnitz Häfen, Lösch- und Lagerplätze für Massengüter angelegt, 1936 auf der Schlächterwiese gegenüber der Stettiner Hakenterrasse ein Riesen-Getreidespeicher gebaut, der damals der größte Europas war und noch in der Gegenwart zu den auffälligsten Elementen der Stettiner Hafenlandschaft zählt.

1911 übertraf Stettin erstmals den Lübecker Umschlag. 1938 war es nach Hamburg (25,7 Mio. t) und Bremen (9 Mio. t) mit einem Umschlag von 8.2 Mio. t der drittgrößte deutsche Hafen. Ausgeführt wurden Getreide, Kohle, Zement, Fisch, Eisenwaren und Industrieprodukte, eingeführt Holz, Erz, Futtermittel, Kolonialwaren, Sojabohnen. Problematisch war die unzureichende Tiefe der Oder und des Dammschen Sees, Baggerarbeiten waren erforderlich, infolge der ausgeprägteren Binnenlandlage auch mehrwöchige Eisbrecherhilfen.

Der Hafen und der Handel haben Stettins wirtschaftliche Entwicklung seit Jahrhunderten geprägt; die Gunst der Lage und verkehrsgeographischen Ansatzpunkte, die mannigfachen Erfahrungen in der Seeschiffahrt und Güterbewegung stehen dann auch im Hintergrund des bemerkenswerten industriellen Aufstiegs seit 1850. In Bredow, einem an der Oder gelegenen Vorort, nahm 1851 die Werft von Früchtenicht und Brock den Schiffbau auf. Sie ist der Vorläufer der berühmten Vulkan-Werft, die schon 1913 7 000 Beschäftigte zählte und im Bau großer Schnelldampfer und moderner Passagierschiffe Englands weltbekannte Produktion einholte. Wirtschaftliche Schwierigkeiten nach 1918 gaben den Ausschlag für eine Verlegung der Vulkan-Werft nach Hamburg. Dem Schiff- und Maschinenbau widmeten sich auch die Stettiner Oderwerke und die Nüske-Werft. Charakteristisch war für Stettin eine Reihe von Großunternehmen, die Lübecks und Rostocks Industrien übertrafen: Stettins 1896 gegründetes Hochofenwerk führte schwedische Erze und oberschlesische Kohle ein; die Papier- und Zellulosefabriken der Feldmühle stützten sich auf mitteldeutsches und skandinavisches Holz, die großen Ölmühlen auf überseeische Importe, die Zuckersiedereien u. a. auf Zufuhren aus Schlesien. Das Stoewer-Werk stellte zunächst Nähmaschinen, dann Fahrräder und Schreibmaschinen, schließlich Autos gehobener Klasse her. Die Mehrzahl der Industrien legte sich bandartig an das Oderufer nördlich und südlich der Stadt. Einzelne Betriebe wählten als Standort die Nähe der Seeschiffkais und eine Anknüpfung an das weitverzweigte Eisenbahnnetz im jungen, alluvial von West nach Ost ausgreifenden Hafenraum (Abb. 3).

Der Zweite Weltkrieg hat Prozesse in Gang gesetzt und Umbrüche bewirkt, die Stettins Gestalt und Struktur, Beziehungsgefüge und funktionalen Auftrag umfassend veränderten. Während des Krieges erlebten Stettins Stadt, Hafen- und Industrieanlagen wiederholt Luftangriffe, besonders 1944. Im März / April 1945 brachten die Kämpfe zu Lande weitere schwere Zerstörungen. Bei Kriegsschluß lagen 75 % der Stadt in Schutt und Asche. Im Juli 1945 wurde Stettin polnisch. Für die ausgewiesene deutsche Bevölkerung zogen Polen und Ukrainer in die Stadt, ein Drittel kam aus Ostpolen, die anderen vorwiegend aus Zentralpolen.

1. Als erstes stellte sich die Aufgabe, die schwer verwüsteten Stadt- und Hafenbereiche wiederaufzubauen. Die Räumung der Oder, Wasserläufe und Hafenbecken war mühsam, die Rekonstruktion der Kaianlagen und vernichteten technischen Einrichtungen ein besonderes Problem. Die Erneuerung der Brücken und Verkehrswege, Speicher und Lagerhallen, Werksgebäude und Wohnungen war kostspielig und schwierig. Es gelang den Polen, in wenigen Jahren die Grundstrukturen der Stettiner Hafenlandschaft zu sichern und zu vervollständigen.

2. Nicht weniger wurden Stadt und Staat gefordert, Stettin in kurzer Zeit als leistungsfähigen polnischen Ostsee- und Überseehafen (HEECKT, 1968) in Wert zu setzen. Erfahrungen im Hafenbau hatte der jahrhundertelange binnenländisch orientierte polnische Staat bisher nur in Gdingen (Gdynia) gesammelt. Übergangslos war er nun Anlieger einer Hunderte von Kilometern langen Meeresküste geworden. Die an Stettin gestellten Ansprüche verlangten nach raschem Ausbau der Hafen- und Industriekapazitäten. Rund 100 neue Kaikräne waren zu installieren, Schwimmkräne bereitzustellen, bisher wenig genutztes Weideland aufzuschütten, zusätzliche Hafenareale zu erschließen, fortschrittliche Umschlaganlagen zu planen wie einen modernen Ro/Ro- und Container-Terminal auf dem Grabower Werder (Ostrów Grabowski) westlich der Möllnfahrt (Przekop MieleNski), das Netz der Hafeneisenbahnen zu erweitern (WOJEWÓDKA, 1981). Zwischen der Parnitz und Möllnfahrt, auch weiter nördlich, stehen zwischen der Oder und dem Dammschen See (Jezioro Dabie) noch ungenutzte große Werder-Flächen für eine Hafenausweitung zur Verfügung. Diese Raumreserven sind, so kostspielig auch die Erschließung alluvialen Feuchtlandes ist, ein großes Potential Stettins!

3. Nachfolgerin der früheren Vulkan-Werft wurde die Werft A. Warski, die drittgrößte Polens. Sie baut Stückgutfrachter, Massengutschiffe (bis zu 32 000 tdw), Chemietanker, Fährschiffe (IWERSEN, 1980). Stettins fast 100 Jahre alte Hütte ist die einzige an der polnischen Ostseeküste. Der bei Pönitz gebauten Erdölraffinerie haben sich Chemieproduktionen und Düngemittelfabriken angeschlossen. Stettins Industrien gliedern sich in fisch- und holzverarbeitende Betriebe, elektrotechnische und keramische Werke, Textilfabriken und Nahrungsmittelproduzenten.

4. Stettin und Swinemünde (Świnoujście) bilden eine Seehafengemeinschaft. Der Güterumschlag Swinemündes wird in den Statistiken in den Zahlen Stettins mitberücksichtigt. Stettin läßt sich durch große vollbeladene Schiffe infolge mäßiger Wassertiefe im Haff und auf der Oder nicht erreichen. Sie leichtern in Swinemünde, das sich seit dem 18. Jahrhundert immer nachdrücklicher zum Vorhafen Stettins entwickelt. 1743 wurde der ursprünglich slawisch besiedelte Ort Swine auf der Insel Usedom als preußische Hafenstadt eingerichtet, das Fahrwasser vertieft, 1880 Usedoms Südspitze durchschnitten, um in dem angemessen vertieften Seekanal "Kaiserfahrt" sicherer ins Oderhaff zu gelangen. Nach schweren Kriegszerstörungen wurde Swinemünde neu aufgebaut und speziellen Diensten zugewiesen: 1968 Einrichtung von Swinoport II als Kohleverschiffungsanlage, Abfertigung von 100 000 BRT großen Massengutfrachtern; 1980 Fertigstellung von Swinoport III für den Apatit- und Phosphatumschlag; Planung und Bau von Swinoport IV als Anlandeplatz für Erze. Swinemündes Funktion als Fährhafen spiegelt sich in den regelmäßigen Verbindungen nach Ystad, Felixstowe und Kopenhagen und dem Einsatz einer Eisenbahnfähre. Mit modernen Umschlageinrichtungen ausgerüstet und einer heutigen Wassertiefe von 12 m bewährt sich Swinemünde als profilierter Ostseehafen. Aus der bisher so erfolgreichen Kooperation mit Stettin läßt sich auf

die Schwergewichte und Konturen künftiger Entwicklungen dieses modellhaften Vorhafens schließen.

Der Umschlag der Seehafengemeinschaft Stettin-Swinemünde (Tab. 1) übertraf 1980 den Stettiner Umschlag des Jahres 1938 um das dreifache. Stettin liegt heute im Ostseeraum an der Spitze aller Seehäfen. In seinem Gesamtumschlag des Jahres 1984 (23,3 Mio. t) hatten Kohle (11.4 Mio. t), Eisenerz (4,2), Stückgut (3,7), Erdöl (0,9) und Getreide (0,8) den größten Anteil.

5. Im Gegensatz zu Lübeck und Rostock liegt Stettin an einem tief ins Binnenland führenden Strom. Die Nutzung der Oder als Schiffahrtsstraße ist jedoch schwierig: ihr Gefälle ist gering, die Versandungsgefahr groß, die Wassertiefe unzureichend und die Wasserführung unregelmäßig, Eisblockade nicht selten. Der Oder-Spreekanal und Oder-Havel-Kanal lassen den Einsatz von 1 000 t-Kähnen zwar zu, die Oder nur 400 t- Schiffseinheiten (BUCHHOFER, 1981). Dabei könnte die Oder als leistungsfähiger Transportweg für Kohle, Erze, Getreide, Chemikalien, Düngemittel, Kalk und Steine wichtige Aufgaben in der polnischen Wirtschaft erfüllen, vor allem das Bergbau- und Industrierevier Oberschlesien (GOP) stärker mit dem Hafen-Doppelgespann an ihrer Mündung verbinden.

Auch für die Bewältigung des über Stettin laufenden Transitverkehrs, der den Danzigs um das Doppelte übertrifft (HANKE, 1985b), wäre ein besserer Ausbau der Oder angezeigt. Jährlich schlägt Stettin im Transitverkehr 2,5 bis 3,5 Mio. t um, vorwiegend für die CSSR, auch für die DDR und Ungarische VR.

5 DANZIG (GDAŃSK)

Zu den physisch-geographischen Grundlagen der Danziger Stadt-, Wirtschafts- und Hafenlandschaft gehören der Rand und Steilabfall der von Bächen aufgeschnittenen pommerschen Diluvialplatte des aufgefüllten Weichselhaffs, das Dünenband der Danziger Nehrung, die Mottlau, westliche Weichsel und Danziger Bucht. Sie wurden im Zuge der Danziger Entwicklung in unterschiedlicher Weise in Wert gesetzt, sie spiegeln sich in der Gegenwart in der Gestalt und Struktur der räumlich stark ausgreifenden Stadt und ihrer Hafenanlagen.

Die archäologische Forschung der letzten Jahrzehnte - ermöglicht durch die kriegsbedingte Zerstörung und Abräumung der alten Innenstadtbereiche - hat deutlich gemacht, daß sich neben einer an der Mottlaumündung gelegenen slawischen Burg zwei oder drei Siedlungszellen entwickelten, bewohnt von Pomoranen, Kaschuben und Pruzzen, wahrscheinlich auch einigen Nachkommen der Wikinger, die um 900 in Truso bei Elbing einen ostseenahen Handelsplatz unterhielten, der ähnlich bedeutend war wie Haithabu, Jumne (Jumneta, Jomsburg) auf Wollin in der Odermündung oder Birka. Als älteste Namen Danzigs werden Gyddanycz und Kdanze überliefert. Im 10. und 11. Jahrhundert lebten dort Fischer, Handwerker, Händler und Dienstleute der Burg (HANKE, 1985a).

Von den Herzögen Pommerellens gerufen, ließen sich 1178 deutsche Kaufleute neben dem slawischen Markt nieder. 1184 gründete Herzog Subislaus I. in Danzigs Nähe das Zisterzienserkloster Oliva, das sich um die Erschließung des gesamten Raumes verdient machte. 1224 genehmigte Swantopolk den Kaufleuten, an der Mottlau eine deutsche Stadt einzurichten. Sie erhielt 1236 das Lübecker Stadtrecht, an dessen Stelle 1309 das Kulmische Recht rückte. 1240 wurde mit dem Bau der Marienkirche, der deutschen Pfarrkirche, begonnen. 1358 als Hansemitglied aufgenommen, trat Danzig an die Spitze der preußischen Hansestädte Elbing, Kulm, Thorn, Königsberg und Braunsberg. Der Handel half, wirtschaftliche und politische Zusammenhänge herzustellen. Danzig wurde der einflußreichste Platz in der östlichen Ostsee. Sein Getreide-, Holz-, Bernstein- und Salzhandel war im 13. und 14. Jahrhundert bedeutend. Förderlich waren die Kontakte mit dem Deutschen Orden, der von 1308 bis 1454 eine Ordensburg in Danzig unterhielt. Die vom Orden ins Land gerufenen bäuerlichen Kolonisten und die landwirtschaftlichen Großbetriebe der Ordensdomänen steigerten den Anbau von Getreide, das über Danzig und Lübeck nach Westeuropa umgeschlagen wurde.

Als unternehmende, geschäftige, zielbewußte Handels- und Hafenstadt erlebte Danzig eine glänzende Entwicklung. Die ursprünglichen Siedlungskerne an der Mottlau, die Altstadt und die Rechtstadt wurden im Lauf der Jahrhunderte durch die Neustadt, Vorstadt, Niedere Stadt und Jungstadt erweitert. Der engere Zusammenschluß aller städtischen Regionen (1457) ließ Danzigs handelpolitisches Ansehen und wirtschaftliches Gewicht noch wachsen. Ausdrucksstark und sinnfällig war das harmonische Bild der städtischen, in Backstein aufgeführten Architektur, der Mauern, Tore, Türme, in ihren Formen und Abmessungen großartigen Kirchen und Profanbauten, schmalen, giebelständigen, dreifenstrigen, die Vertikale betonenden Patrizierhäuser, Handwerkerquartiere und Speicher.

Im 16. und 17. Jahrhundert erreichten Danzigs Handel und Umschlag einen weiteren Wertzuwachs. Das städtische Handwerk und Gewerbe fundierten sich. Die Radaune und vom Diluvialrand herunterführende kleine Flüsse wurden aufgestaut, um Mühlen und Wasserwerke zu speisen. 1600 übertraf Danzigs Einwohnerzahl (60 000) die Warschaus (28 000) und Krakaus (20 000) beträchtlich. 1619-1634 verstärkten Gräben, Wälle und Bollwerke den Schutz der Stadt. Erst 1897 niedergelegt, bewahrten sie Danzigs Einheit und Struktur bis zum Beginn des 20. Jahrhunderts. Dann erst faßten Danzigs Wirtschaft, Hafen und Wohnungsansprüche in stärkerem Maße im Umland Fuß.

Danzigs Entwicklung vollzog sich unter wechselnden politischen Bezügen und Verflechtungen. Anfangs waren die Entscheidungen und Zugeständnisse der Landesherren, besonders der Herzöge Pommerellens, am Stadtaufbau und der Ausweitung von Handel und Umschlag beteiligt. Die Verbindungen mit dem Ordensstaat stärkten Danzigs Funktionen. Der Orden vergab als unumschränkter Grundherr wichtige Niederlassungsrechte, seine starke Position trug zur Ausweitung des Danziger Wirtschaftsraumes bei. Danzig scheute aber auch den Widerspruch nicht, wenn seine Handelsfreiheiten in Gefahr waren, geschmälert zu werden.

Nach 1454 nahm Danzig die Schutzhoheit des Königs von Polen an, um sich als Handelsstadt über die Grenzen hinweg frei zu entfalten. Im Interesse seiner territorialen Unabhängigkeit entschied es sich für eine ausgeglichene Politik zwischen den Nachbarstaaten. Danzig durfte - wie einst Venedig - eigene Gesandtschaften im Ausland unterhalten, selbst Münzen prägen, seine eigene Flagge führen. Als weltaufgeschlossene Handelszentrale war es bereit, Engländer, Niederländer, Dänen und Schweden aufzunehmen und sich mit fremden Kultureinflüssen und Lebensstilen auseinanderzusetzen. Mit Polen wirkte man bis zu den polnischen Teilungen ökonomisch und handelspraktisch eng zusammen.

1793 gelangte Danzig zu Preußen, dem es nach der napoleonischen Zeit 1814 neuerlich unterstellt wurde. 1878 wurde Danzig Hauptstadt der Provinz Westpreußen. 1920 erhielt es als Freie Stadt eine eigene Verfassung und Münzhoheit unter Bürgschaft des Völkerbundes. Polen wurde im Danziger Raum die Zollhoheit, ein Freihafen, die Westerplatte, Mitbesitz an den Eisenbahnen und das Recht zur Danziger Auslandsvertretung zugesprochen. Von 1939 bis 1945 wurde Danzig dem Deutschen Reich eingegliedert, seitdem gehört es zu Polen.

Danzigs Altstadt und erster Hafen liegen sechs Kilometer von der Ostsee entfernt. In slawischer Zeit hatten die Anlegeplätze an der Mottlau und, früher noch, an einem hier einmündenden kleinen Nebenfluß, dem Schidlitzbach, ihren Platz. Die deutschen Kaufleute wählten als Stadthafen die Mottlau nahe ihrer Einmündung in die Weichsel. Die Schiffe wurden längsseit an den befestigten Ufern vertäut. Die

Mottlau wurde anfangs auf 2,5 m vertieft, später auf 4,5 m Tiefe ausgebaggert. Noch 1894 fuhren einzelne seegängige Handelsschiffe bis an die Altstadt heran.

Die von zwei Flußarmen umspannte Mottlau-Insel (Abb. 4) nahm Danzigs Holzlagerplätze und Speicherviertel auf. Man konnte an allen Uferstrecken der Speicher-Insel löschen und laden. Danzigs Hafen war die Lebenszelle der Stadt. Hier trafen Einheimische und Fremde, Seeleute und Kapitäne, Kaufleute und Händler, Handwerker und Fischer, polnische Getreideschiffer und Fuhrleute zusammen. Hier begannen und endeten die Seereisen, die in den Ostseeraum, in die Nordsee, an Englands und Flanderns Küsten und in die Biskaya führten.

So wie Lübeck und Rostock schon im frühen Jahrhundert die Mündungsräume der Trave bzw. Warnow in ihre Hand brachten, baute Danzig zur Sicherung der Weichselmündung 1587 die Festung Weichselmünde, deren Grabenring und Bastionen noch in der Gegenwart prägnante Elemente der heute stark ausgeweiteten Hafenlandschaft sind (Abb. 4 verweist in Ziffern, hier (1), auf eine Reihe wichtiger Positionen).

Danzig mußte für seine Schiffahrt vor allem das schwierige Weichsel-Fahrwasser in Ordnung halten. Schon 1696 wird an der Weichselmündung ein 'Neues Fahrwasser' (Abb. 4 (2)) gegraben, dieser Lauf 1717 verbessert und 1772-1807 vertieft. 1847 schließt man die alte Weichselmündung, das Nordergatt, wegen ständiger Versandung. Meeresströmungen hatten auch seit 1600 die Westerplatte aufgebaut.

1840 schaffen sich Hochwasser des westlichen Weichselarms einen neuen Ausgang ins Meer: Sie durchbrechen den Dünengürtel bei Neufähr, nordöstlich von Danzig. Der an Danzig vorbeiführende Weichsellauf verkümmert, er wird schließlich durch Schleusen gesperrt und heißt fortan Tote Weichsel. Diesem ersten gravierenden Einschnitt in den bisherigen Weichselabfluß folgt ein halbes Jahrhundert später eine zweite durchgreifende Korrektur: 1895 wird das Nehrungsband zwischen dem Danziger Werderland und der Ostsee bei Schiewenhorst, noch weiter im Osten, künstlich durchstoßen, um das Weichselwasser ohne Abzweigung nach Westen unmittelbar ins Meer zu führen. Dadurch verlor Danzig die unmittelbaren Kontakte zur - durch Strömung, Wind und Wetter kräftig bewegten - Weichsel, die jahrhundertelang Danzigs Seeverkehr trug (CREUTZBURG, 1936).

Seit Mitte des 19. Jahrhunderts war der Tiefgang der Seeschiffe so stark gewachsen, daß Danzig zu erwägen hatte, seinen Haupthafen an der Mottlau durch moderne Ausbauten weichselabwärts zu ergänzen. 1879 hob man westlich Neufahrwasser ein großes Becken aus, das als Freihafen eingerichtet wurde (Abb. 4 (3)). 1901-1903 erfolgte die Umgestaltung eines ehemaligen Weichselarmes, der Schuitenlake, zum Kaiserhafen (Abb. 4 (4)), dessen Flanken Lagerplätze wurden. Die vom Weichselwasser umspülten Grünlandbereiche der Insel Holm boten sich 1925 für die Aushebung von Hafenbecken und die Anlage weitflächiger Holzstapelplätze an (Abb. 4 (5)).

Nach 1920 waren Polen an den Hafenentscheidungen Danzigs beteiligt. Sie richteten an der ihnen zugesprochenen Westerplatte ein Munitionslager und einen kleinen Vorhafen ein. 1929 wird südlich des ehemaligen Forts Weichselmünde ein polnischer Massenguthafen (Abb. 4 (6)) ausgehoben und mit einem eigenen polnischen Eisenbahnanschluß versehen. In diesen Jahren war Polen außerdem bereits dabei, in Gdingen (Gdynia) einen leistungsfähigen eigenen Hafen auszubauen (QUADE, 1932).

1938 bestimmten Danzigs Umschlag (Tab. 1) in der Ausfuhr: Kohle, Holz, Getreide, Koks, vornehmlich Massengüter, die nach England, Holland, Belgien, Frankreich verschifft wurden; in der Einfuhr standen Erze, Düngemittel, Heringe, Salz und Fertigwaren an der Spitze. In Danzigs industriellem Sektor hatten Werften großes Gewicht (WOJEWÓDKA, 1979). Die Werft von Johann W. Klawitter baute seit

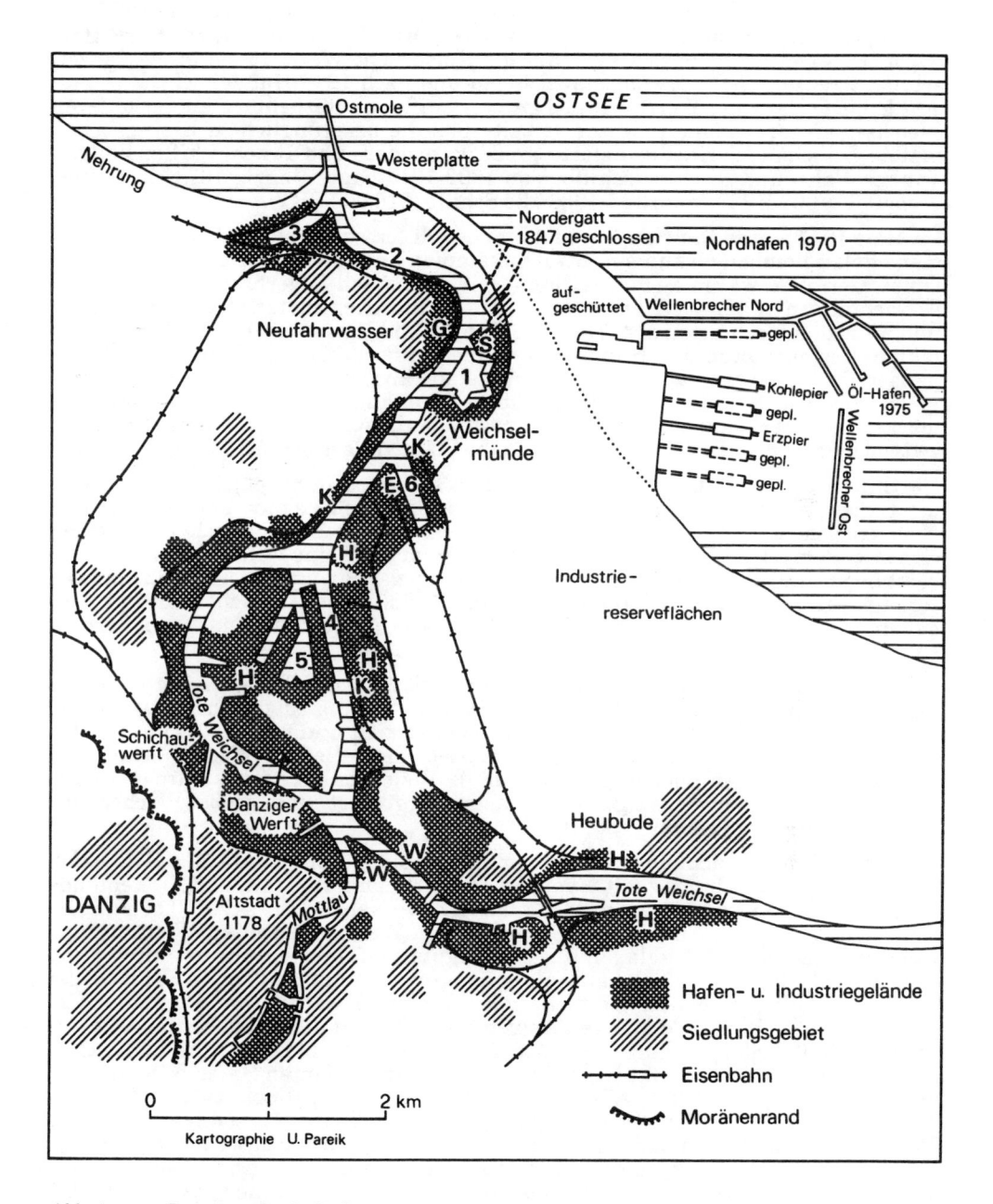

Abb. 4: Danzig und sein Hafen
1 Festung Weichselmünde (1587) - 2 Neufahrwasser (1696) - 3 Freihafen (1879) - 4 Kaiserhafen (1903) - 5 Holmhafen (1925) - 6 Massenguthafen (1929), E Erzkai, K Kohlekai, G Getreidekai, H Holzlager, S Schwefelkai, W Werft
(Quelle: Creutzburg, 1936; Wojewódka, 1978; neue Stadtpläne)

1827 hölzerne Segelschiffe, seit 1855 dampfgetriebene Frachtschiffe. Bis 1865 war Danzig der Hauptstützpunkt der preußischen Ostseeflotte; aus einem Korvettendepot (1844) entwickelte sich seit 1871 die Kaiserliche Werft, in der große Panzerschiffe, Kreuzer, U-Boote vom Stapel liefen und nach 1918 Handelsschiffe gebaut wurden. Die Danziger Werft war das größte Schiffbauunternehmen an der unteren Weichsel. In ihrer Nähe produzierte seit 1892 die ursprünglich in Elbing beheimatete Schichau-Werft. Sie lieferte große Passagier- und Frachtschiffe, Bagger, Tanker, Fähr- und Fischereischiffe. Von 1892-1914 baute Danzig 167 Schiffe (insgesamt 303 000 BRT), von 1922-1939 128 Schiffe (310 000 BRT).

Im März 1945 wurde Danzigs Alt- und Innenstadt schwer zerstört, 90 % der Bausubstanz fielen Bombenwirkungen, Straßenkämpfen und flächenhaften Bränden zum Opfer. Getroffen waren auch der Hafen, seine Kais und Lagerhäuser, technischen Einrichtungen und Industrien. Wracks, versenktes Kriegsmaterial, Kraftfahrzeuge und Munition blockierten die Weichsel, Kanäle und Wasserläufe. Polnische Architekten, Restauratoren und Handwerker haben in beispielhafter Weise die Bürgerhäuser, Profanbauten und Kirchen der Alststadt, auch das charakteristische Hafenviertel um das Krantor wiederaufgeführt. Räumungsarbeiten und Reparaturen machten die Verkehrs-, Hafen- und Umschlaganlagen wieder funktionsfähig. Inzwischen hatte die deutsche Bevölkerung die Stadt verlassen müssen.

Die Sicherung und Entwicklung des Danziger Hafens, sein räumlicher Ausbau und die bemerkenswerte Steigerung seines Umschlags gehören zu Polens stärksten Nachkriegsleistungen. In der Geschichte des Danziger Hafens nach 1945 lassen sich zwei Perspektiven herausheben: Es ging einmal um eine Verbesserung der Einrichtungen und Fazilitäten, um eine Festigung der Strukturen und eine Erweiterung der Funktionen, zum anderen um eine Besinnung auf Danzigs künftige Aufgaben und die damit verbundene Entscheidung für grundlegend neue Formen zukunftsorientierten Hafenausbaus.

1. Seit Beginn der 60er Jahre traten Ausbauarbeiten im nördlichen Hafenbereich in den Vordergrund: um Schiffen bis zu 40 000 BRT Zugang zu gewähren, wurde die Hafenzufahrt Neufahrwasser (Kanal Portowy) vertieft und von 50-70 m auf 150 m verbreitert; moderne Ausrüstung erhielten die Häfen Westerplatte und Władyslawa IV (der ehemalige Freihafen). Viele Hafenbezirke wurden aufgeschüttet und besser befestigt, Kaianlagen vergrößert und große Flächen für Schüttgüter und Holz bereitgestellt.

Am Kanal Portowy richtete man 1973 am Kai Kapitän Ziolkowski einen Fährhafen ein, der Danzig regelmäßig mit Nynäshamn/Stockholm, Helsinki und Travemünde verbindet. In seiner Nähe werden am Oliva-Kai (Nabrz. Oliwskie) Obst und Gemüse umgeschlagen. An der auf 10 m vertieften Weichsel (Martwa Wisla) reihen sich die Lösch- und Ladeanlagen für Massengüter auf. In der Nähe des alten Forts Weichselmünde befindet sich heute einer der größten Schwefel-Umschlagplätze der Welt, am östlichen Kaiser-Ufer (Kanal Kaszubski) werden am Chemiker-Kai (Nabrz. Chemików) große Mengen Apatit und Phosphat ausgeladen, die in Polens Düngemittelfabriken gelangen. Das frühere polnische Massengutbecken (Aleksandra Zawadzkiego) schlägt Kohle und Erze um. Im gesamten Hafen fallen riesige Holzlagerplätze ins Auge. Am westlichen Weichselufer liegt nahe am Kanal Portowy ein leistungsfähiger Getreide-Kai (Nabrz. Zbozowe), südlich davon der Weichsel-Bahnhof-Kai (Nabrz. Dworzec WiSlany), der auch Stückgüter umschlägt. Die Zahl der Stückgutkräne ist in Danzig nicht groß, man findet sie z. B. am Industrie-Kai (Nabrz. Prezemyslowe), einem neu erschlossenen Areal am Kai Kaszubski (HEECKT, 1968; HANKE, 1985b). Von hier wandert der Blick nach Osten über eine flache, vorwiegend als Weideland genutzte, unberührt wirkende Alluvialregion, eine weiträumige Reservefläche für künftige Hafenindustrien.

Danzig verfügt über ein gewaltiges Werftenpotential. Die Danziger Werft und Schichau-Werft wurden 1945 zur Lenin-Werft verschmolzen. Nach schwierigem Neubeginn - erhebliche Zerstörungen, fehlende Fachkräfte - entwickelte sich die Lenin-Werft zur bedeutendsten Polens und einer der größten der Welt. Nach anfänglichem Fischkutterbau und Hilfslieferungen für Polens Industrie stehen heute Stückgut- und Massengutfrachter, Semi- und Vollcontainer, Ro/Ro- und LASH-Schiffe, Fähren, Fischfabriken im Programm. Über 20 000 Arbeitskräfte werden beschäftigt (WOJEWÓDKA, 1979).

Problematisch wird für die Lenin-Werft die Raummenge. Der unmittelbar vor der Danziger Innenstadt gelegenen Großwerft fehlen Ausdehnungsflächen. Erwogen wird der Aufbau einer Zweigwerft vor der Küste im Bereich des Nordhafens. Ein kleineres, am Rand der Westerplatte nach 1945 eingerichtetes Unternehmen, die Nordwerft, baut Fischereifahrzeuge und Spezialschiffe mit Sonderausstattungen. Weltruf haben Polens Yacht- und Bootswerften. Wie die großen Werften liefern sie die Mehrzahl ihrer Neubauten ins Ausland (LESZCZYCKI, 1979). Von 1949-1978 bauten Danzigs Werften 897 Seeschiffe mit einer Gesamttonnage von 4 633 000 tdw.

2. Im Jahre 1970 fiel in Danzig die Entscheidung, den in Jahrhunderten stufenweise gewachsenen Hafen der Stadt in einer einmaligen, ungewöhnlichen und epochemachenden Aktion räumlich umfassend zu erweitern, vorausschauend Voraussetzungen zu schaffen für eine wirksame Erhöhung seiner Dienst- und Umschlagsleistungen und eine nachhaltige Stärkung seiner Funktionen zu garantieren. Für die Realisierung dieses beispielhaften Vorhabens wählte Danzig fortschrittliche Erschließungskonzepte und neuartige Hafenbautechniken. Man verzichtete auf Erweiterungen durch das Ausheben zusätzlicher Hafenbecken oder den forcierten Ausbau der Unterweichsel und eine unverzügliche Vervollständigung ihrer Kai-, Lösch-, Lade-, Sammel- und Speicheranlagen. Auch wurden Arealgewinne durch Einpolderung nicht erwogen. Japanischem Vorbild folgend, gestützt auf die positiven ostasiatischen Erfahrungen in der "Umetate-chi"-Technik, entschied sich Danzig für die Anlage von Hafen-, Abfertigungs-, Umschlag- und Ladeeinrichtungen v o r der Küste (Abb. 4). Flächenhafte Aufschüttungen wurden, am Nehrungsband ansetzend, nach Norden vorgenommen und Hafenpiers kilometerlang in das offene Wasser der Danziger Bucht vorgetrieben.

Bevor Polen an die Verwirklichung heranging, führte das Institut für Wasserbau der Polnischen Akademie der Wissenschaften Modellversuche durch, geologische und hydrographische Untersuchungen erfolgten, Probleme der Umweltbelastung wurden diskutiert (LESZCZYCKI, 1979). Ein Arbeitshafen war einzurichten, um eine Bauflotte zu stationieren, große Mengen an Gesteinsmaterial für das Fundament der langen Piers und Wellenbrecher bereitzustellen, Kieslager anzulegen und Caissons zu gießen, die zu den Anlagen in der offenen See herauszuschleppen waren.

Die vor der Küste nach Anlage eines Rahmens aufgespülten Flächen sind die Basis der auf die Piers herausführenden Eisenbahnen und Förderbänder, sie bieten Freiräume an für die Zwischenlagerung von Kohle und Erz, auch Werkstätten-Standorte für die Unterhaltung der Entfrostungsanlagen und komplizierten technischen Systeme in dem weitgespannten Hafenbereich. Der erste Kohlepier wurde 1974 in Betrieb genommen, bei einer Wassertiefe von 16,5 m können Massenguttransporter von 100 000 tdw abgefertigt werden. Der 1975 fertiggestellte Ölhafen verfügt über zwei große Wendekreise, um Großtanker (150 000 tdw) in 16,5 m tiefem Wasser in die gewünschte Position zu bringen; der erste Erzpier wird seit 1976 angelaufen. Die geplanten Piers sollen u. a. Schwefel, Apatit, Phosphat und Chemikalien umschlagen. Wellenbrecher schützen den Großhafen gegen Wogenschlag, Ost-, Nord-

und Westwinde. Darüber hinaus finden die Schiffsbewegungen in der Danziger Bucht Schutz durch die riegelartig davorliegende Halbinsel Hela.

Aus der Danziger Bucht, die im Mittel 20 m tief ist, führt eine ausgebaggerte, sieben Kilometer lange, 160 m breite und 17 m tiefe Fahrrinne an den Großhafen heran, vor dem eine auf 18 m Tiefe gebrachte Reede die Seeschiffe sammelt (WOJEWÓDKA, 1978).

1975 nahm am Südrand Danzigs eine Ölraffinerie die Produktion auf. Sie wird vom Ölhafen aus durch eine Rohrleitung versorgt. 1976 wurde eine Pipeline von Danzig nach Plock angelegt, wo sie auf die dortige seit 1964 tätige Großraffinerie und die aus Rußland nach Mitteleuropa führende Erdölleitung trifft.

In der Gegenwart ist der Nordhafen die stärkste Drehscheibe des Danziger Umschlags. 1984 schlug Danzig 21,7 Mio. t um (Tab. 1), neben 2,3 Mio. t Stückgütern waren es vor allem Massengüter (Kohle 10,5, Erdöl 3,5, Getreide 0,6, Eisenerz 0,2 Mio. t). Sie liefen vornehmlich über den Nordhafen. In früheren Jahren waren die Anteile an Erdöl, Erzen und Getreide noch wesentlich höher als 1984. Danzigs Containerumschlag ist bescheiden. Wie Stettin schlägt es aber Transitgüter für die CSSR, Ungarn und die DDR, auch für Österreich, Rumänien und Bulgarien um. Erdöl gelangt über die Pipeline nach Plock und teils von hier weiter nach Schwedt. Danzig erfaßt drei Viertel des polnischen Hinterlandes, auch 50 % der oberschlesischen Güterbewegungen. Dabei sind die Leistungen der Binnenschiffahrt auf der Weichsel bescheiden. Wie auf der Oder können hier nur 400 t-Kähne verkehren.

Danzig war in der jüngeren Vergangenheit ein ausgeprägter Ausfuhrhafen. Seit Inbetriebnahme der ersten Anlagen des Nordhafens halten sich die Exporte und Importe Danzigs die Waage.

Danzigs Hafenzukunft verbindet sich mit dem Nordhafen. Erste Planungen machen deutlich, daß die künftigen Aufschüttungen vor der Küste und die daran anknüpfenden, leiterartig angelegten Pieranlagen weiter nach Osten wachsen werden. Danzigs Aufstieg zum führenden Übersee- und Welthafen Nord- und Ostmitteleuropas hat erst begonnen!

Um Danzigs Funktion und Rang als Hafenplatz zu erfassen, sein regionales Gewicht und seine Entwicklungschancen zu würdigen, ist unsere Betrachtung abschließend auf die besondere nahräumliche Situation und Lage zu lenken. Danzig ist das stärkste Glied einer langgestreckten Dreistadt, die den südwestlichen Rand der Danziger Bucht umspannt (Abb. 5). Der Weichselhafen ist eng eingebunden in die Stadtreihe Danzig-Zoppot-Gdingen. Die Städteballung erstreckt sich, 3-8 km breit, auf 60 km Länge von Rahmel (Rumia) im Norden bis nach Praust (Pruszcz Gdański) im Süden. Eine elektrische Schnellbahn verbindet in rascher Zugfolge die heute zusammengewachsenen Stadtregionen. Im Süden Danzigs entfaltet sich eine für 200 000 Menschen berechnete Ausbaustadt, nördlich Danzig präsentiert der seit der Gründerzeit bevorzugte Wohnvorort Langfuhr (Wrzeszcz) noch die Reste damaliger Einzelhausbebauung. Ein Jahrhundert alt ist die Bausubstanz von Zoppot (Sopot), das ursprünglich zum nahegelegenen Kloster Oliva gehörte, im Jahre 1829 Seebad wurde, 1901 Stadtrechte erhielt, ein beliebter Ausflugsort Danzigs war, in den 20er Jahren mit seinem Kurhaus, Spielcasino und der Waldoper auch viele Gäste von außerhalb anzog. Noch in der Gegenwart ist Zoppot ein beliebter Erholungsort; schwer trifft ihn das vor wenigen Jahren verfügte Badeverbot in der Danziger Bucht, deren Wasser durch Schwefel, Phosphat, Quecksilber, Industrie- und Haushaltsabwässer übermäßig belastet ist.

Das Städteband Danzig-Zoppot-Gdingen verdichtet sich rapide; immer stärker füllt sich der schmale Streifen zwischen dem Ostseestrand und weiter westlich aufsteigenden Diluvialrand, dessen Aufsiedlung untersagt ist, um eine bewaldete Begleitzone in nächster Dreistadtnähe zu erhalten. Die Anziehungskraft der aufstrebenden Hafen- und Industrieregionen, ihr Bedarf an Arbeitskräften sind aber so groß, daß man begonnen hat, die letzten Freiflächen zwischen den Städten mit vierzehngeschossigen, als 'Wellengebäude' bezeichneten Mietshäusern bisher nie realisierter Länge zu besetzen. Jedes Bauband mißt 900-1 000 m.

Am stärksten wird der langgezogene Städtegürtel durch die junge Hafenstadt Gdingen profiliert. 1922 beschloß Polen, den bescheidenen Fischerort Gdynia zu einem großen Seehafen auszubauen. An den Rest eines alten Urstromtals anknüpfend, wurden in der Niederung in wenigen Jahren große Hafenbecken ausgehoben und 3 Kaizungen, durch kilometerlange Wellenbrecher geschützt, vor die Küste gesetzt (Abb. 5). 1926 erhielt die Neugründung Stadtrechte. Sprunghaft stieg der Umschlag. 1938 schlug Gdingen bereits 9,2 Mio. t um (Tab. 1), darunter waren 7 Mio. t Kohle. Für die Heranführung der polnischen Exportkohle wurde eigens eine Kohlen-Magistrale gebaut (1926), die Gdingen über Bromberg und ZduNska Wola mit Oberschlesien verband. Danzig wurde dabei umgangen. Schon 1934 überflügelte Gdingen die Freie Stadt Danzig im Umschlag.

Seit 1945 sind Danzig und Gdingen eng zusammenarbeitende Partner im gleichen Staatsverband. Man sollte darum ihre Hafenaktivitäten und ihren Umschlag (Tab. 1) seitdem grundsätzlich im Zusammenhang sehen! (MIKOLAJSKI, 1966).

Gdingens auf 12 m vertiefter Hafen ist heute funktionsreich. Er wird von Passagier- und Handelsschiffen angelaufen, er ist ein Zentrum der Fischerei und ein Hauptplatz der Kriegsmarine. Gdingens Werft "Pariser Kommune" (Komuna Paryska) ist eine der größten Polens und eine der modernsten Europas. Gebaut werden Seeschiffe bis zu 120 000 tdw, OBO-Massengutfrachter, Öl- und Flüssiggastanker, Spezialanfertigungen. Gdingens Maschinenbau und Lebensmittelindustrie sind hafenorientiert (HANKE, 1985b).

Der sehr alte, langsam gewachsene, in der Gegenwart mit modernen Konzeptionen räumlich ausgreifende Weichselhafen und die junge, am Zeichenbrett entworfene, politisch begründete und in wenigen Jahren aus dem Boden gestampfte Hafenlandschaft Gdingen liegen in der Luftlinie nur 15 km auseinander. Sie sind ein Hafen-Doppelphänomen besonderer Eigenart und Entwicklung. Man darf sie als modellhafte hafengeographische Erscheinung ansprechen, die nicht ihresgleichen hat.

6 SCHLUSSBEMERKUNG

Wie aufgeführt, gibt es unter den natürlichen Voraussetzungen der Ostseehäfen Lübeck, Rostock, Stettin und Danzig zahlreiche Parallelen. Die physisch-geographischen Konditionen haben von Anfang an die Strukturierung der vier Häfen mitbestimmt. Zu einer Verwandtschaft einzelner Züge trugen auch die umrissenen wirtschaftlichen Verflechtungen und, besonders in der Hansezeit, gemeinsame historische Erfahrungen bei. So erklärt sich bei den Häfen manche Übereinstimmung in ihrer überlieferten Gestalt, ihrer Gliederung und Funktion bis zur Mitte des 20. Jahrhunderts.

Seitdem vollziehen sich in den genannten Häfen durchgreifende Veränderungen, voneinander abweichende Formen der räumlichen Inwertsetzung und unterschiedliche Planungs- und Realisierungsprozesse. Die Strukturen und Funktionen der Häfen wandeln sich, da ihr politischer Rahmen und Hintergrund neu geordnet wurde und ihre Zielsetzungen und praktischen Arbeitsaufgaben nun vorrangig auf die landestypischen Ansprüche und Probleme zugeschnitten sind.

Für das Verständnis der heutigen Erscheinungsformen und Prozeßabläufe in den Häfen der südlichen Ostsee reichen eine ausschließlich naturgeographische Bestandsaufnahme und die Vergegenwärtigung der in der Vergangenheit so spür-

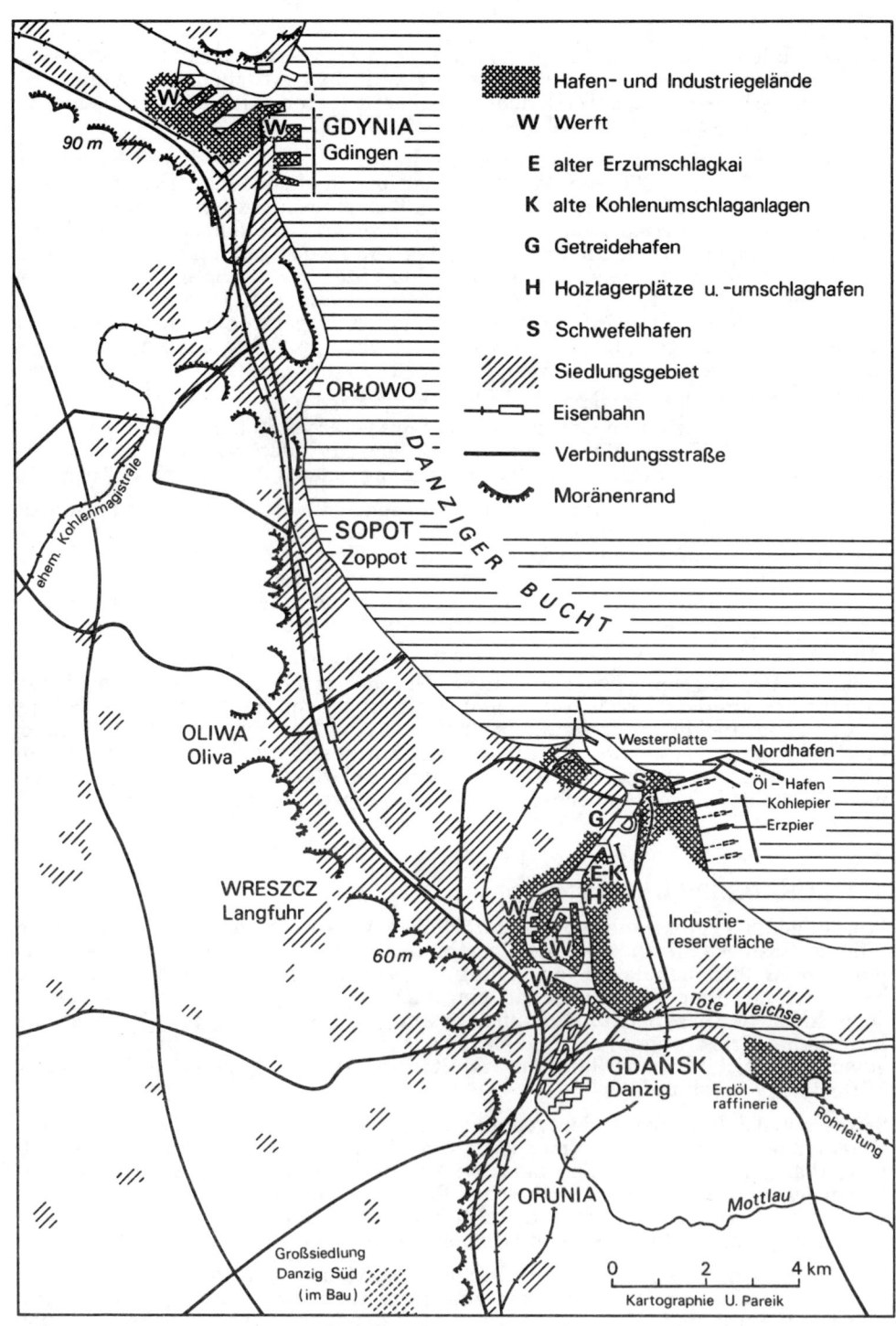

Abb. 5: Dreistadt Danzig - Zoppot - Gdingen
(Quelle: Buchhofer, 1981; ergänzt)

baren Abhängigkeit aller Entscheidungen vom räumlichen Angebot nicht mehr aus. Sollen die komplizierten raumbezogenen Abläufe und Lebensvorgänge gewürdigt, das Wirkungsgefüge einer Kulturlandschaft durchschaut und die funktionale Verflechtung der Einzelelemente und Kräfte beurteilt werden, darf, wie ALBERT KOLB es bei der Erarbeitung des Kulturerdteils Ostasien 1963 formuliert hat, der so schwer berechenbare menschliche Faktor als Gestaltungskraft nicht verkannt werden.

Im hafengeographischen Bereich sind dafür die Wandlungen und Umbrüche in Lübeck, Rostock, Stettin und Danzig ein exemplarisches Beispiel.

LITERATURVERZEICHNIS

BENTHIEN, B. (1967): Die Industrie des Rostocker Raumes. In: Geographische Berichte, 45, 4: 284-298.

BIEBIG, P. (1977): Der Seehafen Rostock. Aufbau-Organisation-Leistung. In: Hansa, 114, 2: 159-162.

BRAUN, W. (1965/66): Zur Stettiner Seehandelsgeschichte 1572-1813. In: Balt. Studien, N.F. 51, 47; 52, 65.

BUCHFÜHRER, G. (Hrsg.) (1963): Die Seewirtschaft der Deutschen Demokratischen Republik. Bd. 1, 1945-1960. Berlin.

BUCHHOFER, E. (1981): Polen. Raumstrukturen-Raumprobleme. Frankfurt am Main.

CREUTZBURG, N. (1936): Atlas der Freien Stadt Danzig. Danzig.

FAHL, J. (1947): Lübecks Strukturwandel von einer Hafen- zu einer Industriestadt von 1862-1933. Lübeck.

FEHRING, G. P. (1980): Zur archäologischen Erforschung topographischer, wirtschaftlicher und sozialer Strukturen der Hansestadt Lübeck. In: Ber. z. Dt. Landeskunde, 54: 133-163.

FUHRMANN, M. (1933): Lübeck. Versuch einer stadtgeographischen Darstellung. Breslau. Geogr. Wochenschr., Beiheft 4.

GERLOFF, J. U. (1984): Die Schiffbauindustrie der DDR - Beispiel erfolgreicher Entw. im Rahmen der sozialistischen ökonomischen Integration. In: Zeitschrift f. d. Erdkundeunterricht, 36, 8/9: 287-294.

HANKE, R. (1985a): Danzig. Eine historische und siedlungsgeographische Skizze. In: Exkursionsführer zum 45. Dtsch. Geographentag. In: Berliner Geographische Studien, 17: 309-340.

ders. (1985b): Der Danziger Hafen. Entwicklungen seit 1945. In: JÄHNIG, B. & P. LETKEMANN (Hrsg.): Danzig in acht Jahrhunderten. Münster: 357-377.

HEECKT, H. (1968): Die Seehäfen in Skandinavien und im übrigen Ostseeraum. In: SANMANN, H. (Hrsg.): Handbuch der europäischen Seehäfen. Band II. Hamburg.

HURTIG, T. (1976): Zur holozänen Entwicklung von Meer und Küste im Bereich des Schorrengürtels vor dem Südgestade des Baltischen Meeres. In: Ber. z. dt. Landeskunde, 50: 1-53.

IWERSEN, A. (1980): Schiffbau und Schiffbestand in den europäischen RGW-Ländern. Hamburg. (HWWA-Institut).

JOHANSEN, P. (1954): Lübecks Anteil an der geschichtlichen Entwicklung der Ostseegebiete. Lübeck.

KELBLING, G. (1971): Die Handelsfunktionen der Lübecker Seehäfen. Hrsg. v. Amt f. Entwicklungsplanung der Hansestadt Lübeck. Lübeck.

KOHL, H., J. Marcinek & B. Nitz (1981): Geographie der DDR. Gotha.

LAFRENZ, J. (1977): Die Stellung der Innenstadt im Flächennutzungsplan des Agglomerationsraumes Lübeck. Hamburg. Hamb. Geogr. Studien, 33.

LESZCZYCKI, S. (1979): Die Seewirtschaft Polens in den Jahren 1945-1975. In: Mitt. d. Österr. Geogr. Ges., 121: 256-270.

LÜTGENS, R. (1934): Die deutschen Seehäfen, eine wirtschaftsgeographische und wirtschaftspolitische Darstellung. Karsruhe.

MIKOLAJSKI, J. (1966): Die Häfen Danzig (Gdansk) und Gdingen (Gdynia). Eine verkehrsgeographische Skizze. In: Zeitschr. f. Wirtschaftsgeographie, 10, 4: 110-116.

MIROW, J. (1978): Die Großhandels- und Fernverkehrsfunktion Lübecks. Ein Vergleich der Entwicklungstendenzen vor und nach dem Zweiten Weltkrieg. In: Ber. z. dt. Landeskunde, 52, 2: 17-33.

NIENABER, K. (1981): Seehafen Rostock. Ausbau-Erweiterung. In: Hansa, 118, 23: 1692-1693.

PLÖGER, P. (1925): Der Lübecker Hafen. Lübeck.

QUADE, W. (1932): Danzigs Hafen und seine Entwicklung. In: Verhandlungen u. Wisss. Abh. d. 24. Dtsch. Geographentages zu Danzig 26. bis 28. Mai 1931. Breslau: 141-161.

SCHAUB, G. (1961): Lübecks Hafen vor und nach dem Zweiten Weltkrieg. In: Hansa, 98: 800-881.

SCHMIDT, G. (Hrsg.) (1966): Der Rostocker Raum, die Stadt Rostock und ihr Hafen. 3 Bände. Rostock.

SLASKI, K. (1973): Die Organisation der Schiffahrt bei den Ostseeslawen vom 10.-13. Jahrhundert. In: Hansische Geschichtsblätter, 91: 1-11.

STANKIEWICZ, J. & B. SZERMER (1972): GdaŃsk. Landscape and architecture of town complex. Warszawa.

VOLL, D. (1983): Rostock - das Tor der DDR zur Welt. In: Praxis Geographie, 13, 6: 22-29.

WEBER, E. (1958): Der Schiffsverkehr, Warenumschlag und Ausbau des Seehafens Rostock-Warnemünde. In: Zeitschr. f. Wirtschaftsgeographie, 2, 7: 193-198.

WEHRMANN, M. (1911): Geschichte der Stadt Stettin. Stettin.

WOJEWÓDKA, C. (1978): Der Ausbau des Hafens von Gdansk/Danzig. In: Hansa, 115, 23: 1999-2002.

ders. (1979): Zur Geschichte der Werften in Danzig und der heutigen Nachfolgewerften im heutigen Gdańsk/Danzig. In: Schiff und Zeit, 9: 6-15.

ders. (1981): Hafen Szczecin-Swinoujście. In: Seewirtschaft, 13: 254-258.

BALLUNGSTENDENZEN IM ZENTRALRAUM KÄRNTENS (ÖSTERREICH)

von

Herbert Paschinger, Graz

SUMMARY: Trends Toward Population Concentration in Carinthia's Central Region; Austria

Agglomeration Tendencies in the Central Area of Carinthia (Austria). This paper is supposed to work out the main conurbation of the four oldest and most important towns in the central area of Carinthia: Villach, St. Veit, Völkermarkt, Klagenfurt. These towns and their surrounding communes are investigated with reference to certain conurbationindices during the period from 1971 to 1981 such as population increase, net gain and net loss by migration, the commuters' share to the total number of persons employed in the commune, the share of persons employed in the public services sector to the total number of persons employed, and the rise of the number of buildings. Klagenfurt which is the capital of the federal country and its area tremendously surpass the three other areas in every aspect mentioned above. It represents the **one** Conurbation in the Carinthian central area, the role of the public services sector is the determining factor.

ZUSAMMENFASSUNG

Die Darstellung hat die Aufgabe, unter den vier ältesten und bedeutendsten Städten des Kärntner Zentralraums (Villach, St. Veit, Völkermarkt, Klagenfurt) das Hauptballungszentrum herauszuarbeiten. Dabei werden die Städte und ihre Umgebungsgemeinden hinsichtlich bestimmter Ballungsanzeichen im Zeitraum 1971/81 behandelt. Solche sind die Zunahme der Bevölkerung, die Wanderungsbilanz, der Anteil der Auspendler an den Beschäftigten der Gemeinden, der Anteil der in Diensten Beschäftigten an der Arbeitsbevölkerung und die Zunahme der Gebäude. Der Raum Klagenfurt (Landeshauptstadt) überragt in allen Fällen die drei anderen Räume bei weitem und ist **das** Ballungszentrum als attraktivster Wirtschaftsraum Kärntens. Dabei gibt die Entwicklung der Dienste den Ausschlag, während die Verkehrslage und der Fremdenverkehr kaum Einfluß auf die Entwicklung nehmen. Das inneralpine Becken Kärntens (Fläche 1 720 km^2) nimmt eine besondere Stellung in den Alpentälern ein, da sich hier seit jeher wichtige Verkehrswege kreuzen und sich die wirtschaftlichen Belange zusammendrängen. Das Becken war bereits in vorrömischer Zeit Mittelpunkt eines bedeutenden keltischen Reiches und bot seither immer dem politischen Zentrum des Landes Raum (PASCHINGER, H., 1970). Vermöge seiner Größe und seiner ungefähren Dreiecksgestalt entwickelten sich an den wichtigen Knoten die auch heute bedeutenden Orte: An der W-E-gestreckten Mittellinie des Beckens die Städte Villach (52 692 E.), Klagenfurt (87 321 E.) und Völkermarkt (10 834 E.) und an der nach N gerichteten Spitze des Dreiecks St. Veit a.d. Glan (12 007). Es handelt sich um eine polyzentrische Städtelandschaft.

Jede dieser Städte hatte und hat ihre Bedeutung. Alle liegen in hervorragenden Verkehrsknoten, deren Bedeutung sich allerdings im Laufe der Jahrhunderte geändert hat. Jedenfalls hatten alle vier Orte die natürlichen Grundlagen und Möglichkeiten, Zentrum und Ballungsraum Kärntens zu werden.

Der wichtigste Verkehrsknoten war und ist Villach. Hier kreuzen sich die uralten Verkehrswege Bayrisch-Salzburgisches Vorland - Südosteuropa und Wiener Raum - Italien. Heute zeigt sich diese Verkehrsbedeutung im Schnittpunkt zweier Autobahnen, zweier Hauptbahnlinien und zweier Europastraßen. Überdies öffnen sich je drei Täler von W und E in den Raum Villach und verbinden ganz Kärnten mit ihm. Die Siedlungskontinuität beginnt in der Jungsteinzeit vor 4000 Jahren. Aber eben wegen seiner günstigen Verkehrslage wurde Villach schon 1014 Besitz des Stiftes Bamberg, bei dem es bis 1759 verblieb. Daher konnte es nicht Hauptstadt Kärntens werden und entbehrte des "Hauptstadtbonus". Es hatte aber seit dem 11. Jh. bedeutende Märkte und reiche Handelshäuser. Der Aufstieg Klagenfurts und die Verlegung des Handels zur Adria auf die Straße Klagenfurt-Loiblpaß (Karawanken) brachen die Bedeutung Villachs weiterhin. Erst der Bahnbau (seit 1864) machte Villach wieder zur Drehscheibe Kärntens (MORO, 1940). St. Veit liegt an der wichtigen Verbindung Wiener Raum-Oberitalien ("Schräger Durchgang") dort, wo von ihm die lange Zeit bedeutende Straße über den Loiblpaß nach Triest abzweigt. St. Veit war überdies von 1213 bis 1518 Landeshauptstadt Kärntens, hatte bedeutende Märkte und war Münzort. Es stand aber im Mittelalter immer im Schatten der salzburgischen Orte Friesach und Althofen. Überdies starb das heimische Fürstengeschlecht der Spanheimer 1269 aus und Kärnten kam an landfremde Fürsten, seit 1335 an die in Wien residierenden Habsburger. Ferner verfeindeten sich die Bürger 1514 mit den zur Macht strebenden Landständen, und als diesen Kaiser Maximilian I. 1518 das nur 20 km entfernte abgebrannte Klagenfurt zum Wiederaufbau und zur Befestigung schenkte, wurde dieser Ort als Sitz der Landstände Landeshauptstadt. St Veit blieb klein, Bezirkshauptort des ärmsten Bezirkes Kärntens, in neuer Zeit immer im Schatten Klagenfurts gelegen.

Völkermarkt war von Gründung an landesfürstlich (1090). Es war von größter Verkehrsbedeutung. Hier trafen sich nördlich der Drau vier Straßen, davon zwei wichtige Eisenstraßen, und überschritten gebündelt auf der zweitältesten Draubrücke (1217) den Fluß in Richtung Seebergpaß-Triest. Aber die Stadt verlor durch die Erhebung Klagenfurts (27 km) zur Landeshauptstadt und die Verlagerung des Paßverkehrs zum Loiblpaß, wie Villach, an Verkehrsbedeutung. Zudem wurden die Niederlagsrechte im 18. Jh. aufgehoben und die Eisenbahn 1863 südlich der Drau geführt. Erst die Motorisierung hat Völkermarkt wieder zum Mittelpunkt Ostkärntens gemacht. Eine Tendenz, Landeshauptstadt zu werden, bestand nie.

Auf solche historischen Fragen gingen auch BOBEK und FESL bei den Erwägungen zur Zentralität der Orte ein (1978: 252-253). So verblieb die Stellung als Landeshauptstadt Klagenfurt, was von Bedeutung wurde.

Denn mit dem Sitz der Landstände war die Landesregierung verbunden. Die Bevölkerung nahm rasch zu. Neue Unternehmen entstanden, 1526 wurde die Münze eingerichtet. Spital und Schulen, vor allem eine Adelsschule, eine Landwirtschaftsschule und ein Jesuitenkolleg, entstanden. Klagenfurt war eine Hochburg des Protestantismus und der humanistischen Gelehrsamkeit. Mit der Bildung der Landesregierungen in Österreich 1918 gewannen die Landeshauptstädte noch mehr Bedeutung (BRAUMÜLLER, 1970: 45).

In den folgenden Ausführungen soll nicht den Auswirkungen der Städte auf das Umland, sondern dem Entwicklungsprozeß des Umlandes in seiner Bedeutung für die Stellung der Stadt nachgegangen werden. Es sollen die Ballungstendenzen nicht in den Städten, sondern im Umland herausgearbeitet werden. Die Zahlenwerte entstammen den Volkszählungsergebnissen 1971 und 1981 sowie dem Statistischen Handbuch des Landes Kärnten.

Ein wichtiger Zahlenvergleich ist die Veränderung der Wohnbevölkerung im Zeitraum 1971 bis 1981.

Im Raum Villach, der der Planungsregion Villach entspricht (WURZER, 1979, Abb. 1), das sind Villach und die 7 umliegenden Gemeinden, zeigen sich folgende Ergebnisse: Villach, Finkenstein, Treffen, Ossiach und Steindorf haben eine schwache Zunahme von 0,1 - 5 %, und nur die kleine im E gelegene Gemeinde Wernberg hat eine Zunahme von 10 - 20 %. Weißenstein und Arnoldstein haben eine Abnahme von 0,1 - 5 %. Also im Durchschnitt ein schwach zunehmendes Gebiet. Die Bevölkerungszunahme 1971/81 betrug 2,7 %, sie ging also wenig über die ganz Kärntens von 1,8 % hinaus.

Der Raum von St. Veit a.d. Glan mit 5 Gemeinden zeigt eine Zunahme von 1,2 % die Stadt selbst eine solche von 0,3 % (= 30 Einwohner), der Raum bleibt weit unter der Zunahme ganz Kärntens.

Der Raum Völkermarkt umfaßt 6 Gemeinden. Zwei in den Ausläufern der Saualpe im N gelegene Gemeinden zeigen starken Bevölkerungsrückgang, Völkermarkt selbst mit dem benachbarten Ruden hat 0,1 - 5 % Zunahme (Völkermarkt 2,9 %), und die beiden S der Drau gelegenen Gemeinden St. Kanzian und Eberndorf (Bahnlinie, Fremdenverkehr, etwas Industrie) zeigen positive Werte von 5,1 - 10 %. Der gesamte Raum nahm um 2,6 % an Bevölkerung zu.

Der Raum Klagenfurt entspricht der Planungsregion nach WURZER (1979, Abb. 1) und umfaßt den Hauptort und die anschließenden 12 Gemeinden (5,2 % der Fläche, 21 % der Einwohner Kärntens, 1981), zugleich ein Gebiet hoher Lebensqualität (PALME & STEINBACH, 1978: 12). Dieser Raum zeigt viel stärkere Dynamik als die drei genannten. Die Gemeinden Maria Rain und Ebental haben Zunahmen von über 20 % (Maria Rain 38,6 %), die im E gelegenen Gemeinden Poggersdorf, Magdalensberg und Maria Saal haben Zunahmen von 10-20 %, Keutschach im SW auch 19,6 % und Klagenfurt Stadt 5,4 %. Nur die Wörtherseegemeinden haben schwache Zunahmen oder Abnahme (Kennzeichen der Sättigung durch den Fremdenverkehr und hohe Bodenpreise). Der ganze Raum nahm 1971/81 um 6,8 % an Bevölkerung zu.

Beim Vergleich der Bevölkerungszunahme der vier Räume 1971/81 (2,7; 1,2; 2,6; 6,8) ergibt sich der Raum Klagenfurt als der Ballungsraum. Absolut: Die drei erstgenannten Räume nahmen um 3 125, der Raum Klagenfurt um 7 565 Einwohner zu. Verkehrsstellung und Fremdenverkehr ergaben geringe Zunahme oder Abnahme. In Entwicklung begriffene Fremdenorte zeigen Zunahmetendenz.

Noch krasser zeigen sich die Unterschiede hinsichtlich der Wanderungsbilanz 1971/81 (ein diesbezügliches Kartogramm in FERCHER, UNKART, 1982: 16). Von den 121 Gemeinden Kärntens haben nur 25 eine positive Bilanz, die Wanderungsbilanz ganz Kärntens betrug -1,0 %.

Villach und Treffen hatten einen schwachen Wanderungsgewinn von 3,9 bzw. 3,4 %, die Nachbargemeinde Wernberg einen von 8,5 %. Der Raum St Veit, im Bereich des größten Abwanderungsgebietes Kärntens, zeigt schwache Gewinne und Verluste. Im Raum Völkermarkt sind nur die Gemeinden St. Kanzian und Eberndorf schwach positiv. Völkermarkt selbst hat eine negative Bilanz von 2,7 %.

Um Klagenfurt hingegen sieht es ganz anders aus. Mit den Wanderungen um Klagenfurt hat sich bereits F. ZIMMERMANN beschäftigt (1983). Klagenfurt selbst hatte eine positive Bilanz von 5,8 %. Dies ist erklärlich aus der Tatsache, daß die Stadt noch etwa 560 ha Baulandreserven hat, die 6 000 - 7 000 Bewohner aufnehmen können. Wegen der hohen, von E nach W ansteigenden Bodenpreise siedeln sich sehr viel Zuwanderer und auch Klagenfurter in den Umgebungsgemeinden an (ZIMMERMANN, 1983: 82 - 84). Vor allem der Süden der Stadtumgebung ist wegen

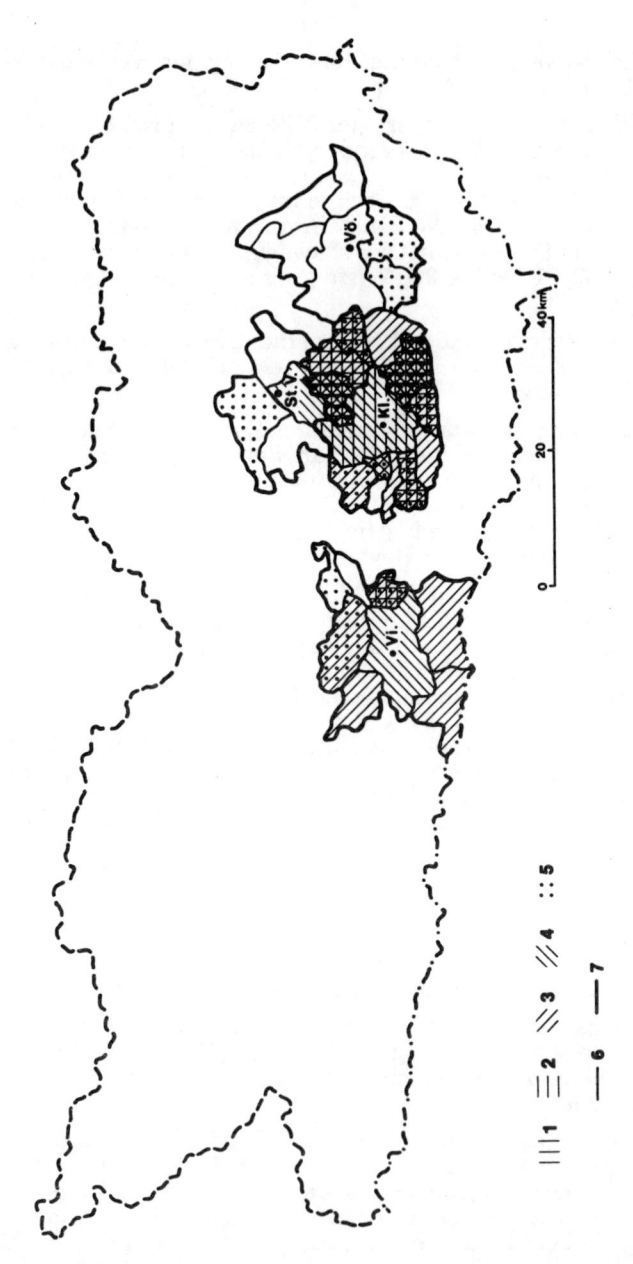

Abb. 1: Kennzeichen der Ballung im Zentralraum Kärtens. Vi = Villach, St.V. = St. Veit a.d. Glan, Vö = Völkermarkt, Kl = Klagenfurt, 1 = Gebiet starker Bevölkerungszunahme von über 10 % 1971/81, 2 = Gebiet starker Zuwanderung von über 5 % 1971/81, 3 = über 60 % der Auspendler gehen in das Zentrum, 4 = Gemeinden (1981) mit Dienstanteil a.d. Arbeitsbevölkerung von über 50 %, 5 = Zunahme der Gebäudezahl 1971/81 um über 30 %, 6 = Gemeindegrenze, 7 = Grenzen der Räume.
Quelle: Amt der Kärntner Landesregierung 1974 und 1982; Stat. Zentralamt Wien 1983 und 1985; Haus- und Wohnzählung 1981.

der Freizeit- und Wohnqualität bevorzugt, wo 50 % der Neusiedler aus Klagenfurt kommen (ZIMMERMANN, 1983: 93). So liegen im E und SE der Stadt drei Gemeinden mit Zuwanderungswerten 1971/81 von 10 -35 %. Auch die anderen Gemeinden haben ansehnliche positive Bilanzen, abgesehen von den alten Fremdenorten am Wörthersee.

Ein Ballungszentrum durch hohe Zuwanderung findet sich demnach nur im Bereiche der Stadt Klagenfurt. Maßgebend für diese hohe Zuwanderung ist auch die Zunahme der Zahl der Arbeitsstätten seit 1971 (Klagenfurt + 11,3 %; Villach -7,9 %). Das Umland von Klagenfurt ist durch Siedlungs- und Industrieflächen begünstigt (FERCHER, P., R. UNKART, 1982: 33 f.).

Kennzeichnend für ein Ballungszentrum ist auch die tägliche Arbeiterwanderung. Villach hatte 1981 10 171 Einpendler. Ein großer Teil davon kam aus vier Villacher Umgebungsgemeinden, 70 - 80 % der Auspendler dieser Gemeinden gehen nach Villach. Die anderen Nachbargemeinden entsandten nur 40 - 70 % ihrer Auspendler nach Villach. Das Villacher Einpendlergebiet ist klein, es reicht in Ausläufern bis Hermagor, Spittal, Feldkirchen und Velden. Aus den meisten Gemeinden Oberkärntens kommen nur wenige Prozent Einpendler.

Das Pendlereinzugsgebiet von St. Veit und Völkermarkt ist klein. St. Veit hat nur 2 727, Völkermarkt 1 314 Einpendler. Ihre Bereiche sind auch Einzugsgebiet der Stadt Klagenfurt.

Hierher pendeln täglich an 20 000 Beschäftigte. Die Stadt umrahmt ein fast geschlossener Ring von acht Gemeinden, aus denen über 80 % der Auspendler nach Klagenfurt gehen. Weitere Gemeinden mit 60 - 80 % schließen an (Volkszählung 1981, Hauptergebnisse II, Kärnten: XXII). Das Einzugsgebiet Klagenfurts reicht über das mittlere und östliche Kärnten, und noch aus den entfernten Gemeinden Metnitz, Lavamünd und Eisenkappel kommen jeweils mehr als 10 % der dortigen Auspendler. Fast 1/4 aller Pendler Kärntens gehen nach Klagenfurt zur Arbeit. Die Stadt ist **das** Einpendlerzentrum Kärntens.

Einzelne Gemeinden Kärntens zeichnen sich durch einen hohen Anteil an im 2. Sektor Beschäftigten an der Gesamtzahl der Beschäftigten aus, wie etwa Althofen, Bleiberg, Ferlach und Radenthein mit je 58 % Anteil. Dies sind Einzelgemeinden, die durch die Nähe von Bergbauschätzen oder hohe Industrialisierung diese Werte erreichen. Es sind nur Ballungen lokaler Art.

Nicht die Industrie, wohl aber die Dienste aller Art (Handel, Verkehr, Geldwesen, persönliche und öffentliche Dienste) bringen Ballungen hervor. Nicht einbezogen in die Dienste werden das Beherbergungs- und Gaststättenwesen, da es nur örtlich und häufig nur saisonal Bedeutung hat und so die Werte verfälscht (BOBEK, H. & M. FESL, 1978: 88).

Eine Häufung von Diensten zeigt ein Ballungszentrum an, insbesondere auch, wenn um das Zentrum herum eine ungewöhnlich hohe Zahl von in Diensten Beschäftigten wohnt.

In Villach gehören (1981) 59 % der Beschäftigten den Diensten an, und im S, E und N der Stadt liegt ein Kranz von Gemeinden mit 40 - 50 % in Diensten Beschäftigten. Die Arbeitnehmer der Stadt St. Veit sind zu 55 % in Diensten tätig, 41 % weist die Nachbargemeinde St. Georgen am Längsee auf. In der Stadt Völkermarkt sind 41 % der Berufstätigen in Diensten beschäftigt, die Gemeinden rundum zeigen geringe Werte. Als Ballungszentrum hebt sich nur die Stadt Klagenfurt mit 64 % in Diensten Beschäftigten heraus, und dazu kommt noch ein vollständiger Kranz von 12 Umgebungsgemeinden, in denen 40 - 60 % der Berufstätigen den Diensten zugehören. Die einzige wirklich auffallende Häufung von Diensten findet sich um die Hauptstadt Klagenfurt. Weite Gebiete Kärntens zeigen Dienstanteile von 20 - 40 %. Umsomehr hebt sich die Landeshauptstadt mit Umgebung heraus.

Noch deutlicher kommt diese Ballungstendenz um Klagenfurt bei einem Vergleich der Zunahme der in Diensten Beschäftigten 1971/81 zur Geltung. Alle Nachbargemeinden Klagenfurts weisen eine Zunahme von über 10 %, drei davon eine solche von 15 - 33 % (Ebental 33 %) auf. Um Villach gibt es nur einige bemerkenwerte Zunahmen. Auch in dieser Hinsicht ist Klagenfurt das einzige Ballungszentrum Kärntens.

Ein Kennzeichen einer Ballung ist auch die Entwicklung der Gebäudezahl (Kartogramm in FERCHER, P. & R. UNKART, 1982: 32). Im Dezennium 1971/81 nahm die Zahl der Gebäude in ganz Kärnten um 20 % zu. Unter diesem Wert bleibt fast genau die Hälfte der Gemeinden Kärntens. Diese liegen vor allem in Oberkärnten außerhalb der Tauern und des Liesertales und in Ost-Kärnten (Haus-und Gebäudezählung 1981: 14 - 18). Hohe Zunahmen von über 40 % zeigen Bad Kleinkirchheim und das funktionell dazu gehörige Reichenau. Auch Seeboden und Baldramsdorf (Spittal, Millstättersee) zeigen eine kleine Ballung, ebenso St. Kanzian und Eberndorf (Klopeinersee). Auch Villach liegt in einem Ballungszentrum von 27 % Zunahme. Klagenfurt und Umgebungsgemeinden weisen jedoch ein Mittel von 32 % auf; darunter sind aber drei Gemeinden mit Zunahmen von 40 - 50 % und vier mit Zunahmen von 30 - 40 %. Die Zahl der Gebäude ist im Villacher Raum 1971/81 um 3 000, im Klagenfurter Raum um 4 000 gestiegen. Ein Kennzeichen von Ballungen ist auch das Anwachsen der Zahl der Haushalte. Von den 12 Gemeinden des Raumes Klagenfurt wiesen 1971/81 acht eine Zunahme von über 10 % auf (Ebental 43 %), in der Umgebung von Villach erreichte diesen Wert nur die Gemeinde Wernberg (FERCHER, P. & R. UNKART, 1982: 27, 28).

So weisen Klagenfurt und Umgebung in allen hier behandelten Kennzeichen eine besondere Dynamik auf, das Gebiet wurde zum ausschließlichen Ballungsraum Kärntens. Villach liegt weit zurück, und die anfangs diskutierten, in der Geschichte bedeutenden Orte St. Veit und Völkermarkt sind in dieser Hinsicht nicht erwähnenswert (Abb. 1).

Auffallend ist, daß sich Villach und Klagenfurt gegen Osten zu entwickeln. Obwohl kaum 40 km voneinander entfernt, ist ein Zusammenwachsen der beiden Städte nicht zu erwarten. Eine Bandstadt wäre auch wegen der zwischen den beiden Städten liegenden Fremdenverkehrsgebiete unerwünscht.

LITERATURVERZEICHNIS

AMT DER KÄRNTNER LANDESREGIERUNG (1974): **Volkszählung 1971 nach Gebietsstand vom 1.1.1973. Amt für Statistik. Klagenfurt, 87 Seiten.**

ders. (1985): Stat. Handbuch des Landes Kärnten. 31. Jg.

BOBEK, H. & M. FESL, (1978): Das System der zentralen Orte Österreichs. In: Schriften der Kommission f. Raumforschung d. Österr. Akad. d. Wissensch., 3, Wien-Köln.

BRAUMÜLLER; H. (1970): Zielsetzung und Nachwirkung der Stadtgründung von Klagenfurt durch Herzog Bernhard von Spanheim. In: Die Landeshauptstadt Klagenfurt, I: 42-64, Klagenfurt.

FERCHER, P. & R. UNKART (1982): Gemeindestrukturreform 1972. Bilanz 1982. Amt der Kärtner Landesreg., Abt. Verfassungsdienst, Klagenfurt.

MORO, G. (1940): 700 Jahre Stadt Villach: 9-42, Klagenfurt

PALME, G. & J. STEINBACH (1978): Lebensqualität in Kärnten. Amt der Kärntner Landesreg. In: Raumordnung in Kärnten, 9, Klagenfurt.

PASCHINGER; H. (1970): Die Standortverlegung der zentralen Siedlung Mittelkärntens. In: Die Landeshauptstadt Klagenfurt, I: 22-36, Klagenfurt.

STATISTISCHES ZENTRALAMT WIEN (1982): Häuser- und Wohnungszählung 1981. Hauptergeb. Kärnten. In: Beitr. z. österr. Stat. 640/2, 251 Seiten.

ders. (1983): Volkszählung 1981. Wohnbevölkerung nach Gemeinden mit Bevölkerungsentwicklung seit 1869. In: Beitr. z. Österr. Stat. H. 630/1 A.

ders. (1985): Volkszählung 1981. Hauptergebnisse II. Kärnten. In: Beitr. z. Österr. Stat. H. 630/13.

WURZER, R. (1972): Entwicklungsprogramm Kärntner Zentralraum. Amt d. Kärntner Landesreg., Raumordnung in Kärnten, 2, Klagenfurt.

ders. (1974): Entwicklungsprogramm Kärntner Zentralraum. Amt der Kärntner Landesreg., Raumordnung in Kärnten, 7, Klagenfurt.

ders. (1979): Entwicklungsprogramm Raum Klagenfurt. Entwurf. Amt d. Kärntner Landesreg., Raumordnung in Kärnten, 11, Klagenfurt.

ZIMMERMANN, F. (1983): Der Stadt-Umlandwanderungsprozeß - eine Studie zur Siedlungsmobilität im Raume Klagenfurt. In: Klagenfurter Geograph. Schr., 4: 78-104, Klagenfurt.

DIE MITTELGEBIRGE SÜDTIROLS ALS KULTURLANDSCHAFTLICHE ERSCHEINUNG

von

Adolf Leidlmair, Innsbruck

SUMMARY: South Tyrol's Middle Mountains as Features of the Cultural Landscape

The following contribution is an attempt to demonstrate the cultural - geographical altitudinal structure of the central Alpine area taking the South Tyrolean sub - alpine mountains as an example. The terraces and plateaus locally known as the "Mittelgebirge" can be divided into three levels, lying at about 300, 600 and 1 000 m above the bottom of the valley. The differences in the respective land use and population structure show a progressive decline in intensity which has slightly altered in the uppermost level due to new impulses in the last two decades. The determining factor for this trend was the expansion of mass-tourism leading to a reduction in income disparities.

ZUSAMMENFASSUNG

Der nachstehende Beitrag versucht, die kulturgeographische Höhengliederung des mittleren Alpenraumes am Beispiel der Südtiroler Mittelgebirge aufzuzeigen. Die im landesüblichen Sprachgebrauch als Mittelgebirge bezeichneten Terrassen und Hochflächen lassen sich drei Stockwerken zuordnen, die rund 300, 600 und 1 000 m über der Talsohle liegen. Die Unterschiede der jeweiligen Bodennutzung und Bevölkerungsstruktur zeigen ein mit der Höhe fortschreitendes Intensitätsgefälle, das erst in den letzten beiden Jahrzehnten durch neue Impulse im obersten Höhenstockwerk gemildert wurde. Ausschlaggebend dafür war die Ausbreitung des Massentourismus, der zu einem wesentlichen Abbau der Einkommensdisparitäten geführt hat.

Montana, Land im Gebirge, ist der erste gemeinsame Name in der schriftlichen Überlieferung Bayerns und Schwabens für die um den Brenner angeordneten Talschaften von Inn, Etsch und Eisack (STOLZ, 1933: 341). Darin kommt zum Ausdruck, wie sehr man stets empfunden hat, daß die Berge den Charakter Tirols bestimmen, nicht nur über der Wald- und Schneegrenze im Bereich der schroffen Gipfelbauten, sondern ebenso in der Tiefe der Täler, wo Steinschlag, Muren und Lawinen den Menschen an die überall gegenwärtige Nähe des Hochgebirges erinnern. Es mag daher paradox klingen, wenn im landesüblichen Sprachgebrauch auch von Mittelgebirgen die Rede ist, worunter jene breit ausladenden, vom Talboden deutlich abgehobenen Terrassen in mittleren Lagen gemeint sind, die vielerorts den Anstieg der Hänge unterbrechen. Eines davon ist der Regglberg, mit dem alten Gerichtssitz Deutschnofen, über der sommerlichen Hitze des Etschtales südlich von Bozen, wo A. KOLB so oft Erholung zwischen seinen in die weite Welt führenden Reisen gesucht hat. Die ihm gewidmete Festschrift ist daher ein passender Ort, sich damit zu beschäftigen.

Die Frage, wann der Name Mittelgebirge in dem hier verstandenen Sinn aufkam, ist nicht geklärt. Die Landesbeschreibung von Südtirol von Marx Sittich von Wolkenstein um das Jahr 1600 enthält noch keinen Hinweis darauf. Wohl aber haben ihn BEDA WEBER und J.J. STAFFLER in ihren in der ersten Hälfte des 19. Jhs. niedergeschriebenen Landeskunden von Tirol immer wieder und ohne eine nähere Erklärung dafür abzugeben benutzt. Er muß somit damals schon so selbstverständlich und gängig gewesen sein, daß es dessen nicht bedurfte. Es liegt daher nahe, bei einer topographischen Zuordnung davon auszugehen. Besonders das Werk von STAFFLER bietet sich dafür an, da der Verfasser eine große Zahl örtlicher Gewährspersonen herangezogen hat.

Wie die meisten der volkstümlichen Überlieferung entnommenen Landschaftsbezeichnungen ist auch jene für die Tiroler Mittelgebirge nicht eindeutig umrissen. In Nordtirol verbindet sich damit vor allem die Vorstellung vom "Innsbrucker Mittelgebirge" und damit der etwa 300 m über dem Inntal verlaufenden Verebnung südlich der Stadt, die sich zu beiden Seiten des hier einmündenden Silltales ausbreitet und von alten Haufendörfern, wie Götzens, Axams, Mutters, Igls, Lans, Sistrans, Rinn und Tulfes eingenommen wird. A. PENCK (1909: 299) hat darin, ohne einen zwingenden stratigraphischen Beweis dafür erbracht zu haben, den präglazialen Talboden gesehen. In Südtirol entsprechen ihm das "Brixner Mittelgebirge" mit dem Natzer Plateau, das in 850 m Höhe und somit ebenfalls 300 m über dem Talgrund gegen das Brixner Becken vorspringt und besonders westlich des Eisack bei Feldthurns weiter gegen Süden zieht. Zwischen Meran und Bozen liegt in einer ähnlichen Höhe über dem mittleren Etschtal das Tisner Mittelgebirge. Nach STAFFLER (II/2: 841) gehören auch die "bis zu 4 000 Fuß aufsteigenden Höhen um den Talkessel von Bozen eigentlich noch zum Mittelgebirge", so daß die zwischen 1 000 und 1 400 m auf- und abschwingenden, den Rand der Sarntaler Alpen begleitenden Hochflächen des Tschögglberges von Jenesien bis Hafling sowie der Ritten hinzuzurechnen sind. Der Verfasser dieser Zeilen (LEIDLMAIR, 1958: 23) hat daher im Rahmen einer naturräumlichen Gliederung Südtirols dafür die Bezeichnung "Sarntaler" und "Bozner Mittelgebirge" vorgeschlagen. Als Mittelgebirgslandschaften gelten ferner die Verebnungen auf der Nordseite des vorderen Pustertales, die sich von Pfalzen - nur 200 m höher als Bruneck - über Terenten bis nach Meransen, hier schon in einer relativen Höhe von gut 600 m, erstrecken. Besonders deutlich treten sie im Dolomitenvorland in Erscheinung. Es beginnt südlich des Grödner Tales und umfaßt die durch flache Mulden, bewaldete Kuppen sowie tief eingerissene Gräben zerlegten Fluren von Kastelruth, Seis und Völs. Weiter im Süden findet es, auf eine Höhe von 1 000 m über dem Etschtal ansteigend, jenseits des Tierser- und Eggentales im Regglberg mit den Gemeinden Deutschnofen und Aldein bis hin zum Schwarzenbachtal, dem der Übergang vom Bozner Unterland über den Sattel von San Lugano zum Fleimstal folgt, eine Fortsetzung. Die "unmittelbare Überhöhung" durch das Gebirge im Hintergrund, die für R.v. KLEBELSBERG (1948: 107) zum Erscheinungsbild der Tiroler Mittelgebirge gehört, ist hier zwar weniger ausgeprägt als im nördlichen Dolomitenvorland. Der ähnliche, wenn auch herbere landschaftliche Charakter legt jedoch eine etwas großzügigere Definition nahe, als sie der Altmeister der Geologie Tirols, dem wir die einzige zusammenfassende Darstellung zu diesem Thema verdanken, vorgeschlagen und selbst in anderen Fällen toleriert hat, vor allem wenn man sich dabei wiederum auf STAFFLER (II/2: 921) berufen kann, der die Gegend von Deutschnofen als "ein freies, heiteres Mittelgebirge" bezeichnet hat.

Der Regglberg liefert ein Beispiel dafür, wie sich in kurzer Zeit die Geltung von Landschaftsnamen ändern kann, und welche Ursachen dabei im Spiel sind. Noch Ende des vorigen Jahrhunderts verstand man darunter ein Gebiet, das im Norden bis zum Tierser Tal, das bei Blumau in den Eisack mündet, reicht. Nach dem Bau der Straße zum Karer Paß im Jahre 1896 und dem dadurch eingeleiteten Aufstieg der Gemeinde Welschnofen zu einem renommierten Touristenzentrum bürgerte

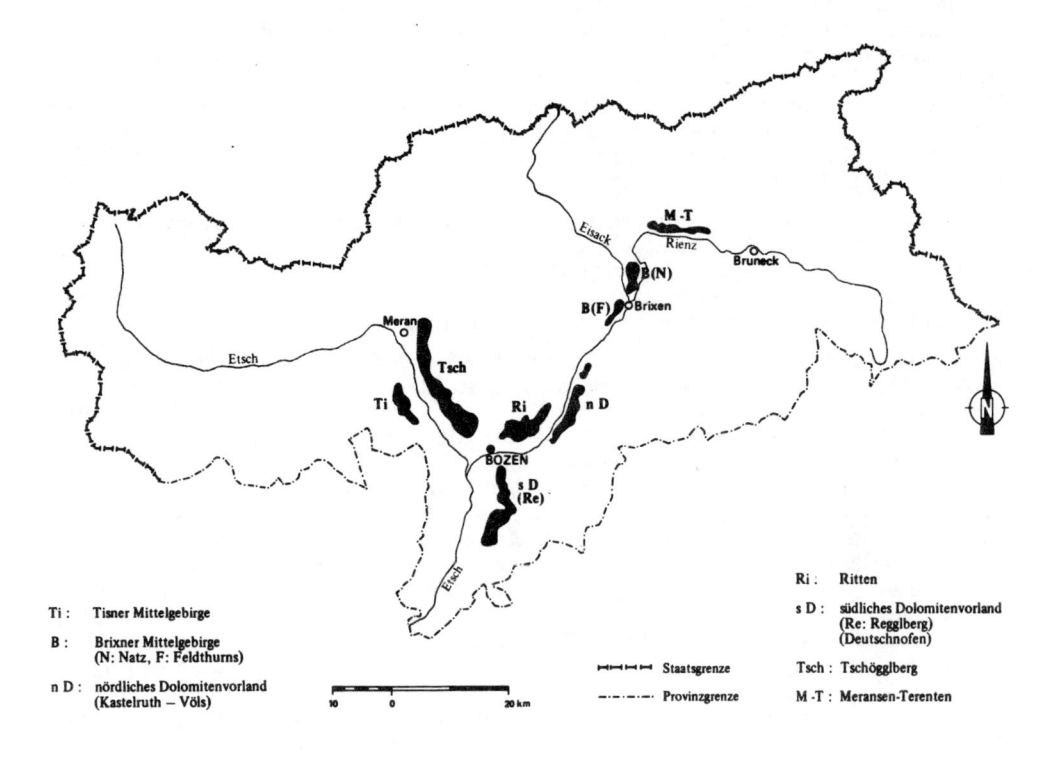

Abb. 1:   Die Mittelgebirge Südtirols

Ti : Tisner Mittelgebirge	Ri : Ritten
B : Brixner Mittelgebirge (N: Natz, F: Feldthurns)	sD : südliches Dolomitenvorland (Re: Regglberg) (Deutschnofen)
nD : nördliches Dolomitenvorland (Kastelruth – Völs)	Tsch : Tschöggiberg
	M-T : Meransen-Terenten

sich für diesen dadurch weit über die Landesgrenzen hinaus bekannt gewordenen nördlichen Teil die Gebietsbezeichnung Eggental ein, so daß unter "Regglberg" im allgemeinen nur mehr die im Süden anschließende Hochfläche verstanden wird (GRUBER & PFEIFER, 1978: 4 ff). Der Name selbst hat zu mancher volkstümlichen Deutung Anlaß gegeben. E. KÜHEBACHER (1975: 381) konnte jedoch glaubhaft machen, daß er auf die in der lateinischen Verwaltungssprache übliche Bezeichnung regulae (eingedeutscht zu Ried, Rod oder Rott) zurückgeht, den späteren Vierteln der Gemeinden Deutschnofen und Aldein (vgl. dazu auch STOCKER-BASSI, 1982: 94 ff).

Insgesamt nehmen die Mittelgebirge südlich des Brenners, denen die folgende Darstellung auch wegen des näheren Bezuges zum Jubilar gilt, größere Flächen ein und treten daher hier noch stärker in Erscheinung als nördlich des Alpenhauptkammes. Der Grund dafür liegt in ihrer Entstehung. Die Deutung als Reste ehemaliger Talböden, die A. PENCK für das Innsbrucker Mittelgebirge vertreten hat, ist nur eine Möglichkeit ihrer morphogenetischen Erklärung. Sie trifft dort zu, wo es sich um gesteinsunabhängige Verebnungen handelt. Dazu gehört das Brixner Mittelgebirge, dessen Terrassen im Quarzphyllit verlaufen und auch auf der Ostseite des Eisacktales, in den Gesimsen und Eckfluren von St. Andrä, Melaun, Klerant, Gufidaun und Albions am Ausgang des Grödner Tales wiederkehren. Vielfach spiegeln sie jedoch den Gesteinswechsel wider und sind daher, trotz ihrer fluviatilen und glazialen Überprägung während der jungtertiären Talentwicklung und eiszeitlichen Vergletscherung, Strukturformen. Die Voraussetzungen dafür sind in Südtirol durch den geologischen Bau besonders gegeben, was zu einer größeren Verbreitung der dadurch bedingten selektiv gestützten Verflachungen geführt hat. So folgt das Bozner, Sarntaler und Tisner Mittelgebirge ebenso wie das Dolomitenvorland der Oberfläche der harten Quarzpophyrplatte und macht auch deren tektonische Verstellungen, sichtbar im Höhensprung südlich des Tierser Tales, mit. Das gleiche gilt für das Mittelgebirge im vorderen Pustertal von Meransen bis Terenten und Pfalzen, das sich der Obergrenze des an der periadriatischen Naht hochgedrungenen Brixner Granits anpaßt und daher talauf bis auf 200 m über dem rezenten Talboden bei Bruneck absinkt.

Die große Verbreitung gesteinsbedingter Verebnungen südlich des Brenners bringt es mit sich, daß hier die Mittelgebirgslandschaften auch vertikal stärker differenziert und auf drei Höhenstufen verteilt sind, die sich nicht nur in ihrer topographischen Lage, sondern ebenso in Siedlung und Wirtschaft sowie deren Veränderungen in der Gegenwart voneinander unterscheiden.

Ein erstes Stockwerk bilden das Tisner und Brixner Mittelgebirge. Wegen ihrer Nähe zu der nur 300 m tiefer liegenden Talsohle an Etsch und Eisack gehören sie noch zur besonders wärmebegünstigten kollinen Stufe, die in Nordtirol nahezu völlig fehlt. Vertreter der submediterran-illyrischen Flora mit Hopfenbuche, Mannaesche und Flaumeiche mischen sich mit abnehmender Häufigkeit gegen Norden unter die natürlichen Bestände. Auf feuchten, kalireichen Böden über dem Quarzporphyr und Quarzphyllit stockt die Edelkastanie mit den dichtesten Beständen von ganz Südtirol. Trockenrasen überziehen die glazial blankgescheuerten, vom Wald gemiedenen Felsflächen, wie etwa auf der Tschötscher Heide bei Brixen. In der Bodennutzung zeigt sich die Klimagunst in der Verbreitung der Intensivkulturen, allerdings nicht mehr mit der gleichen Ausschließlichkeit, wie etwa im Etschtal von Meran bis Salurn. Darin kommt die Mittellage zum Ausdruck, die der Entscheidung zwischen Marktanpassung oder Festhalten an dem was eh und je üblich war, einen größeren Spielraum gewährt. Bezeichnend dafür ist das Brixner Mittelgebirge. Während auf dem Natzer Plateau 1958 die damals größte mit Naturdruck arbeitende Beregungsanlage Europas eröffnet wurde und damit die Voraussetzungen für einen höchst ertragreichen Feldgemüsebau neben den ebenfalls zunehmenden Obstkulturen schuf, hielt man auf der Terrasse westlich des Eisack bis tief hinein in die 70er Jahre noch weitgehend an der herkömmlichen Landwirtschaft mit dem Anbau von Roggen und Buchweizen als Nachfrucht fest (LANG, 1977).

Die hochwasserfreie Lage über der durch Überschwemmungen oft bedrohten Talniederung hat die Menschen dazu ermutigt, hier besonders früh Fuß zu fassen, zumal die den Terrassen vielerorts aufsitzenden Rundhöcker einen zusätzlichen Schutz boten. Bis in das späte Neolithikum reichen die Siedlungsspuren auf St. Hippolyt bei Tisens zurück, und jene bei Feldthurns im Brixner Mittelgebirge sind nicht viel jünger. Eine Fundstätte auf dem Natzer Plateau hat der Laugener Kultur, die ein inneralpines Kulturgefüge der späten Bronzezeit zwischen Brixen, dem Vinschgau und dem Etschtal bei Rovereto ausweist und an ihren plastisch verzierten, mit einem Ausgußschnabel versehenen Henkelkrügen zu erkennen ist, den Namen gegeben. Die dichte Streu vordeutscher Namen in Dorf und Flur belegt die über alle Wechselfälle der Geschichte erhalten gebliebene Siedlungskontinuität.

Ein zweites, rund 600 m über dem Talgrund verlaufendes Stockwerk stellt das nördliche Dolomitenvorland mit den Gemeinden Kastelruth und Völs dar. Weiters sind ihm zuzurechnen seine nördlichen Ausläufer über Lajen zum Villnösser Tal sowie als Gegenflügel dazu westlich des Eisack die zwischen 900 und 1 100 m angelegten Terrassen des Ritten (Bozner Mittelgebirge mit Unterinn, Klobenstein und Lengstein). In der natürlichen Vegetation vollzieht sich der Übergang von den kollinen in die montane Stufe. Während die steil abfallenden Talflanken bis in eine Höhe von 800 m und in sonnigen Lagen sogar 1 000 m vom submediterran-illyrischen Buschwald überzogen sind, nehmen auf den Mittelgebirgsflächen selbst Fichten und in Restbeständen Tannen sowie auf besonders trockenen Standorten Kiefern die dem Wald belassenen Flächen ein. In Unterinn und Signat am Ritten gedeiht 600 m über dem Talkessel von Bozen noch die Rebe. Im ganzen bleiben aber die Intensivkulturen in der Tiefe zurück, und das Grünland wird zum beherrschenden Element der Agrarlandschaft. Daß, wenn auch in abgeschwächter Form, die klimatischen Vorzüge des Etschlandes in dieser Höhe immer noch wirksam sind, geht aus dem bis zur Jahrhundertwende üblichen Nutzflächengefüge hervor. Das mit Getreide bestellte Ackerland hatte einen so großen Umfang, daß es nicht nur den eigenen Bedarf decken, sondern auch den Markt von Bozen beliefern konnte. Die Konkurrenz der außeralpinen Agrargebiete mit ihren höheren Flächenerträgen hat dazu geführt, daß es heute auf dem "Kastelruther Berg", von dem die alten Landeskunden berichten, der Roggen reife hier in besonderer Güte (STAFFLER, II, 2: 1012), nur mehr 2,7 % der ständig bearbeiteten landwirtschaftlichen Nutzfläche (ohne Weiden) einnimmt und selbst auf dem Ritten, wo die klimatische und edaphische Trockenheit das Grünland weniger begünstigt, bloß 9 % bestreitet.

Mit den Vorzügen des Klimas hängt es zusammen, daß dieses zweite Stockwerk ebenfalls weithin Altsiedelland ist. Mit einer beträchtlichen Häufigkeit lassen sich die Spuren der ersten menschlichen Niederlassung auf dem Ritten bis in das Endneolithikum zurückverfolgen, und auf der Hochfläche von Kastelruth-Seis-Völs brachte 1978 der Bau einer Beregnungsanlage einen Siedlungsplatz des frühen Neolithikums ans Licht, was die Prähistoriker in ihrer Annahme bestärkt, in absehbarer Zeit auf Funde aus der mittleren Steinzeit zu stoßen (LUNZ, 1983: 115 f.). Unübersehbar ist das dichte vordeutsche Substrat in den Ortsnamen, deren Form und Betonung beweisen, daß zu Füßen des Schlerns und der Seiser Alm im 12. Jh. noch das rätoromanische Idiom gesprochen wurde, während auf dem Ritten die durch die Kolonisation des hohen Mittelalters verbreitete deutsche Namensschicht überwiegt.

Das südliche Dolomitenvorland mit dem Regglberg sowie das Sarntaler und die höheren Lagen des Bozner Mittegebirges auf dem Ritten lassen sich einem dritten Stockwerk in der kulturgeographischen Höhengliederung Südtirols zuordnen, das 1 000 m über dem Tal liegt.

Das Mittelgebirge im vorderen Pustertal von Terenten bis Meransen gehört gleichfalls dazu, obgleich die relative Höhe geringer ist, da die nördlichere Lage hinzukommt und damit ähnliche Voraussetzungen für Siedlung und Wirtschaft bestehen. Im folgenden wird darauf jedoch nicht eingegangen, da Meransen keine eigene Gemeinde ist und daher statistische Werte, die zur Kennzeichnung der modernen Entwicklung nötig sind, nicht zur Verfügung stehen.

Die Natur- und Kulturlandschaft trägt nun bereits nordalpine Züge. Im bestandsbildenden montanen Fichtenwald ist auch hier die Kiefer auf mageren Böden, sonnigen und trockenen Stellen verbreitet. Dazu kommen in höheren Lagen, in denen sich schon der Übergang zur subalpinen Stufe vollzieht, ausgedehnte Lärchenwiesen. Ihre lichten, im späten Frühjahr mit dem blauen Enzian überstreuten Fluren erzeugen ein Landschaftsbild von besonderem Reiz, wie etwa auf dem Salten im Sarntaler Mittelgebirge, dem "Roßhimmel", wo man die Haflinger weiden läßt. Über zwei Drittel der Gesamtfläche entfallen auf den Wald. Die kombinierte Vieh- und Forstwirtschaft bildet daher die Existenzgrundlage der meisten Höfe. Ein Unterschied zum nordalpinen Tirol besteht allerdings darin, daß Hinweise auf vorgeschichtliche Niederlassungen selbst in dieser Höhenstufe noch zu finden sind. Vor allem auf dem Tschögglberg (Sarntaler Mittelgebirge), wo auch zahlreiche Namen eine romanische Wurzel besitzen, darunter Mölten, das offenbar mit dem befestigten Platz Maletum in der Geschichte der Langobarden des Paulus Diaconus identisch ist. Eine flächenhafte Besiedlung brachte schließlich die bajuwarische Landnahme, die sich hier nach den Ergebnissen der Sprachforschung schon früh durchsetzte. Noch mehr wurde der Regglberg erst durch die mittelalterliche Rodungs- und Höhenkolonisation erschlossen, obgleich etliche Hof- und Flurnamen sowie die rätselhafte Bezeichnung Manee für eines der alten Viertel der Gemeinde

Deutschnofen darauf hindeuten, daß auch zuvor schon einige Menschen in die großen Waldgebiete hoch über dem Bozner Unterland eingedrungen sind.

Im rückblickenden Vergleich zeichnet sich in der vertikalen Abfolge der Mittelgebirge Südtirols somit ein Intensitätsgefälle ab, das von den klimatischen Vorzügen der "präglazialen" Talböden mit ihrer bunten Palette der landwirtschaftlichen Nutzung über ein immer noch begünstigtes Zwischenstockwerk in die karge Welt der Bergbauern führt. Zwangsläufig ergibt sich daraus die Frage, wie die einzelnen Stockwerke auf die Herausforderung der Gegenwart mit ihrem Nützlichkeitsdenken und Rationalisierungszwang reagiert haben. Ist auch in dieser Hinsicht ein ähnlich verlaufendes, dem Zentrum-Peripherie-Modell entsprechendes Gefälle wirksam?

Die Bevölkerungsentwicklung der letzten drei Jahrzehnte, in denen sich das freie Spiel der sozioökonomischen Kräfte so mächtig entfaltet hat, scheint auf den ersten Blick eine Bestätigung dafür zu liefern, denn mit zunehmender Höhe ist das Bevölkerungswachstum kontinuierlich geringer geworden.

Tab. 1: Veränderung der Bevölkerungszahl in den Mittelgebirgen Südtirols

Höhenstockwerk	1951/61 %	1961/71 %	1971/81 %
I	+3,4	+4,9	+12,7
II	+1,8	+8,6[1]	+9,3
III	+0,6	+3,6	+3,8

Das relative Bevölkerungswachstum der einzelnen Höhenstockwerke überdeckt z.T. örtliche Unterschiede, die in anderen Angaben zur Wirtschafts- und Sozialstruktur wiederkehren. So geht die erhebliche Steigerungsrate 1971/81 im untersten Höhenstockwerk auf den steilen Anstieg der Bevölkerungskurve auf dem Natzer Plateau im Brixner Mittelgebirge zurück, während es im Tisner Mittelgebirge, das der gleichen Stufe angehört, zu keinen wesentlichen Zuwächsen kam.

Nennenswerte Verluste sind jedoch auch in den höheren Lagen ausgeblieben, was der allgemeinen Feststellung entspricht, daß die Bergflucht in ganz Tirol zumindest als Massenerscheinung überwunden ist. Allerdings liegt die Wanderungsbilanz schon im mittleren und noch mehr im oberen Stockwerk immer noch unter jener der Geburten und Sterbefälle. Bezeichnend für den Wandel im Bevölkerungsgeschehen ist ferner, daß die Anzahl und der Anteil der unter 14-jährigen in letzter Zeit überall abgenommen hat, und zwar in den höheren Mittelgebirgslandschaften mehr als in den tieferen.

Tab. 2: Anteil der unter 14-jährigen an der Gesamtbevölkerung in den Mittelgebirgen Südtirols[2]

Höhenstockwerk	1961 %	1971 %	1981 %
I	29,1	33,1	28,5
II	26,5	31,6	27,6
III	27,5	31,7	26,9

Symptomatisch ist der Zeitpunkt der Trendwende, da er - mit der zu erwartenden Verzögerung um einige Jahre - mit dem 1965 einsetzenden Umkippen der Geburtenkurve in ganz Südtirol zusammenfällt. Um den Einfluß der natürlichen und räumlichen Bevölkerungsbewegung auseinanderzuhalten, bedürfte es eines umfangreicheren Materials und einer tiefer schürfenden Analyse, die an dieser Stelle nicht geleistet werden kann. Jedoch erbringen schon die wenigen hier vorgelegten Daten den Nachweis, daß rationale Überlegungen nun auch in den abseitigen Hochlagen das generative Verhalten bestimmen.

Tab. 3: Veränderungen der Erwerbstätigkeit in den Südtiroler Mittelgebirgen

Höhenstockwerk	Landwirtschaft 1961/81 %	Dienstleistungen 1961/81 %
I	-44	+120
II	-54	+84
III	-56	+80

In die gleiche Richtung weisen die Veränderungen der Sozialstruktur, wie sie in der höhenkonformen Abnahme der Agrarbevölkerung hervortreten.

Die Landflucht hat überall in den abgelaufenen zwei Jahrzehnten um sich gegriffen, auf dem Reggl- und Tschöggelberg (III) offenbar jedoch stärker als insgesamt im Tisner und Brixner Mittelgebirge, wo die Verlockungen der Stadt näher und die Pendlerwege kürzer sind. Sicher ist bei der Interpretation der statistisch ausgewiesenen Berufszugehörigkeit, weil sie der wechselnden Selbsteinschätzung unterliegt, Vorsicht geboten und auch daran zu denken, daß in den talnäheren Gemeinden die Abkehr von der Landwirtschaft früher einsetzte und inzwischen einen vorläufigen Abschluß gefunden haben könnte. Ebenso ist aber in Rechnung zu stellen, daß der verstärkte Anbau von Intensivkulturen, wie er im Tisner Mittelgebirge (Obst) und auf dem Natzer Plateau bei Brixen (Obst, Gemüse) erfolgt, manche Einrichtungen und Tätigkeiten im bäuerlichen Betrieb überflüssig gemacht hat, worauf die auf die Stallarbeit angewiesene bergbäuerliche Grünlandwirtschaft nicht verzichten kann, was die Attraktivität des Daseins auf dem Bauernhof schmälert und daher den schon durch das Leben in der Peripherie gegebenen Anstoß zur Landflucht verstärkt. Eine weitere, allerdings nicht überraschende Gesetzmäßigkeit besteht darin, daß zwar die Dienste weitgehend an die Stelle der einst dominanten Landwirtschaft traten, in den höheren Mittelgebirgen aber mit deutlich abnehmender Häufigkeit, woran die wachsende Entfernung zu den zentrale Orten zum Ausdruck kommt.

Die Verdienstmöglichkeiten im tertiären Sektor sind indessen nicht nur von der Hierarchie des zentralörtlichen Systems abhängig, sondern im zunehmenden Maße auch zu einer Begleiterscheinung des Fremdenverkehrs geworden. Theoretisch läßt sich dessen Entwicklung in den hier zu betrachtenden Gemeinden zwar bis in die frühe Nachkriegszeit zurückverfolgen. Bei einem zeitlichen Vergleich empfiehlt es sich jedoch, mit der Mitte der 60er Jahre den Anfang zu machen, in denen der Massentourismus voll wirksam und die Meldemoral wegen der für den Ausbau der freizeitorientierten Infrastrukturen gewährten Förderungsmittel besser wurde. Vor allem in den fremdenverkehrsschwachen Orten sind die davor liegenden Statistiken so fehlerhaft, daß sie sich für Trendanalysen mit Hilfe der Nächtigungszahlen wenig eignen.

Am frühesten setzte der Aufenthalt von Ortsfremden aus Gründen der Erholung im mittleren Höhenstockwerk ein. Der Ritten wurde schon am Ende des 16. Jhs. zu einem bevorzugten Sommerfrischengebiet der vermögenden Oberschicht Bozens und ist es, ergänzt durch einen vor dem Ersten Weltkrieg einsetzenden Zustrom von ausländischen Gästen, mit 130 Sommerhäusern von Bozner Bürgern bis heute geblieben. Kastelruth und das benachbarte Seis rückten nach der Fertigstellung einer

Tab. 4: Fremdenverkehrsintensität (Übernachtungen je Einwohner) in den Mittelgebirgen Südtirols[3]

Höhenstockwerk	1965	1978/80	1983
I	5	50	60
II	31	81	84
III	8	33	40

leistungsfähigen Straße zur Brennerbahn im Jahre 1887 zu einem Zentrum des Nobeltourismus auf, wo sich die Aristokratie (u.a. der König von Sachsen, und später der Herzog von Aosta) sowie Literaten und Künstler (Ibsen, A.Schnitzler, Toscanini) ein Stelldichein gaben. Der tiefgreifende Wandel der Gesellschaftsstruktur im Gefolge des Ersten Weltkrieges brachte diese Funktion weitgehend zum Erliegen. Die Anziehungskraft als Stätte der Erholung hat jedoch darunter nicht gelitten, denn die Kurve der Übernachtungen ist weiterhin erheblich angestiegen und hat den doppelten Betrag des Ritten erreicht.

Noch mehr ins Auge springt jedoch das Wachstum des Fremdenverkehrs in den beiden übrigen Mittelgebirgslagen, weil es hier auf ein Gebiet übergegriffen hat, wo bis vor kurzem weitgehend davon nichts zu spüren oder bloß an einigen Punkten ein höchst bescheidener Anfang zu erkennen war. Im Tisner und Brixner Mittelgebirge kam es im Laufe der letzten 20 Jahre zu einem so starken Zuwachs der Nächtigungen und einer Verlängerung der Aufenthaltsdauer, daß der Fremdenverkehr zu einem tragenden Element der Siedlungs- und Wirtschaftsentwicklung wurde und durch die Zimmervermietung nicht weniger einbringt, als die von vielen intensiv betriebene Bodennutzung. Nicht minder spektakulär verlief die Entwicklung im obersten Stockwerk. Zuerst faßte der Tourismus hier am Tschögglberg, dem Sarntaler Mittelgebirge, und zwar in der Nachbarschaft von Bozen und Meran Fuß. Beinahe so alt wie am Ritten, allerdings mit bescheideneren Ansprüchen, sind die Sommeraufenthalte der Bozner Bürgerschaft in Jenesien. Wesentlich später, nämlich in der Zwischenkriegszeit, nach dem Bau einer Seilbahn zum Tal (1923), begann Hafling von der Nähe seines städtischen Zentrums, dem in aller Welt bekannten Kurort Meran, zu profitieren. Es hat inzwischen mit weitem Abstand die Führung auf der Hochfläche über dem mittleren Etschtal übernommen. Wesentlich trug dazu der Ausbau des Schigebietes auf der Kirchsteiger Alm seit Ende der 60er Jahre bei, für das man den klingenden Namen "Meran 2000" erfand und wo man eine Reihe von Aufstiegshilfen schuf, Pisten mit einer Gesamtlänge von 40 km einrichtete und von einem, den französischen Schistädten der dritten Generation nachempfundenen Monsterprojekt träumte mit einem Appartementhotel von 36 Stockwerken und 1 000 Betten, das schon den Segen eines hochrangigen österreichischen Naturschützers hatte. Erst in letzter Minute gewann die Verantwortung für die natürliche Umwelt die Oberhand und brachte die Gigantomanie zu Fall.

Trotzdem hat sich der Schwerpunkt des Gästestroms auf den Regglberg und damit das südliche Dolomitenvorland verlagert, wo ursprünglich keine mit dem Tschögglberg vergleichbaren Impulse vorhanden waren. In Deutschnofen sind die Nächtigungszahlen in den vergangenen drei Jahrzehnten von rund 10 000 auf fast 177 000 im Jahr in die Höhe geklettert, was den Wert von Hafling beinahe um das Dreifache übertrifft und sogar jenen des nahen Welschnofen übersteigt, das durch den Bau der Dolomitenstraße schon vor dem Ersten Weltkrieg zum Tummelplatz eines internationalen Publikums geworden war. Gegen 48 % der Nachfrage entfielen 1983 auf den Winter. Das ist gleich viel wie in Kastelruth, zu dessen Gemeindegebiet die nicht mehr zum Mittelgebirge zählende Seiser Alm mit ihren idealen Möglichkeiten für den Schilauf gehört. Im Unterschied zum Brixner- und Tisner Mittelgebirge in der ersten Höhenstufe, wo sich das Gästaufkommen auf die warme

Jahreszeit konzentriert und damit die Nachteile des einsaisonalen Tourismus nach sich zieht, sind somit hier durch die ausgewogene Nachfrage im Sommer und Winter die Kapazitätsauslastung und damit die Rentabilität der Investitionen im Freizeitsektor wesentlich größer. Mit Kastelruth im nördlichen Dolomitenvorland kann Deutschnofen - und zwar in seiner unmittelbaren Nachbarschaft - auch im Angebot an Langlaufloipen konkurrieren und damit einer Sportart, welche die immer breiter werdende Schicht der älteren Generation nicht ausschließt. Neben diesen in kurzer Zeit so auffallend expandierenden Innovationszentren gibt es in der dritten Stufe der Südtiroler Mittelgebirgslandschaften allerdings Gebiete, die im Vergleich dazu weit zurückfallen, besonders zwischen Jenesien und Hafling, wo die Fremdenverkehrsintensität auf 10 und weniger absinkt. Damit werden indessen die noch brach liegenden Chancen sichtbar, wenn auch wegen der geringeren Schneesicherheit vom Winter nicht überall so viel zu erwarten ist, wie in Deutschnofen oder Aldein auf dem Regglberg.

Am Schluß dieser nur einige Gesichtspunkte herausgreifenden Gewichtung ergibt sich folgender Schluß. Eine auch den Freizeitkonsum einschließende Bilanz über den derzeitigen Stand und die Zukunftsaussichten, die sich im dreistufigen Aufbau der Mittelgebirge als Ausschnitt aus der kulturgeographischen Höhengliederung Südtirols abzeichnen, macht deutlich, wie sehr erst der Wandel von der agrarischen Produktions- zur touristischen Erholungslandschaft zu einem wirkungsvollen Ausgleich der Einkommensdisparität beigetragen hat. Nicht zu übersehen ist jedoch das damit einhergehende und mit zunehmender Höhe wachsende Risiko der Fremdbestimmung.

ANMERKUNGEN

[1] Der Spitzenwert der mittleren Lage (II) im Jahrzehnt 1961/71 dürfte keine echte Ausnahme sein, sondern auf einen der amtlichen Veröffentlichung nicht zu entnehmenden Wechsel in der Zuordnung bei der Gemeinde Kastelruth zurückgehen.

[2] Hafling und Feldthurns wurden erst 1961 wiederum als selbständige Gemeinden ausgewiesen. Zahlreiche Strukturdaten lassen sich daher nicht bis zur Volkszählung 1951 zurückverfolgen.

[3] Nach der Gemeindestatistik des Landesfremdenverkehrsamtes in Bozen. Die Zahlen für 1978/80 und 1983 wurden von Dr. E. Berktold erhoben und dem Verfasser in dankenswerter Weise zur Verfügung gestellt.

LITERATURVERZEICHNIS

AMT FÜR STATISTIK U. STUDIEN DER AUTONOMEN PROVINZ BOZEN- SÜDTIROL (1984): Landwirtschaftszählung 1982.

FISCHER, K. (1975): Zur Geographie des Eggentales. In: Der Schlern. Jg. 49: 317-344.

ders. (1979): Die vertikale natur- und kulturräumliche Gliederung des Landes Südtirol. In: Studien zur Landeskunde Tirols und angrenzender Gebiete. Innsbrucker Geogr.Studien. Bd. 6: 293-306.

GRUBER, A. & L. PFEIFER (1978): Reggelberg. Gebietsführer 15. Athesia- Bozen.

ISTAT ROMA (1964): X. Censimento generale della popolazione 15.X.1961. Vol. 3.Fasc.21.

ders. (1973): XI. Censimento generale della popolazione 24.X.1971.Vol.2.Fasc.17.

ders. (1983): XII. Censimento generale della popolazione 25.X.1981, Vol. 2.Fasc.21.

KÜHEBACHER, E. (1975): Eggental und Reggelberg, zwei Mundarträume. In: Der Schlern. Jg. 49: 380-389.

KLEBELSBERG, R.v. (1948): Die Mittelgebirge Tirols, eine geomorphologische Studie. In: Beiträge z. Volkskunde Tirols. Festschrift z. Ehren H. Wopfners. Schlernschriften 53:207-218.

LANG, P. (1977): Beiträge zur Kulturgeographie des Brixner Beckens. Innsbrucker Geogr. Studien. Bd. 3.

LEIDLMAIR, A. (1958): Bevölkerung und Wirtschaft in Südtirol. Tiroler Wirtschaftsstudien. 6. Innsbruck.

ders. (1962): Bozen im Bewegungsfeld der Binnenwanderung Südtirols. In: Beiträge z. Landeskunde Südtirols (Festgabe f. Dr. F. Dörrenhaus): 135-147.

ders. (1984): Südtirol-Formen der räumlichen u. sozialen Mobilität im ethnischen Berührungsraum der Alpen. In: Tübinger Geogr. Studien. H. 90 : 367- 382.

LEITNER, W. (1985): Urzeit. In Tirol Atlas. Bl. F, 1-3.

LUKESCH, D. & P. TSCHURTSCHENTHALER (1979): Südtirols Bevölkerung bis zum Jahr 2000. Athesia-Bozen.

LUNZ, R. (1973): Ur- und Frühgeschichte Südtirols. Athesia-Bozen: 137 S.

ders. (1983): Kastelruth - Vor- und Frühgeschichte. In: Gemeinde Kastelruth - Vergangenheit und Gegenwart: 115-120.

MEURER, M. (1980): Die Vegetation des Grödner Tales/Südtirol, In: Gießener Geogr. Schriften. H. 27

PENCK, A. & E. BRÜCKNER (1909): Die Alpen im Eiszeitalter. Leipzig.

STAFFLER, J.J. (1839-1846): Tirol und Vorarlberg, statistisch und topographisch mit geschichtlichen Bemerkungen. Innsbruck.

STOCKER-BASSI, R. (1982): Aus der Geschichte des ehemaligen Gerichtes Deutschnofen. Deutschnofen.

STOLZ, O. (1933): Das Land Tirol als politischer Körper. In Tirol, Land, Volk und Geschichte, geistiges Leben. München: 337-389.

TSCHOLL, H. (1978): Der Tschögglberg. In: Innsbrucker Geogr. Studien. Bd. 4.

WEBER, B. (1837/38): Das Land Tirol. Mit einem Anhang. Innsbruck.

DIE WASSERVERSORGUNGSPROBLEME AFRIKAS

von

Günter Borchert, Hamburg

SUMMARY: Problems of Water Supply in Africa

The African continent is suffering from shortages of water to a different extent regionally, seasonally and from year to year. The existing resources of water are shown and the water supply, fed from surface water and aquifers, is basically covered by facts. Large scale irrigation projects have proved unprofitably as the water is too expensive for low price agrarian products. In the near future, water supply will become difficult in Southern Africa and in the agglomerations. As a whole, the problems of water supply are related to the population growth as also to the socio-economic structural weaknesses of Africa.

ZUSAMMENFASSUNG

Der Kontinent Afrika hat regional, jahreszeitlich und von Jahr zu Jahr unterschiedlich stark unter Wassermangel zu leiden. Die vorhandenen Ressourcen werden aufgezeigt; die Wasserversorgung aus dem Oberflächen- und Grundwasser wird in ihren Grundlagen mit Fakten belegt. Großangelegte Bewässerungsprojekte erweisen sich als unrentabel, da das Wasser für die Agrarprodukte von geringem Wert zu teuer ist. Schwierig wird in naher Zukunft die Wasserversorgung im südlichen Afrika und in den Agglomerationen. Insgesamt ist die Wasserversorgungsproblematik eingebunden in die Betrachtung der Bevölkerungsentwicklung und bezogen auf die sozioökonomischen Strukturschwächen Afrikas.

Mit der Forderung, in der geographischen Forschung den Kulturerdteilen stärkere Aufmerksamkeit zu widmen, hat Albert Kolb der Geographie in den letzten Jahrzehnten nachhaltige Impulse verliehen. Das spezifische Wirkungsgefüge dieser Kulturerdteile beruht "auf dem individuellen Ursprung der Kultur, auf der besonderen einmaligen Verbindung der landschaftsgestaltenden Natur- und Kulturelemente, auf der eigenständigen, geistigen und gesellschaftlichen Ordnung und dem Zusammenhang des historischen Ablaufes" (KOLB, 1962: 46).

Bei Afrika denkt man zunächst an den "negriden Kulturerdteil". Es hat im Norden und an seiner Ostflanke aber auch Anteil am "orientalischen Kulturerdteil"; im Süden muß man darüber hinaus von einer Fremdprägung durch die abendländische Kultur sprechen. Es scheint abwegig zu sein, die Wasserprobleme Afrikas in Beziehung zu einer Kulturerdteilbetrachtung bringen zu wollen. Bedenkt man jedoch, daß alle alten Kulturen potamischen Ursprungs waren und daß Griechen, Römer und Araber großartige Aquädukte, Thermen und Wasserspiele erstellten, so wird die Bedeutung des Wassers für die Entwicklung hochstehender Reiche deutlich. Die

Erschließung von Kulturlandschaften, der Bau von Bewässerungssystemen sowie die Gründung von Städten mit Anlagen zur Wasserversorgung setzen eine Verdichtung der Bevölkerung, ein planvolles, arbeitsteiliges, gemeinschaftliches Wirken und ein durchorganisiertes Staatswesen voraus.

Der negride Kulturerdteil hat derartige Entwicklungen nicht aufzuweisen; ihm fehlt in dieser Hinsicht das Erbe der Arbeitsleistung von Generationen. Die Zahl der Bewohner - um Christi Geburt ca. 23 Mio., um 1000 n. Chr. nahezu 50 Mio. und um 1800 etwa 100 Mio. - ließ freien Raum für temporäre Siedlungen und eine vorübergehende Landnutzung. Nur lokal und befristet kam es, wie beispielsweise mit der Ife- und Nok-Kultur sowie in Zimbabwe, zur Gestaltung überdauernder Kulturzeugnisse. Wasserversorgungssysteme, beeindruckende Bauwerke der Wasserregulierung, der Abdämmung, der Wasserkraftgewinnung oder Badezentren sind im negriden Afrika aus früheren Zeiten nicht zu finden.

In diesem Jahrhundert nimmt die Bevölkerung Afrikas gewaltig zu und liegt heute bei 580 Mio. Gegenwärtig verdoppelt sich die Einwohnerzahl in 20 bis 25 Jahren. Die Wasserversorgung wird in vielen Teilen des Kontinents zu einem Problem. Wasserlöcher, einfache Brunnen und das aufwendige Wassertragen von einem Gewässer zum heimischen Kral oder Dorf - eine Mühsal für die Frauen - können bei Verdichtung der Siedlungen den Bedürfnissen in der heutigen Zeit nicht mehr gerecht werden. Ohne eine eigenständige, historisch gewachsene Entwicklung ist man in Afrika darauf angewiesen, fremdbürtige Technologien zu übernehmen und sich neuen Lebensformen anzupassen.

Die Wasserversorgung gehört zu den Grunddaseinsbedürfnissen der Menschen. Wasser ist ein Rohstoff, der nicht unbegrenzt zur Verfügung steht. Mehr als 40 % Afrikas wird von Trockenräumen eingenommen, und weitere 12 % der Flächen entwässern endorheisch. Die Evapotranspiration ist bestimmend für den Wasserhaushalt, und nur 20 % der kontinentweiten Niederschläge kommen zum Abfluß; nach KORZUN (1978: 508) beträgt die Abflußspende mit 4,8 l s^{-1} km^{-2} nur 25 % derjenigen Südamerikas. Die Variabilität der Niederschläge ist sowohl im Jahresgang als auch von Jahr zu Jahr groß. In den semiariden wechselfeuchten Landschaften wird die Wasserbeschaffung in den mehrmonatigen Trockenzeiten immer wieder zu einem Problem. Ausreichend Wasser ist über das Jahr hinweg nur im Zaire-Becken, im westafrikanischen Feuchtwaldgebiet und auch dort genau genommen nur an den Flüssen verfügbar.

Tab. 1: Wasserbilanz des Festlandes

Fläche	Niederschlag		Evaporation		Abfluß	
1000 km^2	mm	km^3	mm	km^3	mm	km^3
30 120	740	22 300	587	17 700	151	4 570

Schier unerschöpflich ist aber der Vorrat in den Seen Afrikas. Dort ist die Abflußmenge des Kontinents von sieben Jahren gespeichert; die gesamte jährliche Niederschlagssumme aller Regionen Afrikas erreicht mit 22 350 km^3 KORZUN, 1978: 506) nur 70 % der Seewassermassen (ca. 32 000 km^3). Allein der Tanganyika-See hat ein Wasservolumen von ca. 19 000 km^3 (BALEK, 1977: 145). Im Umkreis der Seen ist jede Menge an Wasser verfügbar; mehr als 100 Jahre lang ließe sich die Menschheit mit Trink- und Brauchwasser aus dem Speichervorrat dieser Seen versorgen.

Der den Kontinent prägende Gegensatz von Überfluß und Mangel ist also auch für die Verteilung der Wasserressourcen bezeichnend. Allein schon die in den großen

Tab. 2: **Kapazität und Oberfläche von Seen und Stauseen**

Seen	Kapazität (km^3)	Oberfläche (km^2)
Tanganyika	18 900,0	32 900
Malawi (Nyasa)	7 720,0	30 900
Victoria	2 700,0	69 000
Kivu	569,0	2 370
Idi-Amin-Dada (Edouard)	78,2	2 500
Mobutu-Sésé-Seko (Albert)	64,0	5 300
Chilwa	45,0	1 040
Chad	44,4	22 200
Shala	37,0	409
Mweru	32,0	5 100
Tana	28,0	3 150
Bangweulu	5,0	4 920
Stauseen		
Kariba	185,0	5 180
Volta	148,0	8 490
Nasser	147,0	5 470
Cabora Bassa	66,4	2 700
Roseires (Ar Rusayris)	36,3	290
Kossou	30,0	1 740
Kainji	15,1	1 240
Hendrick Verwoerd	5,9	372
P. K. le Roux	3,1	138
Sterkfontein	2,6	60
Vaal	2,4	161

Quelle: KORZUN (1978)

Stauseen gespeicherten Wasservorräte können den Gesamtbedarf Afrikas - Bewässerung eingeschlossen - decken, denn die Kapazität dieser riesigen Rückhaltebecken beläuft sich auf über 600 Mrd. m^3 (vgl. Tabelle).

Auch die großen Sümpfe Afrikas, die mehr als 300 000 km^2 und damit über 1 % der Fläche des Kontinents einnehmen, enthalten Vorräte, die die Größenordnung von 400 - 600 km^3 erreichen. Nicht mitgerechnet sind dabei die vielen Dambos in den Flachmuldentälern der Savannengebiete, die jahreszeitlich unter Wasser stehen. Dennoch verbietet sich eine über lokale Bedarfsdeckung hinausgehende Nutzung, will man nicht das ökologische Gleichgewicht gefährden. So fließen beispielsweise über den Okavango jährlich in der Regenzeit etwa 6 Mrd. m^3 Wasser in die Okavango-Swamps. Unter einer 6 m mächtigen Süßwasserschicht stößt man dort auf Brackwasser und bei 35 m Tiefe auf salziges Wasser. Eine Süßwasserlinse schwimmt also nur oberflächlich auf dem unbrauchbaren Grundwasser; pumpt man die Vorräte ab, so wird die Sumpflandschaft irreversibel durch Salzwasserauftrieb geschädigt.

Die Grundwasservorräte in Afrika sind bislang unzureichend erforscht. Bedingt durch die Becken- und Schwellenstruktur stecken in den Dolomiten des Präkambriums und Paläozoikums im südlichen Afrika sicher große Mengen an Wasser. Auch Aquifers des Nubischen Sandsteins, der Kalahari-Deckschichten und des Benin-Sandsteins sind wasserhöffig. Die erforderliche Bohrtiefe von bisweilen mehr als 100 m, die geringe Erfolgsrate und der häufig auftretende hohe Salzgehalt beeinträchtigen mit ihren Risiken die Explorationsbereitschaft. Bei Wasser aus dem Dolomit besteht außerdem die Gefahr, daß Abwässer direkt in die Grundwasserströme gelangen und das Wasser gesundheitsgefährdend verseuchen. So dominiert in Afrika weitgehend die Nutzung des Oberflächenwassers. Selbst in der Republik Südafrika werden nur 3,5 % des Bedarfs aus dem Grundwasser gedeckt.

Tab. 3: Wasserressourcen der Flüsse

Abfluß mm	Abfluß km^3	Fläche 1000 km^2	Abfluß l/s km^2	Verfügbarkeit Bevölkerung Mio Einwohner	Abfluß pro Einw. 1 000 m^3/Jahr
151	4 570	30 120	4,8	580	7,9

Oberflächenwasser hat verständlicherweise zumeist keine Trinkwasserqualität. Krankheitskeime aller Art, Wurmeier und Cercarien (Bilharziose auslösend) machen den direkten Genuß zu einer Gefahr für die Gesundheit. Durch Wasseraufbereitung ging in Kenia beispielsweise bei einigen Infektionen die Zahl der Erkrankungen auf ein Sechstel zurück (BALEK, 1977: 192). Die Volksgesundheit ließe sich also nachhaltig verbessern, die Arbeitsleistung steigern und die vermehrte Wertschöpfung würde der gesamten Kulturlandschaftsentwicklung Impulse geben.

Eine Wasseraufbereitung ist aufwendig und teuer. Nach einer Weltbankstudie (VILLAGE WATER SUPPLY, 1976: 78) sind nach Preisen von 1970 in ländlichen Gebieten 20 $ und in Städten mit Hausanschluß 50 $ pro Kopf an Investitionsmitteln zu veranschlagen. Wollte man heute den Bau einer Wasserversorgung finanzieren, so sind im gesamten afrikanischen Bereich mindestens 15 Mrd. $ erforderlich. Aufgrund eines mangelden know-how stößt eine Selbsthilfe auf Schwierigkeiten. Afrika fehlen der Erfahrungsschatz einer entsprechenden Handwerkertradition, ausgebildete Fachkräfte und das Prinzip der Arbeitsteilung. Hinzu kommt, daß häufig Klage über das Unvermögen geführt wird, Filter, Pumpen, Rohrleitungen und die Chemikaliendosierungsanlage sachgerecht warten und reparieren zu können; die Anlagen fallen damit immer wieder zeitweise oder ganz aus. Darüber hinaus dauert es häufig von der Ausschreibung bis zur Auftragserteilung mehr als fünf Jahre, womit alle Daten, einschließlich die der Bedarfsfortschreibung, überholt sind (vgl. FANIRAN, 1983: 272 und PENTHER in BORCHERT u. ORTLIEB, 1983: 99-116).

Wird der Wasserbedarf für die Städte aus Stauseen und Weihern gedeckt, so müssen die Rückhaltebecken entsprechend groß ausgelegt sein, da die Verdunstung 2 000 mm pro Jahr erreicht. Nur so läßt sich auch in regenarmen Jahren über die Trockenzeit hinweg eine Wasserversorgung gewährleisten. Auch wenn das Wasser über Sandfilter oder aus den Talsanden gewonnen wird, muß es zusätzlich noch gechlort werden. Vor allem hat das Wasser in den Tropen aber einen hohen Anteil an kolloidalen Substanzen (vor allem $FeO(OH)$), die durch Aluminiumsulfat ausgefällt werden müssen. Gleiche Schwierigkeiten einer Wasserreinigung treten bei Nutzung von Grundwasser in Gneis- und Granitgebieten auf. Farmen, Industriebetriebe oder kleine Dörfer können derartiges Wasser kaum verwenden, da die Kolloide bei Zusatz von Seife, Salz oder beim Kochen ausflocken und eine schmierige, rötliche Färbung verursachen. Da große Teile Afrikas derartige Verwitterungsschichten über Massengesteinen aufweisen, ist es schwierig, überall einwandfreies Trinkwasser bereitzuhalten.

Trotz all der hier aufgezeigten Probleme ist festzuhalten, daß Afrika über ausreichende Wasservorräte verfügt. Unterstellt man einen täglichen Verbrauch von 150 l pro Person wie in den Industrieländern, so würden im Augenblick für Trink- und Brauchwasser 35 Mrd. m^3 pro Jahr benötgt. Kontinentweit verbraucht die Landwirtschaft zusätzlich 140 km^3 und in Stauseen gehen darüber hinaus 50 km^3 durch Evaporation verloren (vgl. KORZUN, 1978: 609); ins Meer fließen schließlich noch 4 350 km^3. Wasser ist demnach reichlich vorhanden. Die bestehenden Schwierigkeiten einer Versorgung resultieren also aus einer ungleichen regionalen Verteilung der Ressourcen, aus jahreszeitlichen Engpässen und aus dem Unvermögen, langfristig planend Bedarf und Wassergewinnung aufeinander abzustimmen. Problemräume sind vor allem die Wüsten, die semiariden Dorn- und Sukkulentensavannen sowie die Agglomerationsräume.

Tab. 4: Wassernutzung (a) und verlorengegangene Verbrauchsmengen (b) km^3 / Jahr

Nutzer	1900		1950		1975		1985		2000	
	a	b	a	b	a	b	a	b	a	b
Haushalte	1	0,2	2	0,5	6	0,9	15	2	40	5
Industrie	0,5	0	1,5	1	6	0,4	20	1,2	50	2,5
Landwirtschaft	30	25	60	50	120	100	140	120	220	170
Reservoire	0	0	0	0	35	35	50	50	70	70
Gesamt (gerundet)	30	25	60	50	170	140	220	170	380	250

Quelle: KORZUN (1978)

Der oben zitierte ungenutzte Abfluß sollte nicht zur Annahme verleiten, daß in Zukunft große Bewässerungsprojekte in Afrika zu verwirklichen sind. Falls sich die Bewässerungsanlagen nicht in Eigenarbeit erstellen ließen, wäre ein Erfolg zweifelhaft. Bedenkt man, daß Pflanzen in den Tropen 1 000 bis 2 000 mm Regen pro Jahr benötigen, so ergibt sich pro ha ein Wasserbedarf von 10 - 20 000 m^3 a^{-1}. Stellt sich der Wasserpreis durch Staudämme, Kanäle, Pumpkosten und die Administration nur auf 0,10 DM pro m^3, so ist das landwirtschaftliche Produkt allein durch die Wasserkosten vorab mit 1 000 - 2 000 DM belastet und eine Rentabilität ist nicht mehr gegeben. Ein Bewässerungsanbau in Großprojekten ist also zu teuer.

Aufwendig wird in Zukunft auch die Deckung des Wasserbedarfs in den Agglomerationen. Viele Städte haben ein Wachstum von 5 - 7 %, d.h. in 10 bis 15 Jahren verdoppelt sich die Bevölkerung. Port Sudan ist heute schon nicht mehr ausbaufähig, da die Wassergewinnungsmöglichkeiten voll ausgeschöpft sind. Zunehmend schwierig gestaltet sich die Wasserbeschaffung für Cape Town und sein Hinterland. Selbst wenn durch das Palmiet-Scheme zusätzlich noch 127 Mio. m^3 bereitgestellt werden können, sind bei einer Steigerung des Bedarfs von 4 % jährlich die letzten Ressourcen im Jahre 2003 - 2005 aufgebraucht; es bleibt dann nur die Meerwasserentsalzung (WATER, 1985: 20).

Wie aus der Karte ersichtlich, macht auch die Wasserversorgung des Industriegebietes und der umliegenden Städte am Witwatersrand zunehmende Schwierigkeiten. Die Nutzung des Wassers aus dem Hochland von Lesotho würde hier zwar den Bedarf der nächsten 25 Jahre sichern, danach müssen jedoch schon wieder andere Quellen erschlossen werden. BORCHERT und KEMPE (1985: 443-457) haben in einer Vorstudie die Wasserbeschaffung vom Zambezi her analysiert. BORCHERT konnte in einer Geländeuntersuchung inzwischen nachweisen, daß ein derartiges Vorhaben ökologisch, technisch und ökonomisch realisierbar ist. Sollten Bevölkerung und Industrie in diesem Raum aber weiterhin wie bisher (4 % Bedarfssteigerung jährlich) expandieren, so werden in 100 Jahren die gesamten Wassermassen des Zambezi zur Bedarfsdeckung im Minen- und Industriebezirk der Republik Südafrika benötigt - eine erschreckende Vorstellung.

Unlösbar scheinen auch die Probleme in Lagos, Kairo und anderen Zentren zu sein. Der Ballungsraum Kairo soll im Jahre 2000 auf 17 Mio. Menschen angewachsen sein. Zwar führt der Nil ausreichend Wasser, kann das jedoch noch zu Trinkwasser aufbereitet werden, und lassen sich dann noch die Abwasserfragen regeln? Chao-

Trink- und Brauchwasserpotential Afrikas

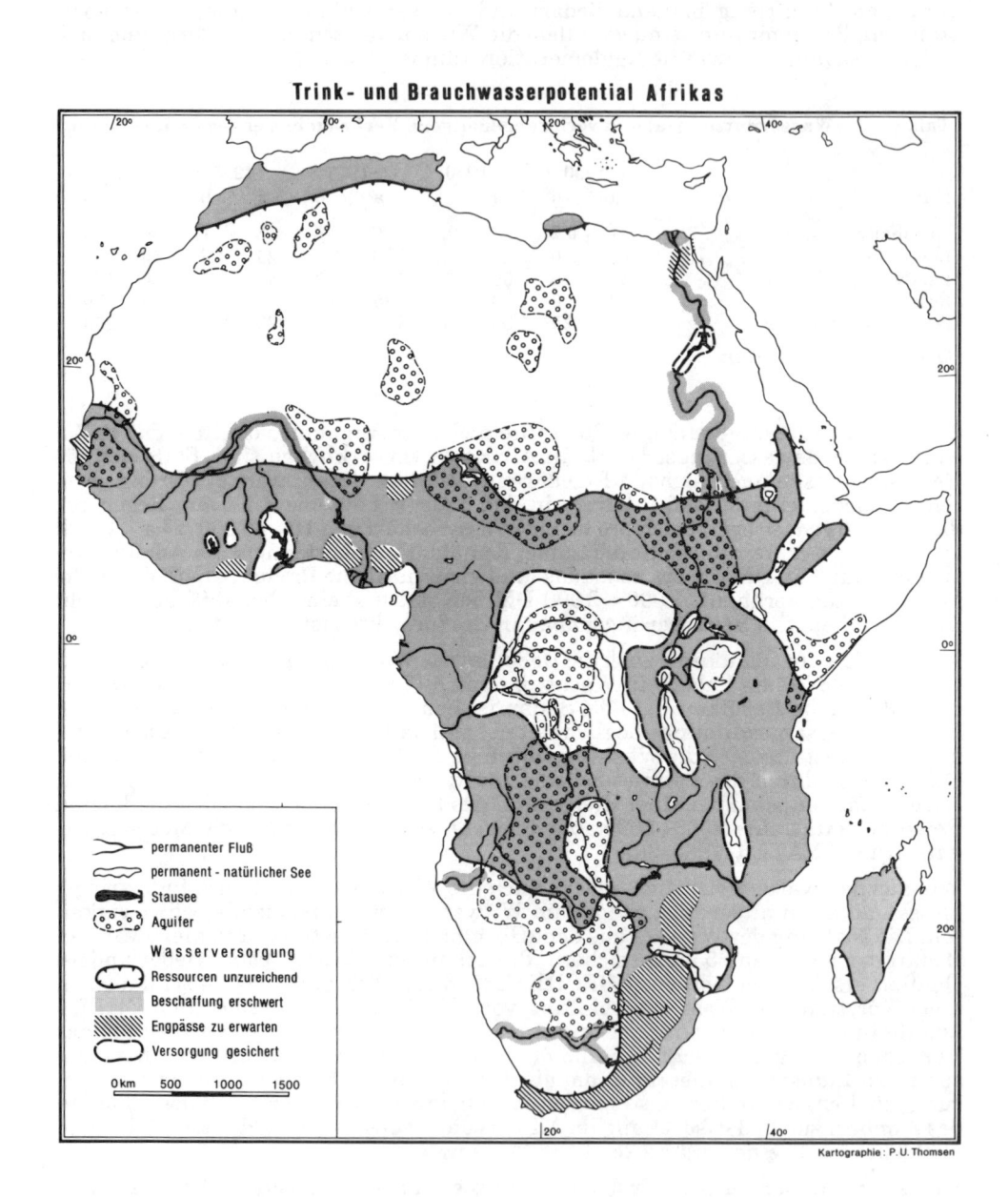

Abb. 1: Trink- und Brauchwasserpotential Afrikas

tisch ist auch die Situation in Lagos; im Großraum dieser Stadt leben heute über 4 Mio. Menschen; die Verdoppelungsrate liegt bei 5 Jahren. Wasseraufbereitungsanlagen, Wasserleitungen und die Kanalisation verschlingen riesige Summen. Eine jährliche Bevölkerungszunahme von 15 % wie in Lagos ist mit seinen Folgekosten in einer Generation nicht mehr finanzierbar. Die Städte werden gegenüber dem Hinterland parasitär. Vor allem ist dabei noch zu bedenken, daß Abwasseranlagen derartiger urbaner Regionen doppelt so teuer wie die Trinkwasserversorgung sind.

Abwasser gelangt daher meist ungeklärt ins Meer, in die Lagunen oder die Flüsse. Schon heute sind die Lagunen bei Lagos und Abidjan sowie die Bucht von Luanda stinkende Kloaken. Auch das in Flüsse eingeleitete Abwasser bringt die tropischen Gewässer wesentlich schneller als die der gemäßigten Breiten zum Umkippen, da das warme Wasser weniger Sauerstoff enthält. Wie sollen sich aber bei dem Mangel an Kapital, der jahreszeitlich stark wechselnden Wasserführung der Flüsse, dem Nachholbedarf in der Entwicklung und dem geringen Problembewußtsein in den afrikanischn Ländern Lösungen erzielen lassen, die die Ver- und Entsorgung sichern, die Volksgesundheit heben, einen Aufbau von Industrien mit Arbeitsplätzen ohne Störung der Umwelt ermöglichen und eine entsprechende Lebensqualität gewährleisten?

Lösungsansätze zur Verbesserung der Wasserversorgung in Afrika:

1. In Eigenarbeit: Bau von Staudämmen und Stauteichen (tanks) in ländlichen Gebieten gekoppelt mit Maßnahmen einer Malariakontrolle.

2. In Selbsthilfe: Bau von Wasserleitungen und Kanalisation in Städten.

3. In einem nationalen Erziehungsprogramm: Durchsetzung einer Reinhaltung der Gewässer.

4. In Eigenverantwortung: Aufbau einer qualifizierten, überschaubaren und durchsetzungsfähigen Wasser-Administration.

Afrika steht vor schier unlösbaren Problemen. Heute machen sich das Verharren zwischen Tradition und Fortschritt, das Fehlen einer eigenständigen, großräumigen sozioökonomischen Ordnungsstruktur und der Mangel an kulturlandschaftlichen Vorleistungen früherer Generationen erschreckend bemerkbar.

Will man in Afrika aus dem Dilemma herauskommen, so muß man kontinentweit das in Malawi praktizierte "solongo" - die Verpflichtung zur Arbeit - übernehmen. Dann werden sich in Gemeinschaftsarbeit unter anderem auch die Wasserversorgungsprobleme lösen lassen. Über die erbrachten Leistungen kann Afrika so zu sich selbst finden. Mit der Bewußtseinswerdung eigenständiger Erfolge sollte der negride Kulturerdteil die fremdbürtige Prägung überwinden können und zu Aufbauleistungen befähigt sein. Es liegt in den Händen der heutigen Generation, in einem altruistischen Denken und durch ein gemeinschaftliches Handeln die für den Kontinent erforderliche Infrastruktur sowie die Anlagen zur Wasserexploration für die Zukunft zu erstellen. Ohne Verwirklichung dieser Ziele ist Afrika weiterhin zur Rückständigkeit verdammt.

LITERATURVERZEICHNIS

BALEK, J. (1977): Hydrology and water resources in tropical Africa. In: Development in Water Science, 8: 208.

BORCHERT, G. (1963): Die naturgeographischen Grenzen der Entwicklungsmöglichkeiten im tropischen Afrika. In: Die Erde, 3-4: 313-320.

BORCHERT, G. & S. KEMPE (1985): A Zambezi Aqueduct. In: Mitt. Geol.- Paläont. Inst. Univ. Hamburg, SCOE/UNEP Sonderbd., 58: 443-457.

BORCHERT, G. & H.-D. ORTLIEB (Hrsg.)(1983): Waser und Leben für Afrika. Veröff. des HWWA-Inst. f. Wirtschaftsforschung. Hamburg.

BRANSCHEID, V. (1972): Städtische Wasserversorgung in Afrika. Das Beispiel der Stadt Katsina, Nigeria. In: Afrika Spectrum, 2: 32-41.

CARRUTHERS, J.D. (1973): Impact and economics of community water supply: A Study of rural water investment in Kenya. In: Agrar. dev. stud., 6.

FANIRAM, A. (1983): New approach to water supply in developing countries. Examples from the Nigerian situation. In: Nat. Resour. Forum, 7: 271-275.

KOLB, A. (1962): Die Geographie und die Kulturerdteile. In: LEIDLMAIR, A.(Hrsg.): Hermann von Wissmann. Festschrift. Tübingen: 42-49.

KORZUN, V.J. (Hrsg.)(1978): World water balance and water resources of the earth. In: NACE, R.L.:Studies and reports in hydrology. Paris. 25.

OETZE, G.E. (1981): Water resources in Nigeria. In: Enviromental geology, 3/4: 177-184.

RIET, P. v.d. (1980): Co-operative water resources development in Southern Africa. In: MIDGLEY, D.C.: Hydrological Research Unit Reports. Johannesburg, 5.

A WORLD BANK PAPER (Hrsg.)(1976): Village water supply. Washington.

WATER. (1985): In: A survey. Supplement to Financial Mail.

WATER 75. (1975): Johannesburg.

ZUR KLIMAGESCHICHTE HOCH- UND OSTASIENS

von

Jürgen Hövermann und Harald Süssenberger, Göttingen

SUMMARY: On the Climatic History of Central and East Asia

Due to the correlations between moraines and glacifluvial outwashes as indicators for the former glaciation and the contemporary Lake of Tsaidam with a well marked level at about 2 950 m, it is possible to distinguish different phases of the climatic evolution in the North-East Tibet from 32 000 b.p. to the present. During the high glacial conditions (highest lake level and maximum extent of the glaciers) the temperature in July has been calculated to be 6 - 8° C, the average annual temperature about 5° C and the temperature in January 2 - 4° C lower than today. The average annual precipitation in the Basin of Tsaidam and the surrouding mountains has been calculated to be 400 mm, 200 mm higher than today. Based on the quantity of salt sedimentation at different stages of the Lake of Tsaidam, the wet-cold anaglacial up to 24 000 b.p. followed by a warm-dry cataglacial up to 15 000 b.p. and a cold-dry late glacial up to 10 000 b.p. results in a holocene caracterised by some moister periods. Thus the last glaciation period as usually accepted, has been divided into three absolutely different climatic sections. It is supposed that the temperatures of the cataglacial were remarkably higher than those the present.

ZUSAMMENFASSUNG

Aus den Zusammenhängen zwischen eiszeitlicher Vergletscherung, ausgewiesen durch Moränen und glazifluviatilen Schotterfluren und Schwemmfächern, und dem eiszeitlichen Tsaidam-See, markiert durch einen besonders ausgeprägten Standwall in etwa 2 950 m ü. NN, ergibt sich die Möglichkeit, Klimaphasen und Klimaverhältnisse von etwa 32 000 b.p. bis zur Gegenwart abzuleiten. Für das Hochglazial, das hier etwa um 24 000 b.p. lag, läßt sich eine Temperaturdepression von 6 - 8° C. im Juli, von etwa 5° im Jahresmittel und von 2 - 4° im Januar ableiten. Die Niederschläge im Einzugsgebiet des Tsaidam-Sees berechnen sich für die gleiche Phase im Mittel auf etwa 400 mm/Jahr, d.h. etwa 200 mm mehr als heute. Dem feucht-kalten Anaglazial bis 24 000 b.p., ausweislich der Salzabscheidungen im Tsaidam-See, folgt ein warm-trockenes Kataglazial bis 15 000 b.p. und ein kalt-trockenes Spätglazial bis etwa 10 000 b.p., dem sich das durch mehrere Feuchtphasen gegliederte Holozän anschließt. Die letzte Eiszeit herkömmlicher Definition umfaßt somit drei völlig verschiedene Klimaabschnitte, von denen das Kataglazial wahrscheinlich sogar merklich wärmer war als die Gegenwart.

1   EINLEITUNG UND PROBLEMSTELLUNG

Vorstellungen über das Klima Hochasiens und über die Klmaentwicklung von der Hoch- zur Nacheiszeit sind aus dem Raume selbst bisher nur auf Grund der Schneegrenzdepression entwickelt worden, wobei der Interpretation der Feldbefunde die von A. PENCK entwickelte Vorstellung zu Grunde lag, daß das Ausmaß der eiszeitlichen Klimaänderung zu den kontinentalen Trockengebieten hin abnimmt und daß die insbesondere im westlichen Zentralasien nachgewiesenen eiszeitlichen Binnensee-Hochstände allein aus der eiszeitlichen Temperatur-Depression erklärbar sind. Diese Grundauffassung schien sich durch die zusammenfassende Darstellung der Höhenlage der Schneegrenze und der eiszeitlichen Schneegrenzdepression in Hochasien, wie sie VON WISSMANN (1959) und, mit ergänzenden Befunden, SHI YAFENG (1980) gegeben haben, zu bestätigen. Auch die zusammenfassende Darstellung der Klimaverhältnisse des nördlichen Eurasien in der letzten Eiszeit und in der postglazialen Wärmezeit, die FRENZEL (1960) auf Grund umfassender Literatur-Auswertung gegeben hat, gibt keinen Anlaß zu Zweifeln an der Richtigkeit der generell akzeptierten Auffassung.

Umso überraschender waren die Befunde der 1. chinesisch-deutschen Tibet-Expedition 1981, aus denen nicht nur, zunächst für den gesamten Nordosten Tibets, eine sehr viel umfangreichere eiszeitliche Vergletscherung als bisher angenommen hervorging, sondern auch über die Existenz eiszeitlicher Pedimente im heutigen Bereich extremer Wüstenformung (aerodynamisches Relief und Sandschwemmebenen) für die Tsaidam-Depression (um 3 000 m) und für das nördliche Vorland des Qilian Shan (Richthofen-Gebirge) bis unter 1 500 m jahreszeitlich konzentrierte Niederschläge zwischen 150 mm und 350 mm nachgewiesen werden konnten. Die Verknüpfung der glazifluviatilen Sedimente und der Pedimentkegel mit dem Spiegel des eiszeitlichen Tsaidamsees und die Datierung dieses Sees und seiner Entwicklung durch ^{14}C-Datierungen seiner Sedimente gestattet eine sehr viel detailliertere Ableitung des Eiszeitklimas, als sie bisher möglich war.

2   DIE BEFUNDE

Der wohlausgebildete, vielfach mit vorzeitlichen Dünen und mit Tamariskenhügeln besetzte Strandwall des eiszeitlichen Tsaidam-Sees ist zunächst in unmittelbarer Feldbeobachtung zwischen 95° und 97°30' ö.L. und bei 36°30' n.Br. erkannt worden. Er hebt sich in allen Satellitenbildern so deutlich ab, daß er ohne Schwierigkeiten um die gesamte Tsaidam-Depression herum verfolgt werden kann. Die äußerste Spitze liegt im Westen bei 91° ö.L.; der nördlichste Teil des Tsaidam-Sees erreichte, unter 93° ö.L., 38° n.Br.; die Gesamtfläche des Sees betrug etwas mehr als 70 000 km². Nach der ONC Karte 1:1 Mio. und nach Anaeroidbestimmungen liegt der Strandwall überall in gleicher Höhe von 2 950 m, wobei ein Fehler von 50 m in der Höhenbestimmung wegen der Ungenauigkeit der Anaeroide möglich ist.

Auf diesen Strandwall laufen, östlich von 95° ö.L. durch unmittelbare Feldbeobachtung gesichert, westlich davon aus Satellitenbildinterpretation erschlossen, weitgespannte Kegelmantelflächen aus (Abb. 1), die teilweise aus glazifluviatilen Schüttungen, teilweise aus Pedimenten am Fuß der Gebirgszüge bestehen. Besonders im Ostteil setzen sich diese Flächen häufig aus mehreren über- und hintereinander gestaffelten Teilfeldern zusammen, von denen die ältesten, höchstgelegenen, steiler, die jüngeren, tiefergelegenen flacher abgedacht sind. Alle laufen auf das Seeufer in 2 950 m Höhe aus. Der Strandwall ist nirgends durchbrochen, auch nicht von den größeren Flüssen, die aus der Nordabdachung des Kuen-Lun heraustreten, und die heute im Bereich der Schwemmfächerflächen versickern. Aus diesen Versickerungswässern werden die Quellen gespeist, die im ehemaligen Seebereich unterhalb des Strandwalles austreten und die zur Oasenbewässerung benutzt werden. Eine Ausnahme macht der größte Fluß, der vom Kuen-Lun-Paß kommend bei 94°50' (bei Ko-Ehr-Mu) in das Tsaidam-Becken eintritt. Hier laufen tiefere Teilfelder noch in 2 800 m ü. NN auf einen tieferen Stand des Tsaidam-See-Spiegels aus.

Über die Stratigraphie dieser Kegel geben mehrere Bohrungen Auskunft, die in der Nähe der Straße nach Ko-Ehr-Mu (Golmo) niedergebracht worden sind, und die

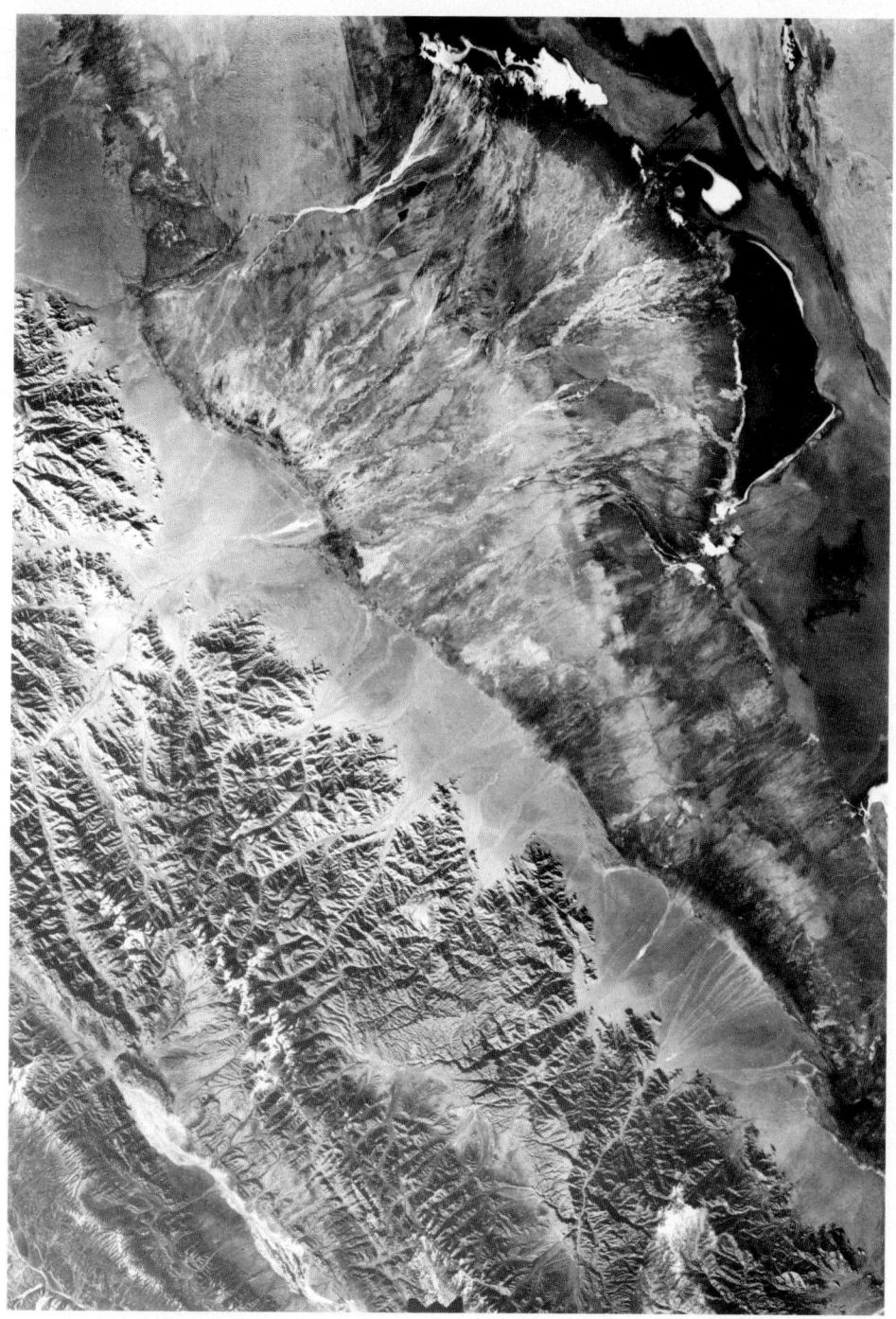

Abb. 1: Metric Camera Aufnahme (01-0043-01) vom Südrand der Tsaidam-Depression. Aufnahmedatum ist der 3.12.1983

zum Teil mehrere hundert Meter Sediment durchteuft haben. Bei mancherlei örtlichen Varianten zeigen sie im Prinzip alle das gleiche Bild: Wechsellagerung von teilweise sehr groben, teilweise ausgezeichnet gerundeten Schottern mit hohem Anteil an Ferntransport mit feinerem und gröberem, durchweg schlecht gerundetem Schutt mehr lokalen Gepräges bei gelegentlicher Zwischenschaltung feinkörnigen, tonig-siltigen Materials. Das Material des Ferntransportes entspricht vollständig den an die verschiedenen Eisrandlagen anschließenden glazifluviatilen Schotterterrassen; der Lokalschutt gleicht dem Schuttkörper im Bereich der Sedimentflächen; das gelegentlich eingeschaltete Feinmaterial erscheint als Stillwasser-Akkumulation.

Die Sedimente im Zentrum des eiszeitlichen Tsaidam-Sees sind durch eine Bohrung bei 94° ö.L. und 37° n.Br. aufgeschlossen. Sie bestehen aus klastischem Material (Silt und Sand), Gips und Salzen in insgesamt 101 m Mächtigkeit und sind durch eine Reihe von ^{14}C-Bestimmungen datiert (vergl. hierzu HUANG QI, 1981; LI TIANCHI, 1982). An der Basis liegen zunächst ausschließlich klastische Sedimente, deren Korn zum Hangenden hin gröber wird. Dieser Abschnitt umfaßt die Zeit von etwa 32 000 b.p. bis etwa 25 000 b.p.. Es folgt darüber eine Serie, die durch hohen klastischen Eintrag und durch hohe Salzabscheidungen gekennzeichnet ist, wobei im Bereich der Evaporite zunächst der Gips, danach die Salze dominieren. Insgesamt umfaßt die starke Salzabscheidung den Zeitraum von 24 000 b.p. bis 20 000 b.p.; die Gipsausscheidung setzt bereits 25 000 b.p. ein und erreicht ihr Maximum um 24 500 b.p. mit 2 mm/Jahr, doch fällt auch danach immer noch Gips mit einer Rate von 0,5 mm/Jahr aus. Die Salzabscheidung kulminiert einmal um 24 000 b.p. mit 7 mm/Jahr, zum anderen um 23 000 b.p. mit über 6 mm/Jahr. Dazwischen liegt ein starker klastischer Eintrag mit 7 mm/Jahr; eine weitere Phase starken klastischen Eintrages folgt um 21 000 b.p. mit fast 6 mm/Jahr. Die absolute Spitze kla-sti-schen Eintrages liegt vor der Phase der Evaporitbildung zwischen 27 000 und 25 000 b.p. mit Werten über 10 mm/Jahr (Abb. 2). Zwischen 20 000 b.p. und der Gegenwart hält sich die Salzabscheidung, bei Ausfall auch einer geringen Menge von Gips, in der Größenordnung von 1 mm/Jahr; gleichzeitig ist der klastische Eintrag auf minimale Werte abgesunken. Diese relativ gleichmäßige Salzausscheidung wird jedoch um 16 000 b.p. und um 9 000 b.p. nahezu auf Null reduziert; zu den gleichen Zeiten erhöht sich der klastische Eintrag wieder auf Werte von 1 mm/Jahr. Eine letzte Phase etwas erhöhten klastischen Eintrags mit gleichzeitig reduzierter Salzabscheidung läßt sich um 4 000 b.p. erkennen; sie liegt mit etwa 0,2 mm/Jahr jedoch schon nahe der Fehlergrenze der Bestimmungen.

3   INTERPRETATION

Die Aufschüttungen im Bereich der glazifluviatilen Schwemmkegel und der Pedimente stehen offensichtlich in Zusammenhang mit dem Steigen des Tsaidam-Sees. Darauf deuten insbesondere die gelegentlich eingeschalteten Stillwasserabsätze hin, die sich in dem gegebenen Milieu nur als Übergreifen der Seeablagerungen über die in Aufschüttung begriffenen Kegelflächen infolge rascheren Wachstums des Sees verstehen lassen. Der ausgeprägte Quellhorizont unterhalb des Strandwalles im Bereich des ehemaligen Sees könnte dabei eine besonders ausgeprägte Phase des Übergreifens solcher Stillwasserabsätze kennzeichnen, die heute wegen ihrer Wasserundurchlässigkeit Anlaß zur Ausbildung von Schichtquellen geben. Der höchste Spiegelstand, wie er durch den ausgeprägten Strandwall und das Auslaufen der glazifluviatilen Teilfelder auf diesen gekennzeichnet ist, muß deshalb vom Zeitpunkt der größten Eisausdehnung über alle Oszillationen des Hochglazials hinweg Bestand gehabt haben, weil keine der Schotterfluren, die von den rückwärts gestaffelten Eisrandlagen ausgehen, den Strandwall durchbricht, mit Ausnahme des größten Flusses, der als einziger über einen relativ niedrigen Paß mit Hochtibet verbunden ist. Die Füllung des Sees ging demnach vom Früh-

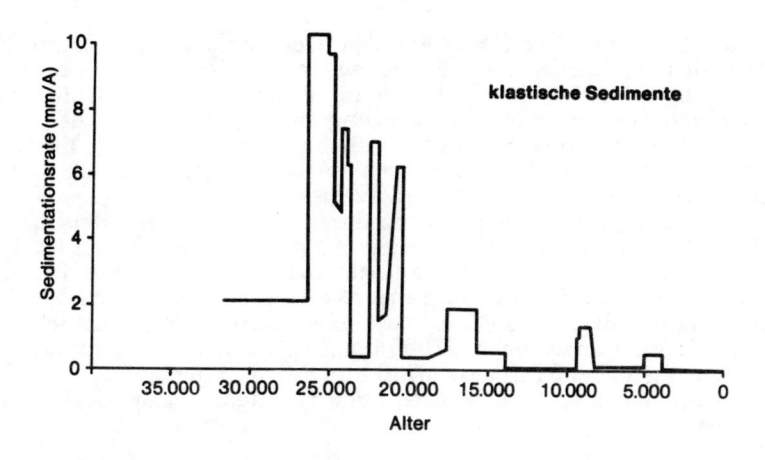

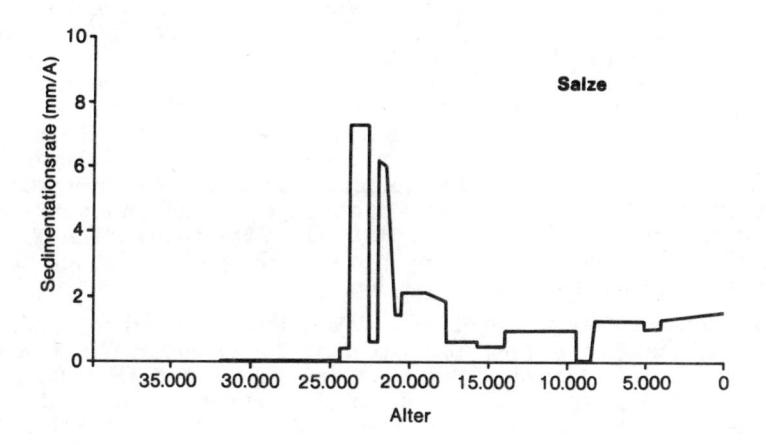

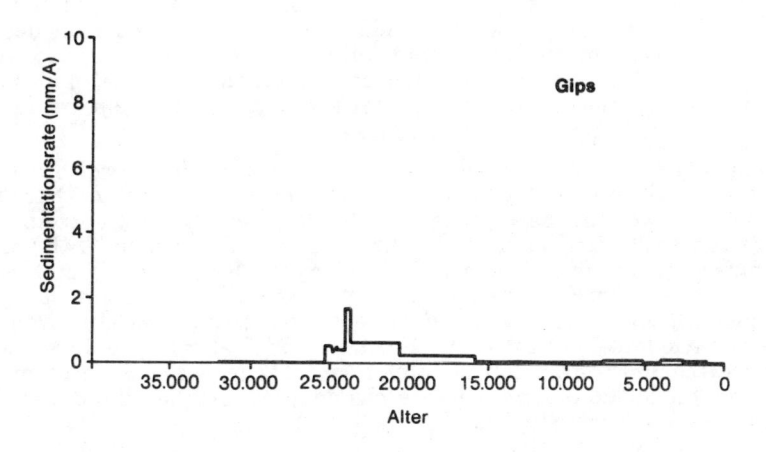

Abb. 2: Sedimentationsraten von klastischen Sedimenten, Salz und Gips im Bohrloch ck-2022

zum Hochglazial vor sich. Der Hochstand des Sees umfaßte das gesamte Hochglazial einschließlich der Rückzugs-Oszillationen. Innerhalb des Seebeckens gibt sich das Vorrücken der Gletscher durch die Zunahme der Menge des klastischen Materials und zugleich durch dessen Vergröberung zu erkennen. Nach den ^{14}C-Datierungen ist das die Zeitspanne zwischen 32 000 b.p. und 24 000 b.p.. Die danach folgenden miteinander abwechselnden Phasen starker Salzabscheidung und starken klastischen Eintrags lassen sich mit dem oszillierenden Rückgang der Vereisungsgrenze in Zusammenhang bringen, wie er durch die Moränenstaffeln und die anschließenden Teilfelder und glazifluviatilen Schotterterrassen belegt ist. Es ist dabei zu beachten, daß der klastische Eintrag nur ganz kurzfristig, nämlich um 24 000 b.p., auf einen Wert unter 0,5 mm/Jahr absinkt, in der zweiten Phase starker Salzabscheidung jedoch mit 1,5 mm/Jahr noch über dem durchschnittlichen Betrag klastischer Sedimentationen nach 20 000 b.p. liegt. Das beweist, nimmt man den klastischen Eintrag als Maß für den Zufluß zum See, daß zu dieser Zeit die Speisung des Tsaidam-Sees höher war, als während der Sedimentationsperioden um 16 000 b.p. und 9 000 b.p..

Da die starke Salzabscheidung zwischen 24 000 b.p. und 20 000 b.p. nur auf eine starke Verdunstung zurückgeführt werden kann, und da die Salzabscheidung auch zur Zeit starken klastischen Eintrags um 21 000 b.p. hoch ist (2 mm/Jahr, doppelt so hoch, wie in der Zeit nach 20 000 b.p.!), läßt sich die Kombination von starker Verdunstung und starkem Zufluß wohl nur über ein starkes Abschmelzen der Gletscher erklären. Insgesamt gesehen steht damit der Phase des Gletschervorstoßes bis 24 000 b.p. die Phase des oszillierenden Rückzugs zwischen 24 000 b.p. und 20 000 b.p. gegenüber. Da auch um 15 000 b.p. Salzabscheidung und klastischer Eintrag sich noch die Waage halten, kann man annehmen, daß die Zufuhr von Gletscher-Schmelzwasser bei starkem Eisabbau bis dahin gegeben war. Damit stände einem im Sediment faßbaren Anaglazial von vor 32 000 bis 24 000 b.p. ein Kataglazial von 24 000 bis 15 000 b.p. gegenüber, das sich in eine Hauptphase (24 000 bis 20 000 b.p.) und eine Spätphase (20 000 bis 15 000 b.p.) gliedert.

Daß der Tsaidam-See auch während seiner Wachstumsphase erheblicher Verdunstung unterlegen hat, geht aus der Abfolge der Evaporite hervor. Wie bei jeder Eindampfung scheidet sich, hier ab 25 000 b.p., zunächst Gips ab. Diese Gipsabscheidung bleibt jedoch auch in der Periode der nachfolgenden dominierenden Salzabscheidung beträchtlich und, im Unterschied zu der stark schwankenden Salzabscheidung, nahezu konstant. Daraus scheint ein ständiger Zustrom frischen Wassers hervorzugehen, wie er auch aus dem klastischen Eintrag zu folgern ist. Dürfte sich schon in der Wachstumsphase des Tsaidam- Sees eine Anreicherung des Gipses und der Salze bis fast zum Sättigungsgrad vollzogen haben, so ist die Sättigung für Gips um 25 000 b.p., für Salz um 24 000 b.p. erreicht. Von diesem Zeitpunkt ab muß auch bei gleichbleibendem Seespiegel die Ausfällung vor sich gehen; bei fallendem Seespiegel wird sie selbstverständlich beschleunigt.

Die Tsaidam-Depression liegt heute in einem extrem ariden Bereich, innerhalb dessen die Niederschläge von West nach Ost zunehmen. Während am Ostrande 100 mm/Jahr erreicht werden, beträgt der Jahresniederschlag im Zentrum und im Westen sogar unter 20 mm. Da dieser Bereich zwischen 2 600 m und 3 400 m ü. NN, der heute einer Formung im Stile des windgeformten Reliefs, der Sandschwemmebenen und der Wüstenschluchten unterliegt, eiszeitlich zur Pedimentregion gehörte, der nach Ausweis der aktuellen Pedimentregionen der Erde ein jahreszeitlich konzentrierter Niederschlag zwischen 150 mm und 350 mm pro Jahr (bei mindestens episodischem Frosteinfluß) zukommt, ist trotz der starken Vermehrung der Niederschläge, im Mittel auf mindestens das doppelte der heu-tigen, der Bereich des Tsaidam-Sees auch eiszeitlich arid geblieben.

Die hohe Salzausfällung zwischen 24 000 b.p. und 18 000 b.p., die überdies mit einem phasenweise extrem starken Eintrag klastischen Materials gekoppelt ist, läßt sich nur als eine Periode einer, auch gegenüber heute, extrem gesteigerten Verdunstung interpretieren. Der scheinbare Widerspruch zwischen starkem klastischen Eintrag als Ausdruck verstärkter Einschwemmung und damit verstärkter Zuflüsse und extremer Aridität löst sich auf, wenn man annimmt, daß die Zuflüsse aus dem Abschmelzen der Gletscher bei rapidem Gletscherrückgang resultieren. Da die Verdunstung wegen der niedrigen Temperaturen im Winter auch heute minimal ist, muß man in der Periode zwischen 24 000 bis 17 000 b.p. mit gegenüber heute merklich erhöhten Temperaturen rechnen. Eine Erhöhung der Windgeschwindigkeiten allein würde, bei gleicher oder sogar etwas niedrigerer Sommertemperatur als heute sicherlich nicht hinreichen, die Verdoppelung bis Vervierfachung der Eindampfung zwischen 24 000 und 17 000 b.p. gegenüber der Periode des Holozäns zu erklären.

Starke Windwirkungen mit Winden aus westlichen Richtungen sind belegt durch die Dünenfelder, die im Ostteil der Tsaidam-Depression an den eiszeitlichen Seespiegel anschließen. Sie sind räumlich durch eine Distanz von etwa 400 km getrennt von den aktuellen Dünenfeldern, die im Einklang mit den heutigen Formungsbedingungen sich im Westteil der Tsaidam-Depression unterhalb des eiszeitlichen Seespiegelstandes gebildet haben und weiterbilden. Daß der Gletscherrückgang in Nordosttibet, insbesondere in den die Tsaidam-Depression umrahmenden Gebirgen viel früher erfolgte, als im Bereich des europäischen und des nordamerikanischen Inlandeises, ist durch das Auftreten von Torfen im Kakitu-Gebirge (38° n.Br., 96°20' ö.L.) belegt. Die Torfe liegen in 4 600 m Höhe in einem Trogschluß, nur wenige hundert Meter unterhalb der aktuellen Gletscherenden.

Ihre ^{14}C-Datierung hat Werte zwischen 10 000 und 8 000 Jahre b.p. ergeben; sie entsprechen offenbar der feuchteren Periode, die sich im Bohrprofil durch Reduktion der Salzabscheidung auf fast Null und zugleich durch erhöhten klastischen Eintrag abzeichnet. Zu dieser Zeit waren die eiszeitlichen Gletscher im Kakitu-Gebirge also auf wenig unter den heutigen Stand zurückgeschmolzen.

4 BERECHNUNGEN

Da die erste Ausfällung von Salz in der Tsaidam-Depression etwa 24 000 b.p. einsetzt und danach, wenn auch mit wechselnder Intensität, kontinuierlich vor sich geht, muß zu diesem Zeitpunkt das Stadium einer gesättigten Sole erreicht worden sein. Die Gesamtmenge der abgelagerten Salze im insgesamt 101 m langen Bohrprofil beträgt 42,16 m; das entspricht einer Wassersäule (bei gesättigter Lösung) von 363,42 m. Die Bohrung steht in 2 677 m Meereshöhe; die Basis der Salze liegt etwa in 66 m Teufe, also bei 2 611 m Höhe. Der Spiegel des Salzsees sollte demnach in 2 974 m Höhe gelegen haben. Tatsächlich liegt er, mit einem möglichen Fehler der Anaeroid-Bestimmungen von ± 50 m, in 2 950 m Meereshöhe. Die Übereinstimmung des Feldbefundes mit der Ableitung aus den Bohrbefunden hinsichtlich Tiefe und Spiegelstand des Tsaidam-Sees ist so gut, daß man auch eine Detailberechnung der Entwicklung des Sees hinsichtlich seines Spiegelstandes im Zuge der etwa 24 000-jährigen Eindampfung vornehmen kann.

Wie das aus diesen Berechnungen hervorgegangene Diagramm (Abb. 3) zeigt, sinkt der Seespiegel zwischen 24 000 und 21 000 b.p. um mehr als 100 m also um 33 mm pro Jahr. Zwischen 21 000 und 16 000 b.p. sinkt er um 90 m = 18 mm/Jahr. Zwischen den schwachen Eindampfungen von 16 000 bis 14 000 b.p. und 9 200 bis 8 000 b.p. fällt der Seespiegel in knapp 5 000 Jahren um 70 m, also um 14 mm/Jahr. Von 8 000 bis zur Gegenwart endlich verliert der See noch einmal 80 m Tiefe, also etwa 10 mm/Jahr. Die Hauptphase der Eindampfung lag also in dem Bereich, den wir als Hoch- und Spätglazial zu bezeichnen pflegen und der nach den ausgebreiteten Befunden und der Berechnung **nach dem entscheidenden Klimaumschwung von eiszeiterzeugenden zum eiszeitzerstörenden Klima** liegt.

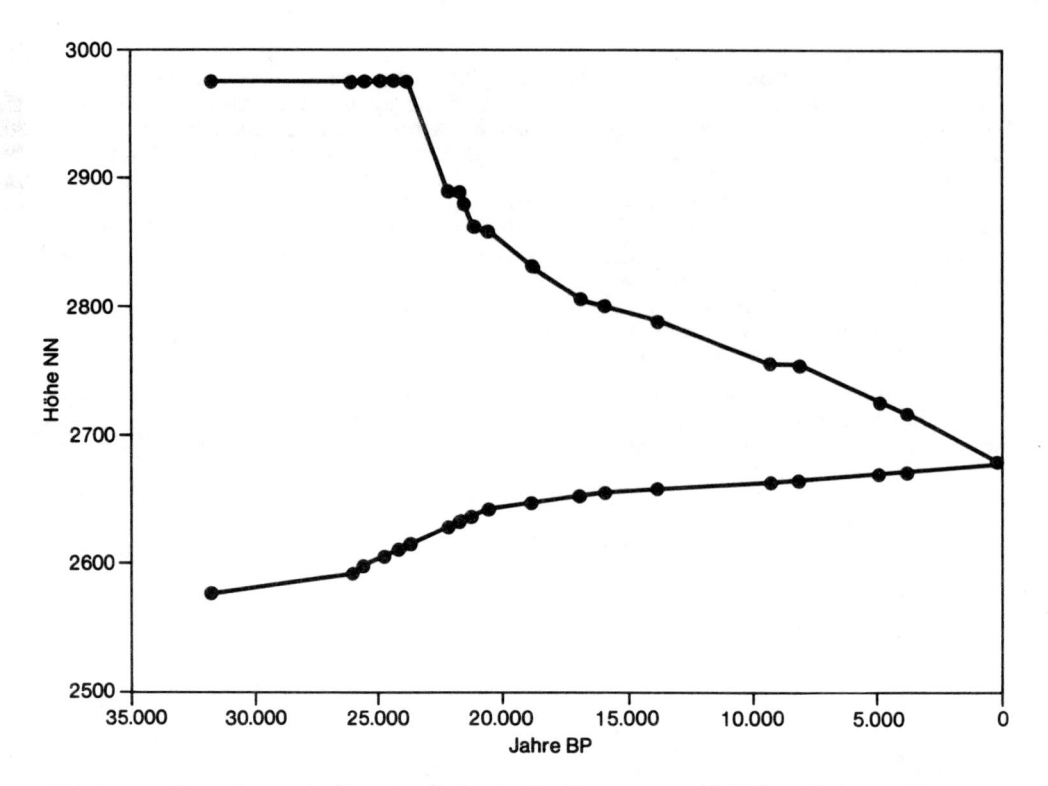

Abb. 3: Veränderung der Seespiegelhöhe des Tsaidamsees von 32 000 b.p. bis heute. Die untere Kurve zeigt die Aufhöhung des Seebodens durch die Sedimentation

Offensichtlich liegt zwischen den Klimaumschwüngen und ihren Folgewirkungen eine Zeitverzögerung.

Das **Klimatische** Hochglazial ist demnach nicht durch die Daten um 18 000 b.p., sondern durch Daten um 24 000 b.p. definiert, d.h. durch jenen Zeitpunkt, zu dem der Aufbau der Eismassen (und der mit ihnen verbundenen Seen) in den Abbau der Eismassen und die Eindampfung der zugehörigen Seen umschlug. Für diesen Zeitpunkt lassen sich die Klimaverhältnisse Nordost-Tibets, insbesondere der Tsaidam-Depression, berechnen. Dies geschieht unter der Annahme, daß die Verhältnisse in Nordost-Tibet den Verhältnissen im bolivianischen Altiplano, so wie sie durch HASTENRATH und KUTZBACH (1985) und KESSLER (1963 und 1985) analysiert worden sind, hinreichend entsprechen. Denn wenn auch Nordost-Tibet und der bolivianische Altiplano sich hinsichtlich der Höhenlage und der Sommertemperaturen recht gut entsprechen, so bestehen doch beachtenswerte Unterschiede in Bezug auf die Breitenlage und die Wintertemperaturen.

Die Brauchbarkeit des Verfahrens wurde daher zunächst für 4 Seen Nordost-Tibets überprüft, indem die nach den hydrologischen Gleichungen errechneten Niederschlagswerte mit den tatsächlich gemessen verglichen werden (nach dem hydrologischen Atlas der VR China).

4.1 Berechnung der Niederschlagsverhältnisse

Für einige Seen Hoch-Tibets wurden mit Hilfe der in Satelitenbildern erkennbaren höheren Seespiegelstände Berechnungen durchgeführt, die denen von HASTENRATH und KUTZBACH (1985) sowie KESSLER (1963 und 1985) für den Wasserhaushalt des Altiplano entsprechen.

Das hydrologische Gleichgewicht eines abflußlosen Sees wird durch die Gleichung

$$P = E_w a_w + E_L (1 - a_w) \qquad (1)$$

ausgedrückt, wobei P der Niederschlag des Einzugsgebietes und E die Verdunstung ist. Der Index w bzw. L steht für Wasseroberfläche bzw. für Landoberfläche. a_w ist der Anteil der Wasserfläche an der Gesamtfläche des Einzugsgebiets.

Der Verdunstungsterm kann mit Hilfe der mittleren jährlichen Einstrahlung abgeschätzt werden:

$$E = \frac{1}{(1+B)} \frac{R}{L} \qquad (2)$$

R ist die Einstrahlung, B ist das "Bowen-Verhältnis" (Bowen ratio) und L die latente Wärme. Das Bowen-Verhältnis ist der Quotient aus dem Fluß fühlbarer Wärme und dem Fluß von latenter Wärme. Diese dimensionslose Zahl ist für trockene Oberflächen groß ($B \approx 3$) und für Wasseroberflächen klein ($B \approx 0{,}1\text{-}0{,}2$).

Wenn man in Gleichung (1) für die Verdunstung die Terme der Netto-Einstrahlung (R_L bzw. R_w) und des Bowen-Verhältnisses einsetzt, bekommt man folgende Gleichung für den durchschnittlichen Niederschlag im Einzugsgebiet, wenn sich der See im Gleichgewicht befindet:

$$LP = \frac{1}{(1+B_w)} R_w a_w + \frac{1}{(1+B_L)} R_L (1 - a_w) \qquad (3)$$

Für die Berechnung des Wärme- und Wasserhaushalts müssen einige Annahmen gemacht werden bezüglich Globalstrahlung, Wolkenbedeckung, Oberflächentemperatur, Dampfdruck und Albedo.

Die Globalstrahlung wurde nach BUDYKO (1974) für die entsprechenden Brei-tengra-de berechnet. Für die Nettoeinstrahlung ergeben sich damit die Werte $R_w = 85$ W/m^2 und $R_L = 51$ W/m^2, wobei für die Werte der Albedo, der Wolkenbe-deckung und der Oberflächentemperatur in Ermangelung von Meßwerten für Hoch-Tibet die Werte aus dem Altiplano nach HASENRATH und KUTZBACH (1985) übernommen wurden. Für das Bowen-Verhältnis wurden die Werte $B_w = 0{,}2$ und $B_w = 2{,}45$ eingesetzt. Wegen der vergleichbaren Höhenlage und der Tatsache, daß es sich bei diesen Werten um grobe Schätzungen handelt, wird dieses Vorgehen für vertretbar gehalten.

Mit Gleichung (3) lassen sich mit den heutigen Seeausdehnungen und Einzugsgebietsgrößen die theoretischen Niederschlagsmengen berechnen, die dem heutigen Gleichgewichtszustand entsprechen und mit den tatsächlich gemessenen (Hydrologischer Atlas der VR China) vergleichen. Die Ergebnisse sind in Tab. 1 dargestellt.

Unter der Voraussetzung, daß sich die Strahlungsparameter und das Bowenverhältnis im Quartär nicht wesentlich geändert haben, kann man mit Hilfe der in Satellitenbildern (Landsat-Szenen und Metric-Camera-Aufnahmen) sichtbaren höheren Seespiegelstände die paläoklimatischen Verhältnisse berechnen. Die Datierung der hohen Seespiegelstände ist über ^{14}C (siehe Bohrprofil) gegeben.

Tab. 1 zeigt die zu den höheren Seespiegelständen gehörenden mittleren Niederschläge der jeweiligen Einzugsgebiete. die größte Niederschlagszunahme gegenüber heute hat man im Bereich des ehemaligen Tsaidamsees anzunehmen, bedingt

Tab. 1: Ausgangsdaten und Ergebnisse für vier Seen in unterschiedlicher Höhenlage

See	Höhe	heutige Fläche	vorz. Fläche	Einzugsg.- Fläche	gem. Nieder.	P ber. heute	P ber. vorz.	ΔP_{abs}	$\Delta P_\%$
		Restseen							
Tsaidamsee (94°E, 37°N)	2600-2950	854	70200	245000	25-200	193	400	207	107
Kukunor (100°E, 37°N)	3195	4481	6880	29390	300	300	362	62	21
Halahu (97,5°E, 38,2°N)	4075	588	1180	4838	300	279	369	90	32
Tuerhku (82,5°E, 32.8°N)	4300-4400	62	210	3044	150	205	241	36	18

durch riesige Ausmaße. Hier ist die Verdunstung wesentlich größer als bei den Seen in 3 000 - 4 000 m Höhe, so daß eine Niederschlagserhöhung um bis zu 200 mm/a bei niedrigeren Temperaturen eine starke Ausdehnung der Seefläche zur Folge hatte. Wegen der hochglazialen Temperaturabsenkung von 8 - 10°C ist wahrscheinlich mit einer etwas geringeren Niederschlagserhöhung zu rechnen, als in Tab. 1 angegeben.

4.2 Berechnung der Eindampfungsbeträge

In dem Bohrprofil ck-2 022 bei Bieleitan befinden sich, wenn man die in den einzelnen Abschnitten enthaltenen Salz- bzw. Gipsgehalte addiert, etwa 42 m Salz und 5,3 m Gips. Tab. 2 zeigt die jeweiligen Profilabschnitte und den prozentualen Salzanteil. Mit Berücksichtigung der Sättigungskonzentrationen und der Dichte von Salz und Gips kann man auf die Mächtigkeit der Wassersäule schließen, die eingedampft worden ist. Wie Tab. 2 zu entnehmen ist, entsprechend die abgelagerten Salze einem Wasserkörper von ca. 350 m Tiefe, in dem die Sättigung mit Salz und Gips erreicht war.

Der über lange Zeiträume gleichbleibende Gipsanteil im Bohrprofil ck-2 022 kann durch einen stetigen Grundwasserzustrom erklärt werden. Die abgeschiedene Gipsmenge von ca. 3,5 m entspricht nur einer eingedampften Wassersäule von etwa 150 m. Dieser Wert ist deutlich niedriger als der für die Salzablagerungen. Der Widerspruch läßt sich lösen, wenn man annimmt, daß mit dem Grundwasserstrom ständig stärker mit Gips angereichertes Wasser zufließt. In diesem Fall sind die Gipsablagerungen nicht die Folge einer einmaligen Eindampfung, sondern zumindest teilweise Ausfällungen am Grunde des Sees bei Vorliegen einer deutlich ausgebildeten Schichtung von Konzentration und Temperatur. Eine solche Schichtstruktur findet man heute z.B. beim Toten Meer.

Der Zeitraum der zur Ausbildung einer konzentrierten Salzlake beim Tsaidamsee erforderlich war, läßt sich bei Annahme einer Verdunstung von 2 m/a auf über 20 000 Jahren abschätzen. Bei Annahme einer höheren Verdunstung verkürzt, bei Annahme einer geringeren verlängert sich dieser Zeitraum. Im Toten Meer liegt der jährliche Verdunstungsbetrag etwa bei 365 cm/a; die Schwankungen liegen zwischen 3 m und 4,5 m/a.

Über die thermischen Verhältnisse während des Hochglazials, d.h. die Zeit um 25 000 b.p. als die Gletscher ihre größte Ausdehnung und der Tsaidam-See seinen höchsten Spiegelstand hatten, lassen sich Werte auf Grund der Schneegrenzdepression und der Depression der Dauerfrostbodengrenze ableiten. Da die Schnee-

Tab. 2: Salz- bzw. Gipsanteil im Bohrprofil ck-2022 und die entsprechenden Verdunstungsbeträge

Profillänge (m)	% Salz	Äquiv. Salz (m)	Äquiv. Wasser (m)
1,00	100	1,00	0,62
4,67	92	4,29	36,98
1,64	70	1,15	9,91
4,72	85	4,01	34,57
1,75	7,5	0,13	1,12
5,37	85	4,56	39,31
3,01	60	1,81	15,60
3,34	28	0,94	8,10
4,50	75	3,38	29,14
4,72	80	3,78	32,59
4,98	20	0,99	8,53
3,30	70	2,31	19,91
2,00	75	1,50	12,93
3,00	7,5	0,23	1,98
13,63	87	11,86	102,24
4,37	5	0,22	1,89
4,74	-	-	-
7,18	-	-	-
17,00			
Σ 101,00		42,16	363,42

	% Gips	Äquiv. Gips (m)	
70,00	7,5	5,30	150,00

grenze einigermaßen mit der Sommertemperatur, ausgedrückt durch das Juli-Mittel, die Dauerfrostbodengrenze einigermaßen mit der Jahresmitteltemperatur kor-reliert ist, können auch die winterlichen Temperaturen, ausgedrückt durch das Januar-Mittel, bestimmt werden. Alle diese Bestimmungen sind mit einer Fehlergrenze von ±2°C behaftet.

Aus der allgemeinen Depression der Schneegrenze von 1 200 m, wie sie durch die 1. chinesisch-deutsche Tibet-Expedition bestimmt wurde, errechnet sich eine eiszeitliche Senkung der Juli-Temperatur von mindestens 6°, höchstens 8° Celsius. Da aktuelle Dauerfrostboden-Phänomene oberhalb 4 400 m allgemein verbreitet sind, vorzeitliche Dauerfrostboden-Indikatoren unter 3 500 m ü. NN in der Umgebung des Tsaidamsees nirgends festzustellen waren, obwohl die Aufschlußverhältnisse durchaus günstig waren, kann man mit einer eiszeitlichen Erniedrigung der Dauerfrostbodengrenze um 900 m, entsprechend einer Senkung der Jahresmitteltemperatur um 4 - 5°C rechnen. Das deutet, bei genereller Abkühlung, auf eine weniger exessive Kontinentalität hin, als sie heute besteht.

5 ZUSAMMENFASSUNG UND FOLGERUNGEN

Die Klimaentwicklung Nordost-Tibets während der letzten 32 000 Jahre ist nach den vorstehenden Darlegungen gekennzeichnet durch eine erste Phase mit stark erhöhten Niederschlägen, deutlich abgesenkten Sommertemperaturen, mäßig abgesenkten Jahresmitteltemperaturen und schwach erniedrigten Wintertemperaturen. In dieser Zeit, die etwa bis 24 000 b.p. andauerte, stießen die Gletscher bis in den Randbereich der Tsaidam-Depression vor; zugleich füllte sich der Tsaidamsee bis zu dem markanten Spiegelstand 2 950 m. Bei trotz des Steigens des Seespiegels starker Verdunstung wurde bis 24 000 b.p. der Salzsättigungspunkt des Sees erreicht. Die Sättigung mit Gips liegt seit 25 000 b.p. vor. Die Schlußphase dieser Auffüllung ist gekennzeichnet durch einen besonders starken Zufluß, ausgedrückt durch extrem hohe klastische Sedimentation, die mit dem weitesten Gletschervorstoß koinzidiert.

23 800 b.p. setzt mit hohen Sommertemperaturen und starker Windwirkung der Eisabbau ein, was sich in mehrfachem raschen Wechsel hoher Salzausfällung und hohem Eintrag klastischer Sedimente äußert. Der Seespiegel sinkt abrupt zunächst um 150 m. Da der Grundwasserspiegel entsprechend absinkt und Dauerfrostboden nicht existiert, versickern die Zuflüsse, wie auch heute, fast alle in den mächtigen Aufschüttungen am Fuße der Gebirge und erreichen den schrumpfenden See nur als Grundwasserstrom. Der zur Zeit des höchsten Spiegelstandes gebildete Strandwall bleibt mit der genannten Ausnahme unversehrt erhalten. Diese Periode reicht bis etwa 16 000 b.p.

Geringe Salzausfällungen und geringe Zuflüsse zwischen 16 000 und 14 000 b.p. sollten eine besonders kalte Phase charakterisieren. Von da an nimmt die Salzausfällung, unterbrochen durch eine deutliche Feuchtphase um 9 000 b.p. und eine schwache feuchtere Phase zwischen 5 000 und 4 000 b.p. allmählich bis zur Gegenwart zu, entsprechend etwas ansteigenden Temperaturen bei, mit Ausnahme der beiden gekennzeichneten Feuchtperioden, gleichbleibend großer Trockenheit.

Will man, der herkömmlichen Zeiteinteilung folgend, die Eiszeit bis 10 000 b.p. dauern lassen, so besteht sie aus drei gänzlich unterschiedlichen Klimaabschnitten: a) einem kälteren und feuchteren Abschnitt bis 24 000, den man als anaglazial bezeichnen kann; b) einem extrem sommerwarmen und sehr trockenen Abschnitt zwischen 24 000 und 16 000 b.p., der die Gletscher abschmelzen läßt und trotz der Schmelzwasserzufuhr extrem hohe Verdunstung aufweist; er wäre als kataglazial zu bezeichnen; c) einem kalt-trockenen Abschnitt zwischen 16 000 und 14 000 b.p. mit schwacher Verdunstung und letzten Zuflüssen aus der Gletscherschmelze, den man als spätglazial ansehen könnte; d) einem mäßig-warmen und trockenen Abschnitt zwischen 14 000 und 10 000 b.p., in dem die Klimaverhältnisse sich, ungeachtet etwas niedrigerer Sommertemperaturen, nicht wesentlich von den heutigen unterscheiden.

Das anschließende Holozän heutiger Terminologie kennzeichnet sich dann durch generell leicht ansteigende Temperaturen und große Trockenheit, die in Abständen von etwa 4 000 Jahren durch kurze feuchtere Perioden abnehmenden Ausmaßes unterbrochen ist.

Angewandt auf die heute vielfach gebrauchten Begriffe Eiszeit/Zwischeneiszeit (oder Glazial/Interglazial) und, vielfach synonym damit gebraucht, Kaltzeit/Warmzeit besagen die Befunde und ihre Auswertung, daß in dem als Eiszeit bezeichneten Zeitabschnitt klimatisch gesehen eine feuchte Kaltzeit (bis 24 000), eine sehr warme Trockenzeit mit Gletscherschmelze (24 000 bis 16 000) und eine trockene Kaltzeit (16 000 bis 14 000 b.p.) als "eigentliche" Eiszeitphasen sowie eine dem Holozän bereits ganz ähnliche wärmere Trockenzeit, die bruchlos an das Holozän anschließt, zusammengefaßt sind. Die Gleichsetzung von Eiszeit und Kaltzeit ist also ebensowenig zulässig, wie die Gleichsetzung von Interglazial (oder Zwischeneiszeit) mit Warmzeit. Es wäre allerdings zu überlegen, ob die Terminologie, die sich im Laufe der letzten hundert Jahre Eiszeitforschung entwickelt hat, der Klärung des Sachverhaltes hinreichend dienlich ist, oder ob sie eher zur Verwirrung und zur Verwischung der Klimaänderungen und ihrer zeitlichen Fixierung beiträgt.

6 UMSCHAU UND AUSBLICK

Es könnte zunächst scheinen, als ob die hier dargelegten Befunde, ihre Interpretation und die daraus gezogenen Schlußfolgerungen als isolierte Einzelbefunde keine generelle Gültigkeit beanspruchen können, sondern mehr als eine Arabeske am Rande der Eiszeitforschung anzusehen wären. Es mag daher nützlich sein daran zu erinnern, daß jede Klimaschwankung und jede Klimaänderung auf der Erde Gesetzmäßigkeiten unterliegt, die aus der tellurischen Ausstattung der Erdoberfläche herrühren. Jede Abkühlung und jede Erwärmung muß sich zunächst auf den Kontinenten bemerkbar machen; Inlandeisgebiete und Ozeane folgen der Klimaänderung mit einer Verzögerung, die mit der Größe der Eismassen und der Ozeane zunimmt. Je "kontinentaler" ein Kontinent ist, d.h. je weniger er dem bremsenden Einfluß von Inlandeismassen und Ozeanen unterliegt, desto klarer und deutlicher und mit desto geringerer Zeitverzögerung muß er die Klimaänderung und Klimaschwankung widerspiegeln. Daher dürften die Verhältnisse in Hochasien besonders geeignet sein, die eiszeitlichen Klimaänderungen zu erfassen und zeitlich zu fixieren.

Unter diesem Aspekt sollte dem großen Klimaumschwung, der in Hochasien auf 24 000 b.p. datiert ist, zunächst das europäische, danach das nordamerikanische Inlandeis mit ihrem Abschmelzen, soweit er am Rande der Eismassen faßbar und datierbar ist, folgen. Die Ozeane könnten möglicherweise mit einer noch etwas größeren Verzögerung reagieren. Grundsätzlich sollte daher berücksichtigt werden, daß für die Analyse der Klimaentwicklung der Erde diejenigen Bereiche am besten geeignet sind, bei denen die Phänomene den Klima-Umschlägen am wenigsten nachhinken.

LITERATURVERZEICHNIS

BUDYKO, M.I. (1974): Climate and Life. Academic Press, New York.

HASTENRATH, S. & J.E. KUTZBACH (1983): Paleoclimatic estimates from water and energy budgets for East African lakes. In: Quaternary Research 19: 41-153.

ders. (1985): Late pleistocene climate and water budget of the South American Altiplano. Quaternary Research 24: 249-256.

FRENZEL, B. (1960): Die heutige Vergletscherung und Schneegrenze in Hochasien mit Hinweisen auf die Vergletscherung der letzten Eiszeit. In: Akad.d.Wiss.u.d.Lit., Abh.d.math.-nat.wiss.Kl., 14: 1103-1407, Mainz.

HUANG QI, et. al. (1981): The ^{14}C-age and cycle of sedimentation of some saline lakes on the Quinghai-Xizang plateau. In: Kexue Tongbao, 26, 1.

KESSLER, A. (1963): Über Klima und Wasserhaushalt des Altiplano (Bolivien, Peru) während des Hochstands der letzten Vereisung. In: Erdkunde 17: 165-173.

ders (1985): Zur Rekonstruktion von spätglazialem Klima und Wasserhaushalt auf dem peruanisch-bolivischen Altiplano. In: Zeitschrift für Gletscherkunde und Glazialgeologie, 21: 107-114.

LI TIANCHI (1982): Paleoclimatic in East Asia (18 000-5 000 b.p.). Unveröffentlichtes Manuskript, Göttingen.

LANDSAT-SZENEN ERTS E-2684-o415o-7 o2, E 146o-o3261-7 o1, E- 146o-o3264-7 o1, E-2674-03163-7 o1.

METRIC CAMERA-AUFNAHMEN der Spacelab 1 Mission, Bilder 20-50.

OPERATIONAL NAVIGATION CHART 1:1 Mill., Blätter G7 und G8.

SHI YAFENG (1980): Some achievement on mountain glacier researches in China. Seppyo 42, Nr. 4: 215-228.

WISSMANN, H. von (1959): Die heutige Vergletscherung und Schneegrenze in Hochasien mit Hinweisen auf die Vergletscherung der letzten Eiszeit. In: Akad.d.Wiss.u.d.Lit., Abh.d.math.-nat.wiss.Kl., 14: 1103-1407, Mainz.

Atlanten

Hydrologischer Atlas der VR China (Zhonghua Renmin Gongheguo Shuiwen Dizhi Tuji). Peking 1979.

BEVÖLKERUNGSPROBLEME IM FERNEN OSTEN DER SOWJETUNION

von

Joachim Barth, Wentorf bei Hamburg

Summary: Problems of the Population in the Far East of the Soviet Union

"One of the great regions of conflict of our earth" lies in the Far East, between the Soviet Union, China, and Japan (KOLB, 1981: 79). The geographical conditions, the historical and political development, the economic dynamics, and, last not least, the enormous differences of the population play an important part in it. While East Asia has about 1.2 mrd. inhabitants, there are only 7.5 mio. in the neighbouring Far East of the Soviet Union. This extremely small number creates a lot of problems for the whole Soviet Union, for the development of the Soviet Far East, and for people living there. That is why the Russians already in Tsarist time and even more in Soviet time have tried to populate this region more densely. But they have induced only a few mio. people to migrate and stay there. The reasons for that are manifold: the natural conditions are very harsh, especially the climate; the external and internal distances are great; there are too many weak points in planning and organisation; the infrastructure is underdeveloped at numerous places; the biological, psychological, and social adjustment to the strange circumstances is difficult for the immigrants; the tensions with the neighbouring countries in past and present do not encourage people to live there.
Among the numerous consequences are: too few inhabitants; short labour force; high fluctuation within the region; strong migration to the better equipped political-administrative centres; very few people in rural areas and small agricultural production; huge areas in the North with less than 0.1 person per km^2; weak "stabilisation" of the newcomers most of them leaving the Far East after a short time; many problems for social life, e.g. very high divorce rates. Soviet authorities have tried to attract people and to keep them there by many means, e.g. by appealing to idealism and patriotism, higher wages, extra holidays, improving the infrastructure, and, in recent time, by paying more atttention to psychological and social problems. But, compared to the increase of about 400 million inhabitants in East Asia during the last 25 years, the growth of 2.6 mio. people in the Soviet Far East means next to nothing. These problems will continue to cause much thinking among scientists, economical and political leaders in the Soviet Union.

ZUSAMMENFASSUNG

"Einer der großen Konflikträume unserer Erde" liegt im Fernen Osten, zwischen der Sowjetunion, China und Japan (KOLB, 1981: 79). Die geographischen Verhältnisse, die historisch-politische Entwicklung, die wirtschaftliche Dynamik und schließlich die enormen Unterschiede in der Bevölkerung spielen dabei eine wesentliche Rolle. Während Ostasien rund 1,2 Mrd. Einwohner hat, sind es im benachbarten Fernen Osten der Sowjetunion nur 7,5 Mio. Menschen. Diese außerordentlich geringe Zahl an Menschen schafft eine Menge Probleme für die Sowjetunion insgesamt, die Entwicklung des Fernen Ostens und die Menschen, die dort leben. Deshalb haben die Russen schon in zaristischer Zeit und noch mehr in sowjetischer Zeit versucht, dieses Gebiet stärker zu bevölkern. Aber sie haben nur ein paar Mio. Menschen veranlassen können, dorthin zu gehen und dort zu bleiben. Die Gründe dafür sind mannigfaltig: Die natürlichen Bedingungen sind sehr rauh, besonders das Klima; die äußeren und inneren Entfernungen sind groß; es gibt zu viele schwache Punkte in der Planung und Organisation; die biologische, psychologische und soziale Anpassung an die ungewohnten Verhältnisse ist schwierig für die Einwanderer; die Spannungen mit den Nachbarländern in Vergangenheit und Gegenwart ermutigen nicht dazu, dort zu leben.

Zu den vielen Folgen gehören: zu wenig Einwohner; knappe Arbeitskräfte; hohe Fluktuation innerhalb der Region; starke Abwanderung zu den besser ausgestatteten politisch-administrativen Zentren; sehr wenig Menschen in den ländlichen Gebieten und geringe landwirtschaftliche Produktion; riesige Gebiete im Norden mit weniger als 0,1 Einwohner pro km^2; schwache "Stabilisierung" der Neuankömmlinge, von denen die meisten den Fernen Osten nach kurzer Zeit wieder verlassen; viele Probleme für das soziale Leben, z.B. sehr hohe Scheidungsraten. Die sowjetischen Behörden haben mit vielen Mitteln versucht, Menschen in den Fernen Osten zu holen und sie dort zu halten, z.B. durch Appelle an Idealismus und Patriotismus, höhere Löhne, zusätzliche Urlaubstage, Verbesserung der Infrastruktur, und, in jüngerer Zeit, dadurch, daß sie den psychologischen und sozialen Problemen mehr Aufmerksamkeit gewidmet haben. Aber, verglichen mit dem Wachstum von etwa 400 Mio. Einwohnern in Ostasien während der letzten 25 Jahre, bedeutet das Wachstum von 2,6 Mio. Menschen im Fernen Osten der Sowjetunion fast gar nichts. Diese Probleme werden auch weiterhin bei Wissenschaftlern, wirtschaftlichen und politischen Führern in der Sowjetunion viel Nachdenken verursachen.

1   EINLEITUNG: DAS FERNÖSTLICHE SPANNUNGSFELD

Zu den nach Bevölkerungszahl, wirtschaftlicher Dynamik und politischer Brisanz bedeutendsten Räumen der Welt gehört zweifellos der Ferne Osten[1]. In der wissenschaftlichen und publizistischen Literatur wird er nicht einheitlich abgegrenzt. In jedem Falle gehört Ostasien i.e.S. (= Nord- und Südchina, Korea, Japan) zu diesem Raum. Ferner werden oft auch Zentralasien (= die Mongolische Volksrepublik sowie die Hochländer im Westen der VR China, jenseits einer etwa vom Großen Chingan über Lanzhou zum chinesisch-tibetanischen Grenzgebirge von NO nach SW verlaufenden Linie) und Südostasien (= Hinter- und Inselindien) einbezogen. Schließlich wird in der Sowjetunion eine große Wirtschaftsregion, die heute etwa das östliche Viertel des Staatsgebietes einnimmt, als Ferner Osten bezeichnet (TIETZE, 1983, Bd. 2: 33; Bd. 3: 454; Bd. 4: 1064 f).

In vielen Arbeiten, z.B. in den großen Werken "Die Philippinen" (1942), "Ostasien. China - Japan - Korea. Geographie eines Kulturerdteils" (1963) und "Die Pazifische Welt. Kultur- und Wirtschafträume am Stillen Ozean" (1981), hat ALBERT KOLB immer wieder die kulturellen Leistungen der Menschen dieses Raumes herausgestellt und dabei sowohl auf die Bedeutung der autochthonen Bevölkerung wie auf die wichtige Befruchtung von außen hingewiesen. Dabei hat er aber auch die Probleme, Spannungen und Konflikte nicht übersehen, die sich bei der Begegnung und Durchdringung verschiedener Kulturen in diesem Raum ergeben haben. Insbesondere das "fernöstliche Spannungsfeld zwischen der Sowjetunion, der Volksrepublik China und Japan" bezeichnet er als einen "der großen Konflikträume unserer Erde" (KOLB, 1981: 79).

Nirgends hat die SU so viele offene Grenzfragen wie in ihrem FO: 1) Allein in diesem Jahrhundert ist es mit Japan bzw. China zu etlichen militärischen Auseinandersetzungen gekommen, zuletzt 1969 mit China im Amur-Ussuri-Gebiet, wobei der Verlauf der Grenze nur einen Teil der noch heute strittigen Probleme zwischen beiden Ländern darstellt. 2) Zwischen den Inseln Hokkaido und Sachalin wird im sowjetischen "Atlas SSSR" (1984: 11) überhaupt keine Grenze angegeben; andererseits wird sie zwischen Hokkaido und den südlichen Kurilen dicht an der Küste von Hokkaido deutlich sichtbar gezogen. Dagegen sind nach japanischer Auffassung die

Institut für Geographie
TU Berlin 1986

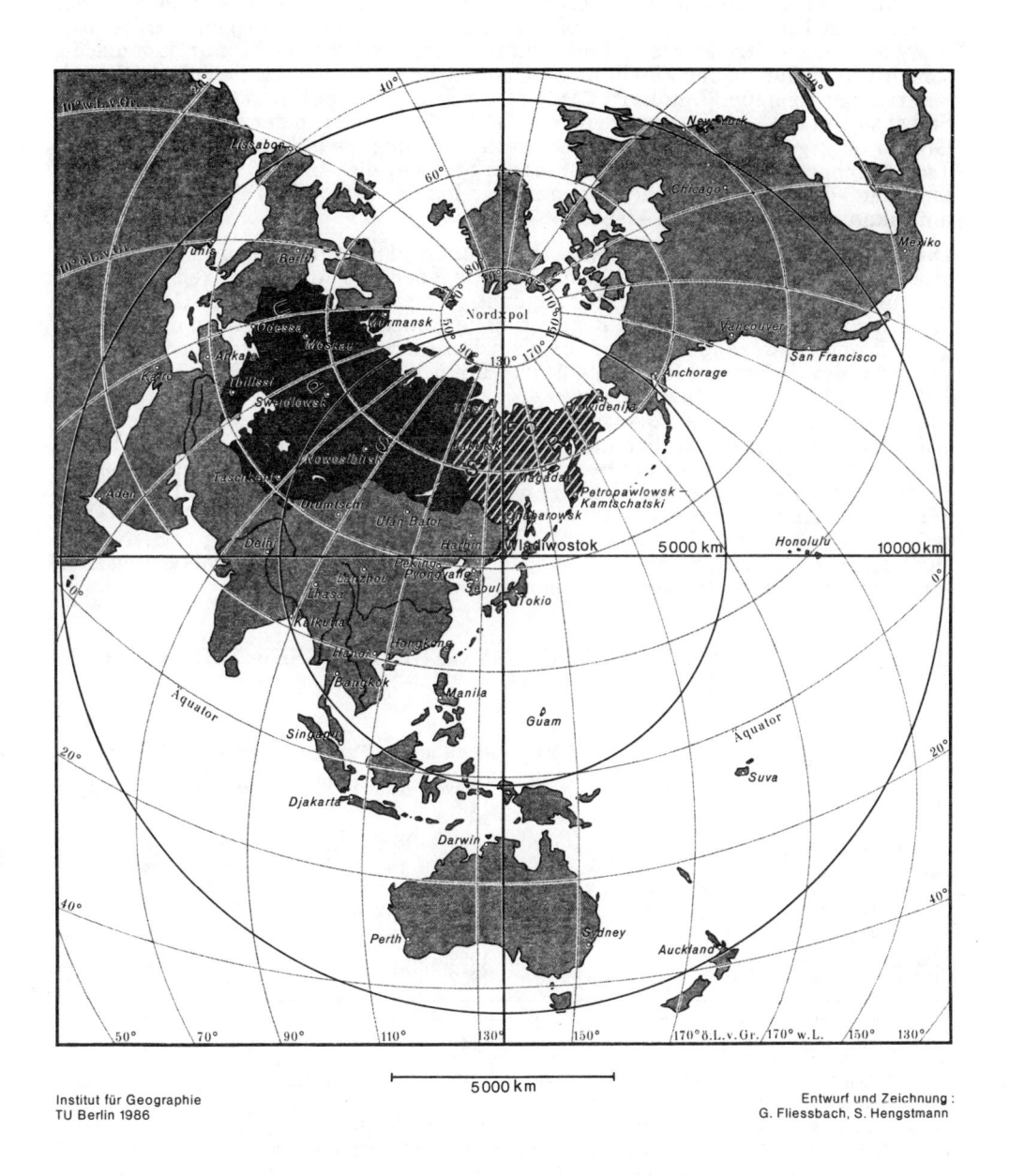

Entwurf und Zeichnung:
G. Fliessbach, S. Hengstmann

Abb. 1: Weltlage von Wladiwostok

"Nördlichen Territorien" (= südliche Kurilen, westlich des 149. Längenkreises) stets ein integraler Bestandteil Japans gewesen und seit Ende des Zweiten Weltkriegs nur sowjetisch besetzt. Deshalb hält die japanische Regierung sogar eine volle Anerkennung der sowjetischen Souveränität über Süd-Sachalin zurück. Dementsprechend wird auf japanischen Karten die Grenze zur SU erst nördlich der "Nördlichen Territorien" gezogen und die Zugehörigkeit der übrigen Kurilen und Süd-Sachalins offen gelassen (auf Staatenkarten weiß). Nicht nur japanische, sondern auch Karten der VR China bezeichnen die südlichen Kurilen als sowjetisch besetzt, z.B. die neue Wandkarte "Map of the People's Republic of China" (1984). 3) Selbst zu den USA (Alaska) wird im o.g. "Atlas SSSR" nur in der Beringstraße eine Grenze angegeben, dagegen weder weiter südlich zwischen der sowjetischen Tschuktschen-H.I. und der amerikanischen St. Lawrence-Insel (63° N, 170° O) noch zwischen den sowjetischen Kommandeur-Inseln (55° N, 167° O) und den amerikanischen westlichen Aleuten.

Die Ursachen für die Konflikte in diesem Raum sind mannigfaltig und z.T. eng miteinander verknüpft: 1) naturgeographische Gegebenheiten, z.B. das Nebeneinander sehr unterschiedlich von der Natur begünstigter bzw. benachteiligter Gebiete (z.B. Nordchina : FO der SU); 2) die Begegnung verschiedener Kulturen in der Vergangenheit und das daraus resultierende historische Erbe (z.B. die "ungleichen Verträge" zwischen China und Rußland); 3) das durch Wissenschaft und Technik ermöglichte ständig nähere Zusammenrücken ursprünglich weit auseinander liegender Machtbereiche (z.B. USA : Ostasien : SU); 4) die politisch ideologischen Differenzen (z.B. zwischen kapitalistischen und sozialistischen Ländern); 5) das von der VR China und anderen als "imperialistisch" betrachtete Verhalten der SU im FO (das z.B. in der starken militärischen Präsenz der SU im FO, in ihren "Gewalttaten" am Wusuli/Ussuri und im Namen "Wladiwostok", d.h. "Beherrsche den Osten" gesehen wird); 6) die andersartige wirtschaftliche Dynamik der Teilräume (z.B. Nord- : Südkorea); 7) die außerordentlich großen Unterschiede in der Bevölkerungszahl, -entwicklung und -verteilung (s. folgenden Abschnitt).

2 DER FERNE OSTEN DER SU - EIN GEBIET AUSSERORDENTLICH GERINGER EINWOHNERZAHL

Tab. 1: Fläche und Bevölkerung der 4 Großräume des Fernen Ostens[2]

	Fläche in Mio. km²		Bevölkerung in Mio. Einwohner			
Nord- und Südchina	4,6		1957:	621	1982:	956
übr. Ostasien i.e.S.	0,6	um	1959:	138	um 1984:	204
1) Ostasien i.e.S.	5,2			759		1160
2) Südostasien	4,6	um	1959:	198	um 1983:	388
Mongolische VR	1,6	um	1959:	1	1984:	2
Westen der VR China	4,9		1957:	26	1982:	52
3) Zentralasien	6,5			27		54
4) Ferner Osten der SU	6,2		1959:	4,8	1985:	7,5

Zusammenstellung der Tabelle anhand folgender Quellen: Fläche und Bevölkerung von Nord- und Südchina sowie des Westens der VR China 1957 (DÜRR, 1983), Bevölkerung von Nord- und Südchina sowie des Westens der VR China 1982 (ANON., 1983), Bevölkerung des FO der SU 1959 (CSU SSSR, 1963), übrige Bevölkerung (um) 1959 (WITTHAUER, 1960), Fläche und Bevölkerung von Taiwan, Hongkong, Macao (um) 1984 (HAEFS, 1985), alle übrigen Zahlen (CSU SSSR, 1985).

Bei annähernd vergleichbarer Fläche haben die 4 o.g. Großräume des FO sehr unterschiedliche Einwohnerzahlen. Diese verhalten sich zwischen dem ersten, bevölkerungreichsten (Ostasien i.e.S.) und dem zweiten (Südostasien) etwa wie 3:1, zwischen dem 2. und 3. (Zentralasien) etwa wie 7:1 und zwischen dem 3. und 4., bevölkerungsärmsten (FO der SU) noch einmal etwa wie 7:1. Nirgends auf der Erde ist der Unterschied in den Einwohnerzahlen zweier benachbarter Räume dieser Größenordnung so gewaltig wie zwischen Ostasien i.e.S. und dem FO der SU: Die Relation beträgt rund 150:1, die absolute Differenz übersteigt 1,1 Mrd. Menschen. Die Bevölkerungsdichte liegt in Ostasien i.e.S. über 220 Einwohner pro km^2, im FO der SU nur bei gut 1 Einwohner pro km^2.

Dieses Gefälle ist der Partei und Regierung in der SU sowie etlichen Sowjetbürgern durchaus bewußt - auch wenn man diesen Tatbestand in der SU nirgends in der publizistischen oder wissenschaftlichen Literatur herausstellt, den wenigsten Bürgern Gelegenheit gibt, die riesigen Menschenmengen auf den Straßen und in Verkehrsmitteln Chinas, Japans, Koreas oder Hongkongs mit eigenen Augen zu sehen und eventuell aufkommende Sorgen oder gar Ängste durch das Bewußtsein der militärischen Stärke zu dämpfen vermag.

Doch nicht nur beim Vergleich mit den außersowjetischen Großräumen des FO, sondern auch bei dem mit den übrigen Großräumen der SU schneidet der sowjetische FO hinsichtlich seiner Einwohnerzahl schlecht ab. Faßt man 1) den sibirischen Raum zwischen der West-Grenze des sowjetischen FO (etwa von der Chatanga-Bucht bis zum nördlichen Amur-Bogen) und dem Ural, d.h. Ost- und Westsibirien sowie die Gebiete Tscheljabinsk und Swerdlowsk, als "Zentrum" der SU, 2) Kasachstan, die Mittelasiatischen und die Transkaukasischen Unionsrebubliken als "Süden" und 3) die übrigen, westlich des Ural liegenden Gebiete d.h. den europäischen Teil der SU, als "Westen" zusammen, so erhält man auch hier hinsichtlich ihrer Fläche 4 etwa vergleichbare Räume. Sie unterscheiden sich aber nach ihrer Bevölkerungszahl, -verteilung und -struktur sowie nach ihrer völkischen Zusammensetzung sehr deutlich.

Tab. 2: Fläche und Bevölkerung der 4 Großräume der SU 1.1.86 (CSU SSSR, 1985)[3]

	Fläche in Mio.km^2	Bevölkerung in Mio. Einwohner		
		Stadt	Land	Gesamt
Ferner Osten	6,2	5,8	1,8	7,5
"Zentrum"	6,9	23,9	7,3	31,2
"Süden"	4,2	29,8	30,8	60,6
"Westen"	5,1	120,8	56,2	177,0
UdSSR	22,4	180,1	96,1	276,3
RSFSR	17,1	103,9	39,2	143,1

Die Relation der Einwohnerzahl des FO zu der des am zweitgeringsten bevölkerten "Zentrum" beträgt etwa 1:4, zu der des "Süden" etwa 1:8 und zu der des "Westen" mehr als 1:23. Diese Unterschiede werden durchaus in der sowjetischen publizistischen und wissenschaftlichen Literatur diskutiert, weil sie gravierende Nachteile sowohl für den sowjetischen FO selbst als auch für die ganze SU mit sich bringen. Die Nachteile werden allerdings in sehr unterschiedlichem Maße genannt. Am häufigsten werden sie unter dem Gesichtspunkt des mangelnden Arbeitskräftepotentials herausgestellt, das bei der weiteren möglichen und für den FO wie für die ganze SU nötigen wirtschaftlichen Erschließung und Ausnutzung zu gering ist. So können die reichen Ressourcen des FO (vor allem Bodenschätze, z.B. Kohle und Buntmetalle; Holz; Fische) nicht annähernd optimal ausgenutzt werden. Der Arbeitskräftemangel wird weiterhin deutlich spürbar bei der Versorgung der einhei-

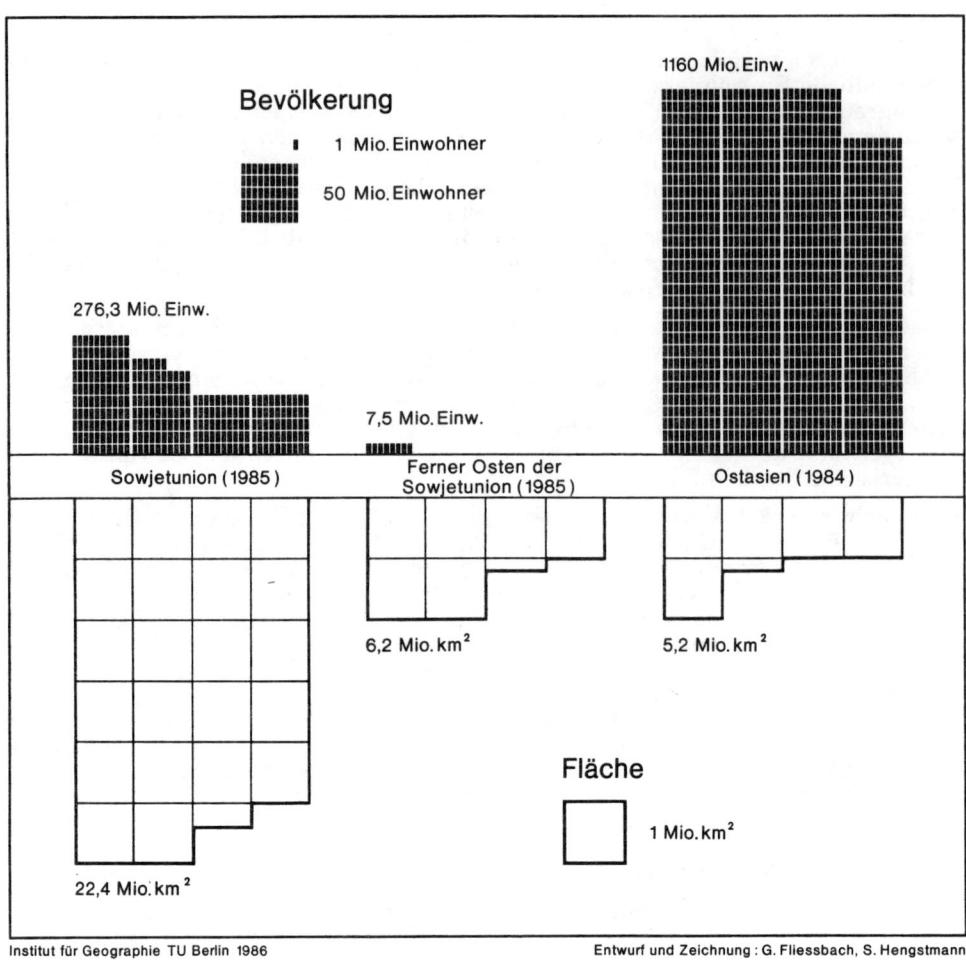

Abb. 2: Fläche und Bevölkerung des Fernen Ostens der Sowjetunion im Vergleich zur gesamten Sowjetunion und zu Ostasien

mischen Bevölkerung und der hier stationierten starken Streitkräfte, etwa 600 000 Mann (KALTEFLEITER, 1985: 458), und zwar sowohl bei der Produktion für den Eigenbedarf wie beim Transport zu importierender Güter. Auch außenwirtschaftlich bedeutet die geringe Bevölkerung des sowjetischen FO gegenüber dem sich außerordentlich dynamisch entwickelnden außersowjetischen FO ein erhebliches Manko.

Doch nicht nur wirtschaftlich, sondern auch politisch und militärisch bringt sie Nachteile mit sich. Da die Zahl der Abgeordneten in den Partei- und Regierungsgremien der SU im wesentlichen von der Bevölkerungszahl abhängt, ist der FO im Vergleich zu den drei anderen o.g. Großräumen der SU in den Zentren der Macht auch nur schwach vertreten; der im Vergleich zu anderen Verwaltungsgebieten höhere Anteil von Parteimitgliedern an der Einwohnerzahl kann die Rolle des FO in Staat und Partei nur wenig verbessern. Damit vermindern sich natürlich auch Gewicht und Einfluß dieses ohnehin von Moskau so fernen, an der Peripherie der SU liegenden Raumes, selbst wenn man in Moskau dessen strategische Bedeutung sehr gut einzuschätzen weiß. Schließlich hätte die SU im Ernstfall einer kriegerischen Auseinandersetzung mit Nachbarstaaten hier eine nur schwache eigene Bevölkerungsbasis.

3 BEVÖLKERUNGSENTWICKLUNG UND BEVÖLKERUNGSSTRUKTUR

In den sowjetischen (und in vielen ihnen folgenden ausländischen) Publikationen ist immer wieder das hohe relative Bevölkerungswachstum im FO der SU betont worden. Es ist in der Tat im Rahmen der SU weit überdurchschnittlich: 56 % von 1959 bis 1985 (UdSSR nur 32 %); von 1897 bis 1959 ist die Bevölkerung sogar auf das 8-fache gewachsen. Die hohe Wachstumsrate beruht aber (wie viele andere in der SU) auf einer recht niedrigen Ausgangsbasis. Stolze Zahlen über das relative Bevölkerungswachstum verdecken die (im Interesse der SU: zu) geringe absolute Bevölkerungszunahme. Wie klein diese für das riesige Gebiet ist, wird schon beim Vergleich mit der Zunahme im "Süden" der SU ganz deutlich: Im FO ist die Einwohnerzahl von 1959 bis 1985 nur um 2,7 Mio. gestiegen, dagegen im "Süden" im gleichen Zeitraum um 28,1 Mio. (von 32,5 auf 60,6 Mio.) d.h. um über das 10-fache.

Tab. 3: Bevölkerungsentwicklung (in Mio. Einwohner)[4]

	1897	1911	1926	1940	1959	1970	1979	1985
UdSSR				194,1	208,8	241,7	262,4	276,3
RSFSR				110,1	117,5	130,1	137,6	143,1
FO								
Stadt			0,37	1,39 (1939)	3,27	4,13	5,08	5,76
Land			1,20	1,59 (1939)	1,57	1,65	1,74	1,77
Gesamt	0,6	1,1	1,6	3,2	4,8	5,8	6,8	7,5

Zusammenstellung der Tabelle anhand folgender Quellen: UdSSR und FO Gesamt 1940 - 70 (CSU SSSR, 1972: 9, 12), UdSSR und RSFSR 1979 und 1985, FO 1985 (CSU SSSR, 1985: 8, 14 - 16), RSFSR 1940 - 70 (CSU RSFSR, 1977: 5), FO 1897 (BALZAK, 1956: 519), FO 1911 (LORIMER, 1946: 27), FO Gesamt 1926, FO Stadt und Land 1926 - 70 (CSU SSSR, 1975: 18 f.), FO 1979 (CSU SSSR, 1984: 10 f.).

Noch viel krasser fallen die Vergleiche mit dem Bevölkerungswachstum in Ostasien aus. In Hongkong allein ist die Einwohnerzahl 1959 bis 1983 von 2,4 auf 5,3 Mio., also um 2,9 Mio. Menschen gestiegen, d.h. mehr, als im ganzen FO der SU zusammengenommen. Die Bevölkerung von ganz Ostasien (i.e.S.) hat sich im etwa gleichen Zeitraum um 400 Mio. vergrößert. Eine Zunahme um 2,7 Mio. Menschen, wozu der FO der SU über 25 Jahre gebraucht hat - das schafft man in Ostasien in rund 2 Monaten. Auch wenn die Geburtenrate in der VR China sinkt, so wird doch aufgrund der Altersstruktur (rund 50 % der Bevölkerung sind unter 21 Jahre alt) die Differenz in den absoluten Bevölkerungszahlen zwischen dem FO der SU und Ostasien sich weiterhin erheblich vergrößern und allen Verantwortlichen in der SU, wie schon seit Jahrzehnten, zu denken geben.

Spätestens seit der Niederlage im russisch-japanischen Krieg 1904/05 ist den Russen die Notwendigkeit einer stärkeren Erschließung und Besiedlung ihres FO deutlich bewußt gworden. Aber erst die Vollendung des Baues der Transsib ermöglichte eine stärkere Einwanderung. Es kamen verschiedene Gruppen: Bauern, Handwerker, Händler, Transport- und Verwaltungspersonal, Kosaken (Wehrbauern für die Grenzgebiete) und Soldaten (die unter günstigen Bedingungen nach ihrer Dienstzeit zum Teil im FO blieben) sowie mehr oder weniger freiwillige Übersiedler aus politischen und religiösen Gründen. Mit zunehmender bergbaulicher und industrieller Erschließung des FO in sowjetischer Zeit wurden auch hierfür größere Menschenmengen herangezogen. Nicht selten handelte es sich um junge idealistische Komsomolzen (z.B. zur Gründung der Stadt Komsomolsk am unteren Amur). Daneben gab es zeitweise sehr hohe Zahlen von Zwangsarbeitern. Wie viele es gewesen sind und wie viele (bzw. wenige) davon überlebt haben, werden wir wohl nie erfahren. Einen hohen bleibenden Bevölkerungsgewinn hat der FO sicher nicht durch sie erzielt (wenn auch ihr Beitrag für die Erschließung und Ausbeutung einiger Gebiete nicht gering zu veranschlagen ist). Nach der Stalin-Ära hat man versucht, vor allem durch Appelle an den jugendlichen Idealismus und Pioniergeist sowie durch materielle Anreize und Vergünstigungen Sowjetbürger zur Wanderung in den FO zu bewegen. So hat man z.B. viele motiviert, am "Jahrhundertbauwerk", der über 3 000 km langen Baikal-Amur-Magistrale, einer Eisenbahnlinie von Bratsk in Ostsibirien bis Komsomolsk im FO, mitzuwirken.

Das durchschnittliche jährliche Bevölkerungswachstum des FO betrug 1897 - 1914 etwa 35 000. Von 1915 bis 1922 hat der FO, wie das ganze Reich, durch Krieg, Bürgerkrieg und Emigration erhebliche Bevölkerungsverluste erlitten, die aber durch relativ hohe Geburtenzahlen der jungen, damals noch überwiegend ländlichen Bewohner besser ausgeglichen worden sind. Seit 1923 hat die Bevölkerung im Durchschnitt pro Jahr um je 100 000 Einwohner zugenommen (allerdings - wie auch 1897 bis 1914 - mit beträchtlichen Abweichungen nach oben oder unten in einzelnen Jahren). Zeiten verstärkten Zuzugs waren: 1) die Jahre vor dem 1. Weltkrieg (nach dem Bau der Transsib), 2) die 30er Jahre (Zeit der Industrialisierung), 3) die letzten 20 Jahre.

In den ersten 20 Jahren nach 1945 war das Bevölkerungswachstum ganz überwiegend dem hohen natürlichen Zuwachs zu verdanken. Seit Ende der 60er Jahre stieg der "mechanische" Zuwachs durch verstärkten Zuzug beträchtlich an (CSU SSSR, 1974: 160; KOSTAKOV, 1978: 41). Inwieweit der Ussuri-Konflikt 1969 (wie die Spannungen mit Japan in den 30er Jahren) zu einer verstärkten staatlichen Förderung der Immigration in den FO (und zum plötzlichen Beschluß des Baus der BAM) beigetragen hat, läßt sich schwer sagen; die bevölkerungspolitischen Maßnahmen fallen auch mit verstärkter wirtschaftlicher Erschließung des FO und einem deutlichen Rückgang der Geburten zusammen. Nach einer neueren Quelle entfallen etwa 40 % des Bevölkerungswachstums auf den Wanderungsgewinn (AN SSSR, 1985, H.12: 35).

Neben der Immigration hat es schon früh, d.h. schon vor dem und im 1. Weltkrieg eine gewisse Remigration gegeben. Zwischen den beiden Kriegen und in den ersten 10 Jahren danach war sie wegen der straffen staatlichen Lenkung sehr gering. Seitdem ist sie erheblich gestiegen und zu einem großen Problem geworden. In der publizistischen Literatur wird laufend über die "Zugvögel" (Letuny) und die "Bauschwalben" (Lastotschki) geklagt. Im Rahmen einer Untersuchung über Migrationen in der SU 1961 - 80 wird über Ostsibirien und den FO festgestellt: "Der größere Teil der Übersiedler verläßt diese Gebiete in weniger als einem Jahr; die Verluste dadurch betragen nicht weniger als 800 Mio. Rubel pro Jahr" (AN SSSR, 1983, H.8: 8). Laut den Angaben der Bevölkerungszählung von 1970 waren in den 2 Jahren zuvor rund 348 000 Menschen in den FO aus anderen Gebieten der SU zugewandert. Ihnen standen aber 236 000 Abwanderer gegenüber. Das war ein Anteil von 6,0 bzw. 4,1 % der Bevölkerung des FO; beide Werte gehörten zur Spitze in der SU und lagen auch deutlich höher als die in Sibirien (CSU SSSR, 1974: 158 - 162).

Zu der starken Ein- und Auswanderung kommt eine noch höhere Fluktuation der Arbeitskräfte innerhalb des FO, besonders die Abwanderung in die Küstenstädte bzw. die Verwaltungshauptstädte (CSU SSSR, 1975: 26 - 35; AN SSSR, 1984, H.4: 30). So entfallen vom gesamten Bevölkerungszuwachs zwischen 1959 und 1985 um 2,7 Mio. allein auf die 7 Verwaltungshauptstädte 1,1 Mio. (s. Tab. 4).

Tab. 4.: Bevölkerungswachstum der 7 Verwaltungshauptstädte des FO (in 1 000 E.)

	1926	1939	1959	1985
Wladiwostok	108	206	291	600
Chabarowsk	52	207	323	576
Petropawlowsk-Kamtschatski	2	35	86	245
Blagoweschtschensk	61	58	94	195
Jakutsk	11	53	74	180
Juschno-Sachalinsk[5]			86	158
Magadan[5]		27	62	142

Zusammenstellung der Tabelle anhand folgender Quellen: 1926 - 1959 (CSU SSSR, 1975: 26 - 35), 1985 (CSU SSSR, 1985: 20 - 25).

Nachteile aus der geringen Seßhaftigkeit ergeben sich nicht nur für die ganze sowjetische Volkswirtschaft und die betroffenen Betriebe (z.B. höhere Ausfallzeiten, Ausschuß- und Unfallquoten), sondern auch für den sozialen Zusammenhalt der Bevölkerung am Ort (in der "neuen Heimat") und in der Familie mit dem Resultat sehr hoher Scheidungsraten, die 1965 und 1970 - 73 jeweils um 50 % höher lagen, als die ohnehin schon sehr hohen der SU, und zwar 1965: 2,3/1 000 Einwohner; 1970: 4,1; 1972: 4,2; 1973: 4,3 (SU: 1,6; 2,6; 2,6; 2,7)(CSU SSSR 1975: 166 - 169). Inzwischen ist die Scheidungsrate in der SU weiterhin gestiegen auf 3,4 im Durchschnitt 1980 - 84 (CSU SSSR, 1985: 32) und vermutlich auch im FO.

Der häufige Orts- und Arbeitsplatzwechsel, auch der Frauen, und die damit bei Familien oft verbundene zeitweilige Trennung oder gar Auflösung haben, bevölkerungspolitisch höchst unerwünscht, wesentlich zu einem Rückgang der Geburtenraten im FO beigetragen. Er war weit stärker als der durchschnittliche der SU: FO 1950: 42,5 Geburten/1 000 E.; 1965: 17,5 (UdSSR 1950: 31,2; 1965: 18,4)(SPIESS; 1980: 84). 1959 hatte der FO noch eine sehr günstige Altersstruktur: Wegen der hohen Geburtenzahlen waren 25 % der Einwohner unter 10 Jahre alt; auch die Zahl der 20 - 29-jährigen war, dank hoher Geburtenraten in den 30er Jahren und junger Zuwanderer, ebenfalls relativ groß, dagegen der Anteil der über 50jährigen aufgrund des laufenden Zuzugs junger Leute und höherer Sterblichkeit im FO sehr gering: nur etwa 11 % (in der RSFSR 18 %).

Tab. 5: Altersaufbau der Bevölkerung im FO 1959 (einschl. Jakutische ASSR)

Gesamtbevölkerung	0-9	10-19	20-29	30-39	40-49	50 Jahre u.älter
4,8	1,2	0,8	1,0	0,8	0,6	0,5 Mio.E.

(CSU SSSR, 1963: 72 f.).

Der stärkere Geburtenrückgang im FO seit den 50er Jahren wird auch beim Vergleich der Familiengrößen 1959 und 1979 ganz deutlich: 1959 lag sie in 5 der 7 Verwaltungsgebiete des FO zwischen 4,0 und 3,7 Personen, nur in Kamtschatka bei 3,5 und in Magadan bei 3,1; 1979 lag sie in 6 Gebieten nur noch zwischen 3,3 und 3,1 (lediglich in Jakutien bei 3,6), dagegen in der RSFSR bei 3,3 (1959: 3,6) und in der

UdSSR sogar noch bei 3,5 (CSU SSSR, 1963: 438 f., 448 f; CSU SSSR, 1984: 220 f., 230-237).

Trotz des Zuzugs vieler junger Leute im heiratsfähigen Alter seit Ende der 60er Jahre sind also die Geburtenraten niedrig geblieben; es gibt nur wenige Ausnahmen, wie zur Zeit die sehr junge Stadt Nerjungri. Diese demographische Entwicklung hat die Forderung nach "Orientierung auf die Familie", "Änderung der Sozialpolitik" und entsprechenden "Wohnkomfort" für die Familie laut werden lassen.

Die starken Geburtenjahrgänge der 30er, später 40er und der 50er Jahre, die laufende Einwanderung junger Leute und der Geburtenrückgang haben bewirkt, daß der Anteil der Personen im arbeitsfähigen Alter im FO merklich höher ist als im Durchschnitt der UdSSR. Trotzdem sind einige Wirtschaftszweige erheblich unterrepräsentiert. Dies wird schon bei der "Klassenstruktur" sehr deutlich: 1970 waren von den 5,8 Mil. Einwohnern des FO 3,2 Mio. beschäftigt, also 55 % (in der UdSSR 48 %), davon 64,4 % Arbeiter, 33,4 % Angestellte und nur 2,1 % Kolchosniks (CSU SSSR, 1973: 38 f.). Bei einem Anteil von 2,1 % (UdSSR 15,5 %) war die Zahl der Kolchosbauern außerordentlich gering. Nimmt man noch alle Beschäftigten in den Sowchosen hinzu, so waren 1970 in Kolchosen und Sowchosen zusammen 269 000 Menschen tätig, was auch nur etwa 8 % der Beschäftigten entspricht (in der UdSSR etwa 22 - 23 %) (CSU SSSR 1971: 447, 454). Dies wirkt sich natürlich sehr negativ auf den Umfang der landwirtschaftlichen Produktion und die Versorgung der Bevölkerung mit landwirtschaftlichen Produkten aus.

Auch andere Zweige sind zu schwach vertreten, darunter die Konsumgüterindustrie, Dienstleistungsbetriebe für den täglichen Bedarf, der "Rekreations"bereich (Freizeit und Erholung). Auch die Professoren klagen: "In den 10 Hochschulen des Gebietes Chabarowsk lehrten 1980 an 240 Lehrstühlen nur 8 Professoren und Doktoren der Wissenschaften". "Es muß ein besonderes Programm ausgearbeitet werden, um die Hochschulen des FO mit Lehrpersonal der höchsten Qualifikation zu versorgen und für sie angemessene Wohn- und Lebensbedingungen sowie materielle Anreize zu schaffen, daß sie in diese Region kommen" (AN SSSR, 1983, H.3: 28).

Einen im Vergleich zu anderen Gebieten der SU relativ hohen Anteil an Beschäftigten haben dagegen: Bergbau, Holzwirtschaft, Fischfang und Fischindustrie, Transportwesen, Bauwesen, ökonomische und politisch- administrative Verwaltung. Da die Arbeitskräfte knapp und gesucht sind, orientieren sie sich bei der Arbeitsplatzwahl an den Arbeitsbedingungen, Verdienstmöglichkeiten, Aufstiegschancen und der sozial-kulturellen Infrastruktur.

Der Anteil der Frauen an den Beschäftigten beläuft sich im FO auf 47 %, ist also etwas niedriger als in der SU im Durchschnitt (51 %) (AN SSSR, 1984, H.11: 36). Das liegt vor allem daran, daß die o.g. Wirtschaftszweige einen höheren Bedarf an männlichen Arbeitskräften haben und daß infolgedessen in den letzten 20 Jahren mehr junge Männer als Frauen in den FO gekommen sind. So gibt es heute in den jüngeren und mittleren Altersgruppen viele alleinstehende Männer (KOVALEV, 1980: 77). Der geringe Anteil an jungen Frauen hat bei Berücksichtigung der zahlreichen hier stationierten Soldaten natürlich nicht zu unterschätzende Auswirkungen auf die Bereitschaft junger Männer, im FO zu bleiben.

Da der Bildungsstand in der SU sich laufend verbessert hat, da vorwiegend junge Arbeitskräfte in den FO gekommen sind und da die schwierigen Naturbedingungen in vielen Wirtschaftsbereichen ein gut geschultes Personal erfordern, ist es nicht verwunderlich, daß der Anteil der Erwachsenen mit einer Hoch- oder Mittelschulbildung 1979 in 6 von 7 Verwaltungsgebieten des FO über 70 % betrug (UdSSR 64 %), im Gebiet Magadan sogar mit 80 % den Spitzenwert in der RSFSR erreichte und sogar noch knapp vor Moskau (79 %) lag (CSU SSSR, 1984: 42-46). Durch diesen qualitativ hohen Bildungsstand kann der quantitative Arbeitskräftemangel allerdings auch nur ein wenig gemildert werden.

Zu den Gebieten mit einem relativ hohen Bildungsstand gehören auch die der nationalen Minderheiten, die der Jakuten, Tschuktschen und Korjaken (CSU SSSR, 1984: 63-65). Alle 3 sind aber in ihren Verwaltungsgebieten (wie auch die Juden in dem "Jüdischen Autonomen Gebiet") deutlich in der Minderheit: Die Jakuten machen noch etwas über ein Drittel aus, die übrigen jeweils nur um 10 %; dagegen stellen die Russen überall die Majorität, im Durchschnitt des FO über 80 %, zusammen mit den Ukrainern sogar über 90 %, was auf der Völkerkarte des FO (ATLAS SSSR, 1984: 128 f.) nicht sichtbar wird, weil weite Teile, in denen vorwiegend Jakuten, Ewenken, Tschuktschen, Korjaken und andere zahlenmäßig ganz kleine Völker leben, außerordentlich dünn besiedelt sind.

4 HÖCHST UNGLEICHMÄSSIGE VERTEILUNG DER BEVÖLKERUNG

Ein erster Blick auf die Tabelle 6 zeigt deutlich 3 Charakteristika der Bevölkerungsverteilung im FO: 1) Der weitaus größte Teil der Einwohner gehört zur städtischen Bevölkerung; 2) sie ist vor allem im Süden konzentriert; 3) der übrige, allergrößte Teil des FO ist außerordentlich gering besiedelt.

Tab. 6: Die Bevölkerung der 7 Verwaltungsgebiete des Fernen Ostens 1.1.1985

	Fläche in 1000 qkm	Einwohner in 1000 Ges.	Stadt	Land	E./qkm
ASSR der Jakuten (Jakutien)	3103	984	667	317	0,3
Gebiet (Krai) Chabarowsk	825	1728	1376	352	2,1
davon: Auton.Gebiet der Juden	36	207	141	66	5,8
Gebiet (Krai) Primorje	166	2136	1664	472	12,9
Gebiet (Oblast) Amur	364	1031	695	336	2,8
Gebiet (Oblast) Kamtschatka	472	428	353	75	0,9
davon: Aut. Bezirk der Korjaken	302	38	15	23	0,1
Gebiet (Oblast) Magadan	1199	532	428	104	0,4
davon: Aut. Bezirk der Tschuktschen	738	152	109	43	0,2
Gebiet (Oblast) Sachalin	87	693	575	118	8,0
Ferner Osten insgesamt	6216	7532	5758	1774	1,2

Quelle: (CSU SSSR, 1985: 14 - 16).

Bei näherer Analyse ergibt sich folgendes: Von den insgesamt 7,5 Mio. Einwohnern gehören über drei Viertel zur städtischen Bevölkerung. Davon leben 2,1 Mio., also fast 1/3 in den 7 Verwaltungshauptstädten (s.o., Tab. 4). Diese politisch-administrativen Zentren sind in vielfacher Hinsicht begünstigt, u.a. durch mehr Autonomie und politisch-administrative Durchsetzungskraft, Rechte zur Eigenproduktion, in der Versorgung mit Konsumgütern, der Wohnungs- und medizinisch-hygienischen Ausstattung, in den Beschäftigungs-, Verdienst-, Bildungs- und Aufstiegsmöglichkeiten, im sozial-kulturellen und Freizeit-Angebot. Ihr aktiver Einfluß erreicht aber nur 4 - 8 % des Terrritoriums des jeweiligen Verwaltungsgebietes. Die administrativen Subzentren können oft keine ausreichenden zentralen Funktionen ausüben, weil sie selbst sozialökonomisch nicht genügend entwickelt und ebenfalls nur schwach mit ihrer Umgebung verbunden sind (AN SSSR, 1985, H.1: 45). Außerdem weist dieser riesige Raum nur 3 weitere Großstädte auf, und zwar Komsomolsk (300 000 E.), Ussurisk (156 000 E.) und Nachodka (150 000 E.), und auch nur 10 Städte mit 50 - 100 000 Einwohnern (CSU SSSR, 1985: 20 - 25). Die übrige städtische Bevölkerung verteilt sich auf über 40 kleinere Städte und fast 300 Siedlungen städtischen Typs (CSU RSFSR, 1984: 16 - 18). Bei letzteren handelt es sich häufig um abgelegene Bergbausiedlungen, besonders in den Gebieten Magadan und Jakutien; 1970 lebten in ihnen 29 % der städtischen Bevölkerung, in der RSFSR nur 14 % (RYBAKOVSKIJ, 1976: 53).

Etwa 3/4 der Bevölkerung sind im Süden (südlich des 54. Breitenkreises) auf etwa 1/7 der Fläche des FO konzentriert, vorwiegend in der Nähe der Transsib. Aber selbst im Süden ist die Bevölkerung recht ungleichmäßig verteilt. Die stärkste Bevölkerungskonzentration findet sich im Raum Wladiwostok mit ca. 1,3 Mio. Menschen. Im Unkreis von etwa 100 km liegen hier noch die 2 Großstädte Ussurisk und Nachodka sowie über ein Dutzend weiterer Städte bzw. Siedlungen städtischen Typs. Rund 650 km davon entfernt ist der Raum Chabarowsk mit etwa 800 000 Menschen. In 3 weiteren Räumen leben jeweils rund 400 000, um Blagoweschtschensk, Komsomolsk und Juschno-Sachalinsk, ferner in und um Petropawlowsk-Kamtschatski rund 300 000. Alle 5 Räume sind im Durchschnitt 700 km vom "nächsten Nachbarn" mit etwas stärkerer Bevölkerungskonzentration entfernt. Dazwischen liegen selbst hier im Süden des FO große ländliche Gebiete mit weniger als 1 E./km^2 und lange schmale Streifen mit nur 1 - 10 E./km^2, mit vielen kommunalen Problemen, z.B. zu wenig Anschlüssen an ein Wasser- und Kanalisationsnetz, mangelhafter Versorgung mit Konsumgütern und ohne ausreichende sozial-kulturelle Infrastruktur. Nur das Gebiet, das sich von Wladiwostok 200 km nach Norden erstreckt und vom Klima, den Böden und der Lage zum städtischen Markt am meisten begünstigt ist, weist eine ländliche Bevölkerungsdichte von teilweise über 25 E./km^2 auf (ATLAS SSSR, 1984: 131).

Auf der "Politisch-administrativen Karte" der UdSSR (ATLAS SSSR, 1984: 10 f.) erscheinen nicht nur im Süden des FO, sondern auch in den weiten Gebieten des Nordens recht viele Ortsnamen[6]. Sie täuschen jedoch über die wahre Bevölkerungszahl und -dichte hinweg, ganz besonders im Norden; denn hier leben nicht einmal 2 Mio. Menschen auf über 5 Mio. km^2 - und diese verteilen sich wiederum höchst ungleichmäßig. Etwa 1/4 von ihnen lebt in und um Jakutsk bzw. Magadan. Im übrigen konzentriert sich der größte Teil der Bevölkerung auf schmale Streifen in den Flußtälern, auf die Bergbaugebiete und auf Orte an den Küsten. Sehr oft handelt es sich um isolierte, mehr oder weniger kleine Siedlungsinseln inmitten riesiger fast oder vollkommen menschenleerer Gebiete. Die Nachteile, die sich aus der geringen Bevölkerungszahl für den FO insgesamt ergeben, gelten in noch weit größerem Maße für den ganz dünn besiedelten Norden. Als verstärkende Faktoren kommen noch die riesigen Distanzen und die hier noch schwierigeren Naturverhältnisse hinzu.

Seit über 10 Jahren strebt man in der SU an, die Disproportionen der Bevölkerungsverteilung und Ausstattung der Siedlungen durch die Schaffung eines "einheitlichen Siedlungssystems" unter den Bedingungen des "entwickelten Sozialismus" abzubauen. Die "autonome" Entwicklung der einzelnen Siedlungen soll durch eine aufeinander abgestimmte von Siedlungsnetzen abgelöst werden (BARTH, 1978: 355). Nach den laufenden Berichten und Kritiken in der Literatur zu urteilen (AN SSSR, 1979 - 1986), ist man im FO noch besonders weit von diesem Ziel entfernt. Dies gilt vor allem für den Norden des FO. Deshalb sind hier Fluktuation und Abwanderung außerordentlich groß. "Leider ist bisher kein effektives System geschaffen worden, die Kader im Norden zu halten. Wenn man auch die Bevölkerung mit höheren Löhnen anziehen kann, so kann man sie doch nur mit guten Lebensbedingungen halten. Leider sind die Wohnverhältnisse hier gewöhnlich schlechter als an anderen Orten; es fehlen verschiedene Einrichtungen für die Kinder und andere Einrichtungen des sozialen, kulturellen und täglichen Lebens...; mangelhaft ist die Versorgung mit einigen Lebensmitteln, besonders Milch, Gemüse, Obst." Die jungen, noch nicht verheirateten Leute geben sich leichter zufrieden mit den "rauhen Lebensbedingungen", aber nach der Familiengründung streben sie in angenehmere südliche Gebiete. "Besonders die Mütter... sind oft die Initiatoren der Abwanderung aus dem Norden" (PEREVEDENCEV, 1982: 51 f.).

5 URSACHEN DER BEVÖLKERUNGSPROBLEME

Die vorstehend genannten Bevölkerungsprobleme haben mannigfaltige Ursachen, die zum großen Teil zusammenwirken und sich gegenseitig verstärken: naturgeographische, organisatorische und infrastrukturelle, distanzielle, biologische und soziale, historisch-politische.

Wissenschaftler und Politiker der SU und des Auslandes stimmen in der Einschätzung der großen Schwierigkeiten überein, die die "extremen" natürlichen Bedingungen hier den Menschen bereiten. Die Winter sind sehr kalt und lang. Selbst Wladiwostok im äußersten Süden des FO in einer Breitenlage von 43°, die der Mittelitaliens entspricht, hat eine Januar-Durchschnittstemperatur von -15°, ist also weit kälter als Moskau oder Murmansk (je -10°). Die Wintertemperaturen können schon in Chabarowsk auf unter -40° sinken und im NO Jakutiens sogar auf -70°. Der Winter ist die vorherrschende Jahreszeit; er dauert im allergrößten Teil des FO über ein halbes Jahr. Dazu kommen: Schneestürme, Frostboden, Thermokarst; Überschwemmungen der Flüsse und verschlammte Wege im Frühjahr; Versumpfung und Insekten im Sommer; zusätzlich in den pazifischen Randgebieten: Vereisung weiter Küstenstriche und naßkalte Stürme im Winter, monsunale Regengüsse im Sommer, ferner von Zeit zu Zeit Taifune, Erdbeben, Vulkanausbrüche. Solche Naturbedingungen sind wenig attraktiv für die Bevölkerung des "Westens" der SU und ganz und gar nicht für die des "Südens".

Zu diesen naturgeographischen Schwierigkeiten treten viele Mängel in der Planung und Organisation (MAJKOV, 1973: 62 - 78; AN SSSR, 1979 - 1986). Es gibt Überschneidungen zwischen Moskauer gesamtstaatlichen und fernöstlichen lokalen Interessen, zwischen denen einzelner Wirtschaftszweige und denen der Menschen des FO, zwischen denen der Verwaltungszentren des FO und denen der "Provinz". Entsprechend über- und durchkreuzen sich auch Planung und Organisation. An Ort und Stelle, besonders im Norden, führt dies oft dazu, daß "fast jedes Unternehmen und jede Verwaltung eigene Wohnungen, eigene Transportmittel, eigenen Reparaturdienst, eigene Bauarbeiter usw. haben will". Selbst dort, wo fast alles einem einzigen Ministerium untersteht, wie in Tynda, der "Hauptstadt" der BAM, haben die verschiedenen Bauabteilungen zunächst ihre eigenen kleinen Siedlungen errichtet; diese waren nur mit großen Verlusten abzuräumen, sofern man nicht den Generalbebauungsplan der Stadt aufgeben wollte (PEREVEDENCEV, 1982: 54 - 56). Bei der Verteilung der knappen Mittel, seien es Gelder, Arbeitskräfte, Transportkapazität, Lebensmittel o.a., werden vor allem einige von Moskau besonders geförderte Orte, wie z.B. zur Zeit Nerjungri in Südjakutien bedacht (AN SSSR, 1985, H 4: 28f.). Auch in den politisch-administrativen Zentren sieht man zu, daß man nicht zu kurz kommt. Natürlich muß auch das starke Militär ordentlich versorgt werden, zumal die Soldaten zuweilen mithelfen, wenn Not am Mann ist, wie beim Bau der BAM. Für die Vermeidung und Beseitigung von Umweltschäden sowie den Ausbau der Infrastruktur und den "Sozkultbyt" (die Ausstattung mit sozialen und kulturellen Einrichtungen sowie die Versorgung mit Gütern des täglichen Bedarfs) in abgelegeneren Gebieten bleibt dann entsprechend weniger übrig.

Große Nachteile für das ganze Gebiet und die Menschen des FO bringen die weiten Entfernungen mit sich, sowohl die zu den übrigen Gebieten der SU, wie auch die internen. Schon in der Luftlinie ist das ganze Gebiet ein wirklich "Ferner" Osten. Von Moskau bis Nowosibirsk sind es "nur" 2800 km, aber bis Chabarowsk, dem Hauptverkehrsknoten im FO, 6000 km. Mit dem Flugzeug braucht man zwar zwischen Moskau und Chabarowsk, einschließlich der Fahrten zum Flughafen und der Wartezeit, nur 1 Tag - sofern die Verspätungen aus meteorologischen, organisatorischen oder anderen Gründen nicht zu groß werden. Aber wer von dort oder anderen relativ gut mit Moskau durch Fluglinien verbundenen Städten, wie z.B. Jakutsk und Magadan, "aufs Land" will, braucht mitunter noch mehrere Tage. Eine Fahrt mit der Transsib zwischen Moskau und Wladiwostok dauert gar 7 - 8 Tage; denn die

Strecke ist 9300 km lang, und die Elektrifizierung hat den "Fernen" Osten erst in kleinen Abschnitten erreicht. Für Massentransporte, z.B. Fischprodukte, geht es von Wladiwostok in den Süden und Westen der SU am billigsten und schnellsten nicht über die Transsib, erst recht nicht über den 10 000 km langen "Nördlichen Seeweg" durch die Beringstraße und Murmansk, sondern die rund 17 000 km über den Indischen Ozean nach Odessa oder Sewastopol am Schwarzen Meer (AN SSSR, 1986, H.2: 32 f.). Das gilt auch umgekehrt für viele Güter, die vom "Westen" oder "Süden" in den FO transportiert werden müssen. Wegen der zu hohen Frachtkosten unterbleibt dann auch mancher Transport von Gütern, die auch der Normalverbraucher im FO gern haben möchte.

Der FO ist noch in manch anderer Hinsicht weit weg, z.B. der Zeitunterschied seiner westlichsten Zeitzone zu Moskau beträgt 6 h, seiner östlichsten sogar 10 h; die kleineren eigenen Verbundnetze sind von dem großen des "Westens" und "Zentrums" und auch untereinander getrennt; es gibt nur 2 Filialen der Akademie der Wissenschaften, in Wladiwostok und Jakutsk.

Jedoch hat der Mensch, der in den FO geht, nicht nur äußere Distanzen zu überwinden. Sein Körper muß sich biologisch und physiologisch umstellen, vor allem auf das ungewohnte Klima. Er zieht weit weg von seiner Heimat, von Eltern, Geschwistern und Freunden, trifft zum Teil auf eine bereits lange hier ansässige autochthone Bevölkerung mit anderer Kultur und Mentalität, auf hier geborene und bereits den örtlichen Gegebenheiten angepaßte Russen und Ukrainer und auf sehr mobile und robuste jüngere Zuwanderer. Dies erfordert eine psychische und soziale Anpassung. Sie braucht eine gewisse Zeit und gelingt nicht jedem, vor allem dann nicht, wenn die infrastrukturellen Gegebenheiten zu sehr von den gewohnten abweichen. In zunehmendem Maße widmet man sich auch diesen Problemen in der SU.

Schließlich kommen noch die historisch-politischen Verhältnisse im FO i.w.S. hinzu. Auseinandersetzungen mit Fremden ist man auch im "Westen" und "Süden" der SU gewohnt. Aber soweit sie als Eroberer kamen, z.B. Karl XII., Napoleon, Hitler, hat man sie binnen kurzem wieder von der "russischen Erde" vertrieben. Dagegen hat das Joch der aus dem FO stammenden Mongolen Jahrhunderte gedauert. Auch der Sieg der Japaner 1905 hat einen nicht geringen Schock bei den Russen hinterlassen, und die Auseinandersetzungen mit Japanern und Chinesen um territoriale Rechte bis heute (s.o.) haben gewiß nicht das Gefühl der Sicherheit im FO erhöht, auch nicht in Perioden verstärkter Bemühungen um eine Entspannung. Da die zivilen Verbindungen zu den fernöstlichen Nachbarn sehr gering sind, viel geringer als zu den europäischen (z.B. aus dem der FO der SU nur je eine internationale Fluglinie nach Japan und Nord-Korea, aber keine in die VR China), lernt man sich nur wenig kennen. Soweit Sowjetbürger in den ersten Jahren des Aufbaus der VR China dort tätig waren und ganz plötzlich zurückkehren mußten, haben sie wohl auch nicht gerade ein großes Vertrauen in die sowjetisch-chinesischen Beziehungen gewonnen und in ihrer Heimat vermittelt.

6 MASSNAHMEN ZUR VERBESSERUNG DER DEMOGRAPHISCHEN SITUATION

Die außenpolitischen Verhältnisse im FO i.w.S. haben sicherlich wesentlich dazu beigetragen, verstärkt Maßnahmen nicht nur zur Verbesserung der strategischen und wirtschaftlichen, sondern auch der demographischen Situation im FO der SU zu ergreifen. Viele wertvolle Anregungen und konkrete Vorschläge hierzu sind von den Wissenschaften, darunter der Geographie, gekommen. Zusammen mit Praktikern hat man Konferenzen abgehalten, z.B. 1984 in Wladiwostok über "Natur und Gesellschaft" (KRASNOV, 1984; AN SSSR, 1985, H.6: 27 - 30). Es sind Modelle und Szenarien sowie ein Programm "Ferner Osten" bis zum Jahr 2000 ausgearbeitet worden, mit einem Unterprogramm "Bevölkerung und soziale Infrastruktur" (AN SSSR, 1983, H.9: 25 f.).

Die Durchführung solcher Programme kostet sehr viel Geld. Der FO erhält "gegenwärtig" 4,5 - 5 % aller Kapitalinvestitionen der sowjetischen Volkswirtschaft (AN SSSR, 1983: 26). Dies erscheint, angesichts des sehr geringen Anteils der Bevölkerung des FO an der gesamten der SU (2,7 %), recht hoch; man muß jedoch auch die Größe des Raumes, seine geographischen Bedingungen sowie die gewaltigen Aufgaben und Vorhaben berücksichtigen.

Gewiß hat man bisher schon Beträchtliches geleistet. Erhebliche Fortschritte hat man im Ausbau des Verkehrsnetzes, besonders des Flug- und Seeverkehrs gemacht. Man investiert viel Geld in die Modernisierung der Häfen, in stärkere Eisbrecher und in eine größere Flotte. Zur Transsib ist mit der BAM eine zweite große Eisenbahnstrecke gekommen; zwischen beiden bestehen bereits 3 Verbindungsstrecken; die sog. "Kleine BAM" ist schon über Tynda bis Nerjungri gebaut und soll bis 1990 bis Jakutsk fortgeführt werden. Diese Maßnahmen kommen natürlich nicht nur der Wirtschaft und Wehrkraft, sondern auch der Bevölkerung zugute.

In einem Hauptproblembereich der sowjetischen Infrastruktur, im Wohnungswesen hat der FO relativ etwas größere Fortschritte gemacht als die RSFSR im Durchschnitt; dies war allerdings auch dringend nötig angesichts der früheren Situation und der relativ schnell wachsenden Bevölkerung. Von 1966 bis 1975 sind im FO 29 Mio. m^2 Wohnfläche errichtet worden (CSU RSFSR, 1977: 222 f.), von 1976 bis 1983 rund 26 Mio. m^2 (CSU RSFSR, 1984: 234 - 237), d.h. pro Einwohner etwa 9 m^2 in 18 Jahren (in der RSFSR im Durchschnitt 8 m^2). In den 7 Verwaltungshauptstädten des FO lag 1977 die Wohnfläche pro Person zwischen 13,3 in Petropawlowsk-Kamtschatski und 9,3 in Jakutsk, entsprach damit der in vielen anderen Verwaltungshauptstädten der RSFSR, lag aber deutlich unter der von Moskau und Leningrad (CSU RSFSR, 1977: 10 - 15, 226 f.).

In der Relation Ärzte : Einwohner nimmt der FO sogar einen der vordersten Plätze in der SU ein: 1980 über 40 Ärzte auf 10 000 Einwohner (ATLAS SSSR, 1982: 14). Ebenso hat sich die Ausstattung mit kulturellen Einrichtungen und die Versorgung mit Konsumgütern verbessert. An manchen Orten kann man einige Dinge leichter bekommen als in Moskau. Es kommen jetzt auch mehr Betriebe auf, z.B. im Dienstleistungsbereich, die vorwiegend Frauen beschäftigen (KOVALEV, 1980: 114 f.).

Ganz erheblich sind die materiellen Anreize, die viele jüngere Menschen in den FO locken. Vielerorts, besonders in Neubaugebieten und den Küstenstädten kann man weit mehr Geld verdienen als in der Heimat. In den 70er Jahren hat man die Tarifbedingungen im FO erheblich verbessert, u.a. die "Regionalkoeffizienten", mit denen Zuschläge zu den normalen Tariflöhnen verbunden sind, für viele Regionen und Wirtschaftszweige erhöht und großen Gebieten im Süden die gleichen Vergünstigungen wie im Norden gewährt (AN SSSR, 1984, H. 11: 36). Hier erhalten die Arbeitskräfte als Zulagen 70 % zum normalen Tariflohn und außerdem eine "Dienstalterszulage" pro Jahr von 10 %, die bis auf 50 % bei 5-jährigem Aufenthalt steigen kann. Durch weitere Zuschläge verdienen viele zwei- bis dreimal so viel wie zu Hause, einige sogar noch mehr. Weitere Anreize bestehen in zusätzlichen Urlaubstagen und in der Aussicht, schneller zu einem Auto oder zu einer Wohnung zu kommen. Durch derartige Vergünstigungen hat man in den 70er Jahren einen hohen Zuwachs an Arbeitskräften im FO verzeichnen können; man rechnet allerdings für die folgenden 80er Jahre nicht mit einer Fortsetzung dieser Entwicklung (AN SSSR, 1984, H.11: 36). Vielmehr bemüht man sich, die neuen Arbeitskräfte zu halten, sie seßhaft zu machen, die Bevölkerung im FO zu "stabilisieren".

Man hat nämlich immer mehr erkannt, daß materielle Stimulierung und Appelle an den jugendlichen Idealismus nicht genügen und daß man wesentlich mehr Aufmerksamkeit den individuellen psychischen und sozialen Problemen widmen muß.

Dazu gehören vor allem rechtzeitige Aufklärung über die realen naturgeographischen und sozial-infrastrukturellen Verhältnisse im FO, um Enttäuschungen zu vermeiden; laufende Betreuung auf den neuen Arbeitsstellen, besonders der alleinstehenden Arbeitskräfte in der Freizeit; Beschaffung gut ausgestatteter Wohnungen für Familien und Versorgung der Kleinkinder in Vorschuleinrichtungen. Deshalb kümmert man sich in zunehmendem Maße um die soziale Integration der Menschen (AN SSSR, 1979 - 86).

Besser gelungen als die Eingliederung der Übersiedler ist aus sowjetischer Sicht die "kulturelle Integration" der autochthonen Bevölkerung, d.h. der Jakuten, Ewenken, Korjaken, Tschuktschen u.a. kleiner Völker des Nordens. In der Tat ist Beachtliches vor allem im Bildungs- und Gesundheitssektor geleistet worden. Auch sind Mischehen relativ häufiger als im Süden des Landes, obwohl die o.g. Völker den Russen etwa so fremd sind wie Usbeken und Kasachen. Bei der Akkulturation und Assimilierung spielt die russische Sprache eine große Rolle, und der Anteil der o.g. Völker, die Russisch als zweite Sprache beherrschen und in der Stadt und auf Neubaustellen sogar als erste benutzen, steigt laufend (AN SSSR, 1985, H. 10: 32, 34). Wer um die Bewahrung der Identität eines Volkes mehr besorgt ist als um seine kulturelle Integration, wird die ethnosozialen Prozesse weniger positiv bewerten. Manche negativen Begleiterscheinungen werden auch in der SU kritisiert, z.B. die Aufgabe der traditionellen Rentierzucht durch einen Teil der jüngeren Generation. Auf die demographische Bilanz der Gesamtbevölkerung dürften diese Prozesse allerdings nur einen ganz geringen Einfluß ausüben.

7 SCHLUSS

Angeregt von den Ausführungen Albert Kolbs über Fragen der Tragfähigkeit der Erde, hat der Verfasser vor über 30 Jahren untersucht, wieviel Menschen im asiatischen Teil der SU leben könnten (BARTH, 1956). Dabei hat sich ergeben, daß es (ohne Berücksichtigung des Fischfangs) mindestens 75 Mio. Menschen im gesamten Sowjet-Asien und 7,5 im FO der SU sein könnten. Diese Werte sind jetzt erreicht. Dank der wirtschaftlich-technischen Verbesserungen in der Zwischenzeit können die Einwohnerzahlen weiter in Richtung auf die mittleren errechneten Werte steigen. Aber man ist noch sehr weit davon entfernt und erst recht von den maximalen, mit denen man allenfalls auf dem Gebiet des gesamten Sowjet-Asien, "wenn alle optimalen Voraussetzungen erfüllt würden", die damalige Bevölkerungszahl von Ostasien hätte erreichen können. Doch die hat sich inzwischen verdoppelt, und der FO der SU liegt heute weiter denn je dahinter zurück. Diese Problematik des so bevölkerungsarmen Raumes wird - Frieden vorausgesetzt - für die SU auf absehbare Zeit bestehen bleiben.

ANMERKUNGEN

1 Im weiteren Text meistens "FO" abgekürzt. Der Begriff "Ferner Osten" ist nicht unumstritten. Er sollte z.B. nach Schöller wegen seiner "europazentrischen Orientierung" abgelöst werden (Schöller, 1978: 17).

2 Zur Abgrenzung der 4 Großräume des FO s. Abschnitt 1. Der FO der SU wird in der Literatur nicht einheitlich gefaßt; alle Angaben in diesem Aufsatz beziehen sich (soweit nicht anders vermerkt) auf das Gebiet der heutigen Wirtschaftsregion "Ferner Osten", wie es seit 1963 (nach der Eingliederung der ASSR der Jakuten), besteht.

3 "Sibirien" ist kein einheitlich gebrauchter Begriff (BARTH, 1978: 350). In der sowjetischen Statistik werden heute Transkaukasien sowie die Gebiete Tscheljabinsk und Swerdlowsk zum "Europäischen Teil der UdSSR" gerechnet, dagegen in der internationalen geographischen

Literatur gewöhnlich zu Asien. Zur RSFSR, der Russischen Unionsrepublik, gehören der FO, das "Zentrum" und große Teile des "Westen".

4   Die Tabelle enthält für die UdSSR und die RSFSR 1897 bis 1926 keine Angaben, weil die äußeren Grenzen zu sehr von den heutigen abweichen. Angaben 1940 auf der Basis der heutigen Grenzen, ebenso alle Angaben für den FO (mit geringfügigen Abweichungen). Für Stadt und Land im FO 1897 und 1911 keine Angaben, 1939 statt 1940.

5   Für Juschno-Sachalinsk 1926 und 1939 keine Angaben in der sowjetischen Quelle, weil der Ort damals zu Japan gehörte; für Magadan 1926 keine Angabe, weil der Ort damals noch nicht existierte.

6   In der sowjetischen Literatur wird der Begriff "Norden" (bzw. "Hoher Norden") nicht einheitlich abgegrenzt. Im FO werden im allgemeinen dazu gezählt: Jakutien sowie die Gebiete Magadan und Kamtschatka (KONSTANTINOV, 1967: 50), zum Teil aber auch noch südlichere wie in diesem Aufsatz (AN SSSR, 1979 - 86).

ABKÜRZUNGEN

AN SSSR = Akademija Nauk SSSR = Akademie der Wissenschaften der UdSSR

CSU = Central'noe statističeskoe upravlenie = Zentrale statistitsche Verwaltung

GUGK = Glavnoe upravlenie geodezii i kartografii = Hauptverwaltung für Geodäsie und Kartographie

VINITI = Vsesojuznyj institut naučnoj i techničeskoj informacii = Allunionsinstitut für wissenschaftliche und technische Information

LITERATURVERZEICHNIS

ALAEV, É. B. (1983): Social'no-ėkonomičeskaja geografija. Moskau.

(ANON.) (1983): Die Bevölkerung Chinas nach der Volkszählung vom 1. Juli 1982. In: Beijing Rundschau, 20 (1): 25 f.

AN SSSR VINITI (Hrsg.) (1979 - 1986): Referativnyj Žurnal. Geografija. 07E. Geografija SSSR. Moskau.

BALZAK, S. S., V. F. VASYUTIN, & YA. G. Feigin (Hrsg.) (1956, American Ed.): Economic Geography of the USSR. New York.

BARTH, J. (1956): Wieviel Menschen kann Russische-Asien ernähren? In: Osteuropa, 6 (2): 95 - 103.

ders. (1978): Nowosibirsk mit Akademgorodok - "Hauptstadt" Sibiriens. In: Geographische Rundschau, 30 (9): 350 - 357.

BOLDYREV, V.A. (1974): Itogi perepisi naselenija SSSR. Moskau.

CSU RSFSR (Hrsg.) (1977): Narodnoe chozjajstvo RSFSR za 60 let. Moskau.

ders. (Hrsg.) (1984): Narodnoe chozjajstvo RSFSR v 1983 g. Moskau.

CSU SSSR (Hrsg.) (1963): Itogi vsesojuznoj perepisi naselenija 1959 goda. RSFSR. Moskau.

ders. (Hrsg.) (1971): Sel'skoe chozjajstvo SSSR. Moskau.

ders. (Hrsg.) (1972): Narodnoe chozjajstvo SSSR 1922 - 1972. Moskau.

ders. (Hrsg.) (1973): Itogi vsesojuznoj perepisi naselenija 1970 goda. Tom V. Raspredelenie naselenija SSSR ... Moskau.

ders. (Hrsg.) (1974): Itogi vsesojuznoj perepisi naselenija 1970 goda. Tom VII. Migracija naselenija, čislo i sostav semej v SSSR ... Moskau.

ders. (Hrsg.) (1975): Naselenie SSSR 1973. Moskau.

ders. (Hrsg.) (1977): Narodnoe chozjajstvo SSSR za 60 let. Moskau.

ders. (Hrsg.) (1984): Čislennost' i sostav naselenija SSSR. Moskau.

ders. (Hrsg.) (1985): Narodnoe chozjajstvo SSSR v 1984 g. Moskau.

DIBB, P. (1972): Siberia and the Pacific. New York.

D'JAKONOV, F.V. (Hrsg.) (1966): Dal'nij Vostok. Ékonomiko-geografičeskaja charakteristika. Moskau.

DÜRR, H. & V.WIDMER (1983): Provinzstatistik der Volksrepublik China. Hamburg.

HAEFS, H. (Hrsg.) (1985): Der Fischer Weltalmanach 1986. Frankfurt.

KALESNIK, S.V. (Hrsg.) (1966 - 72): Sovetskij Sojuz. Geografičeskoe opisanie v 22-ch tomach. Moskau.

KALTEFLEITER, W. (1985): Entlastung für Europa? Die asiatischen Nachbarn der Sowjetunion. In: Europäische Wehrkunde, 34 (8): 454 - 462.

KARGER, A. (1980): BAM - Die Bajkal-Amur-Magistrale. In: Geographische Rundschau, 32 (1): 16 - 31.

KIRBY, E.S. (1971): The Soviet Far East. London.

KNABE, B. (1979): Erste Ergebnisse der Volkszählung 1979 in der UdSSR. In: Osteuropa, 29: 744 - 755.

ders. (1983): Mobilität in der Sowjetunion. In: Osteuropa, 33: 849 -859.

KOLB, A. (1963): Ostasien. China - Japan - Korea. Geographie eines Kulturerdteils. Heidelberg.

ders. (1981): Die Pazifische Welt. Kultur- und Wirtschaftsräume am Stillen Ozean. Berlin.

KONSTANTINOV, O.A. (Hrsg.) (1967): Geografija naselenija i naseennych punktov SSSR. Leningrad.

KOSTAKOV, V.G., & E.L. MANEVIČ (Hrsg.) (1978): Regional'nye problemy naselenija i trudovye resursy SSSR. Moskau.

KOVALEV, S.A., & N.JA. KOVAL'SKAJA (1980): Geografija naselenija SSSR. Moskau.

KRASNOV, E.V. (Hrsg.) (1984): Čelovek i priroda na Dal'nem Vostoke. Wladiwosotk.

LORIMER, F. (1946): The Population of the Soviet Union: History and Prospects. Genf.

MAJKOV, A.Z. (Hrsg.) (1973): Migracija naselenija RSFSR. Moskau.

MALININ, E.D., & A.K. UŠAKOV (1976): Naselenie Sibiri. Moskau.

MOžIN, V.P. (Hrsg.) (1980): Ékonomičeskoe razvitie Sibiri i Dal'nego Vostoka. Moskau.

NIKITIN, N.P., E.D. PROZOROV, & B.A. TUTYCHIN (Hrsg.) (4.A. 1974): Ékonomičeskaja geografija SSSR. RSFSR. Moskau.

PEREVEDENCEV, V.I. (1982): 270 millionov. Moskau.

RIMAŠEVSKAJA, N.M. (Hrsg.) (1981): Regional'nye osobennosti vosproizvodstva i migracii naselenija SSSR. Moskau.

ROWLAND, R.H. (1982): Regional Migration and Ethnic Russian Population Change in the USSR (1959 - 79). In: Soviet Geography, 23: 557 - 583.

RYBAKOVSKIJ, L.L. (Hrsg.) (1976): Territorial'nye osobennosti narodonaselenija RSFSR. Moskau.

SCHÖLLER, P., H. DÜRR, & E. DEGE (Hrsg.) (1978): Fischer Länderkunde Ostasien. Frankfurt.

SHABAD, T., & V.L. MOTE (1977): Gateway to Siberian Resources (The BAM). New York.

SPIESS, K. (1980): Periphere Sowjetwirtschaft. Das Beispiel Russisch-Fernost 1897 - 1970. Zürich.

STADELBAUER, J. (1981): Die Baikal-Amur-Magistrale (BAM). In: Praxis Geographie. Beiheft Geographische Rundschau, 11 (4): 145 - 149.

THIEL, E. (1953): Sowjet-Fernost. München.

TIETZE, W. (Hrsg.) (1983): Westermann Lexikon der Geographie. Weinheim.

WEIN, N. (1981): Die wirtschaftliche Erschließung Sowjetasiens. Paderborn.

WITTHAUER, K. (1960): Die Staaten der Erde. Gotha.

ZASLAVSKAJA, T.I., & I.B. MUČNIK (Hrsg.) (1980): Social'no-demografičeskoe razvitie sela. Regional'nyj analiz. Moskau.

Kartenwerke und Einzelkarten

ATLAS SSSR (1984). GUGK (Hrsg.). Moskau.

ATLAS SSSR V DEVJATOJ PJATILETKE (1972). GUGK (Hrsg.). Moskau.

ATLAS SSSR V DESJATOJ PJATILETKE (1977). GUGK (Hrsg.). Moskau.

ATLAS SSSR V ODINNADCATOJ PJATILETKE (1982). GUGK (Hrsg.). Moskau.

GEOGRAFIČESKIJ ATLAS (4. Ausg., 1980). GUGK (Hrsg.). Moskau.

MAP OF THE PEOPLE'S REPUBLIC OF CHINA (1984). Cartographic Publishing House (Hrsg.). Peking.

SÜDOSTASIEN ZWISCHEN AUFWIND UND FLAUTE

NEUERE POLITISCH- UND WIRTSCHAFTSGEOGRAPHISCHE ENTWICKLUNGEN DER ASEAN-LÄNDER, BESONDERS MALAYSIAS

von

Harald Uhlig, Gießen

SUMMARY: Southeast Asia between Economic Rise and Recession

In 1982, A. KOLB gave an assessment of the economic prospects of SE-Asia and the Westpacific Region. He warned about a development-euphoria. This paper aims for an evaluation of the further development up to 1986, based mainly on the dynamic example of Malaysia.
The original goal of ASEAN, an economic union following the example of the European (Economic) Community, was due to fail. A. KOLB explained this by the conformity of the production, mainly identical raw-materials, and thus competition instead of co-operation. The national interests have been put in front of those of the community. However, more than expected, ASEAN has grown into a political community, speaking today with one voice for 287 Mio. Southeast-Asians from 6 nations! This has proved effective in the common stand against Vietnam's occupation of Cambodia. All internal conflicts, resulting from the survival of boundaries drawn by the colonial powers, minority-conflicts etc., have been brought under firm control. A kind of a "Pax ASEAN" is quite an achievement in a region full of traditional conflicts! Its importance is demonstrated here with examples from Malaysia.
Population-policy shows new aspects. The excessive growth, overtaking economic growth again and again, is coming under control. Indonesia starts considering a new evaluation of its future labour-resources, and Malaysia wants to return to a stronger population-growth (preferably of the ethnic Malays), to accomplish its "New Economic Policy", which aims for a 30% share of the national income for the "Bumiputera", a bigger inland-market and a stronger labour-force. Whether these goals are realistic or not, the "NEP" has proved to be one strong motor for industrialization and urbanization. In agriculture, a tremendous shift of Malays from traditional rice- and fishing-kampongs into settlement-schemes for cash-crops (oil-palm, cocoa etc., instead of the shrinking rubber-production), has added a new economic power to the (formerly foreign- directed) plantation-industry. Apart from this, the majority of the latter's shares have been quietly aquired by Malaysian capital. Rice-production is going to be concentrated on those schemes, which guarantee high yields by modern irrigation and rice-technology; the (Malay) labour-force of the traditional peasant-communities should be transformed into industrial/urban live.
Tin and rubber, Malaysias old strongholds, are regarded as "sun-set industries" and gradually replaced by oil-palm, cocoa etc. - and above all, by industrialization at all costs. Thanks to the off-shore oil and gas-boom, large investments of inland-capital became feasible. The geographical locations, determined by the oil- and gas-terminals and processing plants, in hitherto nearly untouched coastal areas of Trengganu, Sarawak and Sabah, offered chances for the decentralization of industrial and urban growth. New production sites, a steel-work on Trengganu's lonesome coast, e. g., for diversified finished and semi-finished products, engineering and, above all, the start of a

national car-production in 1985 at the New Town of Shah Alam (new state-capital of Selangor) were added, with the goal of enlarging the industrial production from a 7.5% share (1980) in the exportmarket to 41%.
The quick take-off, based on the high income from oil and gas, has been interrupted, however, by the worldwide recession of 1985/86. The prices of rubber, mineral-oil, tin etc., still the main pillars of Malaysias economy, declined dramatically, accelerated by a strong competition in the modern industries (electronics, optics), an advanced high-wage policy, internal conflicts etc. Thus, a number of over-ambitious projects on the march from a raw- material producer to an industrialized country, had already to be scaled down - still more so in neighbouring ASEAN countries! Alltold, the recent economic, infrastructural and urban development remains impressive, despite of the present recession.

ZUSAMMENFASSUNG

1982 bewertete A. KOLB die wirtschaftlichen Zukunftsaussichten Südostasiens und der Westpazifischen Region und dämpfte zu hochfliegende Entwicklungs-Euphorien. Hier wird eine "Fortschreibung" der weiteren politischen und ökonomischen Entwicklung bis 1986, besonders am dynamischen Beispiel Malaysias, versucht. Das Ziel der ASEAN, ein Wirtschaftsverbund nach EG- Vorbild, wurde, wie schon KOLB begründete, kaum verwirklicht. Die Partner sind ökonomische Konkurrenten mit weithin paralleler - überwiegend Rohstoff - Produktion. Ihre nationalen Eigeninteressen werden den Gemeinschaftsinteressen übergeordnet. Dagegen ist die ASEAN zum politischen Verbund geworden (287 Mio. Menschen). Gegenüber außenpolitischen Bedrohungen, bes. durch Vietnam (Kambodscha-Konflikt), werden alle zwischenstaatlichen Differenzen, z. B. aus dem Fortdauern der kolonialzeitlichen Grenzen und den ethnischen Minoritäten-Problemen, diszipliniert unter Kontrolle gehalten. Am Beispiel der "eingefrorenen" Konflikte um Malaysia wird diese - hier als "Pax ASEAN" angesprochene - Befriedung gewürdigt.
Die Bevölkerungspolitik gewann neue Aspekte. Das starke Bevölkerungswachstum, das alle wirtschaftlichen Fortschritte immer wieder zu überrollen drohte, konnte schon etwas gedrosselt werden. Überraschend klingen in Indonesien neue Bewertungen der Überbevölkerung als industrielles Arbeitskräfte-Zukunftspotential an, und Malaysia möchte das Wachstum - besonders der "malaysischen" Volksgruppen - wieder steigern. Das fügt sich in seine "Neue Ökonomische Politik", die bis 1990 einen 30%-Anteil der Malayen an Nationaleinkommen erstrebt; ein Ziel, das sich zwar als Motor der wirtschaftlichen Entwicklung erwies, dessen Erfüllung aber mangels geschulter Arbeitskräfte aus bisherigen Reisbauern-/Fischer-Gesellschaften noch fraglich erscheint. Die Aufschliessung großer Landesteile durch geplante (malayische) Kleinbauern-Neusiedlung für "cash-crops", voran Ölpalme und Kakao (anstelle der schrumpfenden Kautschuk-Produktion), war erfolgreich. Auch im Reisbau ist Konzentration auf die gut bewässerbaren und modernisierten Anbauprojekte und Verminderung der (zu ertragsschwachen) Eigenproduktion im Gange, um Kräfte für cash-crop-Neusiedlung, Industrie und (ethnisch malayische) Urbanisierung freizustellen.
Während Kautschuk und Zinn (letzteres besonders rapide in der jüngsten Rezession) bereits als "sun-set industries" schrumpfen, wird die moderne Industrialisierung forciert. Dank der untermeerischen Erdöl- und Erdgasfunde konnten nicht nur die Beteiligungen eigener Kapital-Investitionen gesteigert werden, sondern mit den Folge-Industrien an den Anlandepunkten - in einer die Standort-Dezentralisierung begünstigenden, geographischen Lage - neue Industrieansätze an die bisher abseitige Ostküste Malayas und nach Sarawak und Sabah gebracht werden, mit rascher Verkehrs- und Infrastrukturerschließung. Halb- und Fertigwarenindustrien, z.B. ein neues Stahlwerk in S-Trengganu, der erste eigene Automobilbau in der "New Town" Shah Alam (neue Hauptstadt Selangors) Ansätze zu Maschinenbau usw. wurden forciert. Planziel sind die Steigerung des Industrieprodukten-Anteils am Export von 7,5% (1980) auf 41% (1990).
Nach stürmischen Anlauf, gestützt auf die hohen Erdöl- und Erdgasgewinne - haben die jüngste Weltmarkt-Rezession, mit rapidem Verfall der Erdöl-, Zinn- und Kautschuk-Preise, die wachsende Konkurrenz der Nachbarn (gerade in modernen Sektoren wie Elektronik- und optische Industrien), Hochlohnpolitik, innenpolitische Reibungen usw. 1985/86 empfindliche Einbrüche gebracht, die - noch mehr in anderen ASEAN-Ländern - zur Rücknahme zu ehrgeiziger Entwicklungsziele auf dem Wege vom Rohstoff - zum Industrieland zwingen.

1 EINLEITUNG

Vor einigen Jahren widmete der Altmeister der deutschen Ost- und Südostasienforschung, Albert Kolb, seinem jüngeren Kollegen und Verf. dieser Zeilen, eine Bewertung der wirtschaftlichen Zukunftsaussichten Südostasiens und der Westpazifischen Region. Er umriß den ökonomischen Aufstieg und die politischen Konstellationen, dämpfte aber auch zu hochfliegende Entwicklungs- Euphorien. Es ist mir eine große Freude, diese Widmung zum 80. Geburtstag des noch bewundernswert aktiven Jubilars mit guten Wünschen erwidern zu können - gewissermaßen mit einer "Fortschreibung" weiterer Entwicklungen in diesem dynamischen Raum, besonders am Beispiel Malaysias!

2 DIE ASEAN: POLITISCHE STATT WIRTSCHAFTLICHER GEMEINSCHAFT

Während der letzten zwei Jahrzehnte hat sich eine neue **Dreigliederung Südostasiens**, des "Indo-Chinesischen Kulturerdteils" (A.KOLB), gebildet. Neben der traditionellen Einteilung in das festländische Südostasien oder "Hinterindien" und den Malayischen Archipel oder "Insel-Indien", bildete sich eine andere politisch- und wirtschaftsgeographische Konstellation heraus, in der die "Association of South East Asian Nations" (ASEAN) aus Indonesien, Malaysia, den Philippinen, Singapur, Thailand und - seit 1984 - Brunei, dem durch Vietnams Besetzung von Kambodscha und seine Beherrschung von Laos wiedererrichteten "Indochina" (in den Grenzen der kolonialfranzösichen "Union de l'Indochine) gegenübersteht [1], während Burma, in seiner selbstgewählten Abschließung (und permanenten wirtschaftlichen und innenpolitisch-ethnischen Misere) eine "blockfreie", aber auch völlig isolierte, dritte Teilregion bildet. Die drei politischen Kräftegruppen wurden zugleich zu unterschiedlichen Wirtschaftsräumen, in denen sich die stürmische ökonomische Entwicklung der ASEAN-Region und die Stagnation sozialistisch-planwirtschaftlich gebundener Systeme mit nur geringen Kontakten gegenüberstehen.

Das Ziel der Gründung der ASEAN-Gemeinschaft (1967) war eigentlich ein Wirtschaftsverbund, vom Vorbild der Europäischen (Wirtschafts-)Gemeinschaft (EG) inspiriert. A.KOLB hat aber (1982, S. 158) schon begründet, daß für die Erreichung dieses europäischen Vorbildes fast alle Voraussetzungen fehlen, da - mit der Ausnahme Singapurs - die Nationalwirtschaften der ASEAN-Länder **nicht komplementär**, sondern im Gegenteil mit vorwiegend gleichartigen Produkten und Strukturen überwiegend **Konkurrenten** sind. KOLB belegte z.B. mit den Zahlen, daß vom Gesamtexportwert aller ASEAN-Länder (1980) nur 14% auf den Handel innerhalb dieser Gemeinschaft entfielen, während 86% der Güter den Regionalverbund verließen - in der EG betrug der Binnen- Warenaustausch dagegen 51% aller Exporte! Einem Abbau vom Zollschranken steht entgegen, daß der (außer in Singapur) noch relativ schmale Industriesektor vorwiegend Konsumgüter für die jeweiligen nationalen Märkte herstellt, die - meist als importsubstitutive Gründungen - in vielen Fällen nur hinter Schutzzollmauern existieren können und in ihrer Kapazität kaum einen größeren, "gemeinsamen" Markt bedienen könnten. So kann man nur bei völlig neu begründeten Industriezweigen vom ASEAN-Gesamtmarkt ausgehen - dem jedoch wieder entgegensteht, daß in allen beteiligten Staaten die Gemeinschaftsinteressen deutlich hinter den nationalen Interessen rangieren! Ihr jeweiliges Bemühen um eine rasche Entwicklung aus dem Stadium postkolonialer Agrar- und Rohstoffländer zu Diversifikation von Produktion und Industrialisierung läßt das als verständlich ercheinen. Deshalb hat A.KOLB mit seiner Voraussage Recht behalten, daß die **Industrialisierung** auch in absehbarer Zukunft vorwiegend **national programmiert** werden würde!

Hinsichtlich einer Beschränkung auf importsubstitutive Konsumgüter-Industrien haben sich jedoch in dem Jahrfünft, seit diese Bewertung niedergeschrieben wurde, erste - besonders in Malaysia, Singapur, und in Ansätzen auch schon in Indonesien - merkliche Wandlungen vollzogen, begünstigt durch einige Jahre einer **hohen Konjunktur** und günstiger Weltmarktpreise für die **wichtigsten Rohstoffexport-Güter**, wie Zinn, Kautschuk, Palmöl, Kokosprodukte und vor allem - in geradezu sprunghafter Entwicklung - für **Erdöl** und **Erdgas**. Ihre Erträge ermöglichten beachtliche **Investitionen** oder **Mehrheitsanteile** am Aufbau gemeinsamer Unternehmen mit ausländischen Partnern - wenn auch mit noch weiter steigender Abhängigkeit vom wichtigsten Partner Japan - aus den schnell wachsenden, **landeseigenen** (staatlichen wie privaten) **Kapitalmärkten**. Inzwischen hat der jüngste Preisverfall für die meisten dieser Güter auf dem Weltmarkt die hochfliegenden Hoffnungen wieder erheblich gedämpft und schon zur Revision zu aufwendiger Industrieplanungen geführt.[2]

3 NEUE ASPEKTE DER BEVÖLKERUNGSPOLITIK

Unter den retardierenden Faktoren für ein Wirtschaftswachstum in Südostasien hatte A.KOLB besonders das Problem der rapiden Beölkerungszunahme hervorgehoben. Diese fortschreibende Überbevölkerung - man denke nur an Java! - zehrt zwar nach wie vor einen großen Teil des wirtschaftlichen Fortschritts laufend wieder auf, auf diesem Felde sind aber inzwischen doch einige Wandlungen spürbar geworden. Nach einer einschneidenden **Drosselung** der Rate des jährlichen **Bevölkerungswachstums** in **Singapur** von 3,4% (1958) auf 1,2% (1976-83) und **Malaysia** auf 2,3%, hat auch **Thailand** bereits eine Reduktion von 2,7% (1960-70) auf 2,0% (1976-83) erreichen können. Auch Indonesien - das Sukarno noch durch Bevölkerungswachstum zur nationalen Größe führen wollte - unternimmt jetzt verstärkte Anstrengungen zur Geburtenkontrolle. **Überraschend** sind **dagegen** - vielleicht von Zweckoptimismus getragene - **neue** bevölkerungspolitische **Bewertungen** des Wachstums! So wagte der (in Deutschland promovierte) Technologie-Minister Indonesiens die - fast provozierende - Aufforderung, man solle den Bevölkerungsdruck nicht länger beklagen, sondern als Potential für den Ausbau arbeitskraftintensiver Industrien nutzen! Und als ein zunächst noch überraschenderes, als Ausdruck südostasiatischer Entwicklungszuversicht aber in den Trend passendes Szenarium, forderte Malaysias Ministerpräsident Mahatir 1985 sogar, daß sich dessen Bevölkerung wieder um jährlich etwa 3,2% entwickeln solle, um binnen eines Jahrhunderts eine Bevölkerungszahl von ca. 70 Mio. zu erreichen, damit eine ausreichende Kapazität an Arbeitskräften und Binnenmärkten für die industriellen Expansionspläne heranwachse! Was zunächst als Kontradiktion zu allen demographischen Zielvorstellungen der Gegenwart erscheint, gewinnt in der speziellen Perspektive **Malaysias** einige andere Aspekte. Zum einen ist dieses Land, im Gegensatz zu seinen Nachbarn (und in der Relation zu seinen Ressourcen) tatsächlich relativ schwach bevölkert. Man kann es fast als ein Stück pionierhafte "Neue Welt" inmitten des sonst menschenreichen und von alten Kulturen geprägten Südostasiens bewerten, das bis zur Jahrhundertwende noch weitgehend unberührt blieb, bis es in der Kolonialzeit, und mehr noch seit der Unabhängigkeit, durch seine multi-ethnische Bevölkerung zu einer dynamischen und risikofreudigen, auf Weltmarktveränderungen rasch reagierenden Wirtschaftsentwicklung geführt wurde. Mahatir weist z.B. darauf hin, daß die Philippinen oder Vietnam bereits heute auf flächenmäßig annähernd gleich großen Territorien (je zwischen 300- und 330.000 km^2) eine Bevölkerung von 54,5 Mio. EW bzw. 58,3 Mio. EW (1984) trügen - gegenüber Malaysias nur 15,3 Mio.!

Auch der von A.KOLB für die meisten ASEAN-Länder noch beklagte Aderlaß an Fachkräften ("brain drain") und Gastarbeiter-Abwanderung ins Ausland wurde in Malaysia inzwischen reversiert, es beschäftigt heute selbst schon beträchtliche Zahlen von indonesischen, aber auch thailändischen, philippinischen und - illegal - auch vietnamesischen und kambodschanischen (Flüchtlings-)Gastarbeitern! Inoffiziell toleriert es weiteres Einsickern (stammverwandter) indonesischer und philippinischer Zuwanderer, die zwar nicht öffentlich zugelassen (und zeitweilig strenger kontrolliert)sind, stillschweigend aber als Verstärkung des malayisch- stämmigen Bevölkerungspotentials akzeptiert werden. Das letztere ist ein weiterer Hintergrundfaktor jenes "Saltos" in der Bevölkerungspolitik: während die chinesische Volksgruppe Malaysias (1977/80) noch ein jährliches Bevölkerungswachstum um 2,6% und die indische um 3% aufwies, lag sie für die malayischen Gruppen noch bei 3,4% - und ein weiteres (relatives) **Anwachsen des "malayischen" Bevölkerungsteiles** und ihres Anteils am nationalen Einkommen ist das Ziel der **"Neuen Ökonomischen Politik"**, die konsequent verfolgt wird!

4 DAS WERDEN EINER POLITISCH-GEOGRAPHISCHEN "PAX-ASEAN"

Formell ist die ASEAN, wie auch A. KOLB andeutet, zwar kein politischer oder militärischer Pakt, in der jüngeren Entwicklung hat dieser Zusammenschluß aber de facto stärker politische als gemeinschaftsbezogene ökonomische Erfolge gezeitigt. Seine Mitgliedsländer haben begriffen, daß in der heutigen weltpolitischen Situation Einigkeit gegen Kräfte von außen essentieller für ihre Existenz ist, als alle zwischenstaatlichen Konfliktstoffe! So spricht die ASEAN heute für 287 Mio. (1986) Menschen mit einer Stimme, in einer geostrategisch bedeutsamen Lage zwischen Indik und Pazifik und zwischen den drei Großmächten (und deren Satelliten). Gerade der Konflikt in "Indochina" hat es bewirkt, daß die ASEAN-Partner ihre zahlreichen, alten zwischenstaatlichen Konflikte streng unter Kontrolle gebracht haben. Und wie es heute in Europa als kaum noch vorstellbar erscheint, daß Konflikte zwischen den EG-Partnern kriegerisch ausgetragen werden könnten, ist auch schon die ASEAN zu einer politischen Gemeinschaft herangereift, für die ähnliches gilt. Das aber bedeutet viel für eine Region, die durch Jahrhunderte von vielfältigen Kämpfen und Eroberungen konkurrierender Herrschaftsbildungen bestimmt, dann von den Kolonialmächten (nicht ohne Spannungen zwischen diesen!) unterworfen und nach der Unabhängigkeit in neuen Differenzen um die staatliche Zugehörigkeit und Ethnien verstrickt gewesen ist!

Auch hierfür soll es genügen, das allein an **Beispielen** aus dem **Umfeld Malaysias** zu belegen. Noch sind kaum zwei Jahrzehnte vergangen, seit es sich von seinem (seit der Gründung der "Straits Settlements" herangewachsenen) Oberzentrum **Singapur** trennte, das mit seinen 76,2% chinesischer Bevölkerung und wirtschaftlichen Kraft den Mehrheits- und Führungsanspruch der Malayen in der jungen Föderation in Frage gestellt hätte. Bis in die jüngste Zeit kamen immer wieder Spannungen auf, gesteigert durch jene ökonomische Politik des nationalen Eigeninteresses, die Malaysia zu einer forcierten Abkopplung von den Einrichtungen des historischen Partners betrieb, z.B. mit dem schnellen Ausbau eigener, ähnlich ausgestatteter und **konkurrierender (Container-)Häfen, Industrien, Raffinerien**, Werften, Banken, der Trennung der Fluglinien, der früher gemeinsamen Währung usw. Umgekehrt ist die Unabhängigkeit Singapurs -nach der Flächen- und Bevölkerungsgröße, aber auch in seiner "insularen" Situation als Stadtstaat in mancher Hinsicht West-Berlin vergleichbar! - allein wegen seiner Wasserversorgung vom malayischen Festland her, oder seines exponierten Straßen- und Bahnverkehrszugangs über den 1 km langen "Causeway", immer wieder krisenbedroht. Wie sehr sich im ASEAN-Verbund diese Lage gewandelt hat, mag der heutige wirtschaftliche Verbund der "KEJORA"-Entwicklungsregion Süd-Johors (s.u.) mit Singapur belegen. Und selbst das industrielle und urbane Wachstum von Johor Bahru - zwar auch mit einem neuen, konkurrierenden Hafen, dem mit einer neuen Bahnlinie aufgeschlossenen Pasir Gudang (Johor Ports) - ist eng mit Singapur verbunden! Es umfaßt auch den Ausbau von Seebädern für den Naherholungsverkehr der beengten Stadtbevölkerung Singapurs. Das dennoch erhebliche Ressentiments verbleiben, sei an zwei Punkten aufgezeigt: Im gleichen Süd-Johor ist es noch immer "inopportun", daß die (überwiegend chinesisch-stämmigen) Truppen des ASEAN-Partners Singapur auf den (in britischer Zeit einst gemeinsamen) Dschungel-Übungsplätzen ausgebildet werden - sie müssen stattdessen über See nach Brunei gebracht werden! Umgekehrt besteht in Singapur das "Minderheiten-Trauma" der nur 15% ausmachenden malayischen Volksgruppe des Stadtstaates kaum verändert fort - obwohl diese (als "Aushängeschild" für die Zugehörigkeit Singapurs zur malayischen Welt) geradezu verwöhnt und mit kräftigen Hilfen zum Ausgleich ihres sozio-ökonomischen Rückstands gefördert wird!

Näher an einen kriegerischen Konflikt führte die "Konfrontation" durch **Indonesien** unter Sukarno, mit dem dieser den Zusammenschluß West- und Ost- Malaysias - fast gleichzeitig mit seiner eigenen Annektion West-Neuguineas! - als "Neokolonialismus" brandmarkte und zu verhindern suchte! Es will heute schon fast unwahrscheinlich klingen, daß 1963/64, neben Partisanengefechten an den Grenzen Sarawaks, indonesische Kommando-Einheiten in West-Malaysia gelandet waren und zerschlagen wurden - in einer Zeit, da beide Staaten ihre Politik, bis hin zur Ausarbeitung gemeinsamer Sprachregeln, aufeinander abstimmen, Gastarbeiter-Abkommen abgeschlossen haben und intensiv ihre gemeinsame malayische Kultur betonen! Auch das nach beiden Seiten hin "delikate" Verhältnis zu **Brunei**, das seine (auf die Erhaltung der Erdöleinnahmen für den eigenen Reichtum ausgerichtete!) Unabhängigkeit gegen Eingliederungswünsche sowohl seitens Malaysias wie Indonesiens zu bewahren hatte, gehört zu den beigelegten Spannungen, seit das Sultanat aus dem britischen Protektorat entlassen und (1984) als gleichberechtigter (kleiner, aber finanzstarker) Partner in die ASEAN aufgenommen wurde. Auch zwischen **Indonesien und Singapur** - dessen Handelskraft und Zentralität teils offiziell, mehr aber über den Schmuggel, große Teile des indonesischen Außenhandels an sich gezogen hatte - ist ein ähnliches Zusammenwirken entstanden, wie mit der erwähnten "KEJORA"-Region. Indonesien hat auf seiner - nur in 20 km See-Entfernung südöstlich Singapurs gelegenen - Insel Bantam ein integriertes Industrie-, Hafen-, Erdölraffinerie- und touristisches Entwicklungsprojekt gestartet, das sich (trotz ursprünglich konkurrierenden Charakters) heute stark auf Investitionen, Beteiligungen und den Erholungsverkehr aus Singapur stützt. Es soll ihm als Ausweichraum für seine urbane und insulare Enge dienen (...unter Singapurs Auflage, daß dort kein Spielkasino errichtet wird, das der puritanisch- patriarchalisch regierte Stadtstaat - in Kenntnis der Psyche seiner Bürger - nicht duldet).

Historisch diffiziler ist **Malaysias** Konflikt mit den **Philippinen** um die Zugehörigkeit **Sabahs**, das als einstiges British North-Borneo 1963 der Föderation eingegliedert wurde. In einer für den malayischen Archipel typischen, historisch-geographischen Situation waren früher die Machtsphären der einzelnen Küstensultanate nur im Nahbereich der jeweiligen Zentren voll wirksam, wurden mit zunehmender Entfernung aber immer vager und überschnitten sich schließlich außen in ihren Hoheitsansprüchen. 1704 mußte der Sultan von Brunei den Herrschaftsanspruch über das Gebiet des heutigen Sabahs dem Sultan des Sulu-Archipels (Jolo) überlassen, von dem es die Vorgänger der British North Borneo Company 1878 erwarben. Umstritten ist, ob es "abgetreten" oder nur "zu Lehen gegeben" wurde. Da Jolo heute zu den Philippinen gehört, erließen diese sogar ein Gesetz, das ihren Besitzanspruch auf Sabah festschreibt. Die immer noch, trotz offizieller Verzichtserklärungen - zuletzt im Wahlkampf von 1986! - rhetorisch vertretenen Besitzansprüche auf Sabah führten schon mehrfach zu zwischenstaatlichen Krisen, 1968 zum zeitweiligen Abbruch der diplomatischen Beziehungen! Unter dem ASEAN-Mantel nun "stillgelegt", entbehrt dieser Konflikt nicht gewisser Ironie: Seit dem erneuten - rund um den Erdball erfolgten - Zusammenstoß der Spanier mit den vermeintlichen "Mauren", den islamischen "Moros" im 16. Jh. (A.KOLB), liegen die christlichen Philippinen ja mit diesen im latenten, zeitweilig blutigen Bürgerkrieg. Ihre Territorialforderung auf Sabah stützt sich aber gerade auf historische Gebietsansprüche der von ihnen bekämpften islamischen Sultane! Doch auch in Sabah wirkt dieser rollenkomplizierte Konfliktstoff fort: Eine christliche Dayak-Partei hat dort, sehr zum Verdruß der islamisch geführten Regierungsmehrheit in Kuala Lumpur, nach einem knappen Wahlsieg 1985 die Landesregierung übernommen. Und diese verfolgt es mit Mißtrauen - und wird es zu verhindern suchen - daß weitere Gruppen islamischer Moro-Flüchtlinge von den südlichen Philippinen die Minoritäten der (bisher politisch bestimmenden) Küstenmalayen in Sabah verstärken, die aber Kuala Lumpur auch dort lieber wieder an der Regierung sähe! Den christlichen Philippinen wiederum ist die Unterstützung seiner Moro-Rebellen durch Malaysias Islam-Fanatiker ein Dorn im Auge! Über alle Komplikationen hinweg haben dennoch die übergeordneten geopolitischen Interessen der ASEAN-Gemeinschaft den vielschichtigen Konfliktstoff "eingefroren".

Das gilt auch für **Malaysias Nachbarschafts-Probleme** mit **Thailand**, dessen fünf südlichsten Provinzen starke malayisch-islamische Bevölkerungsanteile haben und auch historisch einmal malayische Sultanate waren. Wie wenig selbstverständlich aber das heutige - bei der Bekämpfung kommunistischer Partisanen auch militärische und grenzüberschreitende - Zusammenwirken ist, wird dadurch beleuchtet, daß selbst die nördlichen malayischen Bundesstaaten Kedah, Perlis, Kelantan und Trengganu noch bis 1909 unter siamesischer Oberherrschaft standen, dann erst unter britischer Einwirkung der malayischen Förderation eingegliedert werden konnten und während des Zweiten Weltkriegs nochmals vorübergehend annektiert worden waren!

Eben erst ist es den Thai gelungen, die vehement um Unabhängigkeit (bzw. einen Anschluß an Malaysia) kämpfende islamisch-malayische Widerstandsbewegung einigermaßen unter Kontrolle zu bringen. Die übergeordneten Interessen im ASEAN-Bündnis (auch bei den gemeinsamen Aktionen gegen kommunistische Partisanen, mit denen der Islam-Widerstand nicht kooperiert) haben außenpolitisch beide Staaten dazu bestimmt, den status quo der Grenzen zu respektieren. Die Mehrheit der Muslim in Süd-Thailand lebt in deutlicher Segregation - als alte Fischer-Bevölkerung - auf den naturräumlich armen Strandwall- und Sandstreifen der Ost- und in den Mangrove-Ästuaren der West-Küste. Sie läßt sich nur schwer in das sozio- ökonomische Leben der an sich prosperierenden thailändischen Südprovinzen (Kautschuk, Zinn, neuerlich Ölpalmen u.a. agrarische Diversifikationen; starkes urbanes Wachstum, besonders des jungen Regional-Zentrums Haad-Yai) integrieren. Das von ländlichen Koran-Schulen - neben der staatlichen Grundschule - beeinflußte Bildungswesen verstellt den Jugendlichen vielfach die Eingliederung in die thailändische Gesellschaft, und die zur Entwicklung des Südens ausgebaute Prince of Songkhla-Universität in Haad Yai und Pattani konnte bisher nur einen auffällig geringen Anteil islamischer Studenten gewinnen - während andererseits Malaysia mit der stark nationalistischen, malayisch-islamischen Ausrichtung seiner neueren Universitätsgründungen für islamische Studenten attraktiver ist! (z.B. in Kedah, nahe der Nord-Grenze, oder mit einer "Internationalen Muslim-Universität" mit einem neuen Standort im noch kaum erschlossenen Inneren von Pahang in Bentong). Auch dabei ist das Kräftespiel wieder komplex, da die malayische Regierung im Interesse der "Bumiputera"-Politik (s.u.) zwar den Islam stark fördert, gleichzeitig aber selbst im innenpolitischen Ringen mit einer orthodox- fundamentalistischen Islam-Opposition steht, mit deren fanatisierten Gruppen es in den letzten Jahren häufig blutige Zusammenstöße gab. Diese Opposition wiederum steht voll hinter dem Muslim-Widerstand auch im benachbarten Thailand!

Schließlich brachte **Malaysia** auch in die von KOLB (1982; 164) angesprochenen **Territorialansprüche** über den Meeresboden und die **Korallen-Inseln** der **Südchina-See** eine - weltweit nur wenig registrierte - neue Belebung, als es 1983 ein ca. 250 km nordwestlich von Labuan gelegenes Inselchen der **Spratly-**Gruppe militärisch in Besitz nahm (unter schwierigen, versorgungsmäßig etwa denen auf einer

Ölbohrinsel vergleichbaren Aufenthaltsbedingungen!). Die innenpolitische Umgliederung, mit der die Insel **Labuan** (bisher Teil Sabahs; einst ein Stützpunkt der britischen Straits Settlements) 1984 als **Bundes-Territorium** direkt Kuala Lumpur unterstellt und als militärischer und industrieller Stützpunkt ausgebaut wurde, ist im gleichen Zusammenhang einer Sicherung der erdölhöffigen (bzw. vor Sabah und Sarawak schon voll fördernden) Seegebiete zu sehen, um deren Besitz nicht nur die **Volksrepublik** und **National-China** (Taiwan) und **Vietnam**, sondern auch die ASEAN-Partner **Malaysia, Philippinen** und (für die Seegebiete um die Anambas- und Natuna-Inseln) auch **Indonesien** in ihren Ansprüchen zusammenstoßen.

Wenn einleitend gesagt wurde, daß die gemeinsame Frontstellung gegen das vietnamesisch "wiedervereinigte" Indochina die stärkste Klammer für den politischen Zusammenhalt der ASEAN bildet, sollte auch dieses Bild - wie es KOLB (1982) schon gesehen hat - noch etwas differenziert werden. Abgesehen von dem zu dem im Hintergrund stehenden Weltmächten USA und Sowjetunion, ist es das **Verhältnis zu China**, das **Nuancen** in die Außenpolitik der Partner bringt. Indonesien und Malaysia, mit den Problemen ihrer eigenen, starken chinesischen Minderheiten, sehen in China nach wie vor den bedrohlicheren Gegenpart, während ihnen Vietnam eher als ein "Prellbock" zwischen Südostasien und China erscheint. Der "Frontstaat" Thailand und das ethnisch chinesisch bestimmte Singapur beziehen die entgegengesetzte Position, die zum (Zweck-)Bündnis mit China neigt und **Vietnam** (aus chinesischer Sicht die sowjetisch gestützte Bedrohung seiner Südflanke) als den gefährlichsten Kontrahenten und Schuldigen an der **Kambodscha-Krise** ansieht. Über alle diplomatischen und handelspolitischen Differenzierungen hinweg - die auch die Sondierung unterschiedlicher Wege aus der politischen Sackgasse zu einem modus vivendi in Kambodscha erleichtern könnten - hat sich aber bisher auch dort das übergeordnete Gemeininteresse bewährt. Man geht wohl nicht zu weit, wenn man politisch von einer "Pax-ASEAN" spricht, die heute die sicherlich größte politische Errungenschaft im Kräftespiel Südostasiens ist!

5 ASPEKTE DER DYNAMISCHEN WIRTSCHAFTLICHEN ENTWICKLUNG AM BEISPIEL MALAYSIAS

Auch in der ökonomisch-geographischen Entwicklung bilden die ASEAN-Länder den prosperierenden Block und machen - gemessen an den meisten Entwicklungsländern der Erde - wohl die schnellsten Fortschritte. Im einzelnen ist das Entwicklungsniveau und -tempo innerhalb der Gemeinschaft aber unterschiedlich.

Neben dem anders strukturierten **Singapur**, das in der internationalen entwicklungspolitischen Literatur bereits den "NIC's" ("Newly Industrializing Countries") zugerechnet wird - im pazifischen Asien zusammen mit Taiwan, Südkorea und Hongkong - ist **Malaysia** unter den Flächenstaaten Südostasiens der "Vorreiter" einer schnellen ökonomischen Expansion und wird entwicklungspolitisch heute als "Schwellenland" bewertet.

Zwei unterschiedliche Faktoren haben seine wirtschaftlichen Wandlungen in dem Jahrfünft, seitdem KOLB (1982) seine noch etwas zurückhaltendere Prognose gab, so sprunghaft vorangebracht, wie es damals noch nicht absehbar war. Der erste, der **Malaysia** gemeinsam mit **Indonesien** zufiel, ist der große untermeerische **Erdgas- und Erdölreichtum**, der rasch erschlossen und von beiden Staaten zur Finanzierung großer Projekte genutzt werden konnte. Seine Bedeutung wird dadurch anschaulich, daß **Erdöl und Erdgas** binnen weniger Jahre in beiden Staaten die traditionellen Hauptprodukte Kautschuk, Palmöl und Zinn von der **Spitze der** jeweiligen **Exporterträge** verdrängen konnten! Auch dabei wird freilich jenes Überwiegen der nationalen ökonomischen Interessen gegenüber denen der ASEAN-Gemeinschaft spürbar, indem **Indonesien, Malaysia, Brunei** und - als Raffinerie- und Umschlagplatz - **Singapur** auf dem Mineralöl-Markt konkurrieren, während **Thailand** und die **Philippinen**, ohne begünstigte Belieferungen aus der Gemeinschaft, leer ausgingen (ebensowenig gelang es, außer begrenzten Preisangleichungen, dem OPEC-Mitglied Indonesien, Malaysia und Brunei zum Eintritt in dieses - heute krisengeschüttelte - Kartell zu bewegen). **Thailand** konnte neuerlich wenigstens für seinen eigenen Bedarf ausreichende, untermeerische Erdgaslager aufschließen und den Ausbau des daran geknüpften "Eastern Seaboard"-Entwicklungsprojekts (petrochemische Grundstoff- und Leichtindustrien, Entlastungshäfen für Bangkok) beginnen. Die **Philippinen** blieben, bis auf das komplikationsreiche, ertragsschwache NIDO-Feld (östl. Palawan), im Nachteil und müssen sich verstärktem Ausbau geothermischer und hydroelektrischer Energie zuwenden.

Ganz in seiner politisch- und sozialgeographischen Struktur begründet war demgegenüber die zweite Triebkraft, die Malaysias wirtschaftlichen (und mit ihm urbanen und infrastrukturellen) Wandlungsprozeß so schnell vorangetrieben hat: die "Neue Ökonomische Politik". Sie bildet ein intensiv vorangetriebenes Programm zur wirtschaftlichen Gleichstellung der "**malaysischen**" **Volksgruppen** (der "Bumiputera" = "Söhne der Erde"), die zwar die politische Führung beanspruchen, sozial-ökonomisch (vielfach als Selbstversorger/Bauern in abgelegenen Regionen) aber gegenüber den urban/gewerblichen Chinesen (und auch den indischen Zuwanderern) weit zurückgeblieben waren. Mit zahlreichen Förderungs- und Strukturwandlungs-Maßnahmen hat die malaysische Regierung dieses Hauptziel ihrer Politik, das den "Malaysiern" (Malayen und einheimische Völker Ost-Malaysias) bis 1990 30% Anteil am nationalen Einkommen sichern soll, so massiv instrumentiert, daß dadurch auch die wirtschaftlichen Wandlungs- und Entwicklungsprozesse ein ganz erstaunliches Tempo gewonnen haben!

Eine glückliche **Konstellation** der **geographischen Lage** begünstigte das Zusammenwirken beider Faktoren: Die untermeerischen Erdöl- und Erdgaslager konnten gerade vor **den** Küsten der (überwiegend "malayisch" besiedelten) Landesteile erschlossen werden, die **bisher** gegenüber der Konzentration der ökonomischen Entwicklung im "Kautschuk- und Zinngürtel" (an der Westküste der Halbinsel) als Abseitsräume stagniert hatten: vor der Ostküste der Halbinsel und den Küsten von Sarawak und Sabah in Borneo! So konnte die Entwicklung bisher zurückgebliebener Landesteile mit der Verkehrs-und Landaufschließung durch neue industrielle und urbane Wachstumspole und Entwicklungsregionen verbunden werden, deren Lokalisierung fast von selbst mit den Umschlagplätzen der Erdöl- und Erdgasanlagen, petrochemischer Folgeindustrien, billiger Energie für andere Industriegründungen und dem nötigen Ausbau der Verkehrs-, Siedlungs-, und Arbeitskraft-Infrastruktur zusammenfielen! Beispiele sind die neuen Industriestandorte an der Küste des bisher abseitigen Sultanats **Trengganu**, wo in wenigen Jahren Raffinerien, Kraftwerke, Erdgasverflüssigungsanlagen, petrochemische Werke, Häfen und - noch in einer fast menschenleeren Dünen- und Lagunenlandschaft, aber bereits in Produktion gegangen - ein neues Stahlwerk entstanden (Kerteh, Kemaman u.a.). (Da die Eisenerzgruben Trengganus stillgelegt wurden, wird das letztere mit Erzeinfuhren über See versorgt). Neue Städte und Arbeiterwohnsiedlungen werden zwischen den älteren Fischerdörfern rasch - architektonisch durchaus ansprechend - hochgezogen, das Problem der "Peuplierung" der neuen Industriestandorte steht aber noch offen! Nach den politischen Vorstellungen sind es die "Bumiputera" der traditionellen malayischen Fischer- und Reisbauernkampongs der Ostküste, die die neuen Industrien bemannen und damit in die sozialökonomischen Umstrukturierungen der "Neuen Ökonomischen Politik" einbezogen werden sollen. Zunächst ist aber ein hoher **Gastarbeiter**- Anteil, vor allem auch in der Bauindustrie, nötig. In der regionalen Planung wird auf eine Verflechtung dieser **anfänglich** noch **isolierten Industrie- und Hafenstandorte** mit den im Hinterland neu aus dem Wald gerodeten **Entwicklungsregionen** hingearbeitet. Sie werden als agrarische (teils staatlich, teils privatwirtschaftlich) und industrielle Siedlungs-, Touristik- und Infrastruktur-Projekte von den (Ostküsten-)Staaten getragen und sollen große Neulandgebiete erschließen: Inner-Trengganu ("KETENGAH" 4 360 km²) und SO-Johor ("KEJORA" 3 000 km²), die schon relativ weit im Ausbau fortgeschritten sind, weiter Pahang Tenggara ("DARA", 10 000 km²) und S-Kelantan ("KESEDAR", 11 600 km²), die beiden letzteren allerdings unter Einschluß größerer Forstreservate. In der urbanen Entwicklung haben die entlegenen Hauptstädte der Ostküsten-Sultanate, Kuantan, Kuala Trengganu und Kota Bahru - auch städtebaulich - einen erstaunlichen Ausbau erfahren (ähnlich auch Kuching und Kota Kinabalu in Sarawak bzw. Sabah). Das Verkehrsnetz - das früher an der Ostküste erhebliche Lücken hatte - ist durch leistungsfähige (Schnell-)-Straßen modernisiert und mit dem Westen verflochten worden; auch Sarawak und Sabah wurden mit durchgehenden Fernstraßen erschlossen.

6 DIE WANDLUNGEN DER AGRARPRODUKTION UND -STRUKTUR

Die Kautschukbestände (Hevea brasiliensis) nahmen zwar 1984 noch immer 45% der landw. Nutzfläche Malaysias ein und mit 41,4% (1982) lag dieses an der Spitze der Kautschuk-Welterzeugung; dennoch **sank** der Anteil von **Kautschuk** am malaysischen **Exportaufkommen** von 42% (1967) auf 16% (1982) - aufgrund der sprunghaft gestiegenen Exportanteile der Ölpalm- u.a. Agrarprodukte und vor allem von Erdgas, Erdöl und Industieerzeugnissen! Noch sind fast 1/3 der agrarischen Arbeitskräfte mit der Kautschukerzeugung und -verarbeitung verbunden, aber die traditionellen Pfeiler von Malaysias Wirtschaft, Kautschuk und Zinn - die noch in den 60er Jahren 2/3 seiner Exporte bildeten - sind nicht nur durch die Erdöl- und Erdgasentwicklung, sondern auch wegen des Preisverfalls (s.u.) und durch agrarische Diversifikation ins Wanken geraten!

Während der **Weltmarkt** für **Kautschuk bedroht** ist (Preissturz, steigende Lagerreserven, Konkurrenz der billiger produzierenden Nachbarn **Indonesien** und **Thailand** und der synthetischen Elastomere),führte auch der bis zu doppelte ha- Ertrag der Ölpalme (bei geringeren Arbeitskosten) zum fortschreitenden Ersatz der Hevea- durch Ölpalmbestände. Die größeren Plantagen haben ihre Hevea- Flächen von 803 600 ha (1963) auf 462 000 ha (1983) - um 42,5% - zugunsten der Ölpalme reduziert, und kritische Stimmen fragen schon, ob es überhaupt noch zu verantworten ist - zuletzt noch bei der "Ablösung der shifting cultivation" in Ost-Malaysia - Kautschuk für Neusiedler anzupflanzen? **Malaysias Ölpalm- Bestände wuchsen** dagegen von 124 000 ha (1964) auf 1,4 Mio. ha (1984), d.h. auf über 1/4 seiner LN und auf 65% der Welt-Palmölproduktion! Der Steigerung des Anteils der malaysischen Volksgruppe am nationalen Wirtschaftsertrag wurde zu-gleich mit der weitgehenden Umstellung der Neusiedlungspolitik auf Ölpalm-Kleinpflanzungen (in 10-14 acres großen Streifen) Rechnung getragen, die in geschlossenen Komplexen von mehr als Plantagengröße (und mit neuen, genossenschaftlichen Palmöl-Raffinerien, Transport- und Vermarktungseinrichtungen usw.) einen modernen small-holder-Sektor, wie er bisher für die Palmölproduktion kaum vorstellbar erschien, entstehen ließ.

Ein neuer Erfolg agrarischer Diversifikation wächst mit dem **Kakao** heran. Seit 1974 verzehnfachte Malaysia dessen Anbaufläche und erreichte 1984 bereits den 6. Rang in der Weltproduktion (mit hohen Qualitäten)! Überwiegend in Klein-und Neusiedlungsbetrieben, gewann der Kakao vielfach beim Ersatz von Kautschukpflanzungen durch gemischte Ölpalm/Kakao-Pflanzungen (die ersteren, oder auch Kokospalmen u.a. Fruchtbäume zugleich als Schattenbäume!) an Boden. 61% der Anbauflächen liegen in den Neusiedlungsgebieten gerodeter Regenwälder im Tiefland Sabahs (Ost-Malaysia), aber auch in Selangor und Trengganu werden sie rasch ausgedehnt. Neue Betriebsformen, z.B. der Zusammenschluß zu genossenschaftlich organisierten "Mini-Estates", werden erprobt.

Die gesamte **Neusiedlungs-Entwicklung** für neue marktwirtschaftliche Kleinbauern-Stellen (für Malayen!) durch FELDA (Federal Land Development Authority), FELCRA (Fed. Land Consolid. and Rehabil. Author.) und RISDA (Rubber Smallholders Industries Development A.) betrug 1971-80 schon 455 878 ha (Planziel bis 1985: weitere 197 869 ha); die durch Staatsprogramme und regionale Entwicklungsprojekte (einsch. Sarawak und Sabah): 290 133 ha (Planziel 1985: weitere 217 151 ha); die durch "joint ventures" und private Pflanzungen 120 047 ha (Planziel 1985: 128 441 ha). So entstanden insgesamt in Malaysia von 1971-80 866 058 ha neue kleinbäuerliche Pflanzungen für "cash-crops" wie Ölpalme, Kakao, Kautschuk, Kokos, Gewürze, Ananas u.a., und als Planziel 1981-85 sollen weitere 543 461 ha dazukommen (UHLIG, 1984).

Das kolonialzeitliche - vom Fremdkapital bestimmte - Erbe der **älteren Plantagen-Großbetriebe** wurde durch einen systematischen Aufkauf der Aktienmehrheiten durch staatliches und privates malayisches Kapital (hier einschl. der chines. Volksgruppe) überwiegend in **einheimischen Besitz** gebracht, der Europäer-Anteil im Management auf ein Mindestmaß von "consultants" reduziert!

Komplementär zum Ausbau der Kleinpflanzerwirtschaft wurden auch im **Reisbau** einschneidende Strukturveränderungen in Gang gesetzt. Noch vor wenigen Jahren hatte man, unter hohen (staatlichen) Investionen, Malayas Reisbaugebiete durch neue Be- und Entwässerungsprojekte bzw. Verbesserung und Ausbau der bestehenden, entwickelbaren Anbauregionen (und die Reisbau- Innovationen der "Grünen Revolution") so gesteigert, daß das früher importabhängige Land eine ca. 80%ige Reis-Selbstversorgung erreichte. Um weitere Arbeitskräfte für die Industrialisierung freizusetzen (bzw. auf die ertragstärkeren "cash-crops" anstelle des wenig gewinnbringenden Reises - der billiger importiert werden kann - umzustellen), wurde das ursprüngliche Planziel noch weiter zurückgenommen und eine **Konzentration** des verbleibenden Reisbaues auf einige **wenige**, ganzjährig gut bewässerbare und **modernisierte Anbau-Gebiete** mit einem Reis-Selbstversorgungsziel von nur noch 60% eingeleitet! Dort sollen immer weniger Arbeitskräfte unter steigender **Mechanisierung** (Traktoren, Mähdrescher, mit neuen (genossenschaftliche) Groß-Reismühlen und Silo-Anlagen usw.) eingesetzt werden. Das MADA-Projektgebiet in Kedah und Perlis (der erweiterte und verbesserte, frühere "Muda-Scheme") erbringt heute **allein** schon ca. 47% der malayischen Reisproduktion, während die älteren Anbaugebiete, mit nur einer jährlichen Reisernte und zu kleinen und zersplitterten Betrieben (z.B. in Negri Sembilan, Pahang oder auch in den nicht modernisierten Teilen der alten "Reiskammern" von Trengganu und Kelantan) **auslaufen** sollen! "Sozialbrache"-Flächen - als Indikator dieser sozioökonomischen "Entmischung" - kennzeichnen schon heute diese Gebiete, deren überzähligen (malayischen!) **Arbeitskräfte in die Industrien und "New Towns" abwandern** sollen, während die verbleibenden (meist älteren) Bauern auf "cash-crops" orientiert werden. (Auch die noch in den 60er Jahren projektierten, kostenaufwendigen Meliorationsarbeiten für neue "Reisschüsseln" im tropischen Regenwald-Tiefland von Sarawak sind - nicht nur wegen ihrer ökologischen Problematik und hohen Kosten - mit der "Neuen Ökonomischen Politik" längst fallengelassen worden.)

7 "SONNENUNTERGANG" FÜR KAUTSCHUK UND ZINN?

Die internationale Wirtschaftskrise der Mitt-Achtziger Jahre ist aber dem Planziel, den Anteil von Industrieprodukten am Export von 27,5% (1980) auf 41% bis 1990 zu steigern, so rasch "entgegengekommen", daß dieses - ungewollt - möglicherweise schon viel früher erreicht wird! Denn beide "klassischen" Rohstoff-Exportprodukte: **Kautschuk** und **Zinn**, haben seit einigen Monaten so starke Einbußen ihrer Rentabilität erlitten, daß man sie in der malaysischen Wirtschaft heute bereits als "sun-set-industries" bezeichnet und verstärkt nach agrarischen wie industriellen Alternativen sucht! Dabei werden wieder die Strukturunterschiede innerhalb der ASEAN spürbar: während **Malaysia** - mit einer auf ein hohes Lohnniveau (für die Malayen!) gerichteten Wirtschaftspolitik - diesen Ersatz für die Zinn- und Kautschukproduktion entschlossen ansteuert, bauen **Indonesien** und **Thailand**, beide mit tieferem Lohnniveau besonders in ihren agrarischen Familien-Betrieben, die Neupflanzung bzw. Flächenausdehnung ihrer Kautschuk-Bestände noch immer weiter aus und suchen auch ihre Zinnförderung - Indonesien z.B. unter Sanierung der veralteten Gruben auf Bangka und Belitung mit Hilfe der deutschen "Preussag" - aufrecht zu erhalten! Die Preise auf dem Zinn-Weltmarkt sind aber 1985/86 so dramatisch verfallen, daß das internat. Zinnabkommen (ITC), das Preiskartell der Haupterzeuger- und Verbraucherländer, zusammengebrochen ist und die Zinnbörsen von London und Kuala Lumpur von Oktober 1985 bis Februar 1986 suspendiert blieben. In der Folge haben **zahlreiche Zinngruben** Malaysias, besonders die kleineren "gravel-pump mines", die traditionellen (meist chinesischen) Gruben mit Abspritz, Pump- und Waschverfahren auf sekundären Aufschüttungslagerstätten, **geschlossen**. Die Zahl der Gruben sank von rd. 1 100, über 852 (1979), auf 512 (1984) und seitdem rapide weiter; der relative Anteil des Zinns an Malaysias Exportaufkommen von 20% (1967) bereits bis 1979 auf nur noch 9,6% - obwohl das Land seit 95 Jahren mit etwa 1/3 der Welterzeugung den Zinnmarkt anführt! Letzte Schätzungen rechnen damit, daß evtl. nur die 22 stärksten der gegenwärtig rd. 480 Zinnbergbaugesellschaften Malaysias überleben könnten, d.h. daß bis 17 000 Arbeitsplätze verloren gehen könnten! In Perak sollen bereits 47% der Gruben den Betrieb zunächst eingestellt haben! (Far Eastern Econ. Rev., 20.2.86). Andererseits würde sich eine **Konzentration auf** die **leistungsfähigsten** und die dauernde Schließung der weniger effizienten **Minen** durchaus in den neuen, 1986 erlassenen "Industrial Master Plan" fügen, für den die Bereitstellung von Arbeitskräften eine Schlüsselfunktion bildet (s.u.). Die "All-Malaya Chinese Mining Association" versucht bereits, durch Direktverkäufe unter Umgehung des Preiskartells der ITC und der beiden malaysischen Zinn- Schmelzen, ihren Absatz zu realistischeren Preisen direkt zu sichern. Überlebenschancen haben z.Z. nur die modernen Großbetriebe mit Schwimm- und Erdbaggern (von denen aber ebenfalls schon mehre stillgelegt wurden) und der kostspieligere, aber ertragsstärkere **Abbau** im anstehenden **Muttergestein**. Er bildet eine **Neuentwicklung**, bei dem, nach dem Ertragsabfall der Lagerstätten in den leichter zugänglichen Zinn-Seifen, im Tieftagebau bis ins anstehende Grundgebirge vorgedrungen wird. Dieses wird durch Sprengungen gelockert, zerkleinert und erst dann über modernisierte Pump- und Waschanlagen aufbereitet - mit sehr viel höheren Erz-Erträgen! Zahlreiche ältere Felder sind bereits völlig erloschen (auch der einzige Tiefbauschacht (in Pahang) ist eingestellt). Die Aufschüttungsflächen ("tin-tailings") des tauben Gesteins aus den Wäschen bilden z.T. noch Sekundärbusch bedecktes Ödland, wo irgend möglich, werden sie aber für neue "housing estates", Industrieanlagen usw. genutzt oder z.T. auch rekultiviert und aufgeforstet oder agrarisch genutzt. Besonders eindrucksvoll sind die **Wandlungen des Kinta-Tales** um Ipoh (Perak). Die nahende Erschöpfung zahlreicher Gruben und nun der Preisverfall haben zunächst Stillegungen und Arbeitslosigkeit gebracht. Schon rechtzeitig wurden aber Umstrukturierungen dieses größten und geschichtsreichsten malayischen Zinnfeldes eingeleitet. Am Rande Ipohs wurden schon seit Jahren neue Industrie-Estates begründet. Die Zementwerke - Abbau der Kalke der das Kinta-Becken umrahmenden tropischen Karst-Kegel - haben stark expandiert und auf (rekultivierten) Flächen sind, über die schon älteren (chinesischen) "squatter"-Betriebe hinaus, Marktgarten- und Obstbau, Fischzuchtteiche, Cassava (= Maniok)-Felder usw. entwickelt worden. Neue staatliche und private Wohnsiedlungen - z.B. für Veteranen und andere Pensionäre - werden auf ehemaligen Grubenaufschüttungen angelegt und insgesamt ist der Eindruck des Kinta-Tales heute nicht der einer untergehenden Bergbaulandschaft, sondern eher der Expansion neuer Nutzungen, neben Intensivierung und Modernisierung der wenigen, überlebenden Gruben.

Wiederum frappiert der Kontrast, daß in **Thailand** die legale - und unter Umgehung der internationalen Preisbindungen - die illegale Kleinproduktion, in abgelegenen Gruben und noch mehr mit einfachen Saugpumpen von Kuttern in den Küstengewässern der Westküste, kräftig weitergehen. Ein guter Teil dieser Förderung gelangt im Schmuggel in die Zinnschmelzen **Singapurs** (und früher auch Penangs). In **Malaysia** sucht man demgegenüber dem absehbaren Niedergang der Zinnproduktion mit weiterer **Industrialisierung** zu begegnen, für die die Bereitstellung weiterer Arbeitskräfte ohnehin ein Engpaß war. Freilich wird sich die vorwiegend **chinesische Arbeiterschaft** der Zinn-Minen nicht nahtlos in die "Neue Ökonomische Politik" einer bevorzugten Förderung und wirtschaftlichen Modernisierung der malayischen Volksgruppe einfügen lassen! Und auch im bedrohten **Kautschuk-Smallholder-** und Kleinplantagen-Sektor sind die Chinesen zahlreich, während die Arbeiterschaft der großen Plantagen nach wie vor überwiegend von den **indischen** Zuwanderern gestellt werden! Die **Malayen selbst** werden vom **Schrumpfen** der Zinn- und der Kautschukwirtschaft, mit der Ausnahme der gemischtbäuerlichen Reis-Kautschukbetriebe und der älteren, bereits vor der Ölpalmen-Konjunktur mit Kautschuk entstandenen FELDA-(u.ä.) Neu-Siedlungen, **relativ am geringsten betroffen**! Man hat aber auch schon erkennen müssen, daß das Ziel der "**Neuen Ökonomischen Politik**", die bevorzugte Eingliederung der ethnisch malayischen Bevölkerung in den Industrialisierungsprozeß, nur **begrenzten Erfolg** verspricht. Der Mangel an qualifizierten Fachkräften erweist sich immer als problematisch - diese sind nicht "über Nacht" aus traditionellen malayischen Reisbauern- oder Fischerdörfern zu rekrutieren! So erheben sich schon Zweifel, ob jenes Ziel (eines 30%-Anteil der malaysischen Volksgruppe am nationalen Gesamteinkommen bis 1990) wirklich erreicht werden kann. Der (überwiegend chinesische und indische) Aderlaß bei einem Schrumpfen der Zinn- und Kautschukbetriebe wird wohl als alternatives Arbeitskraft-Reservoir für die Industrialisierungspläne dienen müssen!

Am Beispiel **Singapurs** zeigt sich in der heutigen, weltweiten Wirtschaftsrezession die Gefahr einer zu ausgeprägten **Hochlohnpolitik**, die dort schon so weit ging, daß weniger lohnintensive, einfachere Industrieproduktionen zugunsten ertragreicherer, moderner Feinindustrien (vor allem Elektronik, Optik usw.) vernachlässigt wurden und z.T. bereits nach Malaysia und Indonesien abgewandert sind. Das hat Singapur jüngst gegenüber den mit ihm aufsteigenden, jungen Industrieländern ("NIC's") Taiwan, Süd-Korea und Hongkong, die in der Lohnpolitik vorsichtiger vorgingen, spürbare Rückschläge gebracht. Die rasch forcierte - zugunsten der Steigerung der Malayenanteile auch in gehobeneren Positionen ebenfalls lohnanspruchsvolle - **Industrialisierung Malaysias** wird sich davor hüten müssen, durch ähnliches Vorprellen ihre Wettbewerbsfähigkeit zu verringern!

8   DIE NEUERE INDUSTRIEENTWICKLUNG IN MALAYSIA

Die **industrielle Planung** will von den bisherigen, leichten (Konsumgüter-)Industrien (mit starken ausländischen Investitionen) und den traditionellen (meist chinesischen) Kleingewerbetrieben (die bei mehr als 25 Beschäftigten eine vorgeschriebene Mindestquote von Malayen einstellen müssen) zur verstärkten Errichtung **größerer Werke** für - auch **exportfähige** - Fertigwaren kommen. Ist für das bereits hoch entwickelte Westküsten-Tiefland die **traditionelle** Kennzeichnung als "**Kautschuk- und Zinngürtel**" - angesichts der Expansion der Ölpalme, des Kakaos, der **modernen Reisbau-Projekte** (gerade in diesem Gebiet!) und erst recht der **bisherigen Industrie- und Stadtentwicklung** - heute schon **kaum mehr zutreffend**, soll die **Dezentralisierung** nun durch bevorzugte Neugründungen auch in den anderen Landesteilen forciert werden (ähnlich wie bei den Hochschul-Neugründungen!). Das Anfangstempo wurde mit dem **Steigen des Industrieanteils** am **Bruttosoziaprodukt** von 9,7% (1974) auf 19% (1985) gesetzt. Die alte chinesische gewerbliche Basis, wie Kleinmaschinerie für Bergbau und Landwirtschaft, Schuhe und Bekleidung, Möbel, Töpferwaren und Lebensmittel, z.B. Palm- und Kokosölprodukte (Kochöl!) usw. beginnt zu stagnieren. **Aufbereitungswerke** für Kautschuk und Palmöl, Reismühlen, Gießereien und Maschinenwerkstätten, Schiffs- und Eisenbahnreparaturwerkstätten und die älteren **Ölraffinerien** (Port Dickson, Lutong/Sarawak), sowie neue, wie in Trengganu, werden als **industrielle Grundschicht** erweitert. Seit der Auflösung des staatlichen Verbunds mit Singapur sind in Malaysia **Montagewerke** ("Assembly Plants") für **elf** internationale **Automarken** herangewachsen. Für den Aufbau moderner Industrien - auch zahlreicher **Zweigwerke** europäischer, japanischer und amerikanischer Firmen - wurden Investitionsanreize mit Steuerbegünstigungen, Zollfreiheit für Rohmaterialimport, günstige Bodenpreise und Infrastruktureinrichtungen wie "**Free Trade Zones**", die größte in Penang, gewährt. Die zahlreichen "**Industrial Estates**" erreichten 1982 bereits 45% des Industriebeschäftigten-Anteils und 51% der industriellen Exportproduktion des Landes, blieben aber noch stark von **ausländischen Investoren** (Zweigwerke, Remontage) bestimmt und relativ stark **importbezogen** (Textilien und Schuhe, Elektronik und Elektrotechnik, Kunststoffartikel, Batterien, Arzneimittel sowie Agroindustrien und Brauereien). Da anfangs erst 7% der heimischen Kautschuk-Produktion im Lande weiterverarbeitet wurden, wird der Ausbau einer **Reifenindustrie** forciert; ebenso die **Eigenverarbeitung** von **Palmöl** und **Holz**. Im Wettbewerb der Einzelstaaten und Städte wurde freilich so viel Gelände für "Industrial Estates" erschlossen, daß deren Kapazität, vor allem abseits der Ballungsgebiete, erst teilweise ausgenutzt wird. Die neue Planung wendet sich nun dem Aufbau einer **Schwer- und Grundstoffindustrie** zu, in Dimensionen, die starkes staatliches und ausländisches Kapital erfordern. Über die älteren (Elektro- und Holzkohle-)Schmelzen für Stahl und Zinn hinaus wurde als Hauptträger die staatseigene "Heavy Industries Corporation of Malaysia" (HICOM) begründet. Sie trägt mit Mehrheitsanteilen, und dazu ausländischen Partnern, verschiedene **Neugründungen**, z.B. das erwähnte **neue Stahlwerk** in **Süd-Trengganu** (51% HICOM, 49% japanische Firmen), das in **Kemaman**, direkt neben einer modernen **Erdgasverflüssigungsanlage** (LNG), in Produktion gegangen ist - an einer bisher nur mit armen malayischen Fischer-Kampongs besiedelten Küste! Nur wenige km nördlich davon entstand der **Erdöl-Komplex** von **Kerteh-Paka** (bei Dungun) mit zwei Raffinerien, einem Großkraftwerk und dem Pipeline-End- und Verteilungspunkt von den untermeerischen Erdöl- und gasfeldern vor der Ostküste der Halbinsel. Werke für **Maschinenbau** (Motorräder, Landmaschinen usw.) sind in Kedah, Penang und der neuen Hauptstadt Selangors, **Shah Alam**, im Aufbau; **Schwermaschinenbau** (u.a. Gießereien, auch mit deutscher und schweizer technischer Hilfe) am Rand von **Kuala Lumpur**. Der, auch für ein "Schwellenland" wohl ungewöhnlichste, Impuls war aber die Gründung eines **nationalen Automobilwerks** bei Shah Alam, das mit dem "Proton Saga" den ersten **kompletten Pkw-Bau** aufgenommen hat (Produktionsbeginn 1985 mit 5 000 Wagen; Steigerung bis 1994 auf 20 000 Wagen/Jahr geplant). Das Werk soll auch das Wachsen der Zuliefererindustrien motivieren. HICOM hält 70% der Anteile - die restlichen 30% der Mitsubishi-Konzern, der auch die Ausbildung der Arbeitskräfte, Konstruktionshilfen und die Lieferung der Motoren übernahm. Die **Wirtschaftlichkeit** ist - angesichts des begrenzten Binnenmarktes und der internationalen Konkurrenz, besonders der japanischen Marken - **umstritten**; auch die ASEAN-Vereinbarungen zur gemeinsamen Industrieentwicklung werden unterlaufen; die Regierung nimmt diese Risiken aber zur Ankurbelung des Industrialisierungsprogramms in Kauf. Die Euphorie, die dieses "nationale Auto" ausgelöst hat (das etwa DM 3 000.- billiger verkauft wird als ausländische Wagen, und - bei der rasanten Motorisierung des Landes - schon lange Wartelisten hat), ist etwa der bei der Kreation des VW in Deutschland vergleichbar.[3]

Im Streben nach örtlicher **Eigenverarbeitung** der Ressourcen und gleichmäßigerer **regionaler Entwicklung** wurde die **Industrialisierung** auch auf Ost-Malaysia - also an die bisherigen "Urwaldküsten" **Borneos**! - ausgedehnt. Dort entstanden an der Nordküste **Sarawaks** der Hafen- und Industriekomplex von **Bintulu**, wo die größte **Gasverflüssigungsanlage** der Erde in Betrieb genommen wurde. Düngemittel, Methanol und andere **petrochemische Erzeugnisse** (und künftig auch Eisenverhüttung) sind dort im Aufbau, aber auch in **Sabah**, besonders auf der Insel **Labuan** und bei **Kota Kinabalu**, wird eine ähnliche Industrialisierung betrieben. Noch stärker als in dem infrastrukturell und urban schon früher erschlossenen West-Malaysia, wurde aber Ende 1985 / Anfang 1986 dort die **Schockwirkung** der **Rezession** spürbar, die mit dem rapiden Verfall der Preise für Erdöl und -gas und petrochemische Produkte auf dem Weltmarkt die Einnahmen der Betriebe und des Staates drastisch fallen ließ. Dadurch wird nicht nur die Fertigstellung des begonnenen **Aufbaus gedrosselt**, sondern mit dem Problem der Deckung der hohen internationalen **Schulden- und Zinsendienste** die schnelle Industrialisierung überhaupt in Frage gestellt. **Sabah** -das auch seine zweite große Ressource, die ertragreiche **Ausbeutung** seiner **tropischen Wälder** kräftig **einschränken** mußte, um nicht in eine ökologische Gefährdung bzw. in die Erschöpfung seiner Holzreserven zu geraten - wurde dadurch zugleich politisch in eine prekäre Lage versetzt: Die hohe **Staatsverschuldung**, die seine frühere (islamische) Landesregierung zur Forcierung einer ehrgeizigen und schnellen Industrialisierung aufgenommen hatte, ist jetzt zur schweren Hypothek für die erwähnte, neue christliche Dayak-Regierung geworden, die ohnehin um ihre Behauptung gegenüber Kuala Lumpur und der sehr virulenten, landeseigenen islamischen Opposition ringt! Beide wollen sich mit diesem für Malaysia bisher ungewöhnlichen Machtwechsel, einer politischen Emanzipation der einheimischen Stämme - zwar auch "Bumiputera", aber doch nicht malayische Muslim! - noch nicht abfinden.

Aber nicht nur Sabah, sondern auch alle **ASEAN-Nachbarn** sind mit dem **Ölpreis-Verfall** (und jenen **Krisen** auf dem Zinn- und Kautschukmarkt) in die Zwangslage gekommen, dem unerwarteten **Schrumpfen** ihrer Staatseinnahmen und damit steigenden Verschuldungs- und Investitionsproblemen mit empfindlichen **Einschränkungen** ihrer **industriellen Ausbauplanung** begegnen zu müssen: **Indonesien** hat bereits merkliche Reduktionen des Umfangs seiner im Aufbau befindlichen Industrieprojekte und einen Stop neuer Vorhaben in Kauf genommen. Und selbst **Thailand**, das - wie die **Philippinen** - vom Fall der Erdölpreise eher profitieren sollte, mußte auf die sehr viel weiter um sich greifende Rezession mit erneuten Einschränkungen seiner erst kürzlich und verspätet voll freigegebenen Planung für den Ausbau des regionalen "Eastern Seaboard Development"-Projekts reagieren.

Leider brachte - besonders in **Malaysia** - der rapide **Industrieaufbau** auch vielfältige **ökologische und soziale Probleme** (z.B. Pollution, Landkonflikte, vorübergehende Slum-Bildungen in den Baugebieten usw.) mit sich. Erste Ansätze, solche Defekte auszugleichen oder zu vermindern, werden erkennbar; es erheben sich aber auch Stimmen, die vor einer **zu riskanten** und extrem **forcierten Entwicklung warnen**. Starke internationale **Konkurrenz**, auch der **Nachbarländer**, und **ausländische Investoren**, die bei Krisen zu Betriebseinschränkungen oder -aufgaben neigen, haben diesen in den letzten Monaten schon Recht gegeben. So wird es noch bedeutender Anstrengungen und einer glücklichen Entwicklung bedürfen, wenn die Planung, die eine Steigerung des Anteils der Industrieprodukte am Exportaufkommen Malaysias von 7,5% (1980) auf 41% bis 1990 vorsieht, erfüllt werden soll. Das aber würde tatsächlich den entscheidenen Schritt vom klassischen "Rohstoffland" zum Industrie- und kommerziellen Agrarland bedeuten!

ANMERKUNGEN

1 Die Wiederherstellung dieses engeren, politischen "Indochinas" trennt nicht nur die kulturgeschichtliche Einheit "Hinterindiens" (der vier vom indischen Kultureinfluß historisch geprägten Länder des Hinayana-Buddhismus: Thailand, Kambodscha, Laos und Burma), sondern schärft auch das Bewußtsein für die - trotz mancher physisch-geographischen und kulturellen Zusammenhänge - evidenten Unterschiede zwischen dem eigentlichen Hinterindien und Vietnam, das A. Kolb als das "südliche Ostasien" bezeichnet hatte (1973). Selbst in der französischen Geographie wird Vietnam deshalb heute getrennt vom übrigen Südostasien behandelt (z.B. J. DELVERT, 1967).

2 In der Neufassung seiner Länderkunde hat der Verfasser diese jüngeren ökonomischen Entwicklungen ausführlicher behandelt (UHLIG, 1986). Der vorliegende Aufsatz muß sich auf einige Beispiele, vorwiegend aus Malaysia, das eine besonders schnelle Umstrukturierung durchläuft, beschränken.

3 Noch einen Schritt weiter im Aufbau von Hochtechnologie-Betrieben riskierte Indonesien, das in Bandung (in Zusammenarbeit mit spanischen und deutschen Firmen) bereits eigenen Flugzeugbau ("Nurtanio") aufgenommen hat! Auch die lange verzögerten "Krakatau-Steelworks" in NW-Java, am Ufer der Sunda-Straße, sind in Produktion gegangen!

LITERATURVERZEICHNIS

DELVERT, J. (1967): L'Asie du Sud-Est. Paris.

FAR EASTERN ECONOMIC REVIEW (HONKONG), laufende Berichterstattung.

KOLB, A. (1957): Südostasien im Weltbild unserer Zeit. In: Deutscher Geographentag Hamburg, 1955 Wiesbaden.

ders. (1973): Vietnam - das südliche Ostasien. In: Geogr. Zeitschrift, Beiheft 33.

ders. (1982): Südostasien und die Westpazifische Region. In: Geogr. Zeitschrift, Beiheft 58.

ders. (1986): The Far East and Australasia. 17th ed. of an annual survey. Europa Publ. London.

UHLIG, H. (1980): Innovationen im Reisbau als Träger der ländlichen Entwicklung in Südostasien. In: RÜLL, W., SCHOLZ, V. & H. UHLIG (Hrsg.): Wandel bäuerlicher Lebensformen in Südostasien. Giessener Geogr. Schr. 48.

ders. (1984): Spontaneous and Planned Settlement in Southeast Asia. In: Giessener Geogr. Schr., 58., und Inst. f. Asienkunde, Hamburg.

ders. (1986): Südostasien. Fischer-Länderkunde (Neubarbeitung).

SIR-A RADARBILDAUSWERTUNGEN VON NEULANDGEWINNUNGSGEBIETEN ENTLANG DES TARIMFLUSSES IN XINJIANG

EIN BEITRAG ZUR REGIONALEN FERNERKUNDUNG CHINAS

von

Dirk Werle, Ottawa (Kanada) und Hellmut Schroeder-Lanz, Trier

SUMMARY: SIR-A Interpretation of Cultivated Regions Along the Tarim River

The interpretation of 'Shuttle Imaging Radar' (SIR-A) data from the space shuttle 'Columbia' offers an innovative approach for regional remote sensing studies. The usefulness of SIR-A data for mapping different terrain units and a number of man-made features is examined using cultivated regions along the Tarim River in western China as a study area. The radar backscattering behaviour of the vegetation provides a detailed synoptic view with regard to the distribution of the natural vegetation, recent land reclamation areas and windshelter belts in particular. The specific radar signature of planted trees along the field boundaries, roads and irrigation canals may assist in monitoring the afforestation efforts in arid regions of Central Asia.

ZUSAMMENFASSUNG

Die Radarbildaufnahmen des 'Shuttle Imaging Radar' (SIR-A) von der Raumfähre 'Columbia' bieten eine außergewöhnliche Informationsquelle für die regionale Fernerkundung. In diesem Beitrag wird die Eignung von SIR-A Radarbildaufnahmen zur Erfassung verschiedener naturräumlicher Einheiten und anthropogener Erscheinungsformen am Beispiel der Neulandgewinnungsgebiete entlang des Tarim Flusses in West-China untersucht. Das Radarrückstreuungsverhalten der Vegetation gibt einen detaillierten Überblick über die Verbreitung der natürlichen Vegetation, die Ausdehnung der Neulandgewinnungsgebiete und insbesondere über die Verbreitung der Windschutzstreifen. Diese Windschutzstreifen sind entlang der Feldfluren, Straßen und Bewässerungskanäle angepflanzt worden. Die spezifische Radarbildsignatur der Baumreihen sowie deren Muster kann als Anzeiger von Bewässerungsgebieten und zur Überprüfung der Aufforstungsbemühungen in den ariden Gebieten Zentralasiens dienen.

1 EINFÜHRUNG

In den vergangenen Jahrzehnten haben zunehmender Bevölkerungsdruck sowie politische und strategische Überlegungen zur Ausdehnung der landwirtschaftlichen Nutzfläche an der westlichen Peripherie der Volksrepublik China geführt

(WEGGEL, 1984). Fernerkundungsverfahren wie etwa die Auswertung von LANDSAT Satellitenbildern haben bereits wichtige Beiträge zur Landesvermessung, Landnutzungsanalyse und zur Erfassung der natürlichen Ressourcen der Provinz Xinjiang geliefert (ZHAO, 1984; ZHAO & XIA, 1984; ZHAO & HAN, 1981; CHU, 1982; EDELMANN, 1979).

Im November 1981 hat das Shuttle Imaging Radar (SIR-A) von der Raumfähre 'Columbia' etwa 10 Mio. Quadratkilometer der Erdoberfläche aufgenommen, darunter auch Gebiete der Provinz Xinjiang. Das Radarsystem wurde dazu benutzt, um schräg unter der Raumfähre befindliche Streifen der Erdoberfläche aufzunehmen. Als ein 'aktives' Fernerkundungsinstrument kann Radar Bilddaten zu jeder Tages- und Nachtzeit und trotz Wolkenbedeckung produzieren. Vorläufige Auswertungen der SIR-A Aufnahmen arider Gebiete haben gezeigt, daß die Radar-Fernerkundung neue Wege zur Untersuchung von Neulandgewinnungsgebieten, der Hydrogeologie, der Bodenerosion und von Versalzungserscheinungen aufweisen kann (CIMINO & ELACHI, 1982). Kartierungen verschiedener naturräumlicher Einheiten Zentralasiens sind ebenfalls anhand von regionalen SIR-A Radarbildanalysen vorgenommen worden (WERLE, 1986; WOLDAI, 1983).

In dieser Studie soll die Eignung von SIR-A Radarbildern zur Erfassung von physisch-geographischen Raumeinheiten und kulturgeographischen Erscheinungsformen von Neulandgewinnungsgebieten entlang des Tarim Flusses in Xinjiang untersucht werden.

2   UNTERSUCHUNGSGEBIET

Das Untersuchungsgebiet (40°30'N/81°20'E) liegt unmittelbar östlich des Zusammenflusses des Aksu, Yarkant und Khotan, die zusammen den Oberlauf des Tarim Flusses bilden. Das von dem SIR-A Aufnahmestreifen abgebildete Gebiet umfaßt eine Fläche von 5 500 km^2 (Abb. 1). Es stellt den südlichsten Ausläufer der Oase Aksu zwischen der südlichen Abdachung des Tian Shan und dem Nordrand der Taklimakan Wüste dar. Die systematische Besiedlung des Oberlaufs des Tarim hat erst in den letzten Jahrzehnten im Zuge der Neulandgewinnungsmaßnahmen und der Gründung zentralistisch organisierter Staatsfarmen stattgefunden. Die größte Siedlung im Untersuchungsgebiet ist der Ort Aral.

Die Lage im Inneren des asiatischen Kontinents sowie die Abschirmung durch hohe Bergketten haben außergewöhnliche Umweltbedingungen im Tarim Becken geschaffen (KOLB, 1963; HEDIN, 1905). Das Klima ist arid, so daß die jährliche Niederschlagssumme für die Station Aksu nur 55 mm beträgt. Der Temperaturverlauf mit einer Jahresdurchschnittstemperatur von 9,8°C und einer Jahresamplitude von 34,4°C charakterisiert die Region als kontinental-kühl-gemäßigt (PETROV, 1976). Die Vegetation ist infolgedessen äußerst spärlich und besteht ausschließlich aus xerophytischen und halophytischen Pflanzengesellschaften. In den Oasen und entlang der Flußläufe befinden sich Pappeln, Weiden, Tamarisken, Saksaul sowie Dickichte aus Ried und Kameldorn (USSR ACADEMY OF SCIENCE, 1969). Baumwoll- und Obstbaumkulturen sowie Weizen und Mais sind die Hauptanbauprodukte der Landwirtschaft.

Die Bewässerungswirtschaft der Oasen ist fast ausschließlich von der Schmelzwasserzufuhr aus den vergletscherten Teilen der Gebirgszüge abhängig, da weder der jährliche noch der saisonale Niederschlag im Tarim Becken den Wasserbedarf der Kulturpflanzen decken kann. Der Khotan, der Yarkant sowie der Aksu Fluß, die den Tarim Fluß bilden, werden ebenfalls weitgehend durch Ablation der Schnee- und Gletscherfelder des Pamirs, des Kunlun Gebirges bzw. des Tian Shans gespeist (WIENS, 1966; FREEBERNE, 1965; CHANG, 1949). Die Abflußmenge der drei Flüsse bei dem Ort Aral wird von ZHAO & HAN (1981) mit 5 Mrd. m^3 beziffert,

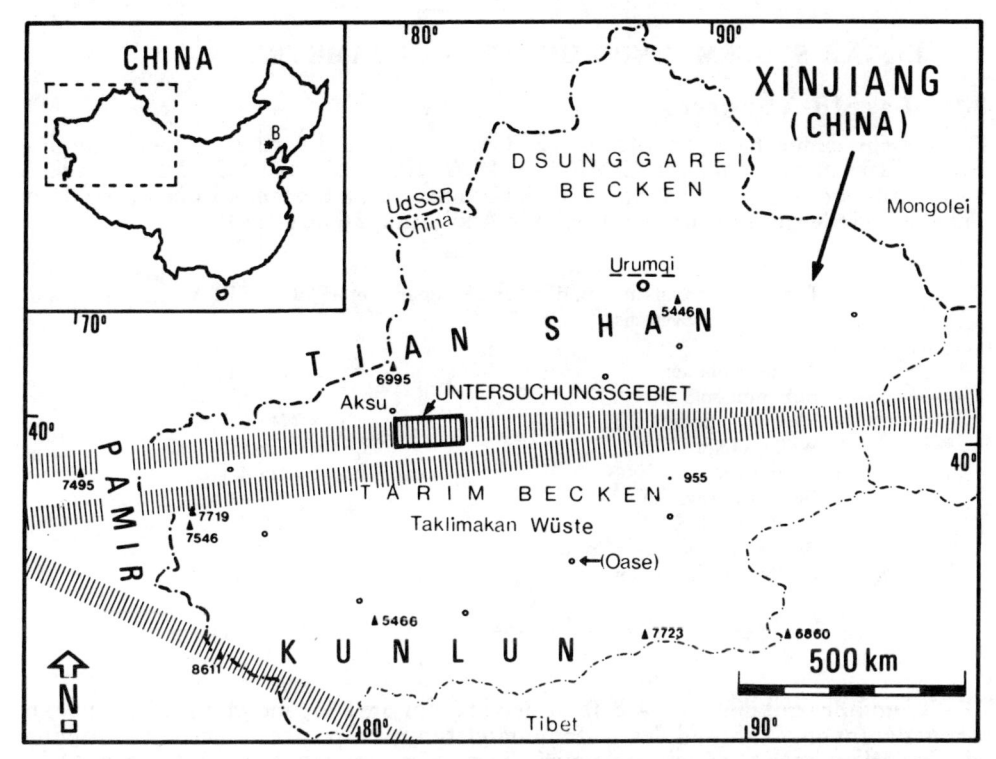

Abb. 1   Lage des Untersuchungsgebietes und der SIR-A Radarbildstreifen in Xinjiang

wobei der Anteil des Aksu zur Hochwasserzeit (Juli-September) 66% und zur Niedrigwasserzeit (Oktober-Juni) sogar 97% der Summe beträgt. In derselben Studie wird auch auf ökologische Probleme wie den Anstieg des Grundwasserspiegels und die Bodenversalzung im Gebiet von Aral hingewiesen. Nach ZHAO & HAN (1981: 115, 116; vgl. auch EDELMANN & GEORGE, 1985: 83) wurden im Raum der Staatsfarm 12 bei Aral bereits 17% der landwirtschaftlichen Nutzfläche wegen zunehmender Bodenversalzung aufgegeben, was hier jedoch nicht untersucht wurde.

Die geologische Entstehung des Tarim Beckens wird in das späte Paläozoikum zurückdatiert (ACADEMY OF GEOLOGICAL SCIENCES OF CHINA, 1975). Die kreidezeitlichen, eozänen und spätpliozänen Gesteinsformationen werden weitgehend von quartären, äolisch umgelagerten Sanden bedeckt. Am Rand der Gebirgszüge sind verschiedene Schwemmfächer mit quartärem Abtragungsmaterial abgelagert worden. Diese eignen sich ebenso wie die Schwemmebenen der Flußläufe als Anbaugebiete oder gelten zumindest als potentielle Eignungsgebiete für die Landwirtschaft und die Weidewirtschaft (ZHAO & XIA, 1984). Die im Untersuchungsgebiet auftretenden Reliefschwankungen betragen maximal 100 Meter.

3 RADAR SYSTEM- UND AUFNAHMEPARAMETER

3.1 Das SIR-A System

Die verschiedenen Komponenten des SIR-A Systems und vorläufige Resultate des SIR-A Experiments sind von CIMINO & ELACHI (1982) und FORD et al. (1983) vorgestellt worden. Die wichtigsten Aufnahme- und Systemparameter sind in Tabelle 1 wiedergegeben und graphisch in Abbildung 2 dargestellt.

Tab. 1: System- und Aufnahmeparameter des SIR-A Systems

Aufnahmehöhe:	259 km
Bahnneigung:	38°
Maximale Bedeckung:	40°N-35°S
Wellenlänge:	23,5 cm (L-Band)
Polarisation:	horizontal-horizontal
Depressionswinkel:	37°-43°
Inzidenzwinkel:	47°-53°
Breite des Aufnahmestreifens:	50 km
Auflösungsvermögen:	38 m

Quelle: CIMINO & ELACHI (1982)

Die Raumfähre mit dem SIR-A befand sich in einer um 39° geneigten, 259 km hohen Erdumlaufbahn. Während des Aufnahmezeitraums wird über eine Radarantenne ein im Mikrowellenbereich erzeugtes, plus- oder frequenzmodeliertes Signal in Form eines schmalen Fächers seitlich zur Flugrichtung in Richtung Erdoberfläche ausgesandt. Die Wellenlänge des Signals beträgt 23,5 cm (L-Band). Die Antennenneigung (Depressionswinkel) des SIR-A beträgt etwa 40°; der Ausstrahlungswinkel des Mikrowellensignals mißt 6°. Die jeweiligen Einfallswinkel (Inzidenzwinkel) am Boden entsprechen daher bei flachem Gelände 47° bis 53°. Aus dieser Konstellation ergibt sich die Breite des Aufnahmestreifens von etwa 50 Kilometer.

Die ausgesandten Radarimpulse werden beim Auftreffen auf der Erdoberfläche je nach Objektbeschaffenheit gestreut, absorbiert oder reflektiert. Den zur Empfangseinheit der Radarantenne zurückgestreute Anteil zeichnet ein Signalfilm auf. Die jeweiligen Rückstreuungsintensitäten werden in holographischer Form erfaßt und nach erfolgreicher Mission in einem optischen Korrelationsprozeß den entsprechenden Grautonintensitäten zugeordnet. Das räumliche Auflösungsvermögen des SIR-A beträgt 38 Meter.

3.2 Die Wiedergabe von Oberflächenerscheinungen im Radarbild

Die Energiemenge des von der Erdoberfläche zur Radarantenne zurückgestreuten Radarsignals wird zum einen durch die System- und Aufnahmeparameter des SIR-A und zum anderen durch die Beschaffenheit und Konfiguration der Bodenziele bestimmt. Letztere werden durch die komplexe dielektrische Konstante, Topographie, Oberflächenrauhigkeit und Vegetation beeinflußt. Der Rückstreuungskoeffizient läßt sich im allgemeinen auf dem Radarbild anhand seiner Größe, in diesem Fall der Intensität des Grautons, oder seiner räumlichen Strukturierung, oder Bildtextur, ermitteln (ULABY et al., 1981-1986; EVANS et al., 1986; SCHANDA, 1986; COLWELL, 1983).

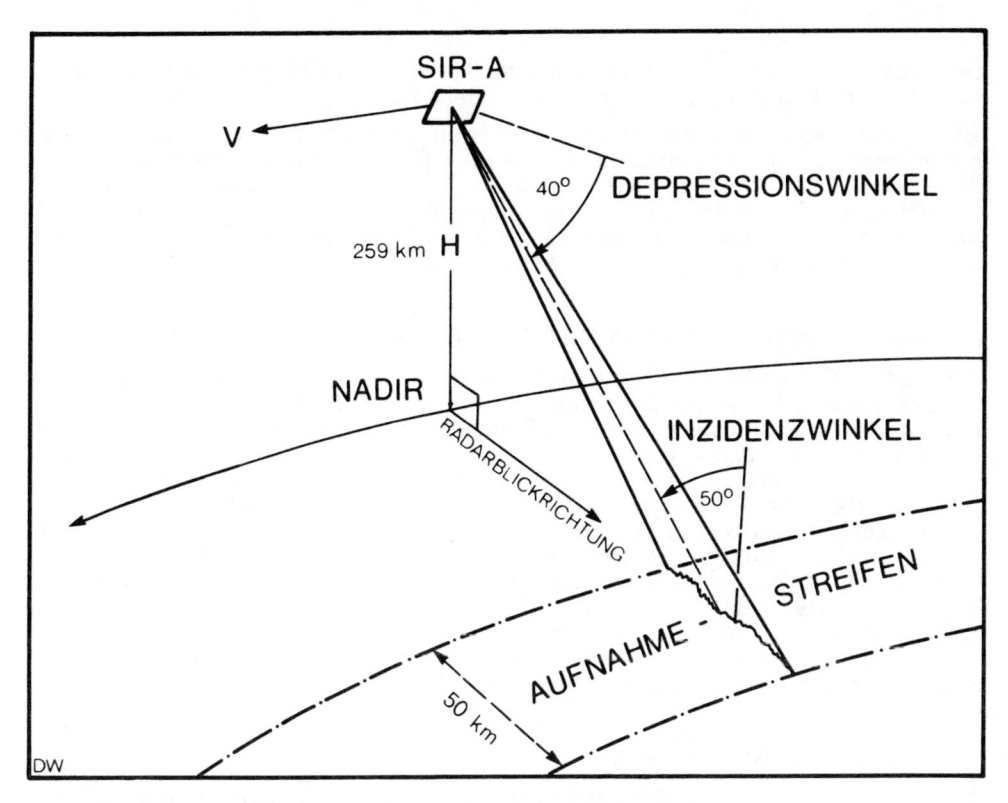

Abb.2   Schematische Darstellung des SIR-A Aufnahmesystems

Die komplexe dielektrische Konstante ist ein Maß für die elektrische Leitfähigkeit oder das Spannungsverhältnis eines Mediums sobald es elektromagnetischer Strahlung ausgesetzt ist. Bei hoher Bodenfeuchte oder hohem Feuchtigkeitsgehalt des Pflanzenkleids wird das Radarsignal relativ stark reflektiert, sobald es an der dielektrischen Grenzfläche, z. B. Luft-Boden, eintrifft. In umgekehrter Weise kann das Radarsignal bei extrem trockenen Verhältnissen die obere Schicht von Sandflächen oder lockere Böden durchdringen, bis es an einer kontrastreicheren dielektrischen Diskontinuitätsfläche, z. B. eingelagerten Krusten, gestreut wird. Der Einfluß der dielektrischen Konstanten auf das Radarsignal wird jedoch häufig von der Topographie, bzw. deren Hangneigung und -orientierung zum Radar, und der Oberflächenrauhigkeit überlagert.

Der Begriff Rauhigkeit bezieht sich auf Unregelmäßigkeiten an der Oberfläche eines Mediums im Zentimeterbereich und ist von der Wellenlänge des Radar und dem Einfallswinkel des Radarimpulses abhängig. Bei einer Radarwellenlänge von 23,5 cm, wie der des SIR-A, werden die Radarsignale bei ebenen Geländeverhältnissen an Oberflächen mit einer Rauhigkeit von weniger als 1,5 cm spiegelnd reflektiert. Die Signatur auf dem Radarbild ist daher dunkel, da wegen der 'glatten' Oberfläche keinerlei Rückstreuung des Impulses erfolgt. Oberflächen mit einer Rauhigkeit von 1,5 cm bis 8,3 cm reflektieren Radarstrahlen mehr oder weniger diffus und erscheinen im Radarbild in mittelgrauen Tönen. Als 'rauh' sind solche Gebiete im SIR-A Bild charakterisiert, deren Oberfläche eine Rauhigkeit von mehr als 8,3 cm aufweisen. Sie streuen einen relativ hohen Anteil des Radarsignals zur Antenne zurück und erzeugen daher relativ helle Bildsignaturen.

Areale mit Vegetation, wie etwa landwirtschaftliche Nutzflächen und Bäume, gelten generell als sehr komplexe Flächen für das Radarrückstreuungsverhalten. Dieses ist abhängig von der Physionomie der Pflanzen, ihrer Rauhigkeit und ihrer dielektrischen Eigenschaften (Feuchtigkeitsgehalt). Bei den langwelligen Radarstrahlen des L-Bands bewirken Baumkronen und Buschwerk häufig eine Volumenstreuung der Mikrowellenimpulse, die sich in hellen Bildsignaturen äußert.

4 RESULTATE DER SIR-A RADARBILDINTERPRETATION

Die SIR-A Radarbildinterpretation befaßt sich mit den Erscheinungsformen naturräumlicher Einheiten am Rand der Taklimakan Wüste und insbesondere mit den Landnutzungsmustern der Neulandgewinnungsgebiete am Oberlauf des Tarim. Die visuelle Auswertung ist im Kartierungsmaßstab 1:250 000 auf Transparentfolien des Radarbildstreifens durchgeführt worden. Die einzelnen Interpretationselemente - Geländeeinheiten und Neulandgewinnungsmaßnahmen - wurden anhand von Bildton und -textur, ihrer relativen Größe, Form und Orientierung und nach ihrem geographischen Zusammenhang unterschieden. Die Auswertung stützte sich auf Feldbeobachtungen während eines Studienaufenthaltes in Xinjiang im Oktober 1984, auf die Analyse topographischer und geologischer Karten (ONC Nr. F-6, 1:1 Mio.; Geological Map of Asia, 1:5 Mio.), sowie auf Angaben in der Literatur. Texthinweise auf bestimmte Lokalitäten, z.B. 'D-8', beziehen sich auf das Koordinatennetz in den Abbildungen 3 und 4.

4.1 Naturräumliche Einheiten

Drei verschiedene Geländeeinheiten sowie eine Reihe von untergeordneten Einheiten sind auf Grund ihres spezifischen Radarrückstrahlungsverhaltens auf dem SIR-A Bild zu erkennen (Tabelle 2). Diese lassen sich generell den drei Naturräumen der Region zuordnen: der Sandwüste, der pleistozänen Ebene und der rezenten Aufschüttungsebene der Flußläufe (Terminologie nach ZHAO & HAN, 1981).

Ein gleichmäßiger, sehr dunkler Grauton und eine sehr feine Textur kennzeichnen die randlichen Sandflächen der **Taklimakan Wüste** (G-9). Das Radarsignal wird beim Eintreffen an der Erdoberfläche zum größten Teil von dem lockeren und extrem trockenen Sand absorbiert. Nur ein äußerst geringer Teil des zurückgestreuten Anteils des Radarsignals wird von der Antenne empfangen. Die Bildsignatur für ebenes, sandbedecktes Gelände ist daher sehr dunkel. Die sandbedeckten Flächen nehmen etwa ein Drittel des Untersuchungsgebietes ein. Ihr Hauptverbreitungsgebiet befindet sich im südöstlichen Teil und stellt den Nordrand der Taklimakan Wüste dar (F-7/E-15). Hier ragen in NNO-SSW Richtung vereinzelte Reste des kambrischen und ordovizischen Grundgebirges hervor (E-14/E-16). Diese werden wegen ihres bewegten Reliefs und ihrer Oberflächenrauhigkeit heller als die sie umgebenden Flächen abgebildet. Isolierte Flugsandfelder befinden sich zwischen den Flußarmen des Khotan (G-3) und auf der pleistozänen Ebene. Hier stellen die Flugsandfelder offensichtlich eine Bedrohung nahegelegener Anbauareale dar (B-3, D-11/12, C-5/6). Die Abgrenzung der Flugsandfelder ist oft undeutlich und sehr faserig ausgeprägt. Große Sanddünen, wie sie auf LANDSAT-Bildern im zentralen Bereich des Tarim Beckens zu identifizieren sind (EDELMANN, 1979), sind in dieser Region auf dem SIR-A Bild nicht erfaßt.

Ein mittelgrauer Bildton und eine rauhe Textur bestimmt das Erscheinungsbild der **pleistozänen Ebene** im Radarbild (A-6, E-8, D-15). Deren alluviale und diluviale Schotter, feinkörnige Ablagerungen, Salzkrusten, ebenso wie vereinzelte

Tab. 2: Interpretationsschlüssel zur SIR-A Radarbildanalyse

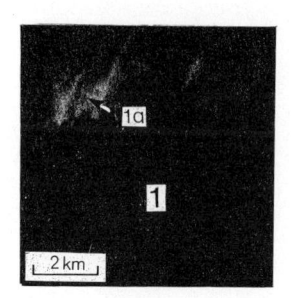

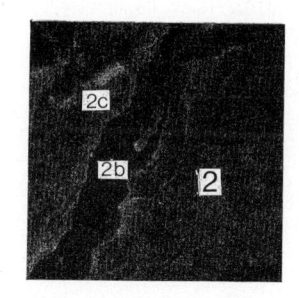

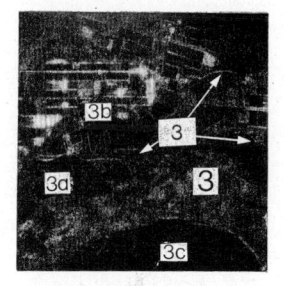

NATURRÄUMLICHE EIN-HEITEN& Untereinheiten	OBERFLÄCHEN-RAUHIGKEIT	TON	TEXTUR	ABGREN-ZUNG
1 SANDWÜSTE				
(Flugsandfelder)	glatt	dunkel	fein	undeutlich
1a Grundgebirge	mittel-rauh	mittelgrau	feinkörnig	deutlich
2 PLEISTOZÄNE ALLUVIAL-EBENE	mittel	dunkelgrau-mittelgrau	feinkörnig	undeutlich
2a rezentes Flußbett	glatt	mittelgrau	fein	deutlich
2b alter Mündungsarm	glatt	dunkelgrau	fein	scharf
2c Galerievegetation	rauh	hellgrau-hell	feinkörnig-gebändert	deutlich
3 REZENTE AUFSCHÜTTUNGS-EBENE (Terrassen)	mittel	dunkelgrau-hellgrau	feinkörnig	deutlich
3a Flußaue (Tarim)	glatt	dunkelgrau	fein	undeutlich
3b Landwirtschaftliche Nutzflächen	glatt-rauh	hell-dunkel	feinkörnig	scharf
3c Wasserflächen	glatt	dunkel	glatt	deutlich

Konzentrationen der natürlichen Vegetation haben eine im Vergleich zum Sand höhere Rückstreuungsintensität zur Folge. Weite Teile der Ebene nördlich der Taklimakan Wüste werden von entweder dunklen oder hellen, bandartigen Strukturen durchzogen. Dies sind stellenweise von Flugsand bedeckte, ehemalige Flußarme (D-12), beziehungsweise solche, deren ehemaliger Verlauf von der vom vorhandenen Grundwasser genährten Vegetation angezeigt wird (C-14). Ein besonders eindrucksvolles Beispiel stellt ein alter, im Radarbild dunkel abgebildeter Mündungsarm, des Khotan Flusses dar (G-5). Das bis zu drei Kilometer weite, ausgetrocknete Flußbett besteht aus feinkörnigen Lockersedimenten, die das Radarsignal spiegelnd reflektieren oder teilweise auch absorbieren. Das Hochgestade wird sehr deutlich durch die noch vorhandene Galerievegetation markiert.

In die pleistozäne Ebene haben sich die Flußläufe des Aksu (B-1), des Yarkant (E-1), des Khotan (G-2) und des Tarim (C-4/B-10) eingetieft. Ihre 10 bis 25 Kilometer breiten, größtenteils aus Feinsanden und Schluff bestehenden **rezenten Alluvial-**

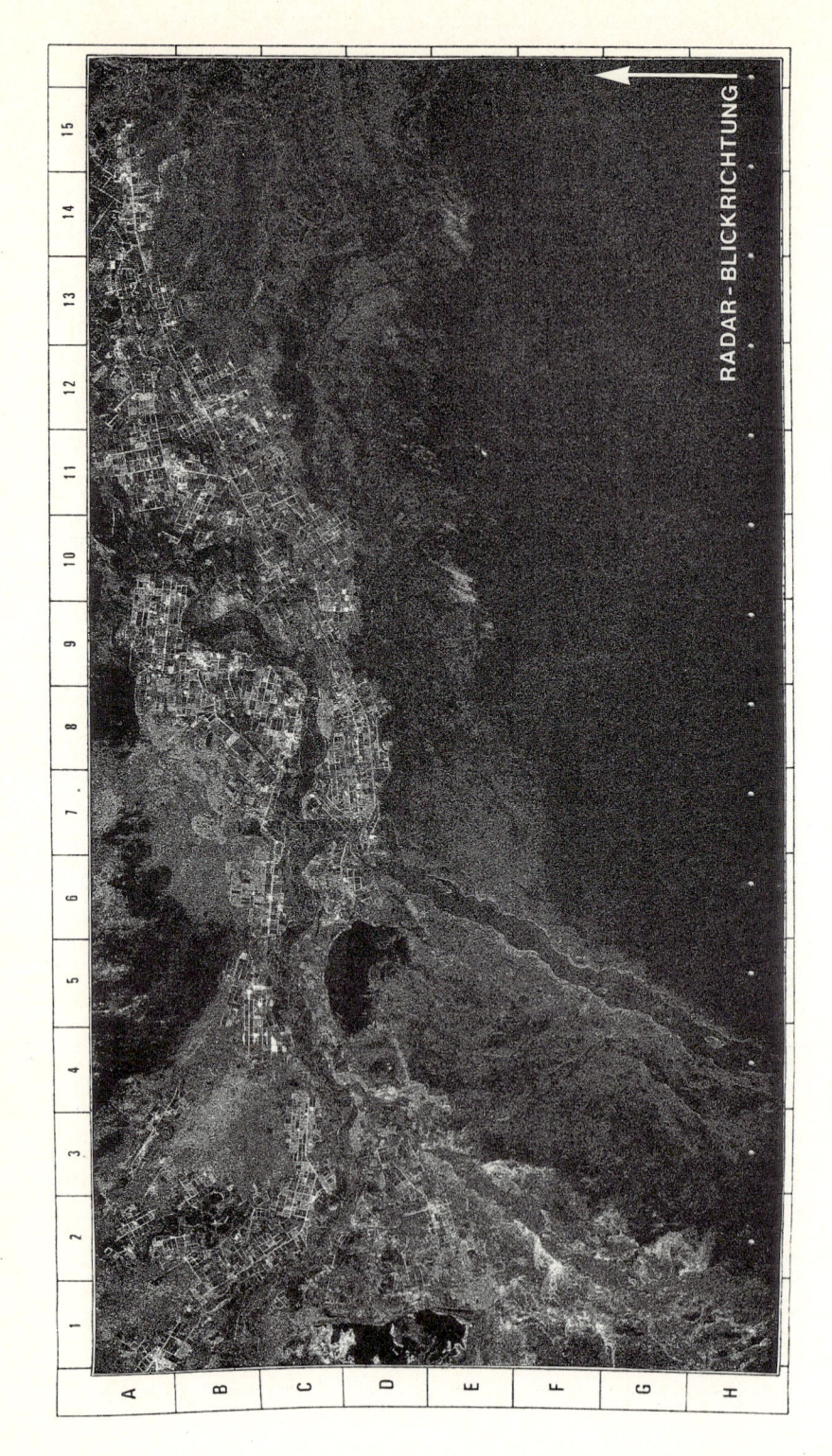

Abb. 3 SIR-A Radarbild von Neulandgewinnungsgebieten am Oberlauf des Tarim Flusses in Xinjiang, China

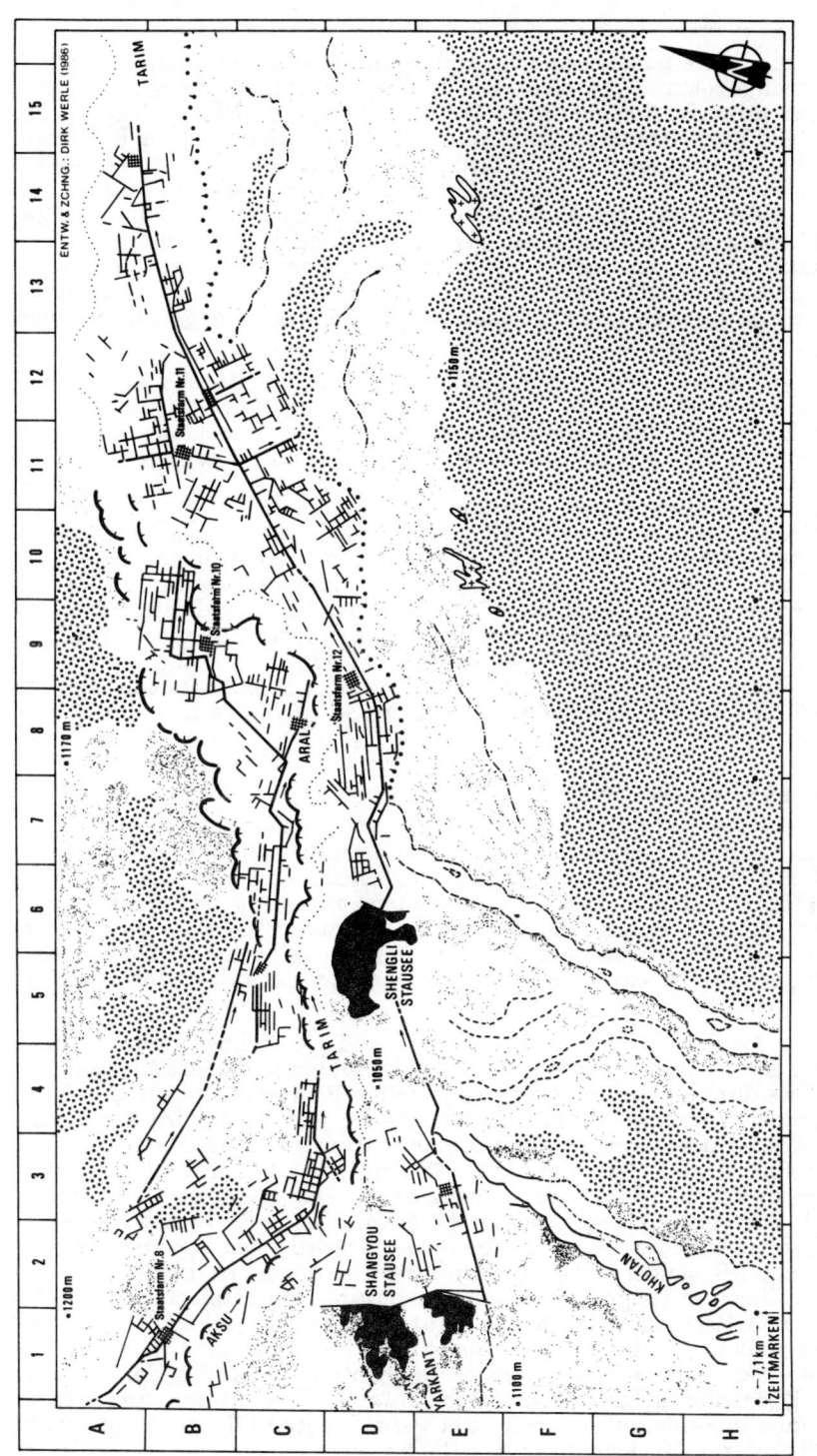

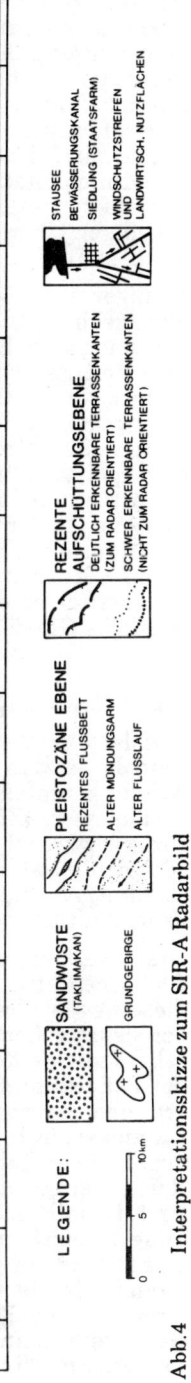

Abb. 4 Interpretationsskizze zum SIR-A Radarbild

ebenen bilden die dritte naturräumliche Haupteinheit des Untersuchungsgebietes. Das Wasserangebot und die günstigen Bodenverhältnisse ermöglichen gute Verhältnisse für teilweise flächenhaftes Wachstum der natürlichen Vegetation. Wegen ihrer hohen Rückstreuungsintensität zeichnet sich die Einheit im Radarbild weitgehend in hellen Grautönen ab. Auffällige Konzentrationen von Galerievegetation befinden sich am Unterlauf des Khotan (F-2, G-3), wo Reste der natürlichen Auewälder und Salzsümpfe noch nicht der landwirtschaftlichen Erschließung gewichen sind. Entlang des Tarim sind nur vereinzelte Restbestände an ihrer hellen Radarbildsignatur und unregelmäßigen Form zu erkennen (B-10). Der eigentliche Verlauf der rezenten Flußbetten des Tarim, Khotan, Yarkant oder Aksu und deren jeweiligen Überflutungsauen sind nur äußerst schwierig wegen des gleich-förmigen dunklen Tons zu unterscheiden (D-4).

Weniger auffällige, jedoch bedeutende Merkmale der Alluvialebene sind sichelförmige, helle Signaturen, die besonders gut östlich und westlich von Aral (C-8) zu erkennen sind. Sie werden durch direkte Reflexionen an den dem Radar zugewandten, steil geböschten Hängen unterhalb der Terrassenkante hervorgerufen und dienen als deutliches Unterscheidungsmerkmal zwischen der rezenten Überflutungsaue und den nördlichen Bereichen der Niederterrasse. In ähnlicher Weise kann weiter nördlich (B-8) eine zweite, ältere Terrassenkante anhand ihres sichelförmigen Verlaufs nachgezeichnet werden. Der Verlauf der entsprechenden Flußterrassen auf der Südseite des Tarim wird nicht derartig akzentuiert, da die Böschungen der Terrassenkanten in ungefähr gleicher Richtung wie die Radarstrahls orientiert sind. Hier können nur die unterschiedlichen Oberflächenrauhigkeiten (Grautöne) der Flußaue, der Terrassen und der Schwemmebene als Abgrenzungskriterien dienen (C/D-9). Im Tal des Aksu und des Khotan ist eine ähnlich deutliche Gliederung der Flußterrassen mit Hilfe des SIR-A Bildes nicht möglich.

4.2 Neulandgewinnungsmaßnahmen

Auf den Terrassen des Tarim und im Unterlauf des Aksu konzentrierte sich während der letzten Jahrzehnte die landwirtschaftliche Erschließung. Die Neulandgewinnung umfaßte ackerbauliche, wasserwirtschaftliche und forstwirtschaftliche Maßnahmen (ZHAO & HAN, 1981). Es können mehrere eng mit der Bewässerungswirtschaft zusammenhängende Erscheinungsformen im SIR-A Bild unterschieden werden. Als Interpretationskriterien dienen das radarspezifische Rückstreuungsverhalten der Objekte, Mustererkennung und die Assoziation verschiedener Kulturlandschaftselemente.

Die wesentlichen Merkmale der Agrarlandschaft sind die rechteckigen oder quadratischen Muster von planmäßig angelegten Feldeinheiten. Generell lassen sich diese wegen ihres dunklen, mittelgrauen oder hellen Bildtones (B-9) und anhand der sie umgebenden Windschutzstreifen identifizieren. Die Grautonintensität korreliert mit dem Rückstreuungsverhalten dreier Nutzungsklassen zum Zeitpunkt der Radaraufnahme Anfang Dezember 1981. Die im Oktober und November abgeernteten Baumwollfelder reflektieren auf Grund ihrer geringen Oberflächenrauhigkeit nur sehr gering und erscheinen daher als dunkle Rechtecke oder Quadrate. Die umgebrochenen und geeggten Areale der Brachflächen und abgeernteten Reis-, Weizen- und Maisfelder weisen eine höhere Oberflächenrauhigkeit auf und sind deshalb an ihren mittelgrauen Tönen zu identifizieren. Hellgraue bis helle Töne kennzeichnen Restflächen noch nicht abgeernteter Maisfelder. Das Radarsignal wird im welken Blattwerk der ausgetrockneten Maishalme mehrfach gestreut. Dies bewirkt einen hohen Rückstreuungsanteil und infolgedessen helle Grautöne im Radarbild. Extrem hohe Rückstreuungsintensitäten und hellste Grauwerte können in Feldarealen verzeichnet werden, deren Pflanzrichtung exakt im rechten Winkel zur Blickrichtung des Radars ausgerichtet ist (C-5). Dieser

Orientierungseffekt ist darauf zurückzuführen, daß die langwellige Radarenergie nicht vollkommen durch Streuung an der Oberfläche der Pflanzen und innerhalb des Blattwerks abgeschwächt wird, sondern noch zusätzlich durch Reflexionen an den systematisch ausgerichteten Halmenreihen der Maispflanzen verstärkt wird.

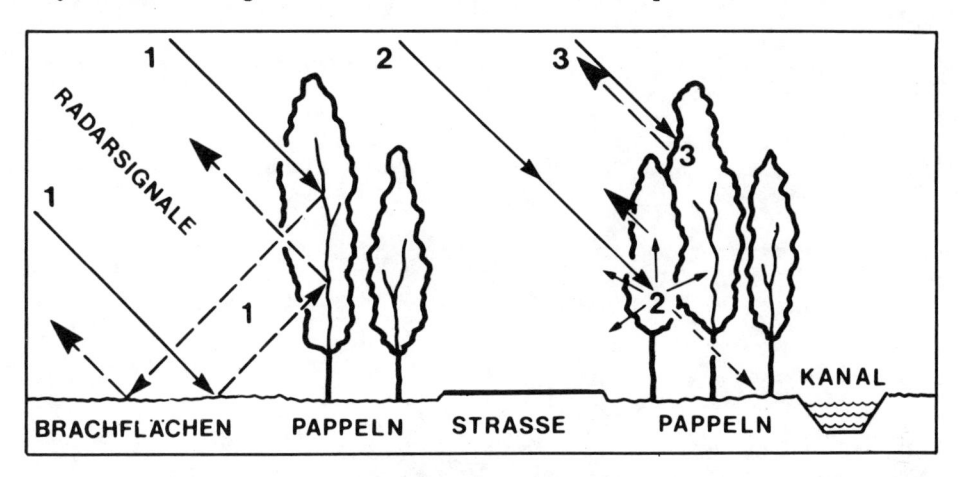

Abb. 5   Verschiedene Rückstreuungseffekte von Windschutzgürteln bei einfallenden Radarstrahlen (L-Band) (1 = Mehrfach-Streuung, 2 = Volumen-Streuung innerhalb der Baum-krone, 3 = Streuung an der Baumkrone).

Die Volumenstreuungseigenschaften der als Windschutzstreifen angepflanzten, schnellwüchsigen Pappeln (Populus ssp.) verursachen im Prinzip ähnlich markante Bildsignaturen, wenngleich orientierungsbedingte Effekte weniger zu verzeichnen sind. In Abbildung 6 sind die in ihrer Gesamtheit sehr intensiven Rückstreuungseigenschaften schematisch dargestellt. Ein Teil der Radarstrahlen des SIR-A wird zunächst am äußeren Kronendach der Bäume reflektiert. Das Blatt- und Astwerk verursacht die dominierende Volumenstreuung der eindringenden Mikrowellenenergie. Mehrfach-Streuung kann zudem in Form von Eckreflexionen erfolgen, wenn das ausgesandte Signal an den senkrecht zum Erdboden stehenden Baumstämmen zum Erdboden und von dort zur Radarantenne reflektiert wird. Diese Art der Bildaufzeichnung kennzeichnet die einzigartigen Anwendungsmöglichkeiten eines satellitengestützten Seitensichtradars. Auf LANDSAT Multispektralaufnahmen (z. B. LANDSAT MSS, Nr. E-1096-04481 vom 27. Oktober 1972) ist, wie ein Vergleich zeigt, die Identifizierung der Windschutzstreifen nicht möglich.

Im Zuge der Neulandgewinnung orientierte sich die Anlage der Windschutzstreifen an den größeren Feldarealen, dem Straßennetz sowie dem Verlauf des Kanalnetzes. Anhand des linienhaften Verlaufs und des Musters der hellen Signaturen im Radarbild kann das Ausmaß der Aufforstungsbemühungen, beziehungsweise die Verbreitung der landwirtschaftlichen Nutzfläche und der Bewässerungswirtschaft vorgenommen werden. Die an stark vergrößerten Radarbildausschnitten durchgeführten Messungen und Überschlagsrechnungen haben ergeben, daß in gut entwickelten Gebieten (B-11) die Länge der Windschutzstreifen zur Fläche des Feldareals etwa im Verhältnis vier Kilometer zu einem Quadratkilometer Nutzfläche steht. In weniger gut entwickelten Gebieten (C-15) beträgt die Länge nur zwei Kilometer pro Quadratkilometer Nutzfläche. Das Ausmaß der intensiv ackerbaulich genutzten Fläche im Untersuchungsgebiet wurde mittels einer Rasterzählmethode ermittelt und ergab eine Summe von ca. 21 000 Hektar.

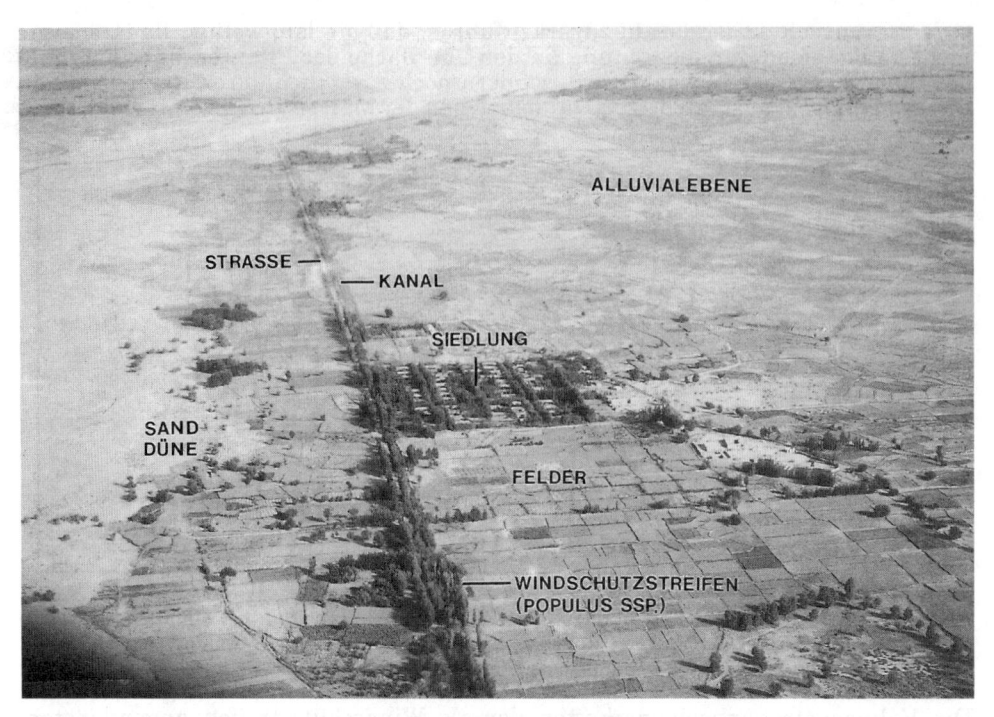

Abb. 6   Schrägluftbild der Windschutzstreifen in Neulandgewinnungsgebieten im Bereich des Tarim Flusses, Xinjiang (Aufnahme: Dirk Werle, Oktober 1984).

Das Netz der Hauptbewässerungskanäle ist ebenfalls weitgehend von Pappelanpflanzungen begleitet (Abb. 6). Es kann auch indirekt mit anderen Elementen der Wasserwirtschaft, wie zum Beispiel Stauseen, dem lokalen Geländegefälle und anhand seines Verzweigungssystems assoziiert werden. Relativ deutliche Radarsignale entsprechen der parallelen Anordnung von Hauptkanal-Straße-Windschutzstreifen und der demzufolge breiteren Staffelung der Baumreihen (C-3/4, B-14).

Zwei Stauseen, deren Wasserfläche das Radarsignal spiegelnd reflektieren und daher sehr dunkel erscheinen lassen, bilden den Ausgangspunkt des Kanalnetzes zur Bewässerung der auf den Tarim Terrassen angelegten Felder. Im Shangyou Stausee (D/E-1) wird der Yarkant, und im Shengli Stausee (D-5/6) wird der Khotan aufgestaut. Helle Bildsignaturen entlang des offensichtlich sehr flachgründigen Shangyou Sees zeigen an, daß die Uferbereiche infolge hoher Bodenfeuchte bewachsen sind. Die Austritte der Hauptbewässerungskanäle erfolgen im Bereich des Staudamms und können fast lückenlos über eine Länge von mehr als 100 km verfolgt werden (E-2 bis B-15). Zumeist rechtwinklig angeordnete Seitenkanäle (C-11/12) be- und entwässern die Feldflächen. Der Tarim dient als Vorfluter für die Entwässerung (z. B. A-11). An bedeutenden Abzweigungen oder Knotenpunkten des Kanalnetzes sind die Siedlungen der Staatsfarmen angelegt, deren bebaute Flächen und Gebäudekomplexe als eine Vielzahl heller Eckreflexionen des Radars abgebildet werden (z. B. B-9, B/C-12).

5 SCHLUSSFOLGERUNGEN

Der westlichen Literatur sind nur sehr wenige Studien bekannt, die sich mittels der regionalen Fernerkundung mit Problemen der Neulanderschließung in den ariden Räumen Zentralasiens auseinandersetzen. Neben der Analyse von LANDSAT-Multispektralaufnahmen bietet die Auswertung von SIR-A Radarbildern der Raumfähre 'Columbia' einzigartige Möglichkeiten zur Gliederung naturräumlicher Einheiten und insbesonders zur Erfassung der Landnutzungsmuster in Neulandgewinnungsgebieten. Die Ergebnisse der SIR-A Radarbildauswertung vom Oberlauf des Tarim Flusses in der Provinz Xinjiang lassen eine Reihe von Schlußfolgerungen zu.

1. Die in ihrer Oberflächenrauhigkeit unterschiedlich beschaffenen Geländeeinheiten der Flugsandfelder, pleistozänen Ablagerungen und rezenten Schwemmebenen können wegen ihres spezifischen Rückstreuungsverhaltens im Radarbild den naturräumlichen Einheiten der Taklimakan Wüste, der pleistozänen Ebene beziehungsweise den rezenten Aufschüttungsebenen der Flußläufe zugeordnet werden.

2. Die relativ zu ihrer Umgebung hohe Radar-Rückstreuung natürlicher Vegetationsareale weist auf Restbestände der vormals weit verbreiteten Auewälder und Salzsümpfe hin und kann ebenso als Anzeiger von Grundwasser führenden, ehemaligen Flußläufen dienen.

3. Die zum Schutz entlang der landwirtschaftlichen Nutzflächen, Straßen und Bewässerungskanäle vorrangig angepflanzten Pappeln reflektieren das Radarsignal besonders deutlich wegen der hohen Volumenstreuung der Baumkronen sowie der Mehrfach-Streuungen am Erdboden und an den Baumstämmen. Die spezifischen Radarbildsignaturen unterschiedlich genutzter Feldflächen und von Windschutzstreifen können als Hilfsmittel zur Bestimmung des Landnutzungsmusters, der Ausweisung des Bewässerungskanalnetzes sowie zur Beurteilung der Aufforstungsbemühungen in den Neulandgebieten dienen. Die Dichte der Windschutzstreifen schwankt nach Schätzungen zwischen zwei und vier Kilometern pro Quadratkilometer Nutzfläche. Die Fläche der entlang des Tarim Oberlaufs in den letzten Jahrzehnten erschlossenen, intensiv genutzten landwirtschaftlichen Areale beträgt im SIR-A Bild ca. 15 000 Hektar.

ANMERKUNG

DANKSAGUNG: Die SIR-A Radarbildstreifen von Xinjiang wurden freundlicherweise von dem Leiter des SIR-A Experiments, Herrn Dr. Charles Elachi (Jet Propulsion Laboratory, Pasadena, Ca.) zur Verfügung gestellt und durch das World Data Center 'A' in Greenbelt, Ma., USA, vermittelt.

LITERATURVERZEICHNIS

ACADEMY OF GEOLOGICAL SCIENCES OF CHINA (Hrsg.) (1975): Geological Map of Asia, 1 : 5 Mio., Map Sheet 10. Beijing.

CIMINO, J. B. & C. ELACHI (Hrsg.) (1982): Shuttle imaging radar experiment. JPL Publ. 82-77, Pasadena, Ca.

CHANG CHIH-YI (1949): Land utilization and settlement possibilities in Sinkiang. In: Geographical Review 39: 57-75.

CHU LIANGPU (1982): The lineament features of Tarim Basin (west part) and its bearing on the characteristics of Cenozoic tectonic stress fields. Paper presented at the Third Asian Conference on Remote Sensing, Dec. 4-7, 1982, Dacca, Bangladesh.

COLWELL, R. N. (Hrsg.) (1983): Manual of remote sensing, Vol. I-II. American Society of Photogrammetry, Falls Church, Va.

EDELMANN, G. (1979): Ein weißer Fleck wird getilgt. In: Geo-Magazin 2, 11: 62-67.

EDELMANN, G. & U. GEORGE (1985): Der Blick hindurch. Radarstrahlen aus dem Weltraum durchdringen Wolken und Wüstensand und machen sogar bislang Unsichtbares sichtbar. In: Geo 9: 74-89.

EVANS, D. L.; T. G. FARR; J. P. FORD; T. W. THOMPSON & C. L. WERNER (1986): Multipolarization radar images for geologic mapping and vegetation discrimination. In: IEEE Transactions of Geoscience and Remote Sensing 24, 2: 246-257.

FIELD, W. O. (Hrsg.) (1975): Mountain glaciers of the northern hemisphere, Hanover, N. H., CRREL.

FORD, J. P.; J. B. CIMINO & C. ELACHI (1983): Space shuttle Columbia views the world with imaging radar: the SIR-A experiment. JPL Publ.: 82-95, Pasadena, Ca.

FREEBERNE, M. (1965): Glacial meltwater resources in China. In: Geographical Journal 131: 57-60.

HEDIN, S. (1905): The scientific results of a journey in Central Asia. Lithographic Institute of the General Staff of the Swedish Army, Vol. I: The Tarim Basin.

KOLB, A. (1963): Ostasien. Heidelberg.

PETROV, M. P. (1976): Deserts of the World. Jerusalem.

SCHANDA, E. (1986): Radar mit synthetischer Apertur (SAR). Mikrowellenmagazin

ULABY, F. T.; R. K. MOORE & A. K. FUNG (1981-1986): Microwave remote sensing: active and passive, Vol. I-III, Reading, Mass.

USSR ACADEMY OF SCIENCE/INSTITUTE OF GEOGRAPHY (1969): The physical geography of China. New York.

WEGGEL, O. (1984): Xinjiang - eine Landeskunde. Mitteilungen des Instituts für Asienkunde 138, Hamburg.

WERLE, D. (1986): Shuttle Imaging Radar (SIR-A) interpretation of the Kashgar region in western Xinjiang, China. In: Proceedings International Symposium on Remote Sensing, Resource Development and Environmental Management, ITC, Enschede: 193-197.

WIENS, H. (1966): Regional and seasonal water supply in the Tarim Basin and its relation to cultivated land potentials. In: Annals Association of American Geographers 56: 350-366.

WOLDAI, T. (1983): LANDSAT and SIR-A interpretation of the Kalpin Chong Korum mountains of China. In: ITC Journal 1983, 3: 250-252.

ZHAO SONGQIAO (1984): Analysis of desert terrain in China using LANDSAT imagery. In: EL-BAZ, F. (Hrsg.): Deserts and arid lands: 115-132, The Hague.

ZHAO SONGQIAO & XIA XUNCHENG (1984): Evolution of the Lop desert and Lop Nor. In: Geographical Journal 150, 3: 111-121.

ZHAO SONGQIAO & HAN QING (1981): Landwirtschaftliche Erschließung am Nordrand des Tarim Beckens. In: Geographische Rundschau 33, 3: 113-118.

ZUR LANDSCHAFTSGLIEDERUNG IM CHINESISCH-TIBETISCHEN ÜBERGANGSRAUM

von

Ulrich Schweinfurth, Heidelberg

SUMMARY: The Chinese-Tibetan Borderlands - a Geoecological Appraisal.
Based on the experience of the vegetation analysis of the Himalayas, an attempt is made at developing some ideas with reference to the geoecological framework of the Chinese-Tibetan borderlands. Emphasis is laid on the fact, that knowledge of possible recent Chinese research is lacking - save the vegetation map of China, 1:4 000 000 (HOU, 1979). This valuable piece of work is discussed for the area concerned (Linkiang to Lanchow) and reference is made to some travel accounts of years gone by, in particular to TAFEL's observations (Tatsienlu-Lanchow) and ROCK's classic work on the Na-khi Kingdom as well as his Amne Machin and Tebbu exploits.
To broaden the scope beyond the physical geographical conditions as referred to by von WISSMANN 1960/61 to a comprehensive geoecological appraisal, the Chinese-Tibetan borderlands are also presented as a remarkable refugium for survival of various ancient groups of populations, eking out a living in the secluded niches of this topographically accentuated region, difficult of access, where until recently time-honoured feudal structures survived sheltered in the seclusion of an entangled maze of valleys and mountain recesses between the Tibetan dominated plateau and Han-Chinese penetration up the valleys and where Bön-cult is still practised together with a host of rites centering around local deities indicating even earlier stratas surviving in these out-of-the-way places. In comparing the Chinese-Tibetan borderlands with the Himalayan system, i.e. the transition from Central High Asia to the southern periphery attention is drawn to the three zones defined in the Himalayas resulting from the vegetation analysis in the distinction of an outer, inner, and Tibetan Himalaya - and from this comparison a similar zonation for the Chinese-Tibetan borderlands is deduced with emphasis on the 'inner parts' as the areas of transition sensu stricto and, likewise, localities for survival and specific local developments. In conclusion, emphasis is laid on some of the most interesting problems presented by the Chinese-Tibetan borderlands, urgently awaiting research.

ZUSAMMENFASSUNG

Ausgehend von der Analyse der Vegetation im Himalaya (SCHWEINFURTH, 1957) wird versucht, einige der dort gewonnenen Gesichtspunkte auf den Übergang Hochasiens nach Osten, den chinesisch-tibetischen Übergangsraum, anzuwenden - unter Berücksichtigung der Tatsache, daß Kenntnis möglicher chinesischer Arbeiten außerhalb Chinas nach wie vor bedauerlich gering ist. Die während des Tibet-Symposiums in Peking 1980 vorgestellte Vegetationskarte von China (HOU, 1979) wird als Grundlage heutiger Kenntnis der landschaftlichen Struktur des chinesisch- tibetischen Übergangsraumes vorgestellt. Während jedoch auch von WISSMANN 1960/61 sich wesentlich mit physisch-geographischen Problemen "Hochasiens und seiner Randgebiete" befaßt, enthält die - greifbare, "westliche" - Reiseliteratur darüber hinaus vielerlei Hinweise auf die "inneren Verhältnisse" dieses Raumes, die es nahelegen, Parallelen zum Himalaya-System zu sehen über die allgemeine landschaftsökologische Dreiteilung in einen feuchten = äußeren, mäßig-feuchten = inneren und trockenen Hochlandsbereich hinaus. Die zahlreichen Angaben über Splittergruppen, Restbevölkerungen, die mit ihren ethnischen, sprachlichen, religiösen Besonderheiten in topographischer Isolierung, in ökologischen Nischen bis in unsere Tage hier in quasi-Unabhängigkeit innerhalb des großen chinesischen Reiches überleben konnten, erinnern auffallend an das, was aus dem "inneren Himalaya" als einem entsprechend topographisch angelegten Refugium innerhalb des südasiatisch- tibetischen Übergangsbereiches bekannt geworden ist. Vorausgesetzt, daß sich die chinesische Forschung hier noch nicht engagiert hat, müßte zunächst eine genauere Vegetationskartierung jene Räume sichtbar werden lassen, die dem Charakter solcher mäßig-feuchten "inneren Bereiche" im chinesisch-tibetischen Übergangsraum entsprechen.

Unter dem chinesisch-tibetischen Übergangsraum wird hier das Gebiet zwischen Yangtzekiang im Süden und Hwang Ho im Norden verstanden, wo diese Ströme das zentrale (Hoch-)Asien verlassen, d.h.: der Übergang vom tibetischen Hochland nach Osten - ein Gebiet, das ganz generell der Durchforschung und Klärung der Zusammenhänge harrt (vgl. KOLB, 1963, insbesondere: 151: "Die südwestliche Bergregion und Hochlandtibet").

Bei allen Arbeiten, die sich heute mit China, vor allem den entlegeneren Teilen des chinesischen Reiches befassen, gilt: Wir sind weitgehend kaum unterrichtet über Veröffentlichungen in chinesischer Sprache, zumal es eine Reihe von regionalen Instituten gibt, über deren Veröffentlichungen selbst die chinesischen Forscher in den Zentralen sich nicht ausreichend unterrichtet zeigen. Ferner ist zu berücksichtigen, daß chinesische wissenschaftliche Forschung rund 50 Jahre vom Austausch mit dem Ausland weitgehend abgeschlossen gearbeitet hat: Das mag für die in sich ruhende chinesische Wissenschaft wenig bedeuten, doch die wissenschaftliche Neugier der Außenwelt wird eher noch mehr angeregt davon, daß auch heute, da sich hier und da Verbindungen wieder angebahnt haben, der Informationsfluß einbahnig nach China hineinfließt, umgekehrt jedoch kaum bemerkbar ist.

Ausgangspunkt der vorliegenden Betrachtung ist die Bearbeitung der Vegetation des **Himalaya** in ihrer horizontalen und vertikalen Verbreitung, die von Kabul im Westen bis zum Yangtzekiang im Osten eine landschaftliche Gliederung der Südabdachung Zentralasiens, des tibetischen Hochlandes erbrachte und mit der Vegetationskarte des Himalaya (1: 2 000 000) den Übergang zwischen dem peripheren Asien im Süden und Hochasien im Norden erhellt hat (SCHWEINFURTH, 1957). Diese landschaftliche Gliederung der Südabdachung zeigt den Wechsel der Verhältnisse von Westen nach Osten, von Süden nach Norden und mit der Höhe, so wie die mannigfachen lokalen Besonderheiten, die erst durch die Vegetationskarte erkannt wurden bzw. in Folge in den Gesamtzusammenhang einzuordnen waren.

Die Begrenzung mit dem Laufe des Yangtzekiang im Osten erfolgte damals mehr oder weniger willkürlich - letztlich, weil das Thema auf den "Himalaya" zielte, konnten die Verhältnisse nicht weiter nach Osten verfolgt werden, zumal bereits das Ausgreifen bis zum Yangtzekiang sich erst aus dem Fortgang der Arbeit ergab, sachlich gerechtfertigt wurde durch den Versuch, die verschiedenen trockenen Talzüge im Himalaya-System einer Klärung näherzubringen durch Einbeziehen wenigstens eines Ausschnittes aus den großen meridionalen Stromfurchen (28°30' - 30°N). Die Reiseberichte, denen s. Z. die Angaben für das Erstellen der Vegetationskarte des Himalaya entnommen wurden, führten in einigen Fällen durchaus über das Yangtze-Tal hinaus. Was das weitere Literaturstudium - in Ermangelung von Autopsie - erbrachte, war die klare Erkenntnis, daß es sich im chinesisch-tibetischen Übergangsraum in jedem Falle um ein noch komplizierteres Übergangsgebiet handelte, als es schon der Himalaya ist - vielleicht auch, weil mit der Zeit der

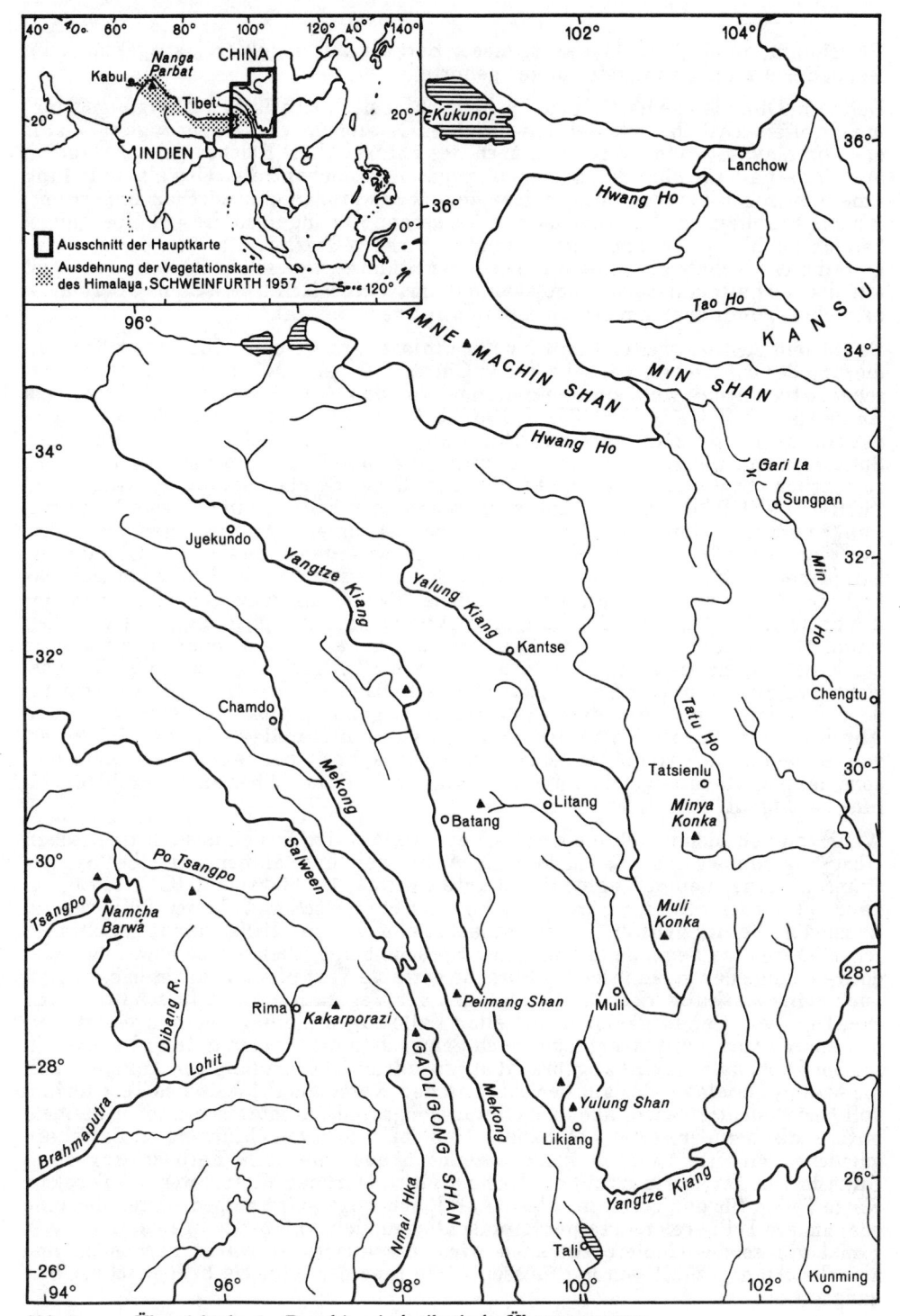

Abb. 1: Übersichtskarte: Der chinesisch-tibetische Übergangsraum.

Gewöhnung an die Himalayakarte dieser Bereich als "abgeklärt", aufgeklärt zum festen Bestandteil der Vorstellungen gehörte.

Dennoch: Ohne Frage handelt es sich beim chinesisch-tibetischen Übergangsgebiet um ein offensichtlich noch viel schwierigeres Gelände, noch weniger zugänglich als das Himalaya-System, weil im Innern des chinesischen Reiches gelegen, zudem auch innerhalb Chinas als "abgelegen" angesehen, der zentralen Gewalt - in Peking - mehr entzogen als wohl jede andere Region des großen chinesischen Imperiums: Bis zur Etablierung der chinesischen Volksrepublik lagen in diesem Übergangsbereich auch die Domänen schweifender, nicht seßhafter, d.h. von der Zentralgewalt nicht recht "verwalteter", tibetischer Stämme, was allein Hinweis genug ist auf die verhältnismäßige Abgelegenheit des chinesisch-tibetischen Übergangsbereiches - zumindest in politisch-administrativer Hinsicht.

Es entzieht sich weitgehend unserer Kenntnis, bis zu welchem Grade seit Konsolidierung der politischen Verhältnisse in China, also seit 1949, hier chinesische Forscher aktiv waren - wohl sind Bemühungen um den Yülung Shan (JEN, 1958), den Amne Machin (HUANG RONGFU, 1982) bekannt geworden und auch hier und da das eine oder andere an Veröffentlichungen, jedoch dann auch stets in chinesischer Sprache, somit weder von Erscheinungsart und -weise bzw. Erscheinungsort leicht zugänglich bzw. auswertbar. Einzig das Tibet-Symposium in Peking 1980 (SCHWEINFURTH, 1981) erlaubte einen gewissen Einblick in chinesische Bemühungen um die Erforschung Hochasiens, doch ist zugleich hinzuzufügen, daß heute in China unter "Tibet" mehr der in der geographischen Literatur als 'Changtang' bezeichnete Teil des höchsten zentralen Asien verstanden wird, folglich sich das Symposium auch stärker auf diese Bereiche Hochasiens konzentrierte, von woher das chinesisch- tibetische Übergangsgebiet bereits als 'peripher' angesehen werden kann. Auch sind die Berichte des Symposiums eher allgemein gehalten, als daß sie zur Erhellung der jeweiligen örtlichen Situation beitragen, wie z.B. von Reiseberichten zu erwarten. Das Anliegen der landschaftlichen Gliederung zielt aber gerade auf die Übergänge und damit auf möglichst genau zu lokalisierende Angaben. Ähnlichkeiten, Parallelen zu den Verhältnissen im Himalaya-System sind zu erwarten, wenn auch von einer ostasiatischen Peripherie her, wenn man - dem Beispiel des Himalaya folgend - von außen, von der Peripherie her an die Problemstellung herangeht.

Wenn es auch bisher keine spezielle Vegetationskarte des chinesisch-tibetischen Übergangsraumes gibt, so ist doch die Außenwelt im Rahmen des Tibet-Symposiums mit einer neuen **Vegetationskarte Chinas**, 1 : 4 000 000 (HOU, 1979), bekannt geworden, die das gesamte Gebiet der chinesischen Volksrepublik vegetationsmäßig berücksichtigt. Das ist zunächst eine enorme Hilfe, zumal der chinesischen Karte eine Legende in englischer Sprache beigegeben wurde bzw. folgte. Jedoch - solange der in chinesischer Sprache verfaßte Text uns verschlossen bleibt, ist auch keine Auskunft über die Grundlagen der Vegetationskarte zu erhalten, welcher Grad von Genauigkeit im speziellen Falle zugrunde liegt, vorausgesetzt werden kann - kurz, wo Stärken oder auch Schwächen dieser Darstellung liegen. Ein solcher Vorbehalt scheint angebracht aufgrund der Überprüfung der Angaben, z.B. im Assam-Himalaya, der auf der chinesischen Karte als chinesisches Territorium voll berücksichtigt wird, aber vegetationsgeographisch-botanisch und in de facto unter indischer Verwaltung stehenden Gebieten auch von chinesischen Forschern garnicht bearbeitet werden konnte, dennoch aber die volle Farbdeckung eines chinesischen Territoriums auf der Karte erfährt. Darüber hinaus, wenn eine solche Karte Typen für das gesamte chinesische Reich zeigt, wird notgedrungen der eine oder andere Teilbereich in seiner Repräsentation nicht voll befriedigen können, was zumal auf solche Gebiete zutreffen wird, die aus ihrer Natur heraus zu den komplizierten gezählt werden müssen - wie hier der chinesisch-tibetische Übergangsraum.

Wie dem auch immer sei, trotz gewisser Einschränkungen, die aber möglicherweise auf Unkenntnis des chinesischen Textes beruhen mögen, gibt die Vegetationskarte Chinas (HOU, 1979) im gegebenen Maßstab 1:4 000 000 einen durchaus brauchbaren physischen Rahmen der Situation, der - wenn er auch aus der komplizierten Natur des Raumes heraus nicht jenen prägnanten Eindruck "auf den ersten Blick" vermitteln mag, wie im Falle der Vegetationskarte des Himalaya - doch wesentlich zur Einführung hilft.

Im Überblick bringt die Vegetationskarte (HOU, 1979) für den chinesisch-tibetischen Übergangsbereich von Yangtzekiang im Süden bis Hwang Ho im Norden folgendes: Der gesamte Abschnitt (Yangtzekiang-Durchbruch (Likiang) bis Hwang Ho-Austritt (Lanchow)) zeigt vegetationsgeographisch eine wesentliche Zäsur, die etwa mit der Linie Sungpan - Gari La - Hwang Ho-Knie angegeben werden kann.

Der in dem gewählten Rahmen größere südliche Abschnitt offenbart, aus dem Becken von Setschuan heraus, eine Fülle von verschiedenen, auf der Karte ausgeschiedenen Vegetationstypen, in vertikaler Folge von der Fußregion aufsteigend, beginnend mit vom Menschen beeinflußtem Strauchwerk (als "subtropisch/-tropisch" bezeichnet) und Kiefernwäldern (*Pinus yünnanensis, P. khasya, P. massoniana* u.a.). Es kann mit guten Gründen vermutet werden, daß - wäre die Vegetation des Beckens von Setschuan nicht so vollkommen vom Menschen überarbeitet - sich hier eine große Zahl von Vegetationstypen, in großer floristischer Vielfalt zeigen würde. Auch in der Höhe, darüber wird eine bedeutende Zahl von Typen ausgeschieden, die, von Süden nach Norden abnehmend, von immergrünen und laubwerfenden Laubbäumen bestimmt werden, vorwiegend *Quercus, Castanopsis, Schima, Lithocarpus, Cyclobalanopsis* etc., in denen zusammengefaßt, der immergrüne bzw. "halbimmergrüne" Bergwald gesehen werden kann (vgl. SCHWEINFURTH & CHEN, 1984 für Gaoligong Shan); *Rhododendron, Vaccinium, Eurya*-Spezies im Unterwuchs bestätigen den Bergwaldcharakter, auch das hier und da vermerkte Auftreten von *Tsuga* in den oberen Partien. Nach der Höhe zu folgen Nadelwälder, die, wenn auch in wechselnder Zusammensetzung, aufs Ganze gesehen eine klare Tendenz zur Vereinheitlichung zeigen, wie von der Bearbeitung der Vegetation des Himalaya her zu erwarten: vor allem *Tsuga, Abies, Picea*, mit *Rhododendron*. *Rhododendron* mit *Salix* und z.T. auch *Betula*-Beständen, sowie *Bambus* bilden offensichtlich die Übergangsstufe zwischen den Nadelwäldern und den Vegetationstypen, die die höheren Lagen, damit auch das tibetische Hochland in diesen östlichen Teilen, beherrschen: *Kobresia*- und *Carex*-Bestände ('meadows', 'graminoid swamps'), noch weiter aufwärts Polsterpflanzen (*Arenaria, Androsace*).

Dieser südliche Abschnitt weist eine ganze Reihe prominenter **klimatischer Trokkentäler** auf, beginnend mit dem Yangtzekiang, von seinem Austritt in das Becken von Setschuan aufwärts bis fast 30° (Batang), ferner zahlreiche Nebentäler des Yangtzekiang bis zum Tatu-Ho, aufwärts bis ca. 32°. Diese klimatischen Trockentäler, aus der südlichen Umrandung des zentralasiatischen Hochlandes, also dem Himalaya-System, inzwischen wohl bekannt (SCHWEINFURTH, 1956; 1957; 1972), treten auf der Vegetationskarte (HOU, 1979) klar hervor. Die für diese klimatischen Trockentäler angegebene Vegetation - *Heteropogon contortus, Cymbopogon* mit Dornenstrauchwerk (*Zizyphus, Acacia*) und *Euphorbia royleana, Opuntia*, zusammengefaßt als "subtropical or tropical savannas" - entspricht vollkommen den aus den klimatischen Trockentälern des Himalaya bekannten Verhältnissen (vgl. SCHWEINFURTH, 1956; 1957; SCHWEINFURTH & CHEN, 1984: Salween Tal unter 25°30').

Nördlich (nordöstlich) der genannten Linie - Sungpan-Gari La-Hwang Ho-Knie - fehlen die klimatischen Trockentäler, zeichnet sich nach der Vegetationskarte (HOU, 1979) die Gebirgsfußzone im Bereich des Beckens von Setschuan zwar immer noch durch Mannigfaltigkeit aus, die Gebirgsumrahmung selbst noch durch tiefe, finstere Nadelwälder, nunmehr aber ohne *Tsuga*, doch in Richtung Nordwesten, auf die nordöstlichen Teile des Hochlandes zu, lösen sich die Nadelwälder (*Abies, Picea*) in inselartige Vorkommen auf, die dazwischen liegenden Hochflächen sind von *Stipa, Caragana*, auch *Salix*-Beständen bestimmt, oder mit den charakteristischen Nakha-Mooren bedeckt - bzw. in mehr nordöstlicher Richtung, nach dem südwestlichen Kansu hin, folgen auf laubwerfende Eichenbestände bei allgemein geringeren Höhen des Gebirges in Kultur genommenen Flächen.

Aus dieser kurzen, zusammenfassenden Übersicht der Angaben auf der Vegetationskarte von China (HOU, 1979) ergibt sich folgendes:

1. eine Abfolge von Osten nach Westen: von Vegetationstypen großer Mannigfaltigkeit zu - fast - einheitlicher Bedeckung des hochasiatischen Bereiches (des tibetischen Hochlandes) (vgl. Vegetationskarte des Himalaya);

2. eine Abnahme der floristischen Mannigfaltigkeit in süd-nördlicher Richtung, wie sie z.B. der Ausfall von *Tsuga* nördlich der genannten Linie Sungpan-Gari La- Hwang Ho-Knie andeutet, vor allem aber die Konzentration der klimatischen Trockentäler auf den südlichen Abschnitt, die in ihren tiefeingeschnittenen Talschluchten noch randtropischen Arten das Fortkommen, Aufsteigen ins Innere des Kontinents hinein, ermöglichen;

3. eine allgemeine Tendenz zur "Vereinheitlichung" der Vegetation in vertikaler Richtung - von den "bunten" Vegetationsverhältnissen entlang der Fußzone im Becken von Setschuan zu wenigen, bestimmenden Vegetationstypen auf dem tibetischen Hochland;

4. im Zusammenhange mit der Vegetationsanalyse des Himalaya und Beobachtungen aus dem Gaoligong Shan zeigen sich nunmehr die klimatischen Trockentäler in einem weiten Bogen vom Kabul River im Westen des Himalaya-Systems bis zum Tatu Ho im Osten als ein, den Übergangsbereich vom zentralen Hochasien zur Peripherie im Süden und Südosten zumindestens lokal bestimmendes Phänomen.

Diese zusammenfassenden Angaben können nicht mehr als den Rahmen angeben: bis auf die wohldefinierten - und definierbaren! - Trockentäler fehlt ihnen präzisere Lokalisierung, was weniger Mängeln der Vegetationskarte als dem Fehlen zuverlässiger topographischer Karten zuzuschreiben ist (von Luftbildern ganz zu schweigen). Es bleibt festzuhalten, daß die Vegetationskarte dennoch wesentlich weiterhilft, indem sie den Rahmen der physisch-geographischen Verhältnisse anzeigt, Aufschluß über die Landesnatur, Hinweise auf die Landschaftsgliederung gibt: jedenfalls so lange, wie genauere Angaben über die Entstehung der Karte nicht zur Verfügung stehen.

Angeregt durch das Erscheinen der Vegetationskarte des Himalaya (SCHWEINFURTH, 1957) hat von WISSMANN in einer zusammenfassenden Studie sich zu "Stufen und Gürteln der Vegetation und des Klimas in Hochasien und seinen Randgebieten" geäußert (1960/61), in der die "hygrische" und "thermische Raumgliederung" diskutiert wird, und bereits Rückschlüsse aus der Bearbeitung des Himalaya auf das chinesisch-tibetische Übergangsgebiet gezogen werden.

Doch bei allen Parallelen zum Himalaya deutet allein die Begrenzung des hier gewählten Bereiches - Likiang 27°N: Lanchow 36°N - an, daß wir uns, je weiter nach Norden, desto mehr, klimatisch in einem anderen Rahmen bewegen. Der Gedanke daran, daß, besonders im Süden, in tiefeingeschnittenen Tälern fast noch randtropische Vegetationstypen weit in den Kontinent hinein aufsteigen, zugleich das tibetische Hochland an seinem Ostrand in rund 4 000m darüber aufragt, dominiert von gewaltigen vergletscherten Massiven (wie Yülung Shan 5 596m, Minya Konka 7 556m, Amne Machin 6 282m), mahnt die Breitenangaben und ihre klimatischen Assoziationen stets im dreidimensionalen Rahmen zu sehen und zu werten.

Eine Reihe von Profildarstellungen versucht, wenigstens schematisch, die entsprechenden Vorstellungen zu unterstützen, so SCHÄFER 1938 für das Yangtze-Tal bei Batang; JEN 1958 für den Yülung Shan; MESSERLI und IVES 1984 für den Gongga Shan (Minya Konka); HUANG RONGFU 1982 für den Amne Machin. Diese Darstellungen sind hilfreich, aber nicht von der wünschenswerten Genauigkeit für eine einwandfreie Lokalisierung.

In dieser Materialsituation bleibt zur weiteren Klärung der Verhältnisse nur der Rückgriff auf die vorhandene, greifbare - "westliche" - **Reiseliteratur**, die über die Grundtatsache der Erreichbarkeit hinaus noch zwei wesentliche Vorteile bringt: aus Routenbeschreibungen ist hier noch am ehesten Lokalisierbarkeit zu erwarten und: Es wird meist die Landschaft, "das Land" ganzheitlich gesehen, beobachtet, beschrieben, also a priori keine Bevorzugung bestimmter Gesichtspunkte, wenn nicht der Vegetationsdecke, mit der sich nun einmal die landschaftliche Bühne zu zeigen pflegt.

Die Berichte westlicher Reisender stammen aus Zeiten, da trotz mannigfacher Schwierigkeiten und vor allem auch lokaler Gefährdung entsprechend unternehmungslustigen Ausländern gelegentlich doch Zugang gewährt wurde bzw. sie ihn, durch die "Hintertür" (etwa von Britisch-Indien her) irgendwie fanden, als die chinesische Zentralgewalt an den fernen Grenzen des Reiches nicht immer voll präsent war. Hier sollen einige Beispiele erwähnt werden für Reiseberichte, die für die Erhellung unseres Raumes, in Ergänzung und Verfeinerung des durch die Vegetationskarte angedeuteten Rahmens von Bedeutung sind.

Im Süden beginnend ist F. Kingdon WARD zu nennen, über dessen Routen und Publikationen eine Bibliographie Auskunft gibt (SCHWEINFURTH & SCHWEINFURTH- MARBY, 1975); oder HANDEL-MAZZETTI, 1927 - beide in erster Linie botanisch interessiert, berichten anschaulich über Land und Leute. SCHÄFER's Hauptinteresse galt der Tierwelt, die entsprechend im Vordergrund seiner Berichte steht, die aber stets ein ganzheitliches Bild des Lebensraumes vermitteln (1933, 1938). HEIM's Monographie über den Minya Gongka (1933) kann als Klassiker gelten, 1974 ergänzt durch IMHOF's Bericht. GUIBAUT ist weiter westlich auf den Ausläufer des eigentlichen Hochlandes gereist unter schwierigsten Bedingungen (1944, 1949). ROCK, bekannt durch seine klassische Monographie des 'ancient Nakhi Kingdom' (1947), unternahm aus diesem, auf Likiang konzentrierten Bereich heraus bahnbrechende Expeditionen nach Norden in das Gebiet der Tebbu nördlich des Min Shan (1933) und zum Amne Machin (1956). FARRER's zweibändiges Werk über das Gebiet des Min Shan (1917) ist in erster Linie von floristisch-botanischem Interesse, beleuchtet aber darüber hinaus ein sonst kaum bekanntes Gebiet eindringlich. COX 1945 führt in einem zusammenfassenden Bericht über 'Plant-Hunting in Western China' die wichtigsten 'plant hunter' im chinesisch-tibetischen Übergangsgebiet vor, in kurzen, präzisen Skizzen - eine ausgezeichnete Einführung in den zur Diskussion gestellten Raum unter dem speziellen Gesichtspunkt des Pflanzensammelns, wie vorwiegend von Angelsachsen, aber auch Franzosen (Missionaren) praktiziert.

Schließlich sei in dieser, notwendig kurz gehaltenen Auswahl TAFEL erwähnt, der nach seiner Reise mit FILCHNER(1903/05) erneut allein loszog und das chinesisch-tibetische Übergangsgebiet von Tatsienlu bis Lanchow, sowie Hwang Ho und Yangtzekiang aufwärts bis in deren Quellgebiet bereiste (1905-1908) - ein Klassiker der Hochasien-Forschung, eine Fundgrube an Beobachtungen, auf die auch von WISSMANN ausgiebig zurückgriff. Es ergibt sich aus der Reiseliteratur eine beachtliche Zahl von Einzelangaben; eine zuverlässige Lokalisierung als notwendigen "nächsten Schritt" auf dem Wege zu einer Landschaftsgliederung ist aber mangels brauchbarer topographischer Karten - noch? - nicht möglich; es bleibt als Ergebnis eine Fülle aufschlußreicher Hinweise auf die Verhältnisse im Übergangsgebiet. Von WISSMANN 1960/61 konzentrierte sich wesentlich, wenn auch nicht ausschließlich, auf Problemstellungen der physischen Natur. Doch, der genannten Reiseliteratur ist z.B. auf Schritt und Tritt zu entnehmen: Dieses Übergangsgebiet zwischen chinesischem und tibetischem Volkstum wartet in seinen schwer zugänglichen **inneren Bereichen** mit einer Fülle von Bevölkerungsresten und Splittergruppen auf in typischen Rückzugspositionen, Refugien. In erstaunlicher Zahl haben sie sich hier im schwer zugänglichen, abgelegenen tibetisch-chinesischen Übergangsgebiet gehalten, in den versteckten Tälern und Talschaften zwischen tibetischem Hochland und chinesischem (Han-chinesischem) Einflußbereich i.e.S., oft in politischer "Quasi"-Unabhängigkeit, die heute - wahrscheinlich - durch die erstarkte und effektiv wirksame chinesische Zentralmacht in Peking eingeschränkt sein wird, wenn auch eigenständiges Volkstum so geringer Größenordnung sich eines gewissen Wohlwollens, sogar der Förderung seitens der Zentralregierung zu erfreuen scheint. Entscheidend ist, daß sich diese Splittergruppen, 'minorities', in weitgehender Isolierung und auch politischer Eigenständigkeit, wenn nicht sogar 'Unabhängigkeit', innerhalb des großen Rahmens des chinesischen Reiches hier im chinesisch-tibetischen Übergangsraum haben halten können, bis jetzt - oder doch bis vor kurzem.

Damit signalisieren diese Teilbereiche des chinesisch-tibetischen Übergangsraumes, daß es sich bei ihnen um Parallelerscheinungen zum **"inneren Himalaya"** handelt dort, wo topographisch bestimmt, die Bewohner vor Außeneinflüssen bewahrt geblieben und unter besonderen, lokal-klimatischen Standortverhältnissen sich eine entsprechende, andersartige Vegetation zeigen mag. Genau, wie im Falle des Himalaya-Systems, üben diese Bereiche eine besondere Anziehungskraft aus als Musterbeispiele von Entwicklungen aus der besonderen Lage heraus im Rahmen des Übergangsbereiches zwischen zwei großen natürlichen Einheiten - zentralasiatischem Hochland und peripherem Tiefland, zugleich im Übergangsbereich, der Interferenzzone zweier großer politischer bzw. kultureller Einflußbereiche - Tibets und Chinas (vgl. SCHWEINFURTH, 1965; 1982). Der angelsächsische Begriff der 'Tibetan Marches' faßt die Erscheinungen insgesamt gut zusammen: Übergangsraum - was die natürlichen, physisch-geographischen Verhältnisse angeht, Interferenzzone bzgl. der politischen Verhältnisse, Rückzugsposition - im Hinblick auf das Überleben sonst verdrängter, überwältigter, assimilierter, eingeschmolzener Reste, damit zugleich auch Refugien für Eigenentwicklungen in begrenzten, engumschriebenen Rahmen, die außerhalb des Schutzes der Isolierung, die Räume solcher topographischer Akzentuierung bieten, nicht denkbar wären.

Somit läßt sich feststellen, daß wir im Grunde hier im chinesisch/ostasiatisch-tibetischen Übergangsraum eine **Dreiteilung**, wie im südasiatisch-tibetischen Übergangsraum des Himalaya antreffen: äußerer Übergangsbereich (= äußerer Himalaya), innerer Übergangsbereich (= innerer Himalaya), tibetisches Hochland (= tibetischer Himalaya); in beiden Fällen ist der äußere Bereich der feuchtere; der innere Bereich = "mäßig-feucht", der eigentliche Übergangsraum; das tibetische Hochland als das trockene, zentrale Hochasien, das "Hinterland"; also in beiden Fällen Übergang von der feuchten Peripherie hinauf und in das Innere des Kontinents hinein, zum hochasiatischen Kern. Und genauso wie im Himalaya-System dürfen wir auch innerhalb des chinesisch-tibetischen Übergangsraumes erwarten, daß der Übergangsbereich sensu stricto - entsprechend dem "inneren Himalaya" - der interessanteste Raum sein wird bzw. ist! Dieser äußere Rahmen einer landschaftsökologischen Dreiteilung, von der wir ausgehen können bei einer Klärung der landschaftlichen Struktur, ist - bei allen auffallenden Parallelen zum Himalaya-System - doch durchaus 'sui generis' und verdient intensive Durchforschung: Es ist von größtem Interesse zu erfahren, wie weit sich chinesische Forschung dieses Bereiches zu einer Klärung der landschaftsökologischen Verhältnisse im Übergang zwischen ostasiatischer Peripherie und zentralem Hochasien bereits angenommen hat.

An erster Stelle steht hier - wie im Himalaya - eine möglichst eingehende Klärung der Vegetationsverhältnisse, die, wie im Himalaya, unter den gegebenen Verhältnissen den einzigen Weg anbietet, zu einer Klärung der landschaftsökologischen Struktur, damit des Lebensraumes, zu gelangen. Die chinesische Vegetationskarte (1979) bietet eine gute Grundlage; aber so lange wir nicht wissen, wie weit das Primat flächendeckender Farbgebung vor tatsächlicher lokaler Bestandsaufnahme steht, ist stets die Unsicherheit des Analogieschlusses, damit eine Fehlerquelle gegeben (- abgesehen von Beschränkungen durch den Maßstab, der zwar bei guter Farbwahl, wie im konkreten Beispiel, viel hergibt, auch unter den topographischen Verhältnissen des Raumes).

Neben dem Grundanliegen der Vegetationskarte bietet der Raum floristisch interessante Aufschlüsse: das Eindringen einer noch fast tropischen, jedenfalls randtropischen, subtropischen Vegetation in den tiefeingeschnittenen Tälern - Trockentälern! - in das Innere des Kontinents hinein, oder: das bemerkenswerte Zusammentreffen von Coniferen, Rhododendron und Bambusgewächsen in der Gebirgsumrandung des Beckens von Setschuan ('Panda Country': vgl. SHELDON, 1974), überhaupt das Ausstrahlen des südwestchinesischen Florenzentrums gegen Hochasien zu und nach Norden hin: Noch gibt es keine präzise vertikale Vegetationsgliederung mit entsprechenden Florenlisten auch nur eines der prominenten Berge bzw. Massive der Region.

Die aus dem Himalaya-System im Zusammenhang beschriebenen Trockentäler (SCHWEINFURTH, 1956; 1957), unter denen Salween, Mekong, Yangtzekiang nur die prominentesten sind, sind auch östlich bzw. nördlich des Yangtzekiang in der Abdachung Hochasiens zu finden - die chinesische Vegetationskarte (1979) zeigt sie klar; ihr Vorhandensein entspricht unseren Erwartungen aufgrund des im Rahmen des Himalaya-Systems beobachteten Mechanismus, überascht aber auch durch die Zahl und das offensichtlich der Vegetation nach ausgeprägte Vorhandensein. Landschaftsökologisch bedeutet das Auftreten der klimatischen Trockentäler auch hier ein "fremdes Element", d.h. Trockenheit, trockene Vegetation in einer allgemein "feuchten", feuchteren Umgebung - aber: die Lage der Täler im Übergang zwischen Hochsien und Peripher-Asien, zusammen mit den ausgedehnten Hanglagen im Rahmen der tiefeingeschnittenen Schluchten bietet die Grundlage für die Ausbildung dieses Phänomens, das so überzeugend das Zusammenspiel von Orographie, Klima und Vegetation demonstriert (SCHWEINFURTH, 1956; 1957).

Im Rahmen der Verbreitung der Vegetation im Himalaya-System wird ausführlich auf die Frage der Exposition eingegangen, bzw. der überraschenden Expositionsdifferenzen zumal dort, wo West-Ost verlaufende Talzüge klare Nord- und Süd-Auslagen anbieten: Der Nanga Parbat unter 37° N (TROLL, 1939), genauso wie die Gegend um Batang unter 30° N (SCHÄFER, 1938) wurden damals (SCHWEINFURTH, 1957) schon herausgestellt; doch der chinesisch-tibetische Übergangsraum ist weithin durch drastische Beispiele von Expositionsdifferenzierung charakterisiert, zumal - wie im Falle Nanga Parbat und Batang - im Wechsel zwischen bewaldeter Nord-Auslage und gegenüberliegender Süd-Auslage mit Graswuchs im Verlauf eines Talzuges. Im einzelnen sind die Angaben nicht präzise genug, um Genaueres zu sagen über Höhenlage etc., aber das Phänomen als solches ist insbesondere durch die Beobachtungen von TAFEL (1914) und ROCK (1956: Photographien) belegt, und es ist nach den Erfahrungen im Himalaya-System zu erwarten, daß das Phänomen der Expositionsdifferenzierung bevorzugt in den "inneren Bereichen" des Übergangsraumes auftritt.

Wie stets in einer landschaftsökologischen Analyse beansprucht die Waldgrenze besondere Aufmerksamkeit. Im chinesisch-tibetischen Übergangsbereich ist mit einer oberen und einer unteren Waldgrenze zu rechnen, letztere ist allein schon durch die klimatischen Trockentäler angedeutet. Was über die Waldgrenze bekannt ist, ist wenig, doch die wenigen Angaben lassen das Phänomen im Rahmen des gesamten

Landschaftshaushaltes erst recht interessant erscheinen, zumal gerade jene Waldgebiete, die sich am weitesten - in den Talzügen - gegen das tibetische Hochland, gegen Hochasien hinauf vorwagen, unter dem Einfluß der nomadisierenden tibetischen Stämme stehen - mit der wahrscheinlichen Folge des Hinabdrückens der - natürlichen - Waldgrenze durch menschlichen Einfluß (über Viehweide, Feuerholz u.a.) (vgl. TAFEL, 1914; GUIBAUT, 1944; 1949; von WISSMANN 1960/61).

Das Hochland gilt als die Domäne des tibetischen Volkstums, während die Han-Chinesen in den Talzügen vorrückten, wenigstens bis zu gewissen Höhen - wieweit die Konsolidierung der chinesischen Zentralgewalt in den Jahren nach 1949 hier Änderungen bewirkt hat, ist schwer abzuschätzen. Das ursprüngliche Bild ist, daß auf den Höhen, Hochlagen, Gebirgskämmen tibetisches Volkstum weit nach Süden bzw. Osten verbreitet ist, in den Tälern Han-Chinesen in das Innere des Kontinents hinein vordringen (WIENS, 1967; EBERHARD, 1942); zwischen diesen beiden dominierenden Gruppen fanden sich Splittergruppen in Refugien, Rückzugsgebiete abgedrängt, wo sie einigermaßen sicher vor der Dominanz der anderen, insbesondere der Han-Chinesen, überlebten - mit eigenen Gebräuchen, Sitten, Religion, Sprache, Anbaupflanzen und -systemen: Die Reiseliteratur ist voll von Einzelbeobachtungen, aber es gibt kein Werk, das so wie ROCK's Na-khi-Monographie umfassend Auskunft gibt über eine dieser Minoritäten.

Allein die zahlreichen Hinweise auf noch vorhandene Spuren des alten Bön-Kultes (z.B. bei TAFEL, 1914) erinnern unmittelbar an die Verhältnisse im "inneren Himalaya", wo die Forschung der vergangenen Jahre in vielen verstreuten Bereichen - unter dem Firnis eines heute praktizierten Islam, Hinduismus/Brahmanismus oder Buddhismus - nicht nur auf Reste des Bön-Kultes gestoßen ist, sondern auch die verschiedensten Spuren von Vor-Bön-Kulten, zumeist lokaler Prägung, festgestellt hat, die sich in den Refugien der abgelegenen inneren Bereiche haben halten können (SCHWEINFURTH, 1982).

Mehr noch, im Rahmen des chinesischen Reiches, in der Abgeschiedenheit dieser Rückzugspositionen haben sich quasi-souveräne politische Einheiten erhalten, für die lange Zeit der ihnen von außen/"oben", von Peking her übergestülpte Begriff der Suzeränität, damit einer gewissen Anerkennung Han-chinesischer Oberheit, kaum existierte - weil 'Peking', die Zentrale weit weg war und Verbindungen kaum existierten: Schließlich war der chinesisch-tibetische Übergangsbereich Chinas "Wilder Westen", zwar den äußeren, weit gefaßten Grenzen des chinesischen Reiches nach "fest" im großen chinesischen Staatsverband eingeschlossen, aber die innere Organisation, verwaltungsmäßige Durchdringung blieb hinter der politischen Demonstration nach außen zurück - zwangsweise, aufgrund der enormen topographischen Schwierigkeiten - und: sie konnte es wohl auch sein angesichts der gewaltigen Ausdehnung des Reiches der Mitte, das diesen Raum insgesamt fest umschloß.

Die Grundtatsache, daß dieser Raum auch für Nicht-Chinesen kaum erreichbar war, hat dazu geführt, daß die Frage nach diesen Refugien in ethnischer und politischer Sicht außerhalb Chinas kaum im Zusammenhang aufgegriffen worden ist. ROCK's Na-khi-Monographie gibt für den speziellen Bereich - um Likiang herum - erschöpfend Auskunft und immerhin Hinweise auch auf die weitere Umgebung. Aber auch von WISSMANN, der das Problem der Suzeränität aus eigener Anschauung im südlichen Yünnan (Hsiphsong Banna: von WISSMANN, 1942) kannte, allerdings mit dem Unterschied, daß es sich hier um eine akute 'frontier'-Situation handelte (WIENS, 1967), hat sich in seiner Übersicht (von WISSMANN, 1960/61) ganz auf die physisch-geographischen Aspekte beschränkt.

Es ist ein besonderes Anliegen dieses Versuches, ausgehend von den Erfahrungen mit der landschaftlichen Gliederung im Himalaya, den chinesisch-tibetischen Übergangsraum in ganzheitlich geoökologischer Sicht zu sehen: die Reste alten Volkstums, alter, wahrscheinlich inzwischen abgelöster, politischer Strukturen sind Zeugen für den besonderen Charakter dieses Übergangsraumes und entsprechen, gerade auch in der Herausbildung und Bewahrung lokaler politischer Organisationen, ganz dem Charakter des "inneren Himalaya" als der Übergangszone, der 'in-between zone' par excellence.

Es scheint, daß die chinesische Zentralregierung den Minoritäten, die unter den gegebenen Verhältnissen keinerlei Gefahr für den gesamtstaatlichen Zusammenhang bedeuten, heute allgemein mit Wohlwollen entgegenkommt, wenn auch alle moderne Entwicklung zugleich Nivellierung bedeutet (dazu auch MESSERLI & IVES, 1984; IVES, 1985).

Dieser Beitrag versucht, die für das Himalaya-System aus der Vegetationsanalyse resultierende landschaftsökologische Dreiteilung auf das chinesisch-tibetische Übergangsgebiet zwischen Yangtze-Durchbruch und Hwang Ho-Durchbruch anzuwenden: Beim gegenwärtigen Stand unserer Kenntnis ist es nur möglich, einige große Linien aufzuzeigen, wobei die Vegetationskarte Chinas (1979) als wesentliche Grundlage der physisch-geographischen Raumerhellung dient.

Die **Dreiteilung des Übergangs** von peripherem Asien zum zentralen Hochasien in einen äußeren = feuchten, inneren = mäßig-feuchten Bereich und das tibetische Hochland entspricht den Verhältnissen im Himalaya-System und kann als gesichert angenommen werden. Wie im Himalaya konzentriert sich - bei aller Aufmerksamkeit, die Trockentäler, Expositionsdifferenz, Waldgrenze etc. auf sich ziehen - das Interesse auf den "inneren Bereich" als klassisches Refugium, wo sich Splittergruppen mit ihren Besonderheiten in Sprache, Religion, Volkstum, Anbau und politischer Organisation bis in unsere Tage halten konnten. Auch im chinesisch-tibetischen Übergangsgebiet bedeutet "moderne Entwicklung", zwangsläufig, "Nivellierung", doch bleibt abzuwarten, ob nicht die Natur des Raumes auch jetzt noch sich nicht als ein gewisser Schutz vor allzu radikalen Auswirkungen erweist.

So hilfreich die Vegetationskarte von China (HOU, 1979) ist, bleiben dennoch zahlreiche Wünsche offen, so vor allem die Berücksichtigungen der vertikalen Gliederung an ausgesuchten Beispielen, oder Detailstudien ausgewählter Gebiete, sowie ein dem Detail mehr förderlicher Maßstab - doch dieser Wunsch mag auf die erneute Frage nach zuverlässigen topographischen Karten (oder Luftbildern!) hinauslaufen als notwendiger Grundlage weiterer Forschung. Dieser abschließende, erneute Hinweis auf die Vegetation als Grundlage der landschaftlichen Gliederung soll zugleich auch den Weg weisen dorthin, wo die interessantesten Probleme des chinesisch-tibetischen Übergangsraumes der Bearbeitung harren - in die abgelegenen, inneren Bereiche, die durch eine differenziertere Vegetationsaufnahme erst einmal auf der Karte "sichtbar" werden müßten.

LITERATURVERZEICHNIS

COX, E.H.M. (1945): Plant-Hunting in China. London.

DAVIES, H.R. (1909): Yün-nan - the link between India and the Yangtze. Cambridge.

EBERHARD, W. (1942): Kultur und Siedlung der Randvölker Chinas. Leiden.

FARRER, R. (1917): On the Eaves of the World. London.

GILL, W. (1883): The River of Golden Sand. London.

GUIBAUT, A. (1944): Exploration in the Upper Tung Basin, Chinese-Tibetan borderland. In: Geogr. Rev. 34: 387-404.

ders. (1949): Tibetan Venture. London.

HANDEL-MAZZETTI, H. von (1927): Naturbilder aus Südwest-China. Wien.

HEIM, A. (1933): Minya Gongka. Bern.

HOU, H. Y. (1979): Vegetation Map of China - 1:4 000 000. Acad. Sinica, Bijing (Chin., Legende auch in Engl.).

ders. (1983): Vegetation of China with reference to its geographical distribution. In: Ann. Missouri Bot. Gard. 70: 509-548.

HUANG RONGFU (1982): Vegetation of East Kunlun and Anye Maqen Mountain in Northeast Qinghai-Tibet Plateau. Manuscr., vgl. Sitzungsbericht und Mitt. Braunschw. Wiss. Ges., Sonderdruck 6: 50-52.

IMHOF, E. (1974): Die großen, kalten Berge von Szetschuan. Zürich.

IVES, J. D. (1985): Yulongxue Shan, Northwest Yunnan, People's Republic of China; a geoecological expedition. In: Mt. Res. and Dev. 5: 382-285.

JEN MEI-NGO (1958): The Glaciation of Yulungshan, Yunnan, China. In: Erdkunde XII: 308-313.

KOLB, A. (1963): Ostasien: China - Japan - Korea. Heidelberg.

MESSERLI, B. & J. IVES (1984): Gongga Shan (7 556 m) and Yulongxue Shan (5 596 m). Geoecological Observations in the Hengduan Mountains of Southwestern China. In: LAUER, W. (Hrsg.): Natural Environment and Man in Tropical Mountain Ecosystems. Erdwiss. Forschung XVIII, Stuttgart: 55-77.

ROCK, J. F. (1933): Land of the Tebbus. In: Geogr. J. 81: 108-127.

ders. (1947): The ancient Na-khi Kingdom of Southwest China (2 vols.), Harv. Univ. Pr., Cambridge, Mass.

ders. (1956): The Amnye Ma-chhen Range and adjacent regions: a monographic study. In: Ser. Orient. Roma 12.

SCHÄFER, E. (1933): Berge, Buddhas, Bären. Berlin.

ders. (1933): Unbekanntes Tibet. Berlin.

ders. (1938): Ornithologische Ergebnisse zweier Forschungsreisen nach Tibet. In: J. Ornith. 86. Jg., Sonderdruck.

SCHWEINFURTH, U. (1956): Über klimatische Trockentäler im Himalaya. In: Erdkunde X: 297-302.

ders. (1957): Die horizontale und vertikale Verbreitung der Vegetation im Himalaya. In: Bonner Geogr. Abh. 20.

ders. (1965): Der Himalaya - Landschaftsscheide, Rückzugsgebiet und politisches Spannungsfeld. In: Geogr. Zeitschr. 53: 241-260.

ders. (1972): The Eastern Marches of High Asia and the River Gorge Country. In: TROLL, C. (Hrsg.): Geoecology of the High Mountain Regions of Eurasia. In: Erdwiss. Forschung IV: 276-287. Wiesbaden.

ders. (1981): Tibet-Symposium der Academia Sinica in Peking (Beijing): 25.5. - 1.6.1980. In: Erdkunde 35: 71-72.

ders. (1982): Der innere Himalaya - Rückzugsgebiet, Interferenzzone, Eigenentwicklung. In: Erdk. Wiss. 59: 15-24.

SCHWEINFURTH. U. &. CHEN WEILIE (1984): Vegetation und Landesnatur im südlichen Gaoligong Shan (West-Yünnan). In: Erdkunde 38: 278-288.

SCHWEINFURTH, U. & H. SCHWEINFURTH-MARBY (1975): Exploration in the Eastern Himalayas and the River Gorge Country of Southeastern Tibet: Francis (Frank) Kingdon WARD

(1885 - 1958) - an annotated bibliography with a map of the area of his expeditions. In: Geoecol. Res. 3, Wiesbaden.

SHELDON, W. G. (1975): The Wilderness Home of the Giant Panda. Univ. of Massachusetts Press, Amherst.

TAFEL, A. (1914): Meine Tibetreise. (2 Bde.), Stuttgart.

TROLL, C. (1939): Das Pflanzenkleid des Nanga Parbat. Begleitworte zur Vegetationskarte der Nanga Parbat-Gruppe (Nordwest-Himalaya) 1:50 000. In: Wiss. Veröff. Dtsch. Mus. Ldk. Leipzig, N.F.7.

WARD, F: Kingdon (1910): On the road to Tibet. Shanghai.

ders. (1913): The land of the blue poppy. Cambridge.

ders. (1923): The mystery rivers of Tibet. London.

ders. (1924): The romance of plant hunting. London.

WIENS, H. J. (1967): Han Chinese expansion in South China. Newhaven, Conn.

WISSMANN, H. von (1942): Süd-Yünnan als Teilraum Südostasiens. In: Z. f. Geopol. XIX: 111-131.

ders. (1959): Die heutige Vergletscherung und Schneegrenze in Hochasien. Ak. Wiss. und Lit. Mainz, Abh. Math. Naturw. Kl. 1959, Nr. 14, Wiesbaden.

ders. (1960/61): Stufen und Gürtel der Vegetation und des Klimas in Hochasien und seinen Randgebieten. In: Erdkunde XIV: 249-272; XV: 19-44.

INDONESIAN DROUGHTS AND THEIR TELECONNECTIONS

von

Hermann Flohn, Bonn

ZUSAMMENFASSUNG: Indonesische Dürren und ihre Fern-Zusammenhänge

El-Niño-Southern Oscillation (ENSO)-Ereignisse an der Westküste Südamerikas und auf dem äquatorialen Pazifik werden begleitet von gleichzeitigen Dürreperioden in Indonesien. Während der Monate Juni-November 1982 litten große Gebiete von Indonesien (vor allem südlich des Äquators) unter einer schweren Dürre, in der auf einem Gebiet von mehreren Mio. km² bis herab zu 10% (und weniger) der normalen Regenmenge fielen; in dem sonst extrem feuchten Urwaldgebiet von Ost-Kalimantan kam es zu riesigen Waldbränden.

Aufgrund von kohärenten Reihen von Gebietsmitteln der Regenmenge für Süd-Indonesien (1879-1970) und Papua-Niugini (1904-1972) werden die zeitlichen Schwankungen der Dürrehäufigkeit und ihre Fern-Zusammenhänge mit entsprechenden Niederschlagsreihen für die Line Islands, Nauru und Sri Lanka untersucht. Sie belegen ebenso auch die Gleichzeitigkeit von besonders heftigen Niederschlägen in Indonesien mit Dürren (und wahrscheinlich aufquellendem Kaltwasser) auf dem Zentral-Pazifik, die mindestens bis Nauru (169°E) reichen. Lokale Änderungen der Wassertemperatur im Südchinesischen Meer (NE Singapore) müssen als sekundäre Konsequenzen aufgefaßt werden.

ABSTRACT

El-Niño-Southern Oscillation (ENSO) events at the west coast of South America and the equatorial Pacific are accompanied by drought periods in the "maritime continent" Indonesia (BEHREND, 1984). During June to November 1982, many areas of Indonesia (mainly south of the equator) suffered from a loss of up to 90 and more percent of normal rainfall over an area of several million km², causing extended wildfires in (otherwise excessively humid) eastern Kalimantan. Coherent area-averaged rainfall series for southern Indonesia (1879-1970) and Papua-Niugini (1904-1972) are used to investigate the time fluctuation of droughts and their teleconnection with similar long rainfall series at the Line Islands, at Nauru and Sri Lanka. They indicate also a coincidence between heavy rainfall at Indonesia with droughts (and probably upwelling) extending across the Central Pacific at least to Nauru (Long. 169°E). Local changes of the sea-surface temperature in the South China Sea NE of Singapore appear to be a secondary consequence of droughts.

INTRODUCTION

After two remarkable El Niño events related to global-scale climatic anomalies (1972 and 1982/83) the interest of climatologists has been concentrated on these world-wide anomalies, which have been reviewed by several authors (RASMUSSEN & CARPENTER, 1982; RASMUSSEN & WALLACE, 1983; ARKIN, 1984; WRIGHT, 1985; LATIF, 1986). The anomalies apparently spread from the central tropical Pacific to the South American coast, where they are responsible for the warm water events known since a long time ago as El Niño (SCHOTT, 1931; DOBERITZ, 1968). They are strongly related to a large-scale see-saw correlation between surface pressures at the Indian Ocean (including Indonesia) and at the Pacific, detected as early as around 1924 by Sir Gilbert Walker (see BERLAGE, 1957; BJERKNES, 1969) and described as Southern Oscillation. Nowadays the strong coupling of oceanic and atmospheric phenomena in an area covering more than half of the earth's circumference is often shortly called ENSO (El Niño-Southern Oscillation).

One of the most remarkable phenomena of these ENSO events are large-scale droughts in Indonesia, which shall be discussed here in greater detail, after BERLAGE (1957), QUINN et al. (1978); NICHOLLS (1981; 1984) and BEHREND (1984) have shown the coincidence between them and the Pacific ENSO events. In his diploma thesis, BEHREND has evaluated an area-averaged precipitation record for southern Indonesia (13 statistically coherent stations between Lat. 2°S and 12°S and Long. 106-130°E, for the period 1879-1970, Fig. 1). This will be used here, together with Wright's SO-Index (WRIGHT, 1975).

In Chapter 2 the excessive drought of 1982/83 and its extension shall be described, as far as the incomplete data sources allow. Then the mechanism of convective clouds and rainfall in Indonesia in its relation to the temperature distribution over this "maritime continent" (RAMAGE, 1968) shall be discussed. Chapter 4 deals with the history, frequency and intensity of droughts between 1879 and 1970. In the next chapter the unusually high sea surface temperature and its evolution during this century shall be described. In chapter 6 we shall discuss some of the rainfall teleconnections found by BEHREND in the equatorial belt running from Indonesia across the Indian Ocean and the Pacific, even into the Caribbean, thus extending over more than 250° of Longitude.

2 THE 1982/83 DROUGHT

The drought of 1982/83 was certainly not the first of this kind (see chapter 4), but it was the first routinely documented from satellites by measuring cloud motions (and thus the wind distribution in two levels) and the energy of the outgoing longwave radiation of the cloud surface. Using the Stefan-Boltzmann Law, together with the longwave emission coefficient of clouds, these data - received "on line" at the Climatic Diagnostic Center of the United States near Washington, D.C. - allow a reliable estimate of cloud top height and temperature, which are strongly correlated with intensity and amount of convective rainfall. While normally three large areas of cloud top temperature below 210 K (or even below 200 K) are observed above Amazonia, equatorial Africa and (the largest and most intensive of all) above Indonesia, during this drought the last one gradually moved eastward across the date line to Long. 140-150°W, i.e. over a distance of more than 8 000 km.

Unfortunately, monthly surface data to describe this drought are incomplete; for Indonesia they are only available from June 1982 onwards, with many station changes and gaps from month to month. For neighbouring areas (i.e. Malaysia, Papua-Niugini, Australia, Pacific Islands, Philippines) the situation is slightly better, but by no means ideal; in all cases the density of reporting stations is far too low. As an example, Borneo (Kalimantan) with an area of 0.75×10^6 km^2 is represented by no more than six stations, of which only two (in Malaysia) are complete.

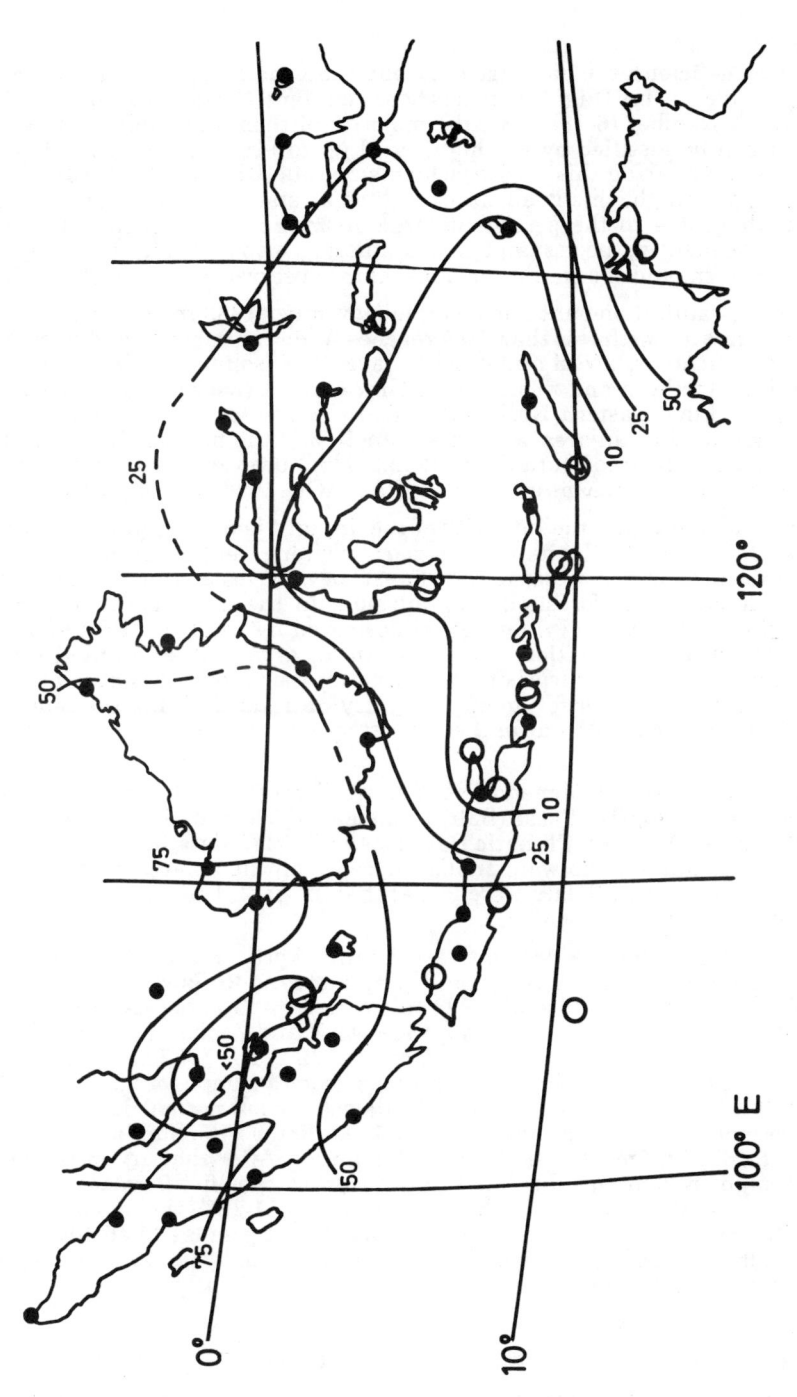

Fig. 1: Approximate rainfall anomalies(%) in Indonesia during June-November 1982. Dots = stations; circles = 13 stations of the 1879-1970 series for southern Indonesia (BEHREND, 1984).

In spite of deficiencies I have tried to put these data together and to draw an approximative outline (Fig. 1) which is based on some 40 station values for the half-year June-November (6-11) 1982, the majority of them imcomplete. Here this experiment can be justified by the high serial (auto-) correlation of the Indonesian rainfall records during this season, which amounts (BEHREND, 1984) up to 0.79. Surprisingly enough, this is about as high as at station records along the Pacific equator, there due to the persistent large anomalies of sea surface temperature (SST). Consequently, the assumption that missing monthly values show anomalies of the same sign (and of a similar amount) as the observed data, is well justified.

Fig. 1 shows rainfall amount during June-November 1982 in per cent of long-term averages. An area with less than 10% reaches from Tanimbar Islands (southeast of Ceram) to central Sulawesi and eastern Java. The isoline 25% includes northern Sulawesi, Halmahera and westernmost New Guinea (Irian) with an area of more than 2×10^6 km^2. Eastern Kalimantan and the greater part of New Guinea are probably situated in an area with less than 50% of the normal. Normally the dry season controls the area south of about Lat. 7°S; however, great fluctuations from year to year are by no means uncommon (RAMAGE, 1968, see chapter 5).

At least in Kalimantan, the intensity of the drought is not adequately represented by these rainfall data. In its eastern part, visitors were surprised by the quite unusual dryness of the tropical rain forest: dry leaves rustling underfoot as in midlatitude deciduous forests during autumn. In the last months of 1982 up to 35 000 km^2 of (partly virgin) forest was destroyed by wildfires (FRANKF. ALLG. ZEIT. 12.9.1984) - a situation unheard of in an area with an annual rainfall of 3-5 000 mm. Even more surprising was a newspaper report (however not yet confirmed) that the Fly river fell temporarily dry - a river draining the central highlands of New Guinea with one of the highest specific discharges of all rivers: 41 l/s per km^2.

During June-November Menado (NE Sulawesi) received 94 instead of 1132 mm (long-term average), Den Pasar (Bali) 14 instead of 500 mm, Singapore 531 instead of 1603 mm. In "Monthly Climatic Data for the World", data from (in the average) 37 stations from Indonesia were published, representing an area near 8×10^6 km^2: only 9% of these rainfall data were larger than normal. Unfortunately no data for May 1982 or before were available.

In parts of Indonesia the drought lasted until April or even May 1983. As an example, Kota Kinabalu (Sabah) and Ujung Pandang (Sulawesi) received, during the 11 months June 1982 to April 1983 only 48 resp. 42% of normal (which amounts to about 2 500 mm), while Gorontalo (Sulawesi) and Ambon (only 10 month) received 33 resp. 31%, and Den Pasar (in 9 month) 22%. The 1982 drought extended to the greater part of the Australian continent: from a sample of 25 stations east of Long. 129°E, 87% of all monthly rainfall data were below normal during the months April-December 1982, in the western part (11 stations) 74%. Similarly the southern and central Philippines suffered from the drought. After the turn of the year, the main drought region was displaced to the western Pacific: from the 7 islands of Micronesia (7-13° N, 135-173°E) three received only 11-12%, the remaining four 23-35% of the normal. With the available data it is not possible to outline the whole drought-affected area at a given time; at the end of the year 1982 it should have extended over more than 18×10^6 km^2 in this part of the world alone.

3   THE "MARITIME" CONTINENT AND ITS DIURNAL CIRCULATIONS

The term "maritime continent" has been coined by RAMAGE (1968): it characterizes the conglomerate of very large islands with high mountains and relatively large ocean basins, many of them only shallow shelf seas emerging during Pleistocene glaciations. These seas, with water temperatures reaching 28-30°C, are - together with the rainforests and paddies of the islands - a powerful source of evaporation and latent heat. Geostationary satellite observations show clearly that Indonesia is by far the most powerful individual heating center of the atmosphere, especially during southern summer, when its core moves to Lat. 5°S near New Guinea, with very large fields of converging lower winds (around 850 hPa = 1 500 m) and diverging high-tropospheric winds at 200 hPa = 12 km (Sumi-Murakami, DAVIDSON). In the Tropics, heating by condensation and falling rain reaches its highest value in the middle troposphere (6-7 km, HOUZE). Data from orbiting satellites (BARTON) indicate that the highest cloud frequency of all 10 x 10° fields occures in all seasons over the Indonesian area. Only here tropopause temperatures below -80° are observed regularly (NEWELL & GOULD-STEWARD) and the penetrating Cbs inject water vapour into the (otherwise extremly dry) stratosphere.

The physical mechanism of such wide-spread droughts is not easy to comprehend. In Indonesia (as in other tropical areas) diurnal circulations - cf. BRAAK (1927) - occur regularly between land and sea, and especially between large mountainous islands and the surrounding seas. In the Hawaiian islands, in Tahiti and other places the daily sea-breeze, locally intensified by large-scale wind systems such as the trades or - in the Indian Ocean - the equatorial westerlies, causes very high rainfall, up to 6-12 m annually, at the hill slopes at up to about 1 500 m altitude. As satellite pictures verify, the daytime circulation culminates during the afternoon (between 15 and 18^h local time) with towering Cb-systems merging into giant massifs.

On an afternoon flight between Darwin and Singapore, the author has crossed such a massif above SW-Kalimantan at the 10 km level - it became pitch-dark in the cabin, indicating a cloud top of at least 17 km - during 32 min (about 480 km), which was apparently only a marginal part of the whole cluster.

During nighttime, the situation reverses, the sea is warmer than the land and around sunrise a mountaineer at high peaks observes the Cb-towers at the sea, standing himself in the clear air (cf. BRAAK p. R. 40). Satellite observations confirm this diurnal shift, which is maintained in spite of the unusually high SST's (see Chapter 5). What forces are able to suppress such a regular, powerful diurnal cycle during a drought of this scale?

According to many recent investigations - and in agreement with the statistical findings of BERLAGE (1957) and QUINN et al. (1978) - this problem is closely related to the large scale ENSO anomalies. This can be demonstrated by the example of the excessive drought 1982/83, which was better documented than any before. While the SST anomalies in the Indonesian area had been relatively small, at least near the equator, the outgoing longwave radiation (OLR) was increased from June to December, in the area around Sulawesi, by 20-30 W/m^2, equivalent to a lowering of the height of the Cb-tops by about 3 km; during early 1983 even more. In marked contrast, a large area of negative OLR anomalies along the equator spread from 140°E in May, steadily intensifying, across the date line to about 140°W, where it remained from December until March 1983, with a value of -75 to 90 W/m^2, equivalent to a Cb-top rise of 6-8 km. This shift occured rather parallel with an advance of very high SST (29-30°C) towards east, reaching the South American coast at the turn of the year, and with an area of prevailing westerly winds, which produced this eastward flow of the oceanic warm waters. The general mechanism of this coincidence of events has been described, in comparison of six cases between 1949 and 1972, by RASMUSSEN & CARPENTER (1982), dealing mainly with SST and surface winds. The simultaneous distribution of rainfall has been demonstrated by BEHREND, a high positive correlation between zonal wind components and rainfall by FLOHN (1984).

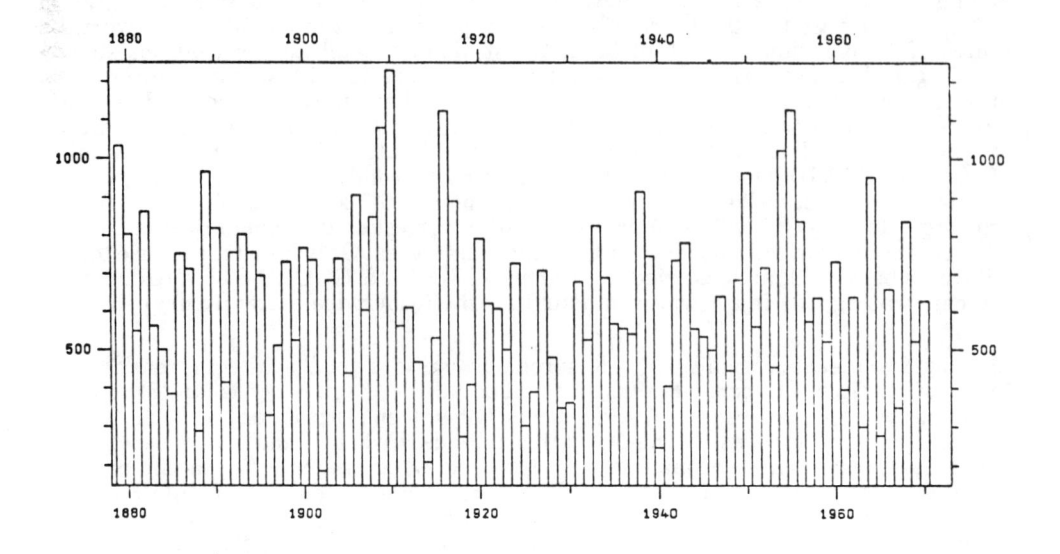

Fig. 2: Area-averaged rainfall at southern Indonesia (stations see Fig. 1) for the "dry" half-year June to November, 1879-1970.

According to this evidence, the course of events apparently begins during northern summer (or even late spring) at the western and central Pacific and spreads from there eastwards. Indonesia lies at the backside of this evolution; it is, however, strongly affected. Formation and maintenance of such a large area of highest Cb-activity, rainfall and thus release of latent heat energy and tropospheric warming need convergence between the (normal) low-level easterlies and the westerlies at the advancing front of this convective system. In the rear this leads to divergence between the easterlies above Indonesia ("East-Monsoon") and these Pacific westerlies. This **divergence** is responsible for a large-scale **subsidence**, fed at the high troposphere (during 1982/83) by rather strong easterlies, and thus for the drought situation over a very large area. Theoretical considerations and modelling studies are still on the way - at present no clear and unambiguous solution has been found. This first precursors had been suggested, with rather convincing evidence (VAN LOON, 1985), to occur in the midlatitudes of the southern Pacific, where few stations provide reliable records before the 1950's.

4 HISTORY OF DROUGHTS

Indonesian droughts have aroused the interest of climatologists in the 1920's, when Sir Gilbert WALKER and C. BRAAK investigated the Southern Oscillation and its large-scale role in the Pacific/Indian sector of the Tropics. BERLAGE gave a history of droughts for 1830-1953 using the production of sea salt at the rather dry island of Madura during the East Monsoon period of southern winter. Our coherent area-average of southern Indonesia (BEHREND, see Fig. 2), limited to Lat. 2-12°S, shows a rainfall maximum in southern summer (January 295 mm, September 62 mm). The coefficient of variability $CV = \sigma/M$ (σ = standart deviation, M = average for each month) varies inversely between 0.68 (August) and 0.17 (February). This suggests a splitting of the 92 year record (1879-1970) into two half years (in mm; months as numbers):

		M	CV	Maximum	Minimum
Rainy season	(12-5)	1 362	0.076	1 600 (1917)	1 088 (1906)
Dry season	(6-11)	632	0.352	1 229 (1910)	187 (1902)
Year	(1-12)	1 995	0.134	2 610 (1916)	1 382 (1918)

For the same season another coherent area-averaged record can be given (BEHREND, 1984), which covers the eastern half of New Guinea, now Papua-Niugini, for the period 1904-1972. On each daytime satellite picture the high mountains and most of the islands are covered, during the whole year, by large Cbs; the month-to-month persistence during the (6-11) season is much smaller than at Indonesia (see later). A recent report on the New Guinea rainfall has been given by BARRY (1984).

QUINN et al. (1978) have indicated a convincing coincidence between ENSO- years at the Peru-Ecuador coast and the Indonesian droughts: 93% of droughts are associated with ENSO events, 78% of the latter coincide with Indonesian droughts. Here we use our record for a more detailed description, omitting the relatively uninteresting rainy half-year. From the 92 dry seasons 17 are drier than $M - \sigma = 410$ mm, while 13 brought more rain than $M + \sigma = 855$ mm. A remarkable fact is the frequent sequence of two extreme seasons: examples of very dry seasons are 1918/19, 1925/26, 1929/30 and 1940/41, in contrast to "humid" dry seasons 1909/10, 1916/17 and 1954/55. Nevertheless, the interannual autocorrelation remains below the significance limit, indicating only a weak tendency for persistence. Among the most extreme dry seasons we note 1902 (30% of the normal), 1914 (33%) and 1940 (39%), in contrast to 1910 (194%), 1955 and 1916 (178%), 1909 (171%) which surpass $M + 2\sigma$.

To take into account the different duration, we note also extreme droughts lasting shorter or longer as the 6 month season. We select such cases, in which most months receive less than 60%, and no month more than 70%: 1902 during 8 months (4-11) 40%, 1963 (4-11) 52%, 1925 (5-12) 54%. This condition is not quite fulfilled in the 9 month drought of 1929/30 (5-1), which brought only 48% of normal. Most severe drought periods of 4 months duration are: July-October (7- 10) 1914 8%, 1902 25%, 1896 31%, 8-11 of 1923 27%.

One of the most remarkable properties of this area-averaged record is its month-to-month persistence. Using running 3-month averages, BEHREND (1984: 16) has computed autocorrelation (acf) series with lags between 1 to 15 months. His figure shows clearly that from December until March the acf's become insignificant (below 0.2) after the first month, while they remain significant, between April and August, up to 5-7 months, e.g. from May until December. Between June and August, the 3-month lag acf. surpasses 0.6. This behaviour is quite similar to that of rainfall and sea surface temperature (SST) at the equatorial Pacific (see chapter 5) and characterizes ENSO events (WRIGHT, 1984).

After 1970, few data are available. The great ENSO event of 1972 was almost certainly accompanied by a drought in Indonesia. But apart from the record from two marginal stations - Dili (East Timor) 12% of normal - only the Papua-Niugini average dropped to one of the lowest values (63%) during 69 years. QUINN et al. (1978) mention 1976 as a case of Indonesian drought, associated with a moderate ENSO event.

Due to station changes and gaps it is not possible to obtain a rigid comparison of the 1982/83 drought to our series. We can only estimate the intensity of the drought by

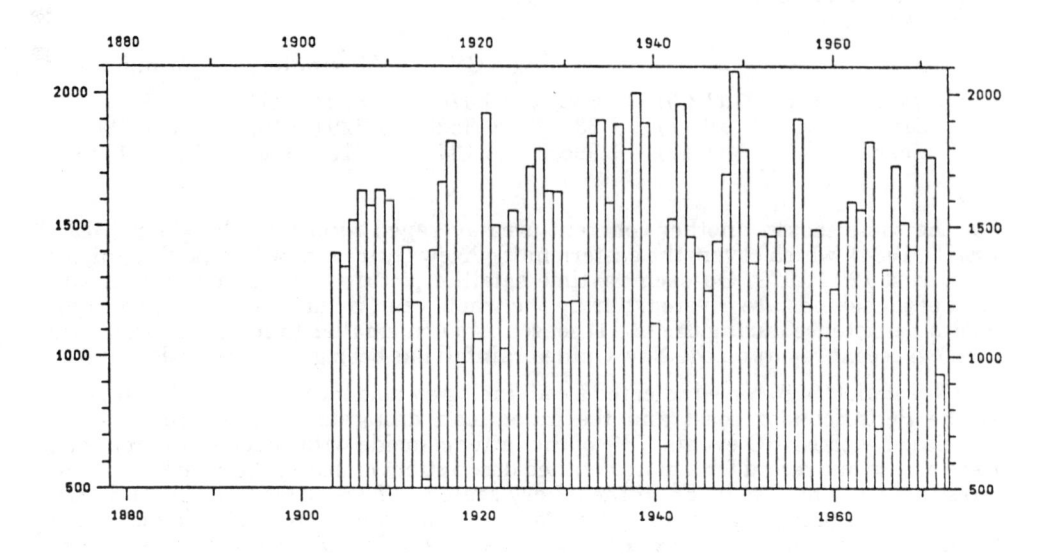

Fig. 3: Area-averaged rainfall at Papua-Niugini (6 stations, BEHREND, 1984) for the half-year June to November, 1904-1972.

using "neighbouring" stations and by combining their percent deviations. This has been done for 11 stations in Indonesia, thus omitting Darwin (with nearly normal rainfall) and Christmas Island (no data). The average percentage of the 11 stations (during 6-11) is 24%, which should place this event among the most severe droughts since 100 years, of about the same rank as the longest and most intense of all (1902). According to QUINN, 1902 was also an ENSO year (of moderate intensity). Nauru (0.6°S, 167°E) rainfall indicates that during this year the Indonesian heat center (see chapter 3) has also been shifted towards the Central Pacific near the date line.

5   SEA-SURFACE TEMPERATURES AROUND INDONESIA

After a lengthy time of evaluation, meteorological ship observations are now available in form of averages of SST, air temperature, cloudiness and resultant wind for each individual month for each 2 x 2° field for the period 1860-1979 (COADS data). It is not necessary to report that in most fields and months the number of observations is zero or negligible, but along the great shipping routes a wealth of data can now be used as a necessary supplement to station data on land. Recent investigations (e.g. FOLLAND, 1984) have indicated that since 1900 - the data before 1900 show high dispersion - SST and (nocturnal) marine air temperature have been steadily increasing, especially in tropical latitudes.

From these data, WEBER (1986) has selected the South China Sea between Malaysia and Kalimantan (0-10°N, 104-110°E) on the shipping route from Singapore to eastern Asia (Fig. 4). This series of annual values shows a steady rise of SST in the order of 1.0°C/100 years, with an average of 27.93°C and a standard deviation of 0.39°C. In the half years the trend is about the same (4-9: 28.68°C and 0.36°C, 10-3: 27.18°C and 0.44°C) with a greater variability during northern winter.

This upward trend has been shown also in a shorter series in the eastern Java Sea (NICHOLLS, 1981). It is no artifact: it coincides with all good data fields in other tropical oceans as well as at the equatorial mountain stations, verified also by the continuous glacier retreat in equatorial latitudes (HASTENRATH, 1984).

Comparing these records with those of the eastern equatorial Pacific (180-90°W) (WRIGHT, 1984) - as representative for ENSO events - WEBER obtains a cross-correlation coefficient (ccf) of 0.61 (lagging 3 month behind the eastern Pacific) significant at the 99% level. The acf's remain significant for 3 months (eastern Pacific for 5 months). A composite (superposed epoch) diagram for those events for an ENSO year together with the year before and the year after the event - averaged from 6(7) cases between 1950 and 1973 (Fig. 5) - shows clearly the coincidence between minimum rainfall at Indonesia and the highest SST of the eastern equatorial Pacific (180-90°W), as well as the lag of 3 months of the highest SST in the South China Sea. More local and simultaneous correlations between SST (at the shipping route between Sumbawa and Sulawesi, only 24 years) and Djakarta rainfall during September/October have been found by NICHOLLS (1981).

These relations seem to indicate that SST anomalies in Indonesian waters are consequences and not causes of the rainfall anomalies. This can be easily interpreted as an effect of higher insolation during drought periods (with lower cloudiness) causing rising SST; further discussion see HASTENRATH (1985, chapter 9.2).

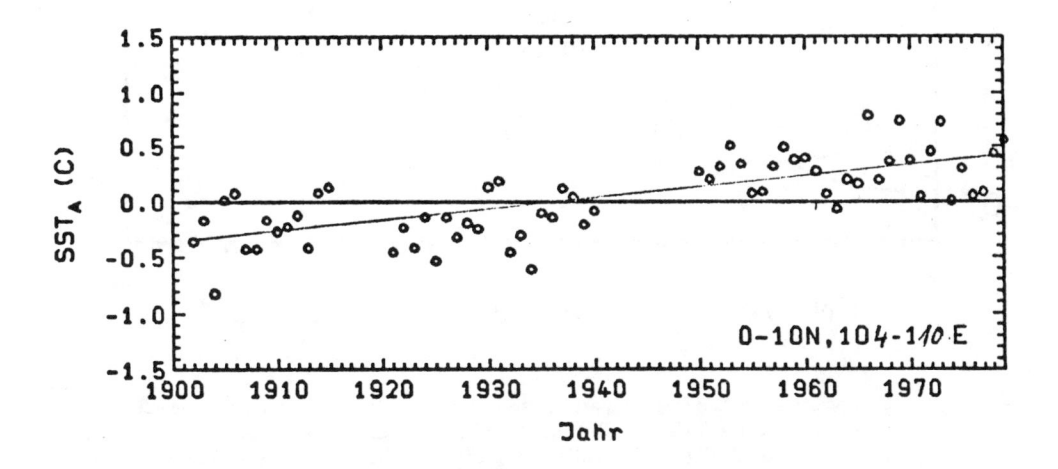

Fig. 4: Annual sea surface temperatures in the equatorial South China Sea (0- 10°N, 104-110°E) 1902-1980, deviations from the average (27.93°C), with linear trend. Data for the half-years (4-9) and (10-3) are similar; during northern winter the variance is greater than during northern summer and year.

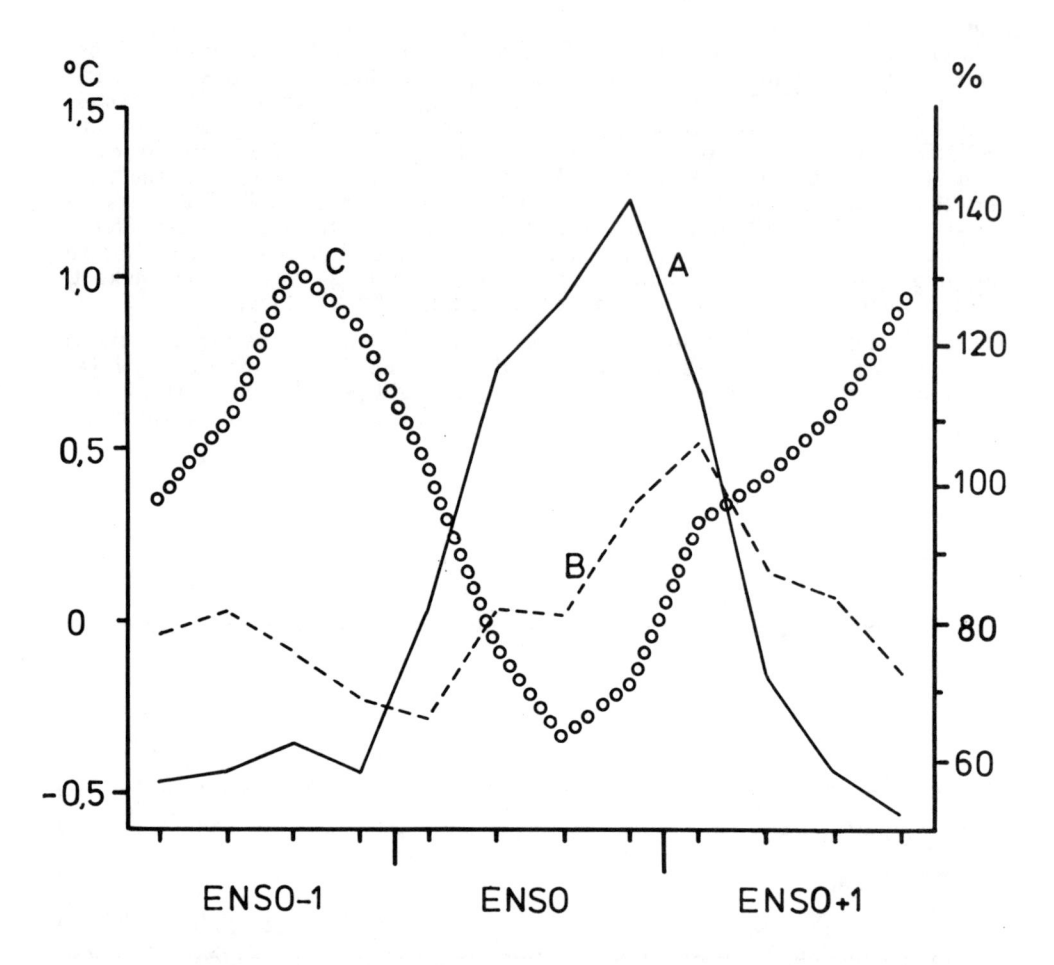

Fig. 5: Composite of sea surface temperatures anomalies at the Equatorial Pacific (180-90°W, = A) and South China Sea (B) (Fig. 4), left scales, and rainfall anomalies "Southern Indonesia" (C, cf. Fig. 1, 2), right scale in the year, before, during and after an ENSO event (7 cases).

6 RAINFALL TELECONNECTIONS

Following Sir Gilbert WALKER, BERLAGE, NAMIAS and other scientists, the search for teleconnections in the Tropics - applied to surface pressure, SST, rainfall and other parameters - has yielded surprising results, indicating a high degree of coherency in these anomalies. BJERKNES (1969) first suggested a physical mechanism for these teleconnections and described a time-variable, thermally driven circulation (Walker circulation) along the equator, with a heat source above Indonesia and a sink in the area of cool SST along the west coast of South America. During northern summer, a similar heat sink exists in the upwelling region along the East African coast. While earlier investigations - for rainfall e.g. DOBERITZ (1968) - were restricted to point records or limited areas, more recent evaluations (e.g. RASMUSSON & CARPENTER, 1982) were able to use ocean-wide or even global fields, which since the 1970's are covered by satellite observations.

In confirmation of results obtained by FLEER (1981) and BEHREND (1984) we report here correlations (ccf's) between the area-averaged rainfall series of southern Indonesia for the dry season (6-11) and those of far-distant areas. Here the simultaneous Nauru rainfall series (0.6°S, 166.9°E, JUNK, 1984) and the Line Islands Index (1-5°N, 158-160°W, MEISNER, 1976) are selected for comparison, together with a 12 station series of Sri Lanka (RAATZ, 1977), here for the most important rainy season of (10-12). Some results are also given for Papua-Niugini (7-11°S, 143-151°E; BEHREND, 1984). Table 1 gives a summary of all important ccf's; they are all stable during the whole period of comparison. The number of degrees of freedom is here nearly identical with the number of years of the period, since interannual acf's are near zero. It should be remembered, however, that the contribution of the covariance to the total variance of the series is given by r^2; only in cases of $r = 0.71$ or more it surpasses 50%. The good negative correlation between rainfall in southern Indonesia and the simultaneous pressure at Darwin (which is frequently used as ENSO index) is quite selfevident (see also HASTENRATH, 1985).

The most convincing correlations are those with the Central Pacific rainfall. Both rainfall series, Nauru in a distance of 5 200 km and the Line Islands (distance 9 000 km), are significantly correlated with southern Indonesia and Niugini; in both cases the contribution of this covariance to the total variance varies between 35 and 45% and is quite stable. This relation refers especially to the most extreme cases: if we select the 8 driest and the 8 rainiest years from the Indonesian series, then Nauru responds with its most extreme (but opposite) seasons:

	S. Indonesia	Nauru
8 driest half-year average	266	1 667 mm
8 rainiest half-year average	1 051	180 mm
Average 1892-1970	630	832 mm

Referring to strong ENSO events, the first line describes clearly the displacement, during a 6-month period, of the center of heavy rainfall (and of atmospheric heating) from Indonesia to the Central Pacific. The second line describes the opposite: when the Indonesian heating center is very strong - in such years the seasonal minimum (6-11) in its southern part nearly disappears in comparison to the rainy season (12-5) - subsidence suppresses nearly each convective activity in the area around Nauru. A possible role of local SST variations remains to be investigated; no significant change of air temperature at Nauru could be found.

The negative correlation to Sri Lanka confirms BEHREND's result. He reports, however, a positive relation to the same season's rainfall in nearby Southeast India; here further investigations are needed (see also FLEER, 1981, map: 43).

Our results indicate, that at the Indian Ocean Walker circulations do exist (presumably, mainly during northern summer, when upwelling occurs at the Somali coast), but they seem to be weaker than at the Pacific. This is also indicated by the moderate teleconnections between the vagaries of the Indian summer monsoon rainfall and ENSO events (RASMUSSON & CARPENTER, 1983, PARTHASARATHY & PANT).

Table 1: Simultaneous rainfall correlations (x 100, mostly period June to November). All values are significant at the 99.9% level, P = surface pressure.

	S. Ind.	Niug.	Nauru	Line I.	(10-12)[1]	period
S. Indonesia	x	+46	-63	-60	-51	1879-1970
Niugini		x	-68	-57	-44	1904-1972
Nauru			x	+80	+45	1893-1977
Line Islands				x	+44	1910-1970
P. Darwin(9-11)	-66	-50	+64	+70	+57	1883-1982

[1] Sri Lanka available 1875-1975

7 DISCUSSION

This simple analysis reveals some rather remarkable results:

a) In spite of intermingling of large islands (partly with high mountains) and wide ocean areas, the area of droughts is coherent, extends simultaneously over several millions km^2 and remains persistant over periods of 4-12 months.

b) These drouhgts are significantly correlated with the ENSO phenomena at the Central and Eastern Pacific and the South American west coast.

c) In contrast to this ENSO phenomena, local SST anomalies in the Indonesia area are consequences, but not causes of the very large-scale anomalies of the atmospheric circulation.

d) Apart from these short-period but typical fluctuations, the Indonesian heat center, extending from about Long. 75°E up to the westernmost Pacific near Long. 160°E, is (with SST of 29-29°C or even 30°C) much larger and more powerful than the two other equatorial heat sources above the continents of Africa and South America.

As recent satellite data have revealed (PRABHAKARA et al., 1985), this large-scale system, covering more than 10 x 10^6 km^2, is normally maintained, in the atmosphere, by an even larger area of low-level convergence and high-level divergence (SUMI & MURAKAMI, 1981; MURAKAMI et al., 1984). That such an enormous system is not stationary (i.e. fixed by unique geographical conditions), but can be displaced, for periods in the order of 4-9 months over up to 8-10 000km towards the open Pacific - with many climatic anomalies not to be discussed here (FLOHN, 1986) - allows us a glimpse into the roots of our comprehension of climate (see SMAGORINSKY; BARNETT). Only in recent years, our ignorance begins slowly to recede, due to new interactive models taking air-sea interaction into account. In addition to SST, to winds in the low and high troposphere and to estimates of rainfall from cloud top measurements, variations of the vertically integrated water vapour content (=precitible water) of the atmosphere from satellite (PRABHAKARA) indicate areas of large-scale subsidence and lifting. During the 1982/83 ENSO event these microwave data reveal not only the extension of the drought area, during October 1982, over at least 18 x 10^6 km^2 around Indonesia. They also demonstrate (together with the outgoing longwave radiaton) the displacement of the convective center of high precipitable water to the Central Pacific, surrounded by wide areas of subsidence (low precipitable water). The whole system resembles a macroscale cumulonimbus system maintained by low-level entrainment and high-level divergence at a spatial scale of the order 50 x 10^6 km^2.

Such displacements are only understandable, when large-scale advection of SST with wind-induced motins of the oceanic mixig layer (Kelvin waves) are taken into account (PHILANDER, 1983; GILL & RASMUSSON, 1983; WRIGHT, 1985). Their persistance over a time-scale of several months is typical for the "memory" of the oceanic mixing layer. This mixing layer is driven by the winds, but it controls itself the large-scale behaviour of the atmosphere: this is a key for any rational interpretation of climatic variability at the seasonal and interannual scale.

The author appreciates greatly the reception of the Indonesian rainfall data during a visit to the Meteorological and Geophysical Service of this country; other data have been kindly furnished by the National Center of Atmospheric Research (Boulder, Colorado). I acknowledge gratefully the help of Dipl. Mets. K.-H. WEBER and R. GLOWIENKA-HENSE, of Dr. HENSE and of Ms. I. HAYES who diligently has written the manuscript; the work was supported by the Rheinisch-Westphälische Akademie der Wissenschaften.

REFERENCES

ARKIN, P. A. et al. (1983): 1982-1983 El Niño Southern Oscillation Event Quick Look Atlas, NOAA National Weather Service, National Meteorological Center, Climate Analysis Center, Washington D. C.

BARNETT, T. (1983, 1984): Interaction of the Monsoon and Pacific Trade wind system at interannual time-scales. In: Monthly Weather Review, 111: 756-773; 112: 2380-2400.

BARRY, R. G. (1984): Aspects of the precipitation characteristics of the New Guinea mountains. In: Journ. Tropical Geography, 47: 13-30.

BARTON, R. (1983): Upper level cloud climatology from orbiting satellite. In: Journ. Atmos. Science, 40: 435-447.

BEHREND, H. (1984): Teleconnections of tropical rainfall anomalies and the Southern Oscillation. In: FLOHN, H.: Tropical rainfall anomalies and climatic change. Bonner Meteor. Abhandl., 31: 1-50.

BERLAGE, H. P. (1957): Fluctuations of the general atmospheric circulation of more than one year, their nature and prognostic value. In: Meded. Verh. Kon. Nederl. Meteor. Inst. No. 69.

BJERKNES, J. (1969): Atmospheric teleconnections from the equatorial Pacific. In: Monthly Weather Review, 97: 163-172.

BRAAK, C. (1931): Klimakunde von Hinterindien und Insulinde. In: W. KÖPPEN & R. GEIGER: Handbuch der Klimatologie, Band IV, Teil R.

DAVIDSON, N. E. et al. (1984): Divergent circulations during the onset of the 1978-79 Australian monsoon. In: Monthly Weather review, 112: 1684-1710.

DOBERITZ, R. (1968): Cross-spectrum analysis of rainfall and sea temperature at the equatorial Pacific Ocean. Bonner Meteor. Abhandl., 8.

FLEER, H. (1981): Large-scale rainfall anomalies. In: Bonner Meteor. Abhandl., 26.

FLOHN, H. (1984): Zonal surface winds and rainfall in the equatorial Pacific and Atlantic. In: Bonner Meteor. Abhandl., 31: 57-66.

ders. (1986): Singular events and catastrophes now and in climatic history. In: Naturwissenschaften, 73 (in print).

FOLLAND, C. K. et al. (1984): Worldwide marine temperature fluctuations 1856-1981. In: Nature, 310: 670-673.

GILL, A. E. & E. M. RASMUSSON (1983): The 1982-83 climate anomaly in the equatorial Pacific. In: Nature, 306: 229-234.

HASTENRATH, St. (1984): The Glaciers of Equatorial East Africa.Dordrecht.

ders. (1985): Climate and Circulation of the Tropics. Dordrecht.

HOUZE, R. A. jr. (1982): Cloud clusters and large-scale vertical motions in the Tropics. In: Journ. Meteor. Soc. Japan, 60: 396-410.

JUNK, H.-P. (1984): Nauru rainfall 1893-1977: a standard composite record. In: Bonner Meteor. Abhandl., 31: 67-72.

LATIF, M. (1986): El Niño - eine Klimaschwankung wird erforscht. In: Geogr. Rundschau, 38: 90-95.

MEISNER, B. N. (1976): A study of Hawaii and Line Island rainfall. Departm. of Meteorology, University of Hawaii, Report UHMET 76-04.

NATIONAL ATMOSPHERE ADMINISTRATION (1949):Monthly Climatic Data for the World. Monthly report, Rockville, Md. (since 1949).

MURAKAMI, T. et al. (1984): Heat, moisture and vorticity budget before and after the onset of the 1978-79 Southern Hemisphere summer monsoon. In: Journ. Meteor. Soc. Japan, 62: 69-87.

NEWELL, R. E. & Sh. GOULD-STEWART (1981): A stratospheric fountain? In: Journ. Atmos. Sciences, 838: 2789-2796.

NICHOLLS, N. (1981): Air-sea interaction and the possibility of long-range weather prediction in the Indonesian Archipelago. In: Monthly Weather Review, 109: 2435-2443.

ders. (1984): The Southern Oscillation and Indonesian sea surface temperature. In: Monthly Weather Review, 112: 424-432.

PARTHARASATHY, B. & G. B. PANT (1984): The spatial and temporal relationship between the Indian summer monsoon rainfall and the Southern Oscillation. Tellus, 36A: 269-276.

PHILANDER, S. (1983): El Niño/Southern Oscillation phenomena. In: Nature, 302: 295-301.

PRABHAKARA, C. et al. (1985): El Niño and atmospheric water vapour: observations from NIMBUS SMMR. In: Journ Clim. Appl. Meteor., 24: 1311-1324.

QUINN, W. H. et al. (1978): Historical trends and statistics of the Southern Oscillation, El Niño and Indonesian droughts. Fishery Bulletin, 76: 663-678.

RAATZ, W. (1977): Räumliche Korrelationen und Variabilitäten der Niederschläge auf Sri Lanka und Südindien (Nilgiris). Diploma Thesis, Bonn.

RAMAGE, C. S. (1986): Role of a tropical "maritime continent" in the atmospheric circulation. In: Monthly Weather Review, 96: 365-370.

RASMUSSON, E. M. & T. H. CARPENTER (1982): Variations in tropical sea surface temperature and surface wind fields associated with the Southern Oscillation/El Niño. In: Monthly Weather Review, 110: 354-384.

RASMUSSON, E. M. & T. H. CARPENTER (1983): The relationship between eastern equatorial Pacific sea surface temperatures and rainfall over India and Sri Lanka. In: Monthly Weather Review, 111: 517-528.

RASMUSSON, E. M. & J. M. WALLACE (1983): Meteorological aspects of the El Niño/Southern Oscillation. In: Science, 222: 1195-1202.

SCHOTT, G. (1931): Der Perustrom und seine nördlichen Nachbargebiete in normaler und anormaler Ausbildung. In: Ann. Hydrogr. marit. Meteor., 159: 161-169, 200-213, 240-253.

SMAGORINSKY, J. (1983): The problem of climate and climate variations. World Meteorological Organization, WCP-72.

VAN LOON, H. & D. J. SHEA (1985): The Southern Oscillation. Part IV: The precursors south of 15°S to the extremes of the oscillation. In: Monthly Weather Review, 113: 2063-2074.

WEBER, K.-H. (1986): Thesis (in preparation).

WRIGHT, P. B. (1975): An index of the Southern Oscillation. Climatic Research Unit, University of East Anglia, Norwich (England), Research Paper No. 4.

ders. (1984): Relationship between indices of the Southern Oscillation. In: Monthly Weather Review, 112: 1913-1919.

ders. (1985): The Southern Oscillation: An ocean-atmosphere feedback system? In: Bull. Amer. Meteor. Soc., 66: 398-412.

AUSGEWÄHLTE AGRARGEOGRAPHISCHE GRUNDZÜGE DER ZENTRALEBENE VON LUZON, PHILIPPINEN

von

Frithjof Voss, Berlin

SUMMARY: Selected Agricultural Land Use Pattern of the Central Plain of Luzon, Philippines

The incentive for the following publication resulted from a number of favourable conditions concerning the availability of data on the Central Plain of Luzon/Philippines. Since this region is one of the most important of the whole archipelago, a first attempt was made to inventorise selected agricultural land use pattern. The main results obtained are documented in a map series 1-5.

ZUSAMMENFASSUNG

Der Anlaß zur folgenden Untersuchung entstand durch eine Reihe günstiger Bedingungen zur Verfügung stehender Daten über die Zentralebene von Luzon/Philippines. Da diese Region eine der wichtigsten im gesamten Archipel ist, wurde ein erster Versuch zu einer Inventur ausgewählter landwirtschaftlicher Nutzungsverhältnisse unternommen. Die Hauptresultate werden in einer Kartenserie 1-5 dokumentiert.

1 EINLEITUNG

1971 wurde nach einem zeitlichen Abstand von fast einem Jahrzehnt eine statistische Neuerhebung von Daten über die Philippinen durchgeführt. Dabei gaben die ab 1973 zu Auswertungszwecken zur Verfügung stehenden Fakten zur Agrarwirtschaft des Landes den Anlaß zur folgenden Untersuchung. Hierbei war die räumliche Beschränkung auf die Zentralebene von Luzon von folgenden Überlegungen geleitet:

1. Der Autor hatte in der Zeit von 1973-1976 als Assistant Professor am Institute for Applied Geodesy and Photogrammetry der philippinischen Staatsuniversität

   a) Zugang zu den Originaldaten,
   b) vielfache Möglichkeiten der Verwendung von Karten- und Luftbildmaterialien und
   c) häufige Gelegenheiten zu Felduntersuchungen in der Zentralebene von Luzon.

2. Die Zentralebene von Luzon ist eine der ökonomisch und bevölkerungsmäßig wichtigsten Region des gesamten philippinischen Archipels. Da detaillierte Untersuchungen der vorliegenden Art bisher nicht existieren, bestand die Gelegenheit zu einer ersten Dokumentation ausgewählter Schwerpunktfakten auf geographischer Basis.

Diese Forschungsarbeit wurde vom Institut für Asienkunde in Hamburg gefördert, dem der Autor zu Dank verpflichtet ist.

Eine besondere Unterstützung war durch die Vorabfreigabe der statistischen Daten gegeben, die dem Entgegenkommen von Herrn Direktor Mijares, National Census and Statistics Office, Manila zu verdanken ist.

Die außergewöhnlich aufwendigen Auswertungen zu der anliegenden Kartenserie 1-5 wurden von Herrn Thomas Kleineidam maßgeblich bewerkstelligt.

Die kartographische Umsetzung erfolgte durch Herrn H.J. Nitschke und Frau G. von Frankenberg, Institut für Geographie der TU Berlin. Herr Professor Dr. D.O. Müller, Fachhochschule Karlsruhe, Fachbereich Vermessung und Kartographie, übernahm und überwachte den abschließenden Kartendruck.

Allen Genannten sei ausdrücklich für ihre Mitarbeit gedankt.

2 METHODISCHE VORGEHENSWEISE

Die methodischen Schritte zur Erhebung und Umsetzung der vorliegenden Untersuchung geschahen in folgender Weise:

1. Die umfangreiche Sammlung statistischer Originaldaten von April 1971 stand ab 1973 bis 1976 abschnittsweise zur Verfügung. Die für die vorliegenden Untersuchungen angewandten Daten wurden auf der Basis der Gemeindegrenzen in die Kartengrundlage 1 : 50 000 in Verbindung mit den räumlichen Kenntnissen der Nutzungsformen übertragen.
2. Die geographischen Grundlagen für die vorgelegte Kartenserie 1-5 entstammen aus vier verschiedenen Quellen:
   a) Kartenserie 1 : 50 000 von 1961
   b) Kartenserie 1 : 250 000 von 1973
   c) Satellitenbilder von 1972
   d) Luftbildserien ausgewählter Gebiete der Zentralebene von 1960-1976
   e) Geländearbeiten

2.1 Kartenauswertung

Die topographischen und thematischen Inhalte der Karten 1 : 50 000 (1961) und 1 : 250 000 (1973) der Zentralebene von Luzon wurden zunächst im Originalmaßstab ausgewertet. Außer den grundlegenden topographischen Gegebenheiten fanden vor allem die Infrastruktur, die dominante Landnutzung und die Gemeindegrenzen als räumlich statistische Erhebungseinheiten Berücksichtigung.

2.2 Satellitenaufnahmen

ERTS Satellitenaufnahmen der Zentralebene vom Dezember 1972 (Infrarot) wurden zur Korrektur und Aktualisierung der großflächigen Landnutzungsverhältnisse herangezogen.

2.3 Luftbildauswertung

Luftbildserien im Maßstab von 1 : 15 000 - 1 : 40 000 (1960-1976) von den Bereichen der nördlichen Manila Bay, dem Lingayen Gulf, den vulkanisch geprägten Bereichen um den Mount Arayat sowie aus den Provinzen Rizal, Tarlac, Pangasinan und Nueva Ecija standen für detaillierte Auswertungen zur Verfügung.

2.4 Zeitliche Erhebungsbasis

Die in den Karten 1-5 dargelegten Ergebnisse und Inhalte sind sowohl von der zeitlichen Erhebung als auch in den gesamtgeographischen Grundlagen auf das Jahr 1971 bezogen. Diese Basis wird zukünftige Vergleichsmöglichkeiten raumzeitlicher Veränderungen erleichtern.

2.5 Abschließende Datenverarbeitung

Im abschließenden Arbeitsgang wurden alle Daten und Fakten ohne Generalisierung auf den Maßstab 1 : 250 000 verkleinert und danach wiederum ohne Generalisierung auf den Maßstab der Kartenserie 1-5 zum Druck gebracht.

Die in den Karten dargelegten Fakten sind die wesentlichen Ergebnisse der vorgelegten Untersuchung.

3 PHYSISCH GEOGRAPHISCHE GRUNDZÜGE

Die Zentralebene von Luzon ist die größte, zusammenhängende Tieflandregion des Archipels. Sie erstreckt sich zwischen den rund 1 000 m hohen Zambales Mountains im Westen und der durchschnittlich 1 200 m erreichenden Sierra Madre im Osten.

Im Norden grenzt die Ebene an den Lingayen Gulf, im Süden an die Manila Bay (Karte 1). Rezent anhaltende Gebirgsbildungsprozesse mit assoziierten, relativ aufwärtigen Vertikalbewegungen bewirkten die pleistozäne bis holozäne, marine bis terrestrische Entwicklung der Zentralebene. Diese Prozesse waren gleichzeitig vom aktiven Vulkanismus in den Zambales Mountains sowie von Eruptionen an Vulkankegeln innerhalb der Zentralebene begleitet. Der nördliche Vulkankomplex bildet mit Höhen um 300 m zugleich die Wasserscheide für die hydrogeographischen Netze und Einzugsgebiete mit Entwässerungsrichtungen zum Lingayen Gulf und zur Manila Bay. In diesen beiden Küstenregionen dokumentieren ausgedehnte, teils fischereiwirtschaftlich genutzte Sumpfregionen sowohl anhaltende Sedimentation als auch gleichzeitige relative Hebung im Meeresspiegelbereich (Karte 1).

In klimatischer Hinsicht wird die Zentralebene vor allem durch die Auswirkungen der beidseitig meridional flankierenden Gebirgszüge bestimmt (Karte 1). Die so beeinflußten Luftmassen aus dem Bereich des Pazifiks und der South China Sea führen jährlich zu differenzierten Niederschlagsverhältnissen in der Zentralebene. Vom langfristigen Jahresdurchschnitt um 2 000 mm fallen fast 80 % während der monsunal beeinflußten Monate Mai bis Oktober, die verbleibenden 20 % treten von November bis April unter passatischer Einflußnahme auf. Diese Grundbedingungen führen zu unterschiedlichen agrarischen Nutzungsabhängigkeiten, die bisher nur regional durch verschiedene Bewässerungstechniken kompensiert werden konnten.

4 HISTORISCHE GRUNDZÜGE

Aus frühen, spanischen Aufzeichnungen ist bekannt, daß die Zentralebene von Luzon um 1570 fast völlig waldbedeckt und unbesiedelt war. Ausgenommen waren nur die küstennahen Bereiche. Ausgehend von der Region um die heutige Hauptstadt Manila begann ab 1571 eine allmähliche Erschließung, die bis etwa 1800 zu ersten Siedlungsschwerpunkten führte. Aus ihnen entwickelten sich in der Zentralebene bis 1900 bei einem Bevölkerungsanstieg auf rund 1 Mio. die wesentlichen Verbreitungsmuster der heutigen Bevölkerungsverteilung (Karte 1). Gleichzeitig entstanden die Grundzüge der jetzigen Landbesitz- und Eigentumsverhältnisse an Grund und Boden (Karte 5). Die rasche Bevölkerungsentwicklung in diesem Jahrhundert erreichte um 1960 eine Höhe von etwa 3,5 Mio. für die Provinzen der Zentralebene. Dies führte zur Inwertsetzung aller potentiellen Landressourcen bei weitgehender Beibehaltung der allgemeinen Grundbesitzverhältnisse. Gleichzeitig stieg die Zahl der Landpächter von 38 % (1903) bis auf etwa 60% (1948) bei stetig kleiner werdenden Farmgrößen.

Vergleichsweise war bis 1971 ein leichter Rückgang auf 58% zu verzeichnen. Doch muß man die Einschätzung dieser Entwicklung vor dem Hintergrund der gesamten Nutzflächenausweitung, der gestiegenen Zahl der Farmen und der Landreformbemühungen sehen.

Bis 1970 steigerte sich die Bevölkerungsgesamtzahl in der Zentralebene von 3,5 Mio. (1960) auf 4,5 Mio. und nach Hochrechnungen bis 1980 auf etwa 5,7 Mio. Allein durch dieses Faktum sind vermutlich namhafte Veränderungen seit der in dieser Untersuchung auf 1971 festgelegten Inventur erfolgt, die manche der Karteninhalte 1-5 schon als "historisch" erscheinen lassen könnten.

5   AGRARGEOGRAPHISCHE GRUNDZÜGE

Nach rein statistischen Erhebungen auf der Basis der Provinzgrenzen erreicht die Zentralebene eine Flächenausdehnung von 18 560 km². Dagegen zeigen sich die entsprechenden geographischen Relationen in den Karten 1- 5.

Aufgrund der überwiegend kontrollierenden geomorphologischen Bedingungen reichen die agrarischen Nutzungsregionen der Zentralebene von Luzon im Osten und Westen maximal an die 100 m Höhenlinie heran (Karte 1 und 2). Höhere Lagen sind wegen der starken Reliefenergie und intensiven Erosion kaum geeignet. Entsprechend scheiden breit angelegte Sumpfgebiete ohne Melioration und die knapp oberhalb des Meeresspiegels gelegenen Küstenregionen ohne agrarische Eignung aus. Landwirtschaft ist die herausragende Nutzungsform in den verbleibenden Bereichen der Zentralebene (Karte 2 und 5). Der Reisanbau steht dabei als Hauptanbauprodukt flächenmäßig an vorderster Stelle (Karte 4), dies gilt auch für seine Bedeutung als Haupteinkommensquelle der Farmbevölkerung (Karte 2 und 4). Allein 87,5 % aller Farmen kultivierten 1971 ausschließlich Reis auf 82,5 % der gesamten Farmlandflächen der Zentralebene. Andere in den Karten 1-5 ausgewiesene Nutzungen treten demgegenüber stark zurück.

Mehr als 20 % der Gesamtreisanbaugebiete der Philippinen sind in der Zentralebene konzentriert, von der bis zu einem Drittel der jährlichen Gesamtmenge an Reis stammen. Rund 45 % der Anbaufläche war 1971 in verschiedenen Techniken bewässerbar. Nicht zuletzt durch diese Gegebenheiten liegen hier die Reisernten 1971 merklich über dem Durchschnittswert für die gesamten Reisanbaugebiete des Landes von 1,61 t/ha/Jahr (Karte 4). Zu Recht nennt man in den Philippinen die Zentralebene von Luzon die Reisschüssel des Landes.

Doch selbst wenn man hier die höchst produzierenden Agrarbereiche mit rund 4 t/ha gesondert betrachtet, so liegen sie immer noch rund 50 % unter den vergleichbaren Weltniveau der maximalen Reisernten von 1971. Daraus kann bedingt der Schluß weiterer Ernteertragsverbesserungen für die Zentralebene bei Anwendung modernerer Landnutzungstechniken für die Zukunft gefolgert werden.

Die Einzelergebnisse sind in den Karten 1-5 dargelegt.

Karte 1:   Bewohnte Flächen, dicht besiedelte Gebiete (1971)
Karte 2:   Ernteerträge, Flächennutzung (1971)
Karte 3:   Durchschnittliche Farmgröße, Flächennutzung (1971)
Karte 4:   Reisernten, Reisanbauflächen (1971)
Karte 5:   Besitzverhältnisse in der Landwirtschaft, landwirtschaftlich genutzte Flächen (1971)

LITERATURVERZEICHNIS

KOLB, A. (1942): Die Philippinen. Leipzig.

WERNSTEDT, F. & J. E. SPENCER (1967): The Philippine Island World. Berkely and Los Angeles.

KARTEN

Map of the Philippines 1 : 50 000. Board of Technical Surveys and Maps, Manila 1961.

Map of the Philippines 1 : 250 000. Philippine Coast and Geodetic Survey. Manila 1973.

DIE ZUCKERROHRLANDSCHAFT DER PHILIPPINEN

von

Helmut Blume, Tübingen

SUMMARY: Sugar Cane in the Philippines

In his Regional Geography of the Philippines published in 1942 Albert Kolb treated the geographical aspects of cane sugar production, dominating so much central Luzon and Negros island. He stated that environmental conditions were optimal nowhere, yields were low, and the regions of cane sugar production though economically the strongest, were not the soundest. With regard to these statements the present cane sugar economy of the Philippines is examined in this paper. The cane sugar production has more than doubled since, the area under sugar cane increased accordingly, and sugar has remained the most important export product though to a lesser degree. Nevertheless, all categories of yield (sugar content, cane and sugar yields, sugar recovery) due to environmental, structural and organizational patterns still are low by international standard. The negative socio-economic structure of the cane sugar producing regions has not yet changed.

ZUSAMMENFASSUNG

In seiner 1942 erschienenen Länderkunde der Philippinen hat Albert Kolb ein Kapitel der "Zuckerrohrlandschaft" gewidmet, in dem er die wesentlichen Aspekte der Zuckerrohrwirtschaft behandelte. Bezüglich der natürlichen Voraussetzungen für den Zuckerrohranbau stellte er fest, daß diese nirgends optimal und daß die Ernteleistungen gering seien; die Zuckerrohrareale erschienen als die wirtschaftlich stärksten Gebiete, seien aber nicht die wirtschaftlich gesündesten. In der vorliegenden Studie wird die heutige Zuckerwirtschaft nach eben jenen Merkmalen untersucht. Obwohl die Zuckerproduktion sich mehr als verdoppelt und die Anbaufläche sich entsprechend vergrößert hat und obwohl Zucker nach wie vor das wichtigste Exportgut der Philippinen ist, wenn auch in geringerem Maße als vordem, gelten Kolbs Feststellungen noch heute. Aufgrund klimatischer Ungunstfaktoren und der Besonderheiten der Betriebs- und Organisationsformen sind alle Ertragskategorien (Zuckergehalt, Rohr- und Zuckerertrag, Zuckerausbeute) niedrig im internationalen Vergleich. Die negative Agrarsozialstruktur der durch Monokultur geprägten Zuckerrohranbaugebiete hat sich nicht gewandelt.

Als "Zuckerrohrlandschaft" hat Albert Kolb in seiner Länderkunde der Philippinen die einseitig durch Zuckerrohranbau geprägten Teilräume der Agrarlandschaft bezeichnet, so wie er entsprechend auch bezüglich der anderen landwirtschaftlichen Hauptkulturen die Landschaften von Reis, Mais, Kokospalme, Abacá und Tabak darstellte. Zu diesen spezifischen Agrarlandschaften rechnete er "jedoch nicht nur die reinen Wirtschaftsflächen, sondern auch die in den Aufgabenkreis der Agrarflächen unmittelbar eingespannten Siedlungen, den Verkehr und alle mit der agrarwirtschaftlichen Arbeit funktionell verbundenen Landschaftselemente" (KOLB, 1942: 164).

In dem Abschnitt über die Zuckerrohrlandschaft (KOLB, 1942: 248-271) schilderte Kolb zunächst deren physiognomische Merkmale sowie den Jahresablauf aller der Rohrzuckerproduktion dienenden Arbeitsgänge; in weiteren Teilabschnitten befaßte er sich mit den "natürlichen Wachstumsgrundlagen" des Zuckerrohrs auf den Philippinen, mit Entwicklung und Verbreitung des Zuckerrohranbaus, mit Betriebsformen, mit Sorten, Erträgen und Krankheiten sowie mit der Verwertung der Ernte. Aufgrund seiner Landeskenntnis, die er durch einen längeren Aufenthalt im Jahre 1937 gewonnen hatte, war es Kolb möglich, ein höchst anschauliches Bild der philippinischen Zuckerwirtschaft zu zeichnen.

Diese mehr als 40 Jahre zurückliegende, heute als "klassisch" zu bezeichnende Darstellung, die alle wesentlichen Aspekte der philippinischen Zuckerwirtschaft einschloß, half mir bei der Vorbereitung eines Aufenthaltes auf den Philippinen, den ich 1982 im Rahmen meines Forschungsprojektes "Geographie des Zuckerrohrs" (BLUME,1985) durchführte. Es ist mir ein Bedürfnis, für die Albert Kolb gewidmete Festschrift einen Beitrag zu liefern, der sich mit der heutigen Zuckerwirtschaft der Philippinen befaßt.

Tab. 1: Anbauflächen der landwirtschaftlichen Hauptkulturen in den Philippinen, 1903-1978 (in 1 000 ha)
(Quellen: KOLB, 1942; WERNSTEDT & SPENCER, 1967; STATISTISCHES BUNDESAMT, 1981)

	Zuckerrohr	Reis	Mais	Kokospalme	Abacá	Tabak
1903	71,9	592,8	108,0	148,2	217,8	31,4
1920	197,4	1 484,9	537,1	397,0	559,4	101,1
1937	257,1	2 061,0	659,4	635,9	502,7	74,0
1948	81,8+)	1 822,9	1 009,7	1 051,4	230,0	32,4
1963	258,8	3 243,2	1 950,5	1 392,8	181,8	97,2
1978	471,8	3 508,9	3 222,1	3 316,9	244,3	73,7

+) Verzögerung der Neupflanzung nach Kriegsschäden in den Fabriken.

Verändert haben sich seit Kolbs Bestandsaufnahme vor allem die Flächenausdehnung der Zuckerrohrlandschaft und dementsprechend der Umfang der Zuckerproduktion, aber auch ihre Bedeutung im gesamtwirtschaftlichen Rahmen (Tab. 1 u. 2). So verdoppelten sich die Zuckerrohrfläche und die Zuckerproduktion, wobei allerdings der Anteil des Zuckerrohres an der Gesamtfläche der Hauptkulturen von 6,1 % auf 4,4 % abgefallen ist. Das liegt vor allem an der bedeutenden Vergrößerung der Anbaufläche von Reis und Mais. Bezüglich der gesamtwirtschaftlichen Bedeutung des Zuckerrohres ist festzustellen, daß 1937 die Zuckerexporte 38 % des Gesamtwertes der Exporte bestritten, heute jedoch weniger als 10 % daran Anteil haben. Dies erklärt sich dadurch, daß sich zum einen der Exportanteil von Kokosprodukten vergrößert hat und zum anderen Bergbauprodukte und in zunehmendem Maße auch Erzeugnisse des Verarbeitenden Gewerbes in den Export gelangen. Bemerkenswert sind auch die Veränderungen in der Richtung der Zuckerexporte. Diese gingen von 1930 bis 1973 zu 100 % in die USA. Seit 1974 ist aufgrund des Auslaufens des Laurel-Langley Agreement und des US Sugar Act, durch welche philippinischem Zucker eine feste Quote auf dem US-Markt eingeräumt war, der Anteil der Zuckerexporte in die USA allerdings drastisch zurückgegangen (Tab. 2). Immerhin ist Zucker nach wie vor der bedeutenste Devisenbringer und damit wichtigstes Exportgut der Philippinen.

Tab. 2: Zuckerproduktion und Zuckerexport der Philippinen, 1906 - 1983.
(Quellen: ATIENZA & DEMETERIO 1980, GAMOLO & JIMENEZ 1980, HUKE 1963, F.O. LICHTS Weltzuckerstatistik 1983/84, INTERNATIONAL SUGAR COUNCIL 1963, STATISTISCHES BUNDESAMT, Länderbericht Philippinen 1981, The Statesman's Year Book 1983/84.)

	Zuckerproduktion (in 1000 t)	Zuckerexport (in 1000 t)	Zuckerexport (in % des Gesamtexportwertes)	Zuckerexport in die USA (in 1000 t)	Zuckerexport in die USA (in % der Zuckerexporte)
1906	123,9	129,4	14,0	11,9	9,2
1920	259,9	180,3	32,8	123,9	68,7
1937	1 017,2	870,9	38,1	867,8	99,7
1951	895,3	642,4	-	642,4	100,0
1961	1 530,3	1 202,4	25,8	1 202,4	100,0
1971	2 046,3	1 444,0	18,7	1 440,0	100,0
1980	2 332,0	1 793,0	9,6	429,5	24,0
1981	2 376,3	1 277,6	9,9	188,6	14,8
1982	2 709,3	1 301,1	-	222,9	17,1
1983	2 112,0	988,8	-	290,3	29,1

Als wichtige Aspekte der philippinischen Zuckerwirtschaft, soweit es sich um die Produktion von Zentrifugalzucker handelt, sollen hier die natürlichen Voraussetzungen des Zuckerrohranbaus, die Erträge und die Betriebsformen behandelt werden. Zu allen drei Aspekten hat KOLB (1942) Feststellungen getroffen, die noch heute Gültigkeit besitzen: "In den philippinischen Zuckerrohrgebieten sind die natürlichen Wachstumsbedingungen nirgends optimal erfüllt" (KOLB, 1942: 255); "die Ernteleistungen sind gering" (KOLB, 1942: 268); "die Zuckerrohrlandschaften erscheinen als die wirtschaftlich stärksten und rentabelsten Gebiete, sie sind aber nicht zugleich die wirtschaftlich gesündesten" (KOLB, 1942: 271).

1 DIE NATÜRLICHEN VORAUSSETZUNGEN DES ZUCKERROHRANBAUS

Zuckerrohr wird im Archipel der Philippinen in Breitenlagen zwischen 7° und 16° Nord angebaut. Hauptverbreitungsgebiete sind, wie sie es auch in den 1930er waren, die Insel Negros und das mittlere Luzon, auf die rund 80 % der philippinischen Zuckerproduktion entfallen. Die restlichen, jüngeren Anbauareale verteilen sich auf die Inseln Panay, Eastern Visayas und Mindanao (Tab. 3, Abb. 1). Hinsichtlich der physiogeographischen Ausstattung der Anbaugebiete stellen Relief und Böden im wesentlichen Gunstfaktoren für den Zuckerrohranbau dar. Bezüglich des Klimas, das mit Abstand den stärksten Einfluß auf die Zuckererträge ausübt (BLUME, 1983; 1985), muß allerdings festgestellt werden, daß eine Reihe von Ungunstfaktoren sich stark auswirkt.

Das Zuckerrohr nimmt auf den zumeist gebirgigen Inseln im wesentlichen ebenes Terrain in niedriger Höhenlage ein, vielfach Küstenebenen und Tallagen, d.h. Areale, die ohne Schwierigkeit zu bewirtschaften sind. Die vorherrschenden Böden lassen sich überwiegend leicht bearbeiten. Es handelt sich verbreitet um Lehme sandiger bis toniger Textur, wie sie im Bereich der holozänen und pleistozänen Sedimente der Küstenebenen und Täler anzutreffen sind. Neben diesen in der US-Bodenklassifikation als Entisole und Inceptisole bezeichneten Böden sind auch Ultisole, d.h. Böden mit Ton-Anreicherungshorizont und geringer Basensättigung, im Zuckerrohranbau weit verbreitet; diese in der morphogenetischen Klassifikation

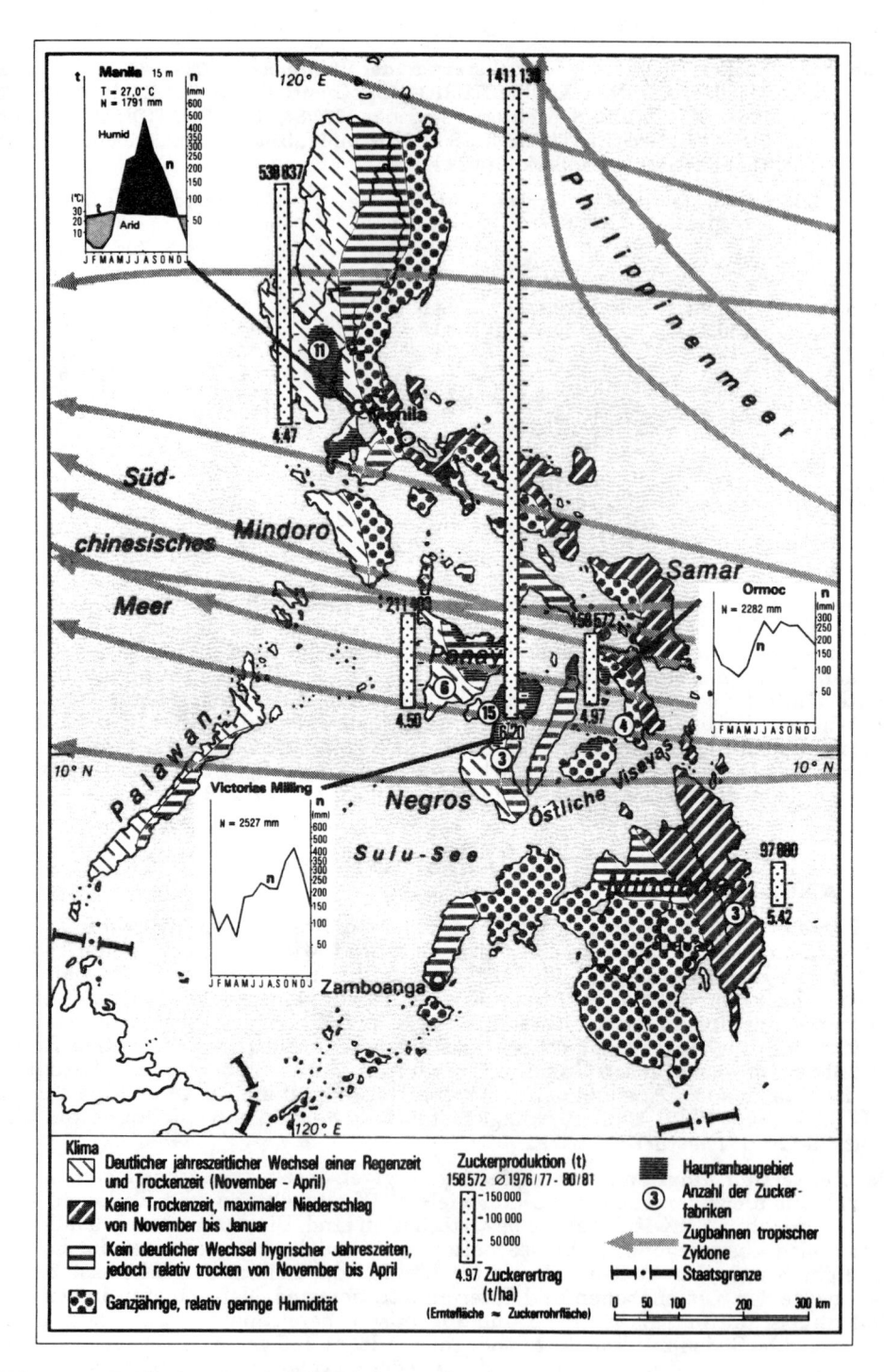

Abb. 1: Die Zuckerwirtschaft der Philippinen.

Latosole genannten zonalen Böden der wechselfeuchten Tropen finden sich in den Zuckerrohrgebieten auf vulkanischem Tuff und Sedimentengesteinen. Vielfach neigen lehmig-tonige Böden in flachem Gelände zur Vernässung, der mit Dränage bislang nur unzureichend begegnet wird (PANOL, 1968). Ein weiteres Problem ist zumindest in den älteren Anbaugebieten, wo Zuckerrohr seit rund 100 Jahren in Monokultur angebaut wird, die Erschöpfung der natürlichen Bodenfruchtbarkeit. Vor allem mangelt es dort an organischer Bodensubstanz.

Tab. 3: Regionale Verbreitung von Zuckerrohranbau und Zuckerproduktion in den Philippinen, 1980/81.
(Quelle: PHILIPPINE SUGAR COMMISSION, Research and Development Office)

	Zuckerrohrfläche (in ha)	(in %)	Zuckerproduktion (in t)	(in %)
Negros	208 294	51,6	1 280 040	56,7
Luzon	111 401	27,6	522 976	23,2
Panay	38 210	9,4	187 619	8,3
Eastern Visayas	24 501	6,1	138 720	6,1
Mindano	21 637	5,4	128 931	5,7
Gesamt	404 043[1)]	100,0[1)]	2 258 286	100,0

[1)] Von der Summe durch Rundungen abweichend

Infolge der niedrigen Höhenlage aller Zuckerrohrgebiete betragen die Jahresmittel der Temperatur durchweg etwa 27°C. Mit einer Amplitude der Monatsmittel von nur 2-4°C sind die Temperaturschwankungen außerordentlich gering. Beides wirkt sich ungünstig auf den Zuckergehalt des Rohres aus. Ein gleichfalls für alle Zuckerrohrgebiete besonders ins Gewicht fallender Ungunstfaktor ist das häufige Auftreten tropischer Zyklone (Taifune), besonders in den Monaten Juli bis November. Ernteverluste ergeben sich nicht nur durch Bruch und Biegen des Rohres, sondern auch durch die daraus resultierende Anfälligkeit der Pflanzen gegenüber Krankheits- und Schädlingsbefall. Hinzu kommen Schäden, welche die Taifune durch Starkregen und Überschwemmungen verursachen.

Die regional unterschiedliche Ertragsleistung der philippinischen Rohrzuckerproduktion erklärt sich durch hygrische Differenzierung der Anbaugebiete. Die Unterschiede von Menge und Variabilität der Niederschläge sowie ihrer jahreszeitlichen Verteilung sind beträchtlich. Aufgrund des Gebirgscharakters der Inseln und ihrer Lage im südostasiatischen Monsunbereich treten Luv- und Lee-Effekte bei jahreszeitlich wechselnder Windrichtung stark in Erscheinung. Auf kurze Entfernung ändern sich die Jahressummen des Niederschlags stark. Die Jahresmittel der Niederschläge in den Zuckerrohrgebieten liegen zwischen 1 602 mm (Durano, Cebu) und 3 812 mm (Carebi, Luzon). Die Höhe der Niederschläge geht generell über das für Zuckerrohranbau notwendige Maß hinaus. Wenn trotzdem Trockenheit ein ganz wesentlicher Ungunstfaktor im philippinischen Zuckerrohranbau ist, so liegt das an der jahreszeitlichen Verteilung des Niederschlags.

Diesbezüglich hat Kolb (1942) vier Haupttypen unterschieden: den monsunalen oder Westseiten-Typ, den immerfeuchten oder Ostseiten-Typ und zwei Übergangstypen mit vergleichsweise geringem Jahresniederschlag und wenig deutlich ausgeprägten jahreszeitlichen Gegensätzen. Eine dieser Gliederung des Klimas in vier Haupttypen entsprechende Klimaklassifikation ist heute in den Philippinen üblich. Der meteorologische Dienst unterscheidet (Abb. 1):

1. Gebiete mit einem deutlichen Wechsel hygrischer Jahreszeiten, wobei die Trockenzeit in die Monate November bis April fällt;
2. Gebiete ohne Trockenzeit mit maximalem Niederschlag von November bis Januar;
3. Gebiete ohne deutlichen Wechsel hygrischer Jahreszeiten, jedoch mit relativer Trockenheit von November bis April;
4. Gebiete mit ganzjähriger, jedoch relativ geringer Humidität.

Für den Zuckerrohranbau scheidet Klimatyp 2 wegen zu großer Humidität aus. Die günstigsten Voraussetzungen bietet aufgrund des ausgesprochenen Wechsels von Regen und Trockenzeit, der wichtig für Wachsen und Reife der Pflanze ist, der für die Anbaugebiete von Luzon und des westlichen Negros charakteristische Klimatyp 1. Dort ist die Ernte, wie weltweit in Gebieten mit hygrischen Jahreszeiten auf die Trockenzeit beschränkt. Im Bereich der Übergangs-Klimatypen 3 und 4, in denen es einen ausgeprägten Wechsel hygrischer Jahreszeiten nicht gibt, wird in drei Gebieten ganzjährig geerntet, so im Zuckerdistrikt Victorias Milling Co. auf Negros und in zwei Zuckerdistrikten der Eastern Visayas.

Um den jeweiligen Grad der Humidität bzw. die Dauer der Trockenzeit erfassen zu können, gliedert die philippinische Zuckerwirtschaft die Anbauregionen unter Zugrundelegung eines Humiditätsindex, nämlich des Quotienten der Zahl der feuchten Monate (n > 100 mm) und der trockenen Monate (n < 60mm). EMPIG & MANALO (1981) kamen zu dem Ergebnis, daß von 37 Zuckerdistrikten 17 in jeweils 1-3 Monaten und daß 8 Distrikte in 6 Monaten Bewässerung für die Zuckerrohrflächen benötigen. Da aber bis 1980 nur 10,4 % des Zuckerrohrareals bewässert wurde (ATIENZA & DEMETERIO, 1980), ist trotz der reichlichen Niederschläge akuter Wassermangel während der Trockenzeit in vielen Anbaugebieten ein spürbares Hemmnis für gute Erträge. Hierauf hat Kolb (1942: 256) mit Bezug auf Mittel-Luzon hingewiesen, indem er feststellte, daß dort durch Bewässerung die Hektarleistung verdreifacht werden könne; Bewässerung könne dort optimale Wachstumsbedingungen für das Zuckerrohr schaffen. Die dringende Notwendigkeit der Bewässerung zur Ertragssteigerung in der philippinischen Zuckerwirtschaft wurde von ILAGA (1973) auf der 21st Philippines Sugar Technologists Convention in aller Deutlichkeit herausgestellt, allerdings ohne daß bislang diesbezüglich entscheidende Veränderungen eingetreten wären.

Im Vergleich der beiden führenden Anbaugebiete, Mittel-Luzon und West-Negros, die beide zum Klimatyp 1 mit ausgeprägtem Wechsel hygrischer Jahreszeiten gehören, stellte schon KOLB (1942: 257) die klimatisch bedingte Überlegenheit von Negros Occidental heraus, wo infolge kürzerer Trockenzeit die negative Beeinflussung des Rohrwachstums durch zu geringe Niederschläge weit schwächer als in Mittel-Luzon sei. Hinzukommt die in Negros im Vergleich zu Luzon längere, die Saccharoseeinlagerung im Rohr begünstigende Sonnenscheindauer in den Monaten Juli bis September (HUKE, 1963).

2 DIE ROHR- UND ZUCKERERTRÄGE IM INTERNATIONALEN VERGLEICH

Vier Ertragskategorien sind bei der Rohrzuckerproduktion zu unterscheiden:

1. die Qualität des Rohres,
2. die Quantität des Rohres,
3. die Zuckerausbeute und
4. der Zuckerertrag.

Die Qualität des Rohres wird durch die Menge der Saccharoseeinlagerung und damit durch den Zuckergehalt (pol % cane) bestimmt. Einen hohen Saccharosegehalt erzielt man einerseits bei großer Insolation, wie sie für Trockengebiete charakteristisch ist, und andererseits bei ziemlich geringen Temperaturen, so in tropischen Höhenlagen von etwa 1 000 m. Demgegenüber bedingen reichliche Niederschläge in Verbindung mit hoher Temperatur eine große Rohrmenge pro Flächeneinheit, d.h. eine große Biomasseproduktion. Aufgrund der unterschiedlichen Voraussetzungen für Qualität und Quantität der Rohrproduktion lassen sich an einem Standort keine optimalen Ertragswerte in beiden Ertragskategorien erzielen. Für die Zuckerausbeute als dritte Ertragskategorie gilt, daß neben Qualität und Quantität des Rohres wesentlich auch die fabriktechnische Situation den Erfolg der Rohrzuckerproduktion beeinflußt. Schließlich ergibt sich aus den Ertragskategorien 1-3 der Zuckerertrag pro ha. Es ist der wirtschaftlich entscheidende Wert, in dem die Gesamteffizienz der Rohrzuckerproduktion zum Ausdruck kommt. Die Werte der einzelnen Ertragskategorien im Mittel der Jahre 1976/77 - 1980/81 sind in Tab. 4 zusammengestellt.

Tab. 4: Zuckerrohr- und Zuckererträge der Philippinen in ihrer regionalen Differenzierung, Ø 1976/77 - 1980/81
(Quelle: PHILIPPINE SUGAR COMMISSION, Research and Development Office)

	Zuckerrohrfläche (in ha)	Rohrproduktion (in t)	Rohrertrag[1] (in t/ha)	Zuckerproduktion (in t)	Zuckerertrag[1] (in t/ha)	Zuckergehalt[2] (in %)	Zuckerausbeute[3] (in %)
Negros	227 553	13 830 486	60,78	1 411 138	6,20	11,96[4]	10,20
Luzon	120 442	5 191 323	43,10	538 837	4,47	12,91[5]	10,38
Panay	46 997	2 253 866	47,96	211 403	4,50	11,55	9,38
Eastern Visayas	31 924	1 610 586	50,45	158 572	4,97	11,89	9,85
Mindanao	18 045	898 024	49,77	97 880	5,42	13,25	10,90
Gesamt	444 961	23 784 285	53,45	2 417 830	5,43	12,31	10,17

1) Zuckerrohranbaufläche und Erntefläche stimmen weitgehend überein.
2) Zuckergehalt des geernteten Rohres (pol % cane). Die Angaben beziehen sich ausschließlich auf 1980/81.
3) Gewonnener Zucker in % der verarbeiteten Rohrmenge.
4) Nord-Negros 12,13 %, Süd-Negros 11,79%.
5) Nord- und Mittel-Luzon 11,89 %, Süd-Luzon 13,92 %.

Im Gegensatz zu den meisten Anbaugebieten sind in den Philippinen Rohrfläche und Erntefläche wegen relativ einheitlicher Dauer der Vegetationsperiode des Rohres von rund 12 Monaten nahezu identisch. Mit einem Zuckerertrag von 5,43 t/ha erreicht die Effizienz der Rohrzuckerproduktion - sowohl bezüglich des Zuckerertrages pro ha Ernte- als auch Rohrfläche - einen Wert, der im internationalen Vergleich als niedrig bezeichnet werden muß. Immerhin liegt der Zuckerertrag heute erheblich über dem Wert, der vor dem Zweiten Weltkrieg erzielt wurde: Ø 1934/35 - 1938/39: 3,8 t/ha (INTERNATIONAL SUGAR COUNCIL, 1963); um 1900: 1,5 t/ha (KOLB, 1942).

Im internationalen Vergleich wurden 1976/77 - 1980/81 folgende Werte in den einzelnen Ertragskategorien erzielt (BLUME, 1985):

Zuckergehalt (1980/81):	12,31 %	= mittelmäßig	(12-12,9 %)
Rohrertrag:	53,45 t/ha	= niedrig	(50-74,9 t/ha)
Zuckerausbeute:	10,17 %	= mittelmäßig	(10-10,9 %)
Zuckerertrag:	5,43 t/ha	= niedrig	(5- 6,99 t/ha).

Aus diesen Werten ergibt sich, daß bei mittelmäßiger Qualität des Rohres und bei mittelmäßiger Zuckerausbeute der niedrige Rohrertrag für den niedrigen Zuckerertrag verantwortlich ist. Dies steht in Einklang mit der Feststellung, daß in den meisten Anbaugebieten der Wert des Zuckerertrages durch den Rohrertrag bestimmt wird (BLUME, 1985).

Die Ertragskategorien zeigen eine beträchtliche regionale Differenzierung. Mit Abstand am größten sind Rohrertrag (60,78 t/ha) und Zuckerertrag (6,20 t/ha) in Negros; am niedrigsten sind beide in Luzon (43,10 bzw. 4,47 t/ha), wo, wie auch in Panay und den Eastern Visayas, Werte erreicht werden, die international als sehr niedrig (weniger als 50 bzw. weniger als 5 t/ha) gelten müssen. Bezüglich Zuckergehalt und Zuckerausbeute steht Negros hingegen nur an dritter Stelle unter den philippinischen Anbaugebieten. Im Vergleich der beiden Hauptanbaugebiete steht somit das in der Produktion führende Negros in der Biomasseproduktion (Rohrertrag) und im Zuckerertrag voran, während es von Luzon aufgrund längerer Dauer der Trockenzeit und damit größerer Insolation in Rohrqualität (Zuckergehalt) und Zuckerausbeute übertroffen wird. Um die Effizienz der Rohrzuckerproduktion zu verbessern, kommt es daher in Negros auf eine Steigerung der Rohrqualität an, in Luzon auf eine Steigerung der Rohrmenge. Um letztere zu erreichen, wären Bewässerungsmöglichkeiten während der Trockenzeit vonnöten. Mit ausreichender Bewässerung wären die Voraussetzungen für einen ertragreichen Zuckerrohranbau in Luzon ausgesprochen gut; optimal können sie wegen der hohen Temperaturen, der geringen Temperaturamplituden und wegen der Taifungefährdung allerdings nicht sein. In Negros ließe sich die notwendige Steigerung der Rohrqualität nur durch Züchtung von Rohrvarietäten erreichen, welche den klimatischen Bedingungen angepaßt sind.

Bezüglich der in den Philippinen angebauten Rohrvarietäten stellte KOLB (1942) fest, daß im Vergleich zu Hawaii und Java die Zuckerrohrkultur insofern rückständig sei, als überwiegend alteinheimische Varietäten angebaut würden und daß man mit der Züchtung ertragreicher Varietäten erst nach 1920 begonnen habe. Die heute vorherrschenden Varietäten sind sämtlich philippinische Neuzüchtungen, von denen Phil 56 226 41,6 % der Anbaufläche einnimmt, Phil 58 260 21,9 %, Phil 5 333 13,8 % und andere Phil-Varietäten 3,0 %. Der Hektarertrag an Rohr wird für Phil 58 260 mit 100 t/ha und für die anderen Varietäten mit 85 t/ha angegeben. Wenn diese Werte weit über den tatsächlichen Hektarertrtägen liegen (Tab. 4), so liegt dies daran, daß sie in Versuchsbetrieben unter optimalen Bedingungen erzielt werden. Würden ihnen die im Anbau erreichten Hektarerträge an Rohr entsprechen, wäre die Ertragsleistung der philippinischen Zuckerrohrproduktion im internationalen Vergleich als mittelmäßig (75-99,9 t/ha) bis gut (100- 124,9 t/ha) zu bezeichnen. Sie sind aber (50-74,9 t/ha; weniger als 50 t/ha) tatsächlich nur niedrig bzw. sehr niedrig.

Die Erträge in der Rohrzuckerproduktion sind nicht allein vom Makroklima abhängig. Dieses hat allerdings, wie der weltweite Vergleich zeigt (BLUME, 1983; 1985), unter allen steuernden Faktoren den stärksten Einfluß auf die Ertragsleistung und wurde daher hier in seiner Bedeutung für die Erträge der philippinischen Rohrzuckerproduktion in ihrer regionalen Differenzierung besonders herausgestellt. Mikroklima und Böden spielen unter den natürlichen Faktoren eine geringe Rolle; sie sind in vielen Fällen durch den Menschen manipulierbar. Als weitere Faktoren mit Einfluß auf die Erträge sind Varietäten, der Pflanzenbefall durch Krankheit und Schädlinge, weiterhin die Effizienz von Schnitt, Transport und Verarbeitung des Rohres, d.h. Organisationsformen, Management und Betriebsformen zu nennen. Gerade letztere haben eine besondere Bedeutung, was sich im weltweiten Vergleich insofern zeigt, als Anbaugebiete mit agroindustriellen Betrieben in der Effizienz der Produktion solchen überlegen sind, in denen Anbau und Verarbeitung des Rohres in getrennten Unternehmen - Zuckerrohrpflanzungen und Zuckerfabriken ohne Anbau (sog. Zuckerzentralen) - vorgenommen werden. In letzterem Falle sind große Pflanzungen (> 100 ha) wegen ihrer größeren Inputs mittelgroßen (25 - 99 ha) und kleinen (10-25 ha) Pflanzungen sowie vor allem bäuerlichen und kleinbäuerlichen Betrieben (< 10 ha) überlegen (BLUME, 1985). Die Zahl der Zuckerfabriken, bis auf eine kooperative Anlage alle in Privatbesitz, belief sich 1984 auf 40 (1934: 46) mit einer Rohrverarbeitungskapazität von 201 900 t/d (1934: 80 100 t/d).

3 DIE BETRIEBSFORMEN

In den Philippinen ist die Rorzuckerindustrie durch ein monostrukturelles Organisationssystem insofern gekennzeichnet, als 95 % der Zuckerrohrfläche von Pflanzern und nur 5,0 % von agroindustriellen Betrieben bewirtschaftet werden. Der einzige agroindustrielle Betrieb, der in eigener Regie eine große Fläche mit Zuckerrohr bebaut, nämlich 5 600 ha = 46 % des Areals, von dem Zuckerrohr zur Verarbeitung in die Fabrik gelangt, ist Luisita im mittleren Luzon. Dieser agroindustrielle Betrieb erzielte 1980/81 auf den von ihm bewirtschafteten Flächen einen Rohrertrag von 70 t/ha, die nach Luisita liefernden Pflanzer hingegen nur 40 t/ha.

Tab. 5: Zuckerrohrpflanzungen und Zuckerrohrfläche nach Betriebsgrößen, 1974/75 (Quelle: GAMOLO & JIMENEZ 1980)

Betriebsgröße (in ha)	Zuckerrohrpflanzungen[1]		Zuckerrohrpflanzer[2]		Zuckerrohrfläche	
	(Zahl)	(in % der Gesamtzahl)	(Zahl)	(in % der Gesamtzahl)	(in ha)	(in % der Gesamtfläche)
<5	20 374	55	16 305	53	46 700	9
5 - 10	6 166	17	5 282	17	46 672	9
10 - 25	5 633	15	4 954	16	89 136	17
25 - 100	4 132	11	3 505	11	186 925	37
>100	855	2	771	3	144 120	28
Gesamt	37 160	100	30 817	100	513 553	100

1) Eigentümer- und Pachtbetriebe
2) Amtlich registrierte Pflanzer, von denen einige mehr als einen Betrieb besitzen.

In den Philippinen bauten 1974/75 37 160 Betriebe Zuckerrohr an (Tab. 5). Großbetriebe machen nur 2,0 % der Zuckerrohrpflanzungen aus, auf sie entfallen jedoch 28,0 % der gesamten Zuckerrohrfläche. Die Inputs dieser Betriebe sind groß, indem fortschrittliche Anbaubaumethoden angewandt werden. Bei ihnen findet man vereinzelt die neuerdings propagierte Mischkultur (Intercropping) von Zuckerrohr mit Sojabohne, Sorghum oder Mais (PHILIPPINE SUGAR COMMISSION, 1981). Außer beim Schnitt des Rohres, der nach wie vor manuell geschieht, wird modernes Gerät eingesetzt und in eigener Regie Forschung betrieben; diese erfolgt staatlicherseits in La Carlota, Negros und Pampanga, Luzon. Die Victorias Milling Co. auf Negros ist ein besonders gutes Beispiel eines mit fortschrittlichen Methoden vergleichsweise ertragreich wirtschaftenden Großbetriebes (SCHUL, 1967; WADELL, 1980). Mit 37 % Anteil an der Zuckerrohrfläche kommt den mittelgroßen Pflanzungen, die 11 % der Zahl aller Zuckerrohrbetriebe ausmachen, eine besonders große Bedeutung in der philippinischen Zuckerwirtschaft zu. Auch für sie sind überwiegend moderne Anbaumethoden und ein relativ hoher Mechanisierungsgrad charakteristisch. Bei den kleinen Pflanzungen hingegen, auf die 17 % der Anbaufläche und 15 % der Zahl aller Zuckerrohrbetriebe entfallen, sind die Inputs sehr viel geringer und die Erträge entsprechend niedriger als bei den mittelgroßen und vor allem den großen Pflanzungen. Insbesondere gilt das für die bäuerlichen Betriebe, auf die 18 % der Zuckerrohrfläche bei einem Anteil von 72 % an der Gesamtzahl der Zuckerrohrbetriebe entfällt (Tab. 5).

Nicht nur die Betriebsgröße, sondern auch die Besitzstruktur wirkt sich deutlich auf die Ertragsleistung aus. In allen Betriebsgrößenklassen sind die Zuckerrohrpflanzungen in der Mehrzahl Eigentümerbetriebe, die überwiegend besser bewirtschaftet werden als Pachtbetriebe. Eine noch größere Sorgfalt der Bewirtschaftung als bei Eigentümerbetrieben läßt sich allerdings vielfach auf solchen Pachtbetrieben beobachten, bei denen der Pächter alle Kosten trägt und allen Gewinn für sich verbucht. Anders als diese "leased farms", die durchweg mittelgroße Pflanzungen sind, werden die vor allem in Luzon verbreiteten "tenanted farms", meist Betriebe unter 10 ha Größe, von Pächtern bewirtschaftet, die sich mit den Eigentümern Betriebskosten und Einnahmen teilen. Bei diesen Betrieben sind die Inputs und daher auch die Ertragsleistungen außerordentlich niedrig. ATIENZA & DEMETERIO stellen dazu fest (1980: 200): "they are a drag on the industry, but they are tolerated on social grounds".

Aus der Tatsache, daß die relativ ertragreichen Pflanzungen zwar 82 % der Zuckerrohrfläche einnehmen, aber nur 28 % aller Zuckerrohrbetriebe ausmachen, erklärt sich die verbreitete Armut in den philippinischen, monokulturell strukturierten Zuckerrohranbaugebieten. Hierzu trägt auch der ausgesprochene Saisoncharakter der Zuckerkampagne bei. Nach GAMOLO & JIMENEZ (1980) waren 1975/76 im landwirtschaftlichen Sektor der Rohrzuckerproduktion 521 687 Arbeiter beschäftigt, davon 49 % saisonal, d.h. während der Ernte. Auch von den 30 086 Fabrikarbeitern waren 49 % nur während der Zuckerkampagne beschäftigt. Die Saisonarbeiter sind in der Mehrzahl Wanderarbeiter von außerhalb der Zuckerrohranbaugebiete. So kommen sie in Luzon überwiegend aus dem Norden der Insel, nach Negros kommen sie vornehmlich aus Panay.

Während in den Zuckerrohrgebieten, die durch die Erzeugung eines wichtigen, in seinem Weltmarktpreis zwar schwankenden Exportproduktes geprägt sind, die "Zuckerbarone" eine zahlenmäßig kleine Oberschicht darstellen, lebt die Masse der Bevölkerung als Eigentümer oder Pächter kleiner, Zuckerrohr anbauender Betriebe oder als landlose Arbeiter in bescheidenen Verhältnissen. Diese negative Agrarsozialstruktur, die für die kolonialzeitliche Phase der Zuckerrohr-Plantagenwirtschaft vor allem in Lateinamerika charakteristisch war, findet sich in dieser extremen Ausbildung heute nur noch in wenigen Zuckeranbaugebieten. An dieser nicht mehr zeitgemäßen Agrarsozialstruktur der Gebiete der Rohrzuckerproduktion hat sich bis heute nichts geändert, seit KOLB (1942) feststellte, die Zuckerrohrlandschaften seien in den Philippinen die wirtschaftlich stärksten und rentabelsten, aber nicht zugleich die "gesündesten" Gebiete.

LITERATURVERZEICHNIS

APACIBLE, A.R. (1964): The Sugar Industry of the Philippines. In: The Philippine Geogr. Journal ,8: 86-100.

ATIENZA, J.C. & J.K. DEMETERIO (1980): The Sugar Industry in the Philippines. In: Sugar y Azúcar, Jan.: 195-210.

BLUME, H. (1983): Environment and Cane Sugar Yield. In: Zuckerindustrie, 108: 149-155.

ders. (1985): Geography of Sugar Cane. Environmental, structural and economical Aspects of Cane Sugar Production. Berlin.

BURLEY, T.M. (1973): The Philippines - an economic and social Geography. London.

CAMURUNGAN, R. (1980): The Philippines' Sugarcane Industry. Sugarcane Marketing, Transportation and Payments. In: Asian Productivity Organization: Sugarcane Production in Asia. Tokio: 162-178.

DELAVIER, H.J. & H. HIRSCHMÜLLER (1970): Zucker auf den Philippinen. In: Zschr. für die Zuckerindustrie, 19: 481-484.

EMPIG, L.T. & M.M. MANALO (1981): Classification of different Mill Districts based on the Ratio of wet and dry Months. In: Sugarland, 18 (1): 16-19.

GAMOLO, S.D. & I.L. JIMENEZ (1980): The Philippines' Sugarcane Industry. General Perspective. In: Asian Productivity Organization: Sugarcane Production in Asia. Tokio: 123-137.

HUETZ de LEMPS, A. (1983): Negros "Ile à sucre des Philippines": In: Les Cahiers d'Outre - Mer, 36: 231-256.

HUKE, R. (1963): Shadows on the Land: An economic Geography of the Philippines. Manila.

ILAGA, M.T. (1973): Irrigation and improved cultural Methods-Key to increased Sugar Yield. In: Proceedings of the 21st Philippines Sugar Technologists Convention: 116-138. Makati,Rizal.

INTERNATIONAL SUGAR COUNCIL (1963): The World Sugar Economy. Structure and Policies, I: National Sugar Economies and Policies: 241-245. London.

KOLB,A. (1942): Die Philippinen. Leipzig.

MANALO,E.B. (1956): The Distribution of Rainfall in the Philippines.In: Philippine Geographical Journal, 4: 104-180.

MEDINA, P.E. (1980): The Philippines' Sugarcane Industry. Prospects and Problems. In: Asian Productivity Organization. Sugarcane Production in Asia: 179-185. Tokio.

NARTIA, R.N. (1979): The Profile Classes of Philippine Soils. In: Sugarland, 16(4): 12-13.

PANOL, F.Y. (1968): Field Drainage for Sugarcane. In: Proceedings of the Philippines Sugar Technologists 16th Annual Convention: 46- 56. Manila.

PHILIPPINE SUGAR COMMISSION. Office of the Director of Research and Development (1981): Handbook and Sugarcane. Revised Edition. Diliman, Quezon City.

ROSARIO, E.L. (1980): The Philippines' Sugarcane Industry. Technological Aspects of Sugarcane Growing. In: Asian Productivity Organization: Sugarcane Production in Asia: 145-161. Tokio.

SCHUL, N.W. (1967): A Philippine Sugar Cane Plantation: Land Tenure and Sugar Cane Production. In: Econ. Geography, 43: 157-169.

SMITH, D. (1978): Cane Sugar World. New York.

STATISTISCHES BUNDESAMT (1981): Länderbericht Philippinen 1981. Stuttgart und Mainz.

WADELL, C.W. (1980): Victorias Milling Company. A large diversified agro-industrial Complex in the Philipines. In: Sugar y Azúcar, Jan.: 219-224.

WERNSTEDT, F.L. & J. SPENCER (1967): The Philippine Island World; a physical, cultural and regional Geography. Berkeley und Los Angeles.

DIE STELLUNG AUSTRALIENS IM GEFÜGE DER WELTERNÄHRUNGSWIRTSCHAFT

von

Dieter Jaschke, Hamburg

SUMMARY: Australia's Contribution to the World Food Production

Australia's importance in the world's trade is still dependent on its exports of agricultural and mining products. It is true, the country's mining industry is experiencing a countinuous boom. Nevertheless, it is not quite clear, how extensive the agricultural potentials are and which contribution Australia could pay to the future world food production.

Despite of severe famine and permanent dearth of food in many countries of the Third World the present world food production would be able to feed double the world's population. The Industrialized Countries alone would be capable of nourishing all the people in the world. Even the food production of all Developing Countries would be sufficient to support their populations. Greater problems will come about, when the expansion of the food production of these countries can no longer keep in step with the rapid increase of their populations. The deficits could be covered by the Industrialized Countries, the populations of which are growing more slowly. Of course, the Developing Countries must be able to pay these imports by the profits they make on their trade in other merchandise.

According to the results of this study Australia could be an important supplier of agriculture products. Its production can be expanded and its own consumption is low. At present, Australia would be able to feed some 350 million people by the food equivalents of its agricultural production. The maximum number of people that could be supplied by the country's agriculture would be nearly 700 mio. persons. Most of the agricultural potentials are located outside the tropics in the southern part of the continent, where the productivity could be expanded by the intensified use of the rural area. Indeed, the potential rural area is more extensive in the continent's tropical and subtropical north, but the feasibility of applying intensive methods is very poor. For the time being, the unused potential can only be utilized by an efficient rural economy backed by an increasing demand for agricultural products in the world market.

ZUSAMMENFASSUNG

Australien bezieht seine weltwirtschaftliche Bedeutung noch immer aus seiner Rolle als Produzent und Exporteur primärwirtschaftlicher Erzeugnisse. Während der bergwirtschaftliche Stellenwert des Kontinents stetig steigt, war der Umfang seines landwirtschaftlichen Potentials und damit seines möglichen Beitrags im künftigen Gefüge der Welternährungswirtschaft bisher umstritten.

Trotz der Hungerkatastrophen und des latenten Nahrungsmitteldefizits in vielen Ländern der Dritten Welt könnte derzeit die doppelte Erdbevölkerung auf der Grundlage der weltweiten Lebensmittelproduktion ausreichend ernährt werden. Allein die Industrieländer wären in der Lage, die gesamte Erdbevölkerung zu versorgen. Aber auch die Entwicklungsländer könnten in ihrer Gesamtheit ihre Bewohner ernähren. Größere Probleme wird es geben, wenn die Nahrungsdecke für die rasch wachsende Bevölkerung der Entwicklungsländer nicht mehr ausreicht. Die Defizite könnten durch die demographisch langsamer wachsenden Industrieländer gedeckt werden, sofern es jenen Ländern gelänge, die Importe durch Handelsüberschüsse anderer Wirtschaftsbereiche zu finanzieren.

Nach den Ergebnissen dieser Studie könnte Australien als bedeutender Anbieter auf dem Weltmarkt auftreten, da seine Produktion noch steigerungsfähig und sein Eigenkonsum gering ist. Derzeit könnte Australien mit den Nahrungsmitteläquivalenten seiner Agrarproduktion bereits 350 Mio. Menschen ernähren. Die maximale agrarische Tragfähigkeit wird mit 700 Mio. Menschen berechnet. Dabei liegen die größten Potentiale im außertropischen Südteil des Kontinents, wo Produktionssteigerungen vor allem über eine intensivere Nutzung erzielt werden können. Der tropische und subtropische Norden weist zwar die größten Flächenpotentiale auf, erlaubt aber nur eingeschränkt intensivere Bewirtschaftungsweisen. Eine Inwertsetzung der noch ungenutzten Potentiale erscheint allerdings lediglich auf der Grundlage einer profitorientierten Agrarwirtschaft möglich, und zwar innerhalb des Rahmens, den die Nachfrage nach landwirtschaftlichen Erzeugnissen auf dem Weltmarkt vorgibt.

1 EINLEITUNG: AUSTRALIEN - DER ÜBERSCHÄTZTE KONTINENT

Viele Menschen sehen in Australien noch immer einen Kontinent mit unbegrenzten Möglichkeiten. Nicht wenige Politiker und Journalisten haben die Vorstellung von einem Erdraum, der noch über unübersehbare Ressourcen verfügt. Man neigt sogar dazu, Australiens Potentiale mit denen der USA zu vergleichen. Die Tatsache, daß Amerika inzwischen die Grenzen des Machbaren erfahren hat, hat das Wunschdenken nicht merklich erschüttern können. Die Ursachen für diese Fehleinschätzungen, zu denen es in und außerhalb Australiens kommt, liegen nicht nur im Informationsmangel. Sie sind auch auf die politischen und wirtschaftlichen Ambitionen zurückzuführen, die man auf jenen Kontinent richtet. Australien wird von westlicher Seite als politisch stabiler Vorposten im indo-pazifischen Raum verstanden. Aufgrund seiner Lage am Rande der bevölkerungsreichen asiatischen Verdichtungsräume sowie seiner Position zwischen Indischem und Pazifischem Ozean wird ihm eine große strategische Bedeutung zugesprochen. In seinen landwirtschaftlichen und bergbaulichen Ressourcen sieht man bedeutende Reserven für die Versorgung der eigenen Volkswirtschaften.

Richtig ist, daß Australien seit dem Ende des Zweiten Weltkriegs die ihm zugedachte politische und strategische Rolle voll übernommen hat. Daran hat auch das erstarkte Selbstbewußtsein des australischen Staates nichts geändert. Den vorgezeichneten wirtschaftlichen Part hat sich Australien jedoch nicht zu eigen gemacht. Zwar besitzen die land- und bergwirtschaftlichen Exporte noch immer ein beträchtliches außenwirtschaftliches Gewicht, es ist aber nicht zu übersehen, daß Australien den Anschluß als industrielles Erzeugerland zu erreichen sucht. Es waren vor allem die in den letzten Jahrzehnten sprunghaft angestiegenen Erz- und Kohleausfuhren, die zu der optimistischen Einschätzung der gesamtwirtschaftlichen Möglichkeiten des Kontinents geführt haben. Hinzu kamen die Meldungen von immer neuen und immer größeren Lagerstätten. Sicher hat der bergwirtschaftliche Boom noch lange nicht seine Grenzen erreicht. Die besondere geologische Situation Australiens läßt auf weitere große Lagerstättenfunde hoffen, zumal bisher nur ein kleiner Teil des Areals tiefgründig prospektiert ist.

Völlig anders sehen die Perspektiven der Industrie und der Landwirtschaft aus. Die industrielle Weiterentwicklung leidet vor allem unter der Begrenztheit des Binnenmarktes und der überlegenen Konkurrenz der auswärtigen Anbieter. Der heimische Markt mit seinen rund 16 Mio. Konsumenten ist zu klein, um einer Industriewirtschaft nennenswerte Impulse geben zu können. Die Konkurrenz des Weltmarktes ist so stark, daß die eigenen Exporte gestützt und Billig-Importe protektionistisch abgewehrt werden müssen.

Die Landwirtschaft hat zwar nach wie vor eine große außenwirtschaftliche Bedeutung, ihre Überschüsse erklären sich aber weniger durch eine hohe Produktivität als eher durch den geringen Eigenkonsum. Die Flächenerträge liegen weit unter den europäischen und nordamerikanischen Vergleichswerten. Obendrein ist zu berücksichtigen, daß ein Großteil der landwirtschaftlichen Exporte erst durch staatliche Stützungsmaßnahmen ermöglicht wird.

In dieser Arbeit soll geklärt werden, wie groß die Agrarpotentiale Australiens tatsächlich sind und welche Stellung der australischen Landwirtschaft künftig im Gefüge der Welternährungswirtschaft zukommen könnte. Australien, als kleinster Kontinent oder größte Insel, umfaßt zwar ein Areal von 7,69 Mio. km^2, ackerbaulich genutzt werden aber derzeit nur 21,96 Mio. ha bzw. 2,9 %. Bezieht man die Weideflächen in die Berechnung ein, dann ergibt sich eine landwirtschaftliche Nutzfläche von 486,6 Mio. ha, was einem Anteil von 63,3 % am Gesamtareal entspricht. Es wird zu fragen sein, in welchem Maße die Produktivität der bisher extensiv genutzten Flächen gesteigert werden kann. Pessimisten gehen davon aus, daß bereits heute das Agrarpotential voll ausgeschöpft wird und keine Freiräume mehr für eine weitere Produktionsausdehnung bestehen. Gern wird darauf hingewiesen, daß Australien eine geographische Breitenlage wie die Sahara aufweist und der niederschlagsärmste aller Kontinente ist. Trotz intensiver Erforschung des Raumes bestehen auch in Australien unterschiedliche Meinungen über den Umfang der landwirtschaftlichen Ressourcen. Entweder hat man großräumig einzelne Raumfaktoren untersucht oder sich synthetisierend der Erforschung kleinräumiger Ökotope zugewandt. Was fehlt, ist eine kontinentumfassende agrargeographische Bonitierung auf der Grundlage einer Synopsis der für die Landwirtschaft entscheidenden Raumfaktoren. Außerdem gilt es, zwischen den stark divergierenden Tragfähigkeitsabschätzungen zu vermitteln und realistischere Perspektivdaten zu errechnen. In der Tat gehen die Vorstellungen von der agrarischen Tragfähigkeit Australiens weit auseinander. Derzeit schwanken die Schätzungen zwischen 30 und 300 Mio. Menschen. Albrecht PENCK und Colin CLARK gingen noch davon aus, daß der Kontinent rund 500 Mio. Menschen ernähren könnte. Die Schätzungen sind zwar vorsichtiger geworden, allerdings weichen ihre Werte nach wie vor extrem voneinander ab. Es ist zu vermuten, daß einige der Berechnungen ohne den notwendigen Raumbezug durchgeführt wurden. Immerhin werden die niedrigeren Schätzwerte bereits heute durch den aktuellen Stand der Agrarproduktion übertroffen.

2 BEVÖLKERUNGSENTWICKLUNG UND ERNÄHRUNGSLAGE DER ERDE

Es versteht sich, daß in Anbetracht eines immer enger werdenden Nahrungsspielraumes der Erde zunehmend auf den menschenarmen Kontinent geblickt wird. Während sich gegenüber in Asien zwischen Indus und Amur mehr als 2,5 Mrd. Menschen eine Fläche von 15 Mio. km^2 teilen müssen, beherbergt der gesamte australische Erdteil nicht mehr als 16 Mio. Menschen; d.h. weniger Menschen als das Bundesland Nordrhein-Westfalen. Trotz der gewaltigen Anstrengungen und großen Erfolge der modernen Landwirtschaft steht die Welternährungswirtschaft vor scheinbar unlösbaren Problemen. Die Hungerkatastrophen in den Ländern der Dritten Welt sind die wahrnehmbarsten Alarmzeichen einer sich stetig verschlechternden Ernährungssituation. Während die entwickelten Länder Überschußprobleme zu bewältigen haben, ist in den meisten Entwicklungsländern Unterernährung zur Alltäglichkeit geworden. Auch in jenen Ländern übertrifft die agrarische Produktionszunahme zwar noch geringfügig das Bevölkerungswachstum. Da aber die Geschwindigkeit der agrarwirtschaftlichen Produktionsausdehnung zurückgeht, ist abzusehen, wann sich die Schere aus Bevölkerungs- und Produktionswachstum schließen und zugunsten der Bevölkerungsentwicklung öffnen wird. Am eindeutigsten wird dieser Trend durch die immer geringer werdende Steigerung der Lebensmittel-Pro-Kopf-Ration dokumentiert (vgl. Tab. 1):

Tab. 1: Bevölkerungswachstum und Nahrungsmittelversorgung der Erde 1950-1980

Jährliche Zunahme		1950-1960	1960-1970	1970-1980
Bevölkerung				
Entwickelte Länder	%	1,05	1,16	0,83
Entwicklungsländer	%	3,26	2,77	2,49
Nahrungsmittelproduktion*				
Entwickelte Länder	%	7,29	2,29	2,39
Entwicklungsländer	%	4,33	3,39	2,73
Pro-Kopf-Ration				
Entwickelte Länder	%	5,65	1,01	1,44
Entwicklungsländer	%	0,81	0,49	0,19

* Grundlage: addierte Nährwerte sämtlicher Nahrungsmittel

Quellen: UN: Demographic Yearbook 1951-1981, FAO: Production Yearbook 1951-1981, eigene Berechnungen.

Während in den entwickelten Ländern bei einem langsamen Bevölkerungswachstum die agrarische Produktion beschleunigt expandiert und folglich die Nahrungsmittelbereitstellung pro Kopf der Bevölkerung weiter zunimmt, steuern die Entwicklungsländer zwangsläufig in eine Ernährungskrise von bisher unbekanntem Ausmaß. Fest steht, daß es auf absehbare Zeit nicht zu einer nennenswerten Veränderung in der Bevölkerungsentwicklung kommen wird. Bis zum Jahr 2050 wird sich die Weltbevölkerung auf 12-16 Mrd. Menschen vermehrt haben. Selbst wenn es gelänge, die Geburtentätigkeit in den Entwicklungsländern derart zu reduzieren, daß je Ehe nur noch zwei Kinder geboren würden, so müßte sich trotz allem eine Bevölkerungszahl in der Nähe des unteren Prognosewertes einstellen. Grund dafür ist die Tatsache, daß in den meisten Ländern der Dritten Welt rund 50 % der Einwohner jünger als 20 Jahre sind. Bei einer Generationsfolge von 20 bis 30 Jahren werden bis zum Jahr 2050 zwei bis drei weitere Generationen hinzugekommen sein. Summiert man die vier Generationsschichten global, selbstverständlich unter Berücksichtigung der Sterberate, dann kommt man auf eine Bevölkerungszahl, die in der Größenordnung von 12 Mrd. Menschen liegt.

Geht man von der gegenwärtigen Agrarproduktion und ihren aktuellen Zuwachsraten aus, dann könnte - zumindest statistisch - auch diese Zahl ernährt werden. Bereits heute werden auf der gesamten Erde so viele Nahrungsmittel erzeugt, daß die Ernährung für die doppelte Erdbevölkerung gewährleistet wäre. Bei einem Energiebedarf von 2 600 kcal je Mensch und Tag, wie er den Berechnungen der FAO und WHO zugrunde gelegt wird, könnte durch die Agrarwirtschaft zusammen mit der Fischerei die Ernährung von knapp 9 Mrd. Menschen sichergestellt werden (vgl. Tab. 2):

Tab. 2: Nahrungsmittelproduktion und Tragfähigkeit der Erde 1950-1980

		1950	1960	1970	1980
Nahrungsmittelproduktion	10^{15}kcal	3,355	5,292	6,775	8,506
Bevölkerung: tatsächlich	Mrd. Menschen	2,408	3,000	3,677	4,415
potentiell	Mrd. Menschen	3,535	5,577	7,139	8,963

Quellen: UN: Demographic Yearbook 1951-1981, FAO: Production Yearbook 1951-1981, eigene Berechnungen.

Die Realität des Hungers und der Unterernährung in den Entwicklungsländern verdeutlicht jedoch, daß selbst vor dem Hintergrund globaler Überschüsse eine einigermaßen ausgewogene Verteilung unmöglich erscheint.

2.1 Einengung des Ernährungsspielraumes in den Entwicklungsländern

Für die gegenwärtige Situation ist es bezeichnend, daß sich die Disparitäten des Nahrungsspielraums zwischen den Industrie- und Entwicklungsländern weiter verschärfen. Während die agrarwirtschaftlichen Produktionssteigerungen der Industrieländer in hohem Maße die der Länder der Dritten Welt übersteigen, übertreffen jene Räume die Industrieländer in der Geschwindigkeit des Bevölkerungswachstums (vgl. Tab. 1).

Daraus folgt, daß die Industrieländer eine quantitative und qualitative Verbesserung ihres Nahrungsmittelangebots erleben, während sich gleichzeitig die Versorgungssituation in den Entwicklungsländern dramatisch verschlechtert.

Es liegt auf der Hand, daß die von allen Seiten, vor allem von den Industrieländern, aufgestellte Forderung, die Geburtenrate in den Ländern der Dritten Welt drastisch zu reduzieren, die beste Antwort auf die laufende Fehlentwicklung wäre. Eine Reduktion der Geburtentätigkeit nach dem Modell des demographischen Übergangs läßt sich in jenen Ländern aber nur dann realisieren, wenn dafür die wirtschaftlichen und sozialen Voraussetzungen geschaffen sind. Nicht zu vergessen ist, daß obendrein beträchtliche religiöse und kulturelle Widerstände zu überwinden sind. Da in absehbarer Zeit nicht mit einer spürbaren Verlangsamung des Bevölkerungswachstums in den Ländern der Dritten Welt zu rechnen ist, müssen zwischenzeitlich andere Alternativen zum Tragen kommen. Zur Diskussion stehen drei klassische Antworten, die seit je auf eine Verstärkung des Bevölkerungsdruckes gegeben worden sind:

- Steigerung der Nahrungsmittelproduktion innerhalb des jeweiligen Lebensraumes, sei es durch die Inkulturnahme bisher ausgesparter Flächen, sei es durch die intensivere Nutzung bereits in Nutzung befindlicher Flächen oder sei es durch den verstärkten Rückgriff auf nicht-agrarische Nahrungspotentiale durch Fischerei, Teichwirtschaft und Jagd.

- Abgabe eines Teils des Bevölkerungsüberschusses an Erdräume, die nicht oder nur extensiv genutzt werden.

- Import des Nahrungsmitteldefizits aus Erdräumen, die mehr Nahrungsmittel produzieren als sie konsumieren.

Da ungenutzte agrarwirtschaftliche Gunsträume so gut wie nicht mehr existieren und eine Intensivierung der Nutzung an der Peripherie der heutigen Wirtschaftsräume wegen der extremen oder labilen Bedingungen der jeweiligen Ökosysteme ausscheidet, bleibt als einzige wirkungsvolle Alternative allein die intensivere Nutzung der bereits bewirtschafteten Flächen und zwar nicht nur in den Räumen mit einer kritischen Ernährungslage sondern auch in den Überschußländern, so daß verbleibende Defizite durch einen Transfer ausgeglichen werden können. Voraussetzung ist dafür allerdings, daß es den defizitären Ländern gelingt, die Importe durch die Erlöse anderer wirtschaftlicher Bereiche zu finanzieren.

Daß sich die landwirtschaftliche Produktion der Entwicklungsländer zumindest in den Gunsträumen noch beträchtlich steigern läßt, zeigen die Erfolge, die die sogenannte "Grüne Revolution" in Südostasien erzielen konnte. In Indonesien beispielsweise wurde die Reisproduktion zwischen 1950 und 1980 von 8,6 auf 29,8 Mio. t gesteigert. Daß diese Produktionsausdehnung im wesentlichen auf Intensivierungsmaßnahmen zurückzuführen ist, belegen die Produktivitätsdaten, die sich zwischen

1950 und 1980 von 14,3 auf 33 dt/ha erhöht haben. Aber auch für die Gesamtheit aller Entwicklungsländer lassen sich beachtliche landwirtschaftliche Erfolge vorweisen. Allein die Versorgung mit Getreide erfuhr zwischen 1950 und 1980 eine Steigerung um 140%. Auch das Angebot von Proteinen wurde erheblich verbessert. Die Versorgung mit tierischen Produkten erhöhte sich im gleichen Zeitraum um 311%. Insgesamt stieg der durch die Landwirtschaft bereitgestellte Nährwert von $1,707 \cdot 10^{12}$ auf $4,142 \cdot 10^{12}$ kcal (vgl. Tab. 3):

Tab. 3: Nahrungsmittelproduktion der Landwirtschaft in den Entwicklungsländern 1950-1980

Produkte	Erzeugte Nährwerte in 10^{12} kcal				Zunahme in %
	1950	1960	1970	1980	1950-1980
Getreide	1 196,4	1 633,2	2 200,2	2 866,9	139,6
Stärkeknollen	95,2	189,4	251,9	280,6	194,7
Hülsenfrüchte	63,3	81,5	92,0	81,3	28,4
Ölfrüchte	217,0	279,1	340,5	450,1	107,4
Gemüse und Obst	14,7	28,8	46,4	64,7	340,1
Zucker	68,7	116,0	160,1	185,5	170,0
Tierische Produkte	51,7	105,3	150,1	212,5	311,0
Gesamt	1 707,0	2 433,3	3 241,2	4 141,6	142,6

Quellen: FAO: Production Yearbook 1951-1981, eigene Berechnungen.

Der Beitrag der Fischerei und Teichwirtschaft zur Nahrungsmittelversorgung konnte zwar mehr als verfünffacht werden, sein Anteil an der Gesamtversorgung beläuft sich aber immer noch auf bescheidene 1,3%. Der größte Produktionszuwachs fällt in die 50er und 60er Jahre. Etwa seit 1970 stagniert die fischerei- und teichwirtschaftliche Produktion. Die Jahresanlandungen haben sich in einer Höhe von 35 Mio. t, entsprechend einem Nährwert von $53 \cdot 10^{12}$ kcal, stabilisiert. Addiert man die durch Landwirtschaft und Fischerei erzeugten Nährwerte, dann ergibt sich für die Entwicklungsländer ein Betrag in Höhe von $4 195 \cdot 10^{12}$ kcal. Dieses Angebot würde ausreichen, um 4,4 Mrd. Menschen zu ernähren. Auf die tatsächliche Bevölkerung umgerechnet, entfallen 3 531 kcal pro Person und Tag. Aufgrund der starken Bevölkerungszunahme weist der Pro-Kopf-Wert gegenüber 1950 nur eine Steigerung von 15,6% auf (vgl. Tab. 4):

Tab. 4: Bevölkerungsentwicklung und Nahrungsmittelproduktion in den Entwicklungsländern 1950-1980

		1950	1960	1970	1980	Zunahme in % 1950-1980
Bevölkerung	Mrd. Menschen	1,540	2,041	2,606	3,255	111,4
Erzeugte Nährwerte	10^{12} kcal	1 716,9	2 460,7	3 294,5	4 194,7	144,3
Ackerwirtschaft	10^{12} kcal	1 655,3	2 328,0	3 091,1	3 929,1	137,4
Viehwirtschaft	10^{12} kcal	51,7	105,3	150,1	212,5	311,0
Fischereiwirtschaft	10^{12} kcal	9,9	27,4	53,3	53,1	436,4
Nährwertration	kcal/Person/Tag	3 054	3 303	3 464	3 531	15,6
Ernährungskapazität Mrd. Menschen		1,809	2,593	3,472	4,420	144,3

Quellen: UN: Demographic Yearbook 1951-1981, FAO: Production Yearbook 1951-1981, eigene Berechnungen.

Auch für die Entwicklungsländer ergibt sich rein rechnerisch ein Nahrungsmittelüberschuß. D.h. auch in dieser Ländergruppe bestehen beachtliche Disparitäten zwischen Überschuß- und Defizitgebieten. Daraus folgt, daß der geforderte Nahrungsmitteltransfer nicht nur von den Industrie- zu den Entwicklungsländern sondern auch zwischen den Entwicklungsländern erfolgen müßte.

Weitere Kapazitäten stecken für die Entwicklungländer in den gewaltigen Arealen, die derzeit noch mit 'cash crops' bestellt sind. Die Länder der Dritten Welt bestreiten noch immer den größten Teil ihrer Exporte mit Rohstoffen, vor allem mit landwirtschaftlichen Erzeugnissen. In der Mehrzahl sind es Industrierohstoffe sowie Nahrungs- und Genußmittel, die in den entwickelten Ländern abgesetzt werden. Wollte man jedoch von diesen Kapazitäten Gebrauch machen, beziehungsweise einen verstärkten Nahrungsmittelimport propagieren, müßten nicht nur die Rahmenbedingungen der jeweiligen Volkswirtschaften sondern auch das gesamte Weltwirtschaftsgefüge geändert werden. Daß solche Umstrukturierungen über einen längeren Entwicklungsprozeß möglich sind, beweisen die Schwellenländer im ost- und südostasiatischen Raum. Ihnen ist es gelungen, sich aus ihrer einseitigen Abhängigkeit von Rohstoffexporten zu befreien und als Anbieter von Industrieprodukten auf dem Weltmarkt Fuß zu fassen. Sollte die eigene Nahrungsmittelproduktion irgendwann überfordert sein, die Bevölkerung des Landes angemessen zu ernähren, wären diese Länder in der Lage, die Defizite durch Importe zu decken. Für Japan, Hongkong und Singapur ist es bereits seit langem eine Selbstverständlichkeit, fehlende Lebensmittel über den Weltmarkt zu beziehen.

Natürlich muß es eine Illusion bleiben, Überschüsse ohne oder gegen ein geringes Entgelt an bedürftige Länder abzugeben. Dagegen spricht nicht so sehr das Transport- und Verteilungsproblem. Viel gravierender sind die Konsequenzen, die sich für die Landwirtschaft und Fischerei in derart unterstützten Ländern ergäben. Diese Wirtschaftsbereiche verlören gegenüber den Billigimporten ihre Konkurrenzfähigkeit. Die Folge wäre ein allgemeiner Niedergang der Primärwirtschaft und damit auch der Gesamtwirtschaft, da die Landwirtschaft unter den produktiven Wirtschaftsbereichen in den meisten Entwicklungsländern noch immer tonangebend ist. Entscheidend ist, daß die Landwirtschaft nicht mehr das notwendige Kapital bilden kann, das zur Finanzierung eines sekundär- und tertiärwirtschaftlichen Überbaus erforderlich ist.

Zuletzt wäre zu diskutieren, welche Erfolgsaussichten Umsiedlungsaktionen hätten, um einem Ernährungsengpaß in übervölkerten Regionen entgegenzusteuern. Die europäischen Länder konnten im 19.Jahrhundert noch einen Großteil ihres Bevölkerungsüberschusses an überseeische Kontinente abgeben. Es konnte auf nicht oder dünn besiedelte Räume zurückgegriffen werden, die es in der Qualität und Dimension heute nicht mehr gibt. Außerdem ist die soziokulturelle Situation der europäischen Auswanderer nicht mit der der Menschen in den heutigen Entwicklungsländern zu vergleichen, ganz zu schweigen von den veränderten politischen Verhältnissen. Abgesehen von der Gastarbeiterwanderung in den nahöstlichen Ländern und im südlichen Afrika kommt es im Raum der Dritten Welt nicht zu nennenswerten Bevölkerungsumschichtungen. Selbst in solchen Fällen, wo innerhalb eines Staatsgebildes eine Entzerrung verdichteter Regionen angestrebt wird, sind die Erfolge oft nur bescheiden. Am bekanntesten dürften die vergeblichen Versuche Indonesiens sein, der Überbevölkerung Javas Herr zu werden. Weder den niederländischen Kolonialverwaltungen noch den indonesischen Staatsregierungen ist es gelungen, nennenswerte Kontingente der javanischen Bevölkerung zur Umsiedlung auf die menschenärmeren Nachbarinseln zu bewegen. Selbst unter autoritären Herrschaftsstrukturen, wie beispielsweise in der Volksrepublik China, wurden die gesteckten Ziele nicht erreicht. Aus diesen Erfahrungen muß gefolgert werden, daß groß angelegte Umsiedelaktionen kein Mittel zur Bewältigung von Ernährungsproblemen in überbevölkerten Räumen sein können.

Damit bleiben den Entwicklungsländern nur zwei realistische Alternativen: 1. Die Steigerung der heimischen Produktion, vor allem durch Intensivierung, und 2. die Einfuhr fehlender Nahrungsmittel aus Überschußgebieten. Als Lieferanten kommen neben einigen Entwicklungsländern in erster Linie die Industrieländer in Betracht.

2.2 Wachsende Überschußproduktion in den entwickelten Ländern

Die agrarwirtschaftlichen Kernräume der Industrieländer stellen bereits heute die wichtigsten Nahrungsmittelproduzenten dar. Hierzu gehören die intensivst bearbeiteten Agrarlandschaften der Verdichtungsräume der Alten Welt ebenso wie die dünnbesiedelten Neuländer, die im Rahmen der europäischen Kolonisation während des vorigen Jahrhunderts in Nord- und Südamerika, in Südafrika und in Australien in Besitz genommen worden sind. Die alten Agrarlandschaften weisen zwar die höchsten Flächenerträge aus, aufgrund ihres hohen Eigenkonsums bleiben ihre Überschüsse aber gering. In den bevölkerungsarmen Neuländern dagegen ist die Flächenproduktivität gering, der Produktionsüberschuß jedoch groß (vgl. Tab. 5):

Tab. 5: Weizenanbau und Weizenexporte ausgewählter Staaten 1981-82

Staaten	Weizenproduktion 1981		Weizenexport 1982	
	Mio. t	dt/ha	Mio. t	% der Produktion
BRD	8,313	50,95	1,730	20,8
USA	76,169	23,23	41,621	54,6
Kanada	24,802	19,96	19,632	79,2
Australien	16,360	13,77	10,997	67,2
Argentinien	8,300	12,97	3,837	46,2

Quellen: FAO: Production Yearbook 1983, FAO: Trade Yearbook 1983, eigene Berechnungen.

Da nach dem aktuellen Stand der Agrowissenschaften und der Agrartechnik die Ertragswerte in den intensiv genutzten Verdichtungsräumen nicht mehr wesentlich gesteigert werden können, wird den Neusiedelgebieten in absehbarer Zeit eine Schlüsselrolle im Gefüge der Welternährungswirtschaft zufallen. Auch wenn man deren ökologisch labile Randsäume ausklammern muß, so verfügen diese Räume immer noch über die derzeit größten erkennbaren Potentiale. Bei Steigerung der Flächenproduktivität ließen sich die Erträge verdoppeln, wenn nicht gar verdreifachen (vgl. Tab. 5). Die vier Staaten, die USA, Kanada, Australien und Argentinien, in deren Grenzen jene Überschußgebiete liegen, gehören nicht nur zu den bedeutendsten Weizenproduzenten, sie sind gleichzeitig die vier wichtigsten Weizenexporteure. Ihr gemeinsames Produktionsvolumen in Höhe von 126 Mio. t hat zwar nur einen Anteil von 27,7% an der Welterzeugung, ihre Exporte (76 Mio. t) stellen jedoch 72,4% der Weltausfuhr (vgl. Tab. 5).

In ihrer Gesamtheit produzieren die entwickelten Industrieländer bereits heute erheblich mehr Nahrungsmittel, als sie konsumieren können. Überschußprobleme machen den Regierungen fast aller westlichen Industrienationen zu schaffen. Ein verschärfter Wettbewerb auf dem Weltmarkt ist die Folge. Außerdem werden vielerorts Überlegungen angestellt, wie man durch dirigistische Maßnahmen die Produktion drosseln könnte.

Im Gegensatz zu den Entwicklungsländern hat sich die Pro-Kopf-Ration beträchtlich erhöht. Sie erfuhr in den letzten dreißig Jahren nahezu eine Verdoppelung. 1950 wurden 5 169 kcal je Person und Tag errechnet. 1980 lag der entsprechende Wert bereits bei 10 183 kcal (vgl. Tab. 6):

Tab. 6: Bevölkerungsentwicklung und Nahrungsmittelproduktion in den entwickelten Ländern 1950-1980

		1950	1960	1970	1980	Zunahme in % 1950-1980
Bevölkerung	Mrd. Menschen	0,868	0,959	1,071	1,160	33,6
Erzeugte Nährwerte	10^{12} kcal	1 638,1	2 831,6	3 480,0	4 311,0	163,2
Ackerwirtschaft	10^{12} kcal	1 440,9	2 497,1	3 025,9	3 772,1	161,8
Viehwirtschaft	10^{12} kcal	175,5	301,9	402,4	483,7	175,6
Fischereiwirtschaft	10^{12} kcal	21,7	32,6	51,7	55,2	154,4
Nährwertration	kcal/Person/Tag	5 169	8 090	8 902	10 183	97,0
Ernährungskapazität Mrd. Menschen		1,726	2,984	3,667	4,543	163,2

Quellen: UN: Demographic Yearbook 1951-1981, FAO: Production Yearbook 1951-1981, eigene Berechnungen.

Die Steigerung ergibt sich aus der raschen Produktionszunahme in der Land- und Fischereiwirtschaft bei einer gleichzeitig nur mäßig wachsenden Bevölkerungszahl. Werden die von der FAO verwendeten Nährwertrationen zugrunde gelegt, dann wären die Industrieländer in der Lage, 4,5 Mrd. Menschen, d.h. die gesamte Erdbevölkerung, mit Nahrungsmitteln zu versorgen. 87,5% der Produktion werden durch den Ackerbau erwirtschaftet. Es folgt die Viehwirtschaft mit einem Anteil von 11,2%. Dieser Wert signalisiert im Vergleich mit den Entwicklungsländern (5,1%) nicht nur eine reichere sondern auch eine qualitativ bessere Ernährung. Die Fischereiwirtschaft erreicht ein Produktionsvolumen (36,8 Mio. t), das sich nur unwesentlich von dem der Entwicklungsländer unterscheidet. Aufgrund der niedrigeren Bevölkerungszahl fällt die individuelle Proteinversorgung hier jedoch sehr viel günstiger aus.

Die Berechnungen haben gezeigt, daß zur Zeit auf der Erde mehr Lebensmittel produziert werden, als zur Ernährung der Erdbevölkerung notwendig sind. Da in den amtlichen Statistiken mit Sicherheit nicht die Gesamtheit der Produktion dokumentiert wird, kann davon ausgegangen werden, daß die tatsächlichen Werte noch höher ausfallen würden. Der Überschuß ist in den Industrieländern am größten. Aber auch die Entwicklungsländer produzieren mehr, als durch eine gesunde Ernährung nachgefragt wird. Diese Überschußsituation wird sich allerdings bereits mittelfristig ändern. Ein Großteil der Entwicklungsländer wird trotz eigener Produktionssteigerungen die rapide wachsende Bevölkerung nicht mehr ernähren können. Defizite werden durch Importe auszugleichen sein. Als Lieferanten kommen neben den ernährungswirtschaftlich günstiger gestellten Entwicklungsländern vor allem die landwirtschaftlichen Überschußgebiete der Industrieländer in Frage. Zu diesen Ergänzungsräumen gehört auch der australische Kontinent, der schon seit dem vorigen Jahrhundert als Anbieter landwirtschaftlicher Erzeugnisse auf dem Weltmarkt auftritt.

3 NATURPOTENTIAL UND AGRARISCHE TRAGFÄHIGKEIT AUSTRALIENS

Um die Möglichkeiten und Grenzen der australischen Agrarwirtschaft quantitativ einstufen zu können, ist eine agrarökologische Analyse des Naturpotentials erforderlich. Als agrarisches Naturpotential soll hier die landwirtschaftlich inwertsetzbare Komponente des Naturraumes verstanden werden. Voraussetzung für die Berechnung der agrarischen Tragfähigkeit ist die Erfassung des Naturpotentials der verschiedenen Ökosysteme und deren Klassifikation entsprechend ihrer landwirtschaftlichen Eignung (vgl. JASCHKE, 1981 und 1986). Eine derartige Bonitierung erfolgt über die Korrelation der Faktoren, die für das Pflanzenwachstum und die Pflanzenbearbeitung entscheidend sind. Das sind

- das Klima nach der Länge der Vegetationsperiode (vgl. Karte),
- der Boden nach dem Nährstoffhaushalt und
- das Relief nach den Böschungsverhältnissen.

Am Ende der agrarökologischen Raumbewertung stehen fünf Raumtypen, die den Kontinent in seiner unterschiedlichen landwirtschaftlichen Eignung charakterisieren (vgl. Tab. 7):

Tab. 7: Typen landwirtschaftlicher Eignungsräume in Australien

Typ	Eignung für Ackerwirtschaft	Eignung für Weidewirtschaft	Flächenpotentiale 1 000 ha	%
1	keine	keine	211 577	27,5
2	keine	gering/mäßig	390 010	50,8
3	keine/gering	gut	88 504	11,5
4	mäßig	gut/sehr gut	31 905	4,2
5	gut/sehr gut	sehr gut	45 862	6,0
Gesamt			767 858	100,0

Quellen: Eigene Berechnungen

Die Tabelle macht deutlich, daß Australien nur über bescheidene landwirtschaftliche Potentiale verfügt. Gut ein Viertel des Kontinents ist landwirtschaftlich völlig unbrauchbar. Rund 50% sind ausschließlich weidewirtschaftlich nutzbar, und nicht mehr als 10% der Fläche kommen für den Ackerbau in Frage. Derzeit werden 60,4% der Gesamtfläche beweidet und 2,9% beackert. Das bedeutet, daß die Ackerfläche nur im geringen Umfang erweitert werden könnte. Die größten Reserven stecken in den Intensivierungsmöglichkeiten der bereits in Nutzung befindlichen Flächen.

Deutliche Unterschiede bestehen zwischen dem Nord- und Südteil des Kontinents. Während der Norden, gemeint ist das Gebiet nördlich des 26.Breitenkreises (vgl. Karte), über die größeren Flächenpotentiale verfügt, weist der Süden die besseren Intensivierungsmöglichkeiten auf. Dies drückt sich bereits im größeren Umfang der hochwertigen Eignungsräume aus (vgl. Tab. 8). Der weithin tropische bis subtropische Norden besitzt zwar die größere potentielle Nutzfläche, der außertropische Süden hat aber mit 41 Mio. ha fast ein doppelt so großes potentielles Ackerareal (Typ 4 und 5). Dieses Mißverhältnis bedingt im wesentlichen die Unterschiede der agrarischen Tragfähigkeit. Wenn die Produktion nach dem heutigen wirtschaftlichen und technologischen Entwicklungsstand maximiert würde, ließen sich dem Süden ernährungsmäßig rund 475 Mio. Menschen zuordnen. Das sind 69% der potentiellen Kapazität. Der Norden bringt es auf eine agrarische Tragfähigkeit von rund 215 Mio. Menschen, was dem Restanteil von 31% entspricht. Zusammenge-

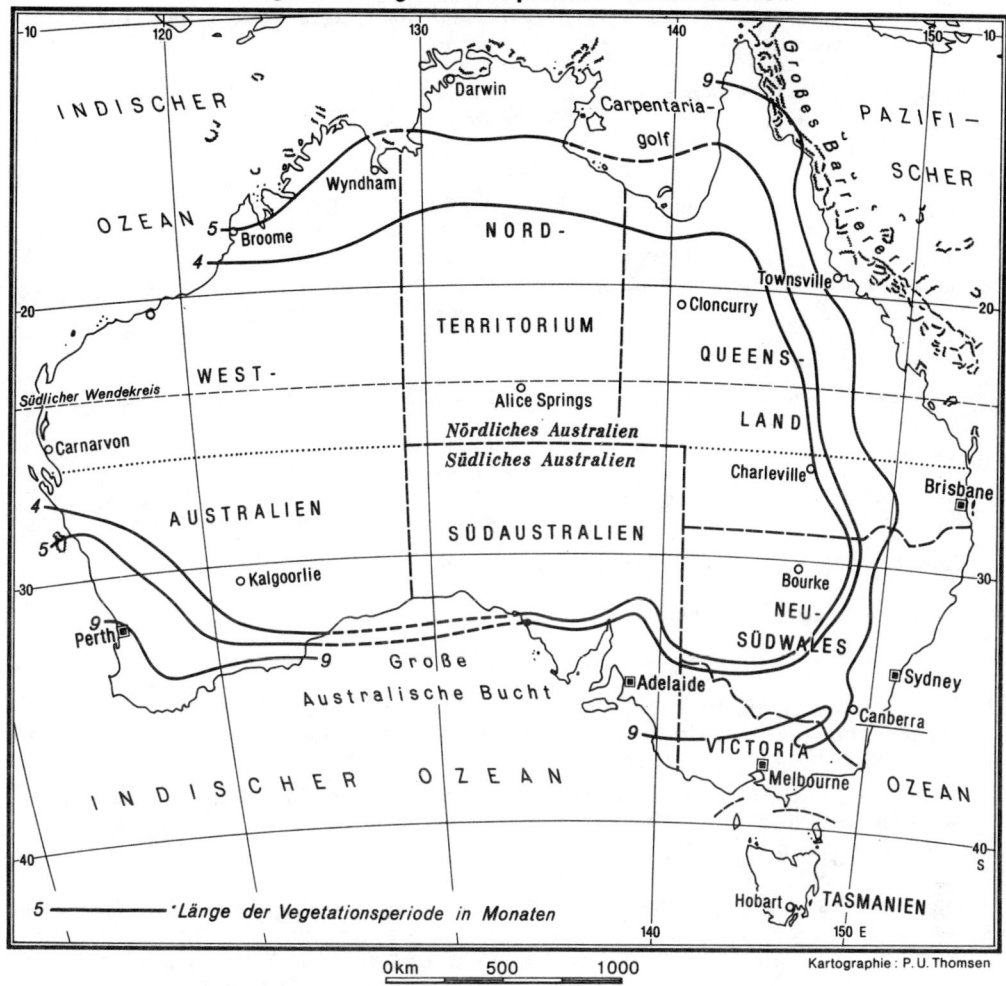

Abb.1: Länge der Vegetationsperiode in Australien

nommen könnten auf der Grundlage der potentiellen australischen Agrarproduktion fast 700 Mio. Menschen ernährt werden.

Die divergierenden Zahlen für Nord- und Südaustralien bestätigen die eingangs aufgestellte These, daß die künftig erforderliche Mehrproduktion weniger durch Flächenexpansion, schon gar nicht in den ökologisch labilen Räumen der Tropen, zu erreichen ist, sondern über eine intensivere Nutzung der bereits bewirtschafteten Vorzugsräume angestrebt werden muß. Allerdings sind der Produktionssteigerung auf der Grundlage der Erhöhung der Flächenproduktivität auch im südlichen Australien enge Grenzen gesetzt. Wenn die heutige Ernährungskapazität (nach Nahrungsmitteläquivalenten) des gesamten Kontinents bei rund 350 Mio. Menschen liegt (vgl. Tab. 9), dann wird der weitaus größte Teil der dafür erforderlichen

Tab. 8: Agrarische Tragfähigkeit Australiens nach agrarökologischen Eignungsräumen

Eignungsraum	Gesamtfläche 1 000 ha	Potentielle Nutzfläche 1 000ha	Potentielle Produktion 10^{12}kcal	Tragfähigkeit Mio. Menschen	%
Nördliches Australien	396 938	286 588	205,508	216,552	31,3
Typ 1	78 507	0	0,000	0,000	0,0
Typ 2	237 611	213 850	0,611	0,644	0,0
Typ 3	56 531	50 878	70,628	74,424	10,7
Typ 4	15 427	13 884	71,127	74,949	10,8
Typ 5	8 862	7 976	63,142	66,535	9,6
Südliches Australien	370 920	177 869	451,749	476,026	68,7
Typ 1	133 070	0	0,000	0,000	0,0
Typ 2	152 399	112 499	15,191	16,007	2,3
Typ 3	31 973	24 459	85,341	89,927	13,0
Typ 4	16 478	12 606	75,488	79,502	11,5
Typ 5	37 000	28 305	275,769	290,590	42,0
Gesamt	767 858	464 457	657,257	692,578	100,0

Quellen: Eigene Berechnungen.

Produktion durch die südlichen Agrarregionen erbracht. Das bedeutet, daß auch in diesem Landesteil der Umfang der noch ungenutzten Potentiale vergleichsweise gering ausfällt.

Die gesamte Agrarproduktion erreicht bereits heute fast 52% des Maximalwertes. Das heißt, daß nur noch 48% der Potentiale brach liegen bzw. in Nutzung genommen werden können.

Tab. 9: Agrarische Tragfähigkeit und aktuelle Ernährungskapazität Australiens

	Produktion 10^{12}kcal	Versorgungsvolumen Mio. Menschen	%
Agrarische Tragfähigkeit	657,257	692,580	100,0
Aktuelle Ernährungskapazität	340,133	358,412	51,8

Quellen: FAO: Production Yearbook 1983, Eigene Berechnungen.

4 ENTWICKLUNGSPERSPEKTIVEN

In welchem Maße diese freien Kapazitäten aktiviert und der Welternährungswirtschaft zugeführt werden, hängt letztendlich von der Entwicklungsstrategie der australischen Administrationen ab, für die es im übrigen einen entsprechenden Grundkonsens in der australischen Gesellschaft geben muß. Denn nach den bisherigen Erfahrungen kommt es in Australien nur dann zu neuen politischen, wirtschaftlichen oder gesellschaftlichen Akzentsetzungen, wenn dafür eine breite Zustimmung in der Öffentlichkeit gefunden wird. Auch vor dem Hintergrund weltweiter Hungerprobleme scheint allerdings eine Neuformulierung der australischen Entwicklungspolitik auf absehbare Zeit nicht realisierbar. Die vollständige Ausschöpfung der agrarischen Potentiale mit dem Ziel der ernährungswirtschaftlichen Produktionsmaximierung liefe auf eine von Kostenrechnungen abgekoppelte Wirtschaftspolitik hinaus. Derzeit weisen die politischen und wirtschaftlichen Interessen immer noch in die entgegengesetzte Richtung. Ziel der staatlichen Maßnahmen ist in erster Linie die landwirtschaftliche Gewinnmaximierung und die Eingrenzung der Abwanderung aus dem ländlichen Raum. Öffentliche Stützungen der Landwirtschaft dienen folglich dem Erhalt dieses Wirtschaftsbereiches und damit dem Interesse der Nationalwirtschaft. Für die Berücksichtigung supranationaler Gesichtspunkte fehlt vorerst jegliche Voraussetzung.

Möglich wäre bestenfalls ein Kompromiß, der auf der Grundlage einer profitorientierten Agrarwirtschaft die größtmögliche Nahrungsmittelproduktion anstrebt. Immerhin verfügen die australischen Administrationen über ein umfangreiches Instrumentarium, mit dem sie steuernd in den Entwicklungsprozeß eingreifen könnten. Planerische Maßnahmen werden schon dadurch erleichtert, daß weite Teile des Landes (rund 85% des Kontinents) als Crownland indirekt der staatlichen Entscheidungsbefugnis unterstehen. Außerdem haben die öffentlichen Verwaltungen eine lange Erfahrung darin, wie auf Prozeßabläufe im ländlichen Raum Einfluß genommen werden kann. Immer wieder haben klimatische und marktwirtschaftliche Probleme dafür gesorgt, daß der Staat intervenieren mußte. Das Resultat ist eine starke Abhängigkeit der Landwirtschaft von öffentlichen Hilfeleistungen. Dazu gehören die spontanen Unterstützungen im Schadensfall ebenso wie die Zahlung von Subventionen und die Finanzierung von Strukturverbesserungsmaßnahmen innerhalb des normalen Wirtschaftsablaufs. Von Nachteil ist es allerdings, daß die Kompetenzen für die landwirtschaftliche Entwicklungsplanung nicht in einer Hand liegen. Der föderativen Verfassung entsprechend befinden sich die direkten Zuständigkeiten bei den Staatsregierungen. Die Bundesregierung hat nur in übergeordneten Fragen Entscheidungsbefugnisse. Unmittelbare Verantwortung trägt sie lediglich in den Territorien. Voraussetzung für das Gelingen eines integrierten Entwicklungsprogramms wäre die Bildung eines gemeinsamen Exekutivorgans.

Die Anreize für eine veränderte Landesentwicklungsplanung müßten vom Weltmarkt ausgehen. Wenn Australien eine nennenswerte Rolle im Gefüge der Welternährungswirtschaft spielen soll, muß die Nachfrage nach Agrarerzeugnissen kräftig steigen. Eine verstärkte Nachfrage nach Nahrungsmitteln könnte von solchen Entwicklungsländern ausgehen, denen es gelungen ist, Lebensmittelkäufe aus den Handelsüberschüssen anderer Wirtschaftsbereiche zu finanzieren.

LITERATURVERZEICHNIS

ABS - *Australian Bureau of Statistics (1983):* Rural Statistics of the Northern Territory 1981-82. Canberra.

dass. - *(1983):* Agriculture. South Australia 1981-82. Adelaide.

dass. - *(1983):* Crops and Pastures. Livestock and Livestock Products. Tasmania 1981-82. Hobart.

dass. - *New South Wales Office (1983):* Crops and Pastures. Livestock and Livestock Products. New South Wales 1981-82. Sydney.

dass. - *Queensland Office (1983):* Crops and Pastures. Livestock and Livestock Products. Queensland 1981-82. Brisbane.

dass. - *Victorian Office (1983):* Land Utilization and Crops. Livestock and Livestock Products. Victoria 1981-82. Melbourne.

dass. - *Western Australian Office (1983):* Agriculture. Western Australia 1981-82. Perth.

BUREAU OF METEOROLOGY (1967): Tank-Evaporation.Melbourne.

dass. (1983): Report of Monthly and Yearly Rainfall. Melbourne.

COUNCIL OF ENVIRONMENTAL QUALITY (1980): The Global 2000 Report to the President. Washington.

DAHLKE, J. (1973): Der Weizengürtel in Südwestaustralien. Wiesbaden.

DAVIDSON, B.R. (1973): The Northern Myth - Limits to Agricultural and Pastoral Development in Tropical Australia. Melbourne.

DIVISION OF NATIONAL MAPPING (1980): Atlas of Australian Resources. 3rd. Series. Vol. 1: Soils and Land Use. Canberra.

FAO - Food and Agricultural Organization of the United Nations (1951-1981): Production Yearbook 1950-1980. Rom.

dies. - (1951-1981): Trade Yearbook 1950-1980. Rom.

FAUTZ, B. - (1984): Agrarlandschaften in Queensland. Wiesbaden.

GIBBS, W.J. & J.V. MAHER (1966): Some Notes on Droughts in Australia. Melbourne.

JASCHKE, D. (1979): Das australische Nordterritorium. Potential, Nutzung und Inwertsetzbarkeit seiner natürlichen Ressourcen. Hamburg.

ders. (1981): Versuche zur Bestimmung der agrarischen Tragfähigkeit tropischer und subtropischer Räume: Der mögliche Beitrag der australischen Landwirtschaft im Gefüge der Welternährungswirtschaft. In: Berichte über Landwirtschaft 59: 313-335.

ders. (1985): Savannen Australiens. Naturpotential und Tragfähigkeit. In: Praxis Geographie 15: 28-34.

ders. (1986): Agrarpotential und agrarische Tragfähigkeit Australiens. Hamburg. (in Arbeit).

LÖFFLER, E. (1985): Naturräumliche Faktoren und Landnutzungspotential Australiens. In: Geographische Rundschau 37: 4-11.

LÖFFLER, E. & B.P. RUXTON (1969): Relief and Landform Map of Australia. Canberra.

PENCK, A. (1941): Die Tragfähigkeit der Erde. In: Lebensraumfragen europäischer Völker. Leipzig.

ROTHER, K. (1985): Der südwest- und südaustralische Agrarraum. In: Geographische Rundschau 37: 13-20.

UN - United Nations (1951-1981): Demographic Yearbook 1950-1980. Rom.

GRUNDZÜGE DES AUSTRALISCHEN STÄDTESYSTEMS

von

Burkhard Hofmeister, Berlin

SUMMARY: Basic Elements of the Australian Urban System

Australia is characterized by one of the highest urbanization rates in the world and, at the same time, due to natural conditions as well as the process of colonization, by an extreme tendency toward coastal settlement location. 60 % of Australians live in the port-capitals and another 10 % in other coastal towns. There is a strong primate city dominance with the exception of Tasmania, and there is comparatively little primacy in Queensland. The port-capitals enjoyed an early dominance of administration and overseas trade while somewhat later they became the major locations for secondary industries. The colonial transport and settlement networks were highly orientated toward their respective capital city. From the very beginning of white settlement to the present the capitals have maintained their dominant position and have never been challenged by a proceeding urban frontier as it happened in the United States. Thus several highly independent urban subsystems have developed.

There are hardly any important places below the level of the mainland capitals. During the period 1976 - 81 the group of cities between 50 000 and 500 000 residents just grew from thirteen to fifteen. Also below rank six of the rank size order partly drastic changes of rank occurred. Thus during the period 1961 - 81 Canberra rose from rank eleven to seven while the City of the Gold Coast even rose from rank seventeen to nine. The ups and downs of the smaller towns are highly dependent upon the mineral and agricultural resources of their hinterlands.

By joint efforts of the Commonwealth and State Governments several new towns were established in connection with post-war industrialization, e.g. Kwinana New Town to the south of Perth for the purpose of keeping heavy industries away from the metropolis, and Elizabeth to the north of Adelaide established as a satellite or systems city, but nowadays a constituent part of the Adelaide metropolitan area. Decentralization policy with the systematic support of selected growth centres such as Bathurst-Orange or Albury-Wodonga had been initiated prior to the Whitlam Labor Government resuming power in 1972, but has, for various reasons, been abandoned in the meantime. In the intercensal period 1976 - 81 for the first time certain new trends became apparent: the densely populated urban regions suffered from a slight relative population decline in favour of the other urban places and rural zones, the largest metropolises had the slowest growth, the resort centres such as the City of the Gold Coast and some of the new mining and port towns experienced the most rapid growth. These trends are, however, not likely to make for a profound turnaround. There have been, on the other hand, certain long-term trends toward an integrated national economy and a national urban system such as rapidly increasing private car ownership, number of passengers of domestic flights, the normal gauge rail lines linking the capital cities, growing flows of interstate cargo by rail and ship, rapidly growing interstate payments and increasing nation-wide relations of great national and multi-national business firms, although their headquarters are still very much concentrated in Sydney and Melbourne.

ZUSAMMENFASSUNG

Australien hat einen der höchsten Urbanisierungsgrade von allen Ländern der Erde, aber zugleich eine aufgrund der Naturgegebenheiten und des Besiedlungsganges extrem über den kontinentalen

Staatsraum verteilte Bevölkerung. Rund 60 % derselben leben in den Hauptstädten, weitere 10 % in anderen Städten eines schmalen Küstensaumes. Mit Ausnahme Tasmaniens und mit Abstrichen bei Queensland sind die einzelstaatlichen Hauptstädte Musterbeispiele für die Primatstadt. Zu ihrer frühzeitig dominierenden Stellung in Verwaltung (Regierung) und Handel kam später die sich ebenfalls auf sie konzentrierende Industrie hinzu. Die einzelstaatlichen Verkehrs- und Siedlungsnetze orientierten sich stark auf die jeweilige Hauptstadt. Die Hauptstädte behielten von Anbeginn der weißen Besiedlung ihre Vormachtstellung, die durch keine mit USA vergleichbare vorrückende Städte-frontier (Cincinnati, Chicago, St. Louis, Seattle, Los Angeles etc.) je in Frage gestellt wurde. Somit entwickelten sich mehrere weitgehend voneinander unabhängige Subsysteme von Städten.
Unterhalb der Ebene der Metropolen fehlt weitgehend die nächste Stufe in der Städtehierarchie. Die Gruppe der Größenordnung 50 000 - 500 000 Einwohner wuchs 1976 - 81 von 13 auf 15. Unterhalb Rang 6 in der Größenskala der Städte traten Verschiebungen, unterhalb Rang 13 sogar z.T. sehr bemerkenswerte auf. U.a. stiegen 1961 - 81 Canberra von Rang 11 auf 7, die City of the Gold Coast gar von Rang 17 auf 9 an. Das starke Auf und Ab bei den kleinen Orten hängt sehr von ihrer berg- oder landwirtschaftlich erschlossenen Umgebung ab.
Z.T. durch Zusammenwirken von Bundesregierung und Einzelstaaten entstanden Neue Städte im Zusammenhang mit der Nachkriegs-Industrieansiedlung, Kwinana New Town südlich Perth in erster Linie um die Schwerindustrie aus dem engeren Stadtgebiet fernzuhalten, Elizabeth nördlich von Adelaide als Satellitenstadt geplant, aber heute integrierter Bestandteil der Metropole. Die Dezentralisierungspolitik, kurz vor der Whitlam-Labor-Regierung 1972 begonnen, mit der Förderung von Wachstumspolen wie Bathurst-Orange oder Albury-Wodonga, wurde aus verschiedenen Gründen bald wieder aufgegeben.
Erstmals zeigten sich in der Periode 1976 - 81 veränderte Tendenzen: die Verdichtungsgebiete fielen bevölkerungsmäßig leicht ab gegenüber den übrigen Städten und ländlichen Gebieten, die größten Metropolen wuchsen am langsamsten, die Freizeitzentren wie z.B. Gold Coast und einige junge Bergbaustädte und Erzverladehäfen am raschesten. Grundlegende Veränderungen des Städtesystems insgesamt werden sie nicht herbeiführen. Stark gestiegener Motorisierungsgrad, stark gestiegene Fluggastzahlen im Inlandflugverkehr, Verbindung der Hauptstädte mit Normalspurbahnnetz, stark gestiegene Eisenbahn- und Küstenschiffahrtsfrachten, stark gestiegene zwischenstaatliche Geldtransfers und kontinentweite Wirtschaftsoperationen, obwohl von den noch fast ganz auf Sydney und Melbourne konzentrierten Hauptverwaltungen aus gesteuert, sprechen für eine gesamtaustralische Volkswirtschaft und die fortgeschrittene Entwicklung eines gesamtaustralischen Städtesystems.

1 EINLEITUNG

Die Mitarbeit an einer Festschrift kann willkommenen Anlaß dazu bieten, über das eigene Fach zu reflektieren und dabei jener geistigen Anregungen dankbar zu gedenken, die man von dem Jubilar empfangen durfte. In diesem Falle ist es insbesondere das Konzept des Kulturerdteils, das Albert KOLB entwickelte und an verschiedenen Stellen im geographischen Schrifttum dargelegt hat (KOLB, 1962a; 1962b; 1965; 1981), und das m. E. im Gegensatz zu den von BLENCK auf dem 45. Deutschen Geographentag in Berlin 1985 gemachten Ausführungen[1] nach wie vor zeitgerecht und ein adäquates Arbeitskonzept in der gegenwärtigen Stadtforschung ist.

Zum andern ist Albert KOLBs hauptsächliches Arbeitsfeld der Pazifische Raum gewesen mit den an den Pazifik angrenzenden Kulturerdteilen, und so erscheint es mir sinnvoll, für die folgenden Beitrag den Kernraum eines dieser betroffenen Kulturerdteile, des australisch-pazifischen, zu wählen. Da die Behandlung der australischen Stadt aus der kultur-genetischen Sicht bereits erfolgte (HOFMEISTER, 1982; 1985), sei im folgenden auf die Voraussetzungen und Ausprägungen des Städtesystems in Australien eingegangen.

2 AUSSERORDENTLICHER GRAD DER URBANISIERUNG

Australien ist mit seinen 7,68 Mio. km² Fläche und einer Bevölkerung von wenig mehr als 15 Millionen eines der am dünnsten besiedelten Länder. Zugleich hatte es 1976 mit 86,1 % nach Island, einigen speziellen Fällen wie Hongkong oder Kuwait und einigen kleinen Inselstaaten den **höchsten Urbanisierungsgrad** auf der Welt erreicht.

Bereits 1890 betrug sein Urbanisierungsgrad 66 %, eine Quote, die die USA 30 Jahre später, Kanada erst 60 Jahre später erreichen sollten.

Der Urbanisierungsgrad einzelner Bevölkerungsteile liegt sogar noch höher. So betrug nach dem Zensus von 1981 der Urbanisierungsgrad der überseeischen Einwanderer 92,4 %, allerdings regional variierend zwischen 94,5 % in Victoria und 79,4 % in Tasmanien, ebenso von Volksgruppe zu Volksgruppe zwischen 99,5 % bei den Vietnamesen in New South Wales und 71,5 % bei den Maltesern in Queensland.

Ein zweiter Wesenszug der Bevölkerungsverteilung in Australien ist deren überwältigende Konzentration auf einen **schmalen Küstensaum** und innerhalb desselben auf eine ganz **geringe Zahl von Metropolen**. Das hauptsächliche Siedlungsland ist ein Küstensaum von selten mehr als 200 km Tiefe, und selbst dieser ist beschränkt auf nur etwa zwei Fünftel der Küstenlänge Australiens, nämlich die Küstenstrecken zwischen etwa Port Lincoln und Cairns im Süden und Osten, auch als Cairns-Whyalla Arc bezeichnet, zwischen Esperance und Geraldton in Western Australia und auf die Nordküste und den Südosten Tasmaniens. Rund 70 % der Gesamtbevölkerung leben in Küstenstädten, etwa 60 % in den einzelstaatlichen Hauptstädten und weitere 10 % in übrigen Hafen- und Industriestädten am Meer.

Der australische Städtehistoriker G. DAVISON äußerte kürzlich, daß ausländische Statistiker eher als die heimischen Historiker das eigentliche Wesen der australischen Zivilisation erkannt hätten: die Existenz von wirklich großen Städten sei in Australien einfach ignoriert worden. "That a vast primary-producing country should also be a land of great cities was a fact that they, along with many other Australians, found hard to swallow" (DAVISON, 1979: 100).

3 DIE KÜSTENHAUPTSTÄDTE UND DAS PRIMATSTADT-PHÄNOMEN

Es ist viel über das Phänomen der **Primatstadt** geschrieben worden, das meist als Charakteristikum des Verstädterungsprozesses in Ländern der Dritten Welt angesehen wird. In Australien ist die Frage, ob das dortige Städtesystem mit dem Begriff Primatstadt zu identifizieren sei oder nicht, eine Frage des Maßstabs. GUTELAND verglich in einer Studie der Cities Commission (1975) die Rangfolge der Städte in Australien mit derjenigen in Österreich, Finnland, Norwegen, der Schweiz und anderen Ländern. Aufgrund der Zensusdaten von 1970 bzw. 1971 ergab sich, daß Australien in der Größenklasse 2,5 - 2,8 Mio. 2 Städte, in der Klasse 700 000 - 850 000 3 Städte, in der Klasse 160 000 - 350 000 5 Städte und in der Klasse 38 000 - 62 000 8 Städte etc. besaß; Österreich hatte vergleichsweise 1 Stadt von 1,86 Mio., 2 Städte in der Größenklasse 300 000 - 360 000, 4 in der Klasse 110 000 - 200 000 und 8 in der Klasse 30 000 - 80 000. Ähnliche Rangstufen ergaben sich für die anderen Beispielländer. Aus diesem Vergleich zog er die Schlußfolgerung, daß das Primatstadtphänomen in Australien stark überschätzt worden sei und die Rangordnung des australischen Städtesystems keine ins Gewicht fallende Abweichung von der anderer Industrieländer zeige.

GUTELAND ging von der gesamtstaatlichen Ebene aus. Daß dieses berechtigt sein sollte, erscheint jedoch äußerst zweifelhaft in Anbetracht der beiden Tatsachen, daß hier zum einen ein jung kolonisierter Staat von kontinentaler Größenordnung mit alt besiedelten europäischen Kleinstaaten verglichen wird, zum anderen die Geschichte der Besiedlung und wirschaftlichen Durchdringung Australiens sich im ganzen 19. Jahrhundert weitgehend innerhalb der Grenzen der einzelnen Kolonien vollzog - ROSE (1966) hat denn auch zurecht das Auftreten der Primatstadt als kolonialzeitliches Erbe des australischen Städtewesens interpretiert - und, ganz zu schweigen von den immer wieder aufgetretenen separatistischen Bestrebunden im nördlichen New South Wales, in Nord-Queensland, in Western Australia und Tasmania (BOYCE, 1973; WATT, 1958; WOOLMINGTON, 1966), das politische Gewicht der Einzelstaaten innerhalb des australischen Commonwealth beträchtlich ist, nicht zuletzt im Hinblick auf Siedlungspolitik und Stadtverwaltung. Von den drei Regierungsebenen, der lokalen, der einzelstaatlichen und der bundesstaatlichen, ist die einzelstaatliche bis heute die für Städtepolitik und Stadtentwicklung entscheidende Ebene (u.a. HALLIGAN & PARIS, 1984; NEUTZE, 1978; PARKIN, 1982; RICH, 1982; SCOTT, 1978; TROY, 1978; 1981).

Auf der **einzelstaatlichen Ebene** aber hat es schon seit Anbeginn der weißen Besiedlung eine Vorrangstellung der Küstenhauptstädte innerhalb des jeweiligen Städtesystems gegeben (Fig. 1). Eine Ausnahme macht nur Tasmanien, wo aus strategischen Gründen die Besiedlung der Süd- und Nordküste gleichzeitig erfolgte und Launceston im Norden immer versucht hat, Hobart im Süden den Rang abzulaufen; und Einschränkungen muß man in Queensland machen, wo sich zusätzlich zu dem weit südlicher gelegenen Brisbane wegen der Zuckerrohrproduktion der nördlicheren Küstenebenen und der Bodenschätze in deren Hinterland eine Reihe bedeutender Hafenstädte wie Rockhampton, McKay, Townsville und Cairns herauszubilden vermochten. In den anderen Staaten ist die Dominanz der Küstenhauptstädte unbestritten, wie folgende Tabelle zeigt:

	Anteil an der Gesamtbev. des Staates %				Anteil am Bev.-Wachstum 1911-1981	Primatindex 1981
	1861	1901	1947	1981		(1:x)
Sydney	27	37	49,7	62,4	75,3	11,1
Melbourne	23	40	59,7	64,6	74,1	20,1
Brisbane	20	24	36,3	40,2	50,4	10,9
Adelaide	28	39	59,2	66,2	77,1	29,5
Perth	33	33	54,2	62,3	69,0	32,5
Hobart	28	20	29,8	30,0	28,8	2,0
Darwin						3,1

Quelle: berechnet nach Daten des Australian Bureau of Statistics

Fragen wir nach den **Gründen** für diese unangefochtene Dominanz der Hauptstädte, über die verständlicherweise viel gearbeitet worden ist (u.a. BLAINEY, 1971; GALBREATH, 1968; ROSE, 1966; ROWLAND, 1977; STILWELL, 1974; WOOLMINGTON, 1971), so können wir sie summarisch aufführen:

1. Sie haben den frühesten Start und sind die jeweils ältesten Städte in den einzelnen Teilen des Kontinents (von der Ausnahme des gegenüber Perth um 3 Jahre älteren Albany in Western Australia abgesehen).

2. Ihre Standorte waren günstig gewählt in Bezug auf Relief, Klima, Trinkwasserversorgung, z.T. auch was die Gewinnung landwirtschaftlicher Erzeugnisse in ihrer unmittelbaren Umgebung betraf.

3. Sie waren die ersten Häfen und damit die entscheidenden Bindeglieder der einzelnen Kolonie mit dem rund 19 000 km entfernten britischen Mutterland ("port-capitals").
4. Sie waren die Regierungssitze der Gouverneure der Kolonien und seit der Gründung des Commonwealth 1901 der Ministerpräsidenten der entsprechenden Staaten.
5. Sie waren die erstrangigen Knotenpunkte der jeweils auf sie zentrierten einzelstaatlichen Eisenbahnnetze mit ihren unterschiedlichen Spurweiten bis zur Eröffnung der ersten Transkontinentalbahn in Normalspur 1969.
6. Sie wurden die Wirtschaftszentren Australiens, Melbourne und Sydney die nationalen Finanzmetropolen, Perth und Brisbane die Verwaltungszentren der stark expandierenden Bergwirtschaft der betreffenden Staaten.
7. Sie sind immer die Zentren der internationalen Finanzströme gewesen, früher Zentren vor allem britischen, gegenwärtig stärker amerikanischen, japanischen, kanadischen und anderen ausländischen Kapitals für Investitionen in die Wirtschaft als auch in ihre Bausubstanz.
8. Sie waren das hauptsächliche Zielgebiet für die Abwanderung aus anderen Landesteilen, in denen oft nur kurzlebige, auf Primärproduktion gegründete Siedlungen existierten.
9. Ebenso waren sie die hauptsächlichen Zielgebiete der überseeischen Einwanderung. Die Anteile der Einwanderer an der jeweiligen Bevölkerung der Hauptstädte bewegen sich gegenwärtig zwischen 16 % (Hobart) und 30 % (Perth).
10. Wegen des hohen Anteils ganz dünn besiedelter Gebiete hat sich niemals ein hierarchisches zentralörtliches System herausgebildet. Ein Hauptmerkmal des australischen Städtesystems ist das weitgehende Fehlen von Mittel- bis Großstädten in der Größenklasse 50 000 - 500 000 und damit von funktionalen Mittelzentren, deren Aufgaben die Hauptstädte in Direktbeziehungen z.B. über Handelsagenturen und Versandhandel zusätzlich übernommen haben.

4 STÄDTISCHE SUBSYSTEME STATT NATIONALES STÄDTESYSTEM

Dieses ist ein Schlüssel zum Verständnis des ganzen australischen Städtesystems, das sich als solches erst allmählich seit dem Zweiten Weltkrieg herauszubilden begonnen hat. Vielmehr bestanden bis in die Gegenwart hinein **mehrere partielle oder Subsysteme**, jedes orientiert auf eine der einzelstaatlichen Hauptstädte. Über das viktorianische Subsystem haben vor allem CLOHER (1978, 1979) und FAIRBAIRN & MAY (1971), über das südaustralische SMAILES (1969, 1975, 1977), über das von New South Wales DALY/BROWN (1964), LANGDALE (1975) und ROSE (1967), über das queensländische DICK (1972), über das westaustralische GENTILLI (1979) und über das tasmanische SCOTT (1964) gearbeitet.

Die Gründe für diese Entwicklung liegen sowohl im physisch-geographischen als auch im anthropogeographischen Bereich. In ersteren fällt die sich immer wiederholende **landschaftliche Abfolge** von besser beregnetem Küstensaum, knapper beregneter Übergangszone und aridem Landesinnern, die bei abnehmender wirtschaftlicher Tragfähigkeit auch eine entsprechende Abfolge von dicht besiedelter, stark urbanisierter Küstenzone, dünner besiedelter Übergangszone und weitgehend menschenleerer innerer Zone mit sich brachte (LAMPING 1985 und Australian Council on Population and Ethnic Affairs 1983); abgesehen davon, daß, wie bereits gesagt, nur etwa zwei Fünftel der gesamten australischen Küstenzone zu den wirtschaftlich nutzbaren und besiedelten Bereichen zu rechnen sind! In den anthropogeographischen Bereich fällt die historische Entwicklung, der Gang der Besiedlung, der seinen **Ausgang von mehreren weit auseinandergelegenen Ansatzpunkten** an den Küsten nahm und von diesen aus in verschiedene Richtungen entlang der Küste und ins Landesinnere entsprechend den wirtschaftlichen Möglichkeiten fortschritt.

In das Landesinnere verliert sich die Besiedlung, und allein die wenigen Trassen von Kommunikationsmedien, in erster Linie die früheren Überlandtelegraphen und die Eisenbahnstrecken, bilden noch Leitlinien für eine punkthafte lokale Siedlungsverdichtung. Es sind ursprünglich zum Unterhalt dieser Kommunikationslinien errichtete Außenposten wie Alice Springs an der Süd-Nord-Telegraphenstrecke oder Cook an der vom Indian-Pacific benutzten Ost-West-Transkontinentalstrecke, oder aber isolierte Fundorte von Mineralien wie Broken Hill, zu denen einmal die Eisenbahn vordrang. So zeigt außerhalb der dichter besiedelten Küstenabschnitte und der noch flächenhaft ackerbaulich nutzbaren Gebiete die Anordnung der Siedlungen eine deutliche **Linienhaftigkeit** (linearity).

Eine Überwindung der Situation der nebeneinander bestehenden Subsysteme deutet sich **erst in der Gegenwart** an. Sicher kann man sagen, daß heute Sydney und Melbourne und natürlich die Bundeshauptstadt Canberra Städte von nationalem Rang, ja, Sydney und Melbourne Weltstädte sind. Aber noch ist die räumliche Isolierung von Perth außerordentlich groß, und erst seit 1969 sind die Städte an den Küsten des Indischen und Pazifischen Ozeans durch eine durchgehende Bahnstrecke von einheitlicher Spurweite auf dem Landwege miteinander verbunden.

5 STÄDTISCHES WACHSTUM IN RELATION ZU DEN WIRTSCHAFTSSEKTOREN

Für den Urbanisierungsprozess in Australien ist wichtig festzustellen, daß während des ganzen 19. Jahrhunderts mit Ausnahme der 1880er Jahre, die **städtische Wachstumsrate geringer** gewesen ist als die der USA. Allerdings war, wie bereits festgestellt, die Ausgangsposition eine andere und der städtische Anteil an der Bevölkerung von Anfang an höher. Während des Goldrausches der 1850er und 1860er Jahre in New South Wales und Victoria wuchsen deren Hauptstädte langsamer als das Tempo des allgemeinen Städtewachstums.

Die frühe Dominanz der Metropolen und die entscheidende Rolle von deren Hafenfunktion für die stark auf Wolle basierende Exportwirtschaft wirkten eher auf extensivste Besiedlung als auf die Entstehung neuer eigenständiger Kommunalwesen hin. Im Gegensatz zu Nordamerika brachte diese Entwicklung Australien in die ungewöhnliche Situation, daß die **Urbanisierung der ländlichen Besiedlung vorauseilte**.

Bäuerliche Landwirtschaft gab es kaum in den australischen Kolonien. In der Frühphase der weißen Besiedlung wurden noch erhebliche Anteile der benötigten Nahrungsmittel importiert. So waren z.B. 1810 noch 40 % der Einwohner von New South Wales in ihrer Ernährung von der Regierung abhängig, die ihrerseits die Nahrungsmittel größtenteils aus Übersee bezog (LINGE, 1979). Die eigenen Farmer begannen sehr bald mit der Erzeugung von Wolle für den Export, nachdem bereits 1797, neun Jahre nach der Landung der First Fleet in Sydney Cove, Kapitän Waterhouse auf der "Reliance" illegal die ersten Merinoschafe vom Kap der Guten Hoffnung nach New South Wales gebracht hatte; illegal deswegen, weil einem Marineoffizier privater Warenhandel verboten war (s. LIGHTON, 1958).

Diese australischen Gegebenheiten rechtfertigen den **besonders niedrigen Schwellenwert**, den das Australian Bureau of Statistics für städtische Siedlungen (urban centre, urban place) ansetzt, nämlich 1 000. In Anpassung an jüngere Entwicklungen werden Fremdenverkehrsorte sogar schon dann als städtische Siedlungen gerechnet, wenn sie 250 Wohneinheiten enthalten, von denen 100 ständig bewohnt sind. Dementsprechend wies der australische Zensus 1976 507 Städte aus, von denen 353 der untersten Kategorie zwischen 1 000 und 4 999 Einwohner angehörten.

Ebensowenig wie Landwirtschaft und ländliche Siedlungen für das Städtewachstum eine Rolle spielten tat das die Industrie. Wiederum im Gegensatz zu Westeuropa und USA war es nicht die Industrialisierung, die die Verstädterung förderte, sondern umgekehrt die **Verstädterung, die die Industrialisierung nach sich zog.**

Privatkapital und ausländische Direktinvestitionen gingen zunächst in die Agrarproduktion, vor allem die Schafhaltung, in den Bergbau und den Handel. Unter den obwaltenden Umständen setzten sich Industriebetriebe zuerst und nahezu ausschließlich in den Küstenhauptstädten an. Nach Regierungsfunktion und Überseehandel wurde die Industriewirtschaft deren dritte wichtige Wirtschaftsbasis. Desgleichen entwickelten sich um die Jahrhundertwende ein paar bedeutende, den Hauptstädten nachgeordnete Küstenorte als Industrie- und Handelsstädte: Newcastle und Wollongong in New South Wales, Geelong in Victoria. McCARTY nannte die Küstenhauptstädte "'pure' products of the nineteenth century expansion of capitalism" (1970: 110); aber sie sind keineswegs Industriestädte im europäischen Sinne! Ihrem Ursprung nach sind sie Sträflingssiedlungen wie Sydney, Brisbane und Hobart und/oder Handelsstädte wie Melbourne, Adelaide und Perth.

Auf ein weiteres, in diesem Zusammenhang zu sehendes Merkmal der australischen Städte hat HOLMES (in: JEANS, 1977) hingewiesen, nämlich ihren **geringen Grad funktionaler Differenzierung**. Es hat immer nur relativ wenige monofunktionale Städte in Australien gegeben. HOLMES nennt die Bergbaustädte, zu denen früher Orte wie Ballarat in Victoria, Broken Hill in New South Wales oder Kalgoorlie in Western Australia gehörten, die sich in jüngerer Zeit eher zu Dienstleistungszentren für bestimmte Regionen herausbilden konnten. Man müßte noch die einstigen Binnenhäfen am Murray wie Echuca oder Swan Hill und die Sägewerksstädte im südwestlichen Western Australia wie Manjimup und Pemberton hinzufügen. Die überwältigende Mehrzahl der Städte Australiens aber erfüllt die Funktion eines **Dienstleistungs- und Versorgungszentrums** für einen größeren agrar- oder bergwirtschaftlich orientierten Bereich.

6 DIE HISTORISCHE DIMENSION

Australien hat **kein den USA vergleichbares Aufkommen verschiedener Städtegenerationen** oder mit Kanada vergleichbarer Wachstumsverschiebungen erlebt. In den Vereinigten Staaten wuchs nach den atlantischen Küstenstädten wie Boston, New York, Baltimore, Philadelphia die Gruppe der Großstädte im Mittelwesten heran: Cincinnati, Chicago, St. Louis, Denver; noch später die Gruppe der pazifischen Küstenstädte: Seattle, Portland, Los Angeles. In Kanada wurde St. John von Halifax überholt, dieses später von den schneller wachsenden Städten weiter westlich, ebenso wurde Quebec City nach und nach von Toronto, Winnipeg, Ottawa, Vancouver, schließlich von Edmonton überrundet (BOURNE, 1974).

In Australien verliefen sich die von verschiedenen Küstenabschnitten vorgetriebenen frontiers in den immer weniger tragfähigen Weiten des Landesinnern. In gewaltiger Überschätzung dieser Tagfähigkeit hatte z.B. die Regierung von South Australia nach 1869 ein Landnahmeprogramm in Gang gesetzt, dessen Basis die Vermessung weiter Landesteile in sogenannte Hundreds, hundert Quadratmeilen große Rechtecke, war, die jede zumindest ein, manche sogar zwei Verwaltungszentren bekommen sollten. Die solcherart geplante Aufsiedlung kam nur zum geringen Teil zustande, die Versorgungszentren meist als systematische parkland towns mit einem Stadtkern, einem diesen umgebenden Grüngürtel und einer Vorortzone darum herum ausgelegt, führten großenteils ein Kümmerdasein oder verschwanden gänzlich von der Landkarte.

Die ursprünglichen Küstenhauptstädte behaupteten auf Dauer ihre uneingeschränkte Vormachtstellung.

Das bringt uns zu dem weiteren Punkt, daß es in den Subsystemen der australischen Städte **häufige und oft rasche Veränderungen in der Rangfolge** der Orte gegeben hat. In kaum einem anderen Land, vielleicht mit der Ausnahme Kanadas, dürfte die Städtegeschichte in gleichem Maße wie die Geschichte der Städteentwicklung auch die Geschichte des Niedergangs und Absterbens der Städte sein. Ein Auf und Ab in ihrer Bevölkerungsentwicklung kennzeichnet die relativ kurze Geschichte vieler von ihnen, und von jedem Fünfjahreszensus zum nächsten gibt es immer wieder etliche Orte, die unter die statistisch festgelegte 1 000-Einwohner-Grenze herabsinken und damit aus der amtlichen Liste der städtischen Siedlungen gestrichen werden. Umgekehrt gibt es ebenso rasche Aufstiege.

Sehen wir uns einmal die Rangliste der australischen Städte der beiden Zensusjahre 1961 und 1981 an, so läßt sich feststellen, daß in den Rängen 1 - 6 (Sydney, Melbourne, Brisbane, Adelaide, Perth, Newcastle) keine Veränderung ihrer relativen Größenordnung eingetreten ist. In den Rängen 7 - 12 traten verhältnismäßig geringfügige Verschiebungen auf. So stiegen z.B. die Bundeshauptstadt Canberra vom 11. auf den 7. Platz auf, die City of the Gold Coast gar vom 17. auf den 9. Platz, während Hobart, das als einzige der Hauptstädte eine geringfügig rückläufige Bevölkerungsentwicklung aufweist, vom 8. auf den 10. Platz hinunterrutschte, zugleich Launceston vom 10. auf den 14. Platz.

Die Gold Coast, politisch-administrativ zu einer Stadtgemeinde zusammengeschlossen und weitgehend zusammengewachsen aus einer Reihe kleiner Küstenorte zwischen der Grenze New South Wales - Queensland und Brisbane, ist mit einer durchschnittlichen jährlichen Wachstumsrate von 9,2 % für die Zwischenzensusperiode 1976 - 81 eine der am schnellsten wachsenden Stadtgemeinden ganz Australiens. Ein ebenso rasches Wachstum zeigt an der Küste des Indischen Ozeans eine Autostunde südlich von Perth die Freizeitgemeinde Mandurah mit einer jährlichen Rate von 11,1 % (AUSTRALIAN COUNCIL, 1983; Fig. 2).

In den Rängen unterhalb Platz 13 kam es bereits zu gelegentlichen drastischen Verschiebungen. Beispiel für einen außerordentlichen Aufstieg ist Darwin, das 1961 den 42. Platz einnahm, dessen Einwohnerzahl aufgrund der Evakuierungen nach dem verheerenden Wirbelsturm Tracy auf 10 000 gesunken war, und das seither einen ungeahnten Aufstieg erfuhr und seine Bevölkerung auf 56 487 (1981) emporschnellen ließ. Umgekehrt sank die alte Bergbaustadt Broken Hill, die um die Jahrhundertwende die zweitgrößte Stadt nach Sydney in New South Wales war, vom 18. Platz auf den 31. Platz herab. Rasch wuchsen dagegen die neuen Erzbergbaustädte und Exporthäfen der westaustralischen Pilbara-Region. Port Hedland, beim Zensus 1961 ein kleiner Ort mit 965 Einwohnern, wuchs bis 1985 auf rund 14 000 Menschen an. Die städtebauliche Gestaltung und die Vesorgung dieses Ortes in über 1 600 km Entfernung von Perth in einem mangrovebestandenen, versumpften Flußmündungsgebiet mit nur etwa 300 mm Jahresniederschlag in der Breitenlage 20° S bereiteten keine geringen Schwierigkeiten.

Die wichtigsten Gründe für solche teilweise krassen Verschiebungen in den Grössenordnungen wurden schon angedeutet: Veränderungen in der **primärwirtschaftlichen Basis** wie einerseits Erschöpfung oder andrerseits Neuerschließung mineralischer Rohstoffe; Veränderungen im **Verkehrswesen** wie einerseits Rückgang oder andrerseits Zunahme von Übersee-Exporten, was indirekt ebenfalls mit der primärwirtschaftlichen Situation zusammenhängt; die jungen **Zielgebiete der Freizeitgesellschaft** und der in dieser Richtung engagierten Investoren.

7 FLÄCHENWACHSTUM UND EINWOHNERDICHTE

Interessant an den australischen Städten ist aber auch das Flächenwachstum bzw. die Besiedlungsdichte der einzelnen Stadt. Früher und umfassender als in den Städten der Industrieländer Westeuropas und Nordamerikas vollzog sich in Australien der Übergang von der fußläufigen zur Stadt der öffentlichen Verkehrsmittel. Diese **stärkere Suburbanisierung** veranlaßte DAVISON (1979: 100) dazu, von Australien als der "first suburban nation" zu sprechen.

Diese Feststellung bedeutet zwar nicht, daß das Einfamilieneigenheim seit jeher in Australien die absolut dominierende Wohnform gewesen sei. Nach Untersuchungen von JACKSON (1970) über Sydney und DINGLE & MERRETT (1972) über Melbourne lebte um die Jahrhundertwende nur ein knappes Drittel aller Einwohner in ihren eigenen vier Wänden. Gewisse Unterschiede gegenüber kontinentaleuropäischen Städten, selbst englischen, sind aber frühzeitig erkennbar. Bilden in Sydney die inneren Vororte noch einen relativ kompakten Gürtel von terrace houses, so ist dieser in Melbourne zugunsten einzelstehender Häuser schon bedeutend schwächer ausgeprägt und fehlt weitgehend in den anderen Hauptstädten. Im Laufe des 20. Jahrhunderts ist dann das **Einfamilieneigenheim** so stark zum Durchbruch gekommen, daß um 1980 in den Hauptstädten zwischen 67 % und 80 % aller Wohngelegenheiten Eigenheime waren. Das sind Größenordnungen, wie sie sich nicht in den großen Städten des Ostens und Mittelwestens der USA, sondern nur in den jünger erschlossenen der Weststaaten finden, in erster Linie in Kalifornien.

Zu dem Faktum der vergleichsweise geringen Einwohnerdichte und größeren Flächenhaftigkeit kommt aber hinzu, daß rein administrativ gesehen die Kernstädte der Metropolen außerordentlich klein sind und daß die als eigenständige Gemeinden fungierenden Vororte zusammen bis zu sechzig mal soviele Einwohner haben als jene.

So hatten 1976 die Metropolitan area von Sydney 2,945 Mio. Einwohner, die City of Sydney lediglich 52 187, Melbourne 2,672 Mio. Einwohner, die City of Melbourne aber nur 64 970, Adelaide 912 100 gegenüber 13 774 in der City of Adelaide oder Perth 820 100 gegenüber 87 598 in der City of Perth. Die jeweiligen Differenzen sind die Einwohner einer Vielzahl älterer und jüngerer Vororte, die jede für sich eine politische Einheit darstellen, so daß, mit der Ausnahme von Brisbane, die Verwaltung auf lokaler Ebene außerordentlich fragmentiert ist. Verständlicherweise hat das seine negativen Rückwirkungen auf die gesamte Versorgung und Stadtentwicklungsplanung.

Die Ursachen für diese unbefriedigende Situation gehen relativ weit zurück, z.B. in Victoria bis auf das Jahr 1854, als der sogenannte **Municipal Act** erlassen wurde, der es gestattete, daß bereits auf Eingabe von nur 150 Haushalten eine Gemeinde (municipal district) gebildet und in dieser eine Gemeindeverwaltung (local council) gewählt werden durfte. Ein weiteres Gesetz von 1869 erlaubte es denselben kleinen Gemeinden, sich als Stadt zu bezeichnen. Schon die damals sich bildenden ersten Vororte (older established suburbs) machten von dieser Möglichkeit Gebrauch und konstituierten sich als selbständige Gemeinden, die sie bis in die Gegenwart geblieben sind.

Versuche von Eingemeindungen oder Zusammenschlüssen sind im wesentlichen bis heute an der Hartnäckigkeit der einzelnen Verwaltungskörperschaft als auch am Mangel an finanziellen Mitteln gescheitert. Auch aus dieser Sicht heraus ist, wie schon in anderem Zusammenhang angesprochen, die Initiative des jeweiligen

Einzelstaates gefragt, und auch in diesem Umstand liegt eine der Erklärungen dafür, daß in der australischen Stadtentwicklung die einzelstaatliche Regierung der entscheidende Träger der Verantwortung für städtische Versorgung und Stadtplanung ist.

Aus geographischer Perspektive wird man daher davon ausgehen, daß sich die eigentliche Kernstadt der heutigen Metropole aus der jeweiligen City und den inneren Vorortgemeinden des 19. Jahrhunderts zusammensetzt, während die jüngeren Vororte des 20. Jahrhunderts den Ring der Metropole bilden.

8 STAATLICHE EINGRIFFE IN DAS STÄDTESYSTEM

In Anbetracht des enormen Flächenwachstums der großen australischen Städte ist es nicht verwunderlich, daß Bundesregierung und einzelstaatliche Regierungen mehrfach Vorstöße unternommen haben, das weitere Wachstum der Metropolen zu bremsen und das Bevölkerungswachstum in andere Bahnen zu lenken. Im wesentlichen geschah das auf zweierlei Weise, einmal durch Planung bzw. auch tatsächliche Anlage von Neuen Städten, zum anderen durch eine auf die Förderung von ausgewählten Wachstumspolen gerichtete bewußte Dezentralisierungspolitik (Fig. 3).

Sieht man sich die mehrfachen Versuche der Gründung **NeuerStädte** im Laufe des 20. Jahrhunderts an, so wird man nicht allen die Zielvorstellung einer Entlastung der Metropolen zubilligen können. Die ersten systematisch angelegten Neuen Städte in diesem Jahrhundert waren die beiden Städte Griffith und Leeton in den Murrumbidgee Irrigation Areas (MIA) der Riverina. Die frühesten Pläne zur Schaffung dieser Bewässerungsdistrikte gingen schon auf das letzte Jahrzehnt des 19. Jahrhunderts zurück. Zur Ausführung kamen sie etwa zu Beginn des Ersten Weltkrieges. Wie der gesamte Bewässerungsbezirk selbst, standen Anlage und Verwaltung dieser als Versorgungs- und Verwaltungszentren der sich entwickelnden landwirtschaftlichen Region gedachten Orte in der Regie der Water Resources Commission (WRC) des Staates New South Wales, der für die Gestaltung beider Städte den Chicagoer Architekten und Gewinner des Wettbewerbs für die Bundeshauptstadt Canberra, Walter Burley Griffin, heranzog. Zumindest Griffith weist daher manche Ähnlichkeiten mit dem zentralen Canberra auf, jedoch erwies sich der auf Kreise und Achsen ausgerichtete Plan als zu rigide, als daß die spätere Entwicklung des Ortes nicht in mehreren entscheidenden Punkten von ihm abgewichen wäre. An den Folgen dieser Diskrepanz zwischen früher Ausführung eines Teiles des Originalplanes und späterer Eigendynamik leidet die Stadtentwicklung von Griffith bis heute.

Die jüngeren Neuen Städte der beginnenden 50er Jahre stehen im Zusammenhang mit Bestrebungen der Regierung zur Industrieansiedlung im Gefolge des Zweiten Weltkrieges, der den Australiern ihre Schwächen bewußt gemacht hatte.

In Western Australia entstand am Cockburn Sound mit seiner Möglichkeit der Anlage eines modernen Tiefseehafens auf einem großen, einst der Bundesregierung gehörenden Gelände 1952 der neue Standort einer Raffinerie der Anglo-Arabian Oil Company. Seit 1956 kam der sukzessive Aufbau eines integrierten Stahlwerkes der Broken Hill Proprietary Ltd. hinzu, später eine Aluminiumhütte der Alcoa, und weitere Werke. Der Standort etwa 20 km südlich Fremantle wurde aber auch gewählt, um diese Industrieagglomeration aus dem verstädterten Gebiet von Perth herauszuhalten. Die Regierung von Western Australia entschloß sich zur Anlage einer Neuen Stadt, **Kwinana New Town**, in 4 - 5 km Entfernung vom Raffineriestandort, um nicht den Industriebetrieben die Aufgabe des Werkwohnungsbaus zu überlassen und um günstige Bedingungen für die Belegschaften der Betriebe zu schaffen. Interessant ist auch, daß erst diese Regierungsinitiativen die Planung im

Großraum Perth in Gang setzten und zur Einsetzung einer Perth Metropolitan Regional Planning Authority 1955 führten (HOUGHTON, 1977).

Während hier nicht direkt die Entlastung von Perth, das damals erst etwa 330 000 Einwohner zählte, beabsichtigt war, sondern eher das Fernhalten der Schwerindustrie aus dem Stadtbereich, wurde die 1949 in 27 km Entfernung vom Stadtkern Adelaide auf dessen Nordseite begonnene Neue Stadt **Elizabeth** ausdrücklich als "system city" oder "satellite city" bezeichnet. Der Housing Trust von South Australia erstellte hier für mehr als 40 000 Einwohner Häuser im öffentlich geförderten Wohnungsbau, während die Regierung Arbeitskräfte auf dem britischen Arbeitsmarkt anwarb. Es soll hier nicht über die verschiedenen Aspekte des Mißerfolges dieser Ortsgründung, wozu auch die weit verbreitete Wohnungsunzufriedenheit der eine andere Wohnweise gewöhnten britischen Immigranten gehört, gesprochen werden. Es sei nur angemerkt, daß sich das Konzept einer echten Satellitenstadt nicht realisierte. Obwohl die Automobilfirma GM Holden rund 6 000, eine dem Commonwealth gehörende Waffenfabrik rund 5 000 und zwei Industrieparks nochmals rund 5 000, insgesamt also 16 000 Industriearbeitsplätze bieten und knapp 5 000 weitere Arbeitsplätze im gesamten Versorgungssektor zur Verfügung stehen, sind 53 % von Elizabeths Erwerbstätigen Auspendler, während andererseits 50 % seiner Arbeitsplätze von Einpendlern eingenommen werden (FORSTER, 1977).

Spätere Versuche von Neuen Städten im Großraum Adelaide, nämlich in den 1960er Jahre rund 70 km ostwärts **Monarto** und in den frühen 1980er Jahren weit im Süden **Noarlunga** anzulegen, sind weitgehend fehlgeschlagen. Vielmehr hat sich inzwischen fast die gesamte Adelaide Plain zwischen Meer und Mt. Lofty Range baulich aufgefüllt. Die geplante Entlastung Adelaides durch die Anlage Neuer Städte muß als im Grunde gescheitert angesehen werden.

Die neuen Bergbau- und Hafenstädte der Pilbara-Region im Nordwesten von Western Australia sollen hier nicht näher behandelt werden, da sie weit ab von der Metropole Perth einzig der Erschließung der Eisenerze jenes Gebietes dienen.

Jedoch ist ein anderes Regierungskonzept erwähnenswert, nämlich seit etwa 1970 eine gewisse Umschichtung der Bevölkerung über eine bewußte **Dezentralisierungspolitik mit Förderung ausgewählter Wachstumspole** im Binnenland mehr oder weniger weit ab von den Küstenhauptstädten und anderen Industrie- und Hafenstädten im Küstensaum zu betreiben. In den Jahren 1967 - 72 diskutierten die Koalitionsregierung und die Labor-Opposition intensiv städtische Probleme, nachdem Whitlam, der 1972 an die Spitze einer Labor-Regierung gelangte, Oppositionsführer geworden war. Unter dem Druck dieser Opposition unternahm die Regierung einen ernsthaften Vorstoß in der Dezentralisierungspolitik und setzte Anfang 1972 ein Interministerielles Komitee ein, das ein 25-Jahres-Programm für die Dezentralisierung vorlegte und sieben Wachstumspole benannte: Gladstone in Queensland, Albury, Bathurst und Coffs Harbour in New South Wales, Yallourn in Victoria, Murray Bridge in South Australia und Albany in Western Australia. Unter der Whitlam-Regierung 1972 - 75 wuchsen die jährlichen Ausgaben für städtische Belange enorm an, allein die für die Förderung der Wachstumspole auf mehrere hundert Millionen Dollar (TROY, 1978). Jedoch konnte das Ziel, kleinere Metropolen unterhalb des Niveaus der Hauptstädte hervorzubringen, damit nicht erreicht werden.

Mehrfache Regierungswechsel, ebenso häufige Reorganisation der für die Stadtentwicklung zuständigen Bundesbehörde, veränderte stadtpolitische Leitlinien und negative Erfahrungen mit dieser Art der Dezentralisierungspolitik während des Jahrzehnts 1975 - 85 ließen die Förderung der Wachstumspole praktisch einschlafen. Die damals ausgewählten Wachstumspole fallen aus gegenwärtiger Sicht in zwei Gruppen: die einen, die Stagnation oder langsamen Bevölkerungsrückgang (1976 - 81) zeigen wie Yallourn -0,7 %, Murray Bridge -0,2 %, Bathurst +1,1 %, und jene anderen, die aus verschiedenen Gründen auch ohne solche Förderung wachsen wie Albany mit 2,2 %, Albury-Wodonga, die Doppelstadt am Murray beiderseits der Grenze Victoria- New South Wales mit 3,4 %, Gladstone mit 3,8 % und Coffs Harbour mit 6,0 %.

Die relativ benachbarten Städte Bathurst-Orange und die Doppelstadt Albury-Wodonga am Murray River blieben bis in die 80er Jahre die beiden bevorzugten Objekte der Wachstumspolförderung. Bathurst und Orange sollten sogar durch eine zwischen beiden Städten anzulegende Neue Stadt einander angenähert werden. Auch war dorthin der Kartographische Dienst des Staates New South Wales als eine Zentralbehörde aus der Hauptstadt verlegt worden. Die Maßnahmen griffen jedoch nicht, die Förderung als Wachstumspol wurde aufgegeben.

Es verblieb Albury-Wodonga, wo bewußte Industrieansiedlung innerhalb eines Jahrzehnts rund 8 000 neue Arbeitsplätze geschaffen hatte. Das größte dort neu gegründete Werk, ein Zweigwerk von Borg-Warner, erlitt aber bereits 1982 dadurch, daß der Automobilhersteller Nissan die Abnahme von Getrieben aufkündigte und diese aus Japan zu importieren begann, einen empfindlichen Rückschlag, so daß binnen kurzem die Belegschaft auf die Hälfte schrumpfte und über dem Betrieb und damit auch über einigen seiner Zulieferer das Damoklesschwert der endgültigen Schließung schwebt. Es ist angesichts dieser Lage zu bezweifeln, daß Albury-Wodonga noch den Aufschwung in die Größenklasse über 100 000 Einwohner schaffen könnte, eine Mindestgröße, die für die notwendige und erhoffte Eigendynamik unabdingbare Voraussetzung wäre.

9 DIE GEGENWÄRTIGEN ENTWICKLUNGSTENDENZEN

Damit kommen wir zu der jüngsten Entwicklung seit der zweiten Hälfte der 70er Jahre. Hier zeigt sich nun eine zunächst erstaunliche Wende an, die eine gewisse Umkehrung des bis zum Zensus 1976 durchgehenden Trends in den Wachstumsraten der verschiedenen Größenklassen von Siedlungen darstellen. Die gegenwärtige Situation (gemessen an den Zensuszahlen von 1981 gegenüber denen von 1976) läßt sich in folgenden neun Punkten zusammenfassen (Fig. 4):

1. Die **Verdichtungsgebiete** (zum Zeitpunkt der Zählung Großstädte mit über 100 000 Einwohnern einschließlich Hobart und Canberra auch vor Erreichung dieser Größe) zeigen erstmals im Verlaufe dieses Jahrhunderts einen relativen Rückgang zugunsten der Gebietskategorien "übriger städtischer Raum" und "ländlicher Raum".

Jahr	Gesamtbevölkerung	Verdichtungs-gebiete	davon in % sonstige Städte	ländlicher Raum
1921	5 435 Mio.	43,0	19,1	37,4
1933	6 629 Mio.	46,9	16,9	35,9
1947	7,578 Mio.	50,7	18,0	31,1
1954	8,986 Mio.	53,9	24,8	21,0
1961	10,507 Mio.	58,8	22,9	18,3
1966	11,540 Mio.	61,4	21,5	17,1
1971	12,728 Mio.	64,5	21,1	14,4
1976	13,554 Mio.	64,6	21,4	14,0
1981	14,564 Mio.	63,5	22,2	14,3

Quelle: LAMPING 1985

2. **Die größten Städte** zeigen ein deutlich verlangsamtes **Wachstum**: die durchschnittliche jährliche Rate 1976 - 81 betrug für Sydney 0,8 %, für Melbourne ebenfalls 0,8 %, für Adelaide 0,6 %.

3. Die Hauptstädte von Western Australia und **Queensland** wuchsen vor allem im Zusammenhang mit den Wirtschaftsaktivitäten, insbesondere im Bergbau, der beiden Staaten stärker als die Metropolen Sydney und Melbourne. Perth lag mit 2,1 % als einzige Großstadt außer der Gold Coast und Canberra über dem nationalen Durchschnitt, während Western Australia 1981/82 South Australia vom 4. Platz in der Bevölkerungsrangliste der Einzelstaaten verdrängte. Brisbanes Wachstum betrug 1,1 %.

4. Der **übrige städtische Raum** zeigte während der Nachkriegszeit eine bemerkenswerte Entwicklung. Von 1947 bis 1954 war sein Bevölkerungsanteil von 18,0 % auf 24,8 % angestiegen, was damals als "a real challenge to metropolitan dominance" (WHITELAW & LOGAN & McKAY in BOURNE et al. 1984: 80), als Beginn eines Ausgleichs innerhalb des Städtesystems gewertet wurde. Dieser Anteil sank jedoch bis 1976 wieder auf 21,4 % herab. Der neuerliche Anstieg auf 22,2 % bis 1981 geht auf verschiedene Faktoren zurück. Das relativ stärkere Wachstum der übrigen Städte fällt in der entsprechenden Siedlungszone von New South Wales, Queensland und Western Australia mit einer **sehr kräftigen Zunahme der Arbeitsplätze** um 21,1 % (Australien 8,7 %) zusammen, in der von Victoria, South Australia und Tasmania mit erhöhtem Anteil des **Geburtenüberschusses** gegenüber der Zuwanderung: das 5%ige Wachstum setzte sich aus 4 % Geburtenüberschuß und 1 % Zuwanderung zusammen. Ähnliches gilt auch für die Verdichtungsgebiete.

5. Bereits ab den 1960er Jahren begann ein gewisser **Sortierungsprozeß** innerhalb dieser Städtegruppe, wie HOLMES und PULLINGER (1973) am Beispiel von Tamworth, New South Wales aufzeigen konnten. War auch ihr Bevölkerungsanstieg nicht übermäßig groß, reichte doch das vorhandene Anwachsen von Arbeitsplätzen zu einer Erhöhung im Warenangebot der Geschäfte und im Dienstleistungssektor aus, um sie zu wirklichen Mittelzentren in funktionalem Sinne zu machen, in denen nun Waren und Dienste angeboten wurden, die bis dahin in New South Wales allein die Domaine von Sydney gewesen waren. HOLMES interpretiert diese Erscheinung als den Anfang einer Entwicklung zur Großstadt trotz heute noch relativ geringer Bevölkerungsgröße (HOLMES in: JEANS, 1977).

6. Eine besondere Rolle spielt in dieser Kategorie das überdurchschnittliche Wachstum der ausgesprochenen **Freizeitzentren** an den Küsten des Pazifik und Indik. Allen voran rangiert die Gold Coast mit 9,2 % Wachstum als eine zu Großstadtgröße gelangte Siedlungszone; das kleine Mandurah südlich Perth wächst mit 11,1 % noch schneller. Viele dieser Resort- und Rentnerstädte sind in der Größenklasse unter 20 000 Einwohner, die andererseits schnelleres Wachstum zeigt als die über 20 000 Einwohner. Bei diesen Orten finden wir auch starke Sprünge in der Rangliste der Städte nach oben. Die angegebenen Werte sind allerdings immer durchschnittliche jährliche Wachstumsraten für die Zwischenzensusperiode 1976 - 81; sie verdecken z.T. kurzfristig auftretende konjunkturbedingte Schwankungen. In der Entwicklung der Gold Coast hat es in den frühen 80er Jahren eine deutliche Konjunkturabschwächung gegeben, die aber zur Mitte des Jahrzehnts wieder überwunden zu sein scheint.

7. Abgesehen von dem Aufkommen einer neuen Generation von **Bergbaustädten** seit Mitte der 60er Jahre ergibt sich unter den alten, meist aus den Goldgräberzeiten des vorigen Jahrhunderts stammenden eine gewisse **Sortierung**. So verdankt z.B. Bendigo, Victoria (52 739 E.) sein jüngeres Wachstum

einer Reihe von Faktoren, u.a. der Produktion der ländlichen Umgebung, staatlicher Industrieansiedlung und staatlicher Förderung als Regionalzentrum für den nördlich-zentralen Raum des Staates Victoria, nicht zuletzt auch zunehmender Attraktivität als Fremdenverkehrsort. Es nimmt heute den 19. Rang in der australischen Städteliste ein. Dagegen sanken Broken Hill, New South Wales, einst zweitgrößte Stadt dieses Staates, mit 26 913 E. und einer Bevölkerungsbewegung von -0,5 % auf den 31. Platz, Kalgoorlie-Boulder, Western Australia mit 19 848 E. auf den 46. Platz herab.

8. Entlang einiger Küstenabschnitte begannen, wenn auch nicht in dem Maße wie in USA, Städte zu mehr oder weniger geschlossenen Bändern (strip cities) zusammenzuwachsen. **Ansätze zu solchen Städtebändern** sind an der Ostküste der Bereich Brisbane - Gold Coast - Newcastle - Sydney - Wollongong - Kiama, an der Südküste der Bereich Melbourne - Geelong und an der Westküste der Bereich Perth - Fremantle - Kwinana - Rockingham - Mandurah.

9. In dem **Verhältnis von Kernstadt zu suburbaner Zone** hat sich ebenfalls eine gewisse Umkehr in der bisherigen langjährigen Entwicklung eingestellt. Die Kernstädte der australischen Metropolen zeigten keinen mit USA auch nur annähernd vergleichbaren Niedergang. Ihre Vitalität dokumentiert sich in jungen **Bürohochhausbooms** im CBD wie in gleichzeitiger Expansion des CBD in Entlastungscitybereiche (wie z.B. North Sydney oder St. Kilda Road in Melbourne) ebenso wie in umfangreichen Umwandlungen von Mietobjekten zu Eigentum (strata title) und **Aufwertung** (gentrification) der alten inneren Vororte in einem Maße, das KENDIG (1979) zu der Aussage veranlaßte, die australischen Kernstädte litten eher als die US-amerikanischen an ihrem Slum-Problem an einem gentrification-Problem mit immer knapperem Wohnraum für die soziale Unterschicht.

Relativ zum Gesamtgebiet der Metropolen erfuhren die Kernstädte allerdings eine Schwächung durch **negative Wanderungsbilanz** von Wohnbevölkerung und starker Ausweitung von **Einzelhandel und Industrie** in der Vorortzone von etwa 12 km an auswärts vom Stadtzentrum in meist einzelne bestimmte Richtungen, die durch Schnellbahnstrecken und Autostraßen vorgegeben sind, an denen die sogenannten **district centres** liegen, die von den entsprechenden Entwicklungsplänen bevorzugt werden; im Großraum Perth sind sie so angeordnet, daß sie auf den Achsen des Korridorplans für diesen Großraum liegen.

10 DER TREND ZUM GESAMTAUSTRALISCHEN STÄDTESYSTEM

Wie weit die eben angesprochenen Veränderungen eine langfristige Wende anzeigen, ist zum gegenwärtigen Zeitpunkt sicher noch diskutabel. Nach dem Zensus von 1981 beherbergen die Hauptstädte außer Hobart (30.0 %) und Brisbane (40,2 %) zwischen 62,3 % (Perth) und 66,2 % (Adelaide) der Gesamteinwohnerzahl der jeweiligen Staaten. Noch wird der zunehmend Bedeutung erlangende Flugverkehr zwischen nachgeordneten Zentren verschiedener Einzelstaaten weitestgehend über die Hauptstädte abgewickelt. Noch vollziehen sich die größten Warenströme innerhalb einzelstaatlicher Grenzen. Noch ist das zahlenmäßige Wachstum der mittelgroßen Städte in der Größenordnung 50 000 - 500 000 Einwohner gering; ihre Zahl nahm 1976 - 81 um nur zwei von 13 auf 15 zu. Noch sind Sydney und Melbourne mit 58 bzw. 34 Hauptverwaltungen der 100 größten australischen Wirtschaftsunternehmen (1980) die beiden dominierenden Kontrollzentren der australischen Wirtschaft.

Andrerseits vollführen damit Sydney und Melbourne gesamtaustralische und weitgehend internationale Wirtschaftsfunktionen. Hinzu kommen Canberra als das politische Zentrum des Gesamtstaates und die Gold Coast mit ihrer Freizeitfunktion für ein kontinentweites Hinterland. Sie ergeben zusammen das **nationale Funktionsviereck** Melbourne - Canberra - Gold Coast - Sydney.

Es gibt aber eine Reihe anderer Indikatoren für den wachsenden Trend zu einem gesamtaustralischen Städtesystem. Da ist zum einen die stark gestiegene Mobilität der australischen Bevölkerung. Der Kraftwagenbestand in Australien wuchs von 1,404 Mio. 1950 auf 8,574 Mio. 1982/83; auf die Bevölkerungszahl umgerechnet änderte sich das Verhältnis von 1 : 5,9 auf 1 : 1,8.

Die Zahl der Fluggäste im Inlandflugverkehr stieg 1950 - 75 von 1,5 Mio. auf 9,4 Mio. an. Setzt man die Werte für das Jahr 1950 = 100, so stieg bis 1975 der Index für die Passagiere auf 627 verglichen mit einem Indexwert von 167 für die Bevölkerungszahl. Entsprechend wurde auch das inneraustralische Flugnetz ausgebaut. Während 1978 allein Melbourne von Hobart aus mit Direktflug erreichbar war, gibt es heute auch Direktflüge Hobart - Sydney. Von Darwin aus konnte nur Adelaide über Alice Springs erreicht werden, heute auch Perth über Port Hedland und Brisbane über Cairns. Allerdings gibt es bis heute immer noch sehr wenige Direktverbindungen zwischen nachgeordneten Regionalzentren verschiedener Einzelstaaten.

Seit 1969 sind die Hauptstädte der kontinentalen Einzelstaaten untereinander mit Normalspurstrecken der Eisenbahn verbunden. Während der Bahnverkehr in der Personenbeförderung dennoch rückläufig war, nahm der Gütertransport kräftig zu, nämlich 1960 - 70 von 52,0 Mio. t auf 83,7 Mio. t. Hinzu kommt der zwischenstaatliche Anteil an der Cabotage von 51,6 Mio. t (1982/83). Zwar ist ein ganz erheblicher Teil der Cabotage der Transport von Erzen, die u.a. von Derby und Port Hedland in Western Australia oder von Whyalla in South Australia zu den Stahlwerken nach Kwinana in Western Australia oder Port Kembla und Newcastle in New South Wales verschifft werden, aber diese Rohstofftransporte dokumentieren letztlich die gesamtaustralischen Wirtschaftsverflechtungen.

Die zwischenstaatlichen Waren- und Finanztransaktionen lassen sich, da ja der Verkehr zwischen den Einzelstaaten unkontrolliert ist und daher weitgehend unerfaßt bleibt, nur grob schätzen. Nach solchen von verschiedenen Autoren vorgenommenen Schätzungen ergeben sich etwa folgende Größenordnungen für die zwischenstaatlichen Verkehrsbeziehungen. Die drei Staaten des Südostens New South Wales, Victoria und South Australia haben die stärksten Beziehungen untereinander, ihr gegenseitiger Warenaustausch wuchs von 1909 bis 1960/61 von etwa 9 % auf etwa 20 % ihres Bruttoinlandprodukts. Die Verflechtungen mit den sogenannten peripheren Staaten Queensland, Tasmania und Western Australia sowie dem Northern Territory sind erheblich schwächer, diejenigen zwischen den peripheren Staaten untereinander am schwächsten. Noch stärker ins Gewicht fallen die Geldtransaktionen. Sie hatten sich bis zum Beginn der 60er Jahre soweit entwickelt, daß zwischenstaatliche Einnahmen und Ausgaben zusammen das Bruttosozialprodukt überstiegen, daß der Geldtransfer jedes einzelnen Staates in das übrige Commonwealth denjenigen nach dem Ausland überstiegen hat und daß etwa ein Siebentel aller Geldtransaktionen zwischenstaatlich war. Dieses sind deutliche Kennzeichen einer integrierten gesamtaustralischen Wirtschaft und damit auch eines einheitlichen gesamtaustralischen Städtesystems.

ANMERKUNG

[1] BLENCK hat dieses Kulturerdteilkonzept als nicht mehr zeitgerecht abgetan. Er sieht die heutige sozialforschungsorientierte Stadtforschung in ihrer Verflechtung mit der modernen Kultur als Resultat internationaler Arbeitsteilung. Es gebe heute nur **eine** Weltkultur mit verschiedenen Varianten. Die Funktion der Stadt sei im Rahmen der Weltökonomie zu betrachten, während aus älterer Sicht die Stadt im Rahmen von Nationalstaaten gestanden habe. Aber gerade

das war und ist das Kulturerdteilkonzept nicht! Es geht dabei ja nicht um Nationalstaaten, sondern um große, supranationale Kulturräume von subkontinentalem bis kontinentalem Ausmaß.

LITERATURVERZEICHNIS

AUSTRALIAN BUREAU OF STATISTICS (Hrsg.) (1984): Yearbook Australia 1984. Canberra.

AUSTRALIAN COUNCIL ON POPULATION AND ETHNIC AFFAIRS (Hrsg.) (1983): Population Report 7. Population changes 1976 - 81. Canberra.

BLAINEY, G. (1971): The tyranny of distance. Melbourne.

BLENCK, J. (1985): Geographische Stadtforschung in Entwicklungsländern: Thesen zum Forschungsstand. In: Tagungsber.u.wiss.Abh.45.Dt.Geogrtag.Berlin (im Druck).

BOURNE, L.S. (1974): Urban systems in Australia and Canada: comparative notes and research questions. In: Austr.Geogr.Stud.: 152-172.

BOYCE, P.J. (1973): Two cinderellas: Parallels and contrasts in the political histories of Western Australia and Tasmania. In: Tas.Histor.Res.Assoc.Proceed.and Pap. 20,2: 121-132.

CITIES COMMISSION (Hrsg.) (1975): The Australian system of cities. Need for research. Cities Comm.Occas.Pap. 3. Canberra.

CLOHER, D.U. (1978): Integration and communications technology in an emerging urban system. In: Econ.Geogr.: 1-16.

ders. (1979): Urban settlement process in lands of "recent settlement": An Australian example. In: Journ.of Histor.Geogr.: 297-314.

DALY, M.T. & BROWN, J. (1964): Urban settlement in central western New South Wales. In: Geogr.Soc.of N.S.W.Res.Pap. 8. Sydney.

DAVISON, G. (1979): Australian urban history: A progress report. In: Urban History Yearbook 1979: 100-109.

DICK, R.S. (1971): A definition of the central place hierarchy of the Darling Downs, Queensland. In: Queensl.Geogr.Journ. (Third Series) 1: 1-38.

DINGLE, A.E & MERRETT, D.T. (1972): Home owners and tenants in Melbourne 1891- 1911. In: Austr.Econ.Hist.Rev.: 21-35.

FAIRBAIRN, K.J. & A.D. MAY (1971): Geography of central places. A review and appraisal. Adelaide.

FORSTER, C.A. & R.J. STIMSON (Hrsg.) (1977): Urban South Australia: Selected readings. Centre for Applied Social and Survey Research Monogr. 1. Adelaide.

GALBREATH, J.K. (1968): The new industrial state. New York.

GENTILLI, J. (Hrsg.) (1979): Western landscapes. Nedlands.

HALLIGAN, J. & C. PARIS (Hrsg.) (1984): Australian urban politics. Melbourne.

HOFMEISTER, B. (1982): Die Stadt in Australien und USA. Ein Vergleich ihrer Strukturen. In: Mitt.Geogr.Ges.Hamburg Bd. 72.

ders. (1985): Die strukturelle Entwicklung der australischen Stadt. In: Geogr.Rundschau 1985: 36-42.

ders. (1986): What is the extent of a crisis of the central city and suburbanisation in Australia? In: HEINRITZ, G. & E. LICHTENBERGER (Hrsg.): The take-off of suburbia and the crisis of the central city. Erdkundliches Wissen H. 76. Stuttgart: 134-141.

HOLMES, J.H. (1973): Population concentration and dispersion in Australian states: A macrogeogaphic analysis In: Austr.Geogr.Stud.: 150-170.

ders. (1977): The urban system. In: JEANS, D.N. (Hrsg.): Australia. A geography. London/Henley: 386-411.

HOLMES, J.H. & B.F. PULLINGER (1973): Tamworth: An emerging regional capital? In: The Austr.Geographer: 207-225.

HOUGHTON, S. (1977): Kwinana. Year 20. In: Royal Austr.Plann.Inst.Journ.: 130-134.

JACKSON, R.V. (1970): Owner-occupation of houses in Sydney, 1871 to 1891. In: Austr.Econ.Hist.Rev.: 138-154.

JEANS, D.N. (Hrsg.) (1977): Australia. A geography. London/Henley.

KENDIG, H. (1979): New life for old suburbs. Sydney.

KOLB, A. (1962a): Die Entwicklungsländer im Blickfeld der Geographie. In: Tagungsber.u.wiss.Abh.Dt.Geogrtg.Köln 1961. Wiesbaden: 55-72.

ders. (1962b): Die Geographie und die Kulturerdteile. In: Hermann von Wissmann- Festschrift. Tübingen: 42-49.

ders. (1966): Geofaktoen, Landschaftsgürtel und Wirtschaftserdteile. In: Heidelbg.Stud.z.Kulturgeogr. Festgabe f.G. Pfeifer z. 65. Geb. Wiesbaden: 29-36.

ders. (1981): Die Pazifische Welt im Profil. In: KOLB, A.: Die Pazifische Welt. Kultur- und Wirtschaftsräume am Stillen Ozean. Kleine Geographische Schriften Bd. 3. Berlin.

LAMPING, H.(1985): Raumentwicklung in Australien. In: Geogr.Rundschau: 22-27.

LANGDALE, J.V. (1975): Nodal regional structures of New South Wales. In: Austr.Geogr.Stud.: 123-136.

LIGHTON, C. (1958): Sisters of the south. Cape Town.

LINGE, G.J.R. (1979): Industrial awakening: A geography of Australian manufacturing 1788 -1890. Canberra.

McCARTY, J.W. (1970): Australian capital cities in the nineteenth century. In: Austr.Econ.Hist.Rev.: 107-140.

NEUTZE, M. (1978): Australian urban policy. Objectives and opinions. Sydney.

PARKIN, A. (1982): Governing the cities. Melbourne.

RICH, R. (Hrsg.) (1982): The politics of urban public services. Lexington.

ROSE, A.J. (1966): Dissent from down under: metropolitan primacy as the normal state. In: Pacific Viewpoint: . 1-27.

ders. (1967): Patterns of cities. Melbourne.

ROWLAND, D.T. (1977): Theories of urbanization in Australia. In: Geogr.Review: 167- 176.

SCOTT, P. (1964): Areal variations in the class-structure of the central-place hierarchy. In: Austr.Geogr.Stud.: 73-86.

SCOTT, P. (Hrsg.) (1978): Australian cities and public policy. Melbourne.

SMAILES, P.J. (1969): A metropolitan trade shadow: The case of Adelaide, South Australia. TESG: 329-345.

ders. (1975): Some aspects of the South Australian urban system. In: BARLOW, M. (Hrsg.): Urban networks. Readings from the Australian Geographer. Sydney.

ders. (1977): The contemporary South Australian urban system. In: FORSTER, C.A./STIMSON, R.J. (Hrsg.): Urban South Australia: Selected Readings. Centre for Applied Social and Survey Research Monogr. 1. Adelaide: 23-48.

STILWELL, F.J.B. (1974): Economic factors and the growth of cities. In: BURNLEY, I.H. (Hrsg.): Urbanization in Australia. Cambridge: 17-49.

TROY, P.N. (Hrsg.) (1978): Federal power in Australia's cities. Sydney.

TROY, P.N. (Hrsg.) (1981): Equity in the city. Sydney.

WATT, E.D. (1958): Secession in Western Australia. In: Univ.Stud.in Western Austr. Hist. III,2: 43-86.

WHITELAW, J.S., M.I. LOGAN & J. McKAY, J. (1984): Australia. In: BOURNE, L.S., R. SINCLAIR & K. DZIEWONSKI, (Hrsg.): Urbanization and settlement systems. International perspectives. Oxford: 71-91.

WOOLMINGTON, E.R. (1966): A special approach to the measurement of support for the separatist movement in northern New South Wales. In: Univ.of New England Geogr.Monogr.Series 2. Armidale.

ders. (1971): Government policy and decentralisation. In: LINGE, G.J.R. & P.J. RIMMER (Hrsg.): Government influence and the location of economic activity. In: Res.School of Pac.Stud. Dept.of Human Geogr. Publ. HG 5. Canberra: 279-296.

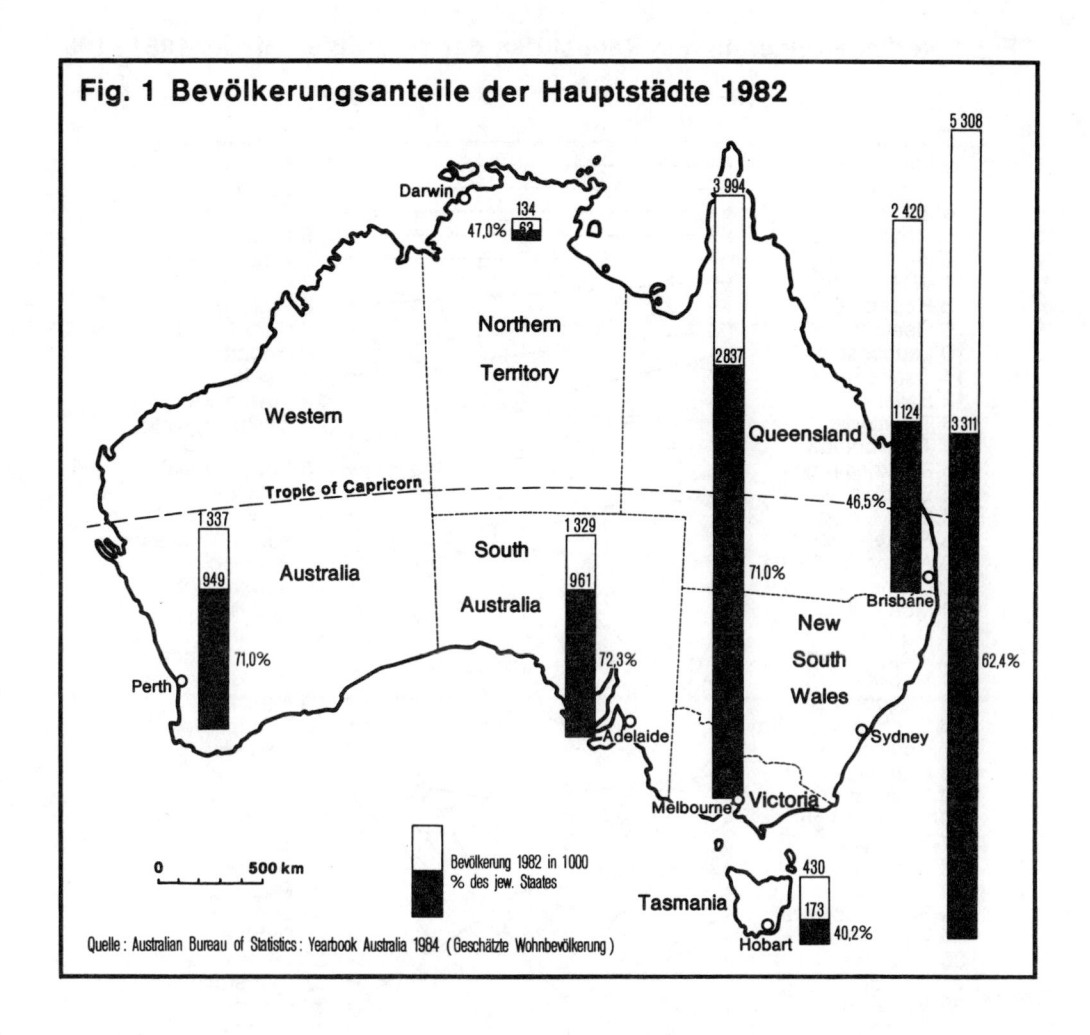

Fig. 1 Bevölkerungsanteile der Hauptstädte 1982

Darwin 134 / 62 47,0%

Northern Territory

Western Australia

Tropic of Capricorn

Perth 1 337 / 949 71,0%

South Australia 1 329 / 961 72,3% Adelaide

Queensland 3 994 / 2 837 71,0%

New South Wales 2 420 / 1 124 46,5% Brisbane

5 308 / 3 311 62,4% Sydney

Victoria Melbourne

Tasmania 430 / 173 40,2% Hobart

0 500 km

Bevölkerung 1982 in 1000
% des jew. Staates

Quelle: Australian Bureau of Statistics: Yearbook Australia 1984 (Geschätzte Wohnbevölkerung)

Fig. 2 Veränderungen in den Rangstufen der 50 größten Städte, 1961 - 1981

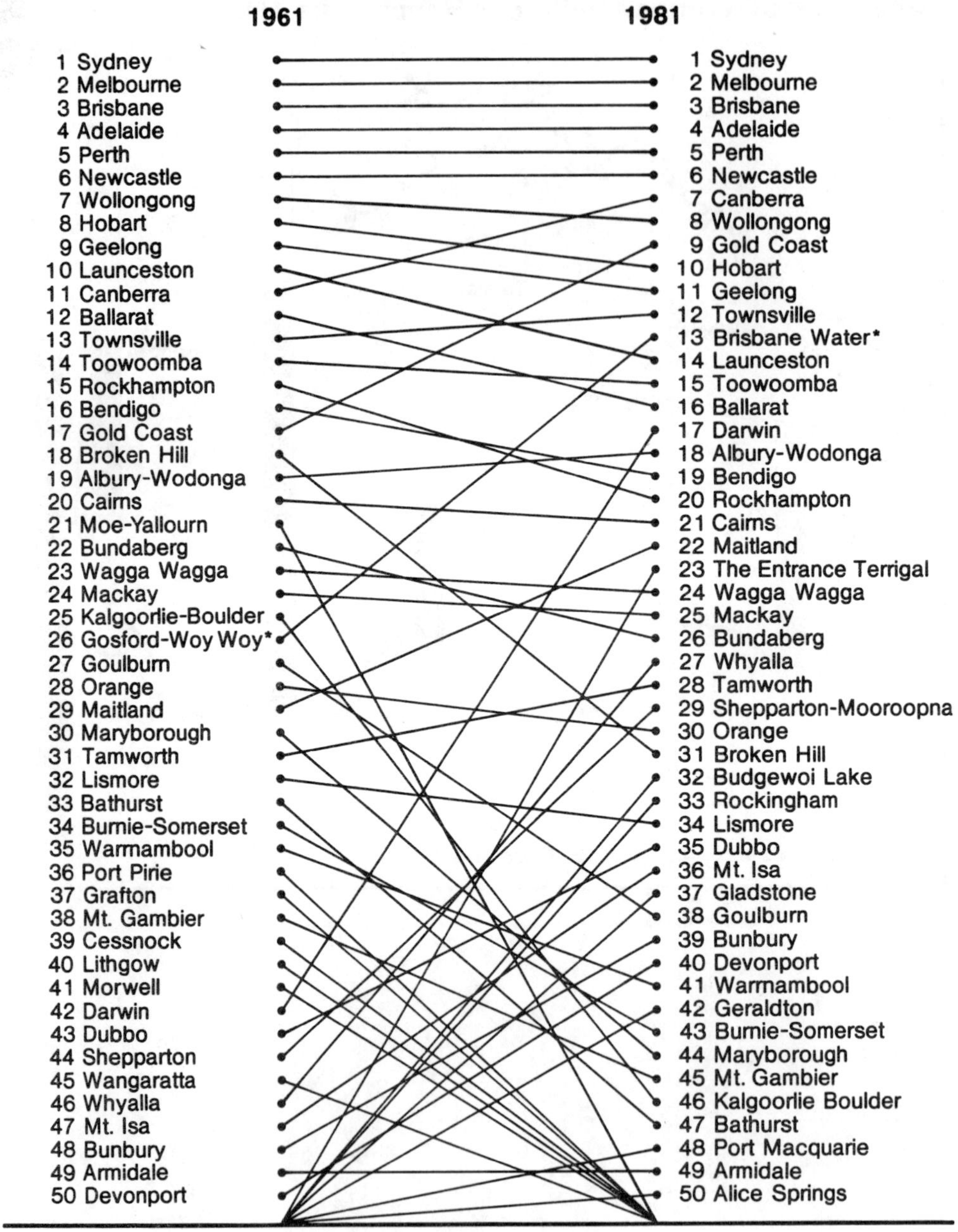

1961	1981
1 Sydney	1 Sydney
2 Melbourne	2 Melbourne
3 Brisbane	3 Brisbane
4 Adelaide	4 Adelaide
5 Perth	5 Perth
6 Newcastle	6 Newcastle
7 Wollongong	7 Canberra
8 Hobart	8 Wollongong
9 Geelong	9 Gold Coast
10 Launceston	10 Hobart
11 Canberra	11 Geelong
12 Ballarat	12 Townsville
13 Townsville	13 Brisbane Water*
14 Toowoomba	14 Launceston
15 Rockhampton	15 Toowoomba
16 Bendigo	16 Ballarat
17 Gold Coast	17 Darwin
18 Broken Hill	18 Albury-Wodonga
19 Albury-Wodonga	19 Bendigo
20 Cairns	20 Rockhampton
21 Moe-Yallourn	21 Cairns
22 Bundaberg	22 Maitland
23 Wagga Wagga	23 The Entrance Terrigal
24 Mackay	24 Wagga Wagga
25 Kalgoorlie-Boulder	25 Mackay
26 Gosford-Woy Woy*	26 Bundaberg
27 Goulburn	27 Whyalla
28 Orange	28 Tamworth
29 Maitland	29 Shepparton-Mooroopna
30 Maryborough	30 Orange
31 Tamworth	31 Broken Hill
32 Lismore	32 Budgewoi Lake
33 Bathurst	33 Rockingham
34 Burnie-Somerset	34 Lismore
35 Warrnambool	35 Dubbo
36 Port Pirie	36 Mt. Isa
37 Grafton	37 Gladstone
38 Mt. Gambier	38 Goulburn
39 Cessnock	39 Bunbury
40 Lithgow	40 Devonport
41 Morwell	41 Warrnambool
42 Darwin	42 Geraldton
43 Dubbo	43 Burnie-Somerset
44 Shepparton	44 Maryborough
45 Wangaratta	45 Mt. Gambier
46 Whyalla	46 Kalgoorlie Boulder
47 Mt. Isa	47 Bathurst
48 Bunbury	48 Port Macquarie
49 Armidale	49 Armidale
50 Devonport	50 Alice Springs

*Gosford-Woy Woy wurde in Brisbane Water umbenannt

Zeichnung: Eva Reutter, Februar 1986

Fig. 3 Lage der Neuen Städte* und Wachstumspole

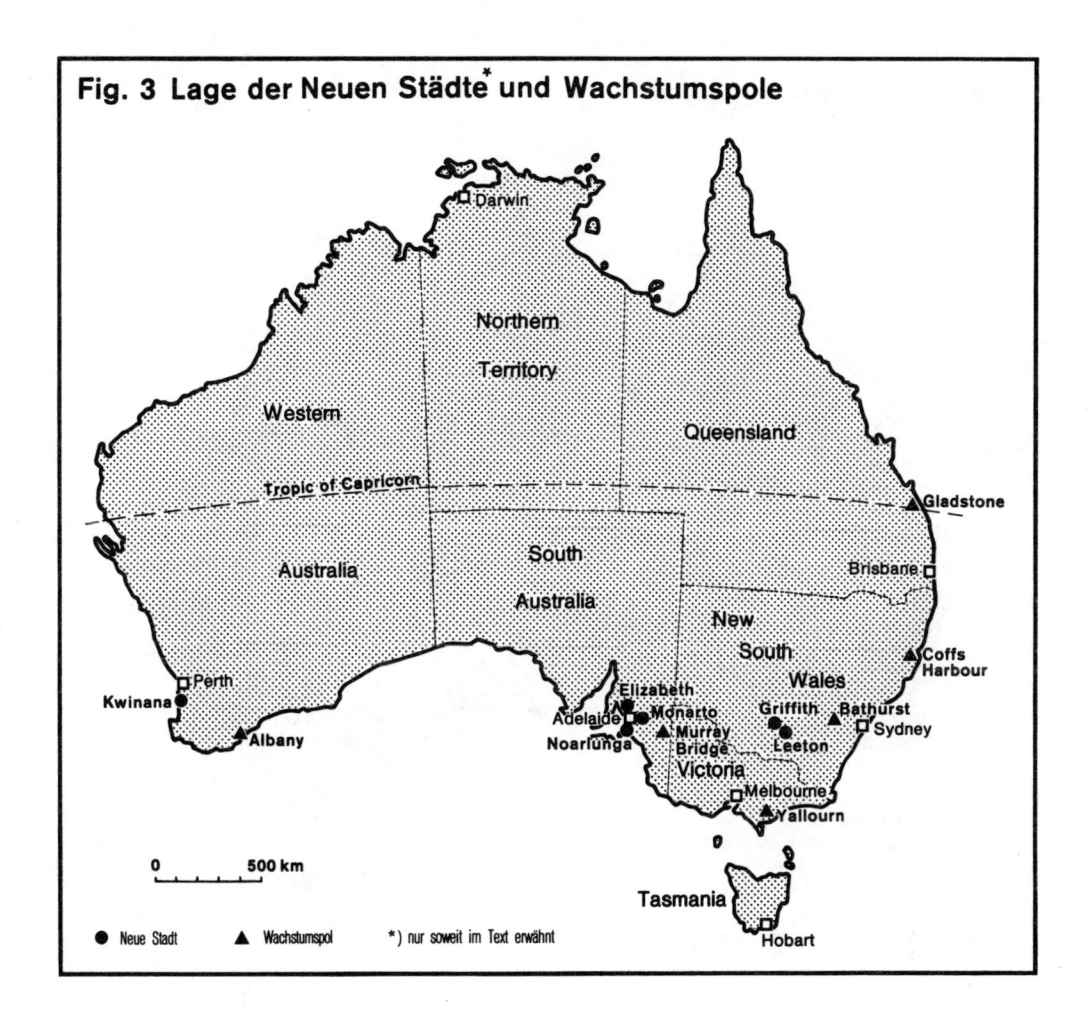

● Neue Stadt ▲ Wachstumspol *) nur soweit im Text erwähnt

Fig. 4 Die Siedlungszonen

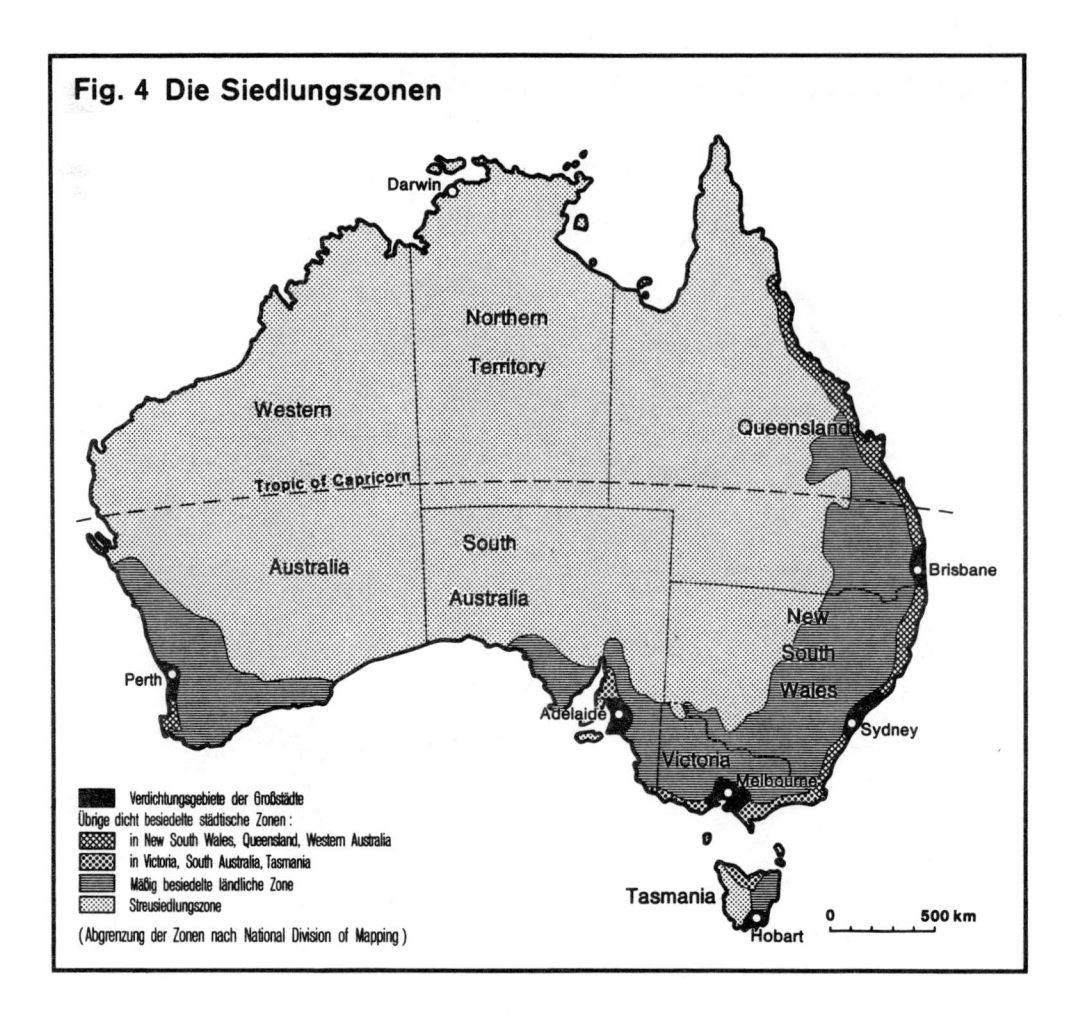

- Verdichtungsgebiete der Großstädte
- Übrige dicht besiedelte städtische Zonen:
  - in New South Wales, Queensland, Western Australia
  - in Victoria, South Australia, Tasmania
- Mäßig besiedelte ländliche Zone
- Streusiedlungszone

(Abgrenzung der Zonen nach National Division of Mapping)

DER TROPISCHE INSELRAUM DES PAZIFISCHEN OZEANS UND DIE ÖKOLOGISCHE ZUORDNUNG SEINER INSELN

von

Erik Arnberger, Wien

SUMMARY: The Tropical Islands in the Pacific Ocean and Their Ecological Significance

Despite the fact that not less than 300 mio. peoples inhabit the isles in the tropical area of all oceans, caring to the greater extent for their own nourishment mostly under unfavourable ecological conditions, there has, sofar, been hardly any suitable statistical basis material for the calculation of the population potential of the various island-groups. Even the most simplest records about number of isles according to their size and/or population are missing. Due to it particular riches on isles this information is needed most urgently for the Pacific Ocean, since 47% of its 64 000 isles with over 1 hectar area are situated in the tropics, which are inhabited by 204 mio. peoples.

The author is determined to ascertain the archipelago of the world's oceans according to size (1 to under 25 hectares, 25 hectares to under 1 km^2, 1 km^2 and above) and coordination of ecological types of island-groups referring to their extrapolated up-dated population. Stipulating criteria for classification of ecological types of island-groups and comments on the standard of living expressly point out, that in addition to the natural conditions also aspects of particularities of ethnically-bound attitudes to their economical system, have to be considered.The population density for the various types of island-groups shows extraordinary different values. Thus we find a high mean value of more than 331 inhabitants/km^2 for the type of young volcanic isles having an extensive young layer of lava. This population density seems to have resulted as consequence to the higher soil-fertility, to be found on the layer of lava, due to a larger remainder of residual minerals compared to other soils in tropically humid areas. A noticeable fact is that the populated coral-islands show a far too high population density, namely 102 inhabitants/km^2, which is explained by their use for many reasons, including military bases, which in turn may anticipate the many problems these newly developed pacific states are faced with.

Despite the fact that in areas of shifting cultivation an excess in density of 30 inhabitants/km^2 must be considered as alarming, the population density within the isles of the tropically-humid rain-forest belt ranges at approximately 80 inhabitants/km^2.

ZUSAMMENFASSUNG

Obwohl auf den Inseln im tropischen Bereich aller Ozeane zusammengenommen nicht weniger als 300 Mio. Menschen leben und unter meist ökologisch ungünstigen Bedingungen zum Großteil selbst für ihre Ernährung sorgen müssen, gab es bisher kaum ein geeignetes statistisches Basismaterial zur Berechnung des Bevölkerungspotentials der einzelnen Inselgruppen. Es fehlten sogar die einfachsten Übersichten über die Zahl der Inseln nach Größenklassen ihrer Areale und über ihre Besiedlung. Infolge seines besonderen Inselreichtums war der diesbezügliche Nachholbedarf für den Pazifischen Ozean vordringlich, liegen doch von seinen 64 000 Inseln mit über 1 ha Fläche über 47% in den Tropen, welche von 204 Mio. Menschen besiedelt sind.

Der Verfasser hat sich entschlossen, den Inselbestand der Ozeane der Erde nach Größenklassen (1 - unter 25 ha, 1/4 km² - unter 1 km², 1 km² und mehr) und nach der Zuordnung zu ökologischen Inseltypengruppen mit ihrer auf jüngstem Stand fortgeschriebenen Bevölkerung zu ermitteln. Die Ausführungen über die Kriterien für eine Zuordnung zu ökologischen Inseltypengruppen und über die Beurteilung der Lebensgrundlagen der Bevölkerung weisen ausdrücklich darauf hin, daß außer den natürlichen Gegenbenheiten auch die Aspekte der besonderen Eigenarten einer ethnisch gebundenen Einstellung zu den Wirtschaftsweisen berücksichtigt werden müssen.

Die für die einzelnen Inseltypengruppen ausgewiesenen Bevölkerungsdichten ergeben außerordentlich unterschiedliche Werte. So finden wir für die Typengruppe der jungen Vulkaninseln mit weit verbreiteten jungen Lavadecken den sehr hohen Durchschnittswert von über 331 Ew/km². Dieser dürfte auf die höhere Bodenfruchtbarkeit infolge eines größeren Restmineralbestandes über diesem Substrat gegenüber anderen Böden im tropisch-feuchten Raum zurückzuführen sein. Auffallend ist auch die Tatsache, daß die besiedelten Koralleninseln eine viel zu hohe Bevölkerungsdichte, nämlich 102 Ew/km² besitzen, was unter anderen Gründen auch auf ihre Verwendung als militärische Stützpunkte hinweist und die damit verbundenen Probleme der neuentstandenen Südseestaaten erahnen läßt.

Selbst im Verbreitungsraum der Inseln der tropisch-feuchten Regenwälder mit vorherschender Subsistenzwirtschaft liegen die Bevölkerungsdichtewerte noch bei etwa 80 Ew/km², obwohl in Räumen mit shifting cultivation ein Überschreiten der Dichte von 30 Ew/km² als besorgniserregend zu betrachten ist.

1 VORBEMERKUNG

Anläßlich von Vorlesungen und mehreren Seminaren über den tropischen Inselraum der Erde, die der Verfasser in den siebziger und achtziger Jahren bis 1983 abgehalten hat und in die er auch die Ergebnisse seiner vielen Reisen in diese Gebiete einbringen konnte, wurde ihm mehr und mehr bewußt, daß nur ein verschwindender Teil der entlegeneren Inseln dieses Raumes in wünschenswerter Intensität geographisch bearbeitet und dargestellt wurden. Dies gilt eingeschränkt auch für die englische, französische und holländische Literatur, aus der manche wertvolle Beiträge zur Verfügung stehen.

Tab. 1: Pazifischer Ozean - Gesamtübersicht (ARNBERGER, 1986)

Meeresanteil	Gesamt-Areal[1]) in Mio. km²	Inseln		
		Zahl	Fläche in Mio. km²	Bevölkerung 1982 in Mio. Ew.
Gesamtgebiet	181	63.572	3,768	328,091
Tropischer Raum	98	29.959	2,683	204,119
Außertropischer Raum	83	33.613	1,085	123,972

[1]) Auf- und abgerundete Zahlen. Gesamtgebiet mit Nebenmeeren nach K.H. WAGNER 1971 (Atlas zur Orographie, B.I. Hochschulatlanten, Mannheim) 179,679.000 km², nach G. DIETRICH 1972 (Geophysik, Fischer-Verlag) 181,340.000 km². Ausplanimetrierung des tropischen Raumes einschließlich der Randtropen ergibt 97,766.000 km².

Statistisches Basismaterial in geeigneter regionaler Aufgliederung fehlt aber bis heute noch weitgehend, und der Einsatz statistisch-mathematischer Methoden zur Analyse von Raumstrukturen ist daher nur ganz ausnahmsweise möglich. Es fehlen sogar die einfachsten Aussagen über die Zahl der Inseln nach Größenklassen ihrer Areale und über ihre Besiedlung, obwohl auf ihnen im tropischen Bereich aller Ozeane zusammengenommen nicht weniger als 300 Millionen Menschen leben und unter ökologisch ungünstigen Bedingungen meist selbst für ihre Ernährung sorgen müssen. Infolge seines besonderen Inselreichtums ist der diesbezügliche Nachholbedarf für den Pazifischen Ozean besonders dringlich, liegen doch von seinen 64 000 Inseln über 47 % in der tropischen Zone, deren besiedelte Inseln von 204 Millionen Menschen bevölkert sind (siehe die Tabelle 1).

Die Streuung der besiedelten Inseln reicht weit in den zentralen Meeresraum hinein, so daß die Isolation vieler von ihnen durch das sehr ungleich gewobene und durchschnittlich außerordentlich weitmaschige Verkehrsnetz nur unzulänglich gemildert werden kann. Das kommt zwar - was durchaus positiv zu bewerten ist - der Erhaltung der ethnischen und kulturellen Eigenart der Bewohner zugute, beeinträchtigt hingegen notwendige Hilfsmaßnahmen im Gefolge häufiger Wirbelsturmkatastrophen, Seuchen und Hungersnöte in einem kaum noch hinzunehmenden Ausmaß.

Auch für eine überschlagsmäßige Berechnung der Nahrungsmittelproduktion sind detaillierte Angaben über Inselgrößen, deren naturräumliche Ausstattung und Bewohnerzahl notwendig. Solche Angaben sind allerdings nur ausnahmsweise zu finden und nicht selten so unverwendbar fehlerhaft, daß sie weiteren Überlegungen nicht dienlich sein können. So finden wir für manche Insel oder Inselgruppe oft die Flächenangabe für das ganze hundert- bis tausendfach so große Atoll, in dessen Riffkranz sie liegen, oder es wurden Angaben durch Planimetrierung gewonnen, wobei sich bei der Maßstabsumrechnung Darstellungsgröße/Naturgröße schwere Fehler eingeschlichen haben und projektive Verzerrungen nicht berücksichtigt wurden. Solche Angaben werden dann jahrzehntelang von verschiedenen Autoren unkritisch immer wieder übernommen, ohne ihre Fehlerhaftigkeit zu entdecken. Unzählige Beispiele können diese Tatsache beweisen. So wird z.B. in verschiedenen Arbeiten und Nachschlagewerken für die wegen ihrer über 240 m hohen Dünen bekannten Fraser Insel (Great Sandy Island), vor der Ostküste Australiens nördlich von Brisbane gelegen, 160 km^2 Fläche angegeben, obwohl ihr tatsächliches Areal über das Zehnfache beträgt.

Die für größere Gebiete ausgewiesenen Inselzahlen entstammen oft phantastischen Vorstellungen und sind schon deshalb unbrauchbar, weil sich ihre Ermittlung weder auf einen festgelegten Inselbegriff noch auf eine Mindestgröße bezieht. So werden oft bei Ebbe trockenfallende Sanduntiefen und aus dem Wasser ragende Felsen, welche schon bei normalem Seegang von der Meeresgischt übersprüht werden, mitgezählt.

Daß im Computerzeitalter und im Jahrhundert einer mit Millimetergenauigkeit arbeitenden Landesaufnahme noch immer Zahl, Fläche und Ausstattung der Inseln der Ozeane der Erde, auf denen rund eine halbe Milliarde Menschen wohnen, unbekannt ist, erscheint unfaßbar, entspricht aber leider den Tatsachen. Dies ist der Grund, weshalb sich der Verfasser seit 1980 bemüht, erste Übersichten über alle Ozeane der Erde zu schaffen, die nunmehr für den Indischen und Pazifischen Ozean fertiggestellt werden konnten und 1988 auch für den Atlantischen Ozean vorliegen werden.

1.1 Die Ermittlung der Inseln nach Größenklassen ihrer Areale

Aus den bereits oben angeführten Gründen ist der Geograph gezwungen, Größenbestimmungen aus dafür geeigneten Karten über altbekannte planimetrische Methoden durchzuführen. Für den tropischen Raum helfen auch Fernerkundungsaufnahmen (Luftbilder, Satellitenbilder), soweit solche überhaupt zur Verfügung stehen und wegen der hohen Kosten des Bildmaterials angeschafft werden können, infolge der störenden Wolkenbedeckung vor allem über dem Bergland nur wenig.

Die Beschaffung geeigneten Kartenmaterials für die gesamte Erde erfordert außer nicht unbedeutenden finanziellen Mitteln auch einen enormen Zeitaufwand. Von den zahlreichen Reisen in die verschiedenen Meeresräume der Erde (etwa 32 Erdumfänge Gesamtstrecke) hat der Verfasser selbst einen bescheidenen Kartenbestand sammeln können, der ihm nunmehr nochmals sehr zugute kam. Für manche Inselgebiete (z.B. Neukaledonien, Französisch Polynesien, Hawaii u.a.m.) stehen ausgezeichnete großmaßstäbige Karten zur Verfügung, welche ein sicheres Ausmessen der Flächen bis zur Größenordnung 1 bis 5 ha ermöglichen. Selbst das Südseekönigreich Tonga besitzt für die wichtigsten Inseln seines Landes Karten 1:25 000 mit detaillierten Bodenbedeckungs- und Nutzungsangaben, welche eine geradezu ideale Arbeitsgrundlage darstellen. Über andere Inselräume hingegen gibt es nur kleinmaßstäbige Karten, welche für die Erfassung von Inseln mit unter 1/4 km^2 Größe nur eine unzulängliche Basis bilden. Manchmal war es sogar nicht zu vermeiden, auf die Luftfahrtkarte 1:500 000 zurückzugreifen.

Damit stellt sich aber die Frage, bis zu welcher minimalen Größenordnung eine Klassifizierung überhaupt sinnvoll durchgeführt werden soll und kann:

Eine vollständige und einigermaßen sichere Erfassung von Inseln unter 10 ha Flächengröße ist nach dem derzeitigen kartographischen Erschließungsstand der Erde nicht möglich. Will man aber nicht auf die Erfassung des interessanten Inseltyps der Korallenriff- und Korallensandinseln zu einem sehr erheblichen Teil verzichten, dann muß die niedrigste Größenklasse mit der Spanne 1 bis 25 ha und der Mut zur Unvollständigkeit der Erhebung akzeptiert werden. Nur unter Einbezug dieser Größenklasse lassen sich die in der Literatur immer wieder genannten, phantastisch anmutenden Inselzahlen verstehen. Fast 72 % der tropischen Inseln des Pazifischen Ozeans gehören bei allerdings verschwindend kleiner Gesamtfläche und Bevölkerungszahl dieser Größenklasse an (siehe die Summe für den tropischen Inselraum der Tabelle 4). Als weitere Größenklasse zwischen Kleinstinseln und der bedeutenden Gruppe mit 1 km^2 und mehr Fläche ist noch jene mit 1/4 bis unter 1 km^2 einzuschalten, da diese für die Inseldichte und Verbreitungsstruktur in einzelnen Räumen, so der küstennahen Inseln der kontinentalen Festlandküsten, nicht unwesentlich ist.

Natürlich gehören alle wirtschaftlich und bevölkerungsmäßig bedeutenderen Inseln zur Größenklasse 1 km^2 und darüber, welche zwar nur 16,2 % aller Inseln der tropischen Zone, aber 99,9 % ihrer Fläche und Bevölkerung erfaßt.

Betrachten wir den gesamten Raum des Pazifischen Ozeans, dann entfallen auf seinen tropischen Anteil lediglich 47 % aller Inseln jedoch mit 71 % ihrer Flächen und 62 % der gesamten Inselbevölkerung (siehe die Tabelle 2). Infolge seiner ökologischen Benachteiligung bei gleichzeitiger ethnischer und kultureller Vielfalt ist in Zukunft das Hauptaugenmerk auf die Entwicklung dieser "Notstandszone" zu richten.

Was die Zahl und Fläche der Inseln betrifft wirken sich im außertropischen Raum die vielen meist bedeutungslosen Inseln im Vorfeld der kontinentalen Küsten (China, Korea, Kanada und Chile zusammen bereits über 20 000 Inseln mit allerdings nur wenig über 1 Mio Einwohner) statistisch besonders aus. Eine Sonder-

Tab. 2: Die Inseln der Meereszonen des Pazifischen Ozeans (ARNBERGER, 1986)

Meereszonen nach Klimazonen	Zahl der Inseln				Fläche der Inseln				Wohnbevölkerung 1982			
	aller Größen zusammen*		mit 1 km² und größer		aller Größen zusammen*		mit 1 km² und größer		aller Inseln zusammen*		auf Inseln mit 1 km² u. größer	
	abs.	%	abs.	%	abs. in km²	%	abs. in km²	%	in Mio. Ew.	%	in Mio. Ew.	%
Gesamter Pazifischer Ozean	63.572	100	8.424	13,3	3.767.908	100	3.761.747	99,8	328,091	100	328,056	99,9
Subpolare Zone	1.567	2,5	419	0,7	74.968	2,0	74.715	2,0	0,011	0,0	0,011	0,0
Gemäßigte und subtropische Zonen	32.046	50,4	3.143	4,9	1.010.023	26,8	1.007.160	26,7	123,961	37,8	123,956	37,8
Außertropische Zone	33.613	52,9	3.562	5,6	1.084.991	28,8	1.081.875	28,7	123,972	37,8	123,967	37,8
Tropische Zone	29.959	47,1	4.862	7,7	2.682.917	71,2	2.679.872	71,1	204,119	62,2	204,089	62,2

* Größenklassen 1 km² und größer, 1/4 km² bis < 1 km², 10 ha (1 ha) bis 25 ha

stellung nimmt auf der Nordhalbkugel nur das Inselreich Japan ein, dessen Ausstrahlung zusammen mit China die tropische Inselwelt mehr und mehr beeinflußt.

1.2 Fortschreibung der Bevölkerung bis Anfang der achtziger Jahre

Bevölkerungsangaben für einzelne Inseln nach jüngstem Stand sind nur sehr ausnahmsweise vorhanden. Selbst für jene Gebiete, für die die Ergebnisse der letzten Volkszählung veröffentlicht vorliegen, müssen diese aus meist größeren Verwaltungseinheiten auf die einzelnen Inselgebiete umgerechnet werden, was nicht immer mit der erwünschten Sicherheit geschehen konnte und vorher eine Analyse der Siedlungsweise und der Verbreitung und Funktion der Siedlungen bedurfte. Lokale Kenntnisse kamen dem Verfasser oft sehr zugute, andererseits mußten aber auch Schätzungen nach analogen benachbarten Räumen durchgeführt und mögliche Fehler in Kauf genommen werden. In solchen Fällen galt das Bestreben, die Einwohnerzahl eher zu gering als zu hoch einzuschätzen.

Vielfach mußten auch ältere Bevölkerungserhebungen aus den sechziger und siebziger Jahren unseres Jahrhunderts herangezogen und fortgeschrieben werden. Hierzu dienten bekannte Ergebnisse der natürlichen Bevölkerungsbewegung, während Wanderbewegungen von der Insel weg und zur Insel mit dauernder Wohnsitzverlegung in Ermangelung einer Wanderungsstatistik nicht oder nur ganz ausnahmsweise berücksichtigt werden konnten. Größere Umsiedlungsaktionen z.B. in Indonesien oder im Bereich der neuentstandenen Südseestaaten wurden in die Berechnungen allerdings einbezogen, Verluste infolge kriegerischer Auseinandersetzungen und politischer Aktionen - so z.B. anläßlich der Besetzung von Ost-Timor (Ost-Timor wurde am 17.7.1976 zur 27.Provinz Indonesiens erklärt) - blieben ungewiß und gingen daher in die Statistik nicht ein. Prinzipiell basieren alle Angaben auf der Wohnbevölkerung und nicht auf den Begriffen anderer Bevölkerungsgesamtheiten.

1.3 Die regionale Gliederung der Inselstatistiken

Die Erfassung der Inseln beschränkt sich nicht allein auf den tropischen und randtropischen Raum des Pazifischen Ozeans (Abgrenzung nach TROLL - PAFFEN und anderen Autoren), sondern auf das gesamte Meeresgebiet, um notwendige Vergleiche durchführen und Zusammenhänge aufzeigen zu können. Die Gliederung berücksichtigt dabei einerseits die Grenzen der Klimazonen, andererseits faßt sie große Inseln jeweils mit ihren Küsteninseln zusammen oder weist Meeresteile oder größere Inselsarchipele aus. Inselstaaten konnten als regionale Einheit nur insofern berücksichtigt werden, als sie einer Klimazone zugehören.

Trotz der notwendigen Beschränkung zur Vermeidung zu umfangreicher Tabellen, waren für den gesamten Raum des Pazifiks 43 Gebietseinheiten notwendig, deren Lage und Abgrenzung in der Abbildung 1 dargestellt sind. Die Hauptergebnisse über Inselzahl, gesamte Landfläche und Wohnbevölkerung für diese Gebietseinheiten enthält die Tabelle 3. Mit nahezu 64 000 Inseln ist der Pazifische Ozean vor dem Atlantischen und Indischen Ozean nicht nur das Inselreichste, sondern mit 329 Mio Einwohnern (mehr als 1 1/3 mal der Bevölkerung der USA) auch das bevölkerungsmäßig bedeutendste Meer der Erde.

Für die ausgewiesenen Meeresräume und Inselgruppen enthält die Tabelle 3 auch die Bevölkerungsdichte (Ew/km^2) bezogen auf die jeweils gesamte Festlandfläche aller bewohnten und unbewohnten Inseln der ausgewiesenen Regionen. Unglaublich hohe Werte fallen für einzelne des Südchinesischen Meeres, für Taiwan (über 500), Japan (weit über 300), die Philippinen (über 150), Java (fast 700), für die westlichen Kleinen Sundainseln (Bali, Lombok und Sumbawa zusammen über 200), die Marshall-Inseln (fast 230), Tonga und Niue (über 140) und natürlich für Singapur (über 4 000) auf. Selbst wenn wir für diese Inseln und Inselgruppen die Bevölkerung der jeweils enthaltenen großen Städte und Industriegebiete abziehen, ergeben sich noch Dichtewerte von weit über 100 Ew/km^2, was bei der herrschenden Ernährungssituation (vielfach nur aus Subsistenzwirtschaft bei noch weit verbreiteter "shifting cultivation", fehlende finanzielle Basis der Familien für zusätzlichen Nahrungsmittelankauf nicht bodenständiger Erzeugnisse der näheren Umgebung) im tropischen Raum zur Unterversorgung und Mangelkrankheiten infolge Fehlernährung führen muß. In den tropischen Räumen mit Subsistenzwirtschaft ohne zusätzliche Versorgung ist das Überschreiten einer Bevölkerungsdichte von 50 auf jeden Fall für die Gebiete mit tropischem Regenwaldklima bereits besorgniserregend. Eine Ausnahme davon bilden nur die großen Naßreisanbaugebiete.

1.4 Ethnische Eigenart und politische Neuordnung des zentralpazifischen Inselraumes

Die großen Inseln Ost- und Südostasiens besitzen alle eine Schelfverbindung mit dem asiatischen Kontinent, welche für die Ausbreitung von Floren- und Faunenelementen von elementarer Bedeutung war. Diese Brückenfunktion übt in Südostasien der Sunda-Schelf aus, der die Basis eines Großteiles des Malaiisch-Indonesischen Archipels bildet und Verbindung in den Raum der Philippinen besitzt. Der goße Faunensprung zwischen Asien und Australien erfolgt im Raum Lombokstraße und Makassarstraße (siehe Wallace-Linie und Weber-Linie).

Aber auch humangeographisch vollzieht sich im Grenzgebiet von Eurasischer und Australischer Platte gegen die Pazifische Platte, welches durch aktiven über den Meeresspiegel reichenden Vulkanismus deutlich gekennzeichnet ist, ein offensichtlicher Wandel. Die gegen den zentralen Ozean hin letzte große äquatornahe Insel des westlichen pazifischen Raumes, Neuguinea, gehört zu dem sich humanbiologisch und kulturgeographisch-ethnologisch deutlich abhebenden melanesischen Gebiet (siehe Abbildung 2). Wie der Name bereits zum Ausdruck bringt handelt es sich bei den Bewohnern dieses Raumes um eine dunkelhäutige Bevölkerung mit krausem Kopfhaar, welche auf dem Bismarckarchipel, den Salamon- und Santa-Cruz-Inseln, den Neuen Hebriden, Neukaledonien und den Loyalti-Inseln und auf Neuguinea mit seinen vorgelagerten Inseln lebt. Rassisch unterscheiden sich die Melanesier von den anderen ozeanischen Völkern sehr deutlich, sind aber

Nr.	Meeresräume	Zahl der Inseln	Fläche in km²	Bevölkerung 1982 Ew.	Ew./km²
1	Südchinesisches Meer und Inseln der Ostküste Asiens (ohne Philippinen und Indonesien)	3.802	45.207,12	6.763.220	149,6
2	Taiwan	199	36.144,90	18.206.000	503,7
3	Japan (nur tropischer Inselanteil)	549	3.031,93	1.011.750	333,7
4	Philippinen	3.922	299.574,17	46.054.302	153,7
5	Borneo mit Küsteninseln	816	754.646,00	8.760.280	11,6
6	Singapur	49	615,12	2.472.000	4.018,7
7	Indonesische Inseln im Südchinesischem Meer und in der Karimatastraße	1.541	26.064,11	661.100	25,4
8	Java und Javasee (ohne Küsteninseln Borneos)	391	133.822,80	92.842.000	693,8
9	Westliche Kleine Sunda-Inseln (Bali, Lombok, Sumbawa)	159	25.114,60	5.101.400	203,1
10	Östliche Kleine Sunda-Inseln	258	61.536,95	3.676.000	59,7
11	Celebes mit Celebessee, Makassarstraße und Floressee	1.364	192.330,51	10.609.660	55,2
12	Molukken und Molukkensee, Ceramsee und Bandasee	1.098	79.169,16	864.340	10,9
13	West-Irian mit nördlicher Arafurasee	1.504	421.981,00	1.088.000	2,6
14	Nordaustralische Küsteninseln mit Timorsee, südlicher Arafurasee und Torresstraße	958	14.747,72	10.450	0,7
15	Marianen-Inseln	33	2.090,26	132.570	63,4
16	Karolinen-Inseln	732	1.099,72	90.960	82,7
17	Marshall-Inseln	887	193,90	44.290	228,4
18	Papua-Neuguinea	1.834	461.690,60	3.100.000	6,7
19	Salomon-Inseln	1.937	29.992,26	213.850	7,1
20	Australien; tropischer Anteil der Ostküste	1.070	1.931,02	1.200	0,6
21	Neue Hebriden (Vanuatu)	275	11.921,33	104.200	8,7
22	Neukaledonien	589	19.103,00	160.000	8,4
23	Fidschi-Inseln	626	18.356,79	659.100	35,9
24	Samoa-Inseln, Wallis und Futuna, Tokelau-Inseln	155	3.229,10	213.250	66,0
25	Tonga und Niue	174	776,64	110.370	142,1
26	Cook-Inseln	120	237,82	21.590	90,8
27	Kiribati (Gilbert-I., Ellice-I., Phönix-I., Line-I.) und nördlich gelegene US-Inseln	426	741,70	60.000	80,9
28	Frz. Ost-Polynesien (Gesellschafts-I., Tuamotu-Arch., Marquesas-I., Tubai-I. und Gambier-I.) sowie Pitcairn	1.508	3.414,05	156.750	45,9
29	Hawaii-Inseln	1.006	17.529,49	896.840	51,2
30	Galapagos-Inseln	174	7.817,51	4.490	0,6
31	Amerika Westküste (tropischer Anteil der Paz. Küste Nord-, Mittel- und Südamerikas)	1.803	8.806,13	29.400	3,3
Σ	Tropischer Anteil des Pazifischen Ozeans	29.959	2.682.917,41	204.119.362	76,1

Tab. 3: Zahl, Fläche und Bevölkerung der Inseln mit über 1 ha Fläche* des Pazifischen Ozeans nach Meeres- und Inselgebieten (ARNBERGER, 1986)

* Die Inseln der Größenordnung 1 bis 9 ha konnten nur zum Teil vollständig erfaßt werden.

Fortsetzung Tab. 3: Zahl, Fläche und Bevölkerung der Inseln mit über 1 ha Fläche des Pazifischen Ozeans nach Meeres- und Inselgebieten (ARNBERGER, 1986)

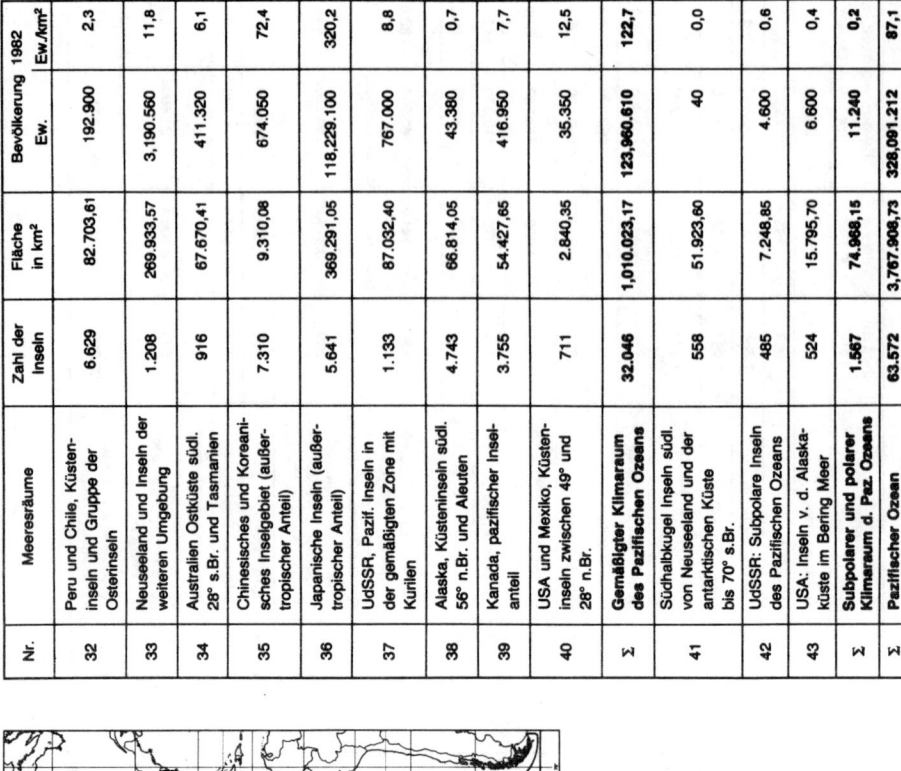

Nr.	Meeresräume	Zahl der Inseln	Fläche in km²	Bevölkerung 1982 Ew.	Ew./km²
32	Peru und Chile, Küsteninseln und Gruppe der Osterinseln	6.629	82.703,61	192.900	2,3
33	Neuseeland und Inseln der weiteren Umgebung	1.208	269.933,57	3.190.560	11,8
34	Australien Ostküste südl. 28° s.Br. und Tasmanien	916	67.670,41	411.320	6,1
35	Chinesisches und Koreanisches Inselgebiet (außertropischer Anteil)	7.310	9.310,08	674.050	72,4
36	Japanische Inseln (außertropischer Anteil)	5.641	369.291,05	118.229.100	320,2
37	UdSSR, Pazif. Inseln in der gemäßigten Zone mit Kurilen	1.133	87.032,40	767.000	8,8
38	Alaska, Küsteninseln südl. 56° n.Br. und Aleuten	4.743	66.814,05	43.380	0,7
39	Kanada, pazifischer Inselanteil	3.755	54.427,65	416.950	7,7
40	USA und Mexiko, Küsteninseln zwischen 49° und 28° n.Br.	711	2.840,35	35.350	12,5
Σ	**Gemäßigter Klimaraum des Pazifischen Ozeans**	32.046	1.010.023,17	123.960.610	122,7
41	Südhalbkugel Inseln südl. von Neuseeland und der antarktischen Küste bis 70° s.Br.	558	51.923,60	40	0,0
42	UdSSR: Subpolare Inseln des Pazifischen Ozeans	485	7.248,85	4.600	0,6
43	USA: Inseln v. d. Alaskaküste im Bering Meer	524	15.795,70	6.600	0,4
Σ	**Subpolarer und polarer Klimaraum d. Paz. Ozeans**	1.567	74.968,15	11.240	0,2
Σ	**Pazifischer Ozean**	63.572	3.767.908,73	328.091.212	87,1

Abb. 1: Die regionale Aufgliederung der Inselstatistiken für den Pazifischen Ozean. Die Nummern beziehen sich auf die Vorspalten der regional aufgegliederten Tabellen

Tab. 4: Pazifischer Ozean
Zahl, Fläche und Bevölkerung der Inseln nach Größenklassen ihrer Areale
(ARNBERGER, 1986)

| Nr. | Meeresräume | Angaben nach Größenklassen der Inselflächen ||||||||
| | | 1 km² und größer ||| 1/4 km² bis < 1 km² ||| 10 ha (1 ha)* bis < 25 ha |||
		Zahl	Fläche in km²	Bevölkerung 1982	Zahl	Fläche in km²	Bevölkerung 1982	Zahl	Fläche in km²	Bevölkerung 1982
1	Südchinesisches Meer und Inseln der Ostküste Asiens (ohne Philippinen und Indonesien)	594	44.833,76	6.755.280	436	194,08	7.540	2.772	179,28	400
2	Taiwan	60	36.128,37	18.206.000	26	11,40	0	113	5,13	0
3	Japan (nur tropischer Inselanteil)	87	3.004,95	1.011.650	28	11,60	100	434	15,38	0
4	Philippinen	586	299.226,61	46.051.822	427	208,25	2.280	2.909	139,31	200
5	Borneo mit Küsteninseln	322	754.548,66	8.760.170	140	61,00	110	354	36,34	0
6	Singapur	10	604,78	2.471.800	13	7,83	180	26	2,51	20
7	Indonesische Inseln im Südchinesischem Meer und in der Karimatastraße	243	25.821,07	661.050	392	153,85	50	906	89,19	0
8	Java und Javasee (ohne Küsteninseln Borneos)	53	133.776,48	92.842.000	48	18,57	0	290	27,75	0
9	Westliche Kleine Sunda-Inseln (Bali, Lombok, Sumbawa)	36	25.099,50	5.101.400	15	6,70	0	108	8,40	0
10	Östliche Kleine Sunda-Inseln	57	61.509,20	3.676.000	41	17,10	0	160	10,65	0
11	Celebes mit Celebessee, Makassarstraße und Floressee	200	192.158,57	10.608.360	193	98,23	970	971	73,71	330
12	Molukken und Molukkensee, Ceramsee und Bandasee	310	79.038,75	864.050	187	86,40	290	601	44,01	0
13	West-Irian mit nördlicher Arafurasee	425	421.811,93	1.087.240	247	105,00	560	832	64,07	200
14	Nordaustralische Küsteninseln mit Timorsee, südlicher Arafurasee und Torresstraße	175	14.614,60	10.450	168	60,15	0	615	72,97	0
15	Marianen-Inseln	13	2.087,40	132.570	4	2,70	0	16	0,16	0
16	Karolinen-Inseln	44	1.024,07	86.050	109	42,25	3.720	579	33,40	1.190
17	Marshall-Inseln	50	129,40	41.000	52	25,30	3.030	785	39,20	260
18	Papua-Neuguinea	324	461.459,22	3.099.000	212	90,10	600	1.298	141,28	400
19	Salomon-Inseln	158	29.823,35	213.750	130	56,65	100	1.649	112,26	0
20	Australien; tropischer Anteil der Ostküste	120	1.801,50	1.080	128	59,10	0	822	70,42	120
21	Neue Hebriden (Vanuatu)	63	11.890,50	103.900	35	20,40	0	177	10,43	300
22	Neukaledonien	44	19.058,25	160.000	68	21,75	0	477	23,00	0
23	Fidschi-Inseln	99	18.289,30	658.500	87	44,48	600	440	23,01	0
24	Samoa-Inseln, Wallis und Futuna, Tokelau-Inseln	20	3.219,20	212.450	13	5,39	700	122	4,51	100
25	Tonga und Niue	22	753,90	108.670	15	6,45	1.000	137	16,29	700
26	Cook-Inseln	21	229,93	21.030	11	3,55	560	88	4,34	0
27	Kiribati (Gilbert-I., Ellice-I., Phönix-I., Line-I.) und nördlich gelegene US-Inseln	82	695,40	58.000	63	24,20	1.500	281	22,10	500

* Die Inseln der Größenordnung 1 bis 9 ha konnten nur zum Teil vollständig erfaßt werden.

Fortsetzung Tab. 4: Pazifischer Ozean
Zahl, Fläche und Bevölkerung der Inseln nach Größenklassen ihrer Areale (ARNBERGER, 1986)

Nr.	Meeresräume	Angaben nach Größenklassen der Inselflächen								
		1 km² und größer			1/4 km² bis < 1 km²			10 ha (1 ha)* bis < 25 ha		
		Zahl	Fläche in km²	Bevölkerung 1982	Zahl	Fläche in km²	Bevölkerung 1982	Zahl	Fläche in km²	Bevölkerung 1982
28	Frz. Ost-Polynesien (Gesellschafts-I., Tuamotu-Arch., Marquesas-I., Tubai-I. und Gambier-I.) sowie Pitcairn	169	3.295,44	154.650	98	43,07	1.900	1.241	75,54	200
29	Hawaii-Inseln	27	17.480,70	896.840	18	8,15	0	961	40,64	0
30	Galapagos-Inseln	19	7.811,60	4.490	5	1,85	0	150	4,06	0
31	Amerika Westküste (tropischer Anteil der Paz. Küste Nord-, Mittel- und Südamerikas)	429	8.645,60	29.400	170	73,25	0	1.204	87,28	0
Σ	Tropischer Anteil des Pazifischen Ozeans	4.862	2.679.871,99	204.088.652	3.579	1.568,80	25.790	21.518	1.476,62	4.920
32	Peru und Chile, Küsteninseln und Gruppe der Osterinseln	1.052	81.848,65	192.900	665	302,60	0	4.912	552,36	0
33	Neuseeland und Inseln der weiteren Umgebung	161	269.829,16	3,190.480	116	57,42	80	931	46,99	0
34	Australien Ostküste südl. 28° s.Br. und Tasmanien	102	67.598,60	411.320	67	30,30	0	747	41,51	0
35	Chinesisches und Koreanisches Inselgebiet (außertropischer Anteil)	511	8.644,50	673.050	814	376,75	1.000	5.985	288,83	0
36	Japanische Inseln (außertropischer Anteil)	268	369.012,59	118.226.650	280	140,63	2.450	5.093	137,83	0
37	UdSSR, Pazif. Inseln in der gemäßigten Zone mit Kurilen	75	86.977,60	767.000	66	29,80	0	992	25,00	0
38	Alaska, Küsteninseln südl. 56° n.Br. und Aleuten	550	66.317,50	43.380	349	166,00	0	3.844	330,55	0
39	Kanada, pazifischer Inselanteil	316	54.140,90	416.950	257	102,75	0	3.182	184,00	0
40	USA und Mexiko, Küsteninseln zwischen 49° und 28° n.Br.	108	2.790,40	34.100	32	13,30	1.250	571	36,65	0
Σ	Gemäßigter Klimaraum des Pazifischen Ozeans	3.143	1.007.159,90	123.955.830	2.646	1.219,55	4.780	26.257	1.643,72	0
41	Südhalbkugel Inseln südl. von Neuseeland und der antarkt. Küste bis 70° s.Br.	93	51.771,00	40	295	140,05	0	170	12,55	0
42	UdSSR, subpolare Inseln des Pazifischen Ozeans	106	7.197,90	4.600	61	31,55	0	318	19,40	0
43	USA: Inseln v. d. Alaskaküste im Bering Meer	220	15.746,00	6.600	87	40,45	0	217	9,25	0
Σ	Subpolarer und polarer Klimaraum des Paz. Ozeans	419	74.714,90	11.240	443	212,05	0	705	41,20	0
Σ	Pazifischer Ozean	8.424	3.761.746,79	328.055.722	6.668	3.000,40	30.570	48.480	3.161,54	4.920

* Die Inseln der Größenordnung 1 bis 9 ha konnten nur zum Teil vollständig erfaßt werden.

untereinander nur wenig differenziert, wobei altmelanesische Züge mit gedrungenem Körperbau, sehr dunkler Haut, niedrigem Gesicht und breiter Nase und fliehendem Kinn besonders noch in Neukaledonien auffallen, aber auch auf vielen anderen melanesischen Inseln vorkommen. Auf Neuguinea begegnet man häufig auch einer schlankeren neomelanesiden Bevölkerung mit etwas länglicherem Gesicht. Der traditionelle Feldbau mit Pflanz- oder Grabstock und die Schweinehaltung ist noch weit verbreitet, eine marktwirtschaftliche Orientierung zeigt sich erst in jüngerer Zeit in der Umgebung größerer Orte und durch die Verkehrserschließung (Papua-Neuguinea).

Gegen den Zentralraum des Ozeans schließt an Melanesien der riesige Raum mit vorherrschend kleinen Inseln Polynesiens an, der sich über 50 Mio km^2 Meeresfläche erstreckt. In diesem von Hawaii bis Neuseeland und zu den Osterinseln reichenden Meeresgebiet leben auf Inseln vulkanischen Ursprungs und auf Koralleninseln, die diesem ihr Entstehen verdanken, Polynesier. Sie wurden immer wieder durch unmenschlichen Sklavenfang u.a. der Walfischfänger, durch eingeschleppte Krankheiten und Seuchen und bis zum heutigen Tag durch militärische Aktionen der Großmächte (in jüngster Zeit durch die Atomwaffenversuche der US-Amerikaner und Franzosen) dezimiert bzw. in ihrer natürlichen Entwicklung behindert.

Die relativ hochgewachsenen braunhäutigen Menschen mit straffem oder welligem Haar erreichten schon vor etwa zweitausend Jahren die Marquesas-Inseln im östlichen Pazifik und besiedelten anscheinend von dort aus die Gesellschafts-Inseln, die Osterinseln und Hawaii (KOCH, 1976). Als eines der bedeutendsten Seefahrervölker erreichten die Polynesier mit ihren Auslegerbooten und großen Doppelbooten mit Plattform, ausgestattet mit den typischen, dreieckigen Mattensegeln, durch

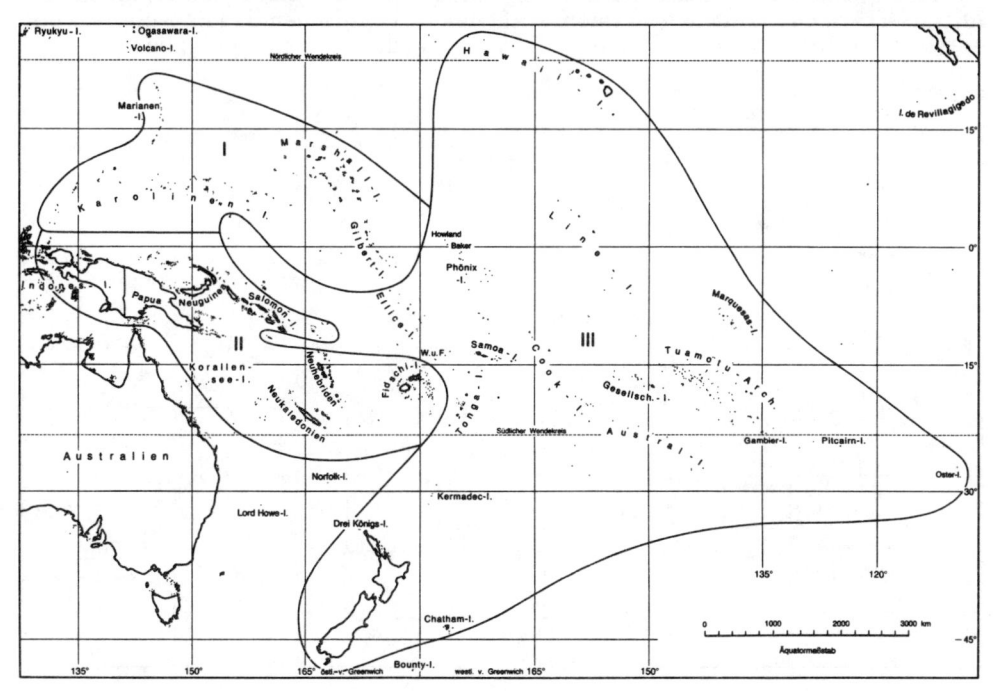

Abb. 2: Ethnische Gliederung des zentralpazifischen Raumes: I = Mikronesien, II = Melanesien, III = Polynesien

ihre hervorragende Navigationskunst (Orientierung nach Gestirnen, Strömungsrichtungen des Wassers und anderen natürlichen Hinweisen) die entferntesten Punkte ihres heutigen Lebensraumes. Polynesien ist nach kulturellen, sprachlichen und anthropologischen Zeugnissen von Westen her besiedelt worden. Die von Thor Heyerdahl vertretene Hypothese einer Einwanderung aus Amerika ist nicht haltbar.

Das Verbreitungsgebiet Mikronesiens im Norden von Melanesien ist kleiner, aber ebenfalls durch die oben angegebenen Inseltypen gekennzeichnet. Zu ihm gehören die Marianen, Karolinen, Marshall-Inseln, Gilbert-Inseln und die Insel Nauru. Auch die Mikronesier zeichnen sich durch schlichtes oder welliges Haar und hellbraune Haut, deren Tönung im Westen durch melanesische Vermischung dunkler ist, aus. Sie sind eng mit den Polynesiern verwandt, besitzen aber etwas stärkere mongolide Züge.

Erst nach dem Zweiten Weltkrieg haben die zuletzt besiedelten Regionen unserer Erde, Polynesien und Mikronesien, die koloniale Bevormundung weitgehend abgeschüttelt und es ist zur Bildung neuer, kleiner Staatsgebilde gekommen, über die die Abbildung 3 zu orientieren vermag.

Bis heute befinden sich diese aber in einem machtpolitischen Kräftefeld, das einerseits ihre selbständige Handlungsfreiheit beschränkt (Militärstützpunkte, Atomwaffensperrgebiete, außenpolitisches Mitspracherecht), andererseits als Lohn solcher Zugeständnisse hohe Ablösungsbeträge und ansehnliche "Entwicklungshilfen" erschließt. Die wirtschaftliche Schwäche der neu entstandenen Staaten und der in ein loseres Abhängigkeitsverhältnis entlassenen Gebiete beschränkt von vornherein ihre freie politische Handlungsfähigkeit, die einfließenden finanziellen Mittel fördern eher eine Rentnermentalität der einheimischen Bevölkerung, als ein wirtschaftliches Selbstbewußtsein unter Wahrung der ethnischen Eigenart.

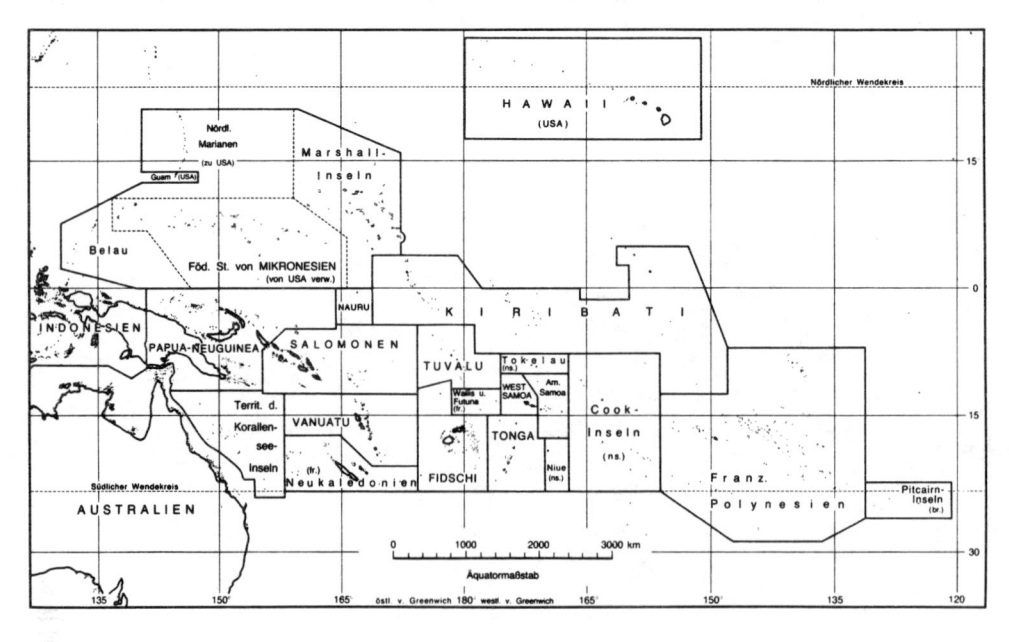

Abb. 3: Die politische Neuordnung des zentralpazifischen Raumes

Das Bewußtsein über eine mehr oder minder erreichte "Selbständigkeit am Gängelband" und über die enorme wirtschaftliche Schwäche im harten Konkurrenzkampf um Gewinne im internationalen Handel, hat zur Abstimmung und Erfahrungsaustausch der neuentstandenen Staaten in regionalen Organisationen des Südseeraumes geführt.

Schon 1947 wurde die Südsee-Kommission mit dem Hauptquartier in Nouméa zu dem Zweck gegründet, die wirtschaftliche und soziale Entwicklung durch jährlich stattfindende Konferenzen (Südsee-Konferenz) zu fördern (siehe darüber auch STANLEY, 1982). In dieser Kommision waren fast alle Nationen und Territorien Ozeaniens vertreten, so auch die Kolonialmächte. Letzteres war bald der Grund für die ablehnende Haltung der neuentstandenen "unabhängigen" Länder, welche mit dem zu großen britischen und französischen Einfluß in dieser Organisation unzufrieden waren. Daher entstand 1971 das Südsee-Forum, in dem sich Staatsoberhäupter und Regierungschefs der unabhängigen Staaten einmal im Jahr zu informellen Gsprächen zusammenfinden. 1973 entstand hieraus das Südsee-Büro für wirtschaftliche Entwicklung (SPEC: South Pacific Economic Comm.) in Suva auf Fidschi, das inzwischen eine eigene Schiffahrtsgesellschaft aufgebaut, Fischereiagenturen und Handelskommissionen gegründet und sich in vielfältiger Weise an Koordinierungsarbeiten zur Bewältigung gemeinsamer Probleme und Aufgaben betätigt hat. In dieser jungen Organisation sind weder Amerikaner noch Franzosen vertreten.

2 ÖKOLOGISCHE INSELTYPEN UND DEREN LEBENSGRUNDLAGEN FÜR IHRE BEWOHNER

Für die Beurteilung der Lebens- und Entwicklungsverhältnisse einer Inselbevölkerung ist die ökologische Typisierung und Klassifizierung der Inseln unbedingt notwendig. Diese läßt sich aber nur in wenigen zusammenfassenden Gruppen nach einfachen klimaökologischen Merkmalen und Zusammenhängen unter Heranziehung hervorstechender petrographischer Gegebenheiten durchführen, da für den tropischen Meeresraum vor allem für höher aufragende Inseln infolge der starken Abtragung die kleinflächige Geländeformenauflösung und in Hanglagen die äußerst stark wechselnden Standortbedingungen typisch sind.

2.1 Die Typenauswahl für den tropischen und den außertropischen Bereich des Pazifischen Ozeans

Nach vorerst viel zahlreicher vorgesehenen und strukturell viel komplizierter konzipierten Typengruppen mußte sich der Verfasser für den Tropenraum schließlich auf lediglich 12 stark zusammenfassende Typen beschränken, die sich aber voneinander deutlich unterscheiden und bei denen eine Zuordnung nicht auf unüberwindbare Schwierigkeiten stößt. Dies auch im Hinblick darauf, daß bei vielen Inseln, die der Verfasser persönlich nicht bereisen konnte, die Zuordnungskriterien wegen des Fehlens jeder Literatur einschließlich der geologisch-petrographischen Karten nicht zu entscheiden gewesen wären.

Als Hauptkriterien dienen die klimaökologischen Verhältnisse, welche hauptsächlich durch die Lage in den inneren Tropen, äußeren Tropen oder in den Randtropen und zu den vorherrschenden Winden (z.B. Monsungebiete) bestimmt werden. Ausserdem wurden grundlegende Unterschiede im geologisch- petrographischen Aufbau herangezogen. Für den außertropischen Raum wurde die Typenzahl noch durch fünf zusätzliche erweitert. Eine nähere Erklärung der Typen wird in Kapitel 2.2 vorgenommen.

Eine noch mögliche und vom Verfasser vorerst auch vorgesehene weitere Untergliederung erscheint zumindest für den Tropenraum nicht sinnvoll, da sie sich zu wenig im Wandel der Art einer überall vorherrschenden Subsistenzwirtschaft äußert und ganz von rein lokal vorkommenden speziellen Sonderverhältnissen abhängig ist (Mineralvorkommen, lokale Fremdenverkehrsmöglichkeiten, Eignung als militärischer Stützpunkt usw.). Der statistischen Ausweisung und den Kartenskizzen 4 und 5 liegen also die in den Vorspalten der Tabellen 5 und 6 angegebenen Typen zugrunde.

3 DIE NATURRÄUMLICHE AUSSTATTUNG UND VERBREITUNG DER INSELTYPEN UND DIE LEBENSQUALITÄT FÜR IHRE BEWOHNER

Wenn wir in diesem Kapitel eine qualitative Einschätzung naturräumlicher Voraussetzungen für ihre Bewohner andeuten, dann müssen wir uns bewußt sein, wie unterschiedlich diese entsprechend den jeweiligen ethnischen Voraussetzungen, religiösen Rahmenbedingungen und eventuellen Einflüssen der Staatsführung genutzt werden können. Dazu kommen noch die negativen Auswirkungen einer ökologisch nicht adäquaten Nutzung, welche bis zur Raubwirtschaft (z.B. bei der Gewinnung tropischer Nutzhölzer) reichen kann, die zwar vorübergehend hohen Gewinn verspricht, die Ressourcen aber rasch verbraucht ohne den Anspruch in der Folgezeit und für spätere Generationen zu bedenken und die Bedingungen für eine eventuelle natürliche Regeneration einzukalkulieren. Leider können im Rahmen dieser kurzen Arbeit auf solche regionale Nutzungsunterschiede nur kurze Hinweise gegeben werden.

Im folgenden sollen die wesentlichen Merkmale der einzelnen Inseltypengruppen erörtert werden:

3.1 Alluviale Inseln geringer Höhe über Mittelwasser

Unter dieser Bezeichnung sind hauptsächlich Sandbänke, Mangroveinseln und Schlickinseln der Strommündungen zusammengefaßt. Ihr wirtschaftliches Potential kann sehr unterschiedlich sein.

3.1.1 SANDINSELN

Vor flachen Küsten erheben sich Sandbänke oft bis nahe unter den Wasserspiegel, so daß sie bei Niedrigwasser herausragen und durch weitere Sandanlandung wachsen können. Mitunter erheben sich Sand- und Kiesanhäufungen über den Wasserspiegel und fallen schließlich auch bei Gezeitenhochstand trocken. Bis zur ersten Besiedlung solcher Inseln durch Pionierpflanzen vergeht oft erhebliche Zeit, was besonders für die fast sterilen Kiesinseln gilt.

Sandbänke und Sandinseln entstehen nicht nur durch Ablagerung von Grobsanden vor den Mündungsgebieten von Flüssen im Meer, sondern auch oft an langgestreckten ungegliederten Sandstrandküsten unter Mitwirkung von Küstenströmungen infolge Windstaues, Auflaufen der Wellen, Gezeitenwellen oder von weither kommenden Meeresströmungen, welche die hinderliche Küste entlangstreichen. Aus diesen Gründen verändern Sand- und Kiesinseln auch oft ihre Areale und sind für eine Besiedlung und wirtschaftliche Nutzung ungeeignet.

Tab. 5: Zahl, Fläche und Bevölkerung der verschiedenen ökologischen Inseltypen der tropischen Klimazone des Pazifischen Ozeans (ARNBERGER, 1986)

Sign.	Ökologische Typengruppe (nach den geologisch-petrographischen u. klimaökologischen Verhältnissen) Kennzeichnung	Zahl der Inseln insgesamt	Zahl d. Inseln mit Siedlungen	Fläche der Inseln insgesamt km²	Fläche d. Inseln mit Siedlungen km²	Bevölkerung 1982 d. Inseln mit Siedlungen Ew.	Bevölkerungsdichte 1982 bezogen auf alle Inseln Ew./km²	Bevölkerungsdichte Inseln mit Siedlungen Ew./km²
O	Alluviale Inseln geringer Höhe über Mittelwasser: Sandbänke, Schlickinseln, Mangroveinseln. Unverfestigte Quartärablagerungen	7.125	322	44.092,97	26.460,45	248.050	5,6	9,4
□	Kahle Felsinseln und Inseln mit magerer Vegetation und kärglicher Bodenbildung	4.914	31	1.518,18	308,50	13.920	9,2	45,1
+	Aride und semiaride Inseln unterschiedlichen Aufbaues im Randtropengebiet, in der Trockenklimate und in der Kernpassatzone	55	0	488,10	0	0	–	–
⊡	Inseln aus überwiegend quartären, z.T. auch tertiären verfestigten Sedimenten	486	103	10.106,35	9.598,50	98.880	9,8	10,3
×	Niedrige Korallenbank- und Korallensandinseln	12.430	524	2.915,69	1.259,35	128.160	44,0	101,8
⊠	Gehobene Korallenbankinseln mit Höhen zumindest von mehreren Dezimetern	160	65	3.249,97	2.480,19	151.660	46,7	61,2
△	Jüngere Vulkaninseln (tätig oder in historischer Zeit erloschen) mit weit verbreiteten jungen Lavadecken und Tuffen	150	100	378.301,34	366.606,84	121.474.181	321,1	331,4
▨	Inseln aus Sedimentgesteinen aufgebaut (meist Mesozoikum) und Inseln mit weit verbreiteten Kalken verschiedenen Alters	1.504	242	70.338,65	69.190,97	5.331.486	75,8	77,1
▮	Granit- und Syenitinseln im tropischfeuchten Klima	90	29	1.237,53	1.212,95	24.000	19,4	19,8
■	Inseln der tropisch-feuchten Regenklimate mit horizontal geringen ökologischen Unterschieden. Tropische Regenwaldgebiete	2.506	634	200.510,95	192.047,59	14.996.747	74,8	78,1
◩	Inseln der wechselfeuchten Tropen und der Randtropen mit einer feuchten Jahreszeit sowie Inseln der zentralen Tropen mit abgeschwächtem Regenklima	532	185	155.350,00	151.766,50	25.956.340	167,1	171,0
⊠	Große Inseln mit wechselndem Formenbild und horizontal wie vertikal weiträumig auftretenden ökologischen Disparitäten	7	7	1.814.807,68	1.814.807,68	35.695.938	19,7	19,7
Σ	Tropische Klimazone Mittelwerte für alle Typengruppen zusammen	29.959	2.242	2.682.917,41	2.635.739,52	204.119.362	76,1	77,4

Tab. 6: Zahl, Fläche und Bevölkerung der verschiedenen ökologischen Inseltypen der außertropischen Klimazone des Pazifischen Ozeans (ARNBERGER, 1986)

Sign.	Ökologische Typengruppe (nach den geologisch-petrographischen u. klimaökologischen Verhältnissen) Kennzeichnung	Zahl der Inseln insgesamt	Zahl d. Inseln mit Siedlungen	Fläche der Inseln insgesamt km^2	Fläche d. Inseln mit Siedlungen km^2	Bevölkerung 1982 d. Inseln mit Siedlungen Ew.	Bevölkerungsdichte 1982 bezogen auf alle Inseln Ew./km^2	Bevölkerungsdichte Inseln mit Siedlungen Ew./km^2
O	**Alluviale Inseln** geringer Höhe über Mittelwasser: Sandbänke, Schlickinseln, Mangroveinseln. Unverfestigte Quartärablagerungen	4.842	19	9.169,67	1.286,10	22.250	2,4	17,3
□	**Kahle Felsinseln** und Inseln mit magerer Vegetation und kärglicher Bodenbildung	22.750	2	4.765,31	5,80	500	0,1	86,2
+	**Aride und semiaride Inseln** unterschiedlichen Aufbaues	85	8	1.146,07	810,00	2.350	2,1	2,9
⊠	Inseln mit **randtropischen** Klimazügen	26	13	1.342,90	1.281,10	228.800	170,4	178,6
△	**Jüngere Vulkaninseln** (tätig oder in historischer Zeit erloschen) mit weit verbreiteten jungen Lavadecken und Tuffen	144	41	487.084,15	483.354,75	119,512.820	245,4	247,3
⊟	Inseln der **ständig feuchten** sommerheißen **Mediterranklimate**	1.422	249	86.319,21	84.665,55	1,289.610	14,9	15,2
⊞	Inseln der **winterfeuchten**, sommertrockenen **Mediterranklimate**	48	1	194,70	90,00	600	3,1	6,7
⬧	Inseln des **warmgemäßigten** ozeanischen Klimas	1.163	242	45.692,11	43.573,35	1,110.900	24,3	25,5
◇	Inseln des **kühlgemäßigten** ozeanischen Klimas und Übergangsgebiete zum subpolaren Klima	2.793	105	231.454,98	186.294,30	937.380	4,1	5,0
⌒	Inseln im **subpolaren und polaren Klimaraum**	339	9	65.806,60	12.886,00	6.800	0,1	0,5
⊠	**Große Inseln** mit horizontal wie vertikal weiträumig auftretenden **ökologischen Disparitäten**	1	1	152.015,52	152.015,52	859.840	5,7	5,7
Σ	Inseln der subpolaren und polaren Klimazone	1.567	17	74.968,15	14.835,00	11.240	0,2	0,8
Σ	Inseln der gemäßigten Klimazone	32.046	673	1,010.023,17	951.427,47	123,960.610	122,7	130,3
Σ	Inseln im außertropischen Raum	33.613	690	1,084.991,32	966.262,47	123,971.850	114,3	128,3
Σ	Inseln im tropischen Klimabereich	29.959	2.242	2,682.917,41	2,635.739,52	204,119.362	76,1	77,4
Σ	Alle Inseln des Pazifischen Ozeans	63.572	2.932	3,767.908,73	3,602.001,99	328,091.212	87,1	91,1

3.1.2 MANGROVEINSELN

Dieser Inseltypus besteht aus Sanden und Schlick und wird im Gezeitenbereich seiner Küsten von einer amphibischen Vegetation, welche zusammen mit einer eigenartigen Tierwelt eine besondere Lebensgemeinschaft bildet, bedeckt. Grundbedingung für die Entwicklung dieser speziellen Mangrovevegetation ist die im Rahmen der Gezeiten vor sich gehende Überflutung mit Salzwasser hoher Konzentration (im Flachwasser oft 35‰).

Echte Mangroveinseln sind meist nur in nicht mehr aktiven oder halbaktiven flachen Flußmündungsgebieten zu finden. Sie erheben sich bei Flut nur wenige Meter über den Meeresspiegel. Aber auch andere Inseltypen können in ihren flachen Küstenabschnitten einen Mangrovesaum besitzen, der wegen seiner schweren Durchdringbarkeit lokal eine verkehrsfeindliche Situation verschuldet. Mangroveinseln haben fast keinen Nutzungswert und sind wegen ihrer Insektenplage siedlungsfeindlich.

3.1.3 LANDWIRTSCHAFTLICH GENUTZTE SCHLICKINSELN

Für diesen Typ finden wir Beispiele im Mündungsgebiet der großen ostasiatischen Flüsse und flacher Flußeinmündungen der großen Inseln (z.B. Borneo). Soweit die Böden solcher Flußmündungsinseln durch die jährlichen flächenhaften Flußwasserüberflutungen und Schlammablagerungen entsprechend entsalzt sind, werden sie im Anschluß an dichtbesiedelte Räume ebenfalls unter Kultur genommen (Naßreisanbau) und erreichen oft eine hohe Bevölkerungsdichte. Die außerordentliche Gefährdung durch Flutwellen im Gefolge von Taifunen führt immer wieder zu Katastrophen und hohen Menschenverlusten.

3.2 Aride und semiaride Inseln unterschiedlichen Aufbaues

Das gemeinsame Merkmal dieser Inseln ist infolge des Klimas (Randtropen, Passatzone) und der ausschlaggebenden Windverhältnisse das wüstenhafte und halbwüstenhafte Aussehen der Landoberfläche, die - mit wenigen Ausnahmen - ohne zusätzliche Bewässerung keinen Feldbau und keine Gartenwirtschaft ge-stattet. Wo dafür aber Voraussetzungen bestehen und das Substrat für eine Bildung günstiger Böden (z.B. viele Sedimentgesteine nicht aber kristalline Gesteine) zusammenhängend verbreitet ist, sind bei entsprechenden Vorkehrungen zur Abschirmung des Windes gute Erträge zu erwarten. Im Pazifik ist dieser Inseltyp selten und bedeutungslos. Die Inseln im heißen Trockenklima an der Küste von Peru und Chile sind fast alle unbewohnt und siedlungsfeindlich (Mangel an Trinkwasser).

3.3 Niedrige Korallenriff- und Korallensandinseln

Sie sind im gesamten tropischen Inselraum verbreitet, da überall die für das Leben der Korallen notwendige Wassermindesttemperatur von 18 bis 20°C überschritten wird. Da Korallen nur bis etwa 40 m Tiefe existieren können sind für das Vorkommen von lebenden Korallenriffen und den von ihnen geschützten Korallen-inseln das Meeresbodenrelief und die mit ihm verbundenen Meerestiefen ausschlaggebend. Außer im Schelfgebiet der Kontinente häufen sich Koralleninseln auf Meeresrücken- und Kuppen, die nahe an den Meeresspiegel heranreichen. Wir finden sie aber auch als Riffinseln von Korallenatollen untergetauchter Vulkane oder von Wallriffen umgebener Vulkaninseln, deren vulkanischer Kern im Laufe der Zeit der Zerstörung anheimgefallen ist. Typische Beispiele für diese Entstehungsweise zeigen die Gesellschafts-Inseln, wo die Insel Bora-Bora als "Beinahe-Atoll" noch einen imposanten vulkanischen Kern (Alter 4 Mio. Jahre) besitzt,

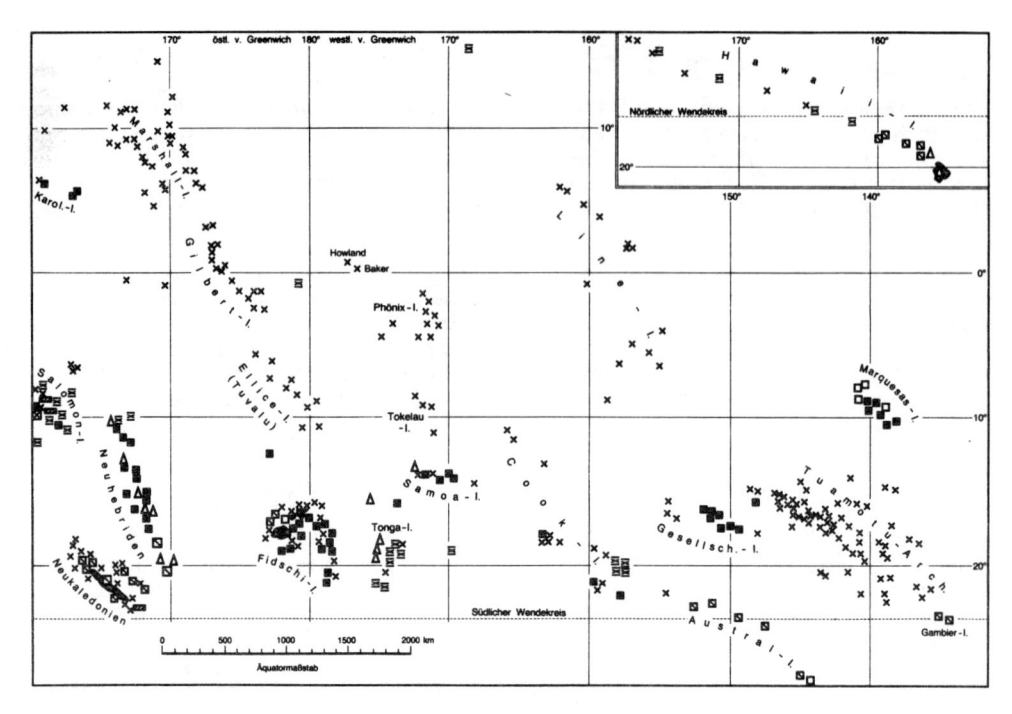

Abb. 4: Die Verbreitung der Inseltypen im Raum des zentralen Pazifischen Ozeans. Signaturenerklärung siehe Tabelle 5

hingegen die Insel Tetiaroa östlich der Hauptkette bereits zu einem Atoll reduziert wurde.

Aufgebaut sind die Inseln aus Korallensanden und Korallensandsteinen. Die Oberfläche besteht aus einer lockeren Schicht von Korallensand und organischen Stoffen, auf die eine Schicht von etwa 1 m Sand folgt. Die darunter anschließende 50 bis 70 cm dicke Sandsteinschicht, die wieder in Sande übergeht, ist von besonderer Bedeutung, da letztere Trinkwasser enthält. Der Schutz der Inseln durch Korallenriffe, welche als Wellenbrecher dienen, ist deshalb von größter Wichtigkeit, da die höchsten Punkte der Landoberfläche nur wenige Meter über den Meeresspiegel aufragen. Die natürliche Vegetation besteht aus Pionierpflanzen, niedrigem tropischen Gebüsch und Dickicht, idealen Brutstätten von Insektenschwärmen. Bewohnbar können die Inseln erst dadurch gemacht werden, daß man Durchlüftungsstreifen anlegt und daß zumindest ein Teil des Dickichts Kokospalmbeständen weicht. Menge und Verteilung der Niederschläge entspricht weitgehend den Verhältnissen am offenen Meer und genügt daher zu einem bescheidenem Frucht- und Gemüseanbau zur Selbstversorgung.

Koralleninseln sind kleinste und empfindlichste Lebensräume. Eine wirtschaftliche Entwicklung ist in jeder Hinsicht nur sehr beschränkt möglich. Eine Nutzung als militärische Stützpunkte führt fast immer zu ihrer Verwüstung, die Einrichtung des Fremdenverkehrs zu fast unlösbaren Problemen in der Entsorgungsfrage.

3.4 Gehobene Korallenbankinseln

Gesondert bezeichnet und ausgeschieden wurden nur solche, meist ältere Koralleninseln, welche sich zumindest einige Dezimeter über den Meeresspiegel erheben. Sie sind meist in mehreren Phasen bis zu ihrer heutigen Höhe gehoben worden und haben dadurch auch größere Ausdehnung und durch entsprechend lang andauernde Bodenbildung und eine bessere Wasserversorgung Voraussetzungen für eine bescheidene Landwirtschaft und andere Nutzung erhalten. Tafelbergartige Geländeformen mit einem randlichen Steilabfall zur Küstenplattform oder mehreren Steilstufen, wie sie die Tonga-Inseln sehr deutlich zeigen, sind besonders typisch. Auch sie verdanken natürlich dem Vulkanismus ihre Entstehung, wie Tongatapu die Hauptinsel des Königreiches Tonga.

3.5 Jüngere tätige oder bereits erloschene Vulkaninseln

Wenn wir uns die Bevölkerungsdichtewerte der Tabelle 5 ansehen, dann fällt eine Inseltypengruppe mit besonders hohen Dichtewerten (weit über 300) besonders ins Auge. Es handelt sich um die jüngeren Vulkaninseln mit weit verbreiteten Lavafeldern und Tuffen. Ein allgemeiner Rückschluß auf die Vulkaninseln aller Meere der Erde dürfte daraus aber nicht gezogen werden. Die Ergebnisse werden durch den Vulkanismus der Subduktionszone am Westrand der Pazifischen Platte mit seinen großen gleichmäßig geformten Kegelvulkanen, welche in der Mehrzahl zu den Stratovulkanen zu zählen sind, geprägt.

Die weite Verbreitung intermediärer Laven (52-65 % Kieselsäure) und vulkanischer Förderprodukte, ist für die Bildung landwirtschaftlich nutzbarer Böden nicht ungünstig. Dazu kommt noch der Umstand, daß im tropisch- feuchten Regenklima die sich über Jahrhunderte erstreckende langsame "Verwitterung" der vulkanischen Förderprodukte den enthaltenen Mineralbestand für die Vegetation sukzessive erschließt. Selbst bei höherem Kieselsäuregehalt dürften sich dadurch noch immer mehr für das Pflanzenleben erschließbare Restmineralien ergeben, als sie die äußerst nährstoffarmen Böden und tief verwitterten Gesteine im tropischen Regenwald sonst enthalten.

Vulkankegel auf einer breiten Inselbasis besitzen noch den großen Vorteil, bei geringer Neigung ihres Vorfeldes dieses für die Anlage von Naßreiskulturen bestens nützen und dadurch auch einer zu raschen Bodenauslaugung und -abspülung ins Meer vorbeugen zu können.

Wo allerdings Vulkane in unmittelbarer Küstennähe liegen, sind diese Vorteile nicht zu erwarten. Die Völker Südost- und Ostasiens verstehen es, das land- und gartenwirtschaftliche Potential vulkanischer Landschaften maximal zu nutzen. So vermag der Wechsel von jüngeren Vulkaninseln und tropischen Regenwaldinseln das geringe Ernährungspotential der letzteren wenigstens etwas auszugleichen (siehe Abbildung 5).

3.6 Inseln aus Sedimentgesteinen aufgebaut (meist Mesozoikum) und Inseln mit weit verbreiteten Kalken verschiedenen Alters

Viele dieser Inseln besitzen durch die Nutzung vorhandener Lagerstätten eine zusätzlich zu versorgende Bevölkerung. Die Böden auf den Sedimentgesteinen sind häufig für den Pflanzenbau verwendbar. Er wird großflächiger aber nur in weiten Mulden oder auf flachen Talsohlen betrieben. Sonst herrschen auch hier Subsistenzwirtschaft und Brandrodungshackbau. Die Nutzungsweisen und Bodenverhältnisse sind nach den petrographischen und morphologischen Verhältnissen sehr unterschiedlich und kaum durch Durchschnittsangaben zu beurteilen.

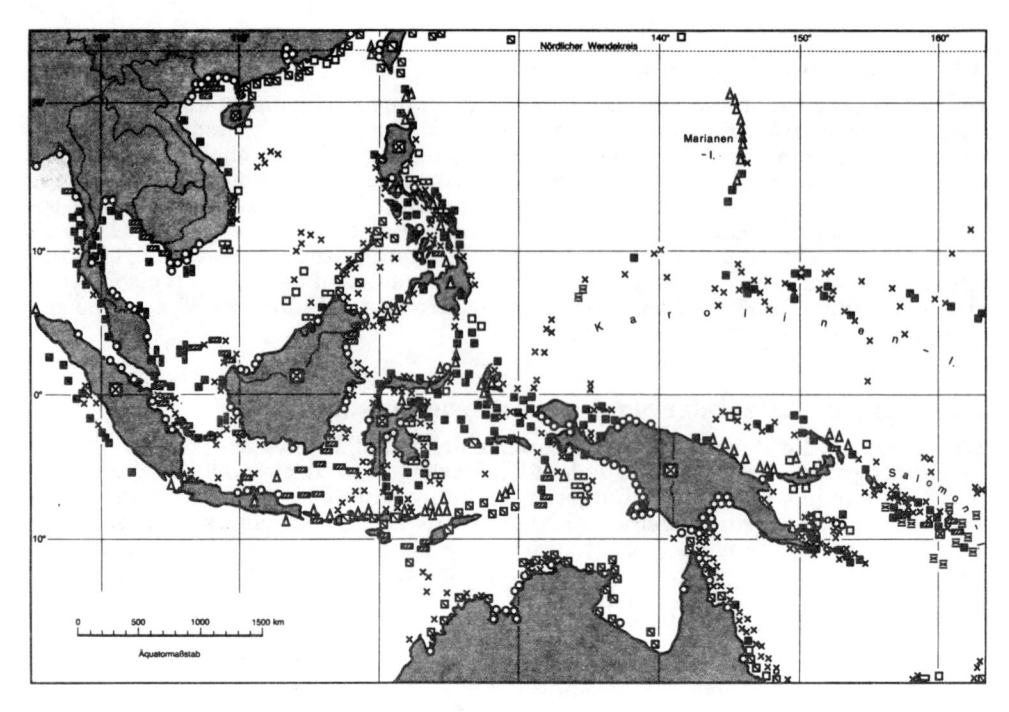

Abb. 5: Die Verbreitung der Inseltypen im südostasiatischen Inselraum. Signaturenerklärung siehe Tabelle 5

Da in dieser Typengruppe auch die aus Kalken verschiedenen Alters aufgebauten Inseln aufgenommen wurden, spielen stets die sehr ungleichen lokalen Verhältnisse eine ausschlaggebende Rolle. Kalkinseln geringer Ausdehnung besitzen meist so geringe Bodenbildung und eine so kärgliche Vegetationsdecke, daß sie nicht oder nur an ihren Küsten von Fischern besiedelt sind.

3.7 Granit- und Syenitinseln im tropisch-feuchten Klima

Dieser Inseltyp weist fast immer ein sehr einheitliches Formenbild auf. Mit nur in geringer Breite ausgebildeten Küstenebenen und kleinen Buchten allerdings mit einem oft stattlichen Riffvorfeld ragen die Granitberge steil ansteigend und in Türmen aufgelöst zu ansehnlicher Höhe empor. Fast immer sind nur die schmalen Küstenstreifen und das kleinflächige Hinterland der Buchten dichter besiedelt. Bei großen Granitinseln haben sich entlang der inselüberquerenden Wege auch Höhensiedlungen bilden können. Im Indischen Ozean bilden dafür die Granitinseln der Seychellen ausgezeichnete Beispiele.

Im pazifischen Raum sind reine Granitinseln nicht sehr häufig. Zu den typischsten Beispielen kann die 35 km^2 große Insel Tioman vor der Ostküste der Malaiischen Halbinsel gezählt werden. Die etwa 2 300 Bewohner teilen sich auf mehrere Küstensiedlungen in den zahlreichen Buchten auf, welche vom Fischfang und etwas Gartenwirtschaft leben. Außer Dschungelpfaden, die immer wieder freigeschlagen werden müssen, und einem ganz kurzem Straßenstück entlang der Küste der Ayer Batang Bay im Westen gibt es keine Wegverbindungen zwischen den Siedlungen; Personen und Lastentransporte sind auf den Bootsverkehr angewiesen.

Der Inselkern ist von Urwald eingenommen, der mitunter fast bis zu den Siedlungen reicht und sich durch ein sehr interessantes und reiches Tierleben (viele dort beheimatete Landtiere) und eine vielfältige Pflanzenwelt (23 % der Flora endemisch) auszeichnet. Der steile Abfall der Berghänge hat wesentlich dazu beigetragen die natürlichen Bestände vor größeren Eingriffen zu schützen. Nur schwer sind die Dschungelpfade über das Gebirge (Hauptgipfel im Südteil der Insel: Gunung Kajang 1 049 m) zu finden, die abenteuerliche Durchquerung, welche vor Jahren vom Verfasser und seiner Frau unternommen wurde, läßt aber erst die Probleme eines solchen Lebensraumes richtig erkennen.

3.8 Inseln im Verbreitungsraum der tropisch-feuchten Regenwälder mit klimabedingt horizontal geringen ökologischen Unterschieden

Wer erstmals mit den Feuchttropen in Verbindung kommt und den fast undurchdringlich dichten Regenwald kennenlernt, gewinnt ein ganz falsches Bild von der Tragfähigkeit und pflanzlichen Produktionskraft dieser Räume. Der Eindruck üppig wuchernder Vegetation führt zum falschen Rückschluß auf Nutzungsmöglichkeiten und einer hohen Produktionskapazität im Pflanzenbau.

Aber auch in der Wissenschaft hielt sich die Irrlehre von der Fruchtbarkeit der Tropen bezüglich des Pflanzenanbaues für die Ernährung bis in die siebziger Jahre unseres Jahrhunderts und zwar angefangen von Albrecht PENCK (1924), der 1924 für die feuchtwarmen Urwaldgebiete eine mögliche Bevölkerungsdichte von 200 berechnet hatte, bis zu Hans CAROL (1973), der um 1970 für tropisch Afrika allein eine "Theoretische Ernährungskapazität" für mindestens 3 Mrd. Menschen (Weltbevölkerung heute etwa 5 Mrd. Menschen, wovon 3/4 auf Entwicklungsländer entfallen) annahm.

Bodenchemische und bodenbiologische Untersuchungen haben in jüngster Zeit nicht nur diese falschen Erwartungen widerlegt, sondern auch zu ganz neuen ökologischen und wirtschaftlichen Überlegungen gezwungen. Wolfgang WEISCHET (1980) faßt in seinem Buch "Die ökologische Benachteiligung der Tropen" die neuen Erkenntnisse zusammen. Die folgenden ganz kurzen Hinweise halten sich an diese Ausführungen und sollen nur einige wenige Überlegungen zur Beurteilung unserer Inseltypengruppe im Verbreitungsgebiet immergrüner tropischer Regenwälder herausgreifen.

Die Verwitterungstiefe des Substrates ist in den feuchtwarmen Tropen sehr groß und beträgt zumindest mehrere Meter. Das Verwitterungsergebnis besteht aus steinlosem Feinlehm (Gemisch von Feinsand, Schluff und Ton) mit nur äußerst geringem Restmineralgehalt. Es fehlen also weitgehend nicht zersetzte Gesteinsreste, die die wichtigsten Nährstoffe für die Pflanzen in ihrer mineralischen Verbindung enthalten. Infolge der rasch ablaufenden chemischen Verwitterung sind solche Böden verarmt und ausgewaschen.

Der tropische Regenwald muß sich daher vorwiegend aus seiner eigenen, sehr gewaltigen Biomassenproduktion, die allerdings ebenfalls der Gefahr der Nährstoffauswaschung durch die starken, täglich fallenden Niederschläge ausgesetzt ist, ernähren. Wieso es dennoch nur zu einer unerwartet geringen Mineralabfuhr aus tropischen Wäldern kommt und auf welche Weise die Nährstoffversorgung des Waldes vor sich geht, das ist erst in allerjüngster Zeit von Botanikern und Pflanzenökologen geklärt worden.

Die Entdeckung der Wurzelpilze (Mycorrhizae) und des Wurzelmutualismus der Regenwaldgewächse bringt schlagartig ein neues Licht in Beurteilung der wirtschaftlichen Nutzungsmöglichkeiten tropischer Regenwaldgebiete. Unter Mycorrhizae verstehen wir Bodenpilze, "welche in Form von Geflechten, Mäntel oder Anhäufungen rund um die Wurzeln tropischer und außertropischer Bäume legen, zum Teil in die Cortex der Wurzeln eindringen und mit den höheren Pflanzen in Form eines Mutualismus, eines Dienstes auf Gegenseitigkeit, leben" (WEISCHET, 1980: 23). Die Pilze erhalten von den Pflanzen die lebensnotwendigen Photosyntate und versorgen dafür deren Wurzeln mit Nährstoffen, zu denen diese sonst nicht gelangen könnten.

Die Wurzelpilze sind nämlich imstande, Mineralverbindungen, welche den Pflanzen nicht zugänglich sind, in solche zu transformieren, die von ihren Wurzeln aufgenommen werden können (Phosphor). Noch viel wichtiger ist aber deren Eigenschaft als "Nährstoff-Falle" für die aus Biomasse und Boden gelösten Nährstoffe, die sonst durch die heftigen Niederschläge raschest fortgespült werden würden. Wie ein Schwamm vermögen sie die gelösten Verbindungen in den Pilzkörper aufzunehmen und dann sukzessive den Pflanzenwurzeln zuzuführen.

Dieses Versorgungssystem funktioniert aber nur im ursprünglich belassenen Regenwald und in etwas eingeschränkterer Form wieder im nachfolgenden Sekundärwald. Es funktioniert nicht bei waldfremder Bodennutzung. Jetzt wird uns zweierlei klar und zwar weshalb dem produktionsstarken tropischen Regenwald so produktionsschwache andersartige Kulturflächen gegenüberstehen, die nur eine geringe Bevölkerungszahl zu ernähren vermögen - und weshalb die Bäche und Flüsse der urwaldartigen Vegetation so arm an mineralischen Nährstoffen sind und die Schwarzwässer der tropischen Tieflandregion zwar einen hohen Gehalt an austauschstarken Huminsäuren zugleich aber eine auffallende Armut an anorganischen Mineralstoffen besitzen.

In ursprünglicher Weise sind die tropisch-feuchten Waldgebiete nur in der Form einer einfachen Sammelwirtschaft nutzbar, die nur ganz wenige Menschen zu ernähren vermag. Mit zunehmender Bevölkerungszahl entsteht ein Zwang zum Übergang auf einen Fruchtanbau, der durch "shifting cultivation" oder ihrer Weiterentwicklung, der "Wald-Feldwechselwirtschaft" betrieben wird.

Shifting cultivation ist ein einfaches, sehr arbeitsaufwendiges Verfahren über Brandrodung und der damit verbundenen Aschendüngung (Karbonate, Phosphate und Silikate) Flächen für einen Fruchtanbau zu gewinnen, der mittels Hacke oder Grabstock durchgeführt wird. Die Nutzung der Rodungsflächen für den Pflanzenanbau kann, da die Erträge von Jahr zu Jahr sichtlich abnehmen, lediglich 3 bis 4 Jahre erfolgen, so daß stets die Anlage mehrerer verschieden alter Rodungen notwendig und nach bestimmten Zeiträumen auch Siedlungsverlegungen unumgänglich sind. Trotz der genannten schwerwiegenden Nachteile vermag sich die einheimische Bevölkerung von dieser fragwürdigen Bearbeitungsmethode nicht zu lösen, was aus nachstehenden Überlegungen verständlich wird:

1. Die Brandrodung der shifting cultivation ist ein Verfahren, das keinen finanziellen Einsatz für Anschaffung und Betrieb von Rodungsgeräten erfordert, und daher von einer mittellosen Bevölkerung betrieben werden kann.

2. Das Verfahren ist auch im Bergland, in dem die Anwendung von Rodungsmaschinen äußerst schwierig oder unmöglich ist, einsetzbar und bietet gleichzeitig einen gewissen Schutz vor dem Angriff durch Giftschlangen und Raubtiere.

3. Bei der großen Steilheit des Geländes und den herrschenden heftigen Niederschlägen besteht für Ackerwirtschaft die Gefahr der Abschwemmung des Bodens.

4. Eine Kosten-Nutzenrechnung ergibt für das Bergland bei höheren Formen der Bewirtschaftung keine ausreichende Rentabilität, und Nahrungsmitteleinfuhr erscheint billiger.

5. Die jüngsten Forschungen über die Bedeutungder Mycorrhizae (Wurzelpilze) erklären den bisher unverständlichen Kontrast von "produktionsstarkem Wald - pro-

duktionsschwachen anderen Kulturflächen" und lassen die Waldbrache als ökologische Notwendigkeit erscheinen.

Die tropischen Regenwaldgebiete unserer Inseln bieten daher lediglich die Möglichkeit zur Eigenversorgung einer geringen Bevölkerungszahl bei geringer Bevölkerungsdichte und die Nutzung durch eine sehr überlegte Holzwirtschaft und punktuell durch Fremdenverkehr und Bergbau. Die Erhaltung der letzten Regenwaldgebiete der Erde ist eine ökologische Notwendigkeit und sicher auch der ökonomischste Weg.

3.9 Inseln der wechselfeuchten Tropen und der Randtropen

Die hohe Bevölkerungsdichte (über 170) dieser Typengruppe zeigt uns bereits, daß günstige Lebensverhältnisse und vielfältigere Nutzungsmöglichkeiten eine stärkere Besiedlung ermöglichen und diese Inseln z.T. bereits außerhalb des "Hungergürtels" der Erde liegen. Der Restmineralgehalt der Böden ist infolge geringerer Auswaschung deutlich höher als im tropischen Regenwaldklima und gestattet ein höheres Maß an Selbstversorgungskapazität. Allerdings herrschen lokal sehr verschiedene Voraussetzungen für die weitgehend im Pflanzenbau und im Gewerbe verankerte Wirtschaft.

3.10 Große Inseln mit horizontal und vertikal weiträumig auftretenden ökologischen Disparitäten

Selten sind große Inseln mit über 10 000 km² Fläche naturräumlich und ethnisch so einheitlich, daß man sie mit gutem Gewissen einem der oben beschriebenen Inseltypen zuordnen könnte. Vor allem dann, wenn sie durch Berggebiete eine natürliche Gliederung und Kammerung aufgeprägt erhalten, die Hauptwasserscheide quer zur vorherrschenden Windrichtung verläuft, oder geologisch-petrographische Großeinheiten eine wesentlich unterschiedliche Basis für die natürliche oder wirtschaftliche Entwicklung von Teilräumen vorzeichnen. Solche Disparitäten drücken sich in Landschaften mit vorherrschender Subsistenzwirtschaft und in einer Gesellschaft, die auf der Großfamilie und dem Sippenleben basiert, besonders deutlich aus.

Sulawesi (Celebes) mit rund 176 000 km² (nur Hauptinsel) und fast 10 Mio. Einwohner ist hierfür ein ausgezeichnetes Beispiel. Im zentralen Teil über 3 000 m ansteigend (Rantekombola 3 455 m), aus Graniten und kristallinen Schiefern aufgebaut, werden diese von jüngeren, meist tertiären Gesteinen flankiert und durch ein tief eingeschnittenes Flußnetz gegliedert. Vom Turmkarst im Südwesten der Insel bis zu den Vulkanlandschaften im Norden sind die verschiedensten morphologischen Einheiten typisch vertreten.

Neben dem altansässigen Gewerbe konnte in jüngerer Zeit mit Hilfe ausländischen Kapitals auch Industrie angesiedelt werden. Aber im wenig erschlossenen Gebirgsland hat die Bevölkerung ihre traditionellen Lebensformen vielfach bewahrt. Eine ethnische Vielfalt mit Makassaren und Bugi im Süden, Mandaren an der Westküste, den Toradjas in Zentralcelebes und Minahassar und Gorantalen im Norden, schließlich noch den Chinesen in den Städten, hat auch vielfältige Lebens- und Wirtschaftsweisen ausgeprägt. Dazu kommen noch die Unterschiede der vertretenen Religionen. Der Vorteil dieser naturräumlichen und kulturellen Vielfalt ist leicht zu erkennen. Er liegt in der wirtschaftlichen Ergänzung und kulturellen Befruchtung, die mitunter vorhandenen Gegensätze eher abzubauen als zu verschärfen vermag. Außerdem sind bei Überbevölkerung einzelner Räume immer noch Ausweichgebiete vorhanden, die schließlich trotz allen Beharrungsvermögens doch in Anspruch genommen werden.

Im benachbarten Indischen Ozean zeigt uns die große Insel Madagaskar aber auch ein negativ einzuschätzendes Beispiel. Auf die Entwicklung ihrer unterschiedlichen natürlichen Raumgegebenheiten haben sich humanökologische Einflüsse sehr erheblich ausgewirkt. Vor allem sind es hier vorkoloniale Wirtschaftsformen und Sitten zahlreicher Volksgruppen, die negativ landschaftsprägend in Erscheinung treten. Eine extensive Weidewirtschaft verbunden mit aus Prestigegründen viel zu hohen Viehbeständen wirtschaftlich geringer Qualität wirkt mit an der Degradierung weiter Landstriche.

Die entwicklungsmäßigen Kausalkomplexe solcher Inseln müssen zuerst richtig erkannt und analysiert werden. Es hätte daher keinen Sinn gleichartige Landschaften herauszugliedern und einem bestimmten Inseltyp zuzuordnen, weil eine solche isolierte Betrachtungsweise wohl Auskunft über Zeitpunktfakten aber nicht Einblick in die Prozesse zu vermitteln vermag, die zu diesen geführt haben.

LITERATURVERZEICHNIS

CAROL, H. (1973): The Calculation of Theoretical Feeding Capacity for Tropical Africa. In: Geographische Zeitschrift, 61 (1): 81-94.

KOCH, G. (1976^2): Führer durch die Austellung der Abteilung Südsee. Museum für Völkerkunde. Berlin.

PENCK, A. (1924): Das Hauptproblem der physischen Anthropogeographie. In: Sitzungsber. d. Preußischen Akademie der Wissensch., Phys.-mathem. Klasse. 24, 1924: 249-257. Wiederabdruck in Eugen WIRTH (Hrsg.): Wirtschaftsgeographie. Darmstadt, Wissenschaftliche Buchgesellsch., 1969: 157-180.

STANLEY, D. (1982): Südsee-Handbuch. Deutsche Ausgabe. Bremen.

WEISCHET, W. (1980^2): Die ökologische Benachteiligung der Topen.

AUTORENVERZEICHNIS

Prof. Dr. H. Blume
Geographisches Institut der
Universität Tübingen
Hölderlinstraße 12
7400 Tübingen

Prof. Dr. G. Borchert
Institut für Geographie und Wirtschaftsgeographie der
Universität Hamburg
Bundesstraße 55
2000 Hamburg 13

Dr. J. Ehlers
Geologisches Landesamt Hamburg
Oberstraße 88
2000 Hamburg 13

Prof. Dr. K.E. Fick
Institut für Didaktik der Geographie der
Johann Wolfgang Goethe-Universität
Schumannstraße 58
6000 Frankfurt/Main

Prof. Dr. H. Flohn
Meteorologisches Institut
Auf dem Hügel 20
5300 Bonn

Prof. Dr. F. Grube
Geologisches Landesamt Schleswig Holstein
Mercatorstraße 7
2300 Kiel

Prof. Dr. Hassenpflug
Pädagogische Hochschule
Institut für Geographie und ihre Didaktik der
Pädagogischen Hochschule Kiel
Olshausenstraße 75
2300 Kiel

Prof. Dr. J. Hövermann
Geographisches Institut der
Universität Göttingen
Goldschmidtstraße 5
3400 Göttingen

Prof. Dr. B. Hofmeister
Institut für Geographie der
Technischen Universität Berlin
Budapester Straße 44/46
1000 Berlin 30

Prof. Dr. D. Jaschke
Institut für Geographie und Wirtschaftsgeographie der
Universität Hamburg
Bundesstraße 55
2000 Hamburg 13

Prof. Dr. A. Leidlmair
Institut für Geographie der
Universität Innsbruck
Innrain 52
A - 6020 Innsbruck

Prof. Dr. H. Mensching
Heinz-Hilpert-Straße 10
3400 Göttingen

Dr. I. Möller
Institut für Geographie und Wirtschaftsgeographie der
Universität Hamburg
Bundesstraße 55
2000 Hamburg 13

Prof. Dr. H. Paschinger
Institut für Geographie der
Karl-Franzens-Universität Graz
Universitätsplatz 2/II
A - 8010 Graz

Prof. Dr. Plewe †
Roonstraße 16
6900 Heidelberg

Prof. Dr. Schroeder-Lanz
Universität Trier
Fach Fernerkundung
Postfach 3825
5500 Trier

Prof. Dr. U. Schweinfurth
Südasien-Institut der
Universität Heidelberg
- Geographie -
Postfach 103066
6900 Heidelberg

Prof. Dr. H. Uhlig
Geographisches Institut der
Justus Liebig Universität Giessen
Senckenbergstraße 1
Neues Schloß
6300 Giessen

Prof. Dr. F. Voss
Institut für Geographie der
Technischen Universität Berlin
Budapester Straße 44/46
1000 Berlin 30

Prof. Dr. H. Wilhelmy
Bohenbergerstraße 6
7400 Tübingen

BERLINER GEOGRAPHISCHE STUDIEN

Band 1: NISSEL, Heinz: Bombay. Untersuchungen zur Struktur und Dynamik einer indischen Metropole. 1977, XIX, 380 S., 83 Tab., 48 Abb. (darunter 16 Farbkarten)
ISBN 3 7983 0573 0 DM 10,00

Band 2: WEICHBRODT, Ernst (Hrsg.): Geographische Mobilität im ländlichen Raum am Beispiel des Landkreises Eschwege. 1977, XIV, 155 S., 45 Tab., 37 Abb., 2 Karten, 8 + 7 S. Anhang
ISBN 3 7983 0574 9 DM 7,00

Band 3: KRESSE, Jan-Michael: Die Industriestandorte in mitteleuropäischen Großstädten. Ein entwicklungsgeschichtlicher Überblick anhand der Beispiele Berlin sowie Bremen, Frankfurt, Hamburg, München, Nürnberg, Wien. 1977, VIII, 147 S., 12 Karten
ISBN 3 7983 0583 8 vergriffen

Band 4: MÜLLER, Dietrich O.: Verkehrs- und Wohnstrukturen in Groß-Berlin 1880 - 1980. Geographische Untersuchungen ausgewählter Schlüsselgebiete beiderseits der Ringbahn. 1978, XIII, 147 S., 8 Tab., 10 (darunter 4 mehrfarbige) Fig., 46 Bilder
ISBN 3 7983 0592 7 DM 10,00

Band 5: ELLENBERG, Ludwig: Morphologie venezolanischer Küsten. 1979, IX, 135 S., 11 Tab., 43 Abb., 30 Bilder, 1 Faltkarte
ISBN 3 7983 0630 3 DM 7,00

Band 6: WEICHBRODT, Ernst: Der Einfluß von Raumausstattung, Betriebsgrößen und Bevölkerungsgruppen auf den agrarstrukturellen Wandel in Nordosthessen - zugleich ein methodischer Beitrag zur Ermittlung sozialgeographischer Gruppen. 1980, XI, 160 S., 16 Tab., 27 Abb., 20 (darunter 4 mehrfarbige) Karten
ISBN 3 7983 0631 1 DM 11,50

Band 7: HOFMEISTER, Burkhard / STEINECKE, Albrecht (Hrsg.): Beiträge zur Geomorphologie und Länderkunde. Prof. Dr. Hartmut Valentin zum Gedächtnis. 1980, X, 349 S., zahlr. Abb. u. Karten im Text, 1 Karte im Anhang
ISBN 3 7983 0632 X DM 10,00

Band 8: STEINECKE, Albrecht (Hrsg.): Interdisziplinäre Bibliographie zur Fremdenverkehrs- und Naherholungsforschung. Beiträge zur allgemeinen Fremdenverkehrs- und Naherholungsforschung. 1981, XXII, 583 S.
ISBN 3 7983 0765 2 vergriffen

Band 9: STEINECKE, Albrecht (Hrsg.): Interdisziplinäre Bibliographie zur Fremdenverkehrs- und Naherholungsforschung. Beiträge zur regionalen Fremdenverkehrs- und Naherholungsforschung. 1981, XVI, 305 S.
ISBN 3 7983 0766 0 DM 11,50

Band 10: ZÖBL, Dorothea: Die Transhumanz (Wanderschafhaltung) der europäischen Mittelmeerländer im Mittelalter in historischer, geographischer und volkskundlicher Sicht. 1982, X, 90 S., 23 Abb.
ISBN 3 7983 0809 8 DM 11,00

Band 11:	RAUM, Walter: Untersuchungen zur Entwicklung der Flurformen im südlichen Oberrheingebiet. 1982, VIII, 172 S., 10 Karten, 9 Abb. ISBN 3 7983 0846 2 DM 29,00
Band 12:	DAMMSCHNEIDER, Hans-Joachim: Morphodynamik, Materialbilanz und Tidewassermenge der Unterelbe. 1983, XI, 131 S., 46 Tab., 38 Abb., 13 Kartogramme ISBN 3 7983 0864 0 DM 15,00
Band 13:	CIMIOTTI, Ulrich: Zur Landschaftsentwicklung des mittleren Trave-Tales zwischen Bad Oldesloe und Schwissel, Schleswig-Holstein. 1983, VII, 92 S., 18 Abb. (teilweise im Anhang), 1 mehrfarbige Karte im Anhang ISBN 3 7983 0951 5 DM 22,00
Band 14:	20 JAHRE GEOGRAPHIE AN DER TECHNISCHEN UNIVERSITÄT BERLIN. TÄTIGKEITSBERICHT 1962 - 1982. 1983, VI, 50 S., 7 Abb. ISBN 3 7983 0953 3 DM 10,00
Band 15:	STEINECKE, Albrecht (Hrsg.): Interdisziplinäre Bibliographie zur Fremdenverkehrs- und Naherholungsforschung. Beiträge zur allgemeinen und regionalen Fremdenverkehrs- und Naherholungsforschung. Fortsetzungsband. Berichtszeitraum 1979 - 1984. 1984, XXII, 428 S. ISBN 3 7983 1011 4 DM 30,00
Band 16:	HOFMEISTER, Burkhard / VOSS, Frithjof (Hrsg.): Geographie der Küsten und Meere. Beiträge zum Küstensymposium in Mainz, 14. bis 18. Oktober 1984. 1985, VI, 222 S., 52 Abb., 16 Tab. und 29 Photos im Text ISBN 3 7983 1059 9 DM 25,00
Band 17:	HOFMEISTER, Burkhard / VOSS, Frithjof (Hrsg.): Exkursionsführer zum 45. Deutschen Geographentag in Berlin, 1985. 1985, VI, 368 S., 67 Abb., 7 Tab. und 6 Photos im Text ISBN 3 7983 1069 6 DM 18,00
Band 18:	HOFMEISTER, Burkhard / VOSS, Frithjof (Hrsg.): Neue Forschungen zur Geographie Australiens. Ergebnisse aus dem Arbeitskreis Australien. 1986. ISBN 3 7983 1126 9 DM 25,00
Band 19:	GABRIEL, Baldur: Die östliche Libysche Wüste im Jungquartär. ISBN 3 7983 1132 3 (im Druck)
Band 20:	HOFMEISTER, Burkhard / VOSS, Frithjof (Hrsg.): Beiträge zur Geographie der Kulturerdteile (Festschrift zum 80. Geburtstag von Albert Kolb). 1986, VI, 346 S., 46 Abb., 29 Photos und 5 Faltkarten ISBN 3 7983 1133 1 DM 34,00

In den angegebenen Verkaufspreisen ist eine Versandkostenpauschale von DM 2,00 enthalten.